住房和城乡建设领域专业人员岗位培训考核系列用书

质量员专业基础知识
(市政工程)

江苏省建设教育协会　组织编写

中国建筑工业出版社

图书在版编目(CIP)数据

质量员专业基础知识（市政工程）/江苏省建设教育协会组织编写．—北京：中国建筑工业出版社，2014.4
住房和城乡建设领域专业人员岗位培训考核系列用书
ISBN 978-7-112-16576-6

Ⅰ.①质… Ⅱ.①江… Ⅲ.①建筑工程-质量管理-岗位培训-教材②市政工程-质量管理-岗位培训-教材 Ⅳ.①TU712

中国版本图书馆CIP数据核字(2014)第052633号

本书是《住房和城乡建设领域专业人员岗位培训考核系列用书》中的一本，依据《建筑与市政工程施工现场专业人员职业标准》编写。全书共分12章，包括市政工程识图、市政工程施工测量、力学基础知识、建筑材料、桥梁结构基础、市政公用工程施工项目管理、城市道路工程施工技术、城市桥梁工程施工技术、城市管道工程施工技术、隧道工程施工技术、建设工程法律基础、职业道德与职业标准。本书可作为市政工程质量员岗位考试的指导用书，又可作为施工现场相关专业人员的实用手册，也可供职业院校师生和相关专业技术人员参考使用。

责任编辑：刘　江　岳建光　王砾瑶
责任设计：李志立
责任校对：张　颖　刘　钰

住房和城乡建设领域专业人员岗位培训考核系列用书
质量员专业基础知识
（市政工程）
江苏省建设教育协会　组织编写
*
中国建筑工业出版社出版、发行（北京西郊百万庄）
各地新华书店、建筑书店经销
北京科地亚盟排版公司制版
北京建筑工业印刷厂印刷
*
开本：787×1092毫米　1/16　印张：27½　字数：663千字
2014年9月第一版　2015年3月第四次印刷
定价：**71.00**元
ISBN 978-7-112-16576-6
(25343)

住房和城乡建设领域专业人员岗位培训考核系列用书

编审委员会

出版说明

为加强住房城乡建设领域人才队伍建设，住房和城乡建设部组织编制了住房城乡建设领域专业人员职业标准。实施新颁职业标准，有利于进一步完善建设领域生产一线岗位培训考核工作，不断提高建设从业人员队伍素质，更好地保障施工质量和安全生产。第一部职业标准——《建筑与市政工程施工现场专业人员职业标准》（以下简称《职业标准》），已于2012年1月1日实施，其余职业标准也在制定中，并将陆续发布实施。

为贯彻落实《职业标准》，受江苏省住房和城乡建设厅委托，江苏省建设教育协会组织了具有较高理论水平和丰富实践经验的专家和学者，以职业标准为指导，结合一线专业人员的岗位工作实际，按照综合性、实用性、科学性和前瞻性的要求，编写了这套《住房和城乡建设领域专业人员岗位培训考核系列用书》（以下简称《考核系列用书》）。

本套《考核系列用书》覆盖施工员、质量员、资料员、机械员、材料员、劳务员等《职业标准》涉及的岗位（其中，施工员、质量员分为土建施工、装饰装修、设备安装和市政工程四个子专业），并根据实际需求增加了试验员、城建档案管理员岗位；每个岗位结合其职业特点以及培训考核的要求，包括《专业基础知识》、《专业管理实务》和《考试大纲·习题集》三个分册。随着住房城乡建设领域专业人员职业标准的陆续发布实施和岗位的需求，本套《考核系列用书》还将不断补充和完善。

本套《考核系列用书》系统性、针对性较强，通俗易懂，图文并茂，深入浅出，配以考试大纲和习题集，力求做到易学、易懂、易记、易操作。既是相关岗位培训考核的指导用书，又是一线专业人员的实用手册；既可供建设单位、施工单位及相关高、中等职业院校教学培训使用，又可供相关专业技术人员自学参考使用。

本套《考核系列用书》在编写过程中，虽经多次推敲修改，但由于时间仓促，加之编者水平有限，如有疏漏之处，恳请广大读者批评指正（相关意见和建议请发送至JYXH05@163.com），以便我们认真加以修改，不断完善。

本书编写委员会

主　　编：汪　莹

副 主 编：金广谦

编写人员：洪　英　王敬东　金　强

前　言

为贯彻落实住房城乡建设领域专业人员新颁职业标准，受江苏省住房和城乡建设厅委托，江苏省建设教育协会组织编写了《住房和城乡建设领域专业人员岗位培训考核系列用书》，本书为其中的一本。

质量员（市政工程）培训考核用书包括《质量员专业基础知识（市政工程）》、《质量员专业管理实务（市政工程）》、《质量员考试大纲·习题集（市政工程）》三本，反映了国家现行规范、规程、标准，并以国家质量检查和验收规范为主线，不仅涵盖了现场质量检查人员应掌握的通用知识、基础知识和岗位知识，还涉及新技术、新设备、新工艺、新材料等方面的知识。

本书为《质量员专业基础知识（市政工程）》分册。全书共分 12 章，内容包括：市政工程识图；市政工程施工测量；力学基础知识；建筑材料；桥梁结构基础；市政公用工程施工项目管理；城市道路工程施工技术；城市桥梁工程施工技术；城市管道工程施工技术；隧道工程施工技术；建设工程法律基础；职业道德与职业标准。

本书部分内容参考了江苏省建设专业管理人员岗位培训教材，对原培训教材作者的辛勤劳动和对本书出版工作的支持表示衷心感谢！

本书既可作为质量员（市政工程）岗位培训考核的指导用书，又可作为施工现场相关专业人员的实用手册，也可供职业院校师生和相关专业技术人员参考使用。

目　录

第1篇　市政工程识图与测量放样

第4篇 法律法规及职业道德

第1篇

市政工程识图与测量放样

第 1 章　市政工程识图

1.1　识图的基本知识

1.1.1　市政工程制图统一标准

工程图是施工过程中的重要技术资料和主要依据，而其绘制的格式及表达方式都必须遵守相关的规定，阅读市政工程图之前必须熟悉这些基本规定。

1. 图幅、图框和标题栏

图幅是指图纸的幅面大小。对于一整套的图纸，为了便于装订、保存和合理使用，国家标准对图纸幅面进行了规定，共有 5 种，见表 1-1。

图幅及其图框尺寸（mm）　　**表 1-1**

幅面代号 尺寸代号	A0	A1	A2	A3	A4
$b \times l$	841×1189	594×841	420×594	297×420	210×297
c	10			5	
a	25				

图纸的短边一般不应加长，长边可加长，但应符合表 1-2 的规定。

图纸长边加长尺寸（mm）　　**表 1-2**

幅面尺寸	长边尺寸	长边加长后尺寸
A0	1189	1486　1635　1783　1932　2080　2230　2378
A1	841	1051　1261　1471　1682　1892　2102
A2	594	743　891　1041　1189　1338　1486　1635
A2	594	1783　1932　2080
A3	420	630　841　1051　1261　1471　1682　1892

注：有特殊需要的图纸，可采用 $b \times l$ 为 841mm×981mm 与 1189mm×1261mm 的幅面。

在选用图幅时，应根据实际情况，以一种规格为主，尽量避免大小幅面混合使用。一般 A0～A3 图纸宜横式使用，如图 1-1（*a*）所示，必要时也可立式使用，A4 图纸只能立式使用。

各号基本图纸幅面的关系尺寸如图 1-1（*b*）所示，沿某一号幅面的长边对裁，即为某号的下一号幅面的大小。

2. 标题栏和会签栏

每张图纸都必须有标题栏，如图 1-2（*a*）所示。标题栏的文字方向为看图方向。

需要会签的图纸应按图 1-2（*b*）所示的格式绘制会签栏，其位置如图 1-1（*a*）所示。栏内应填写会签人员所代表的专业、姓名、日期（年、月、日）；一个会签栏不够用时，可另加一个，两个会签栏应并列；不需会签的图纸，可不设会签栏。

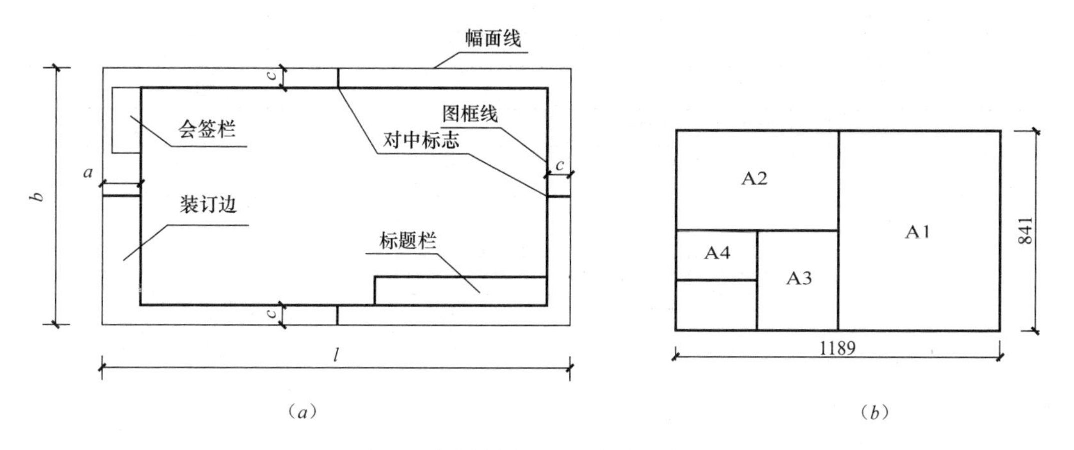

图 1-1　图纸幅面的幅面格式和划分

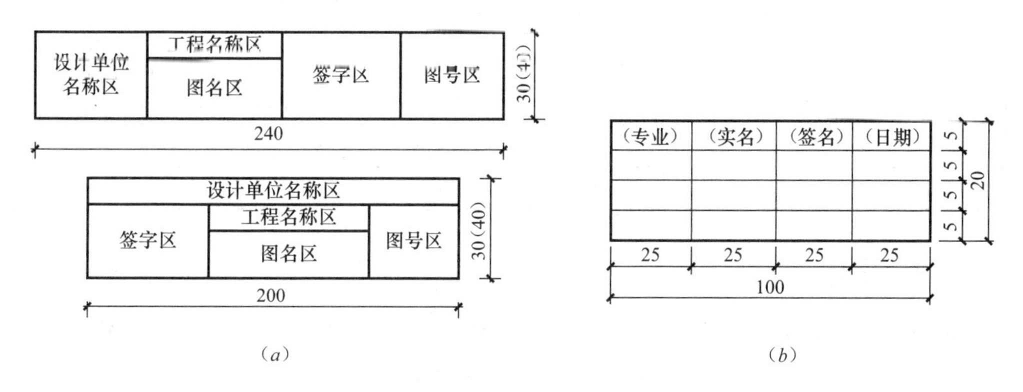

图 1-2　标题栏和会签栏

1.1.2　图线

1. 线宽

工程图样一般使用 3 种线宽，即粗线、中粗线、细线，三者的比例规定为 b：$0.5b$：$0.25b$。绘图时，应根据图样的复杂程度及比例大小，选用表 1-3 所示的线宽组合。

线宽组（mm）　　**表 1-3**

线宽比	线宽组			
b	1.4	1.0	0.7	0.5
$0.7b$	1.0	0.7	0.5	0.35
$0.5b$	0.7	0.5	0.35	0.25
$0.25b$	0.35	0.25	0.18	0.13

注：1. 需要缩微的图纸，不宜采用 0.18 及更细的线宽。
　　2. 同一张图纸内，各不同线宽中的细线，可统一采用较细的线宽组的细线。

2. 线型

工程图是由不同种类的线型所构成，这些图线可表达图样的不同内容，以及分清图中的主次，工程图的图线线型、线宽和用途见表 1-4。

图线的类型及应用 **表 1-4**

名 称		线 型	线 宽	一般用途
实线	粗		b	主要可见轮廓线
	中粗		$0.7b$	可见轮廓线
	中		$0.5b$	可见轮廓线、尺寸线、变更云线
	细		$0.25b$	图例填充线、家具线
虚线	粗		b	见各有关专业制图标准
	中粗		$0.7b$	不可见轮廓线
	中		$0.5b$	不可见轮廓线、图例线
	细		$0.25b$	图例填充线、家具线
单点长画线	粗		b	见各有关专业制图标准
	中		$0.5b$	见各有关专业制图标准
	细		$0.25b$	中心线、对称线、轴线等
双点长画线	粗		b	见各有关专业制图标准
	中		$0.5b$	见各有关专业制图标准
	细		$0.25b$	假想轮廓线、成型前原始轮廓线
折断线	细		$0.25b$	断开界线
波浪线	细		$0.25b$	断开界线

1.1.3 字体

在图样中经常需要用汉字、数字和字母来标注尺寸，以及对图示进行有关文字的说明。均应字体端正、笔画清晰、排列整齐，标点符号清楚正确，而且要求采用对顶的字体、规定的大小写。

1. 汉字

图样及说明中的汉字，宜采用长仿宋体。长仿宋体的宽度与高度的关系应符合表 1-5 的规定，且字高 h 不应小于 3.5mm。

长仿宋体字高宽关系（mm） **表 1-5**

字高	20	14	10	7	5	3.5
字宽	14	10	7	5	3.5	2.5

2. 数字和字母

数字和字母的笔画宽度宜为字高的 1/10。大写字母的字宽宜为字高的 2/3，小写字母的字宽宜为字高的 1/2。数字和字母有直体和斜体之分，有一般字体和窄字体两种。

1.1.4 比例

比例是指图样中图形与实物相应线性尺寸之比。比例的大小，是指其比值的大小。比例宜注写在图名的右侧，字的基准线应取平；比例的字高宜比图名的字高小一号或二号，如图 1-3 所示。

平面图 1∶100　　⑥ 1∶20

图 1-3　比例的注写

绘图过程中，一般应遵循布图合理、均匀、美观的原则以及图形大小和图面复杂程度来选择相应的比例，从表 1-6 中选用，并优先用表中常用比例。特殊情况下也可自选比例，这时除应注出绘图比例外，还必须在适当位置绘制出相应的比例尺。

一般情况下，一个图样应选用一种比例，可在图标中的比例栏注明，也可以在图纸的适当位置标注。根据专业制图需要，同一图样可选用两种比例，当同一张图纸中各图比例不同时，则应分别标注，其位置应在各图名的右侧。

绘图所用的比例　　**表 1-6**

常用比例	1∶1、1∶2、1∶5、1∶10、1∶20、1∶30、1∶50、1∶100、1∶150、1∶200、1∶500、1∶1000、1∶2000
可用比例	1∶3、1∶4、1∶6、1∶15、1∶25、1∶40、1∶60、1∶80、1∶250、1∶300、1∶400、1∶600、1∶5000、1∶10000、1∶20000、1∶50000、1∶100000、1∶200000

注意：无论用哪种比例绘制图形时，图中标注的尺寸都应是实物的实际尺寸。

1.1.5　尺寸标注

图形只能表示物体的形状，其大小及各组成部分的相对位置是通过尺寸标注来确定的。因此，尺寸标注是工程图必不可少的组成部分。

1. 基本规则

① 工程图上所有尺寸数字是物体的实际大小，与图形的比例及绘图的准确度无关。

② 在道路工程图中，线路的里程桩号以“km”为单位；标高、坡长和曲线要素均以“m”为单位；一般砖、石、混凝土等工程结构物以“cm”为单位；钢筋和钢材长度以“cm”为单位；钢筋和钢材断面尺寸以“mm”为单位。

③ 图上尺寸数字之后不必注写单位，但在注解及技术要求中要注明单位。

2. 尺寸组成

图上标注的尺寸由尺寸界线、尺寸线、尺寸起止符和尺寸数字 4 部分组成，如图 1-4 所示。

① 尺寸线

尺寸线用细实线绘制，应与被标注长度平行，且不应超出尺寸界线。任何图线都不能作为尺寸线。

② 尺寸界线

尺寸界线用细实线绘制，由一对垂直于被标注长度的平行线组成，其间距等于被标注线段的长度，图形轮廓线、中心线也可作为尺寸界线，如图 1-5 所示。

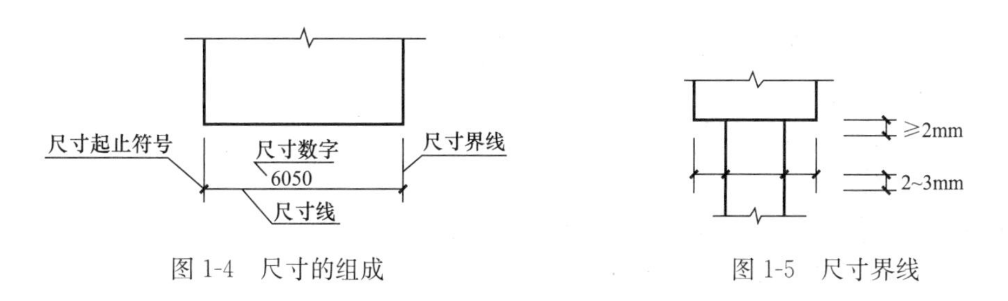

图 1-4　尺寸的组成　　　　图 1-5　尺寸界线

③ 尺寸起止符

尺寸线与尺寸界线的相交点为尺寸的起止点，在起止点上应画尺寸起止符。尺寸起止符号宜用单边箭头表示，也可以用中粗斜短线表示。

④ 尺寸数字

图上的尺寸，应以尺寸数字为准，不得从图上直接量取。

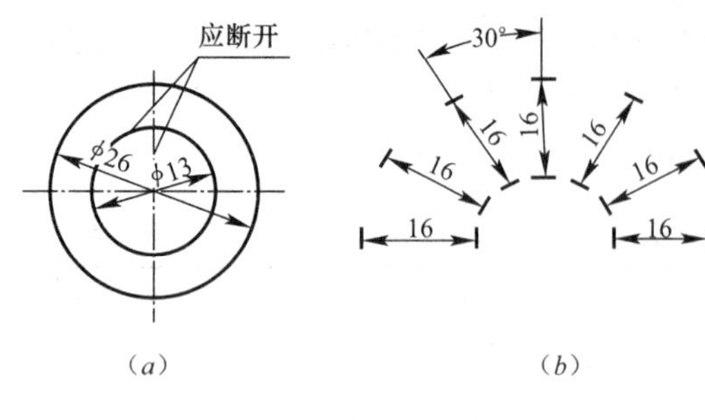

图 1-6　尺寸数字、文字的标注

尺寸数字及文字注写方向如图 1-6 所示，即水平尺寸字头朝上，垂直尺寸字头朝左，倾斜尺寸的尺寸数字都应保持字头仍有朝上趋势。同一张图纸上，尺寸数字的大小应相同。

如没有足够的注写位置，最外边的尺寸数字可注写在尺寸界线的外侧，中间相邻的尺寸数字可错开注写，如图 1-7 所示。

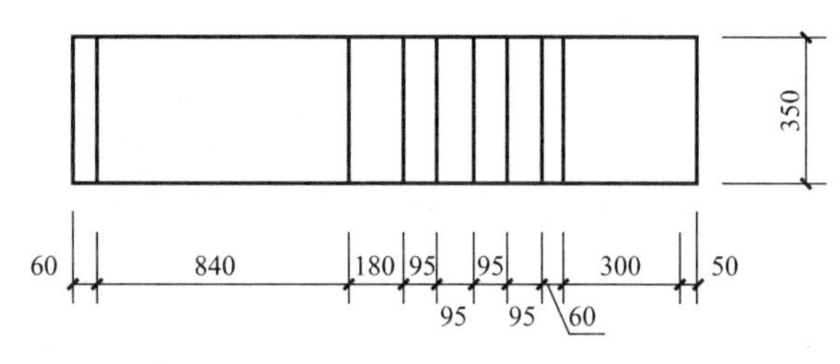

图 1-7　尺寸数字的注写位置

1.2　投影的基本知识

1.2.1　投影法、投射线、投影面、投影图的概念

在日常生活中人们注意到，当太阳光或灯光照射物体时，墙壁上或地面上会出现物体的阴影，这个阴影称为影子。投影法就源自这种自然现象。我们称光源为投影中心，把形成影子的光线称为投射线，把承受投影图的平面称为投影面，在投影面上所得到的图形称为投影图。

投射线、形体和投影面是形成投影的三要素，如图 1-8 所示，三者之间有着密切的关系。

1.2.2　投影的分类

按投射线的不同情况，投影可分为两大类：

(1) 中心投影

所有投射线都从一点（投影中心）引出，称为中心投影，如图 1-9 所示。

(2) 平行投影

所有投射线互相平行则称为平行投影。若投射线与投影面垂直，称为直角投影或正投影（图 1-10*a*）。若投射线与投影面斜交，则称为斜角投影或斜投影（图 1-10*b*）。

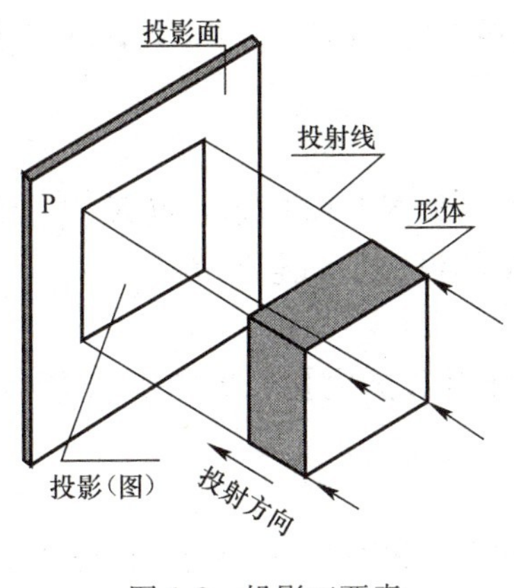

图 1-8　投影三要素

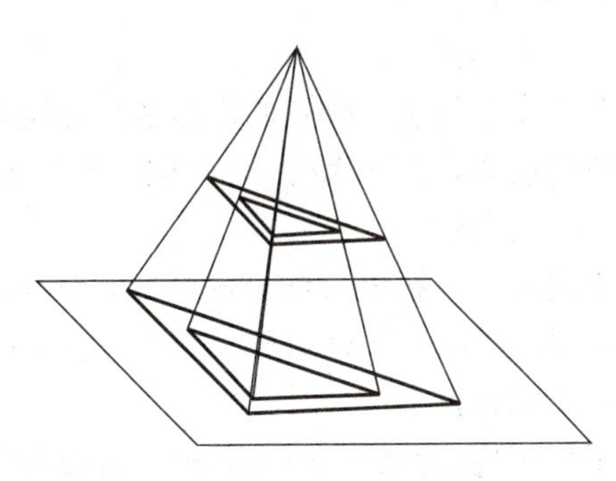

图 1-9　中心投影

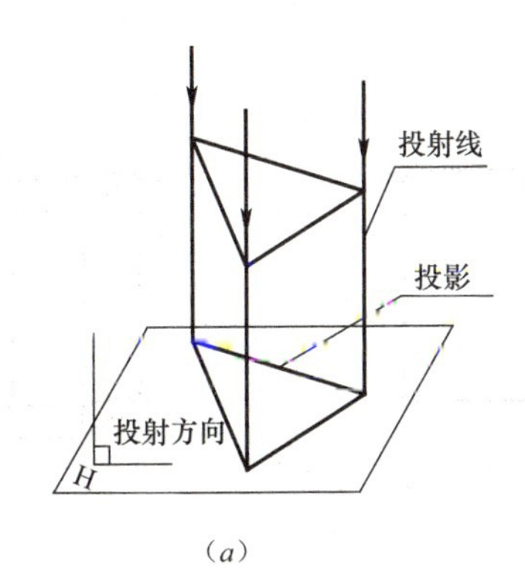

(a)

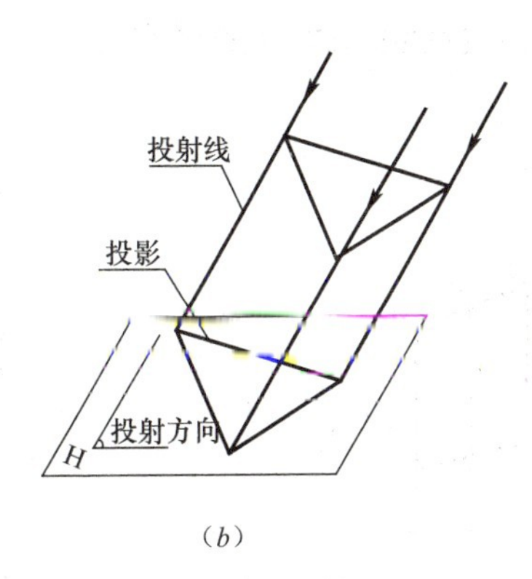

(b)

图 1-10　平行投影

(a) 正投影；(b) 斜投影

1.2.3　平行投影的特性

(1) 类似性

① 点的投影仍是点（图 1-11a）。

② 直线的投影在一般情况下仍为直线，当直线段倾斜于投影面时，其正投影短于实长。如图 1-11（b）所示，通过直线 AB 上各点的投射线，形成一平面 $ABba$，它与投影面 H 的交线 ab 即为 AB 的投影。

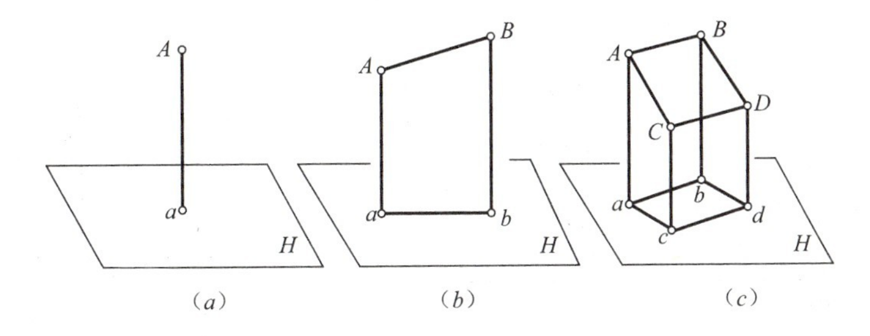

图 1-11　点、线、面的投影

(a) 点的投影；(b) 直线的投影；(c) 平面的投影

③ 平面的投影在一般情况下仍为平面，当平面倾斜于投影面时，其正投影小于实形，如图 1-11（c）。

（2）从属性

若点在直线上，则点的投影必在直线的同面投影上。如图 1-12 所示，点 K 在直线 AB 上，投射线 Kk 必与 Aa、Bb 在同一平面上，因此点 K 的投影 k 一定在 ab 上。

（3）定比性

直线上一点把该直线分成两段，该两段之比，等于其投影之比。如图 1-12 所示，由于 $Aa /\!/ Kk /\!/ Bb$，所以 $AK : KB = ak : kb$。

（4）实行性

平行于投影面的直线和平面，其投影反应实长和实形。如图 1-13 所示，直线 AB 平行于水平投影面，其投影 $ab = AB$，即反应 AB 的真实长度。平面 $ABCD$ 平行于 H 面，其投影 $abcd$ 在 H 面内反映 $ABCD$ 的真实大小。

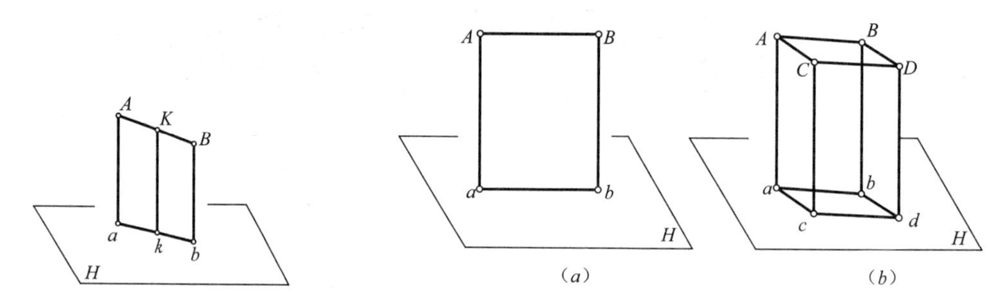

图 1-12　直线的从属性和定比性

图 1-13　投影的实行性

（a）直线的平行投影面；（b）平面的平行投影面

（5）积聚性

垂直于投影面的直线，其投影积聚为一点；垂直于投影面的平面，其投影积聚为一条直线。如图 1-14 所示，直线 AB 垂直于投影面 H，其投影积聚为一点 a（b）。平面 $ABCD$ 垂直于投影面 H，其投影积聚为一条直线 ab（dc）。

（6）平行性

两平行直线的投影仍互相平行，且其投影长度之比等于两平行线段长度之比。如图 1-15 所示：$AB /\!/ CD$，其投影 $ab /\!/ cd$，且 $ab : cd = AB : CD$。

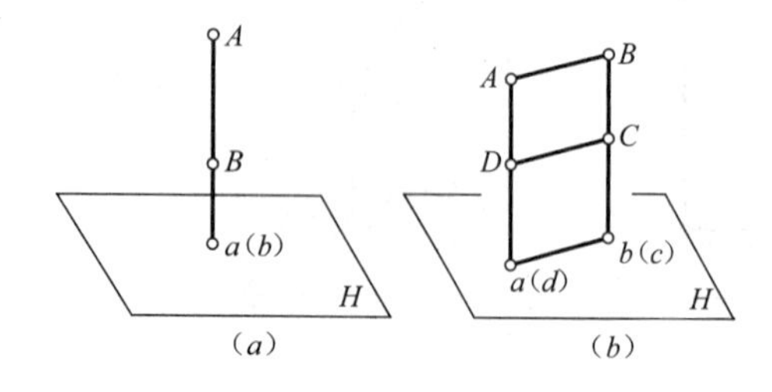

图 1-14　直线和平面的积聚线

（a）直线的积聚投影；（b）平面的积聚投影

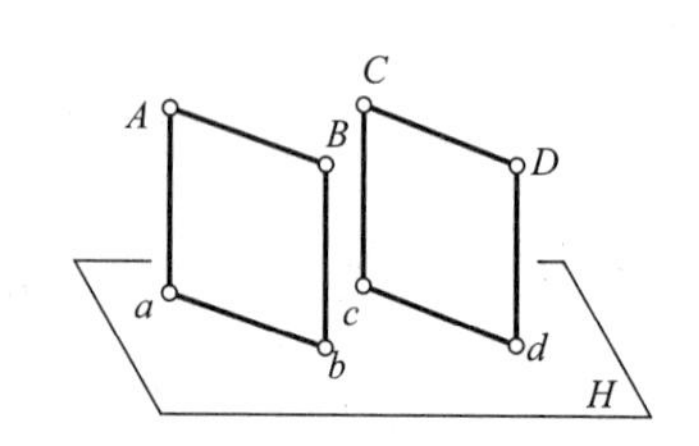

图 1-15　两平行直线的投影

1.2.4 形体的三面投影图

如图 1-16 所示，三个不同的形体，在一个投影面上的投影却是相同的。这说明，根据形体的一个投影一般是不能确定空间形体的形状和结构的，故工程制图中一般采用三面正投影的画法。

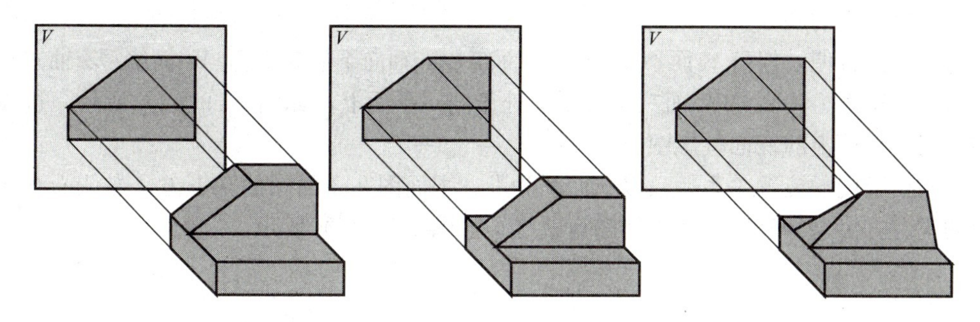

图 1-16　一个投影不能完全表达物体的形状与结构

（1）投影面体系的设置

如图 1-17 所示设置三个相互垂直的平面作为三个投影面，水平放置的平面称为水平投影面，用字母“H”表示，简称为 H 面；正对观察者的平面称为正立投影面，用字母“V”表示，简称为 V 面；观察者右侧的平面称为侧立投影面，用字母“W”表示，简称为 W 面。三投影面两两相交构成三条投影轴 OX、OY 和 OZ，三轴的交点 O 称为原点。只有在这个体系中，才能比较充分地表示出形体的空间形状。

（2）三面投影图的形成

将形体置于三投影面体系中，并且置于观察者和投影面之间，如图 1-18 所示。形体靠近观察者的一面称为前面，反之称为后面。同理定出形体其余的左、右、上、下四个面。用三组分别垂直于三个投影面的投影线对形体进行投影，就得到该形体在三个投影面上的投影：

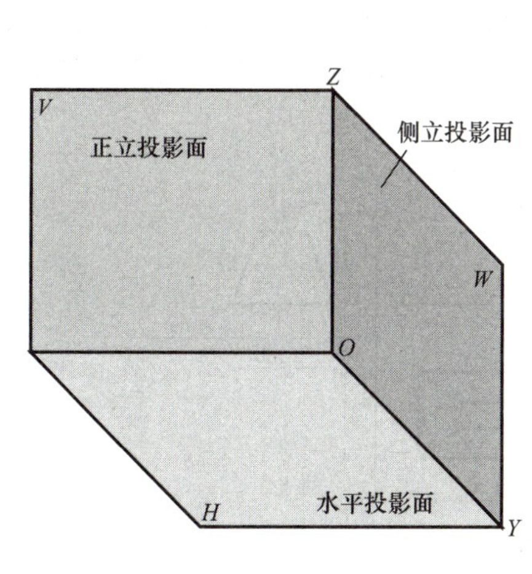

图 1-17　三投影面体系

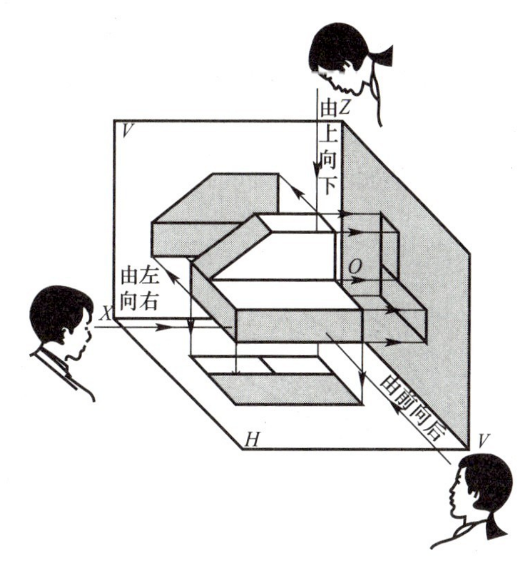

图 1-18　三面投影的完成

1）在 H 面上所得的投影图，称为水平投影图，简称为 H 面投影。

2）在 V 面上所得的投影图，称为正立面投影图，简称为 V 面投影。

3）在 W 面上所得的投影图，称为（左）侧立面投影图，简称为 W 面投影。

上述所得的 H、V、W 三个投影图就是形体最基本的三面投影图。根据形体的三面投影图，就可以确定该形体的空间位置和形状。

（3）投影面的展开

为了绘图方便，保持 V 面不动，将 H 面绕 OX 轴向下旋转 90°，W 面绕 OZ 轴向右旋转 90°，使 H 面、V 面与 W 面三个投影面处于同一平面上，如图 1-19（*a*）所示，这样就得到在同一平面上的三面投影图。

三面投影图的位置关系是：以立面图为准，平面图在立面图的正下方，左侧面图在立面图的正右方。这种配置关系不能随意改变，如图 1-19（*b*）所示。

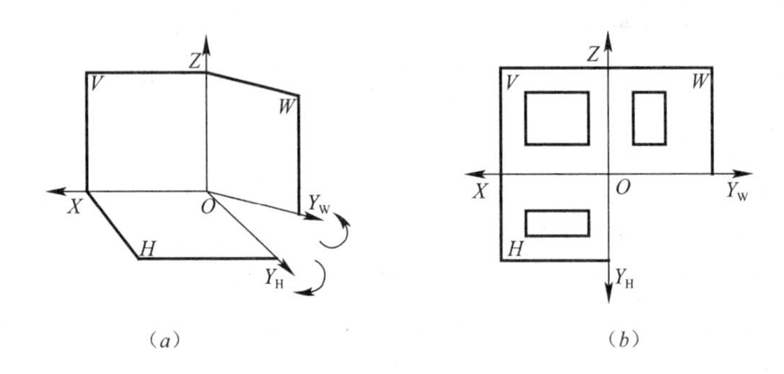

图 1-19　三面投影体系的建立

（*a*）三面投影体系的形成；（*b*）三面投影体系

（4）三视图中的相对位置关系

每个形体都有长度、宽度、高度或左右、上下、前后三个方向的形状和大小。形体左右两点之间平行于 OX 轴的距离称为长度；上下两点之间平行于 OZ 轴的距离称为高度；前后两点之间平行于 OY 轴的距离称为宽度。

每个投影图都能反映其中两个方向关系：H 面投影反映形体的长度和宽度，同时也反映左右、前后位置；V 面反映形体的长度和高度，同时也反映左右、上下位置；W 面投影反映形体的高度和宽度，同时也反映上下、前后位置。如图 1-20 所示。

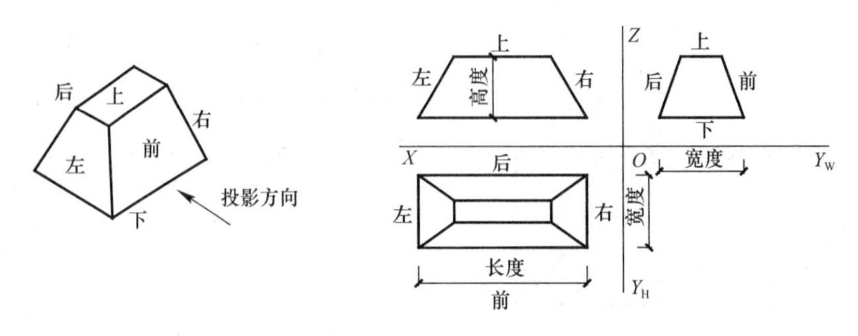

图 1-20　三面投影图的长、宽、高及方位关系

（5）投影的三等关系

三面投影图是在形体安放位置不变的情况下，从三个不同方向投影所得到，根据三面投影图的形成过程可以总结出投影图的投影规律：长对正，高平齐，宽相等。

① 长对正

物体的 OX 轴方向为长度方向，物体的立面图和侧面图均可以表达物体的长度，因此立面图和侧面图的对应点、线或面在 OX 轴方向应对齐，长度方向的距离应相等。

② 高平齐

物体的 OZ 轴方向为高度方向，物体的立面图和侧面图均可以表达物体的高度，因此立面图与侧面图的对应点、线或面在 OZ 轴方向应对齐，高度方向的距离应相等。

③ 宽相等

物体的 OY 轴方向为宽度方向，物体的侧面图和平面图均可以表达物体的宽度，因此平面图与侧面图的对应点、线或面在 OY 轴方向应对齐，宽度方向的距离应相等。

1.3 城市道路工程图的识读

道路的基本组成包括路基、路面、桥梁、涵洞、隧道、防护工程、排水设施和交通安全工程及沿线设施等。道路根据不同的组成和功能特点，可分为公路和城市道路两种，位于城市郊区及城市以外的道路称为公路，位于城市范围以内的道路称为城市道路。

道路是一种主要承受汽车荷载反复作用的带状工程结构物，具有组成复杂，长、宽、高三向尺寸相差悬殊，形状受地形影响大和涉及学科广的特点。由于以上特点，道路工程的图示方法与一般工程图样不完全相同，它是以地形图为平面图、以纵向展开断面图为立面图、以横断面为侧面图，并且大都各自画在单独的图纸上，利用这三种工程图来表达道路的空间位置、线型和尺寸。

道路路线的工程图包括路线平面图、路线纵断面图和路基横断面图。

1.3.1 城市道路路线平面图识读

路线平面图是上面绘有道路中心线的地形图，其作用是表达路线的走向、平面线型（直线和左、右弯道），以及沿线两侧一定范围内的地形、地物的情况和结构物的平面位置。

下面以如图 1-21 所示的某道路 K0＋000 至 K1＋700 段的路线平面图为例，来讲述路线平面图的识读方法。

路线平面图的主要内容包括地形和路线两部分。

（1）地形部分

1）方位

为了表示路线所在地区的方位和路线的走向，在路线平面图上应画出指北针或坐标网。图 1-21 采用的是坐标网表示，其 x 轴向为南北方向（坐标值增加的方向为北），y 轴向为东西方向（坐标值增加的方向为东）。坐标值的标注应靠近被标注点，书写方向应平行网格或在网格延长线上，数值前应标注坐标轴线代号。

2）比例

路线平面图的地形图是经过勘测而绘制的，可根据地形的起伏情况采用相应的比例。

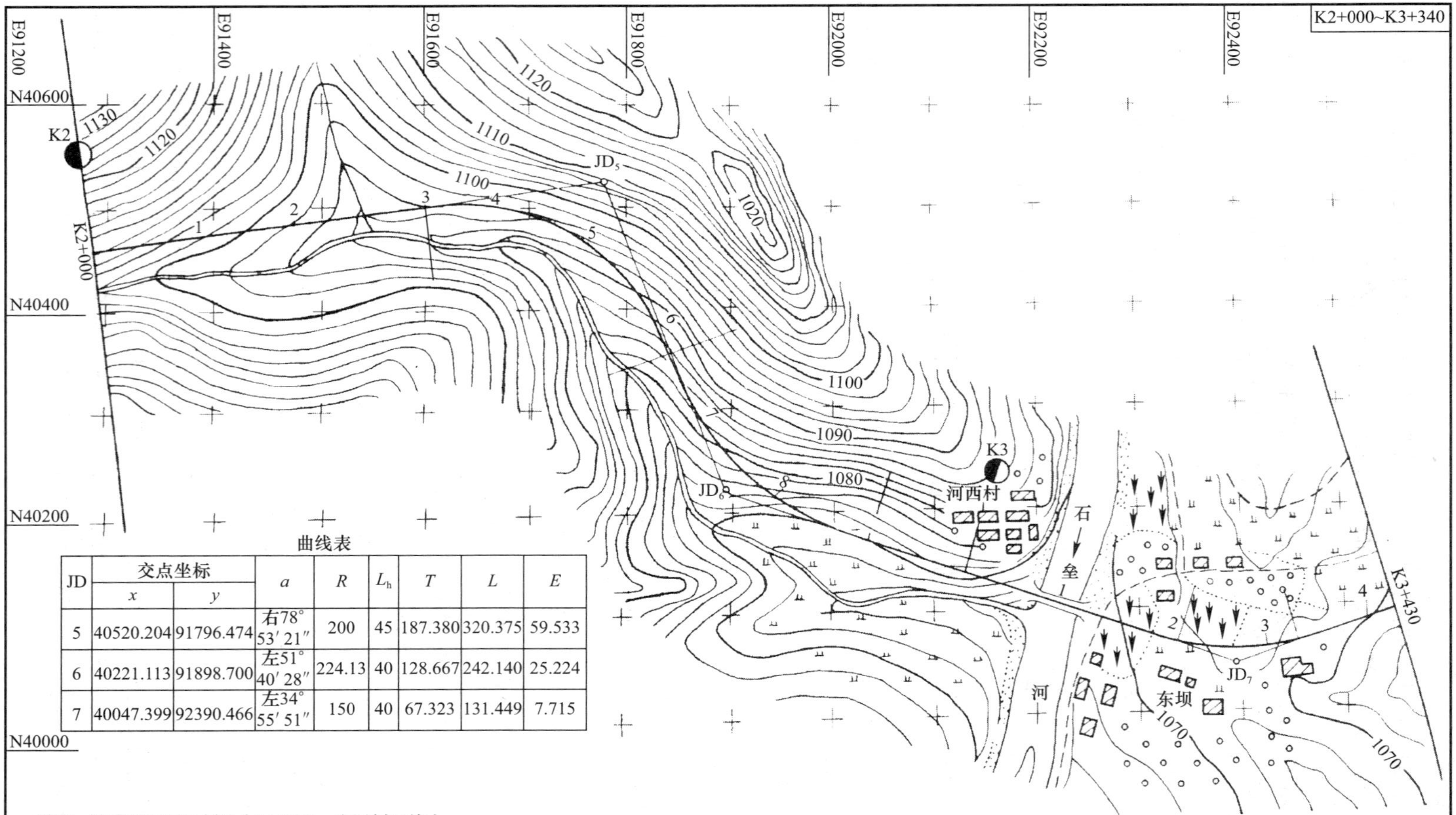

曲线表

JD	交点坐标		a	R	L_h	T	L	E
	x	y						
5	40520.204	91796.474	右78°53′21″	200	45	187.380	320.375	59.533
6	40221.113	91898.700	左51°40′28″	224.13	40	128.667	242.140	25.224
7	40047.399	92390.466	左34°55′51″	150	40	67.323	131.449	7.715

说明：路线平面图比例尺为1∶2000。本图例已缩小。

设计单位名称	（工程名称）	路线平面设计图	设计		复核		审核		图号		日期	

图 1-21　道路路线平面图

城镇区一般采用 1∶500 或 1∶1000，山岭重丘区一般采用 1∶2000，微丘和平原区一般采用 1∶5000。

3）地形

路线平面图中地形起伏情况主要用等高线表示。如图 1-21 所示，该图中相邻两根等高线之间的高差为 2m，每隔四条等高线画有一条比较粗的计曲线，并标有相应的高程数字。根据图中等高线的疏密可以看出地势的情况，同一地形内，等高线越密；则地势就越陡；反之等高线越稀疏；则地势就越平坦。该地区东北部地势较高、较陡，西南部地势较平缓、较低。

4）地物

在路线平面图中地形面上的地物如河流、房屋、道路、桥梁、电力线、植被等，都是按规定图例绘制的。道路工程常用地物图例见表 1-7。

对照图例可知，图 1-21 中该地区东北方有两座小山峰，一座高约 80m，另一座高约 100m。在两山之间的山谷中，有一条石头江，由东北向西南流入南部的清江。在石头江的东北岸，小山脚下有一名为宁乡的小村。该村的西南方向有一条通往该村的大车道，东北方向还有一条小路。该村周围，北部是旱地，南部是水田。该地区西部有一条南北走向由惠州到宁城的公路，公路东侧是一条由惠州到宁城的低压电力线。公路两侧是农田，有旱地和水田。

道路工程常用地物图例 **表 1-7**

名　称	图　例	名　称	图　例	名　称	图　例
机场		港口		井	
学校	文	交电室		房屋	
土堤		水渠		烟囱	
河流		冲沟		人工开挖	
铁路		公路		大车道	
小路		低压电力线 高压电力线		电讯线	
果园		旱地		草地	
林地		水田		菜地	
导线点		三角点		图根点	
水准点		切线交点		指北针	

（2）路线部分

1）设计路线

由于路线平面图所采用的绘图比例较小，且道路的宽度相对于长度来说尺寸小得多，故无法按实际尺寸画出道路的宽度，因此在路线平面图中，设计路线是用粗实线表示路线中心线的。

2）里程桩

道路路线的总长度和各段之间的长度用里程桩号表示。里程桩号应从路线的起点至终点依次顺序编号，并规定在平面图中路线的前进方向是从左向右的。里程桩分公里桩和百米桩两种。

公里桩宜注在路线前进方向的左侧，用符号“◖”表示桩位，用“K×××”表示其公里数，且注写在符号的上方；百米桩宜标注在路线前进方向的右侧，用垂直于路线的细短线表示桩位，用字头朝向前进方向的阿拉伯数字表示百米数，注写在短线的端部。如图 1-21 所示，图中“K1”表示距离路线起点 1km；在 K1 公里桩的前方注写的“2”表示桩号为 K1＋200，说明该点距路线起点为 1200m。

3）平曲线

道路路线在平面上是由直线段和曲线段组成的，在路线的转折处应设平曲线。最常见的较简单的平曲线为圆弧，其基本的几何要素如图 1-22 所示：JD 为交角点，是路线的两直线段的理论交点；α 为转折角，是路线前进时向左（α_z）或向右（α_y）偏转的角度；R 为圆曲线半径，是连接圆弧的半径长度；T 为切线长，是切点与交角点之间的长度；E 为外距，是曲线中点到交角点的距离；L 为曲线长，是圆曲线两切点之间的弧长，L_s 为缓和曲线长。

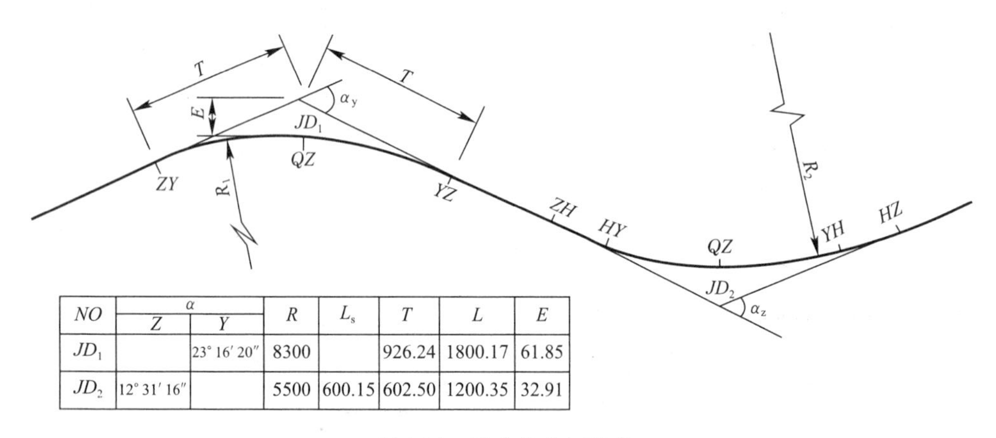

NO	α		R	L_s	T	L	E
	Z	Y					
JD_1		23°16′20″	8300		926.24	1800.17	61.85
JD_2	12°31′16″		5500	600.15	602.50	1200.35	32.91

图 1-22　平曲线几何要素

在路线平面图中，转折处应注写交角点代号并依次编号，如 JD_1 表示第 1 个交角点。还要注出曲线段的起点 ZY（直圆）、中点 QZ（曲中）、终点 YZ（圆直）的位置。为了将路线上各段平曲线的几何要素值表示清楚，一般还应在图中的适当位置列出平曲线要素表，如图 1-21、图 1-22 所示。如果设置缓和曲线，则将缓和曲线与前、后段直线的切点分别标记为 ZH（直缓点）和 HZ（缓直点）；将圆曲线与前、后段缓和曲线的切点分别标记为 HY（缓圆点）和 YH（圆缓点）。

如图 1-21 所示，该图中新设计的这段道路是从 K0＋000 处开始到 Kl＋700，在交角点 JD_1 处向左转折，$\alpha_z=12°30'18''$，圆曲线半径尺＝5500m。由于圆曲线半径较大，没有设置缓和曲线，图中注出了 *ZY*、*QZ*、*YZ* 的位置并列出了平曲线要素表。

4）结构物和控制点

在路线平面图上还应标示出道路沿线的结构物和控制点，如桥梁、涵洞、通道、立交、水准点和三角点等。道路工程常用结构物图例见表 1-8，结合此表识读图 1-21，可了解道路沿线结构物的位置、类型、分布情况及控制点的坐标和高程。

道路工程常用结构物图例（平面图）　　　　**表 1-8**

序号	名　称	图　例	序号	名　称	图　例
1	漏洞		6	通道	
2	桥梁（大、中桥按实际长度绘制）		7	分离式立交桥	主线上跨 主线下穿
3	隧道		8	互通式立交（采用形式绘）	
4	养护机构		9	管理机构	
5	隔离墩		10	防护栏	

1.3.2　城市道路路线纵断面图识读

路线纵断面图是通过道路中心线用假想的铅垂剖切面进行纵向剖切，然后展开绘制而获得的。由于道路中心线是由直线和曲线组合而成的，所以纵向剖切面既有平面又有曲面，为了清晰地表达路线的纵断面情况，采用展开的方法将此纵断面展平成一平面，并绘制在图纸上，这就形成了路线纵断面图。

路线纵断面图的作用是表达路线中心的纵向线型、沿线地面的高低起伏及地质状况和沿线设置构造物的概况。

路线纵断面图包括图样和资料表两部分：一般图样画在图纸的上部，资料表布置在图纸的下部。下面以如图 1-23 所示的某道路 K3＋000 至 K3＋700 段的路线纵断面图为例，讲述路线纵断面图的识读方法。

（1）图样部分

1）比例

路线纵断面图的横向表示路线的里程（前进方向），竖向表示设计线和地面的高程。

第13页	第6页
K3+000~K3+700	

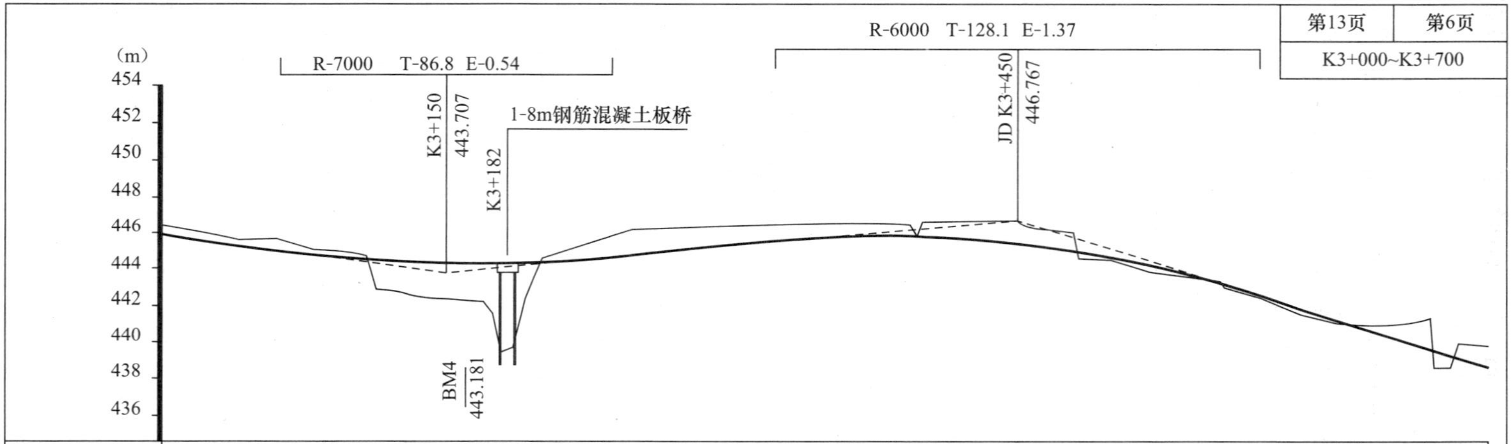

R-7000　T-86.8　E-0.54

R-6000　T-128.1　E-1.37

K3+150 443.707

1-8m钢筋混凝土板桥

K3+182

JD K3+450 446.767

BM4 443.181

(m) 454 452 450 448 446 444 442 440 438 436

地质概况：粉质中液限黏土

里程桩号	地面高程(m)	设计高程(m)	填挖高度(m)
K3 =K3+038.85	446.390	445.897	-0.493
+020	446.050	445.605	-0.445
+040	445.586	445.313	-0.273
+060	445.636	445.021	-0.615
+080	445.046	444.749	-0.297
+100	444.884	444.534	-0.350
+108	444.644	444.463	-0.181
+120	442.795	444.375	1.580
+140	442.425	444.274	1.849
+169	442.205	444.229	2.024
+178	439.412	444.240	4.828
+191	442.252	444.275	2.023
+200	444.525	444.314	-0.211
+247.91	446.167	444.706	-1.461
+260	446.275	444.829	-1.446
+280	446.301	445.033	-1.268
+300	446.354	445.237	-1.117
+320	446.387	445.441	-0.946
+340	446.424	445.618	-0.806
+360	446.487	445.728	-0.759
+380	446.516	445.772	-0.744
+394	446.452	445.763	-0.689
+420	446.620	445.659	-0.961
+440	446.650	445.503	-1.147
+450.52	446.676	445.394	-1.282
+460	446.234	445.280	-0.954
+480	446.002	444.990	-1.012
+500	444.475	444.634	0.159
+520	443.865	444.211	0.346
+540	443.565	443.721	0.156
+558	443.345	443.223	-0.122
+580	442.431	442.542	0.111
+600	441.581	441.892	0.311
+620	441.071	441.242	0.171
+640	440.981	440.592	-0.389
+653.07	441.020	440.167	-0.853
+669	441.350	439.650	-1.700
+680	438.650	439.292	0.642
+700	439.790	438.642	-1.148

坡度	-1.460%	1.020%	-3.250%
坡长(m)	150(378.85)	300	250(350)
变坡点	443.707 +150	446.767 +450	

直线及平曲线：a-11° 36′ 18″ R-2000L-405.1

×××勘测设计所	×××大道	路线纵断面图	设计		复核		审核		图号	SⅢ-2-6

图 1-23　某道路路线纵断面图

由于路线的高程变化比起路线的长度要小得多，为了在路线纵断面图上清晰地显示出高程的变化和设计上的处理，绘制时一般竖向比例要比横向比例放大 10 倍。如图 1-23 所示，该图的横向比例为 1∶2000，而竖向比例为 1∶200（纵断面图中的比例一般标注在最后一张图右下角的标题栏中）。为了便于画图和识图，一般还应在纵断面图的左侧按竖向比例画出高程标尺。

2）设计线和地面线

在纵断面图中，粗实线为公路纵向设计线，是由直线段和竖曲线组成的，它是根据地形起伏和公路等级，按相应的公路工程技术标准而确定的，设计线上各点的标高通常是指路基边缘的设计高程。不规则的细折线为设计中心线处的地面线，它是根据原地面上沿线各点的实测中心桩高程而绘制的。比较设计线与地面线的相对位置，可确定填挖地段和填挖高度。

3）竖曲线

在设计线的纵向坡度变更处（即变坡点），应按公路工程技术标准的规定设置竖曲线，以利于汽车平稳行驶。竖曲线分为凸形和凹形两种，在图中分别用“┌┬┐”和“└┬┘”符号表示，符号中部的竖线应对准变坡点，竖线两侧标注变坡点的里程桩号和变坡点的高程。符号的水平线两端应对准竖曲线的起点和终点，水平线上方应标注竖曲线要素值（半径 R、切线长 T、外距 E）。如图 1-23 所示，在 K3＋150 处设有一凹曲线，该变坡点的高程为 443.707m（R＝7000m，T＝86.8m，E＝0.54m）；在 K3＋450 处设有一凸曲线，该变坡点的高程为 446.767m（R＝6000m，T＝125.1m，E＝1.37m）。

4）沿线构造物

道路沿线如设有桥梁、涵洞、立交和通道等构造物时，应在其相应设计里程和高程处，按表 1-9 绘制并注明构造物的名称、种类、大小和中心里程桩号。如图 1-23 所示，在 K3＋182 里程桩处设有一座预应力混凝土板梁桥，该桥共 1 跨，跨度为 8m。

道路工程常用结构物图例（纵断面图） **表 1-9**

序号	名称	图例	序号	名称	图例
1	箱涵		5	桥梁	
2	盖板涵		6	箱型通道	
3	拱涵		7	管涵	
4	分离式立交 （*a*）主线上跨 （*b*）主线下穿	（*a*） （*b*）	8	互通式立交 （*a*）主线上跨 （*b*）主线下穿	（*a*） （*b*）

（2）资料表部分

路线纵断面图的测设数据表是与图样上下对齐布置的，这种表示方法可较好地反映出纵向设计在各桩号处的高程、填挖方量、地质条件和坡度以及平曲线与竖曲线的配合关系。资料表主要包括以下项目和内容：

1）地质概况

根据实测资料，在图中注出沿线各段的地质情况。

2）标高

资料表中有设计标高和地面标高两栏，它们应和图样互相对应，分别表示设计线和地面线上各点（桩号）的高程。

3）填挖高度

设计线在地面线下方时需要挖土，设计线在地面线上方时需要填土，挖或填的高度值应是各点（桩号）对应的设计标高与地面标高之差的绝对值。

4）坡度及坡长

标注设计线各段的纵向坡度和水平长度距离。表格中的对角线表示坡度方向，左下至右上表示上坡，左上至右下表示下坡，坡度和距离分注在对角线的上下两侧。

5）里程桩号

沿线各点的桩号是按测量的里程数值填入的，单位为 m，桩号从左向右排列。在平曲线的起点、中点、终点和桥涵中心点等处可设置加桩。

6）直线及平曲线

在路线设计中竖曲线与平曲线的配合关系，直接影响着汽车行驶的安全性和舒适性，以及道路的排水状况，故《公路路线设计规范》对路线的平纵配合提出了严格的要求。由于道路路线的平面图与纵断面图是分别表示的，所以在纵断面图的资料表中，以简约的方式表示出平纵配合关系。

在该栏中，以“——”表示直线段；以“╱‾‾‾‾╲”和“╲____╱”或“┌────┐”和“└────┘”四种图样表示平曲线段，其中前两种表示设置缓和曲线的情况，后两种表示不设置缓和曲线的情况，图样的凹凸表示曲线的转向，上凸表示右转曲线，下凹表示左转曲线。从图 1-23 中可以看到在桩号 K3+247.91 到 K3+653.07 段是平曲线，并沿路线的前进方向向左转。

纵断面图的标题栏绘在最后一张图或每张图的右下角，注明路线名称，纵、横比例等。每张图纸右上角应有角标，注明图纸序号及总张数。

1.3.3 城市道路路线横断面图识读

路基横断面图是用假想的剖切平面垂直于道路中心线剖切而得到的，其作用是表达路线各中心桩处路基横断面的形状和横向地面的高低起伏状况。

工程上要求，在路线的每一中心桩处，应根据实测资料和设计要求画出一系列的路基横断面图，用以计算公路的土石方量和作为路基施工的依据。

路基横断面图的基本形式有以下三种：

（1）填方路基（路堤）

整个路基全为填土区（图 1-24*a*），填土高度等于设计标高减去地面标高。填方边坡一般为 1∶1.5。在图下注有该断面的里程桩号、中心线处的填方高度 H_T（m）及该断面的

填方面积 A_T（m^2）。

（2）挖方路基（路堑）

整个路基全为挖土区（图 1-24*b*），挖土深度等于地面标高减去设计标高，挖方边坡一般为 1∶1。图下注有该断面的里程桩号、中心线处挖方高度 H_W（m）及该断面的挖方面积 A_W（m^2）。

（3）半填半挖路基

路基断面一部分为填土区，一部分为挖土区，是前两种路基的综合（图 1-24*c*）。在图下注有该断面的里程桩号、中心线处的填（或挖）高度 H（m）以及该断面的填方面积 A_T（m^2）和挖方面积 A_W（m^2）。

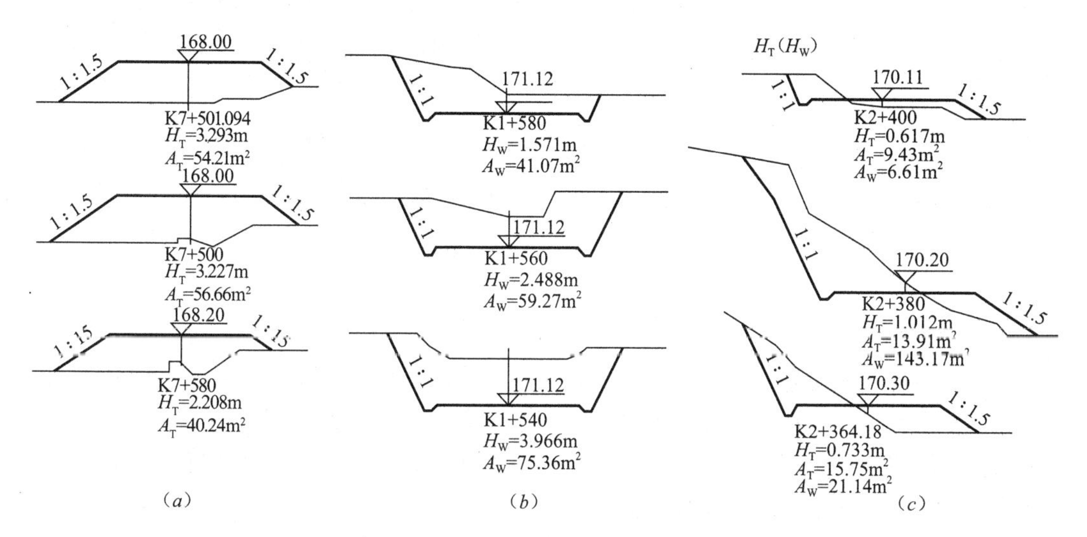

图 1-24　路基横断面图的基本形式

（*a*）路堤；（*b*）路堑；（*c*）半填半挖

1.4　城市桥梁工程图识读

1.4.1　桥梁总体布置图识读

建造一座桥梁需要用到的图样很多，但一般可分为桥位平面图、桥位地质纵断面图、总体布置图、构件图和大样图几种。

（1）桥位平面图识读

桥位平面图主要是表示桥梁与路线连接的平面位置。通过地形测量绘出桥位处的道路、河流、水准点、钻孔及附近的地形和地物（如房屋、原有桥梁等），以便作为设计桥梁、施工定位的根据，这种图一般采用较小的比例，如 1∶500，1∶1000，1∶2000 等。

如图 1-25 所示为某桥的桥位平面图，除了表示出了路线平面形状、地形和地物外，还表明了钻孔、里程、水准点的位置和数据。

（2）桥位地质断面图识读

桥位地质断面图是根据水文调查和地质钻探所得的资料绘制的所存河床位置的地质断

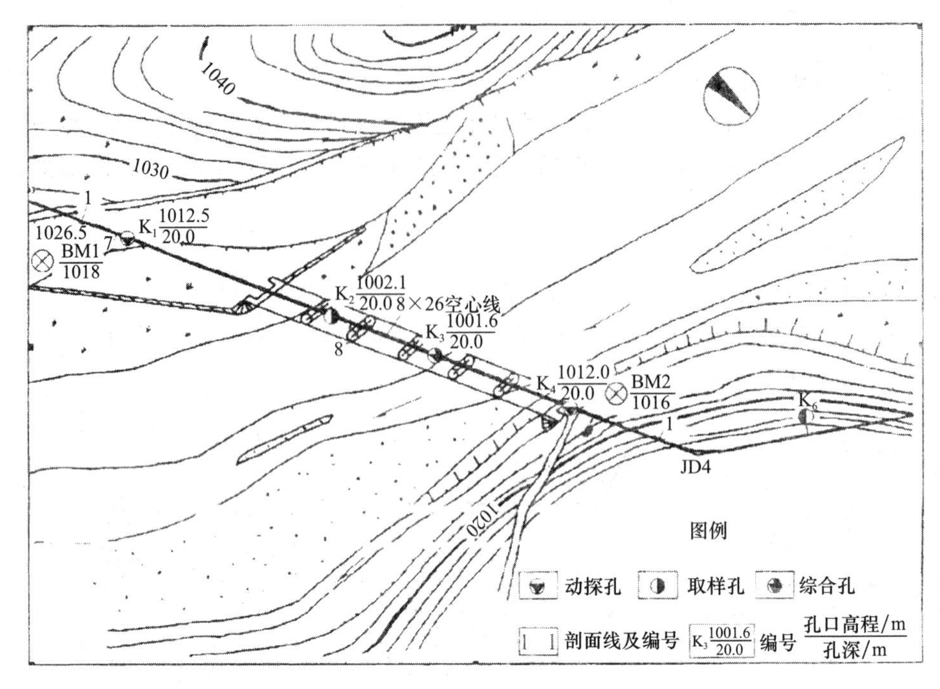

图 1-25 某桥的桥位平面图

面图，桥位地质断面图包括河床断面线、各层地质情况、最高水位线、常水位线和最低水位线，以便作为设计桥梁、桥台、桥墩和计算土石方数量的依据；桥位地质断面图中还标出了钻孔的位置、孔口标高、钻孔深度及孔与孔之间的间距。桥梁的地质断面图有时以地质柱状图的形式直接绘在桥梁总体布置图的立面图正下方。某些桥可不绘制桥位地质断面图，但应写出地质情况说明。桥梁地质断面图为了显示地质和河床深度的变化情况，特意把地形高度（标高）的比例较水平方向比例放大数倍画出，如图 1-26 所示，地形高度的比例采用 1∶200，水平方向的比例采用 1∶500。

（3）桥梁总体布置图识读

1）桥梁总体布置图的图示内容

桥梁总体布置图主要由立面图、平面图、侧面图、路基设计表及附注组成。立面图上主要表达桥梁的总长、各跨跨径、纵向坡度、施工放样和安装所必需的桥梁各部分的标高、河床的形状及水位高度；还应反映桥位起始点、终点、桥梁中心线的里程桩号等。从立面图上可以反映出桥梁的大致特征和桥型。平面图上主要表达桥梁在水平方向的线形、桥墩、桥台的布置情况及车行道、人行道、栏杆等的位置。侧面图（横断面图）主要表达桥面宽度、桥跨结构横断面布置及横坡设置情况。路基设计表中应列出桥台、桥墩的桩号及各桩号处的设计高程、各测点的地面高程及各跨的纵坡。

2）桥梁总体布置图识读示例

如图 1-27 所示为一空心板简支梁桥的总体布置图。该桥位于 K0＋37.00 处，是两孔钢筋混凝土空心板梁桥，总长度为 37.00m，桥面宽度为 7.50m。从立面图上可以看出该桥的起点桩号为 K0＋18.50，终点桩号为 K0＋55.50，桥跨中心的位置在 K0＋37.00 桩号处。两孔跨径均为 16m，全长为 37m（从耳墙的后边缘算起）。立面图上标注出桥梁路面

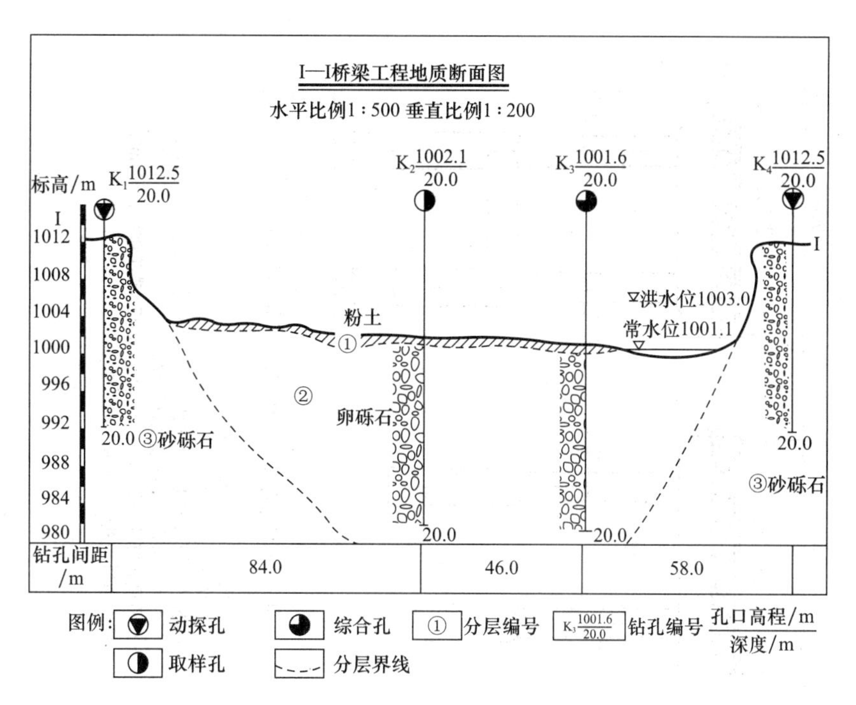

图 1-26 桥位地质断面图

中心线上桩基础底面、顶面，以及立柱顶面各部分的标高。根据图中桥梁各部分的标高可以知道立柱的高度及混凝土钻孔桩的埋置深度等。由于桩埋置较深，为节省图幅而采用了折断画法。立面图中还反映出两边桥台为带耳墙的柱式桥台，由立柱和柱下的钻孔灌注桩基础组成。河床中间有 1 个柱式桥墩，它由立柱、系梁和钻孔灌注桩基础共同组成。将土体看成透明体，所以埋入土中的桩基础部分画成实线。

从平面图中可以看出桥梁中心线与道路中心线的夹角为 90°。从图中可以看到桥台盖梁、耳墙、桥台立柱、桩柱、锥形护坡的布置情况；同样，可以看到桥墩盖梁、桥墩立柱、桩柱的布置情况。其中，桥台和桥墩的盖梁、立柱、桩柱不可见，所以用虚线表示。

侧面图用Ⅰ-Ⅰ和Ⅱ-Ⅱ两个断面图来表达。为了更清楚地表达断面形状，该图采用较大的比例：Ⅰ-Ⅰ断面是在右边跨处剖开得到的，主要表达该处桥跨结构的横断面布置情况和桥台（包括盖梁、立柱及桩柱）侧面方向的形状与尺寸；Ⅱ-Ⅱ断面是从左边跨处剖开得到，主要表达该处桥跨结构的横断面布置情况和距剖切平面较近的桥墩（包括盖梁、立柱及桩柱）侧面方向的形状与尺寸。从侧面图中可看出，桥面净宽为 7m，桥面总宽为 7.5m，由 7 块钢筋混凝土空心板拼接而成，桥面的横向坡度为 2.00%，右侧桥面高于左侧桥面。

在平面图下面与平面图对齐画出路基设计表，路基设计表中列出了桥台、桥墩的桩号及各桩号处的设计高程、各测点的地面高程、各跨的纵坡。从表中可知该桥梁没有设置纵坡。

1.4.2 桥梁构件图识读

桥梁由上部结构（桥跨结构）、下部结构（墩台结构）及附属构造物等组成。图 1-28 所示为桥梁构造的立体示意图，桥梁的上部结构包括主梁和桥面系，图 1-27 中的空心板

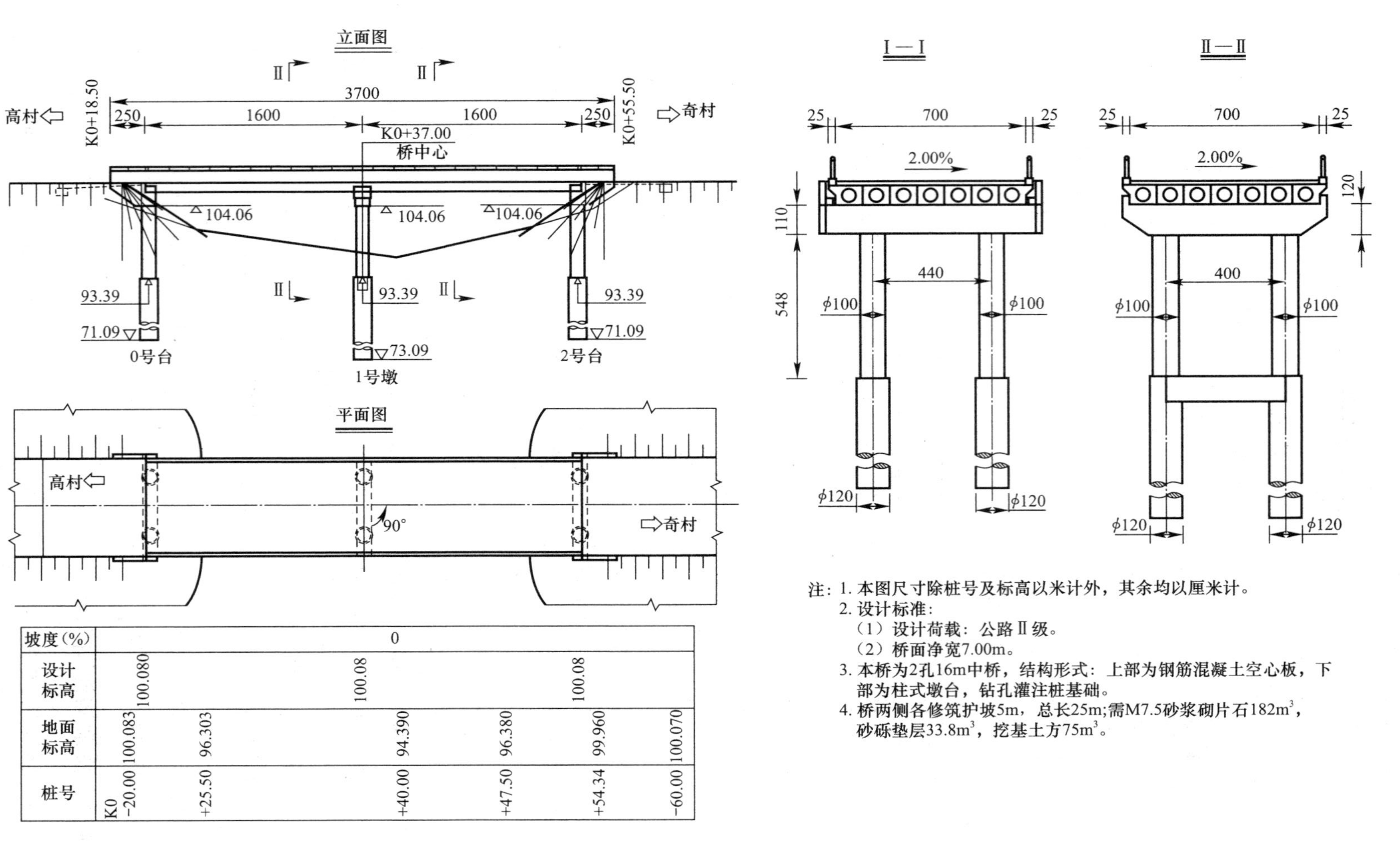

坡度(%)	0					
设计标高	100.080		100.08		100.08	
地面标高	100.083	96.303	94.390	96.380	99.960	100.070
桩号	K0 −20.00	+25.50	+40.00	+47.50	+54.34	−60.00

注：1. 本图尺寸除桩号及标高以米计外，其余均以厘米计。
2. 设计标准：
（1）设计荷载：公路Ⅱ级。
（2）桥面净宽7.00m。
3. 本桥为2孔16m中桥，结构形式：上部为钢筋混凝土空心板，下部为柱式墩台，钻孔灌注桩基础。
4. 桥两侧各修筑护坡5m，总长25m;需M7.5砂浆砌片石$182m^3$，砂砾垫层$33.8m^3$，挖基土方$75m^3$。

图 1-27 空心板简支梁桥的总体布置图

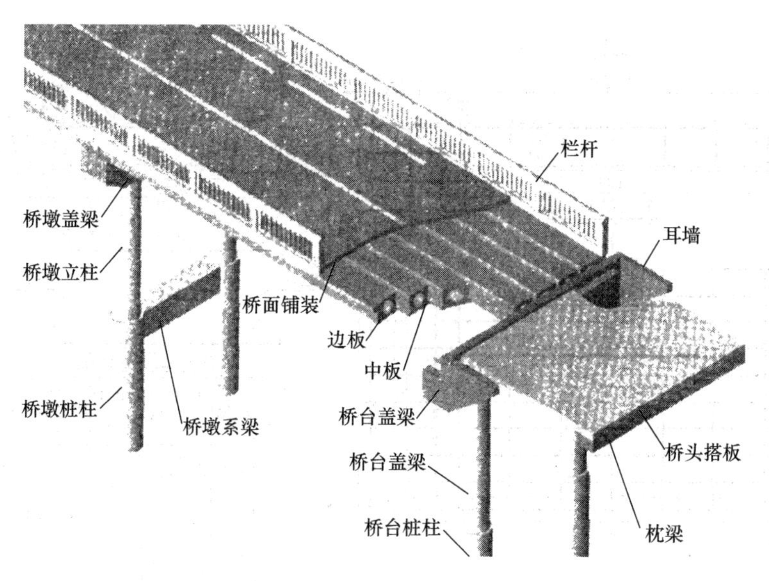

图 1-28 桥梁构造立体示意图

(边板中板)、桥面铺装为桥梁的上部结构；桥跨结构是桥梁中的主要受力构件。桥梁的下部结构包括桥墩、桥台和基础。桥跨结构通过支座支撑在桥墩、桥台上。桥跨结构上部的栏杆是桥梁的附属结构。

(1) 桥梁构件图的内容与特点

桥梁构件大部分是钢筋混凝土构件，钢筋混凝土构件图主要表明构件的外部形状及内部钢筋的布置情况，所以桥梁构件图包括构件构造图（模板图）和钢筋结构图两种。

1）构件构造图只画出构件形状，不画出内部钢筋。当构件外形简单时，可省略构造图。

2）钢筋结构图主要表示钢筋的布置情况，通常又称为构件钢筋构造图。钢筋结构图一般应包括表示钢筋布置情况的投影图（立面图、平面图、断面图）、钢筋详图（即钢筋成形图）与钢筋数量表等内容。如图 1-29 所示为钢筋混凝土板的钢筋结构图。

3）为突出结构物中钢筋的配置情况，把混凝土假设为透明体，结构外形轮廓画成细实线。

4）钢筋纵向画成粗实线（箍筋也可为中实线），钢筋断面用黑圆点表示。

5）钢筋直径的尺寸单位采用 mm，其余尺寸单位均采用 cm，图中无需注出单位。

(2) 钢筋结构图识读

识读钢筋结构图，首先要概括了解采用了哪些基本的表达方法，各剖面图、断面图的剖切位置和投影方向；然后要根据各投影中给出的细实线的轮廓线确定混凝土构件的外部形状；再分析钢筋详图及钢筋数量表确定钢筋的种类及各种钢筋的直径、等级与数量。根据钢筋的直径、等级与形状等可以大致确定是主筋、架立钢筋或是箍筋（主筋的直径较大、钢筋等级高，分布在构件受拉的一侧；架立钢筋与主筋的分布方向一致，用来固定箍筋的位置，并与构件内的受力筋、箍筋一起构成钢筋骨架；而箍筋的分布方向与主筋的分布方向垂直）。如图 1-29 所示 1 号钢筋为主筋，布置在板的下部；2 号钢筋为架立钢筋；3 号钢筋和 4 号钢筋共同组成箍筋。一般可以在断面图中分析主筋和架立钢筋在构件断面中的分布情况，分析箍筋的组成及形状；而在立面图、平面图中分析主筋和架立钢筋的形

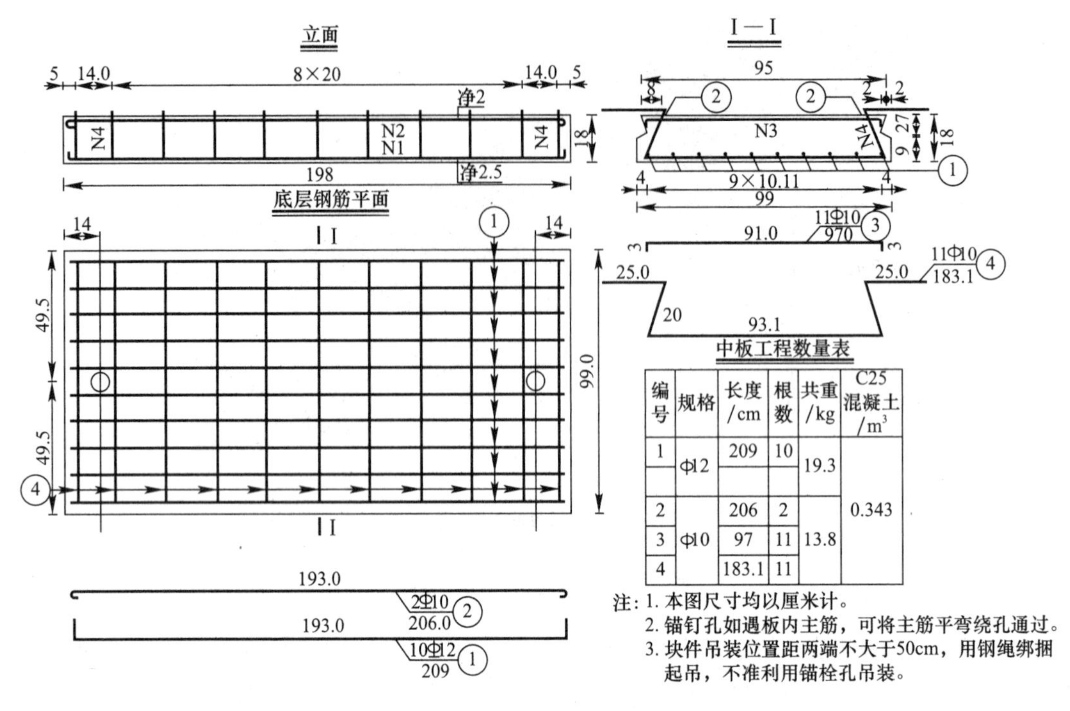

编号	规格	长度/cm	根数	共重/kg	C25混凝土/m³
1	Φ12	209	10	19.3	0.343
2	Φ10	206	2	13.8	
3		97	11		
4		183.1	11		

注：1. 本图尺寸均以厘米计。
2. 锚钉孔如遇板内主筋，可将主筋平弯绕孔通过。
3. 块件吊装位置距两端不大于50cm，用钢绳绑捆起吊，不准利用锚栓孔吊装。

图 1-29　钢筋混凝土板的钢筋结构图

状，分析箍筋沿构件长度方向的分布情况。各种钢筋的详细尺寸与形状要仔细识读钢筋详图，识读图时注意将几个图联系起来，并仔细识读图中的工程数量表及相关注释。

1.4.3　桥跨结构图识读

桥跨结构包括主梁和桥面系。常见的钢筋混凝土主梁有钢筋混凝土空心板梁、钢筋混凝土 T 形梁及钢筋混凝土箱梁等，如图 1-30 所示。

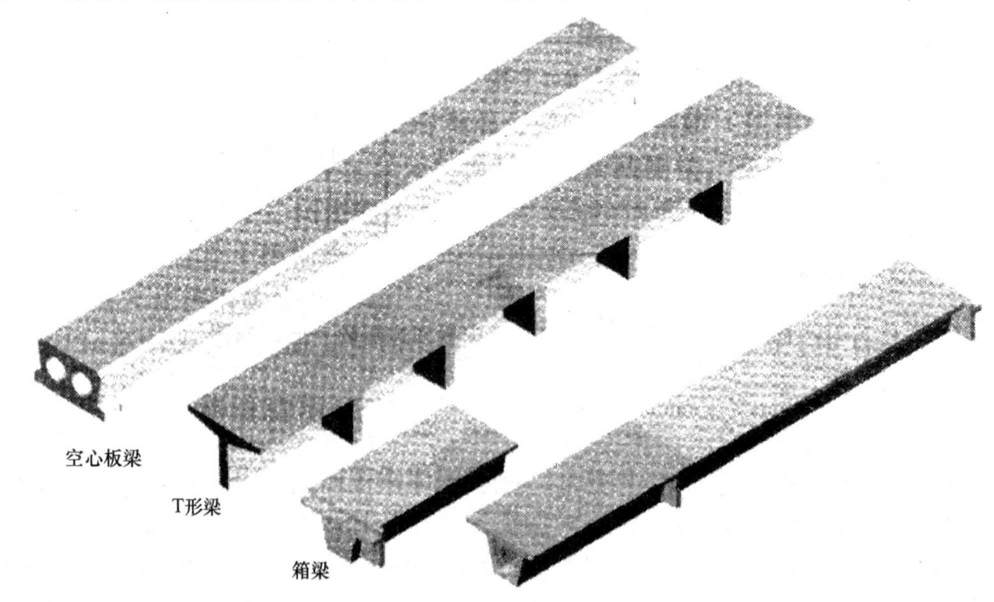

图 1-30　常见的钢筋混凝土主梁

（1）钢筋混凝土空心板一般构造图识读

图 1-31 所示为图 1-28 中钢筋混凝土空心板中板和边板的一般构造图，主要表达板的外部形状与尺寸，它由半立面图、半平面图、断面图及铰缝钢筋施工大样图组成。由于边板和中板的立面形状区别不大，所以图中只画了中板立面图；又由于板纵向对称，故图中采用了半立面图与半平面图。由图可看出该板跨径为 1600cm，两端留有接头缝，板的实际长度为 1596cm。空心板的厚度为 75cm。中板的理论宽度为 100cm，板的横向也留有 1cm 的缝，所以中板的实际宽度为 99cm。边板的宽度为 124.5cm。断面图中省略了材料图例。由铰缝钢筋施工图可以看出空心板安装后铰缝两侧空心板中预埋铰缝钢筋的处理情况。

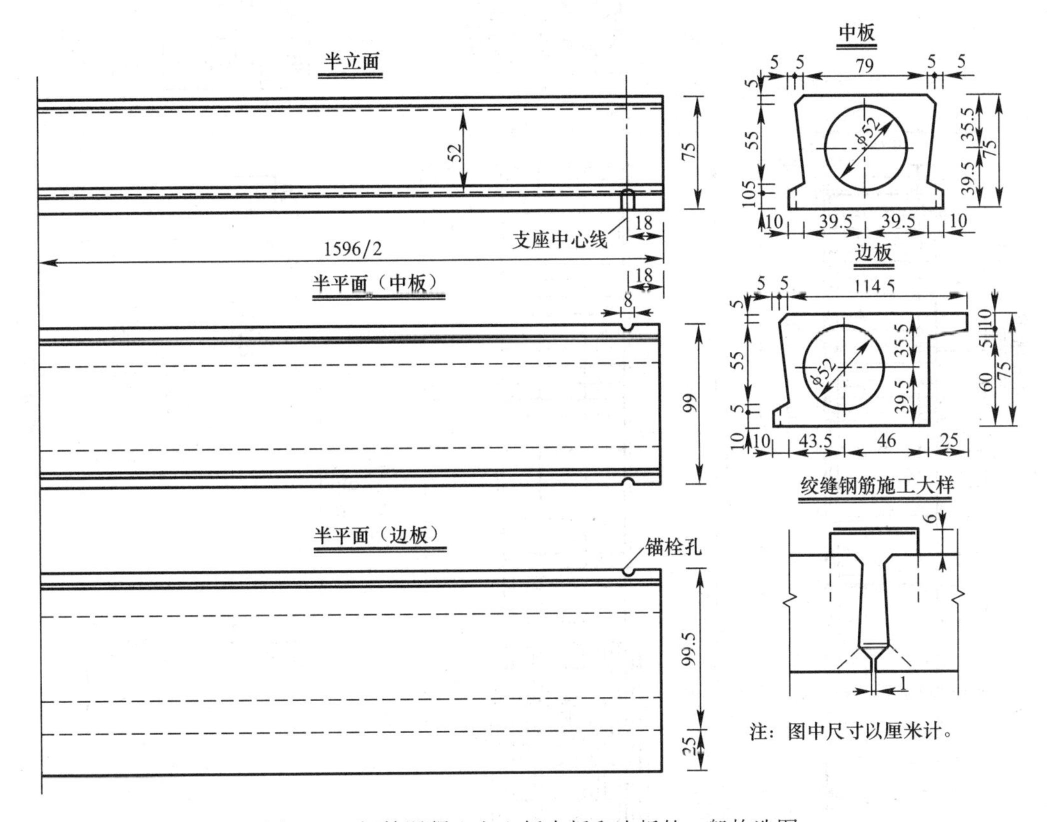

图 1-31　钢筋混凝土空心板中板和边板的一般构造图

（2）钢筋混凝土空心板钢筋结构图识读

图 1-32 所示为钢筋混凝土中板钢筋结构图。在结构图中用细实线表示可见的外形轮廓线，用虚线表示不可见的外形轮廓线。该图由立面图、平面图、横断面图、钢筋详图及钢筋数量表组成。由于空心板比较长，立面图、平面图都采用了折断画法。平面图由Ⅰ-Ⅰ断面（1/2）与Ⅱ-Ⅱ（1/2）断面拼接而成，分别表达板的上部钢筋与下部钢筋的分布情况。Ⅰ-Ⅰ断面图与Ⅱ-Ⅱ断面图分别采用了折断画法。横断面图表达出空心板的圆孔位置、钢筋的断面分布情况及主要钢筋的定位尺寸。

图中共有 8 种钢筋，其中 1 号钢筋为受拉钢筋，共 22 根，分布在梁的底部。从断面图上可以看出其定位尺寸。尺寸“21×4.3”表示 21 个间距，每个间距为 4.3cm。2 号钢

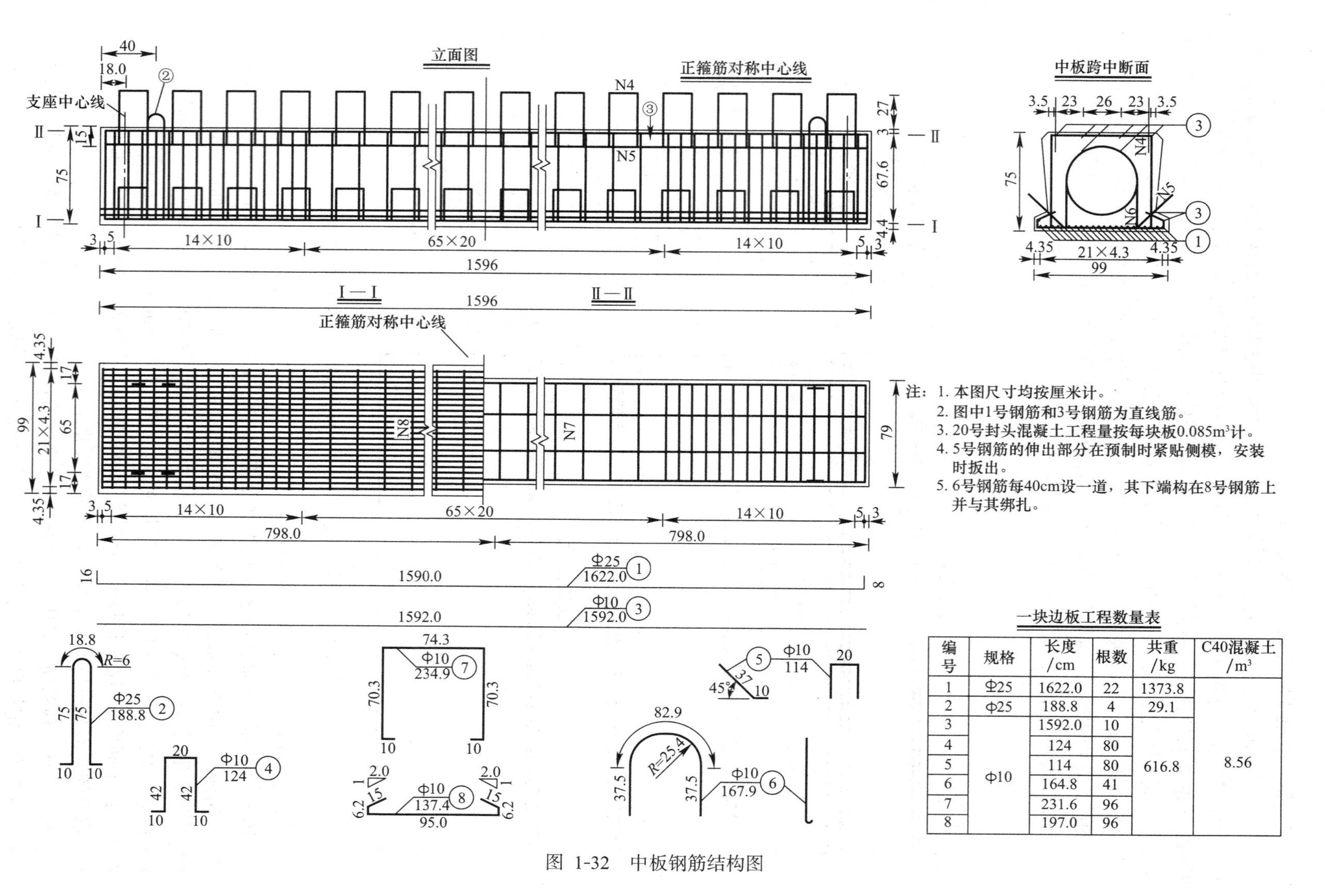

注：1. 本图尺寸均按厘米计。
2. 图中1号钢筋和3号钢筋为直线筋。
3. 20号封头混凝土工程量按每块板0.085m³计。
4. 5号钢筋的伸出部分在预制时紧贴侧模，安装时扳出。
5. 6号钢筋每40cm设一道，其下端构在8号钢筋上并与其绑扎。

一块边板工程数量表

编号	规格	长度/cm	根数	共重/kg	C40混凝土/m³
1	Φ25	1622.0	22	1373.8	8.56
2	Φ25	188.8	4	29.1	
3	Φ10	1592.0	10	616.8	
4		124	80		
5		114	80		
6		164.8	41		
7		231.6	96		
8		197.0	96		

图 1-32 中板钢筋结构图

筋为吊装钢筋，分布在梁的两端，共4根。3号钢筋为架立钢筋，共10根。6号钢筋每40cm设一道，其下端钩在8号钢筋上并与其绑扎，全梁共41根。7、8号钢筋一起组成箍筋，在立面图中重叠在一起。其分布情况与定位尺寸可在立面图与平面图中看出，在梁端部第一与第二道箍筋的间距为5cm，其余在两端的“14×10”范围内每隔10cm分布一道，在梁中部“65×20”的范围内每隔20cm分布一道，全梁7、8号钢筋形成（1+14+65+14+1）95个间距，即7、8号钢筋各96根。4、5号钢筋为横向连接钢筋（预埋铰缝钢筋），分布间隔均为40cm，各80根。4号钢筋伸出部分在预制时应紧贴侧模，安装时拔出。5号钢筋的伸出部分在浇筑铰缝时应扳平。图中除1号钢筋为HRB335钢筋（原Ⅱ级钢筋）外，其余钢筋均为HPB300钢筋（原Ⅰ级钢筋）。

1.4.4 墩台结构图识读

桥台位于桥梁的两端，一方面支承主梁，另一方面承受桥头路堤的水平推力，并通过基础把荷载传给地基。而桥墩位于桥梁的中部，支撑它两侧的主梁，并通过基础把荷载传给地基。

（1）桥墩图识读

桥墩的形式很多，如图1-33所示为几种常见的桥墩，图1-33（*a*）为重力式桥墩，图1-33（*b*）为桩柱式桥墩。

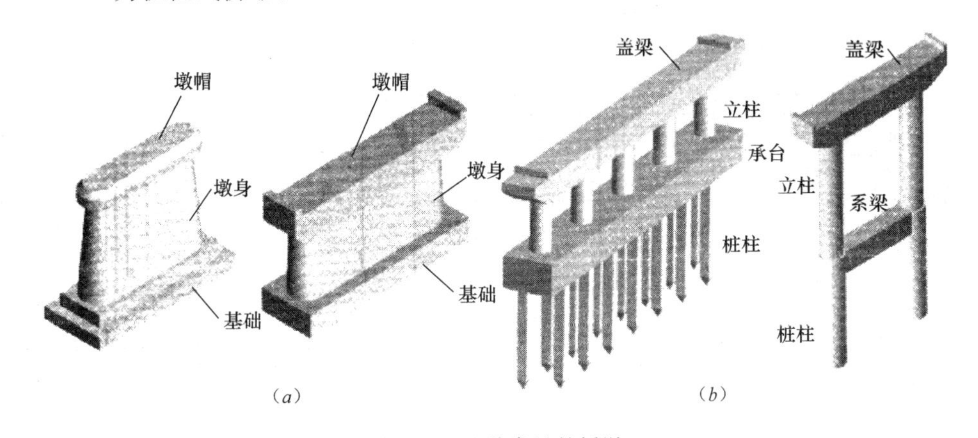

图1-33　几种常见的桥墩

桥墩图由一般构造图和钢筋结构图两部分组成。

1）桥墩构造图

图1-34所示为桥梁的钢筋混凝土桩柱式桥墩的一般构造图，用立面图、平面图和侧面图表示。该桥墩从上到下由盖梁、立柱、系梁、桩等几部分组成。识图时应该三个投影对照起来，一部分一部分地分析，对每一部分应重点分析反映形状特征的投影。盖梁的正面投影反映其特征，盖梁的大部分尺寸都在该投影上，全长750cm，高度为120cm，宽度为120cm。盖梁两端有截面尺寸为20cm×25cm的防振挡块，以防止空心板的移动。从侧面投影上可见盖梁上支座中心线距桥墩中心线20cm。两根直径100cm，高为538cm（658～120cm），中心间距为440cm的立柱支撑盖梁，立柱的立面图和侧面图都采用了折断的画法。立柱下是直径为120cm的两根钢筋混凝土灌注桩，其长度为2030cm，为节省图纸空

间及图面美观，混凝土灌注桩的立面图和侧面图也都采用了折断的画法。在两根混凝土灌注桩之间浇筑截面为 100cm×80cm 的横系梁与桩柱相贯，用以加强桩柱的整体性。另外，立面图上还注出了各桩基础底面、基础顶面、立柱顶面各部分的标高。

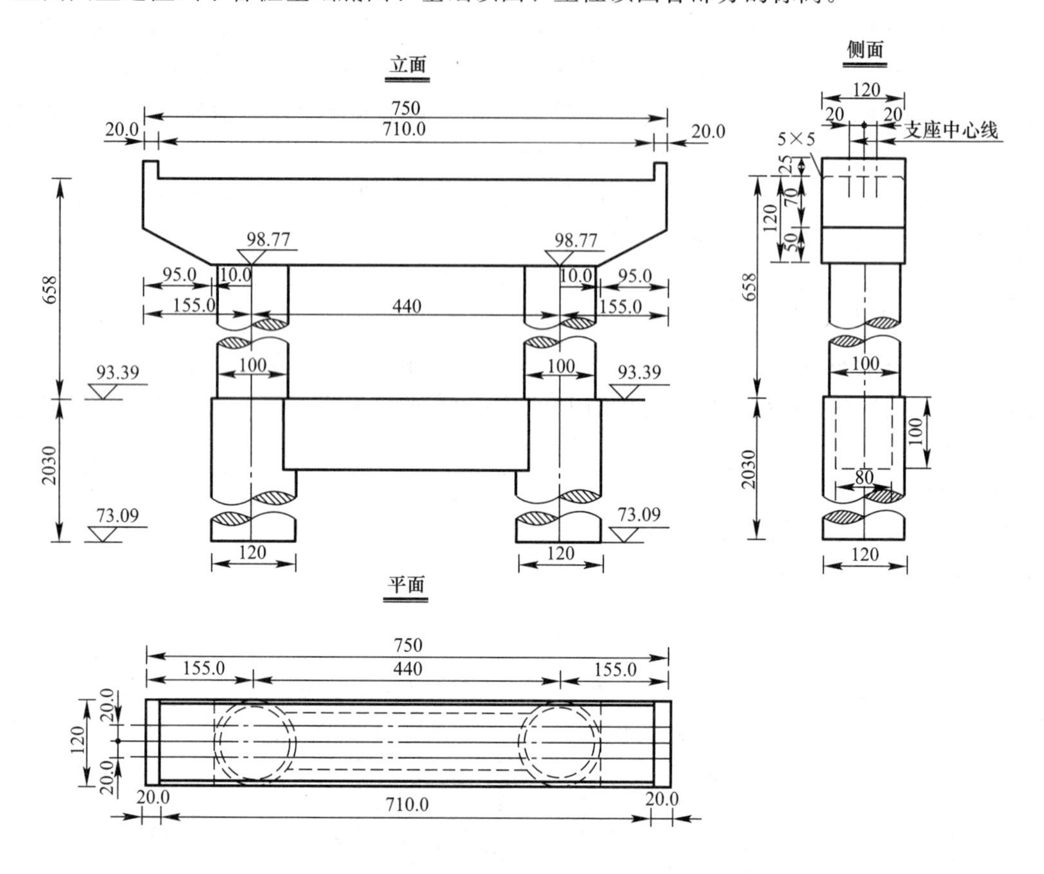

注：1. 本图尺寸均以厘米为单位。
2. 各墩柱号由路线前进方向从左至右排列。
3. 墩帽横坡由柱高差计算而得。

图 1-34 桥梁的钢筋混凝土桩柱式桥墩的一般构造图

2）桥墩钢筋结构图

桥墩各部分均为钢筋混凝土结构，都应绘出其钢筋结构图，如桥墩盖梁钢筋结构图、系梁钢筋结构图、桥墩桩柱钢筋结构图及桥墩挡块钢筋构造图。下面以桥墩盖梁钢筋结构图为例介绍。

如图 1-35 所示为桥墩盖梁钢筋结构图，该图由半立面、半平面、Ⅰ-Ⅰ断面图、Ⅱ-Ⅱ断面图及钢筋详图组成。从表示外部轮廓的细实线可看出盖梁的形状。全梁共有 9 种钢筋，1、2、3、4、5 号钢筋为受力钢筋，直径均为 25mm。由 1、2、3、4、5 号钢筋焊接成钢筋骨架 A，全梁共有四片骨架，骨架在断面上的位置可从断面图中分析出。1 号钢筋有 10 根，分布在梁的顶面；2 号钢筋有 10 根，分布在梁的底部；3、4、5 号钢筋为骨架 A 中的斜筋，用来承受横向剪力。每片骨架中有 3、4、5 号钢筋各两根，全梁共有 3、4、5 号钢筋各 8 根。6、7 号钢筋各 4 根，为分布钢筋，直径为 12mm，布置在梁的两侧面，只

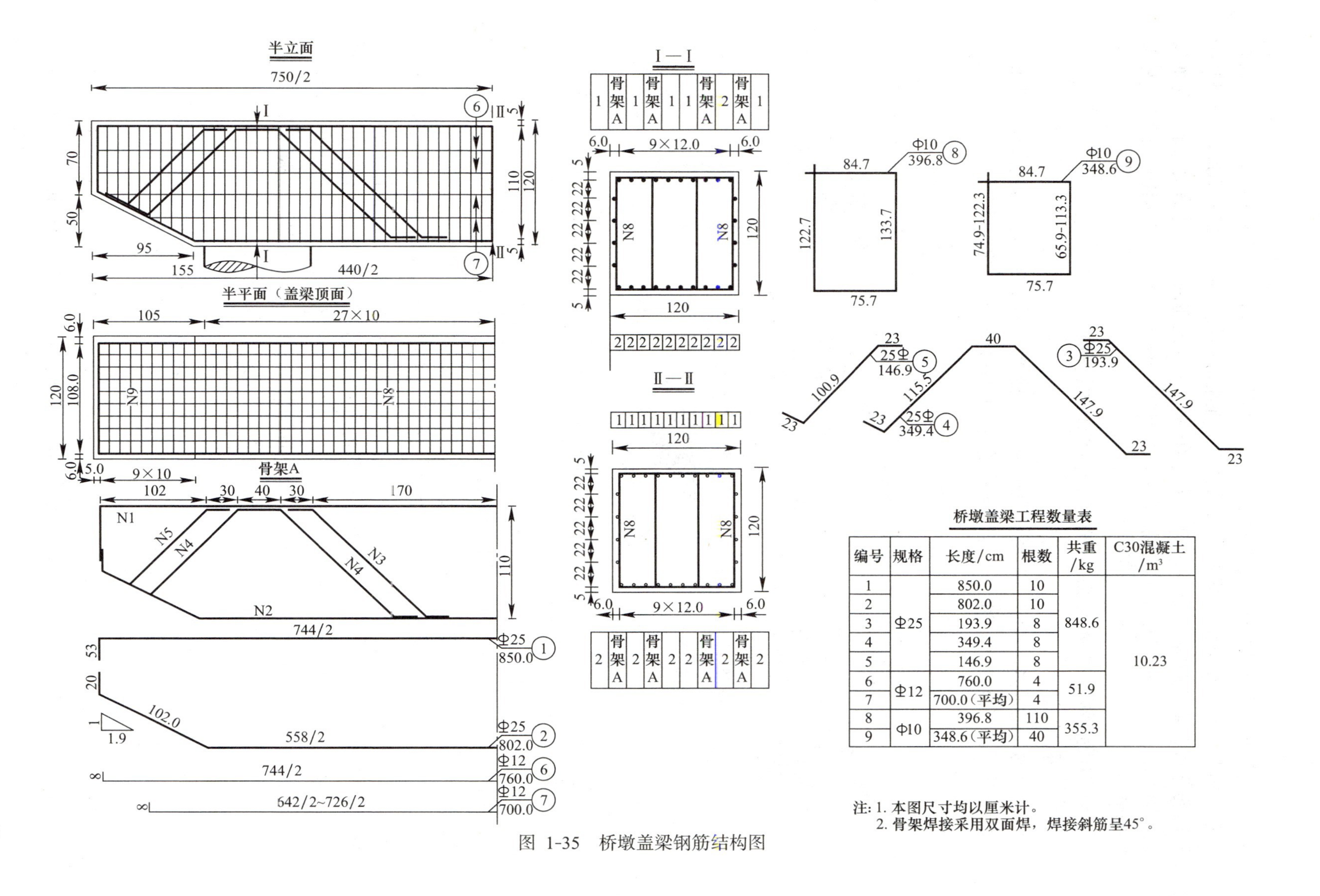

桥墩盖梁工程数量表

编号	规格	长度/cm	根数	共重/kg	C30混凝土/m³
1	Φ25	850.0	10	848.6	10.23
2		802.0	10		
3		193.9	8		
4		349.4	8		
5		146.9	8		
6	Φ12	760.0	4	51.9	
7		700.0（平均）	4		
8	Φ10	396.8	110	355.3	
9		348.6（平均）	40		

注：1. 本图尺寸均以厘米计。
2. 骨架焊接采用双面焊，焊接斜筋呈45°。

图 1-35　桥墩盖梁钢筋结构图

是 7 号钢筋的长度随截面的变化而变化。8、9 号钢筋是箍筋，直径为 10mm，以 10cm 的间距均匀分布在整个梁上，其中 8 号钢筋分布在梁的中段，共 2×27+1 道，110 根；9 号钢筋分布在梁的两端，共 2(9+1) 道，40 根，9 号钢筋的长度也随截面的变化而变化。除 8、9 号钢筋是 HPB300 钢筋（原Ⅰ级钢筋）外，其余都是 HRB335 钢筋（原Ⅱ级钢筋)。

为了图面清晰，立体示意图中省略了中间部分的箍筋。

（2）桥台图识读

桥台的形式很多，如图 1-36 所示为几种常见的桥台，图 1-36（*a*）为重力式 U 形桥台（又称实体式桥台)，图 1-36（*b*）为肋板式桥台，图 1-36（*c*）为柱式桥台。

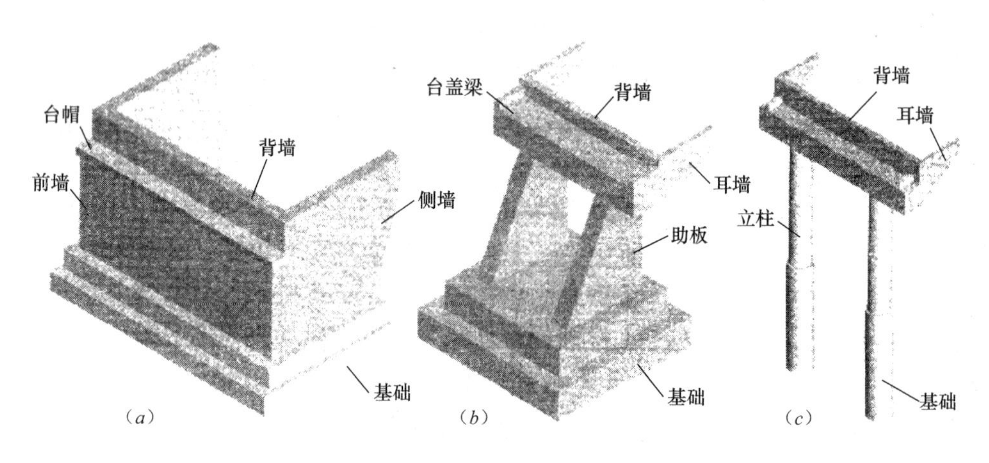

图 1-36　几种常见的桥台

1）桥台一般构造图

如图 1-37 所示为桥台（柱式桥台）的一般构造图，由立面图、平面图和Ⅰ-Ⅰ剖面图表示。该桥台由盖梁、耳墙、防振挡块、背墙、牛腿、立柱及桩柱组成。

立面图是由台前向台后投影得到的。桥台前面是指连接桥梁上部结构的一面，后面是指连接岸上路堤这一面。图中表达了桥台各部分的结构形状并给出了各部分的详细尺寸，图中对不同位置桥台的高度尺寸以表格的形式给出。从Ⅰ-Ⅰ剖面图中可以看出盖梁、背墙、牛腿的断面形状，耳墙及挡块在Ⅰ-Ⅰ剖面上也反映形状特征，也可以看出它们在上下、前后方向的相对位置关系。立面图、平面图主要反映桩柱、耳墙、防振挡块、背墙、牛腿与盖梁长度方向的相对位置关系。请参照立体示意图仔细分析。

2）桥台配筋图

桥台各部分均为钢筋混凝土结构，都应绘出其钢筋结构图，如桥台盖梁钢筋结构图、桥台桩柱钢筋结构图、桥台挡块钢筋构造图、背墙牛腿钢筋构造图及耳背墙钢筋构造图。下面以桥台盖梁钢筋结构图为例讲解。

如图 1-38 所示为桥台盖梁钢筋结构图，该图由半立面、半平面、Ⅰ-Ⅰ断面图、Ⅱ-Ⅱ断面图及钢筋详图组成。从外部轮廓线可看出盖梁的各个方向的断面形状。全梁共有 6 种钢筋，1、2、3、4 号钢筋为受力钢筋，直径均为 25mm。由 1、2、3、4 号钢筋焊接成钢

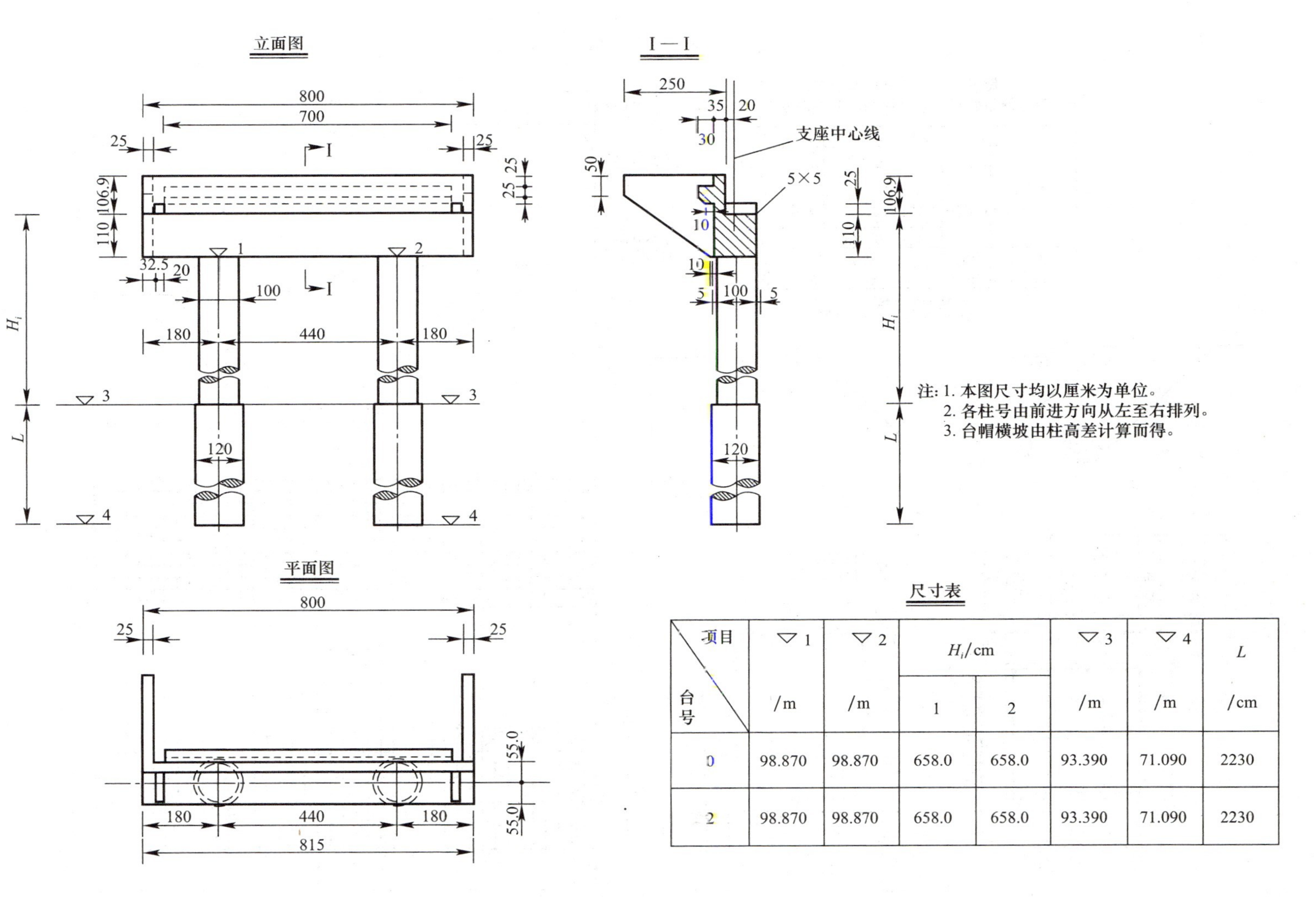

注：1. 本图尺寸均以厘米为单位。
2. 各柱号由前进方向从左至右排列。
3. 台帽横坡由柱高差计算而得。

尺寸表

项目 台号	▽1 /m	▽2 /m	H_i/cm 1	H_i/cm 2	▽3 /m	▽4 /m	L /cm
0	98.870	98.870	658.0	658.0	93.390	71.090	2230
2	98.870	98.870	658.0	658.0	93.390	71.090	2230

图 1-37 桥台（柱式桥台）的一般构造图

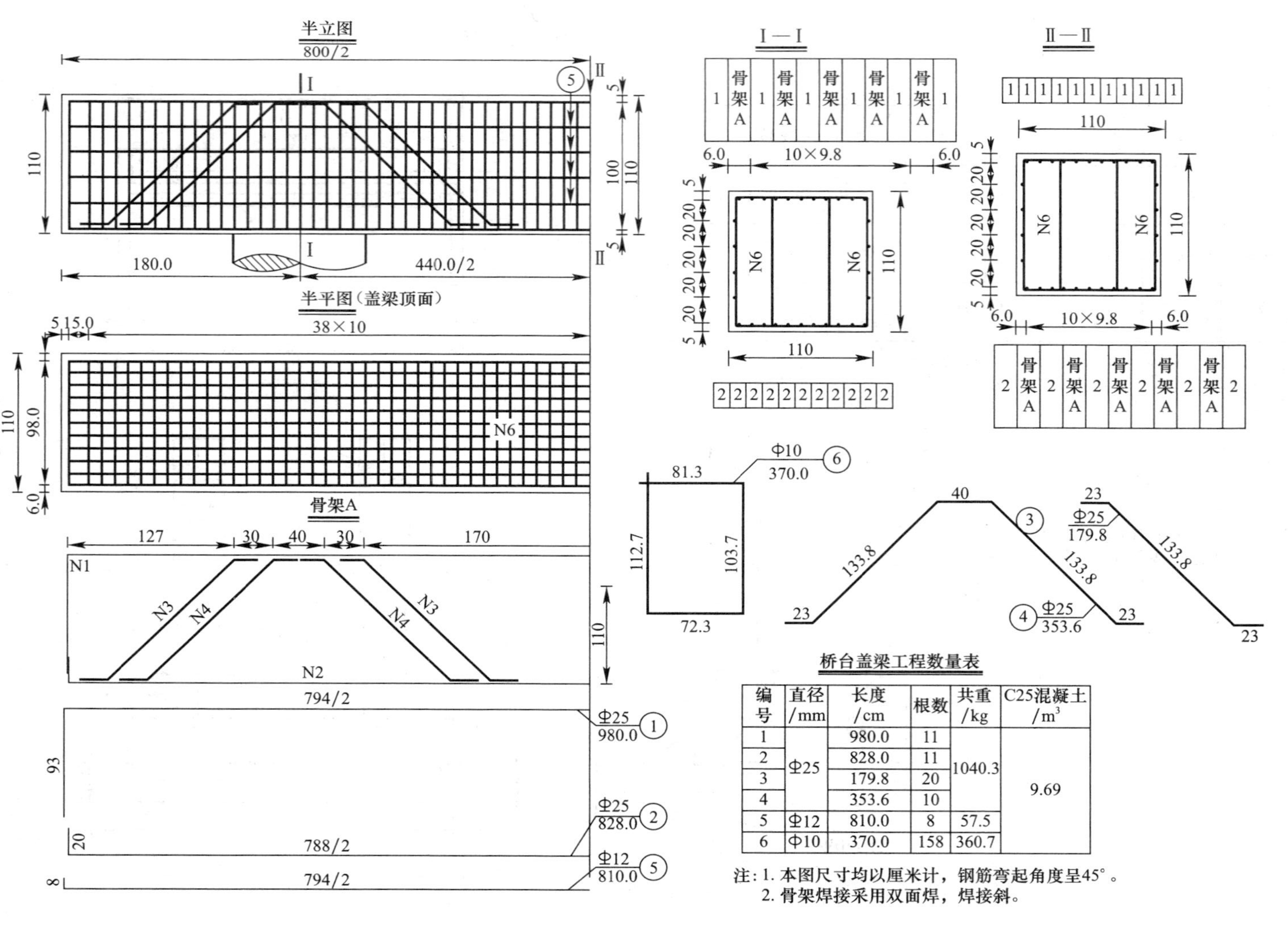

桥台盖梁工程数量表

编号	直径/mm	长度/cm	根数	共重/kg	C25混凝土/m^3
1	Φ25	980.0	11	1040.3	9.69
2		828.0	11		
3		179.8	20		
4		353.6	10		
5	Φ12	810.0	8	57.5	
6	Φ10	370.0	158	360.7	

注：1. 本图尺寸均以厘米计，钢筋弯起角度呈45°。
2. 骨架焊接采用双面焊，焊接斜。

图 1-38 桥台盖梁钢筋结构图

筋骨架 A，全梁共有 5 片骨架 A，骨架 A 在断面上的位置可从断面图中分析出。1 号钢筋有 11 根，分布在梁的顶面；2 号钢筋有 11 根，分布在梁的底部；3 号钢筋与 4 号钢筋为骨架 A 中的斜筋，用来承受横向剪力。每片骨架中有两根 4 号钢筋，全梁共 10 根；每片骨架中有 4 根 3 号钢筋，全梁共 20 根。5 号钢筋为分布钢筋，钢筋直径为 12mm，共 8 根，布置在梁的两侧面。6 号钢筋是箍筋，钢筋直径为 10mm，以 10cm 的间距均布在整个梁上，共 79 道，158 根。除 6 号箍筋是 HPB300 钢筋（原Ⅰ级钢筋）外，其余都是 HRB335 钢筋（原Ⅱ级钢筋）。

为了图面清晰，立体示意图中省略了中间部分的箍筋。

1.5　城市管道工程图识读

1.5.1　给水管道工程施工图识读

给水管道工程施工图的识读是保证工程施工质量的前提，一般给水管道施工图包括平面图、纵剖面图、大样图和节点详图四种。

（1）平面图

管道平面图主要表现的是管道在平面上的相对位置以及管道敷设地带一定范围内的地形、地物和地貌情况，如图 1-39 所示。

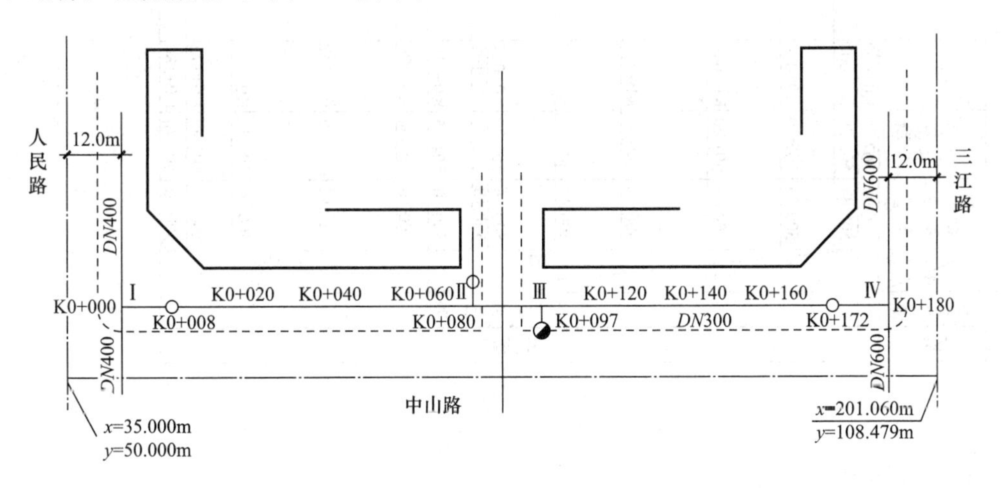

图 1-39　管道平面图

识读时应注意以下内容：

1）图纸比例、说明和图例。

2）管道施工地带道路的宽度、长度、中心线坐标、折点坐标及路面上的障碍物情况。

3）管道的管径、长度、节点号、桩号、转弯处坐标、中心线的方位角、管道与道路中心线或永久性地物间的相对距离以及管道穿越障碍物的坐标等。

4）与本管道相交、相近或平行的其他管道的位置及相互关系。

5）附属构筑物的平面位置。

6）主要材料明细表。

（2）纵剖面图

纵剖面图主要表现管道的埋设情况，如图 1-40 所示。识读时应注意以下内容：

1）图纸横向比例、纵向比例、说明和图例。

2）管道沿线的原地面标高和设计地面标高。

3）管道的管中心标高和埋设深度。

4）管道的敷设坡度、水平距离和桩号。

5）管径、管材和基础。

6）附属构筑物的位置、其他管线的位置及交叉处的管底标高。

7）施工地段名称。

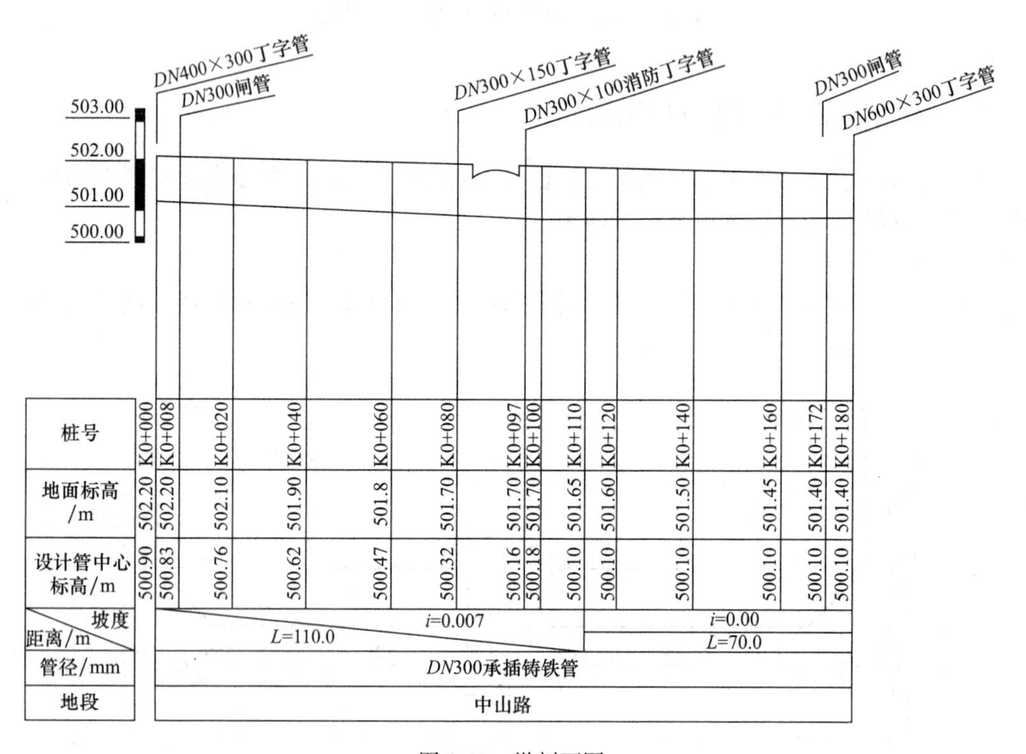

图 1-40　纵剖面图

（3）大样图

大样图主要是指阀门井、消火栓井、排气阀井、泄水井、支墩等的施工详图，一般由平面图和剖面图组成。如图 1-41 所示为泄水阀井大样图。

识读时应注意以下内容：

1）图纸比例、说明和图例。

2）井的平面尺寸、竖向尺寸、井壁厚度。

3）井的组砌材料、强度等级、基础做法、井盖材料及大小。

4）管件的名称、规格、数量及其连接方式。

5）管道穿越井壁的位置及穿越处的构造。

6）支墩的大小、形状及组砌材料。

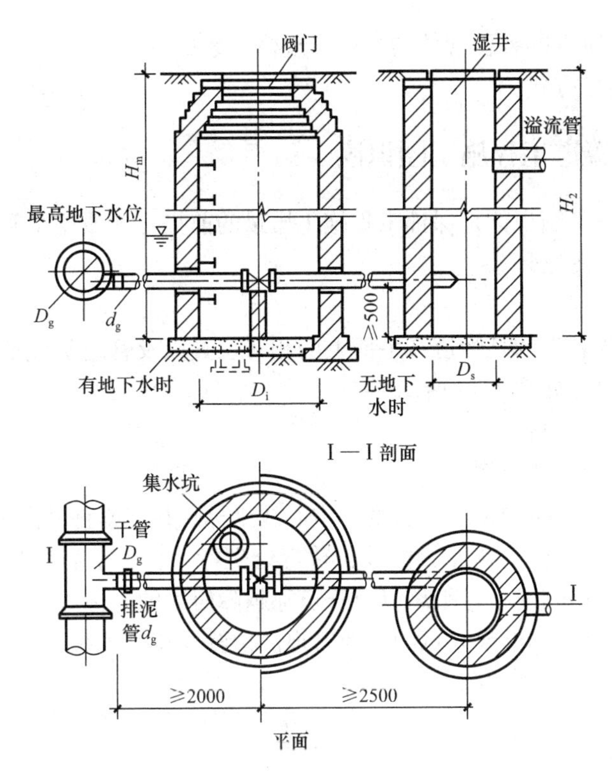

图 1-41 泄水阀井（单位：mm）

（4）节点详图

节点详图主要表现管网节点处各管件间的组合、连接情况，以保证管件组合经济合理、水流通畅，如图 1-42 所示。识读时应注意以下内容：

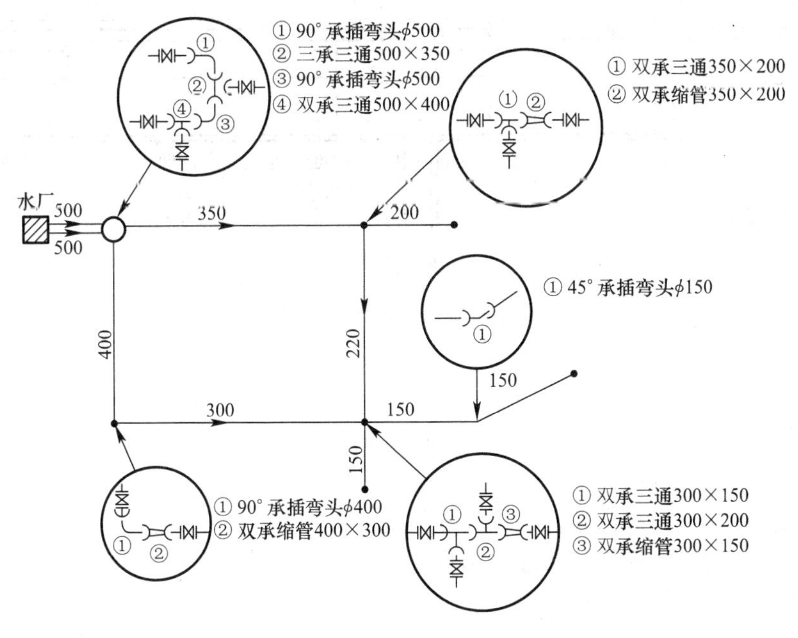

图 1-42 节点详图（单位：mm）

1）管网节点处所需的各种管件的名称、规格、数量。

2）管件间的连接方式。

1.5.2 排水管道工程施工图识读

排水管道工程施工图识读是保证工程施工质量的前提，一般排水管道施工图包括平面图、纵剖面图、大样图三种。

（1）平面图

管道平面图主要表现的是管道在平面上的相对位置以及管道敷设地带一定范围内的地形、地物和地貌情况，如图1-43所示。

识读时应注意以下内容：

1）图纸比例、说明和图例。

2）管道施工地带道路的宽度、长度、中心线坐标、折点坐标及路面上的障碍物情况。

3）管道的管径、长度、坡度、桩号、转弯处坐标、管道中心线的方位角、管道与道路中心线或永久性地物间的相对距离以及管道穿越障碍物的坐标等。

4）与本管道相交、相近或平行的其他管道的位置及相互关系。

5）附属构筑物的平面位置。

6）主要材料明细表。

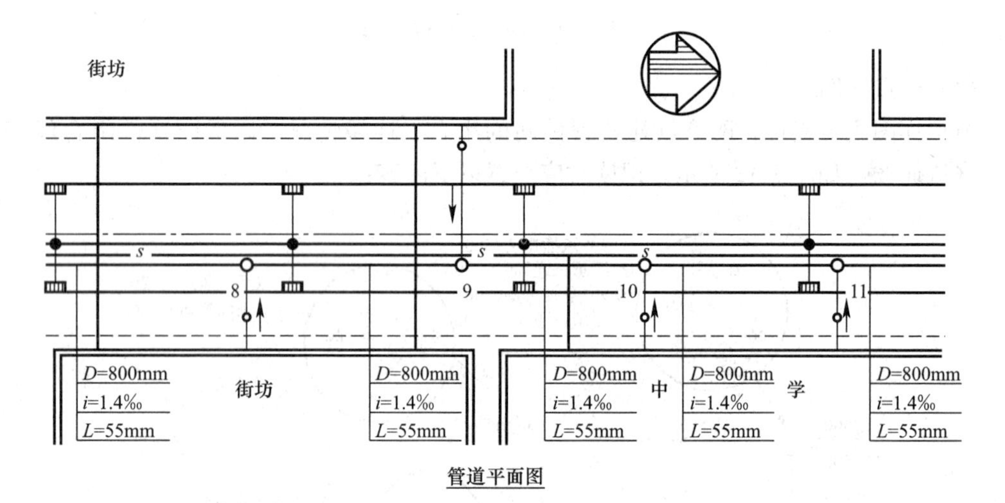

图1-43 排水管道平面图

（2）纵剖面图

纵剖面图主要表现管道的埋设情况，如图1-44所示。

识读时应注意以下内容：

1）图纸横向比例、纵向比例、说明和图例。

2）管道沿线的原地面标高和设计地面标高。

3）管道的管内底标高和埋设深度。

4）管道的敷设坡度、水平距离和桩号。

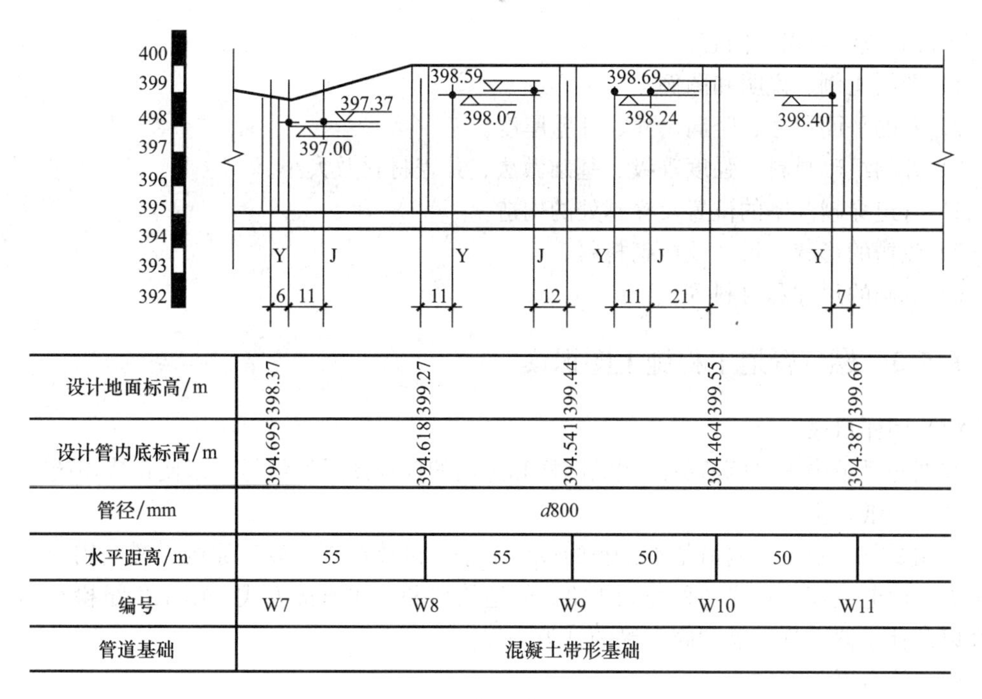

设计地面标高/m	398.37	399.27	399.44	399.55	399.66
设计管内底标高/m	394.695	394.618	394.541	394.464	394.387
管径/mm	d800				
水平距离/m	55	55	50	50	
编号	W7	W8	W9	W10	W11
管道基础	混凝土带形基础				

图 1-44 管道纵剖面图

5）管径、管材和基础。

6）附属构筑物的位置、其他管线的位置及交叉处的管内底标高。

7）施工地段名称。

（3）大样图

大样图主要是指检查井、雨水口、倒虹管等的施工详图，一般由平面图和剖面图组成。图 1-45 所示为某砖砌矩形检查井的剖面图（平面图略）。

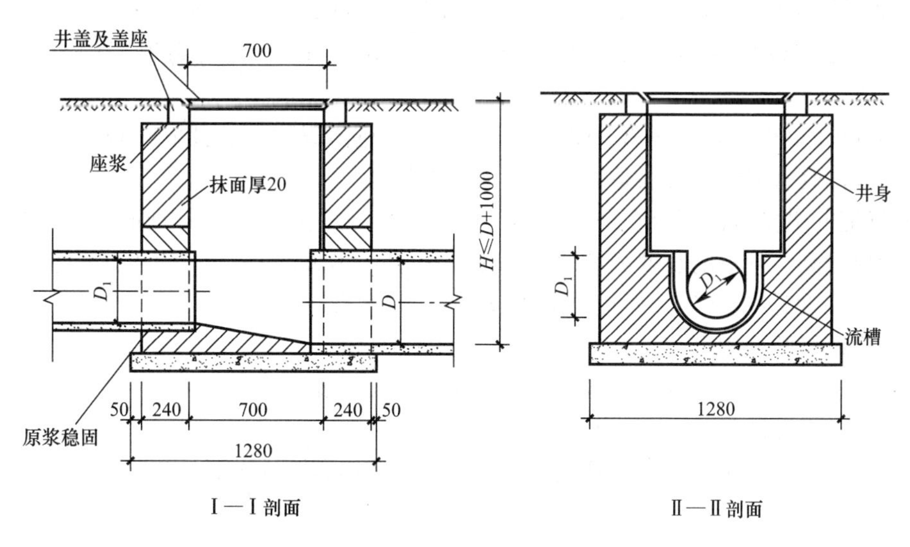

图 1-45 检查井剖面图（单位：mm）

识读时应注意以下内容：

1）图纸比例、说明和图例。

2）井的平面尺寸、竖向尺寸、井壁厚度。

3）井的组砌材料、强度等级、基础做法、井盖材料及大小。

4）管道穿越井壁的位置及穿越处的构造。

5）流槽的形状、尺寸及组砌材料。

6）基础的尺寸和材料等。

1.5.3 燃气管道工程施工图识读

（1）图样目录

在图样目录中主要搞清新绘制的图样和选用的标准图样的编号，以便正确识读。

（2）图纸首页

在图纸首页中主要搞清楚本工程的设计依据、设计范围、设计原则、燃气用户的用量和压力、用电负荷、管线的种类和规格、管道接口和管线连接方式、施工质量检查和验收标准以及补偿器、排水器和阀门等的种类和规格。

（3）管道平面图

在管道平面图中主要搞清燃气管道、补偿器、排水器、阀门井的定位尺寸，管线的长度和根数等。

（4）管道纵断面图

在管道纵断面图中主要搞清地面标高、管线中心标高、管径、坡度坡向、排水器等管件的中心标高。

某路K0＋750～K0＋1000燃气管道的施工图如图1-46所示，包含燃气管道平面图和剖面图。天然气管道为中压管道，管材采用PE管 $SDR=11$，管径为 $De160$。

从图中可以看出：

1）管道于里程K0＋750～K0＋970之间离管道中心距离为9.83m，在里程K0＋970～K0＋974.2之间改变管向，在里程K0＋974.2～K0＋1000之间离道路中心线距离是7.38m。

2）管道在里程K0＋878.3～K0＋933.9之间穿越障碍物，套管采用Q235A螺旋缝埋弧焊接钢管，套管的防腐方法是特加强石油沥青防腐。

3）管道的纵横向比例分别是1∶500和1∶100，分别绘制出设计地面标高、管道覆土厚度、管顶标高、管道的长度和坡度等。如里程K0＋878.3～K0＋893.9之间管道实际长度2.12m，坡度是－1.000。管道沿地势坡度覆土深度是1m。

（5）管道横断面图

在管道横断面图中主要搞清各管道的相对位置及安装尺寸。

（6）节点大样图

在节点大样网中主要搞清各连接管件、阀门、补偿器、排水器的安装尺寸及规格。

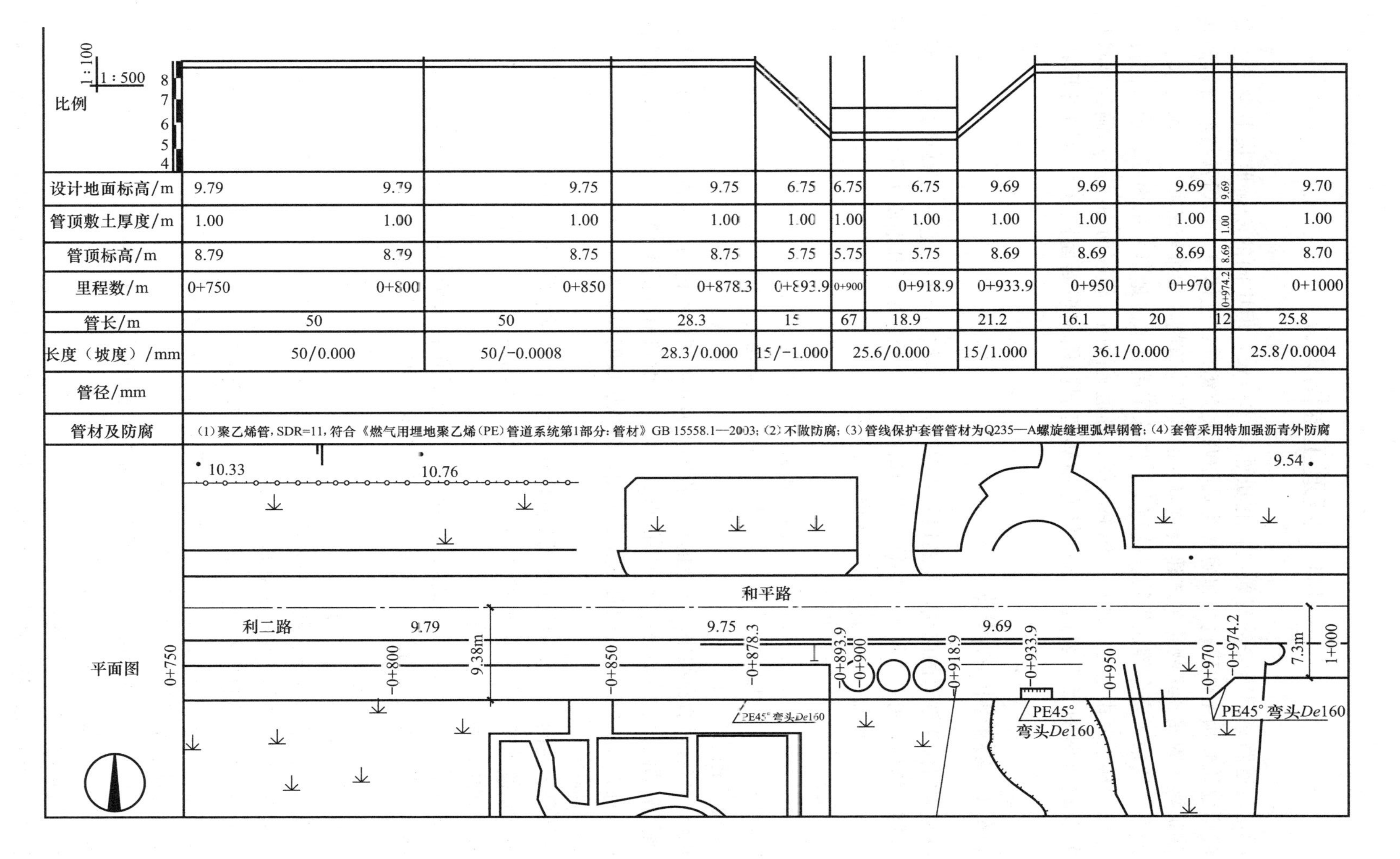

图 1-46 某城市市政燃气管道平面及剖面图

1.6　隧道工程图识读

隧道是道路穿越山岭的建筑物，它虽然形体很长，但中间的断面形状很少发生变化。隧道建筑物由主体建筑物和附属建筑物两大类组成：主体建筑物通常指洞身衬砌和洞门建筑物；附属建筑物是主体建筑物以外的其他建筑物，如维修养护、给水排水、通风、照明、通信、安全等建筑物。隧道工程图除了用隧道（地形）平面图表示它的位置外，它的图样主要由隧道（地质）纵断面图、隧道洞门图、横断面图（表示洞身形状和衬砌）及避车洞图等来表达。这里仅介绍隧道洞门图和横断面图（表示洞身形状和衬砌）。

1.6.1　隧道洞门图识读

隧道洞门位于隧道的两端，是隧道的外露部分，俗称出入口。它一方面起着稳定洞口仰坡坡脚的作用，另一方面也有装饰美化洞口的效果。根据地形和地质条件的不同，隧道洞门的形式主要有端墙式、翼墙式和环框式等形式。

（1）隧道洞门图的内容及特点

隧道洞门图一般是用立面图、平面图和洞口纵剖面图来表达它的具体构造，一般可采用1∶200～1∶100的比例，如图1-47所示（图中比例均为1∶100）。

1）立面图

以洞门口在垂直路线中心线上的正面投影作为立面图。不论洞门是否左右对称，都必须把洞门全部画出。主要表达洞门墙的形式、尺寸，洞口衬砌的类型、主要尺寸，洞顶排水沟的位置、排水坡度等，同时也表达洞门口路堑边坡的坡度等。

2）平面图

主要是表达洞门排水系统的组成及洞内外水的汇集和排水路径。另外，也反映了仰坡与边坡的过渡关系。为了图面清晰，常略去端墙、翼墙等的不可见轮廓线。

3）侧面图（纵向剖面图）

是沿隧道中心剖切的，以此取代侧面图。它表达洞门墙的厚度、倾斜度，洞顶排水沟的断面形状、尺寸，洞顶帽石等的厚度，仰坡的坡度，洞内路面结构、隧道净空尺寸等。

（2）隧道洞门图的识读方法

首先要概括了解该隧道洞门图采用了哪些投影图，以及各投影图要重点表达的内容。了解剖面图、断面图的剖切位置和投影方向。

其次可根据隧道洞门的构造特点，把隧道洞门图沿隧道轴线方向分成几段，而每一段沿高度方向又可以分为不同的部分，对每一部分进行分析识读。识读时一定要抓住重点反映这部分形状、位置特征的投影图进行分析。

最后对照隧道的各投影图（立面图、平面图与剖面图）进行全面分析，明确各组成部分之间的关系，综合起来想象出整体。

（3）隧道洞门图识读示例

图1-47所示为隧道的洞门图，该洞门图由立面图、平面图与侧面图来共同表达隧道

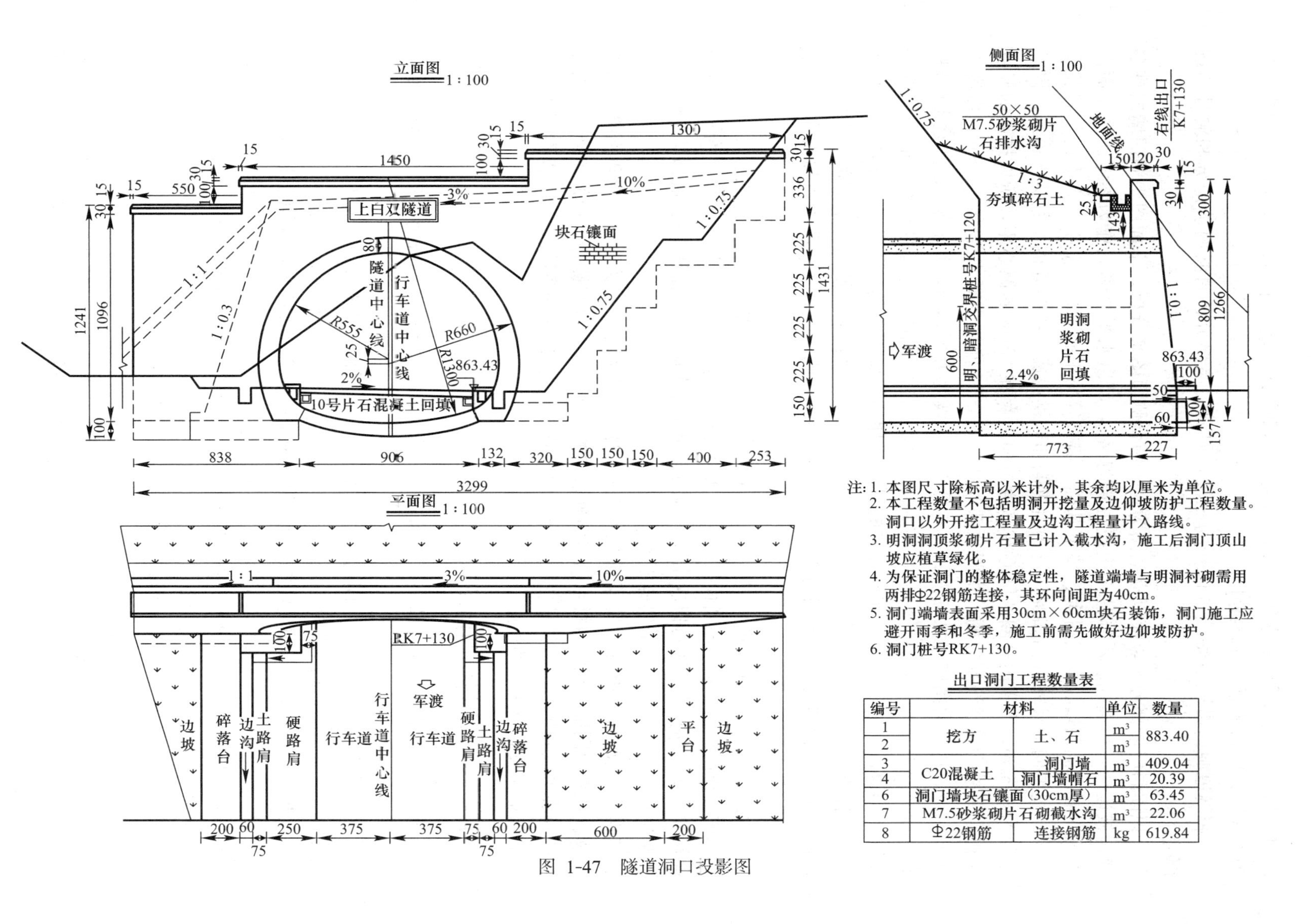

图 1-47　隧道洞口投影图

注：1. 本图尺寸除标高以米计外，其余均以厘米为单位。
2. 本工程数量不包括明洞开挖量及边仰坡防护工程数量。洞口以外开挖工程量及边沟工程量计入路线。
3. 明洞洞顶浆砌片石量已计入截水沟，施工后洞门顶山坡应植草绿化。
4. 为保证洞门的整体稳定性，隧道端墙与明洞衬砌需用两排Φ22钢筋连接，其环向间距为40cm。
5. 洞门端墙表面采用30cm×60cm块石装饰，洞门施工应避开雨季和冬季，施工前需先做好边仰坡防护。
6. 洞门桩号RK7+130。

出口洞门工程数量表

编号	材料		单位	数量
1	挖方	土、石	m^3	883.40
2			m^3	
3	C20混凝土	洞门墙	m^3	409.04
4		洞门墙帽石	m^3	20.39
6	洞门墙块石镶面（30cm厚）		m^3	63.45
7	M7.5砂浆砌片石砌截水沟		m^3	22.06
8	Φ22钢筋	连接钢筋	kg	619.84

洞口的结构。立面图实际是垂直于路线中心线的剖面图，剖切平面在洞门前；侧面投影图为剖面图，剖切平面通过路线中心线。

将隧道洞门沿隧道轴线方向分为三段，即洞门墙部分、明洞回填部分和洞外路况部分。

识读洞门墙部分时，应以立面图为主，结合侧面图来分析。平面图中洞门墙的许多结构被遮挡，用虚线表示（甚至虚线也被省略），所以水平投影只作为参考。从立面图中可以看出洞门墙、洞门衬砌、墙下基础、墙帽等的正面形状，上下、左右的位置关系及长、宽方向的尺寸（例如洞门衬砌由拱圈和仰拱组成，拱圈外圈半径为 660cm，内圈半径为 555cm，由于内外圈的圆心在高度方向上存在 25cm 的偏心距，所以拱圈的厚度从拱顶到拱脚是逐渐变厚的，拱圈顶部厚度为 80cm。仰拱内圈半径为 1300cm，厚度为 70cm 等）。从立面图中可见洞内路面左低右高，坡度为 2%，仰拱与路面之间是 10 号片石混凝土回填；而从侧面投影可以看到洞门墙、墙下基础、墙帽的厚度及前后位置关系，洞门墙的倾斜度，以及前后方向的尺寸（如洞门墙下部的厚度为 227cm，洞门墙前面的外露部分是斜面，其坡度为 1∶10 等）。从侧面投影中可见明、暗洞的分界线，由侧面投影的剖面图可看出洞门衬砌为钢筋混凝土。从侧面图和平面图中可以看出该隧道洞门桩号为 K7＋130。

识读明洞回填及洞顶排水沟部分时，应以侧面图为主，辅以立面图，例如可从侧面投影图中分析出洞顶排水沟的断面尺寸、形状及材料，其中“50×50”表示排水沟水槽的截面尺寸，从正面投影图中可以看出排水沟的走向及排水坡度。明洞回填在底部是 600cm 高的浆砌片石回填，之上是夯实碎石土。

识读边坡、洞外排水系统及洞外路况部分时，应以水平投影为主，结合正面投影图来识读。从平面图中可见洞内排水沟与洞外边沟的汇集情况及排水路径，由洞内外水沟处标注的箭头可以看出排水路径是由洞内排水沟排向洞外边沟。在正面投影图可以看到边沟的横断面形状及路堑边坡的坡度。

1.6.2 隧道衬砌断面图识读

隧道衬砌是为防止围岩变形或坍塌，沿隧道洞身周边用钢筋混凝土等材料修建的永久性支护结构。

在不同的围岩中可采用不同的衬砌形式，常用的衬砌形式有喷混凝土衬砌、喷锚衬砌及复合式衬砌，多数情况下采用复合式衬砌。复合式衬砌常分为初期支护（一次衬砌）和二次支护（二次衬砌）：初期支护是为了保证施工的安全，加固岩体和阻止围岩的变形而设置的结构，是用喷混凝土、喷锚与钢拱支架等的一种或几种组合对围岩进行加固；二次衬砌是为了保证隧道使用的净空和结构的安全而设置的永久性衬砌结构，待初期支护的变形基本稳定后，进行现浇混凝土二次衬砌。

隧道衬砌的断面形式可采用直墙拱、曲墙拱、圆形及矩形。

（1）隧道衬砌图的图示内容及特点

隧道衬砌图采用在每一类围岩中用一组垂直于隧道中心线的横断面图来表示隧道衬砌的结构形式。除用隧道衬砌断面设计图来表达该围岩段隧道衬砌的总体设计外，还有针对每一种支护、衬砌的具体构造图。

1）隧道衬砌断面设计图

隧道衬砌断面设计图主要表达该围岩段内衬砌的总体设计情况，表明支护的种类及每种支护的主要参数，防火排水设施的类型和二次衬砌结构情况。如图1-48所示是Ⅱ类围岩浅埋段衬砌断面设计图。

2）各种支护、衬砌的构造图（如超前支护断面图、钢拱架支撑构造图、防水排水设计图、二次衬砌钢筋构造图等）

各种支护、衬砌的构造图具体地表达每一种支护各构件的详细尺寸、分布情况、施工方法等。如图1-50所示是Ⅱ类围岩浅埋段钢拱架支撑构造图，如图1-51所示是Ⅱ、Ⅲ类围岩浅埋段二次衬砌钢筋构造图。

（2）隧道衬砌断面图的识读方法

首先要认真识读隧道衬砌断面设计图，全面了解该围岩段所有的支护种类及相互关系；同时，注意识读材料表和注释，了解注意事项和施工方法等；然后再识读每一种支护、衬砌的具体构造图，分析每一种支护的具体结构、详细尺寸、材料及施工方法。

（3）隧道衬砌断面图识读示例

1）识读Ⅱ类围岩浅埋段衬砌断面设计图（图1-48）

由图1-48可知该围岩段采用了曲墙式复合衬砌，包括超前支护、初期支护和二次衬砌。图中给出了初期支护和二次衬砌的断面轮廓。

超前支护是指为保证隧道工程开挖工作面的稳定而在开挖之前采取的一种辅助措施。从图1-48可以看出该隧道Ⅱ类围岩浅埋段在洞口处采用直径为108mm的长管棚进行超前支护；在Ⅱ类围岩浅埋段的其他位置采用直径为50mm的超前小导管进行支护，即沿开挖外轮廓线向前以一定的外倾角打入管壁带有小孔的导管，且以一定压力向管内压注起胶结作用的浆液，待其硬化后岩体得到预加固。

该隧道Ⅱ类围岩浅埋段的初期支护有：

① 径向锚杆（系统锚杆）支护（在土质中采用122mm砂浆径向锚杆，锚杆长度为4m，间距75mm×75mm；在石质中采用425mm的自钻式径向锚杆，锚杆长度为4m，间距75cm×75cm）。

② I20a工字钢钢拱架支撑，相邻钢拱架的纵向间距75cm。

③ 挂设钢筋网片支护，钢筋直径为8mm，钢筋网网格为15cm×15cm（冷轧焊接钢筋网）。

④ 在锚杆、钢筋网片和钢拱架之间喷射C25混凝土25cm，使锚杆、钢拱架支撑、钢筋网、喷射混凝土共同组成一个大半径的初期支护结构。

一般情况下，将超前小导管的尾部、锚杆的尾部与钢拱架支撑、钢筋网等焊接在一起形成一个整体的初期支护，以保证钢拱架、钢筋网、喷射混凝土、锚杆和围岩形成联合受力结构。

在初期支护和二次衬砌之间做直径为50mm的环向排水管，EVA复合土工布防水层。二次衬砌是现浇C25钢筋混凝土45cm。仰拱的初期支护为I20a钢拱架支撑，纵向间距75cm，二次衬砌是现浇C25钢筋混凝土35cm。

2）识读Ⅱ类围岩浅埋段超前支护设计图（图1-49）

如图1-49所示为Ⅱ类围岩浅埋段超前支护设计图。由图可知，该围岩段采用了

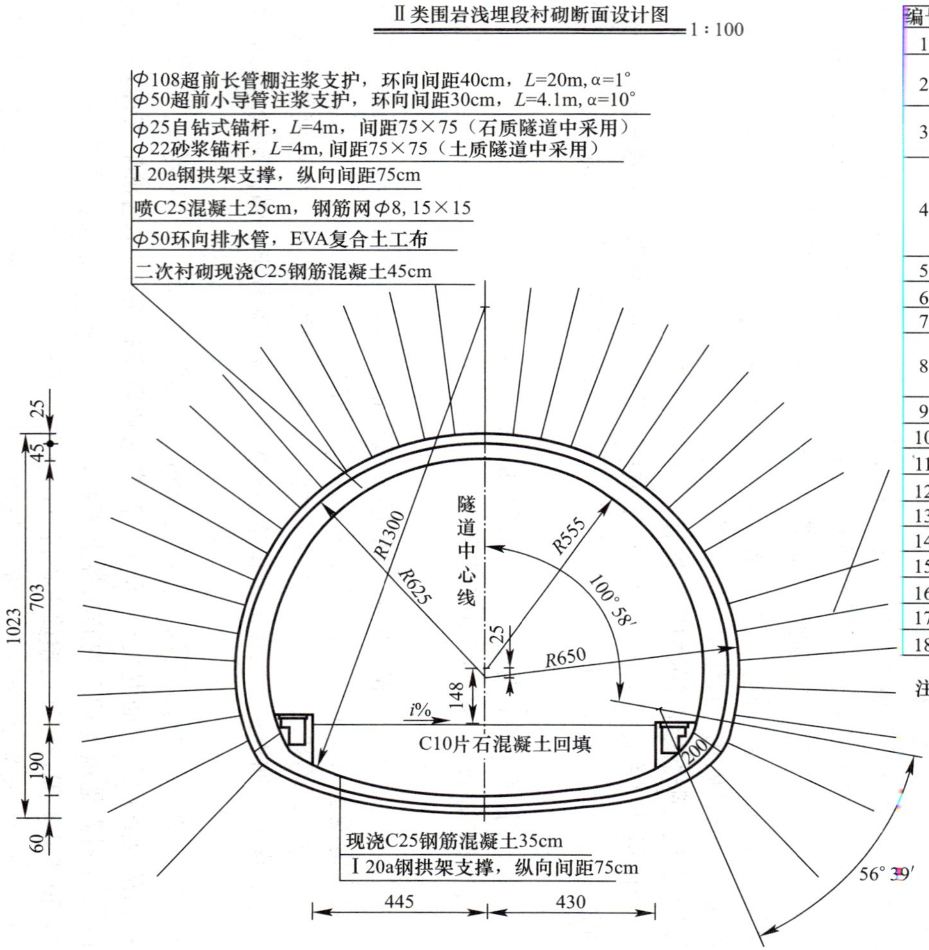

Ⅱ类围岩浅埋段衬砌断面设计图 1∶100

Φ108超前长管棚注浆支护，环向间距40cm，L=20m, α=1°
Φ50超前小导管注浆支护，环向间距30cm，L=4.1m, α=10°
Φ25自钻式锚杆，L=4m，间距75×75（石质隧道中采用）
Φ22砂浆锚杆，L=4m, 间距75×75（土质隧道中采用）
Ⅰ20a钢拱架支撑，纵向间距75cm
喷C25混凝土25cm，钢筋网Φ8, 15×15
Φ50环向排水管，EVA复合土工布
二次衬砌现浇C25钢筋混凝土45cm

隧道中心线
R1300
R625
R555
R650
100°58′
25
148
i%
C10片石混凝土回填
200
56°39′
现浇C25钢筋混凝土35cm
Ⅰ20a钢拱架支撑，纵向间距75cm
445
430
25
45
703
1023
190
60

每延米工程数量表

编号	项目	规格	单位	数量	备注
1	土石开挖		m³	112.9	
2	长管棚	Φ108	kg	9398	每组长管棚量
	小导管	Φ50	kg	279.2	壁厚4mm
3	注浆	水泥水玻璃浆	m³	25.12	每组长管棚量
	注浆	水泥水玻璃浆	m³	4.25	小导管中采用
4	自钻式锚杆	Φ25	m	186.7	石质中采用每环35根
	砂浆锚杆	Φ22	kg	556.37	土质中采用每环35根
5	Φ8钢筋网	15cm×15cm	kg	118.5	
6	喷混凝土	C25	m³	6.3	
7	型钢钢架	Ⅰ20a	kg	1362.4	
8	钢板	300mm×250mm×20mm	kg	188.5	
9	高强度螺栓、螺母	AM20	kg	10.7	
10	纵向连接钢筋	Ⅱ级	kg	188.7	
11	拱圈二次衬砌	C25	m³	13.0	
12	拱圈二衬钢筋	Ⅱ级	kg	669.4	
13	拱圈二衬钢筋	Ⅰ级	kg	115.4	
14	仰拱钢筋	Ⅱ级	kg	412.2	
15	仰拱钢筋	Ⅰ级	kg	56.7	
16	仰拱二次衬砌	C25	m³	7.8	
17	片石混凝土仰拱回填	C10	m³	10.44	
18	喷涂		m²	20.19	

注：1. 本图尺寸除钢筋直径以毫米计外，其余均以厘米计。
2. 本图适用于Ⅱ类围岩浅埋段。
3. 施工中若围岩划分与实际不符时，应根据围岩的监控量测结果，及时调整开挖方式和修正支护参数。
4. 施工中应 严格遵守短进尺、弱爆破、强支护、早成环的原则。
5. Ⅱ类围岩浅埋段超前支护在洞口段采用Φ108长管棚，在其余位置采用Φ50超前小导管
6. 隧道穿过石质层时采用Φ25自钻式锚杆；穿过土质层时采用Φ22砂浆锚杆。
7. 隧道施工预留变形量15cm。
8. 初期支护的锚杆应尽可能与钢支撑焊接。

图 1-48 Ⅱ类围岩浅埋段衬砌断面设计图

Ⅱ类围岩浅埋超前支护横断面图 1∶100

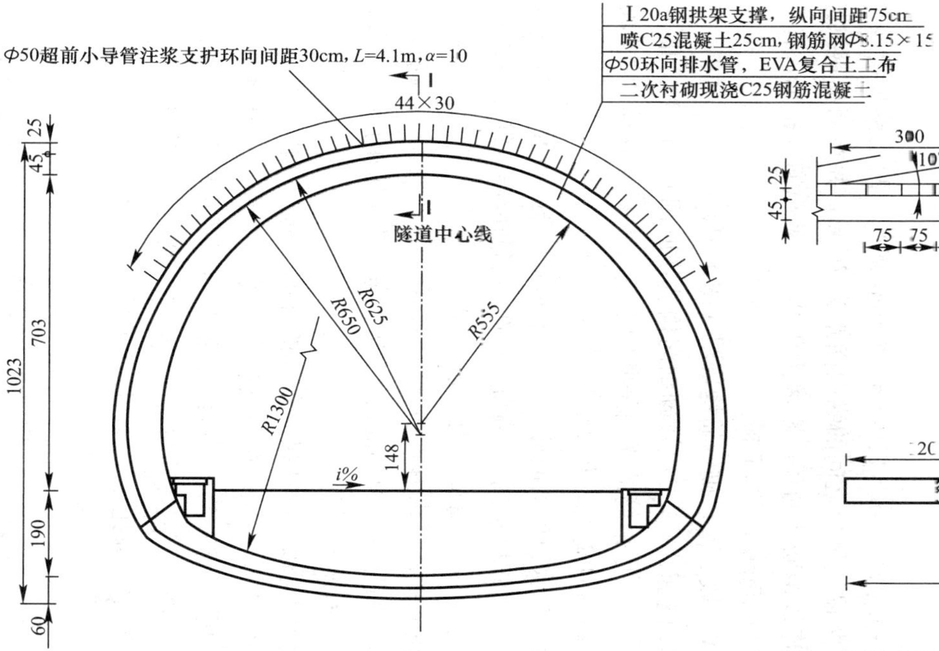

1-1断面 1∶100

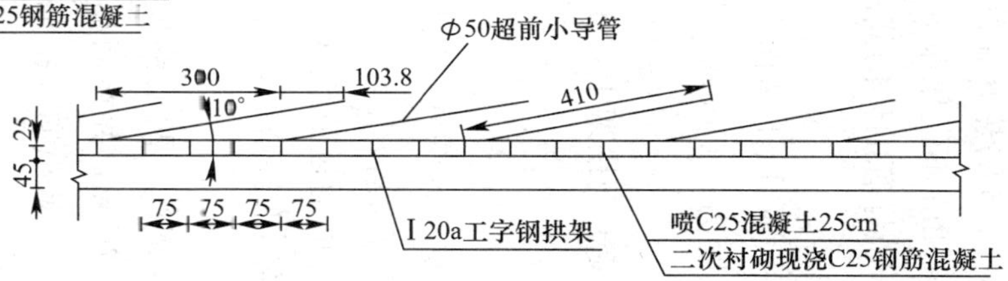

Φ50超前小导管大样图

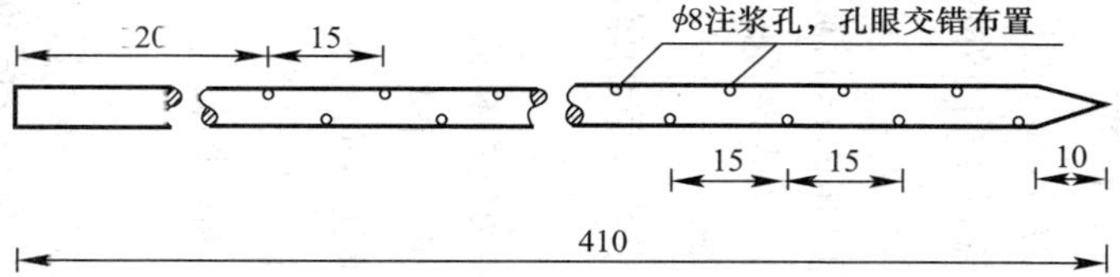

每延米超前支护材料数量表

名称	规格	单位	数量	备注
注浆	水泥水玻璃浆	m^3	4.25	
注浆导管	50	kg	279.2	壁厚4mm

注：1. 本图尺寸钢筋直径以毫米计外，其余均以厘米计
2. 超前小导管采用外径为50mm、长度为4.1m、壁厚为4mm的热轧无缝钢管，钢管前端呈尖锥壮，管壁四周钻8mm的压浆孔，尾部1.2m不设压浆孔，详见导管大样图。
3. 超前小导管施工时，钢管以10°的外倾角打入围岩，钢管的环向间距为30cm，尾部尽可能焊接于钢拱架上，每孔注浆量达到设计注浆量时方可结束注浆。
4. 施工时可根据施工方法与施工机具适当修正一次注浆深度和导管长度。
5. 注浆材料为水泥玻璃浆，注浆压力为0.5~1.0MPa，必要时可在孔口处设置止浆塞。
6. 边墙部可根据坑道的稳定情况适当加设导管进行注浆。
7. 本图适当于Ⅱ类围岩段的超前支护。

图 1-49 Ⅱ类围岩浅埋段超前支护设计图

450mm 的超前小导管注浆支护。图 1-49 主要由横断面图、Ⅰ-Ⅰ断面、超前小导管大样图、材料数量表及注释组成。

超前小导管采用外径为 50mm、长度为 4.1m、壁厚为 4mm 的热轧无缝钢管，钢管前端呈尖锥状，管壁四周钻有直径为 8mm 的压浆孔，尾部 1.2m 不设压浆孔，详见小导管大样图。超前小导管施工时，导管以 10°的外倾角打入围岩，导管的环向间距为 30cm，导管分布在隧道顶部，每圈 45 根。

横断面图上还表达出初期支护和二次衬砌的断面尺寸。从Ⅰ-Ⅰ断面上可以看出，两排导管之间的纵向间距为 300cm，两排导管的纵向搭接长度为 1.038m。同时，也可看出超前小导管与钢拱架之间的位置关系。

识读附注中的内容可知：要求小导管的尾部尽可能焊接于钢拱架上，小导管的注浆材料为水泥水玻璃浆。

3）识读Ⅱ类围岩浅埋段钢拱架支撑构造图（图 1-50）

如图 1-50 所示的Ⅱ类围岩浅埋段钢拱架支撑构造图，除立面图外，还有 A 部大样图、Ⅰ-Ⅰ断面图、Ⅱ-Ⅱ断面图、钢拱架纵向布置图与纵向连接筋大样图。

从立面图中可以看出，每榀钢拱架分为 6 段，段与段之间通过节点 A 连接在一起。由 4 部大样图、Ⅰ-Ⅰ断面图、Ⅱ-Ⅱ断面图及注释中可以了解到连接情况、工字钢断面尺寸、螺栓连接尺寸等。

在每段工字钢端部焊接一块 300mm×250mm×20mm 钢板，两块钢板由四个螺栓连接后，骑缝处要焊接牢固。两榀钢拱架之间的纵向间距为 75cm，并在两榀钢拱架之间焊接有纵向连接钢筋 2，纵向连接钢筋 2 的环向距离为 100cm。从纵向连接筋大样图上可以看出纵向连接钢筋 2 的直径为 25mm，共 37 根。

4）识读Ⅱ、Ⅲ类围岩浅埋段二次衬砌钢筋构造图（图 1-51）

该二次衬砌钢筋构造图由立面图（二次衬砌钢筋构造横断图），Ⅰ-Ⅰ、Ⅱ-Ⅱ、Ⅲ-Ⅲ断面图，以及 1、2、3、4、5、6 号钢筋的详图来共同表达二次衬砌钢筋的结构情况，另外还有钢筋数量表及注释。识图时应该综合起来分析。

由立面图可以看出该隧道二次衬砌的断面轮廓及断面内钢筋的布置情况，共有 6 种钢筋：拱圈部分的外圈主筋 1、内圈主筋 2 以及箍筋 5；仰拱部分内圈主筋 3、外圈主筋 4 以及箍筋 6。各箍筋的间距均为 40cm，每圈共有箍筋（29＋29＋1＋26＋1）根＝86 根。有 59 根 5 号箍筋，27 根 6 号箍筋；每延米有箍筋 2.5 圈，每延米共 215 根箍筋。主筋都是直径为 22mm 的Ⅱ级钢筋，箍筋是直径为 8mm 的Ⅰ级钢筋，各钢筋的尺寸与形状可见钢筋详图，不同位置的箍筋尺寸有所不同。

由Ⅰ-Ⅰ断面和Ⅱ-Ⅱ断面图可以看出在拱圈顶部的外圈主筋 1 和内圈主筋 2 之间的中心距为 35cm，混凝土保护层厚度为 5cm；在仰拱底部的外圈主筋 4 和内圈主筋 3 之间的中心距为 30cm，混凝土保护层厚度为 5cm。结合Ⅲ-Ⅲ断面图还可以看到箍筋沿纵向（道路中心线方向）的分布情况，即第一圈箍筋与第一、第二、第三圈主筋绑扎在一起；第二圈箍筋与第二、第四、第五圈主筋绑扎在一起，以此类推。

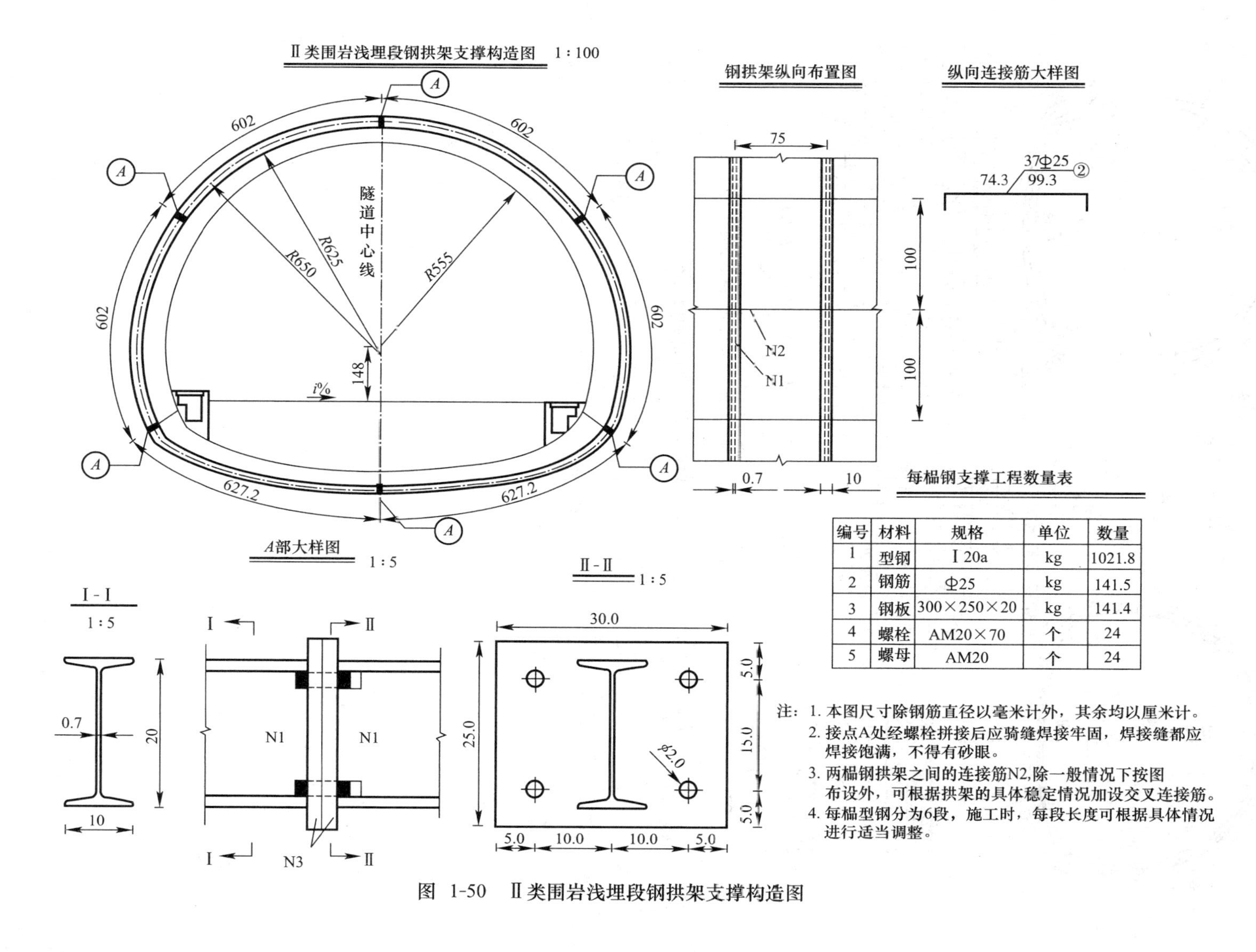

每榀钢支撑工程数量表

编号	材料	规格	单位	数量
1	型钢	Ⅰ20a	kg	1021.8
2	钢筋	Φ25	kg	141.5
3	钢板	300×250×20	kg	141.4
4	螺栓	AM20×70	个	24
5	螺母	AM20	个	24

注：1. 本图尺寸除钢筋直径以毫米计外，其余均以厘米计。
2. 接点A处经螺栓拼接后应骑缝焊接牢固，焊接缝都应焊接饱满，不得有砂眼。
3. 两榀钢拱架之间的连接筋N2,除一般情况下按图布设外，可根据拱架的具体稳定情况加设交叉连接筋。
4. 每榀型钢分为6段，施工时，每段长度可根据具体情况进行适当调整。

图 1-50 Ⅱ类围岩浅埋段钢拱架支撑构造图

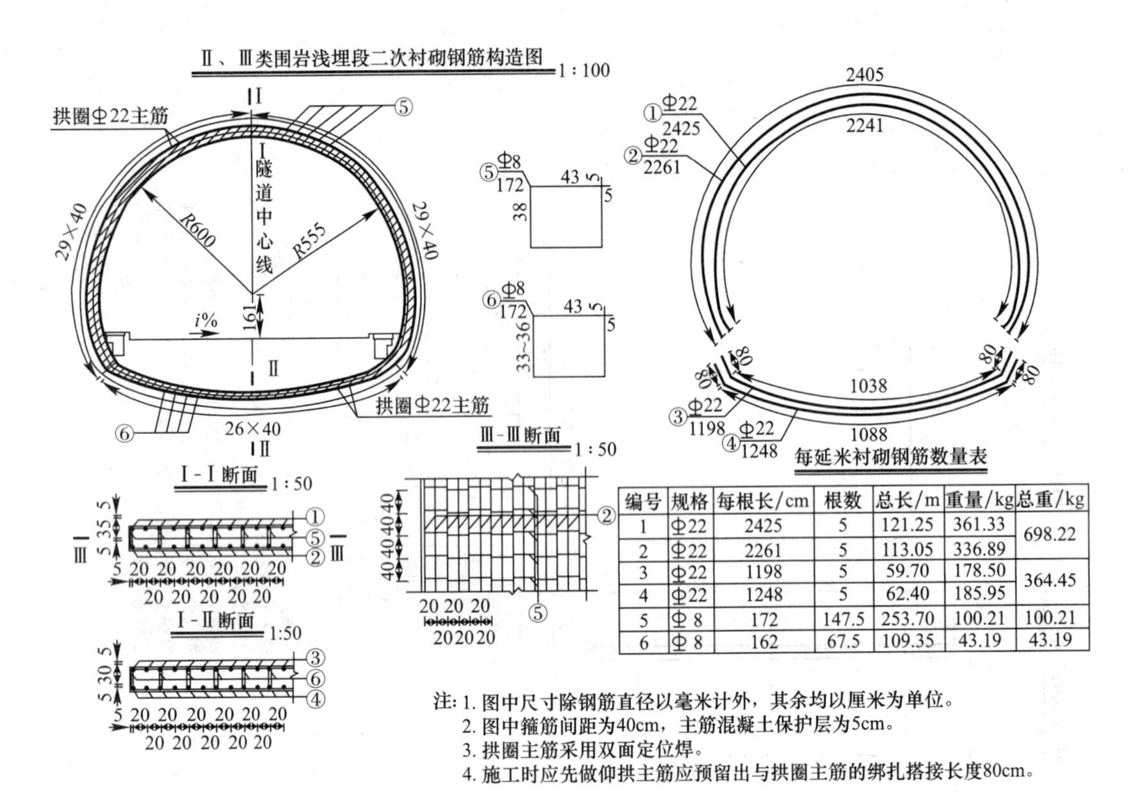

每延米衬砌钢筋数量表

编号	规格	每根长/cm	根数	总长/m	重量/kg	总重/kg
1	Φ22	2425	5	121.25	361.33	698.22
2	Φ22	2261	5	113.05	336.89	
3	Φ22	1198	5	59.70	178.50	364.45
4	Φ22	1248	5	62.40	185.95	
5	Φ 8	172	147.5	253.70	100.21	100.21
6	Φ 8	162	67.5	109.35	43.19	43.19

注：1. 图中尺寸除钢筋直径以毫米计外，其余均以厘米为单位。
2. 图中箍筋间距为40cm，主筋混凝土保护层为5cm。
3. 拱圈主筋采用双面定位焊。
4. 施工时应先做仰拱主筋应预留出与拱圈主筋的绑扎搭接长度80cm。

图 1-51　Ⅱ、Ⅲ类围岩浅埋段二次衬砌钢筋构造图

第 2 章　市政工程施工测量

2.1　施工测量的概念、任务及内容

2.1.1　施工测量的概念和任务

测量学的实质就是确定点的位置，并对点的位置信息进行处理、储存、管理。测量学的任务主要有两方面内容：测定和测设。测定就是采集描述空间点信息的工作；测设就是把设计好的建筑物（或者构筑物）细部点的信息标定在地面上的工作。施工测量学是研究工程建设和自然资源开发中各个阶段的控制和地形测绘、施工放样、变形监测理论与技术的科学。

在当前信息社会中，测绘资料是管理机构重要的基础信息之一。测绘成果也是信息产业的重要内容。测绘技术及成果应用面很广，对于国民经济建设、国防建设和科学研究有着重要的作用。国民经济建设的总体规划、城市建设与改造、工矿企业建设、公路铁路修建、各种水利工程和输电线路的兴建、农业规划和管理、森林资源的保护和利用、地下矿产资源的勘探和开采都需要测量工作。在国防建设中，测绘技术不但对国防工程建设、作战战略部署和现代诸兵种协同作战起着重要的保证作用，而且对于现代化的武器装备，如远程导弹、空间武器及人造卫星和航天器的发射也起着重要作用。测量技术对于空间技术研究、地壳形变、地震预报、防灾减灾、地球动力学、地球与人类可持续发展研究等科学研究方面也是不可缺少的工具。

我们学习施工测量的主要任务是：

（1）学习测绘地形图的理论和方法

地形图是工程勘测、规划、设计的依据。施工测量学是研究确定地球表面局部区域建筑物、构筑物和天然地貌高低起伏形态的三维坐标的原理和方法，是研究局部地区地图投影理论以及将测量资料按比例绘制成地形图或制成电子地图的原理和方法。

（2）学习在地形图上进行规划设计的基本原理和方法

主要介绍在地形图上进行土地平整、土方计算、道路选线和区域规划的基本原理和方法。

（3）学习工程建（构）筑物施工放样、工程质量检测的技术方法

施工放样是工程施工的依据。施工测量学是研究将规划设计在图纸上的建筑物（或者构筑物）准确地标定在地面上的技术和方法，研究施工过程及大型金属结构物安装中的检测技术。

（4）对大型建筑物的安全进行变形监测

在大型建筑物施工过程中或竣工后，为确保建筑物的安全，应对建筑物进行位移和变

形监测。

2.1.2 施工测量的内容

1. 名词解释

测量放线中有许多术语，下面仅就这些术语作一些名词解释：

（1）高程

高程是高低程度的简称。

国家规定以山东青岛市验潮站所确定的黄海的常年平均海水面，作为我国计算高程的基准面，这个大地水准面（基准面）的高程为零。

有了高程的零点基准面，因此陆地上任何一点到此大地水准面的铅垂距离，就称为该点的绝对高程或海拔。

（2）建筑标高

标高，是指标志的高度。建筑标高是指房屋建造时的相对高度，它表示在建房屋上某点与该建筑所确定的起始基准点之间的高度差。房屋建筑时，一般将房屋首层的室内地面作为该房屋计算标高的基准零点，一般标成±0.000，其计量单位为m，其他部位同它的高度差称为这个部位的建筑标高，简称标高。

建筑标高和大地高程（即绝对标高）之间的关系，是用建筑标高的零点等于绝对标高多少数量来联系的。

（3）高差

高差即高度之差。它是指某两点之间的高程之差或某两点（一幢房屋内的）之间建筑标高之差，而不能是高程与建筑标高之间的差或两栋不同建筑之间的标高之差。高差，在水准测量（施工中俗称抄平）中是常用到的术语。

（4）水准测量

水准测量是为确定地面上点的高程所进行的测量工作，在施工中称之为抄平放线。主要是用水准仪所提供的一条水平视线来直接测出地面上各点之间的高差，从已知某点的高程，可以由测出的高差推算出其他点的高程。水准测量是房屋施工中经常要进行的工作。

（5）角度

角度是测量中两条视线所形成的夹角大小，角度又分为水平角和竖直角。水平角是地面上两相交直线（或视线）在水平面上的投影所夹的角；竖直角是指在同一竖向平面内某方向的视线与水平线的夹角，竖直角又分为仰角和俯角。

角度的测量采用经纬仪来进行。在房屋建筑施工时，房屋一边沿与另一边沿相交的角度就是用经纬仪来进行测量的。

（6）水平距离

水平距离是确定地面点位关系的主要元素，是指地面上两点垂直投影到同一水平面上的直线距离。

（7）坐标

坐标是测量中用来确定地面上物体所在位置的准线，是人们假想的线。坐标分为平面直角坐标和空间直角坐标，平面直角坐标由两条互相垂直的轴线组成；空间直角坐标系由三条互相垂直的轴线组成。地球上的经纬度是最大的平面直角坐标。而区域性的由国家测绘部门定下来的坐标方格网，则是用来对房屋定位放线的测量依据。图 2-1 即为区域性的坐标方格网。

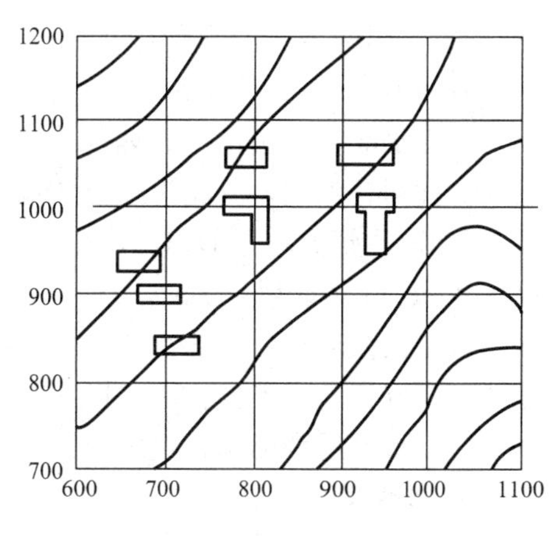

图 2-1　区域性坐标方格网

2. 施工测量放线的主要内容

测量学的范围太广，本章只结合房屋建筑施工的实际应用介绍以下几个方面的有关内容：

（1）测量需用的仪器和工具。

（2）介绍施工放线的准备工作。

（3）介绍房屋建筑的定位和水准标高的引进，控制桩的设置与保护等。

（4）介绍不同类型建筑的测量放线的工作内容，及结构吊装时应做的一些测量放线工作。

（5）建筑物的沉降观测，包括观测点的设置和观测要求。

2.2　测量放线使用的仪器及工具

2.2.1　水准测量的仪器和工具

水准测量所使用的仪器为水准仪，辅助工具为水准尺和尺垫。水准仪按其精度高低可分为 DS05、DS1、DS3 和 DS10 等 4 个等级（D、S 分别为“大地测量”和“水准仪”的汉语拼音的第一个字母；数字 05、1、3、10 表示该仪器的标称精度，是指用该仪器进行水准测量时，往返测 1km 高差中数字误差，其单位是 mm）；按结构可分为微倾式水准仪和自动安平式水准仪；按构造可分为光学水准仪和电子水准仪。本节着重介绍 DS3 水准仪，简单介绍精密水准仪和电子水准仪。

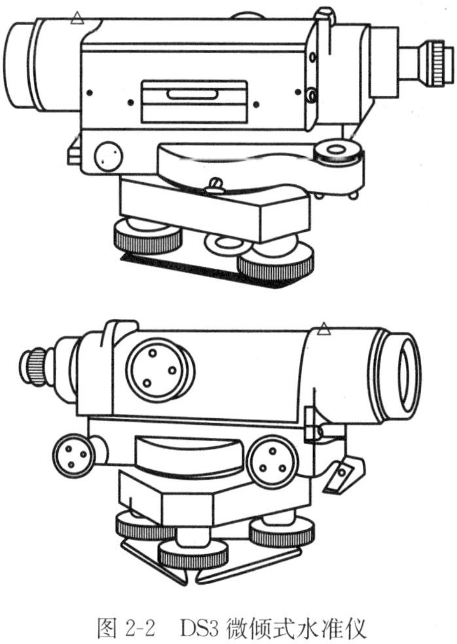

1. DS3 微倾式水准仪的构造

水准仪是测量高程、建筑标高用的主要仪器。根据水准测量的原理，水准仪的主要作用是提供一条水平视线，并能照准水准尺进行读数。因此，水准仪主要由望远镜、水准器及基座 3 部分构成。图 2-2 所示是我国生产的 DS3 微倾式水准仪。

图 2-2　DS3 微倾式水准仪

2. 水准尺和尺垫

水准尺是水准测量时使用的标尺，其质量好坏直接影响水准测量的精度。因此，水准尺需用不易变形且干燥的优质木材制成，要求尺长稳定，分划准确。常用的水准尺有整尺（直尺）、折尺、塔尺三种。水准尺又可分为单面尺和双面尺。

塔尺多用于等外水准测量，其长度有 2m 和

5m两种，用两节或三节套接在一起。尺的底部为零点，尺上黑白格相间，每格宽度为1cm有的为0.5cm，每1m和1dm处均有注记。

双面水准尺多用于三、四等水准测量，其长度有2m和3m两种，且两根尺为一对。尺的两面均有刻划，一面为红白相间称红面尺，另一面为黑白相间，称黑面尺（也称主尺），两面的刻划均为1cm，并在分米处注字。两根尺的黑面均由零开始，而红面，一根尺由4.687m开始至6.687m或7.687m，另一根由4.787m开始至6.787m或7.787m。

尺垫是在转点处放置水准尺用的，它用生铁铸成，一般为三角形，中央有一突起的半球体，下方有三个支脚。用时将支脚牢固地插入土中，以防下沉，上方突起的半球形顶点作为竖立水准尺和标志转点之用。

3. 水准仪的使用

在进行水准测量前，即抄平前要将水准仪安置在适当位置，一般选在观测的两点的中间距离处，并没有遮挡视线的障碍物。其安置步骤如下：

（1）支三脚架：三脚架放置位置应行人少、振动小、地面坚实，支架高度以放上仪器后观测者测视合适为宜。支架的三角尖点形成等边三角形放置，支架上平面接近水平。

（2）安放水准仪：从仪器箱中取出水准仪放到三脚架上，用架上的固定螺栓与仪器的连接板拧牢。最后把三脚架尖踩入坚土中，使三脚架稳固在地面上。取放仪器注意轻拿轻放及仪器在箱内的摆放朝向。

（3）粗平：首先用双手按箭头所指的方向转动脚螺旋1、2，使气泡移到这两个脚螺旋方向的中间，再用左手按箭头方向转动脚螺旋3，使气泡居中气泡移动方向与左手大拇指转动脚螺旋时的移动方向相同，故称“左手大拇指”规则。

（4）目镜对光：依个人视力将镜转向明亮背景如白色墙壁，旋动目镜对光螺旋，使在镜筒内看到的十字丝达到十分清晰为止。

（5）概略瞄准：利用镜筒上的准星和缺口大致瞄准目标后，用目镜来观察目标并固定制动螺旋，完成概略瞄准。

（6）物镜对光：转动物镜对光螺旋，使水准尺的像最清晰，再转动微动螺旋，使十字丝纵丝对准水准尺边缘或中央。

（7）清除视差：当尺像与十字丝网平面不重合时，眼睛靠近目镜微微上下移动，可看见十字丝的横丝在水准尺上的读数随之变动，这种现象叫视差，它将影响读数的正确性。消除视差的方法是仔细转动物镜对光螺旋，直至尺像与十字丝网面重合。

（8）精平：转动微倾螺旋，使水准管气泡严格居中，从而使望远镜的视线精确处于水平位置。

（9）读数：仪器精平后，应立即用十字丝的中横丝在水准尺上进行读数，读数时应从上往下读，即从小往大读，读数后应立即在水准管气泡观察镜内重新检验气泡是否居中，如仍居中，则读数有效。应注意：每次读数前都要精平。

以上9步工作完成后就可进行水准测量、抄平了。需注意的是在拧旋螺旋时，不要硬拧或拧过头，以免损坏仪器。

4. 水准测量中的精度要求和误差因素

水准测量在建筑施工中，主要是在引进水准标高点时应用。由于在多次转折测量中易产生较大误差，通过总结经验，规定了误差的允许范围。在普通建筑工程、河道工程中用于立模、填筑放样，水准测量中允许误差按下面公式计算：

$$f_{h容}=\pm 20\sqrt{L}(\mathrm{mm}) \text{ 或 } f_{h容}=\pm 6\sqrt{n}(\mathrm{mm})$$

式中，L 是测量水准路线单程长度，单位 km；n 是测量中单程测站次数。每千米转折点少于 15 点时用前一个公式，反之用后一个公式。

例如水准基点离工地 1768m 远，中间转折了 16 次，那么其允许误差为：

$$\sum_n/\sum_L=16/1.768<15; \quad \text{故 } f_{h容}=\pm 20\sqrt{L}=\pm 20\sqrt{1.768}=\pm 27(\mathrm{mm})$$

允许误差值有了，那么实测值是否有误差及误差是否在允许范围内，这要通过校核才知道。一般校核方法有往返测法、闭合法、附合法等。往返法是由已知水准点测到工地后再按原线反向测回到原水准点；闭合法是由已知水准点测到工地后再另外循路闭合测至原水准点；附合法是由已知水准点测到工地后再附合至已知的第二个水准点。无论哪种校核方法，当所得误差值小于允许误差值时即为合格，反之为不合格需重测。

水准测量误差因素有以下几方面，在测量时应避免：

（1）仪器引起的误差：主要是视准轴与水准管轴不平行所引起，要修正仪器才能解决。

（2）自然环境引起的误差：如气候变化、视线不清、日照强烈、支架下沉等。

（3）操作不当引起的误差：如调平不准、持尺不垂直、仪器碰动、读数读错或不准等。

造成误差因素是多方面的，我们在做这项工作之前要检查仪器，排除不利因素，认真细致操作，以提高精度，减少误差。

5. 新型水准仪介绍

（1）自动安平水准仪

自动安平水准仪是不用微倾螺旋，只用圆水准器进行粗略整平，然后借助安平补偿器自动地把视准轴置平，读出视线水平时的读数。据统计，该仪器与普通水准仪比较能提高观测速度约 40%，从而显示了它的优越性。

（2）精密水准仪

精密水准仪主要用于国家一、二等水准测量和高精度的工程测量中，例如建筑物沉降观测、大型精密设备安装等测量工作。精密水准仪的构造与 DS3 水准仪基本相同，也是由望远镜、水准器和基座 3 部分组成。其不同之点是：水准管分划值较小，一般为 10″/2mm；望远镜放大率较大，一般不小于 40 倍；望远镜的亮度好，仪器结构稳定，受温度的变化影响小等。

精密水准仪的操作方法与一般水准仪基本相同，不同之处是用光学测微器测出不足一个分格的数值。即在仪器精确整平（用微倾螺旋使目镜视场左面的符合水准气泡半像吻合）后，十字丝横丝往往不恰好对准水准尺上某一整分划线，这时就要转动测微轮使视线上、下平行移动使十字丝的楔形丝正好夹住一个整分划线，如图 2-3 所示，被夹住的分划线

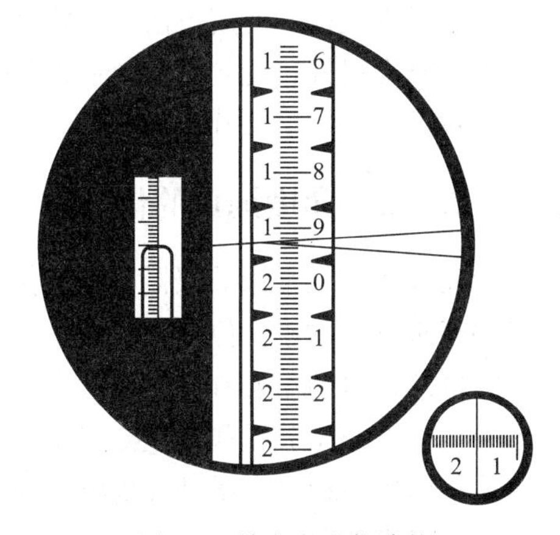

图 2-3　精密水准仪读数

读数为 1.97m。视线在对准整分划过程中平移的距离显示在目镜右下方的测微尺读数窗内，读数为 1.50mm。所以水准尺的全读数为1.97+0.0015=1.9715（m），而其实际读数是全读数除以 2，即 0.98575m。

（3）电子水准仪简介

1990 年 3 月徕卡（Leica）公司推出世界上第一台数字水准仪 NA2000，它是由 Gachter，Braunecker，Muller 博士和 P. Gold 组成的研究组研制成功的。他们在 NA2000 上首次采用数字图像技术处理标尺影像，并以行阵传感器取代观测员的肉眼获得成功。这种传感器可以识别水准标尺上的条码分划，并采用相关技术处理信号模型，自动显示与记录标尺读数和视距，从而实现观测自动化。目前已经有瑞士、德国和日本三个国家在生产电子水准仪。

① 电子水准仪的特点

电子水准仪和传统水准仪相比较，其相同点是：电子水准仪具有与传统水准仪基本相同的光学、机械和补偿器结构；光学系统也是沿用光学水准仪的；水准标尺一面具有用于电子读数的条码，另一面具有传统水准标尺的 E 型分划；既可用于电子水准测量，也可用于传统水准测量、摩托化测量、形变监测和适当的工业测量。其不同点是：传统水准仪用人眼观测，电子水准仪用光电传感器（CCD 行阵）（即探测镜）代替人眼；电子水准仪与其相应条码水准标尺配用。仪器内装有图像识别器，采用数字图像处理技术，这些都是传统水准仪所没有的；同一根编码标尺上的条码宽度不同，各型电子水准仪的条码尺有自己的编码规律，但均含有黑白两种条块，这与传统水准标尺不同。另外，对精密水准仪而言，传统的利用测微器读数，而电子水准仪没有测微器。

② 数字水准仪的基本原理

水准标尺上宽度不同的条码通过望远镜成像到像平面上的 CCD 传感器上，CCD 传感器将黑白相间的条码图像转换成模拟视频信号，再经仪器内部的数字图像处理，可获得望远镜中丝在条码标尺上的读数。此数据一方面显示在屏幕上，另一方面可存储在仪器内的存储器中。电子水准测量目前有三种测量原理，即相关法（徕卡）、几何法（蔡司）、相位法（拓普康、索佳）。

③ 电子水准仪的使用方法

电子水准仪的使用方法与一般水准测量大体相似，也包括以下几步：安置仪器、粗略整平、瞄准目标、观测。值得一提的是，第四步只需按一下测量键即可，我们便可从电子水准仪的显示屏上看到读数。

2.2.2 角度测量的仪器和工具

角度测量最常用的仪器是经纬仪，角度测量分为水平角测量与竖直角测量。水平角测量用于求算点的平面位置，竖直角测量用于测定高差或将倾斜距离改成水平距离。

经纬仪目前主要有光学经纬仪和电子经纬仪两大类。光学经纬仪为光学玻璃度盘，读数采用光学测微装置和一些光路系统，是目前应用较广泛的一种测角仪器；电子经纬仪则是采用角码转换器和微处理机将方向（或角度）值用数字形式自动显示出来，是一种自动化程度更高的测角仪器。

1. 光学经纬仪

光学经纬仪的型号为：DJ07、DJ2、DJ6、DJ15。DJ 分别为“大地测量”和“经纬仪”的汉语拼音第一个字母，07、2、6、15 分别为该仪器一测回方向观测值的中误差的秒值。工程建设中常用的是 DJ2、DJ6 两种，本节着重介绍光学经纬仪的构造和使用方法，简单介绍电子经纬仪的知识。

图 2-4 为北京光学仪器厂生产的 DJ6 型光学经纬仪，各部件名称的编号如图所注。它主要由照准部分、水平度盘和基座 3 部分构成，如图 2-4 所示。

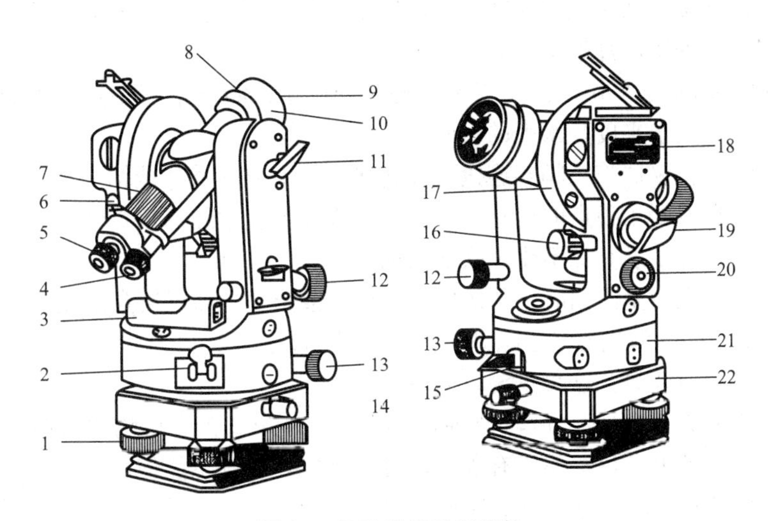

图 2-4　DJ6 型光学经纬仪

1—脚螺旋；2—复测扳手；3—照准部水准管；4—读数显微镜；5—目镜；6—照门；7—物镜调焦螺旋；8—准星；9—物镜；10—望远镜；11—望远镜制动螺旋；12—望远镜微动螺旋；13—水平微动螺旋；14—轴套固定螺丝；15—水平制动螺旋；16—指标水准管微动螺旋；17—竖直度盘；18—指标水准管；19—反光镜；20—测微轮；21—水平度盘；22—基座

（1）照准部分

主要由望远镜、测微器和竖轴组成。望远镜可精确地照准目标，它和横轴垂直固结连在一起，并可绕横轴旋转。当仪器调平后，绕横轴旋转时，视准轴可以扫出一个竖直平面。在望远镜的边上有个读数显微镜，从中可以看到度盘的读数。为控制望远镜的竖向转动，设有竖向制动螺旋和微动螺旋。照准部分上还有竖直度盘和水准器。照准部分下面的竖轴插在筒状的曲座内，可以使整个照准部分绕竖轴做水平方向的转动。为控制水平向的转动，也设有水平制动螺旋和微动螺旋。

（2）水准度盘部分

水准度盘主要用来量度水平角值。

① 水准度盘：光学玻璃的圆环，圆环上按顺时针方向刻划，注记 0°～360°，每度注有数字。根据注记可判断度盘分划值，一般为 30′或 1°。

② 度盘离合器（又称复测器扳手）：用来控制水平度盘与照准部之间的离合器的装置。当离合器扳手扳上时，度盘与照准部分离，水平读盘停留不动，读数指标所指读数随照准部的转动而变化，即称“上变”。离合器扳手扳下时，度盘与照准部结合在一起，照

准部转动时，水平度盘与照准部同时转动，读数不变，即称“下不变”。所以离合器扳手是按“上离下合”而起作用。

有些经纬仪是用拨盘手轮代替度盘离合器，达到度盘变位的目的，它的作用是配置度盘起始位置。当望远镜转动时，水平度盘不随之转动，当需要转动水平度盘时，可以拨动拨盘手轮来改变度盘位置，将水平度盘调至指定的读数位置。

（3）基座

主要用来整平和支撑上部结构。包括轴座、脚螺旋和连接板。

① 轴座固定螺旋：是固定仪器的上部和基座的专用螺旋。使用仪器时万勿松动此螺旋，以防仪器脱离轴座而摔落受损。

② 脚螺旋：用来整平仪器。用三个脚螺旋使圆水准器气泡居中，达到竖轴铅垂；水准管气泡居中，达到水平度盘水平的目的。

用连接螺旋可将仪器与三脚架连接，在连接螺旋下方的垂球挂钩上挂垂球，可将水平度盘的中心安置在所测角顶点的铅垂线上。目前大多数光学经纬仪都装有光学对中器，与垂球对中相比，具有精度高和不受风吹摆动的优点。

度盘和它的测微器是测角时读数的依据。DJ6 型光学经纬仪度盘上刻画有分划度数的线条，刻度从 0°～360°顺时针方向刻画的。测微器的分划刻度从 0°～60°。使用不同经纬仪之前应先学会如何读数，这很重要。

钢卷尺：它分为 30m 及 50m 长两种，用于丈量距离。钢卷尺购置时应有计量合格生产厂生产及质量保证书。尺上还应有 MC 的计量标志，否则不能使用。在建筑施工中主要用于定位，量轴线尺寸、开间尺寸、竖向距离等。

使用时要展平不得扭曲，还要根据气温做温度改正和使用拉力器拉住丈量，从而保证准确的尺寸。

此外还有量小尺寸的 2m、3m 的钢卷尺，这也必须符合计量要求。使用时要读数准确，在配合使用时要满足测量放线的要求。

2. 经纬仪的安置和使用

（1）经纬仪的安置

经纬仪的安置主要包括定平和对中两项内容。

① 支架：三脚架，操作方法同水准仪支架，但是三脚架的中心必须对准下面测点桩位的中心，以便对中挂线锤时找正。

② 安放仪器：将经纬仪从箱中取出，安到三脚架上后拧紧固定螺旋，并在螺旋下端的小钩上挂好线锤，使锤尖与桩点中心大致对准，将三脚架踩入土中固定好。

③ 对中：根据线锤偏离桩点中心的程度来移动仪器，使之对中。偏得少时可以松开固定螺旋，移动上部的仪器来达到对中；若偏离过大须重新调整三脚架来对中。对中时观测人员必须在线锤垂挂的两个互相垂直的方向看是否对中，不能只看一侧。一般桩上都钉一小钉作中心，其偏离中心一般不允许超过 1mm。对中准确拧紧固定螺旋即完成对中操作。

④ 定平：目的是使仪器竖轴竖直和水平度盘水平。操作时，转动仪器照准部分，使水准管平行于任意一对脚螺旋的连线，然后用两手同时反方向转动两脚螺旋，使水准管气泡居中，注意气泡移动方向与左手大拇指移动方向一致；再将照准部分转动 90°，使水准

管垂直于原两脚螺旋的连线，转动另一脚螺旋，使水准管气泡居中。如此重复进行，直到在这两个方向气泡都居中为止。居中误差一般不得大于一格。

（2）经纬仪的使用

经纬仪的使用主要是水平方向的测角，竖直方向的观测。

① 水平角度的观测：经纬仪安置好后，将度盘的 0°00′00″读数对准，扳下离合器按钮，松开制定螺旋，转对仪器把望远镜照准目标，用十字丝双竖线夹住目标中心，固定度盘制动螺旋，对光看清目标后用微动螺旋使十字丝中心对准目标。

扳上离合器检查读数应为 0°00′00″，读数不为 0 应再调整直至为 0。再松开制动螺旋和转动仪器，看第二个目标并照准，读出转过的度数（即根据图纸上房屋的边交角的度数，转过需要的度数），再固定仪器，让配合者把望远镜中照准的点定下桩位，此即定位定点的方法，测角示意如图 2-5 所示。

② 竖直方向的观测：利用经纬仪进行竖向观测是利用望远镜的视准轴在绕横轴旋转时扫出的一个竖直平面的原理来测建筑物的竖向偏差。如构件吊装观测时，可将经纬仪放在观测物的对面，使其某构件轴线与仪器扫出的竖向平面人致对准，然后与该构件根部的中心（或轴线）照准对好，再竖向向上转动望远镜，观测其上部中心是否在一个竖向平面中，如上部中心点偏离镜中十字丝中心，则构件不垂直，反之垂直。偏离超过规范允许偏差要返工重置。

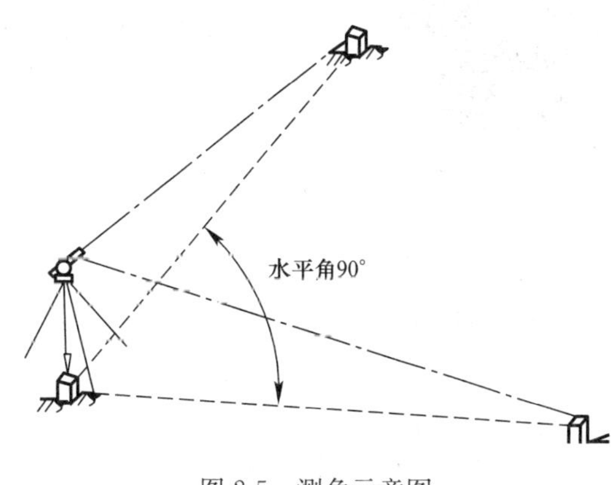

图 2-5　测角示意图

（3）经纬仪观测的误差和原因

其误差有测角不准，90°角不垂直，竖向观测竖直面不垂直水平面，对中偏离过大等。原因是：

① 仪器本身的误差：如仪器受损、使用年限过久、检测维修不善、制造不精密、质量差等。

② 气候等因素：如风天、雾气、太阳过烈、支架下沉等，高精度测量时应避开这些因素。

③ 操作不良因素：定平、对中不认真，操作时手扶三脚架，身体碰架子或仪器，操作人任意走开受到其他因素影响等。

3. 电子经纬仪简介

电子经纬仪与光学经纬仪的根本区别在于：电子经纬仪是利用光电转换原理和微处理器自动测量度盘的读数并将测量结果显示在仪器显示窗上，如将其与电子手簿连接，可以自动储存测量结果。电子经纬仪的测角系统有 3 种：编码度盘测角系统、光栅度盘测角系统和动态测角系统。

世界上第一台电子经纬仪于 1968 年研制成功，20 世纪 80 年代初生产出商品化的电子经纬仪。随着电子技术的飞速发展，电子经纬仪的制造成本急速下降，现在，国产电子经纬仪的售价已经逼近同精度的光学经纬仪的价格。目前市场上电子经纬仪的种类较多，不同国家或厂家生产的电子经纬仪，基本结构和工作原理大致相同，而在仪器的操作方面有一定的区别，因此在使用前，应仔细认真阅读使用说明书。

2.2.3 全站型电子速测仪介绍

全站型电子速测仪简称全站仪（图 2-6），它是一种可以同时进行角度（水平角、竖直角）测量、距离（斜距、平距、高差）测量和数据处理，由机械、光学、电子元件组合而成的测量仪器。由于只需一次安置，仪器便可以完成测站上所有的测量工作，故被称为“全站仪”。全站仪上半部分包含有测量的 4 大光电系统，即水平角测量系统、竖直角测量系统、水平补偿系统和测距系统。通过键盘可以输入操作指令、数据和设置参数。以上各系统通过 I/O 接口接入总线与微处理机联系起来。

图 2-6　STS-752 全站仪

微处理机（CPU）是全站仪的核心部件，主要有寄存器系列（缓冲寄存器、数据寄存器、指令寄存器）、运算器和控制器组成。微处理机的主要功能是根据键盘指令启动仪器进行测量工作，执行测量过程中的检核和数据传输、处理、显示、储存等工作，保证整个光电测量工作有条不紊地进行。输入输出设备是与外部设备连接的装置（接口），输入输出设备使全站仪能与磁卡和微机等设备交互通信、传输数据。

不同型号的全站仪，其具体操作方法会有较大的差异。下面简要介绍全站仪的基本操作与使用方法。

1. 水平角测量

（1）按角度测量键，使全站仪处于角度测量模式，照准第一个目标 A。

（2）设置 A 方向的水平度盘读数为 $0°00'00''$。

（3）照准第二个目标 B，此时显示的水平度盘读数即为两方向间的水平夹角。

2. 距离测量

（1）设置棱镜常数。测距前须将棱镜常数输入仪器中，仪器会自动对所测距离进行改正。

（2）设置大气改正值或气温、气压值。光在大气中的传播速度会随大气的温度和气压而变化，15℃和 760mmHg 是仪器设置的一个标准值，此时的大气改正为 0ppm。实测时，可输入温度和气压值，全站仪会自动计算大气改正值（也可直接输入大气改正值），并对测距结果进行改正。

（3）量仪器高、棱镜高并输入全站仪。

（4）距离测量。照准目标棱镜中心，按测距键，距离测量开始，测距完成时显示斜距、平距、高差。

全站仪的测距模式有精测模式、跟踪模式、粗测模式 3 种。精测模式是最常用的测距模式，测量时间约 2.5s，最小显示单位 1mm；跟踪模式，常用于跟踪移动目标或放样时连续测距，最小显示一般为 1cm，每次测距时间约 0.3s；粗测模式，测量时间约 0.7s，最小显示单位 1cm 或 1mm。在距离测量或坐标测量时，可按测距模式（MODE）键选择不同的测距模式。

应注意，有些型号的全站仪在距离测量时不能设定仪器高和棱镜高，显示的高差值是全站仪横轴中心与棱镜中心的高差。

3. 坐标测量

（1）设定测站点的三维坐标。

（2）设定后视点的坐标或设定后视方向的水平度盘读数为其方位角。当设定后视点的坐标时，全站仪会自动计算后视方向的方位角，并设定后视方向的水平度盘读数为其方位角。

（3）设置棱镜常数。

（4）设置大气改正值或气温、气压值。

（5）量仪器高、棱镜高并输入全站仪。

（6）照准目标棱镜，按坐标测量键，全站仪开始测距并计算显示测点的三维坐标。

2.2.4 测量仪器的管理和保养

测量放线工作是一项精密细致的工作，使用的测量仪器和工具也都要求精密。根据国家计具法规规定，测量所用的仪器和某些工具都属于计量器具，应符合计量要求，即生产该器具的厂必须具备计量验收合格的条件或资质，特别是经纬仪和水准仪的生产厂必须是经国家批准且具有生产许可证的计量合格单位。

在施工中为保证测量的精度，对测量的器具必须加强管理和进行维护保养。

1. 器具的管理

（1）采购时必须认真检查器具的合格证及计量合格证书、外观有无损坏、望远镜镜片有无磨损、各轴转动是否灵活等。

（2）建立测量器具台账、使用时的收发制度，专管专用。精密仪器定期送计量检测部门检验，确保其精度。

（3）用量较大的钢卷尺必须定期进行长度检定，检定送具有长度标准器的检定室进行，通过检定对名义长度进行改正。

（4）操作使用仪器者，要了解仪器型号、大致构造和性能，严禁胡乱操作。

（5）加强对自制测量工具的管理。

2. 器具的保养

（1）经纬仪和水准仪的保养：仪器开箱使用时，要记清仪器各部分的箱内位置。取出时要抱住基座部分轻轻取出，不能抓住望远镜部分。测量时支架要稳，防止倒架摔坏仪器，长距离转移时，应将仪器放入箱内搬运，近距离搬运应一手抱架，一手托住仪器竖直搬运。仪器箱不能坐人。仪器用完放入箱内前要用软毛刷掸去灰尘，并检查仪器有无损伤，零件是否齐全，然后放松各制动螺旋，轻轻放入箱中，卡住关好。使用中不能淋雨或曝晒，不要用手、破布或脏布擦镜头；操作时手动要轻。坐车要垫软物于箱下防振，骑自行车应把箱子背在身上骑车，不能放在后座架上颠簸运输。

（2）钢卷尺的保养：使用时防止受潮或水浸，丈量时应提起尺，携尺前进，不能拖尺走，用完后用干净布擦拭干净再回收入尺盒内，用后不能乱掷于地。使用一阵后要详细检查尺身有无裂缝、损伤、扭折等，并把尺全部拉出来擦拭干净。

（3）水准尺的保养：水准尺是多节内空的，使用时要拿稳不摔到地上，用后放于室内边角处避免碰倒摔裂，并防止雨淋曝晒。塔尺底部要注意加固保护，防止穿底损坏。

2.3 道路工程的定位放线

2.3.1 概述

1. 路线测量概述

道路、管线、铁路、输电线等工程统称为线性工程，在线性工程建设中所进行的测量称为路线工程测量，简称路线测量。

路线工程测量的主要任务有：

（1）根据规划设计要求，在中小比例尺地形图上确定路线的走向及相应控制点位。

（2）根据图上设计的线性工程走向进行控制测量（平面控制和高程控制）。

（3）沿线性工程的基本走向进行带状地形图的测绘。

（4）按规划设计要求将路线中线点位测设到实地。

（5）测定路线中线点位的地面高程和垂直于中线方向的地面高低起伏状况，并绘制纵横断面图。

（6）按线性工程的施工图设计进行施工测量。

2. 路线工程测量的基本过程

（1）规划选线

规划选线是路线建设的初始设计工作，其工作内容有：

1）图上选线。根据有关主管部门提出的路线（或路线总体规划）建设基本原则，利用中小比例尺（1∶50000～1∶5000）的地形图，在图上选取路线方案。图上选线，可以初步确定路线的多种走向，估算路线的长度，桥、涵的座数，车站位置等项目，测算各种图上选址方案的建设投资费用等。

2）实地考察。根据图上选择的多种方案，进行野外实地视察，踏勘调查，收集路线沿途的实际情况。通过实地考察，论证并推荐路线的基本走向、主要技术指标、设计阶段和施工的原则意见，提出建设期限，作为上级编制和下达计划任务书的依据。

3）方案论证比较。根据图上论证和实地考察的全部资料，结合主管部门的意见进行方案论证，确定规划路线的基本方案。

（2）勘测设计

勘测设计是规划路线上进行路线勘测与设计的整个过程，分一阶段设计和二阶段设计。

1）二阶段勘测设计

① 初测，即在所定的规划路线上进行勘测工作。主要工作内容有：控制测量和带状地形图的测绘。目的是为路线纸上定线提供详细的地形资料及统一的地形基准。

a. 控制测量：包括平面控制测量和高程控制测量。

平面控制测量：在路线工程中常用GPS定位技术和导线测量方式进行平面控制测量。

当前路线平面控制测量施测方案基本上有两个：一是路线所有控制点全部采用GPS技术施测，即沿线相隔一定距离布设一对GPS点（一对点包括一个控制点和一个定向点）作为路线的基本控制；二是在此基础上，用光电测距导线加密。

高程控制测量：沿规划路线及桥梁、涵洞工程的规划地段进行高程控制测量，为满足路线的勘测设计建立高程控制点，提供准确的高程值。

b. 带状地形测量：在已建立的控制网基础上，沿规划中线进行地形测量，按一般地形图测绘要求测绘带状地形图，测绘宽度左右两侧各100～200m。

初测得到的大比例尺地形图是纸上定线的最重要基础图件。纸上定线设计主要内容有：在地形图上确定路线中线直线段及交点位置，标明路线中线直线段连接曲线的有效参数。如图2-7所示。

② 定测，定测的主要工作包括：

a. 将纸上定线设计的道路中线（直线段及曲线）测设于实地。

b. 路线的纵横断面测量。

2）一阶段施工图设计

对路线方案明确修建任务急、技术等级低的道路，可以采用一阶段施工图设计。一阶段施工图设计就是一次性详细提供路线的方案设计，完成路线的施工图设计文件。

（3）道路工程的施工放样

根据施工图设计有关数据，放样道路的中桩、边坡、路面、桥涵位置、防护工程及其他的有关点位，保证道路建设的顺利进行。

2.3.2 道路施工测量

1. 道路施工测量的准备工作

① 熟悉图纸和现场情况

道路工程施工图主要有线路平面图、纵横断面图、标准横断面图和附属构筑物等。通过熟悉图纸，了解设计意图和对测量精度的要求，掌握线路的中线位置和各种附属构筑物的位置等。并拟定施测方案和求出有关施测数据及其相互关系。对有关尺寸应认真校核，以便做好放线工作；在勘测施工现场时，除了解工程及施工现场的一般情况和校测控制点、中线桩位置外，还应特别注意做好现有地下管线的复查工作，以免施工时造成不必要的损失。

② 恢复或加密导线点、水准点

路线经过勘测设计后，往往要经过一段时间才施工，某些导线点或水准点可能丢失。对丢失的导线点或水准点进行补测恢复或根据施工要求进行加密，以满足施工的需要。

③ 恢复中线

以控制点为依据，恢复丢失的交点、转点及中桩点的桩位。恢复中线所采用的方法与路线中线测量的方法基本相同，常采用极坐标法、偏角法、切线支距法、角度交会和距离交会法。

④ 横断面的检查和补测

路基施工前，应详细检查、校队横断面，发现错误或怀疑时，应进行复测。其目的一是复核填、挖工程量；二是复核设置构造物处地形是否与设计相符。检查或补测按横断面测量方法进行。

2. 道路施工测量

1）路基边桩的测设

路基边桩测设是在地面上将每一个横断面的路基边坡线与地面的交点用木桩标定出

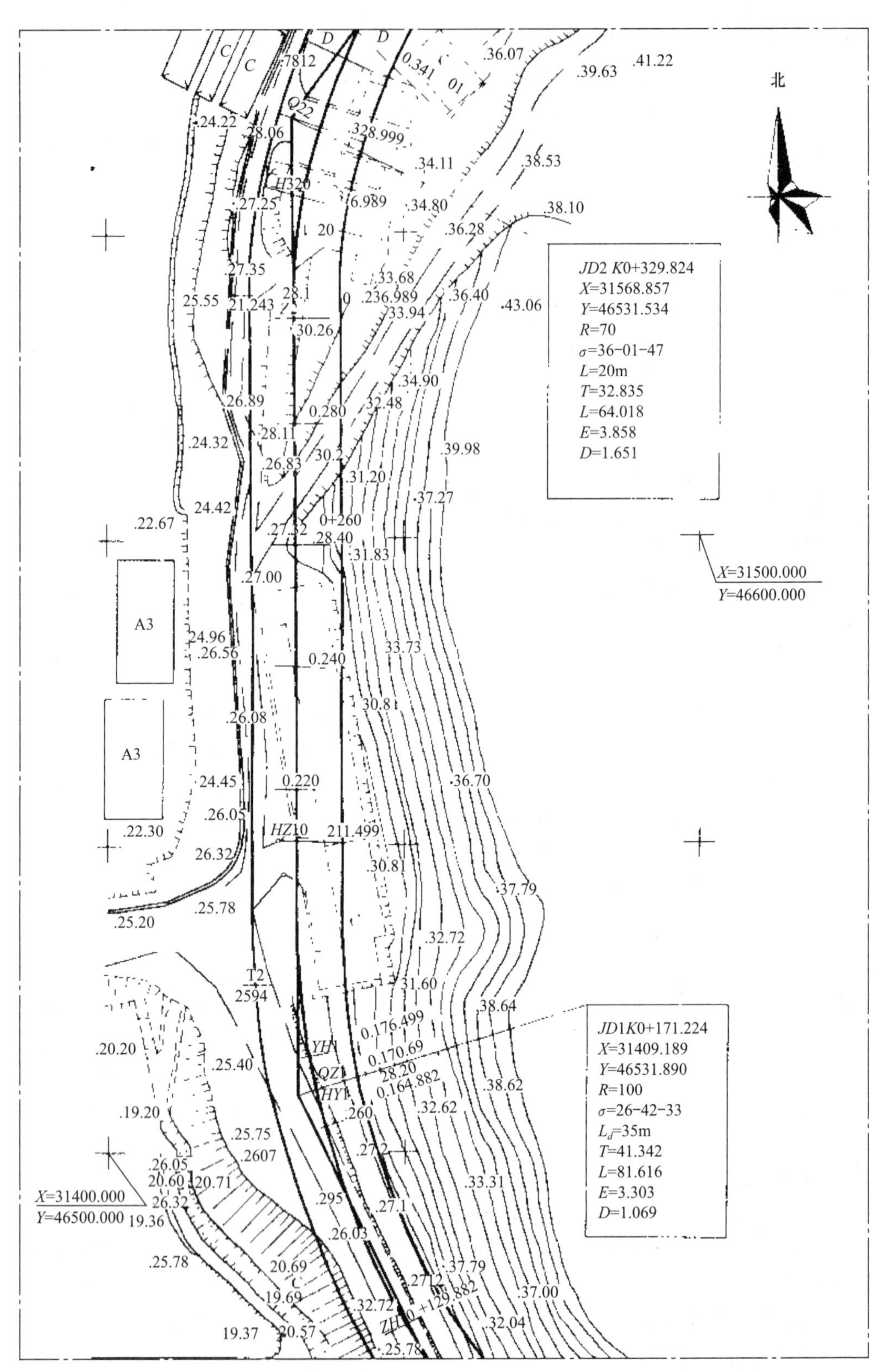
北
JD2 K0+329.824
X=31568.857
Y=46531.534
R=70
σ=36-01-47
L=20m
T=32.835
L=64.018
E=3.858
D=1.651
X=31500.000
Y=46600.000
A3
A3
JD1K0+171.224
X=31409.189
Y=46531.890
R=100
σ=26-42-33
Ld=35m
T=41.342
L=81.616
E=3.303
D=1.069
X=31400.000
Y=46500.000
QZ2
HZ10
T2
YH1
QZ1
HY1
0+260
.36.07
.39.63
.41.22
.38.53
.38.10
.43.06
.39.98
.37.27
.36.70
.37.79
.38.64
.38.62
.37.00
.24.22
25.55
.24.32
24.42
.22.67
24.96
24.45
.22.30
.25.20
.20.20
.19.20
19.36
.25.78
19.37

图 2-7　地形图上定线

来。边桩的位置由中桩至两侧边桩的距离来确定。常用的边桩测设方法如下：

① 图解法

直接在横断面上量取中桩至边桩的距离，然后在实地用尺沿横断面方向测定其位置，当填、挖方量不大时，采用此法。

② 解析法

路基边桩至中桩平距通过计算求得。

如图 2-8 所示，路堤边桩至中桩的距离为：

$$\begin{aligned} \text{斜坡上侧}\ D_{上} &= B/2 + m(h_{中} - h_{上}) \\ \text{斜坡下侧}\ D_{下} &= B/2 + m(h_{中} + h_{下}) \end{aligned} \tag{2-1}$$

如图 2-9 所示，路堑边桩至中桩的距离为：

$$\begin{aligned} \text{斜坡上侧}\ D_{上} &= B/2 + S + m(h_{中} + h_{上}) \\ \text{斜坡下侧}\ D_{下} &= B/2 + S + m(h_{中} - h_{下}) \end{aligned} \tag{2-2}$$

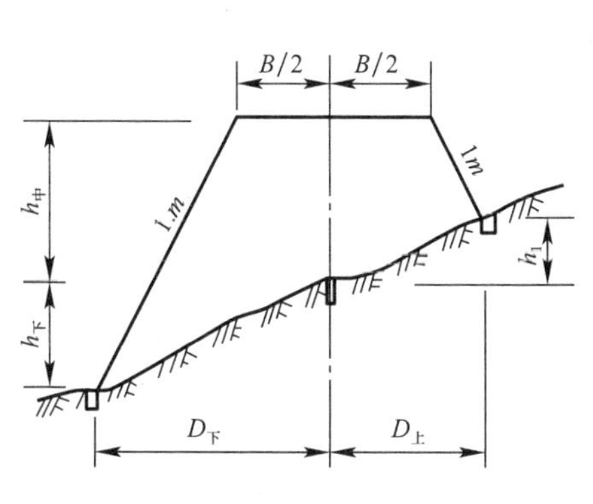

图 2-8　路基边桩测设（一）

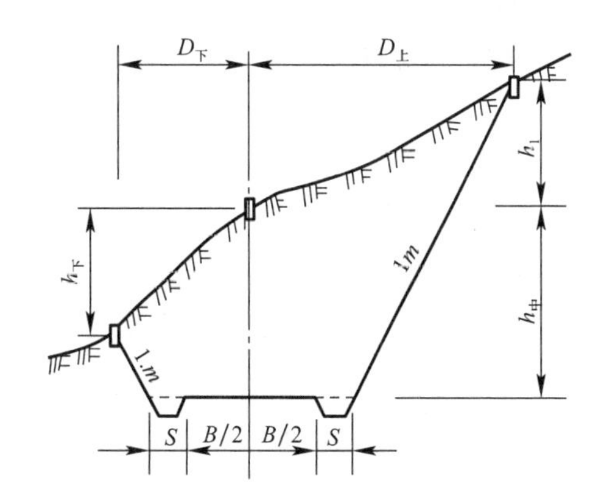

图 2-9　路基边桩测设（二）

式中，B、S 和 m 为已知，$h_{中}$ 为中桩处的填挖高度，亦为已知。$h_{上}$、$h_{下}$ 为斜坡上、下侧边桩与中桩的高差，在边桩未定出前为未知数。因此在实际工作中采用逐步趋近法测设边桩。先根据地面实际情况，参考路基横断面图，估计边桩的位置，然后测出边桩估计位置与中桩的高差，并以此作为 $h_{上}$、$h_{下}$ 带入式（2-1）或式（2-2），计算 $D_{上}$、$D_{下}$，并据此在实地定出其位置。若估计与其相符，即得边桩位置。否则应按实测资料重新估计边桩位置，逐次趋近，直至相符为止。

2）路堤边坡的放样

当边桩位置确定后，为了保证填、挖的边坡达到设计要求，还应把设计边坡在实地标定出来，以方便施工。

① 用竹竿、绳索放样边坡

如图 2-10 所示，O 为中桩，A、B 为边桩，CD 为路基宽度。放样时应在 C、D 处竖立竹竿，于高度等于中桩填土高度 H 处的 C'、D' 点用绳索连接，同时连接到边桩 A、B 上。则设计边坡就展现于实地。

当路堤填土较高时，可随路基分层填筑分层挂线，如图 2-11 所示。

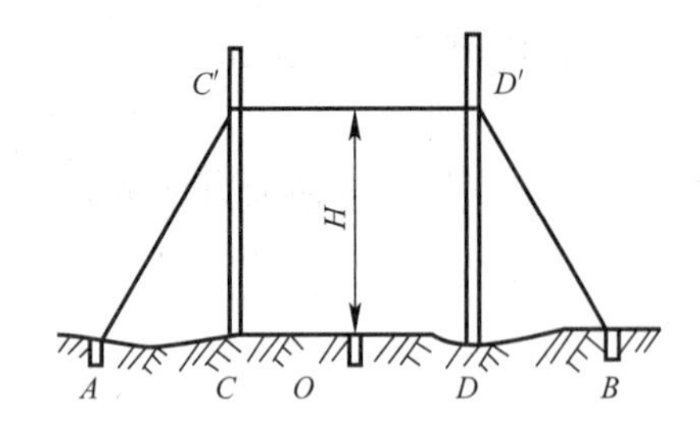

图 2-10　用竹竿、绳索放样边坡

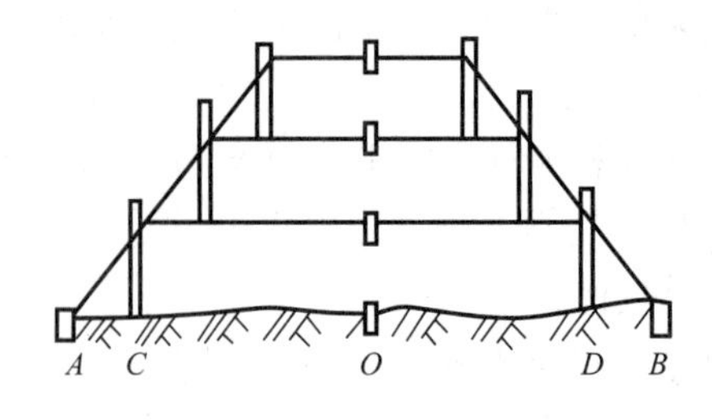

图 2-11　路堤填土较高时放样方法

② 用边坡样板放样边坡

施工前按照设计边坡坡度做好边坡样板，施工时，用边坡样板进行放样。

用活动边坡尺放样边坡：做法如图 2-12 所示，当水准气泡居中时，边坡尺的斜坡所指的坡度正好为设计坡度。

用固定边坡样板放样边坡：做法如图 2-13 所示，在开挖路堑时，于坡顶桩外侧按设计坡度设立固定样板，施工时可随时指示并检核开挖和整修情况。

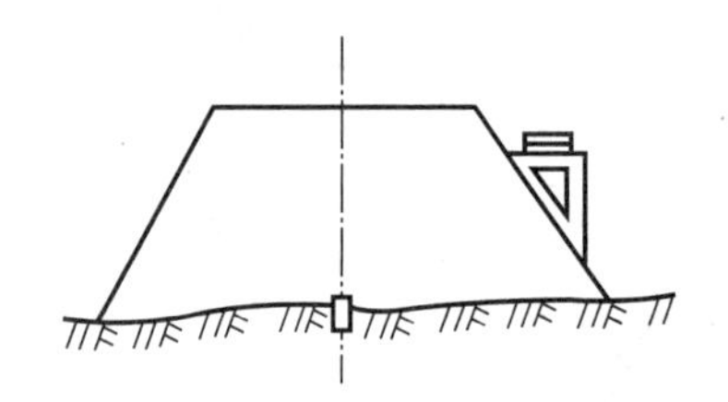

图 2-12　活动边坡尺放样边坡

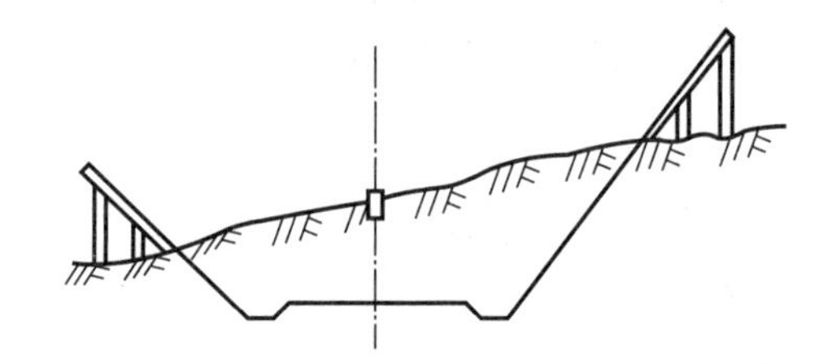

图 2-13　固定边坡样板放样边坡

3）路面放线

路面放线的任务是根据路肩上测设的施工边桩上的高程钉和路拱曲线大样图（图 2-14*a*）、路面结构大样图（图 2-14*b*），测设侧石（即道牙）位置，并给出控制路拱的标志。

放线时，由路两侧的施工边桩线向中线量出至侧石的距离，钉小木桩并将相邻木桩用小线连接，即得侧石的内侧边线。侧石的高程为：在边桩上按路中心高程拉上水平线后，自水平线下返路拱高度得到，如图 2-14（*a*）中的 6.8cm。

施工时可采用“平砖”法控制路拱形状，即在边桩上依路中心高程挂拉线后，按路拱曲线大样图中所注尺寸，在路中线两侧一定距离处，如图 2-14（*c*）中是在距中线 1.5m、3.0m 和 4.5m 处分别放置平砖，并使平砖顶面正处拱面高度，铺撒碎石时，以平砖为标志即可找出拱形。在曲线部分测设侧石和下平砖时，应根据设计图纸做好内侧路面加宽和外侧路拱超高的放样工作。

路口或广场的路面施工，则根据设计图先加钉方格桩，方格桩距为 5～20m，再于各桩上测设设计高程，以便分块施工和验收。

4）竣工测量

路基土石方工程完成后，应进行全线的竣工测量，包括中线测量、中平测量及横断面

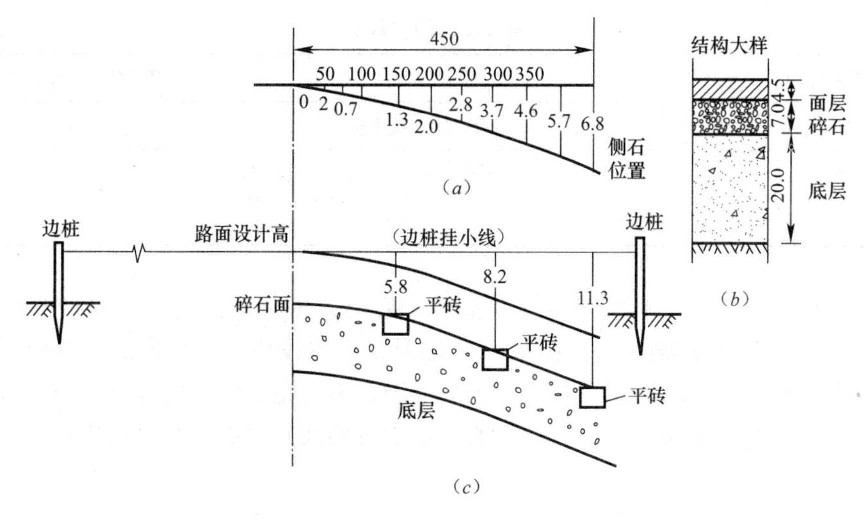

图 2-14　路面放线

测量。路面完工后，应检测路面高程和宽度等，并编制竣工资料。

2.4　桥梁工程的施工测量放线

2.4.1　概述

在现代化的城市建设中，由于道路网的扩充，跨河桥梁、立交桥梁和高架桥梁的修建，使桥梁工程日益增多。桥梁施工测量是桥梁施工过程中不可缺少的工作之一，其最终目的是按设计、计划配合施工，完成桥梁主体建设。

桥梁施工测量主要任务是：

(1) 控制网的建立或复测，检查和施工控制点的加密；

(2) 补充施工过程中所需要的中线桩；

(3) 根据施工条件布设水准点；

(4) 测定墩、台的中线和基础桩的中线位置；

(5) 测定并检查各施工部位的平面位置、高程、几何尺寸等。

2.4.2　桥梁施工控制网

1. 平面控制测量

在施工阶段，平面控制点主要用来测定桥梁墩、台及其他构造物的位置。因此，平面控制点在密度和精度上都应满足施工的要求。

桥梁平面控制网的等级，应根据桥长按表 2-1 确定，同时应满足桥轴线相对误差的要求。对特殊的桥梁结构，应根据结构特点，确定桥梁控制网的等级与精度。

桥梁控制网的等级 **表 2-1**

平面控制测量等级	桥长（m）	桥轴线相对中误差
四等三角、导线	1000～2000 特大桥	1/40000
一级小三角、导线	500～1000 特大桥	1/20000
二级小三角、导线	<500 大中桥	1/10000

桥梁平面控制网，可根据现场及设备情况采用边角测量、池测量或 GPS 测量等方法来建立。图 2-15 是桥梁三角网的集中布设形式。布设桥梁三角网时，除满足三角测量本身的需要外，还要求控制点布设在不被水淹、不受施工干扰的地方。桥轴线应与基线一端连接且尽可能正交。基线长度一般不小于桥轴线长度的 0.7 倍，困难地段不小于 0.5 倍。

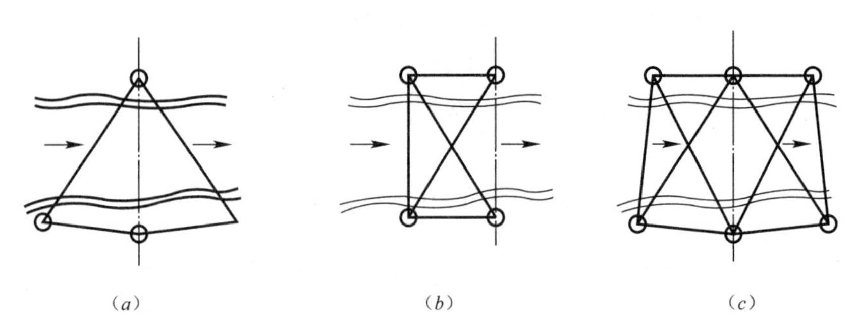

图 2-15　桥梁三角网的集中布设形式

(*a*) 双三角形；(*b*) 四边形；(*c*) 双四边形（较宽河流上采用）

2. 高程控制测量

桥梁的高程控制测量，一般在路线基平测量时建立，施工阶段只需复测与加密。2000m 以上特大桥应采用三等水准测量，2000m 以下桥梁可采用四等水准测量。桥梁高程控制测量采用高程基准必须与其连接的两端路线所采用的高程基准完全一致。

水准点应在河两岸各设置 1～2 个；河宽小于 100m 的桥梁可只在一岸设置 1 个，桥头接线部分宜每隔 1km 设置 1 个。

若跨河视线长度超过 200m 时，应根据跨河宽度和设备等情况，选用相应等级的光电测距三角高程测量或跨河水准测量方法进行观测。

下面只介绍跨河水准测量的观测方法：

(1) 跨河水准测量的场地布设

当水准测量路线通过宽度为各等级水准测量的标准视线长度两倍以上的河面、山谷等障碍物时，则应按跨河水准测量要求进行。图 2-16 为跨河水准测量的三种布设形式。

图中 l_1、l_2 和 b_1、b_2 分别为两岸置镜点和置尺点。视线 l_1b_2 和 l_2b_1 应接近相等，且视线应高出水面 2～3m，岸上视线 l_1b_1、l_2b_2 不应短于 10m，且彼此等长，两岸置镜点亦接近登高。

图 2-16 (*c*) 中，l_1、l_2 均为置镜点或置尺点，而 b_1、b_2 仍为置尺点。b_1、b_2 两侧点

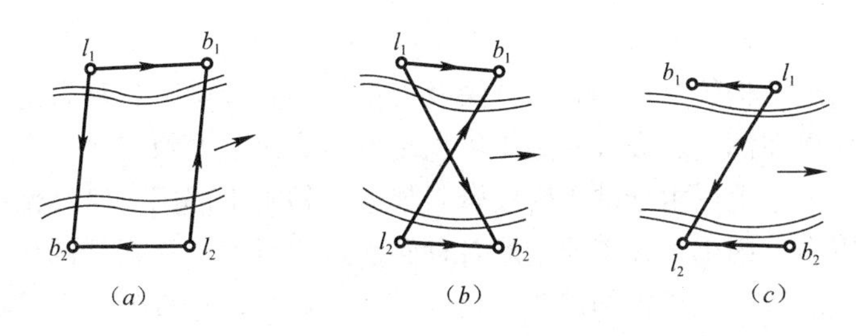

图 2-16 跨河水准测量形式

(a) 平行四边形；(b) 等腰梯形；(c) Z 字形（较宽河流上采用）

间上下半测间的高差，应分为由两岸所测 b_1l_2、b_2l_1 的高差加上对岸的量置尺点间联测时所测高差求得。各等级跨河水准测量时，置尺点均应设置木桩。木桩不短于 0.3m，桩顶应与地面齐平，并钉以圆帽钉。

(2) 直接法跨河水准测量

以图 2-16 (c) 的布设形式为例，采用一台水准仪观测，观测步骤如下：

1) 按常规测站观测方法在 l_1、b_1 之间测量高差，即测得高差为 h_1；

2) 在 l_1 设水准仪，按中丝法观测 b_1 近尺的读数；

3) 照准（并调焦）l_2 远尺，按中丝法观测 l_2 远尺的读数，测得高差为 h_2；

4) 确保焦距不变，立即搬设测站于来 l_2，b_1 点标尺于 l_1，水平仪照准 l_1 远标尺，按步骤 3) 读数，并观测 b_2 读数，测得高差为 h_3；

5) 水平仪在 l_2、b_2 之间设站，测得高差为 h_4；

以上 1)、2)、3) 为上半测回，4)、5) 为下半测回。

6) 高差计算。

上半测回计算高差：$h_上=h_1+h_3$

下半测回计算高差：$h_下=h_2+h_4$

检核计算：$\Delta h=h_上+h_下$

$$h=(h_上-h_下)/2$$

每一跨河水准测量需要观测两个测回。若用两台仪器观测时，则两岸各设一台仪器，同时观测一个测回。两侧回间高差不符值，三等水准测量不应大于 8mm，四等水准测量不应大于 16mm。在限差以内时，取两侧回高差平均值作为最后结果；若超过限差应检查纠正或重测。

2.5 管道工程的施工测量放线

2.5.1 概述

1. 管道工程测量的意义

管道工程是指上水、下水（污、雨水）、煤气、热力（蒸汽、热水）、工业管道（氧、氢、石油等）、电力（供电、路灯、电车）、电信等管（沟）道和电力、电信等直埋电缆工程。随着国家经济建设的发展，各种管线、管道越来越多，也越来越复杂，故管线工程量日显重要。

管道工程多属地下构筑物工程，在城镇及大型工矿企业中，各种管道常常互相上下穿插，纵横交错。如果在测量、设计和施工中出现差错，没有及时发现，一经埋设，以后将会造成严重后果。事实上，由于缺乏管线资料加上工程施工部门对管线情况的了解重视不够，致使全国范围内，因工程施工而挖断各种管线造成巨大经济损失的事情时有发生。因此，为了各种管线的管理、维护的需要，也为了城市规划、建设的设计及施工的需要，该加强对管线工程测量的管理。同时测量工作必须采用城市或厂区的统一坐标和高程系统，严格按设计要求进行测量工作，做到“步步有校核”，这样才能保证施工质量。

2. 管道工程测量的主要任务

在管线勘察设计阶段，设计部门首先是在设计区域已有 1∶10000～1∶1000 地形图及原有管道平面图、断面图等资料的基础上，进行初步设计工作。在此阶段的测量工作主要有：大比例尺地形图的测绘或修测原有地形图；管线中线的定线测量；纵、横断面图测量。

管线施工阶段的测量工作，是根据设计要求和管线定线成果，测设出管线施工时所必需的各种桩位或测量标志，即将管道敷设于实地所需进行的测量工作。

管道竣工测量工作，是将施工后的管道位置，通过测量绘制成图，以反映施工质量，并作为管道使用期间维护、管理以及今后管道扩建的依据。

2.5.2 管线施工测量

管线施工测量前，应首先熟悉并认真分析管线平面图、断面图及施工总平面图等有关资料，核对有关测设数据，做好管线施工测量的准备工作。

1. 地下管线施工测量

（1）主点桩的检查与测设

如果设计阶段在地面所标定的管道中线位置，与管线施工时所需的管道中线位置一致，且主点各桩在地面上完好无损，则只需进行桩位检查。否则就需要重新测设管线中线。

（2）检查井位的测设

无论何种地下管线，每隔一段距离都会设计一个井位以便于管理检查及维修。各种地下管道的井位的布设距离见表 2-2。测量人员应根据设计数据测设到实物，并用木桩在地面上进行标定。

地下管道井位布设距离 **表 2-2**

排水雨水井	40～100m	煤气检查井（低压）	200m
排水排风孔	200～250m	暖气人孔	300～500m
给水阀	400～500m	电信电缆检查井	150m
煤气检查井（中压）	100m	电力电缆检查井	120～150m

（3）控制桩测设

施工时，管道中线上的各种桩位将被挖掉，为了在施工开挖后能方便地恢复中线和检查井的位置，应在管道主点处的中线延长线上设置中线控制桩，在每个检查井的垂直中线方向上，设置检查井位控制桩，如图 2-17。

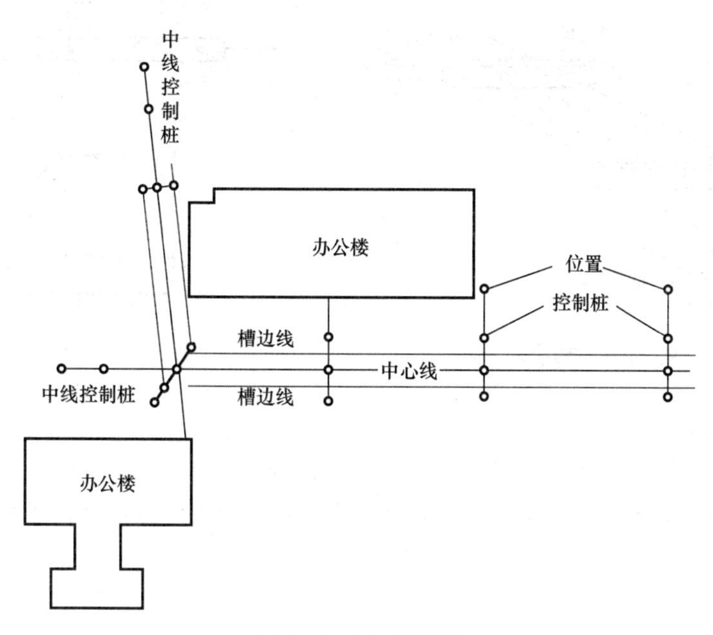

图 2-17 控制桩测设

控制桩的桩位应选择在引测方便，不易被破坏的地方。一般来说，为了施工方便，检查井控制桩离中线的距离最好是一个整米数。

（4）管道中线及高程施工测量

根据管径大小、埋置深度以及土质情况，决定开槽宽度，并在地面上定出槽边线的位置，若断面上坡度较平缓，则管道开挖宽度可按下式计算：

$$B = b + 2mh$$

式中，b 为槽底宽度；h 为中线上挖土深度；m 为管槽边坡坡度的分母。

槽边线定出后，即可进行施工开挖。

施工过程中，管道的中线和高程的控制，可采用龙门板法。在管径较小、坡度较大、精度要求较低的管道施工中，也可采用水平桩法（亦称平行轴腰桩法）来控制管道的中线和高程。

1）龙门板法

龙门板由坡度板和高程板组成，如图 2-18，一般沿中线每 10～20m 和检查井处设置龙门板，中线放样时，根据中线控制桩，用经纬仪将管道中线投影至各坡度板上，以一小钉作为中线钉标记（如图 2-19）。在各中线桩处挂上垂球，即可将中线位置投影在管槽底层。

管槽开挖深度的控制，一般是将水准点高程引测到各坡度板顶。根据管道坡度计算出所测之处管道的设计高程，则坡度板顶与管道设计高程之差再加上管壁与垫层的厚度即为坡度板顶起算应向下开挖的深度，称为下返数。

此时计算出的下返数一般是非整数，并且每个坡度板的下返数各不相同，不便于施工检查，故实际工作时，一般是使下返数为一预先确定的整数，由下式计算出每一坡度板顶

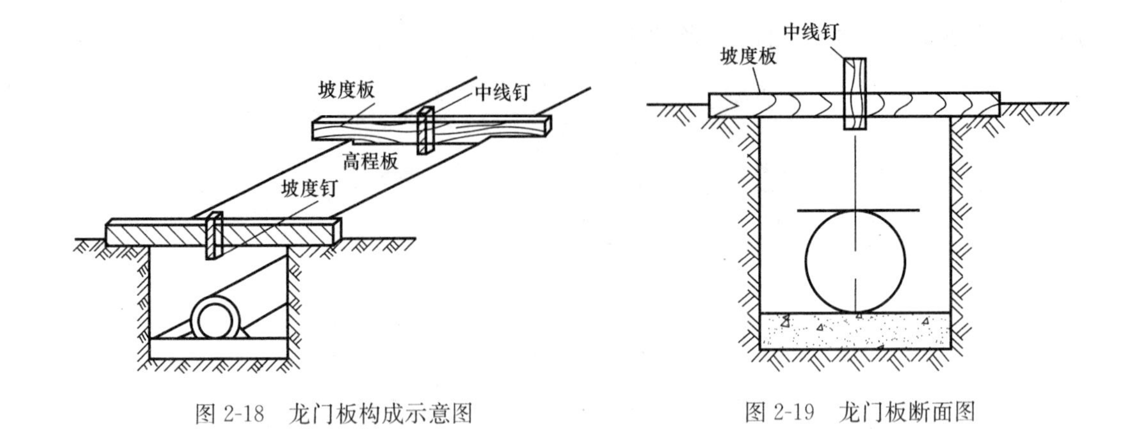

图 2-18　龙门板构成示意图　　　　图 2-19　龙门板断面图

应向下量的调整数。

调整数＝预先确定的下返数－（板顶高程－管底设计高程）

根据计算出的调整数，在高程板上钉上一个小钉作为坡度钉，则相邻坡度钉的连线即与设计管底平行。

在坡度钉钉好后，应重新用水平仪检查一次各坡度钉高程。龙门板的中线位置和高程都应定期检查。

2）水平桩法

在管槽挖到一定深度以后，每隔 10～20m 在管槽两侧和在检查井处打入带小钉的木桩，并用水平仪测量其高程。在竖直方向上量出与预先确定的下返数的差值，再钉上带小钉的水平桩。各水平桩的连线应与设计管底坡度平行。

2. 架空管道的施工测量

架空管道的施工测量的主要任务是：主点的测设、支架基础开挖测量和支架安装测量等。其主点测设与地下管道相同。基础开挖中的测量工作和基础板定位于建筑高程测量中的桩子基础相同。

2.5.3　顶管施工测量

当所铺设的地下管道需要穿过铁路、公路或重要建筑物时，一般需要采用顶管施工方法以避免因开挖沟槽而影响交通和进行不必要的大量拆迁工作。

1. 顶管测量的准备工作

（1）设置顶管中线控制桩。中线桩是控制顶管中心线的依据，设置时应根据设计图上管道要求，在工作坑的前后钉立两个桩，称为中线控制桩。

（2）引测控制桩。在地面上中线控制桩上架经纬仪，将顶管中心桩分别引测到坑壁的前后，并打入木桩和铁钉，如图 2-20（*a*）。

（3）设置临时水准点。为了控制管道按设计高程和坡度顶进，需要在工作坑内设置临时水准点。一般要求设置两个，以便相互校核。为应用方便，临时水准点高程与顶管起点管底设计高程一致。

（4）安装导轨或方木。

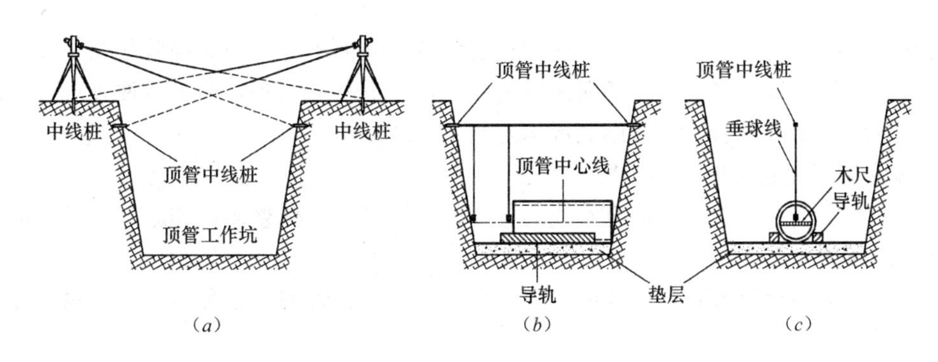

图 2-20 管顶中线桩测设示意图

2. 中线测量

如上所述，先挖好顶管工作坑，然后根据地面的中线桩或中线控制桩，用经纬仪将管道中线引测到坑壁上。在两个顶管中线桩上拉一条细线，紧贴细线挂两根垂球线，两垂球的连线方向即为管道中线方向（见图 2-20*b*）。制作一把木尺，使其长度等于或略小于管径，分划以尺的中央为零向两端增加。将木尺水平放置在管内，如果两垂球的方向线与木尺上的零分划线重合（见图 2-20*c*），则说明管道中心在设计管线方向上，否则，管道有偏差。可以在木尺上读出偏差值，偏差值超过 1.5cm 时，需要校正。

3. 高程测量

先在工作坑内布设好临时水准点，再在工作坑内安置水准仪，以在临时水准点上竖立的水准尺为后视，以在顶管内待测点上竖立的标尺为前视（使用一把小于管径的标尺），测量出管底高程，将实测高程值与设计高程值比较，其差超过±1cm 时，需要校正。

在管道顶进过程中，每顶进 0.5m 应进行一次中线测量和高程测量。当顶管距离较长时，应每隔 100m 开挖一个工作坑，采用对向顶管施工方法，其贯通误差应不超过 3cm。当顶管距离太长，直径较大时，可以使用激光水准仪或激光经纬仪进行导向，也可以使用图 2-21 所示的管道激光指向仪。管道激光指向仪可以精确地测量出管道的坡度。

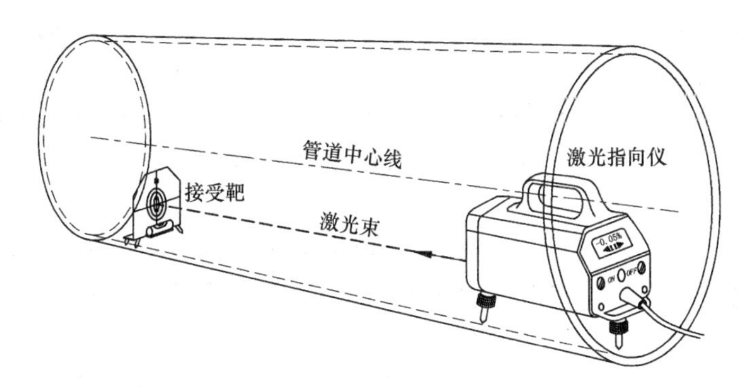

图 2-21 管道激光指向仪

2.5.4 管线竣工测量

管线工程完工后，应向管理部门提交竣工时所测的各种管线的平面位置和高程，并绘制成管线竣工图。

管线竣工图一般分为管线竣工平面图和管线竣工断面图。每一单项管线竣工完成，都需要编制单项管线竣工平面图。随着建设的发展，管道种类很多，为了方便管理，还应将所有单项管线竣工图综合，测绘编制成综合竣工管线图。

1. 综合竣工管线图的主要内容

管线的竣工测量一般分为旧有管线的普查整理测量（又称整测）和新埋设管线的竣工测量（又称新测）。

其测绘的主要内容有各种管线的主点、管径或断面、管偏及各种附属建筑物与构件施工后的实际平面位置和高程。

在管线工程中，构筑物是指各种管线的检查井、暗井、进出水口、水源井、闸阀、消防栓、水表、排气阀、抽水缸及小室（电信电缆人孔、手孔）等；管件是指三通、四通、变径管、弯管等；管偏是指各种管线中心线相对于检修井中心的垂线距离。

综合竣工管线图测绘时，对于上水、煤气、无沟道热力、电力电信沟道及直埋电缆、压力管道等需测量管外顶高，而对下水、有沟道热力、电力电信沟道、工业自流管道则需测量管（沟）道底高。

2. 管线调查测绘方法

（1）资料收集及准备

综合竣工管线图是以测区现有最大比例尺的基本地形图（1∶2000～1∶500）为基础进行绘制，因此，在竣工测量开始前，应首先予以收集。对于管线密集的道路与单独重要管线，其基础图应根据需要用分幅图拼接映绘而成或是实地测绘大比例尺的带状地形图作为管线测量的基础图。

带状地形图测绘时，如为规划道路，以测出道路两侧第一排建筑物或红线外20m为宜；非规划道路可根据需要而定，其比例尺一般采用1∶2000～1∶500比例尺。

1）控制点资料收集及测绘

① 若使用现有地形图作管线测量的基础图，应收集测图控制网资料；

② 对于新测管线，应收集施工控制网资料；

③ 若施工控制网及测图控制网均不能满足管线测量要求，应重新布设控制网。

2）现有旧管线资料收集

调查绘制前，应首先向各单位收集现有管线资料，并到实地踏勘，弄清其来龙去脉。对于实在无法核实的直埋管线，应在最后的综合图上以虚线标记。

（2）管线调查测绘

整测管线需要在认真分析现有资料的基础上进行调查测绘，新测管线需要在填土前调查测绘。如果检修井足够多，能控制其曲折的管线，新测管线也可在竣工后交付使用前调查测绘。

① 管线调查与探测：根据具体情况采用下井调查和不下井调查两种。一般用检验过的5m钢卷尺、直角尺、垂球等测量工具，量取管内直径、管底（或管顶）至井盖的高度和偏距（管道中心线与检查井中心的垂直距离），以求得管道中心线与检查井处的管道高度。如井中有多个方向的管道，要逐个量取并测量其方向，以便连线，若有预留口也要注明。

② 管线测量：各种管线测点应选择在交叉点、转折点、分支点、变径点、边坡点、

电力、电信的电缆入地、出地电杆以及每隔适当距离的直线点等。测量时，应测其管线的中心以及井盖的中心位置和高程。

管线点坐标一般采用解析法和图解法进行。解析法施测可采用导线测量或极坐标法，图解法可采用距离交会法、方向交会法等设站施测。进行交会时，其交会角应在 30°～150°。

（3）综合竣工管线图绘制

管线点坐标和高程测量计算完毕后，一般是展绘在地形二底图上。展绘时，根据井位展出管偏，各种小室在图上按实际大小绘出，然后连线。

管线点高程注记可根据管线图和管线、地物的距离情况进行，一般可选用在图边垂直或平行点号进行注记，或是用图边表格、资料卡片及扯旗形式等表示。

综合管线图的各种井位及管线均应按规范表示。管线的颜色一般采用分色表示的方法进行，单项管线可用黑色表示。

新测及整测工作完成后，均应写工作说明，资料应整理装订成册归档。

2.6 隧道工程的施工测量放线

2.6.1 地面控制测量

1. 地面控制测量的前期准备

（1）收集资料

在布设地面控制网之前，通常收集隧道所在地区的 1∶2000、1∶5000 大比例尺地形图，隧道所在地段的路线平面图，隧道的纵、横断面图，各竖井、斜井、水平坑道以及隧道的相互关系位置图，隧道施工的技术设计及各个洞口的机械、房屋布置的总平面图等。此外，还应收集该地区原有的测量资料，地面控制资料以及气象、水文、地质和交通运输等方面的资料。

（2）现场踏勘

对所收集到的资料进行阅读、研究之后，为了进一步判定已有资料的正确性和全面、具体地了解实地情况，要对隧道所穿越的地区进行详细踏勘。踏勘路线一般是沿着隧道路线的中线、以一端洞口向着另一端洞口前进，观察和了解隧道两侧的地形、水源、居民点和人行便道的分布情况。应特别留意两端洞口路线的走向、地形和施工设施的布置情况。结合现场，对地面控制布设方案进行具体、深入的研究。另外，勘测设计人员还要对路线上的一些主要桩点如交点、转点、曲线主点等进行交接。

（3）选点布设

如果隧道地区有大比例尺地形图，则在图上选点布网，然后将其测设到实地上。如果没有大比例尺地形图，就只能到现场踏勘进行实地选点，确定布设方案。隧道地面控制网怎样布设为宜，应根据隧道的长短、隧道经过的地区地形情况、横向贯通误差的大小、所用仪器情况和建网费用等方面进行综合考虑。

1）隧道平面测量控制网采用的坐标系宜与路线控制测量相同，但当路线测量坐标系的长度投影变形对隧道控制测量的精度产生影响时，应采用独立坐标系，其投影面宜采用隧道纵面设计高程的平均高程面。

2）隧道平面测量控制网应采用自由网的形式，选定基本平行于隧道轴线的一条长边作为基线边与路线控制点联测，作为控制网的起算数据。联测的方法和精度与隧道控制网的要求相同。

3）各洞口附近设置 2 个以上相互通视平面控制点，点位应便于引测进洞。

4）控制网的选点，应结合隧道平面线形及施工时放线洞口（包括辅助道口）投点的需要布设；结合地形、地物，力求图形简单、刚强；在确保精度的前提下，充分考虑观测条件、测站稳固、交通方便等因素。

2. 地面导线测量

（1）在直线隧道中，为减少导线测距的误差对隧道横向贯通的影响，当尽可能地将导线沿着隧道的中线布设。

（2）导线点数不宜过多，以减少测角误差对横向贯通的影响。

（3）对于曲线隧道，导线应沿两端洞口连线布设成直伸导线为宜，并应将曲线的起、终点和曲线切线上的两点包含在导线中。这样，曲线的转角就可根据导线测量结果计算出来，以此便可将路线定测时所测得的转角加以修正，从而获得更为精确的曲线测设元素。

（4）在有横洞、斜井和竖井的情况下，导线应经过这些洞口，以减少洞口投点。为增加校核条件，提高导线测量的精度，通常都使其组成闭合环，也可以采用主、副导线闭合环，副导线只观测转折角。

（5）为了便于检查，保证导线的测角精度，应考虑增加闭合环个数以减少闭合环中的导线点数。

（6）为减小仪器误差对测角的影响，导线点之间的高差不宜过大，视线应高出障碍物或地面 1m 以上，以减小地面折光和旁折光的影响。对于高差较大的测站，常采用每次观测都重新整平仪器的方法进行多组观测，取多组观测值的均值作为该站的最后结果。导线环的水平角观测，应以总测回数的奇数测回和偶数测回分别观测导线的左角和右角，并在测左角起始方向配置度盘位置。

3. 地面三角测量

（1）地面三角测量通常布设成线形三角锁，测量一条或两条基线。由于光电测距仪的广泛使用，常采用测数条边或全部边的边角网。

（2）在布设三角网时，以满足隧道横向贯通的精度要求为准，而不以最弱边和相对精度为准。三角网尽可能布设为垂直于贯通面方向的直伸三角锁，并且要使三角锁的一侧靠近隧道线路中线。除此之外还应将隧道两端洞外的主要控制点纳入网中。可以减少起始点、起始方向以及测边误差对横向贯通的影响。

（3）三角锁的图形一般为三角形，传距角一般不小于 30°。个别图形强度过差，可用大地四边形。三角形的个数及推算路线上的三角点点数宜少，因此可适当降低图形强度。每个洞口附近应设不少于三个三角点，如果个别点直接作为三角点有困难，也可用插点的方式。三角锁与插点是主网和附网的关系，属于同级。插点应以与主网相同的精度进行观测，并与主网一起平差。布网时还须考虑与路线中线控制桩的联测方式。

（4）观测时要在测站观测的各目标中选择一个距离适中、成像清晰、竖直角较小的方向作为零方向。这样在各测回的观测中便于找到零方向，以此为参考从而找到其他方向。

（5）在观测过程中，每 2～3 测回将仪器和目标重新对中一次。这样做会使方向观测值中包含仪器和目标对中的误差，因而在各测回同一方向值互差中，比不重新对中更容易超限。但将各测回的同一方向取平均值后，能减弱仪器对中误差和目标偏心差的影响，从而最终提高了方向的观测精度。

4. 地面水准测量

地面水准测量等级的确定分为以下几种方法。

（1）首先求出每公里高差中数的中误差：

$$M_{\Delta}=\pm\frac{18}{\sqrt{R}}\text{mm}$$

式中，R 为水准路线的长度，以 km 计。然后按 M_{Δ} 值的大小及规范规定值选定水准测量等级。

（2）隧道水准点的高程，应与路线水准点采用统一高程。所以，一般是采用洞口附近一个路线水准点的高程作为起算高程。如遇特殊情况，也可暂时假定一个水准点的高程作为起算高程，待与路线水准点联测后，再将高程系统统一起来。

（3）布设水准点时，每个洞口附近埋设的水准点不应少于两个。两个水准点之间的高差，以安置一次仪器即可联测为宜。并且，水准点的埋设位置应尽可能选在能避开施工干扰、稳定坚实的地方。

（4）通过现场踏勘将洞口水准点间的水准路线大致确定之后，估出（可借助于地形图）水准路线的长度（指单程长度），利用表 2-3 确定，并可由此知道应该选用的水准仪的级别及所用水准尺的类型。

地面水准测量的等级确定 **表 2-3**

等级	两洞口间水准路线长度（km）	水准仪型号	标尺类型
二	＞36	$S_{0.5}$，S_1	因瓦精密水准尺
三	13～36	S_1	因瓦精密水准尺
		S_3	木质普通水准尺
四	5～13	S_3	木质普通水准尺

2.6.2 洞内控制测量及中线测设

平面控制和高程控制是洞内控制测量的两个主要部分，洞内控制测量的目的是为隧道施工测量提供依据。

1. 洞内控制测量

（1）洞内导线测量

1）洞内导线的布设形式

① 洞内导线最大限度地提高导线临时端点的点位精度，新设立的导线点必须有可靠的检核，避免发生任何错误。在把导线向前延伸的同时，对已设立的导线点应设法进行检查，及时察觉由于山体压力或洞内施工、运输等影响而产生的点位位移。

② 洞内导线的布设形式分为单导线主副、环导线和导线网三种。

A 单导线。单导线一般用于短隧道，如图 2-22 所示，*A* 点为地面平面控制点，1、2、

3、4 为洞内导线点。单导线的角度可采用左、右角观测法，即在一个导线点上，用半数测回观测左角（图中 α 角），半数测回观测右角（图中 β 角）。计算时再将所测角度统一归算为左角或右角，然后取平均值。观测右角时，同样以左角起始方向配置度盘位置。在左角和右角分别取平均值后，应计算该点的圆周角闭合差：

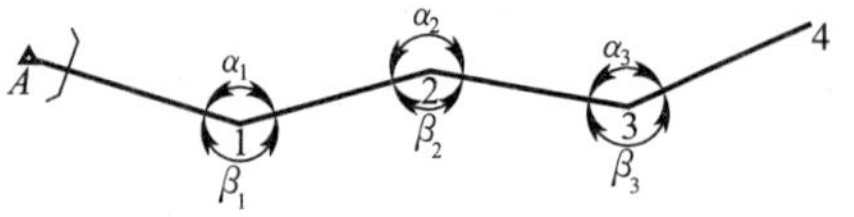

图 2-22　单导线左、右角观测法

$$\Delta = \alpha_{i评} + \beta_{i评} - 360°$$

式中　$\alpha_{i评}$——导线点 i 左角观测值的平均值；

$\beta_{i评}$——导线点 i 右角观测值的平均值。

B 主、副导线环。如图 2-23 所示，主导线为 A—1—2—3……，副导线为 A—1′—2′—3′……。主、副导线每隔 2～3 条边组成一个闭合环。主导线既测角，同时又测边，而副导线则只测角，不测边。通过角度闭合差可以评定角度观测的质量以及提高测角的精度，对提高导线端点的横向点位精度有利。但导线点坐标只能沿主导线进行传算。

C 导线网。导线网一般布设成若干个彼此相连的带状导线环，如图 2-24 所示。网中所有边、角全部观测。导线网除可对角度进行检核外，因为测量了全部边长，所以计算坐标有两条传算路线，对导线点坐标亦能进行检核。

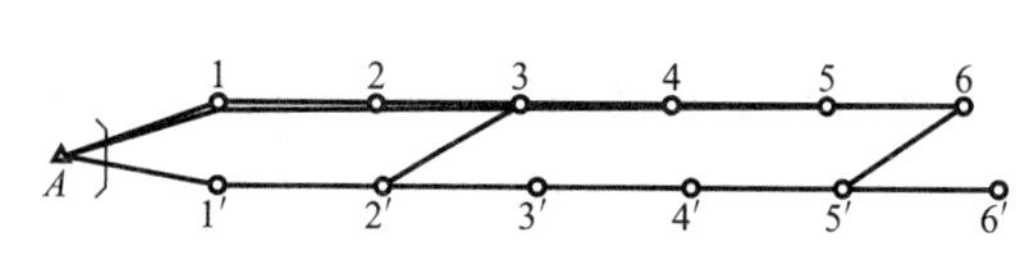

图 2-23　洞内主、副导线环

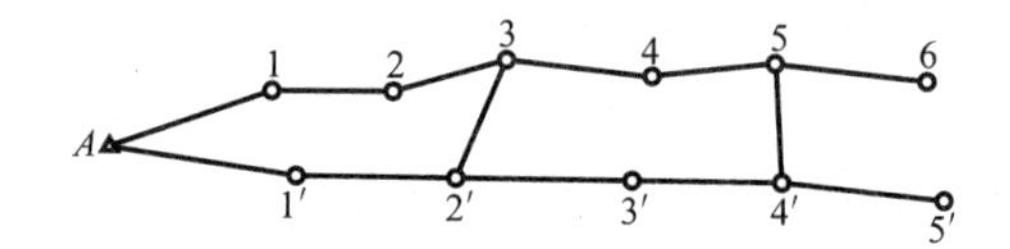

图 2-24　洞内导线网

2）洞内导线点的埋设

洞内导线点一般采用地下挖坑，然后浇灌混凝土并埋入铁制标心的方法。这与一般导线点的埋设方法基本相同。但是由于洞内狭窄，施工及运输繁忙，且照明差，桩志露出地面极易撞坏，所以标石顶面应埋在坑道底面以下 10～20cm 处，上面盖上铁板或厚木板。为便于找点使用，应在边墙上用红油漆注明点号，并以箭头指示桩位。导线点兼作高程点使用时，标心顶面应高出桩面 5mm。

3）洞内导线测角和测边

对洞内导线的测角，我们应给予足够的重视，洞的内外两个测站的测角，应安排在最有利的观测时间进行。通常可选在大气稳定的夜间或阴天。由于洞内导线边短，仪器对中和目标偏心对测角的影响较大，所以，测角时在测回之间，仪器和目标均应重新对中，以减弱此项误差的影响。为了减小照准误差和读数误差，在观测时通常采用瞄准两次，读数两次的方法。洞内测角的照准目标，通常采用垂球线。将垂球线悬挂在三脚架上对点作为观测目标。对洞内的目标必须照明，常用的做法是制作一木框，内置电灯，框的前面贴上透明描图纸，衬在垂球线的后方。洞内每次爆破之后，会产生大量烟尘，影响成像，所以，测角必须等通风排烟，成像清晰后方能进行。对于隧道内有水的情况，要做好排水工作。即在导线点桩志周围用黏土扎成围堰，将堰内积水排除，堰外积水引流排放。

洞内导线测边的常用方法是钢尺精密量距。丈量通常应使用检定过的钢尺，检定可采用室内比长或在现场建立比尺场进行比长，使洞内外长度标准统一。通过比长，可得到标准拉力、标准温度下的尺长改正系数。在钢尺量距过程中首先要定线、概量，每个尺段应比钢尺的名义长度略短，以 5cm 左右为宜，然后在地上打下桩点。由于木桩不易打进地面，常采用 20cm 的铁线钉。将铁线钉打入地下，在钉帽中心钻一小眼准确表示点位。丈量为悬空丈量，尺的零端挂上弹簧秤，末端连接紧线器。弹簧秤和紧线器分别用绳索套在两端插入地面用作张拉的花杆上，升降两端绳索调整尺的高度，用木工水平尺使尺呈水平，弹簧秤显示标准拉力，尺上分划靠近垂球线，此时尺的两端即可同时读取读数。并同时记录温度。这样完成了一组读数。接着再将尺向前或向后移动几个厘米，读取第二组读数。一般读取三组读数，互差不应超过 3mm。根据洞内丈量精度的要求，一般需测数测回。

（2）陀螺经纬仪在洞内导线测量中的应用

用陀螺经纬仪不仅可以测定井下定向边的坐标方位角，还可以用于洞内导线，加测一定数量导线边的陀螺方位角，用以限制测角误差的积累，提高横向精度。

洞内导线加测陀螺方位角的数目、位置以及对导线横向精度的增益，取决于洞内导线起始边方位角中误差 $m_{\alpha始}$ 与洞内导线测角中误差 m_{β} 的比值。

（3）洞内水准测量

洞内水准测量的方法与地面水准测量基本相同，但由于隧道施工的具体情况，又具有如下特点：

1）在隧道贯通之前，洞内水准路线均为支水准路线，故须用往返测进行检核。由于洞内施工场地狭小，运输频繁、施工繁忙，还有水的浸害，经常影响到水准标志的稳定性，所以应经常性地由地面水准点向洞内进行重复的水准测量，根据观测结果以分析水准标志有无变动。

2）为了满足洞内衬砌施工的需要，水准点的密度一般要达到安置仪器后，可直接后视水准点就能进行施工放线而不需要迁站。洞内导线点亦可用作水准点。通常情况下，水准点的间距不大于 200m。

3）隧道贯通后，在贯通面附近设置一个水准点 E，如图 2-25 所示。由进、出口水准点引进的两水准路线均连测至 E 点上。这样 E 点就得到两个高程值 H_{JE} 和 H_{CE}，实际的高程贯通误差为：$f_h = H_{JE} - H_{CE}$。

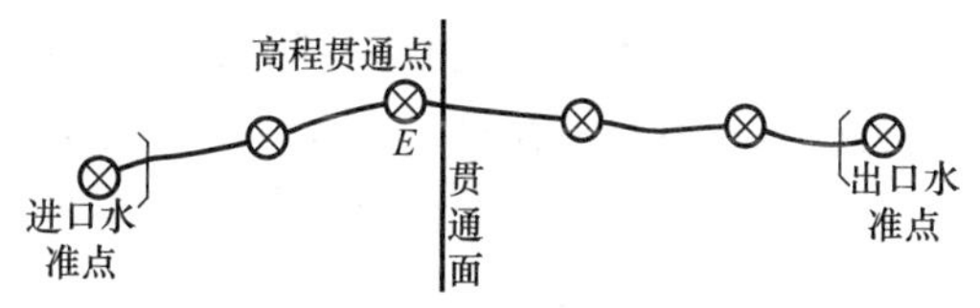

图 2-25　隧道贯通水准测量

2. 隧道内中线的测设

隧道洞内中线的测设有导线法和中线法两种。

（1）导线法

用导线作为洞内控制的隧道，其中线应根据导线来测设，常见做法是：

1）根据欲测设的中线点的里程桩号，计算其坐标。

2）选定用来测设中线点的导线点作为置镜点。

3）根据置镜点与中线点的坐标，计算以置镜点为极点的极坐标。

4）将仪器置于置镜点上，用极坐标法测设中线点。

（2）中线法

用中线法测设中线点，如果为直线，通常采用正、倒镜分中法进行测设；如果为曲线，由于洞内空间狭窄，则多采用测设灵活的偏角法，或弦线支距法、弦线偏距法等。

2.6.3 洞外控制测量

1. 洞外平面控制测量

（1）洞外平面控制测量的任务

洞外平面控制测量的任务是测定各洞口控制点的相对位置，作为引测进洞和测设洞内中线的依据。

（2）洞外平面控制的建立

1）精密导线法。在洞外沿隧道线形布设精密光电测距导线来测定各洞口控制点的平面坐标，精密导线一般采用正、副导线组成的若干导线环构成控制网（图 2-26）。

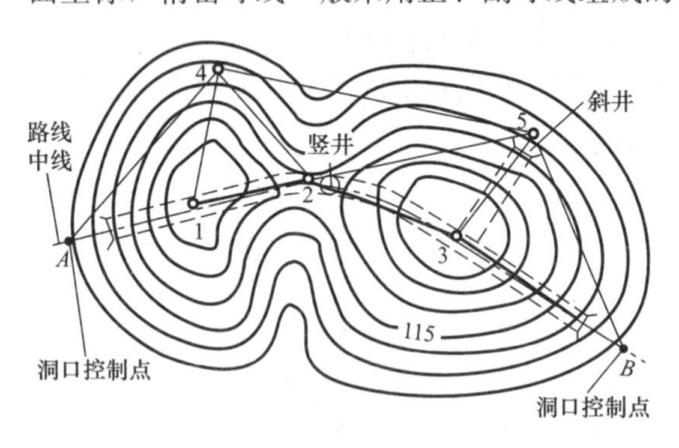

图 2-26　精密导线法

2）GPS 法适合于长隧道及山岭隧道，原因是控制点之间不能通视，没有测量的误差积累。

2. 洞外高程控制测量

（1）洞外高程控制测量的任务

洞外高程控制测量的任务，是按照测量设计中规定的精度要求，施测隧道洞口（包括隧道的进出口、竖井口、斜井口和坑道口）附近水准点的高程，作为高程引测进洞的依据。

（2）高程控制测量

高程控制一般采用三、四等水准测量，当两洞口之间的距离大于 1km 时，应在中间增设临时水准点。

如果隧道不长，高程控制测量等级在四等以下时，也可采用光电测距三角高程测量的方法进行观测。三角高程测量中，光电测距的最大边长不应超过 600m，且每条边均应进行对向观测。高差计算时，应加入地球曲率改正。

2.6.4 隧道施工放线

1. 开挖断面的放线测量

开挖断面必须确定断面各部位的高程，经常采用腰线法。如图 2-27 所示，将水准仪置于开挖面附近，后视已知水准点 P 读数 α 即仪器视线高程。

$$H_i = H_p + \alpha$$

根据腰线点 A、B 的设计高程，分别计算出 A、B 点与仪器视线间的高差 Δh_A、Δh_B

$$\Delta h_A = H_A - H_i$$

$$\Delta h_B = H_B - H_i$$

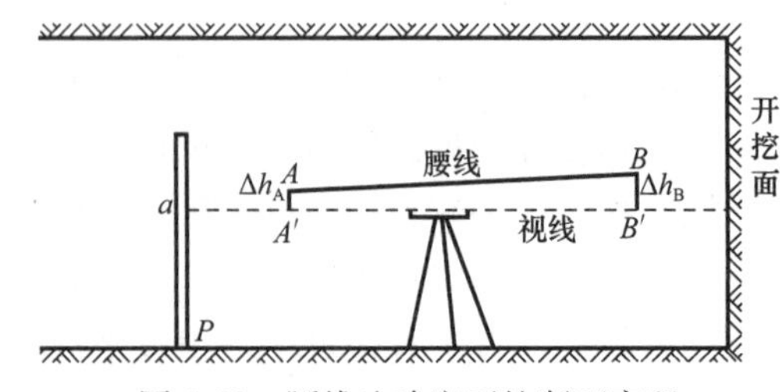

图 2-27　腰线法确定开挖断面高程

先在边墙上用水准仪放出与视线等高的两点 A'、B'，然后分别量测 Δh_A、Δh_B，即可定出点 A、B。A、B 两点间的连线即是腰线。根据腰线就可以定出断面各部位的高程及隧道的坡度。

在隧道的直线地段，隧道中线与路线中线重合一致，开挖断面的轮廓左、右支距亦相等。在曲线地段，隧道中线由路线中线向圆心方向内移一 d 值，如图 2-28 所示。由于标定在开挖面上的中线是依路线中线标定的，所以在标绘轮廓线时，内侧支距应比外侧支距大 $2d$。

拱部断面的轮廓线一般用五寸台法测出。如图 2-28 所示，自拱顶外线高程起，沿路线中线向下每隔 1/2m 向左、右两侧量其设计支距，然后将各支距端点连接起来，即为拱部断面的轮廓线。

墙部的放线采用支距法，如图 2-29 所示，曲墙地段自起拱线高程起，沿路线中线向下每隔 1/2m 向左、右两侧按设计尺寸量支距。直墙地段间隔可大些，可每隔 1m 量支距定点。

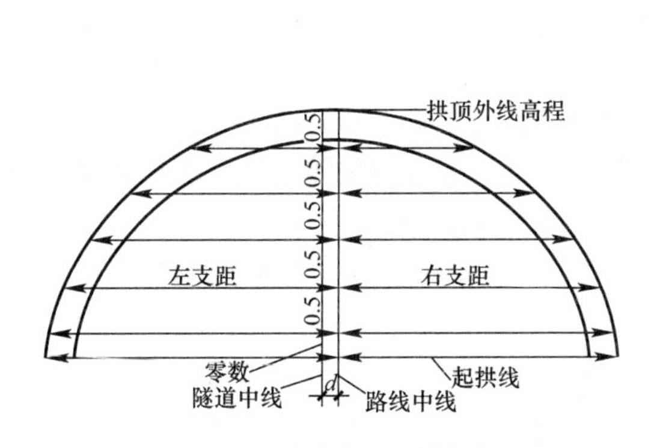

图 2-28　隧道曲线地段拱部断面

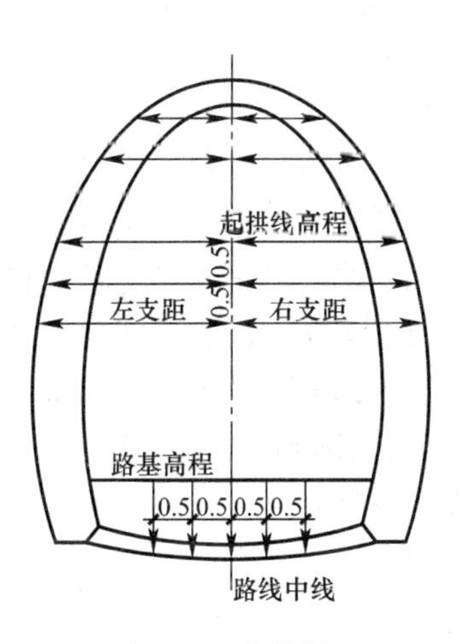

图 2-29　隧道断面

2. 衬砌放线

（1）拱部衬砌放线

拱部衬砌的放线主要是将拱架安置在正确位置上。拱部分段进行衬砌，一般按 5～10m 进行分段，地质不良地段可缩短至 1～2m。拱部放线根据路线中线点及水准点，用经纬仪和水准仪放出拱架顶、起拱线的位置以及十字线，然后将分段两端的两个拱架定位。拱架定位时，应将拱架顶与放出的拱架顶位置对齐，并将拱架两侧拱脚与起拱线的相对位置放置正确。两端拱架定位并固定后，在两端拱架的拱顶及两侧拱脚之间绷上麻线，据以固定其间的拱架。在拱架逐个检查调整后，即可铺设模板衬砌。

（2）边墙及避人洞的衬砌放线

边墙衬砌先根据路线中线点和水准点，按施工断面各部位的高程，用仪器放出路基高程、边墙基底高程和边墙顶高程，对已放过起拱线高程的，应对起拱线高程进行检核。

（3）仰拱和铺底放线

仰拱砌筑时的放线，先按设计尺寸制好模型板，然后在路基高程位置绷上麻线，最后由麻线向下量支距，定出模型板位置。

隧道铺底时，先在左、右边墙上标出路基高程，由此向下放出设计尺寸，然后在左、右边墙上绷以麻线，据此来控制各处底部是否挖够了尺寸，之后即可铺底。

（4）洞门仰坡放线

洞门仰坡放线分为方角式仰坡放样和圆角式仰坡放样。

（5）端墙和翼墙的放线

直立式端墙，洞门里程即是端墙里程。放线时需将仪器置于洞门里程中线桩上，放出十字线（或斜交线）即是端墙位置。

2.6.5 隧道贯通测量与贯通误差估计

所谓贯通是指两端施工的隧道按设计要求掘进到指定地点使其相通。为正确贯通而进行的测量工作和计算工作则称为贯通测量。

贯通测量的误差来源：

（1）沿隧道中心线的长度偏差。

（2）垂直于隧道中心线的左右偏差（水平在内）。

（3）上下的偏差（竖直面内）。

（4）第一种误差是对距离有影响，对隧道性质没有影响，而后两种方向的偏差对隧道质量直接影响，故将后两种方向上的偏差又称为贯通重要方向偏差。贯通的允许偏差是针对主要方向而言的。这种偏差最大允许值一般为0.5～0.2m。

《公路勘测规范》JTG C10—2007规定，隧道内相向施工中线的贯通中误差应符合表2-4的规定。

贯通中误差 **表2-4**

测量部位	两开挖洞口间长度（m）			高程中误差（mm）
	<3000	3000～6000	>6000	
	贯通中误差（mm）			
洞外	≤±45	≤±60	≤±90	≤±25
洞内	≤±60	≤±80	≤±120	≤±25
全部隧道	≤±75	≤±100	≤±150	≤±35

1. 隧道贯通测量

隧道贯通后，应进行实际偏差的测定，以检查其是否超限，必要时还要作一些调整。贯通后的实际偏差常用以下方法测定。

（1）中线延伸法

隧道贯通后把两个不同掘进面各自引测的地下中线延伸至贯通面，并各钉一临时桩。如图2-30（*a*）所示的*A*、*B*两点，丈量出*A*、*B*两点之间的距离，即为隧道的实际横向偏差。*A*、*B*两临时桩的里程之差，即为隧道的实际纵向偏差。

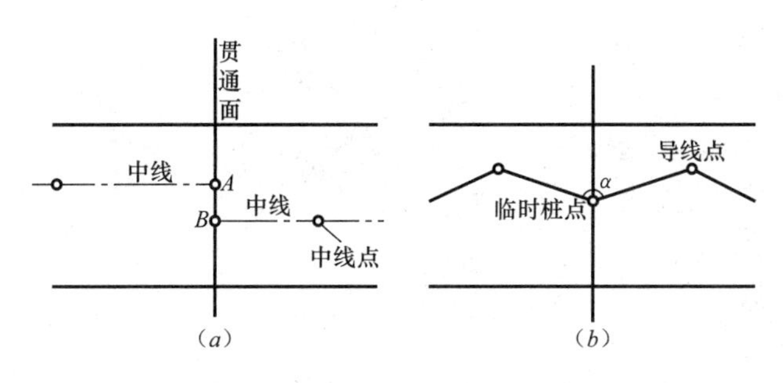

图 2-30　隧道贯通误差测量

（2）求坐标法

隧道贯通后，两不同的掘进面共同设一临时桩点，由两个掘进面方向各自对该临时点进行测角、量边，如图 2-30（*b*）所示。然后计算临时桩点的坐标，其坐标 x 的差值即为隧道的实际横向偏差，其坐标 y 的差值即为隧道的实际纵向偏差。

贯通后的高程偏差，可按水准测量的方法，测定同一临时点的高程，由高差闭合差求得。

2. 隧道贯通误差的调整

贯通偏差调整工作，原则上应在未衬砌隧道段上进行。对于曲线隧道还应注意尽量不改变曲线半径和缓和曲线长度。为了找出较好的调整曲线，应将相向两个方向设的中线，各自向前延伸适当距离。如果贯通面附近有曲线始（终）点时，应延伸至曲线的始（终）点。

（1）直线隧道的调整

调线地段为直线，一般采用折线法进行调整。

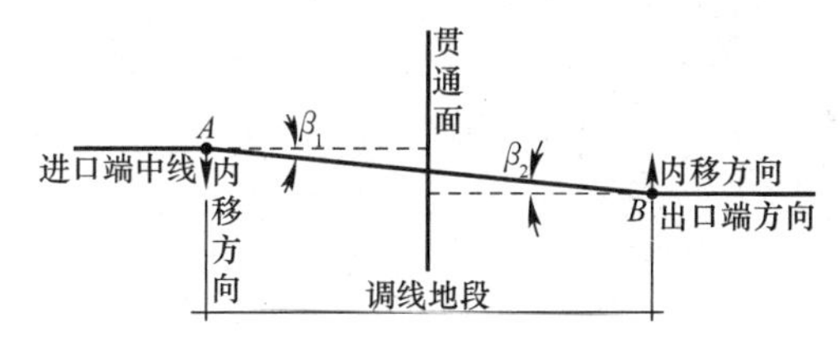

图 2-31　中线法贯通调线地段为直线

如图 2-31 所示，在调线地段两端各选一中线点 A 和 B，连接 AB 而形成折线。如果由此而产生的转折角 β_1 和 β_2 在 5′之内，即可将此折线视为直线；如果转折角在 5′～25′时，则按表 2-5 中的内移量将 A、B 两点内移；如果转折角大于 25′时，则应加设半径为 4000m 的圆曲线。

转折角在 5′～25′时的内移量　　　　**表 2-5**

转折角（′）	内移量（mm）	转折角（′）	内移量（mm）
5	1	20	17
10	4	25	26
15	10		

（2）曲线隧道贯通误差的调整

当贯通面位于圆曲线上，调整地段也全部在圆曲线线上时，可用调整偏角法进行调整。

当贯通点在曲线始、终点附近，调整地段有直线和曲线时，可将曲线始、终点的切线延伸，理论上此切线延长线应与贯通面另一侧的直线重合，但由于贯通误差的存在，实际上，此两直线既不重合，也不平行。通常应先将两者调整平行，然后再调整，使其重合。

第 2 篇

建筑力学、材料及结构

第3章　力学基础知识

3.1　静力学基础

3.1.1　静力学的概念与公理

1. 静力学的基本概念

力是物体之间的相互机械作用，这种作用的效果会使物体的运动状态发生变化（外效应），或者使物体发生变形（内效应）。

在任何外力作用下，大小和形状保持不变的物体，称为刚体。许多物体受力前后的形状改变比较小，可以忽略不计，因而我们可将这些物体看成是不变形的。在静力学部分，我们把所讨论的物体都看作是刚体。

同时作用在一个研究对象上的若干个力或力偶，称为一个力系。若这些力或力偶都来自于研究对象的外部，则称为外力或外力系。外力系中一般可能有：集中力、分布力、集中力偶、分布力偶。

若一个力系作用于物体与另一个力系作用时的作用效果相同，则称这两个力系互为等效力系。

若物体在力系作用处于下处于平衡状态，则这个力系称为平衡力系。

2. 二力平衡公理

作用于同一刚体上的两个力使刚体平衡的必要与充分条件是：两个力作用在同一直线上，大小相等，方向相反。这一性质也称为二力平衡公理。

当一个构件只受到两个力作用而保持平衡，这个构件称为二力构件。二力构件是工程中常见的一种构件形式。由二力平衡公理可知，二力构件的平衡条件是：两个力必定沿着二力作用点的连线，且等值、反向。

3. 加减平衡公理

在作用于某物体的力系中，加入或减去一个平衡力系，并不改变原力系对物体的作用效果。推论（力的可传性原理）：作用在物体上的力可沿其作用线移到物体的任一点，而不改变该力对物体的运动效果。

4. 力的平行四边形法则

力的平行四边形法则：作用在物体上同一点的两个力的合力，其作用点仍是该点，其方向和大小由以这两个力的力矢为邻边所构成的平行四边形的对角线确定。

推论　三力平衡汇交定理：由三个力组成的力系若为平衡力系，其必要的条件是这三个力的作用线共面且汇交于一点。

5. 作用与反作用公理

两个物体间的作用力和反作用力，总是大小相等，方向相反，沿同一直线，并分别作用在这两个物体上。

3.1.2　约束和约束反力

1. 约束和约束反力

工程中，任何构件都受到与它相联的其他构件的限制，不能自由运动。例如，大梁受到柱子限制，柱子受到基础的限制，桥梁受到桥墩的限制，等等。

对一个物体的运动趋势起制约作用的装置，我们称之为该物体的约束。例如上面所提到的柱子是大梁的约束，基础是柱子的约束，桥墩是桥梁的约束。

物体受到的力一般可以分为两类。一类是使物体运动或使物体有运动趋势的力，称为主动力，例如重力、水压力、土压力等。主动力在工程上称为荷载。另一类是约束对物体的运动起限制作用时产生的力。物体受到主动力作用时，会产生运动趋势，约束则因其阻碍物体的运动必然产生对物体的作用力，这种作用力因主动力的存在而被动产生，并随着主动力的变化而改变，故我们称之为约束反力，简称反力。约束反力的方向总是和该约束所能阻碍物体的运动方向相反。

2. 几种常见的约束及其反力

（1）柔体约束

绳索、链条、皮带等用于阻碍物体的运动，是一种约束；这类约束只能承受拉力，不能承受压力，且只能限制物体沿着这类约束伸长的方向运动。这类约束叫做柔体约束。柔体对物体的约束反力是作用于接触点、沿柔体中心线、背向物体的拉力，常用 T 表示，如图 3-1 和 3-2 所示。

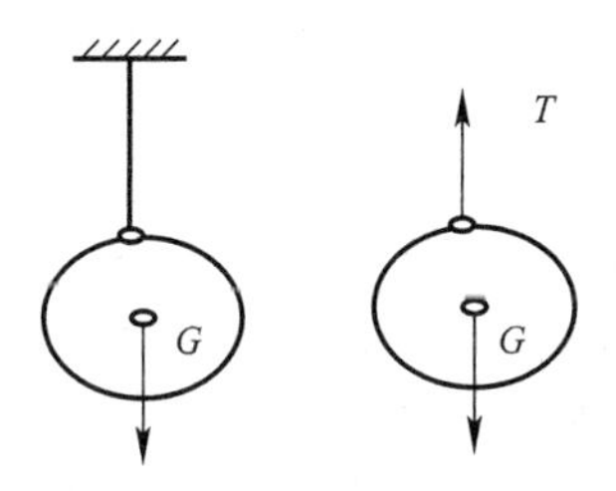

图 3-1　柔体约束（一）

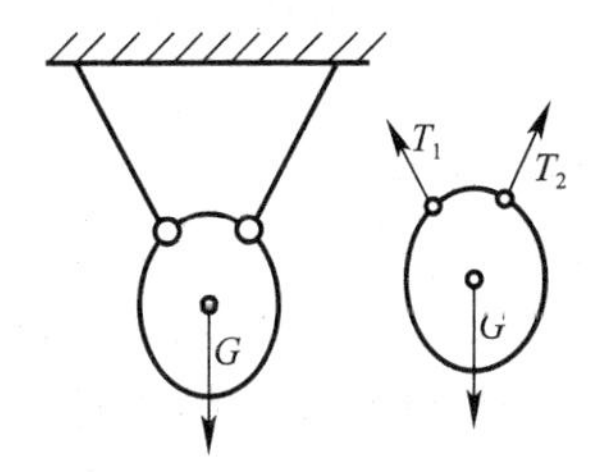

图 3-2　柔体约束（二）

（2）光滑接触面约束

当约束与物体的接触面之间摩擦力很小，可以略去不计时，就是光滑接触面约束。这种约束只能限制物体沿着接触面的公法线并指向光滑面的运动，而不能限制物体沿着接触面的公切线或离开接触面的运动。所以，光滑接触面的约束反力是作用于接触点、沿接触面公法线方向、指向物体的压力，常用 N 表示，如图 3-3 和图 3-4 所示。

（3）可动铰支座

工程上将构件连接在墙、柱、基础等支承物上的装置叫做支座。用销钉把构件与支座连接，并将支座置于可沿支承面滚动的辊轴上，如图 3-5（a）所示，这种支座叫做可动铰支座。这种约束，不能限制构件绕销钉的转动和沿支承面方向的移动，只能限制构件沿垂

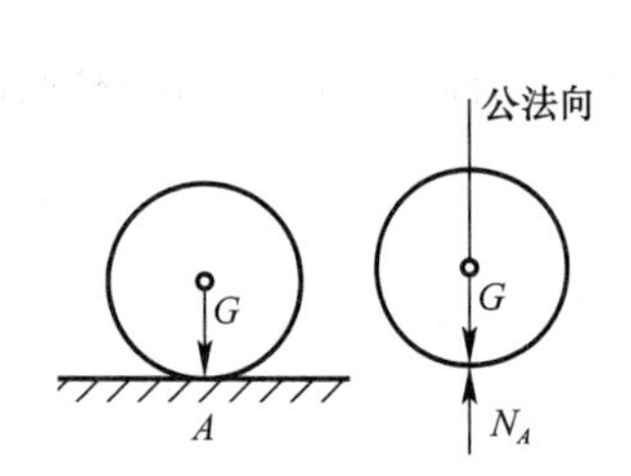

图 3-3　光滑接触面约束（一）

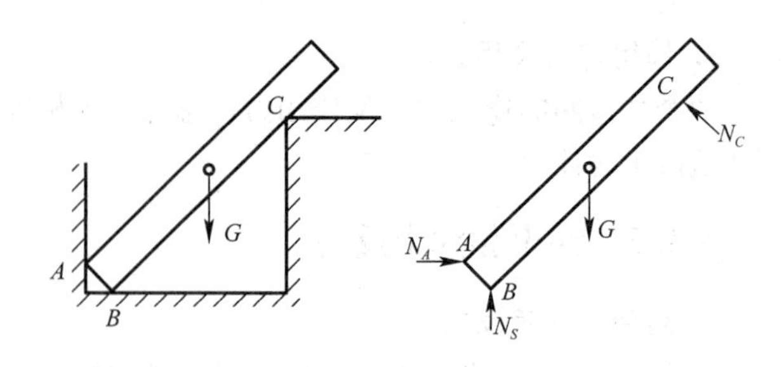

图 3-4　光滑接触面约束（二）

直于支承面方向的移动。所以，它的约束反力通过销钉中心，垂直于支承面。这种支座的计算简图如图 3-5（*b*）所示，支座反力如图 3-5（*c*）所示。房屋建筑中将横梁支承在砖墙上，砖墙对横梁的约束可看成可动铰支座约束。

与可动铰支座约束性能相同的还有链杆约束。链杆是不计自重两端用光滑销钉与物体相连的直杆。在图 3-6（*a*）中，可以将砖墙看成对搁置其上的梁为链杆约束。链杆只能限制物体沿链杆的轴线方向的运动，而不能限制其他方向的运动。所以，链杆的约束反力沿着链杆轴线，指向不定。链杆约束的简图及反力表示，如图 3-6（*b*）所示。

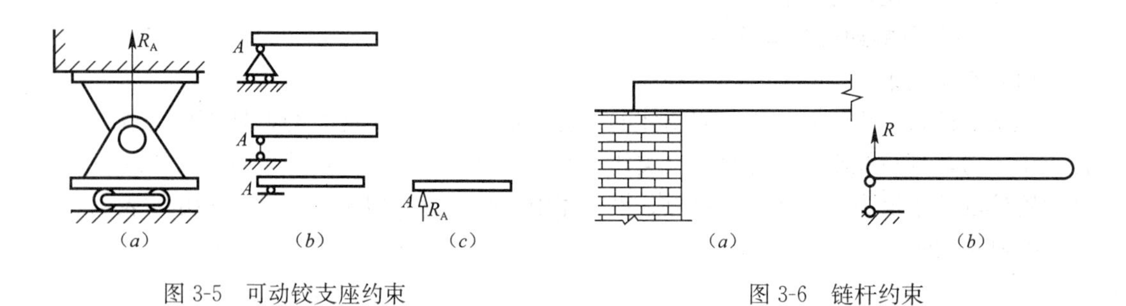

图 3-5　可动铰支座约束

图 3-6　链杆约束

（4）固定铰支座

将构件用圆柱形销钉与支座连接，并将支座固定在支承物上，就构成了固定铰支座，如图 3-7（*a*）所示。构件可以绕销钉转动，但构件与支座的连接处则不能在平面内作任何方向的移动。当构件有运动趋势时，构件与销钉将在某处接触，产生约束反力；这个接触点的位置随构件不同受力情况而变化，故反力的大小、方向均为未知。如图 3-7（*a*）中所示的 R_A。固定铰支座的计算简图见图 3-7（*b*），其约束性能相当于交于 A 点的两根不平行的链杆。固定铰支座的反力 R_A 是一个不知大小和方向的量（见图 3-7*c*），为了解析的方便，我们将该反力用两个互相垂直、已知方向、未知大小的反力 X_A、Y_A 表示，见图 3-7（*d*）。

在工程上经常采用固定铰支座。如图 3-8（*a*）中的柱子插入杯形基础，基础允许柱子做微小的转动，但不允许柱子底部作任何方向的移动。因此这种基础也可看成固定铰支座，如图 3-8（*b*）所示。

如将一个圆柱形光滑销钉插入两个物体的圆孔中，就构成了限制该两个物体作某些相对运动的约束，这种约束被称之为圆柱铰链，简称为铰链。门窗用的合页就是圆柱铰链的实例。铰链不能限制由它连接的两个物体绕销钉作相对转动，但能限制该两个物体在连接

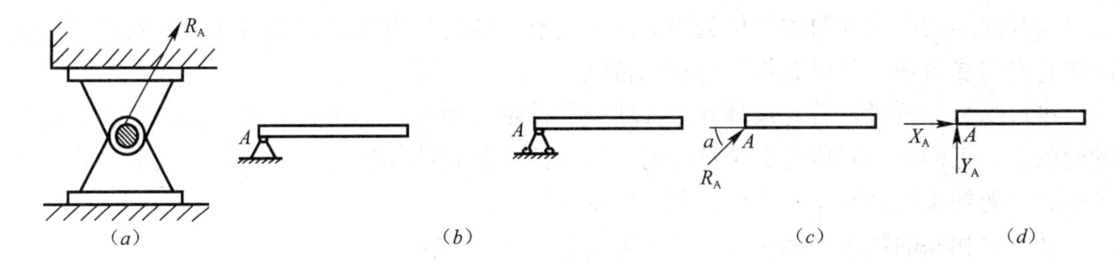

图 3-7 固定铰支座约束

点处沿任意方向的相对移动（图 3-9*a*）。可见圆柱铰链的约束性能与固定铰支座性质相同。圆柱铰链对其中一个物体的约束反力也是通过销钉中心且大小、方向不定，如图 3-9（*b*）中所示的 R_c。我们仍将该反力用两个互相垂直、已知方向、未知大小的反力 X_c、Y_c 表示。圆柱铰链的计算简图和约束反力分别如图 3-9（*c*）和（*d*）所示。

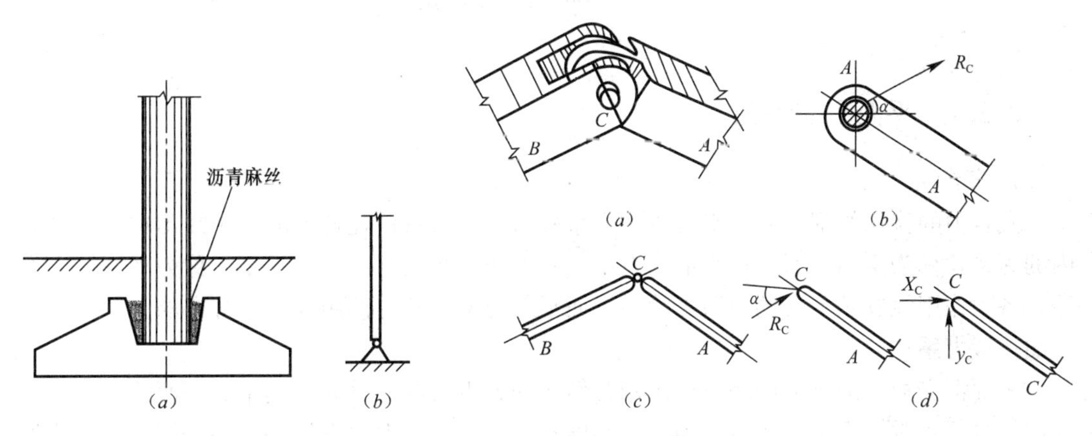

图 3-8 固定铰支座工程实例

图 3-9 圆柱铰链约束

（5）固定端支座

构件与支承物固定在一起，构件在固定端既不能沿任何方向移动，也不能转动，这种支承叫做固定端支座。房屋建筑中的外阳台和雨篷，其嵌入墙身的挑梁的嵌入端就是典型的固定端支座，如图 3-10（*a*）所示。这种支座对构件除产生水平反力和竖向反力外，还有一个阻止构件转动的反力偶。图 3-10（*b*）是固定端支座的简图，其支座反力如图 3-10（*c*）所示。

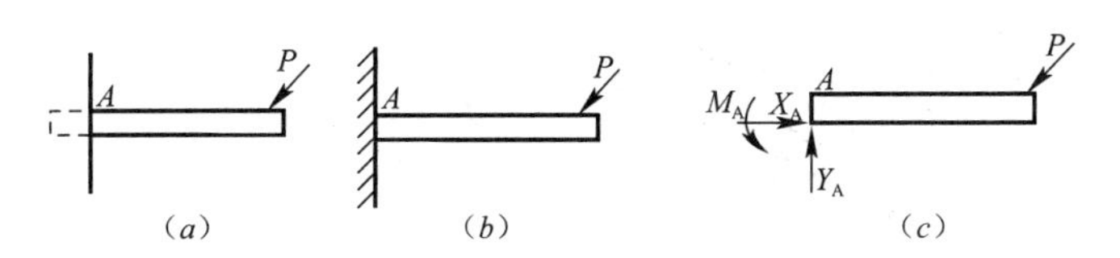

图 3-10 固定端支座

3.1.3 受力分析与受力图

建筑力学要研究的结构和构件力学问题，首先需分析结构或构件的受力情况，这个过程称为受力分析；受力分析时，将结构或构件所受的各力画在结构或构件的简图上。所受力已画好的结构或构件简图，称为受力图。要解决结构和构件的力学问题，首先必须正确画出它们的受力图，并以此作为计算的依据。

进行受力分析时，首先选择我们要研究的结构或构件——研究对象，然后在研究对象的简图上，正确画出其所受的全部外力。这包括荷载和约束反力。荷载是可以事先确定的已知力，而约束反力则是按约束情况而定的未知力。

从与之相联的物体中隔离开来的研究对象，称为隔离体。

由以上所述可见，画受力图的一般步骤为：

第一步：选取研究对象，画出隔离体简图；

第二步：画出荷载；

第三步：分析各种约束，画出各个约束反力。

3.2 平面力系

3.2.1 平面汇交力系

1. 概念

凡各力的作用线都在同一平面内的力系称为平面力系；凡各力的作用线不在同一平面内的力系，称为空间力系。在平面力系中，各力作用线交于一点的力系，称为平面汇交力系；各力作用线互相平行的力系，称为平面平行力系；各力作用线任意分布的力系，称为平面一般力系。

平面汇交力系的合成问题可以采用几何法和解析法进行研究。其中，平面汇交力系的几何法具行直观、简捷的优点，但其精确度较差，在力学中用得较多的还是解析法。这种方法是以力在坐标轴上的投影的计算为基础。

2. 合力投影定理

设有一平面汇交力系 F_1、F_2、F_3 作用在物体的 O 点，如图 3-11（a）所示，可得

$$R_x = X_1 + X_2 + X_3 \tag{3-1}$$

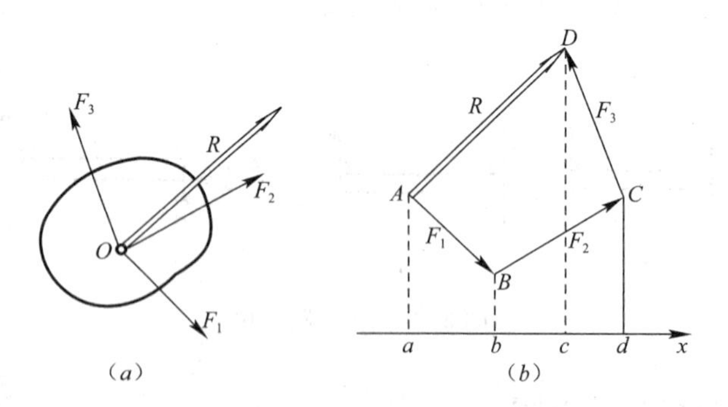

图 3-11　合力投影定理图

这一关系可推广到任意汇交力的情形，即

$$R_x = X_1 + X_2 + \cdots + X_n = \sum X \tag{3-2}$$

由此可见，合力在任一轴上的投影，等于各分力在同一轴上投影的代数和。这就是合力投影定理。

3. 用解析法求平面汇交力系的合力

当平面汇交力系为已知时，我们可选直角坐标系，求出力系中各力在 x 轴和 y 轴上的投影，再根据合力投影定理求得合力 R 在 x、y 轴上的投影 R_x、R_y，合力 R 的大小和方向可由下式确定：

$$\left.\begin{aligned} R &= \sqrt{R_x^2 + R_y^2} = \sqrt{\left(\sum X\right)^2 + \left(\sum Y\right)^2} \\ \tan a &= \frac{|R_y|}{|R_x|} = \frac{\left|\sum Y\right|}{\left|\sum X\right|} \end{aligned}\right\} \tag{3-3}$$

式中，a 为合力 R 与 x 轴所夹的锐角，a 角在哪个象限由 $\sum X$ 和 $\sum Y$ 的正负号来确定。合力的作用线通过力系的汇交点 O。

4. 平面汇交力系平衡条件

平面汇交力系平衡的必要和充分条件是平面汇交力系的合力等于零。而根据式（3 3）的第一式可知

$$R = \sqrt{\left(\sum X\right)^2 + \left(\sum Y\right)^2} = 0$$

上式 $\left(\sum X\right)^2$ 与 $\left(\sum Y\right)^2$ 恒为正数，要使 $R=0$，必须且只需

$$\left.\begin{aligned} \sum X &= 0 \\ \sum Y &= 0 \end{aligned}\right\} \tag{3-4}$$

所以平面汇交力系平衡的必要和充分的解析条件是：力系中所有各力在两个坐标轴中每一轴上的投影的代数和都等于零。式（3-4）称为平面汇交力系的平衡方程。应用这两个独立的平衡方程可以求解两个未知量。

3.2.2 力矩和平面力偶系

1. 力对点的矩

力对点的矩是很早以前人们在使用杠杆、滑车、绞盘等机械搬运或提升重物时所形成的一个概念。我们用 F 与 d 的乘积再冠以适当的正负号来表示力 F 使物体绕 O 点转动的效应，并称为力 F 对 O 点之矩，简称力矩，以符号 $M_O(F)$ 表示。O 点称为转动中心，简称矩心。矩心 O 到力作用线的垂直距离 d 称为力臂。通常规定：力使物体绕矩心作逆时针方向转动时，力矩为正，反之为负。在平面力系中，力矩或为正值，或为负值，因此，力矩可视为代数量。

2. 合力矩定理

我们知道平面汇交力系对物体的作用效应可以用它的合力 R 来代替。这里的作用效应包括物体绕某点转动的效应，而力使物体绕某点的转动效应由力对该点之矩来度量，因此，平面汇交力系的合力对平面内任一点之矩等于该力系的各分力对该点之矩的代数和，

这就是合力矩定理。

$$M_O(R) = M_O(F_1) + M_O(F_2) + \cdots + M_O(F_n) = \sum M_O(F) \tag{3-5}$$

3. 力偶和力偶矩

在生产实践和日常生活中，经常遇到大小相等、方向相反、作用线不重合的两个平行力所组成的力系。这种力系只能使物体产生转动效应而不能使物体产生移动效应。这种大小相等、方向相反、作用线不重合的两个平行力称为力偶，用符号（F，F'）表示。力偶的两个力作用线间的垂直距离 d 称为力偶臂，力偶的两个力所构成的平面称为力偶作用面。

实践表明，当力偶的力 F 越大，或力偶臂越大，则力偶使物体的转动效应就越强；反之就越弱。因此，与力矩类似，我们用 F 与 d 的乘积来度量力偶对物体的转动效应，并把这一乘积冠以适当的正负号称为力偶矩，用 m 表示，即：

$$m = \pm Fd \tag{3-6}$$

式中正负号表示力偶矩的转向。通常规定：若力偶使物体作逆时针方向转动时，力偶矩为正，反之为负。在平面力系中，力偶矩是代数量。力偶矩的单位与力矩相同。

4. 力偶的基本性质

力偶不同于力，它具有一些特殊的性质，现分述如下：

1）力偶没有合力，不能用一个力来代替。

2）力偶对其作用面内任一点之矩都等于力偶矩，与矩心位置无关。

3）同一平面内的两个力偶，如果它们的力偶矩大小相等、转向相同，则这两个力偶等效，称为力偶的等效性。

从以上性质还可得出两个推论：力偶可在其作用面内任意移转，而不会改变它对物体的转动效应。

力偶对于物体的转动效应完全取决于力偶矩的大小、力偶的转向及力偶作用面，即力偶的三要素。因此，在力学计算中，有时也用一带箭头的弧线表示力偶，如图 3-12 所示，其中箭头表示力偶的转向，m 表示力偶矩的大小。

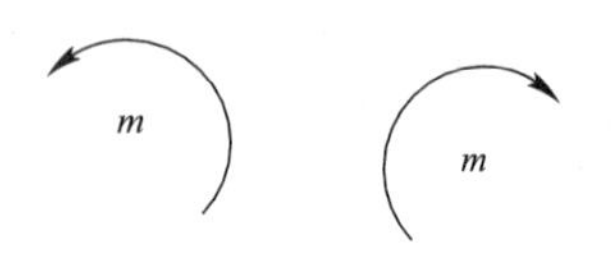

图 3-12　力偶表示方法

5. 平面力偶系的合成和平衡条件

作用在同一平面内的一群力偶称为平面力偶系。平面力偶系合成可以根据力偶等效性来进行。合成的结果是：平面力偶系可以合成为一个合力偶，其力偶矩等于各分力偶矩的代数和。即：

$$M = m_1 + m_2 + \cdots + m_n = \sum m_i \tag{3-7}$$

平面力偶系可以合成为一个合力偶，当合力偶矩等于零时，则力偶系中的各力偶对物体的转动效应相互抵消，物体处于平衡状态。因此，平面力偶系平衡的必要和充分条件是：力偶系中所有各力偶矩的代数相等于零。用式子表示为：

$$\sum m_i = 0 \tag{3-8}$$

式（3-8）称为平面力偶系的平衡方程。

3.2.3 平面一般力系

1. 平面一般力系的概念

平面一般力系是各力的作用线在同一平面内，既不全部汇交于一点也不全部互相平行的力系。

如图 3-13（*a*）所示的挡土墙，考虑到它沿长度方向受力情况大致相同，通常取 1m 长度的墙身作为研究对象，它所受到的重力 G、土压力 P 和地基反力 R 也都可简化到 1m 长墙身的对称面上，组成平面力系，如图 3-13（*b*）所示。

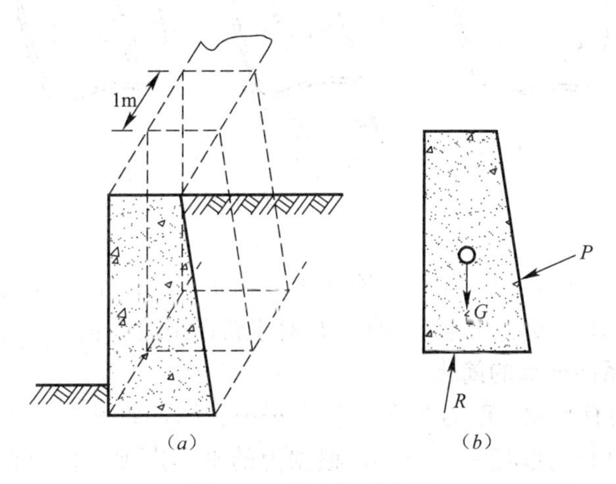

图 3-13 挡土墙受力图

在平面结构上作用的力系，可以看成为平面一般力系。

还有些结构虽然明显不是受平面力系作用，但如果本身（包括支座）及其所承受的荷载有一个共同的对称面，那么，作用在结构上的力系就可以简化为在对称面内的平面力系，例如图 3-14 所示沿直线行驶的汽车，车受到的重力 G、空气阻力 F 以及地面对左右轮的约束反力的合力 R_A、R_B，都可简化到汽车的对称面内，组成平面一般力系。

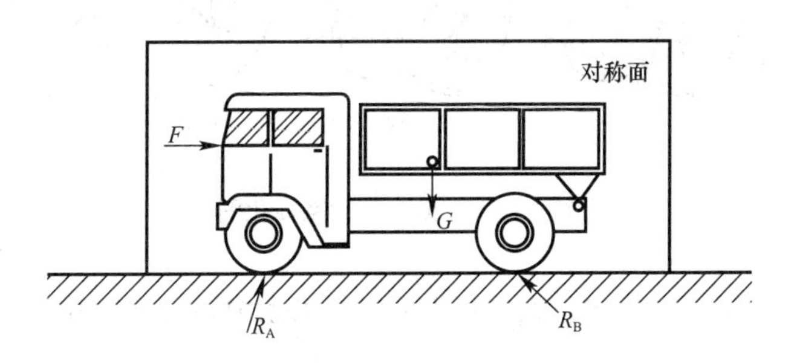

图 3-14 汽车受力图

2. 力的平移定理

有一个力 F 作用在某刚体的 A 点，如图 3-15（*a*）所示。若在刚体的 O 点加上两个共线、反向、等值的力 F' 和 F''，且作用线与力 F 平行，大小与力 F 的大小相等，如图 3-15

（b）所示，并不影响力 F 对刚体单独作用时产生的运动效果。进一步分析可以看出，力 F 与 F'' 构成一个力偶，其力偶矩为：

$$M = F \cdot d = M_O(F)$$

而作用在点 O 的力 F'，其大小和方向与原力 F 相同，即相当于把原来的力 F 从点 A 平移到点 O，如图 3-15（c）所示。

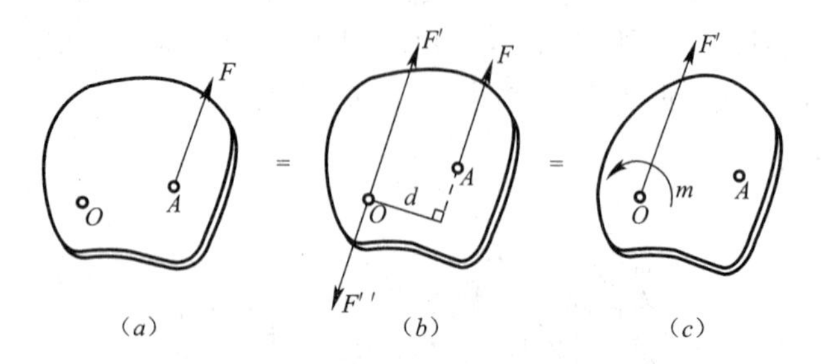

图 3-15　力的平移定理图

于是，得到力的平移定理：作用于刚体上的力 F，可以平移到同一刚体上的任一点 O，同时附加一个力偶，其力偶矩等于原力 F 对于新作用点 O 的矩。

3. 平面一般力系向一点的简化

设在物体上作用有平面一般力系 F_1、F_2、……、F_n，如图 3-16（a）所示。为了将这力系简化，在其作用面内取任意一点 O，根据力的平移定理，将力系中各力都平移到 O 点，就得到平面汇交力系 F_1'、F_2'、……、F_n' 和附加的各力偶矩分别为 m_1、m_2、……、m_n 的平面力偶系，如图 3-16（b）所示。平面汇交力系可合成为作用在 O 点的一个力，附加的平面力偶系可合成为一个力偶，如图 3-16（c）所示。任选的 O 点，称为简化中心。

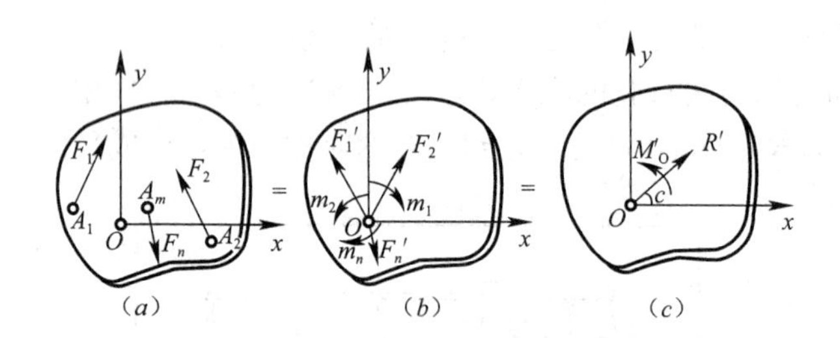

图 3-16　平面一般力系简化图

平面一般力系向任一点简化，就是将平面一般力系中各力向简化中心平移，同时附加上一个力偶系。

平面一般力系简化为作用于简化中心的一个力和一个力偶。这个力 R' 称为原力系的主矢，这个力偶的力偶矩 M_O，称为原力系对简化中心的主矩。

$$R' = F_1 + F_2 + \cdots\cdots + F_n = \sum F$$

$$M_O' = M_O(F_1) + M_O(F_2) + \cdots\cdots + M_O(F_n) = \sum M_O(F) = \sum M_O$$

4. 平面一般力系平衡的条件

平面一般力系向任一点 O 简化后，如果得到的主矢量 R' 和主矩 M_O。如果该平面一般力系使物体保持平衡，则必然有 $R'=0$，$M_O=0$。反之，如果 $R'=0$，$M_O=0$，则说明原力系就是平衡力系。

因此，平面一般力系平衡的必要和充分条件是力系的主矢量及力系对任一点的主矩均为零，即

$$R' = 0,\quad M_O = 0$$

由于

$$R' = \sqrt{(\sum X)^2 + (\sum Y)^2}$$

$$M_O = \sum m_0(F)$$

故平面一般力系的平衡条件为

$$\begin{aligned} \sum X &= 0 \\ \sum Y &= 0 \\ \sum m_0(F) &= 0 \end{aligned} \tag{3-9}$$

即，平面一般力系平衡的必要和充分条件也可叙述为：力系中各力在两个坐标轴上投影的代数和分别等于零；力系中各力对于任一点的力矩的代数和等于零。

式（3-9）叫做平面一般力系的平衡方程，其中前两个叫做投影方程，后一个叫做力矩方程。可以把投影方程的含意理解为物体在力系作用下沿坐标轴 X 和 Y 方向不可能移动；将力矩方程的含意理解为物体在力系作用下绕任一矩心均不能转动。当满足平衡方程时，物体既不能移动，也不能转动，这就保证了物体处于平衡状态。当物体处于平衡状态时，可应用这三个平衡方程求解三个未知量。

式（3-9）是平面一般力系平衡方程的基本形式。除了这种形式外，还可将平衡方程表示为二力矩形式或三力矩形式。

二力矩形式的平衡方程是：

$$\begin{aligned} \sum X &= 0 \\ \sum m_A(F) &= 0 \\ \sum m_B(F) &= 0 \end{aligned} \tag{3-10}$$

该平衡方程的限制条件是：X 轴不能与 A、B 两点的连线垂直。

三力矩形式的平衡方程是：

$$\begin{aligned} \sum m_A(F) &= 0 \\ \sum m_B(F) &= 0 \\ \sum m_C(F) &= 0 \end{aligned} \tag{3-11}$$

该平衡方程的限制条件是：A、B、C 三点不在同一直线上。

在实际解题时，所选的平衡方程形式应尽可能使计算简便，力求在一个方程中只包含一个未知量，避免求解联立方程。

3.3　杆件的强度、位移和稳定性计算

3.3.1　轴向拉伸和压缩的强度

1. 轴向拉（压）杆的内力—轴力

轴向拉压杆的受力特点是：杆两端作用着大小相等、方向相反、作用线与杆轴线重合的一对外力。其变形特点是：杆产生轴向伸长或缩短。当作用力背离杆端时，杆件产生伸长变形；当作用力指向杆端时，杆件产生压缩变形。

由外力引起的杆件内各部分间的相互作用力叫做内力。内力与杆件的强度、刚度等有着密切的关系。讨论杆件强度、刚度和稳定性问题，必须先求出杆件的内力。

求内力的基本方法是截面法。为了计算杆件的内力，首先需要把内力显示出来，所以假想用一个平面将杆件“截开”，使杆件在被切开位置处的内力显示出来，然后取杆件的任一部分作为研究对象，利用这部分的平衡条件求出杆件在被切开处的内力，这种求内力的方法称为截面法。截面法是求杆件内力的基本方法。不管杆件产生何种变形，都可以用截面法求出内力。

对于轴向拉压杆件，同样也可以通过截面法求任一截面上的内力。如图 3-17 所示杆件，受轴向拉力 P 的作用，现欲求横截面 $m—m$ 上的内力，计算步骤如下：

（1）用假想的截面 $m—m$，在要求内力的位置处将杆件截开，把杆件分为两部分，如图 3-17（a）。

（2）取截开后的任一部分（左端）为研究对象，画受力图 3-17（b），在截开的截面处用该截面上的内力代替另一部分对研究部分的作用。由平衡条件知，截面 $m—m$ 上的内力与杆轴线重合。

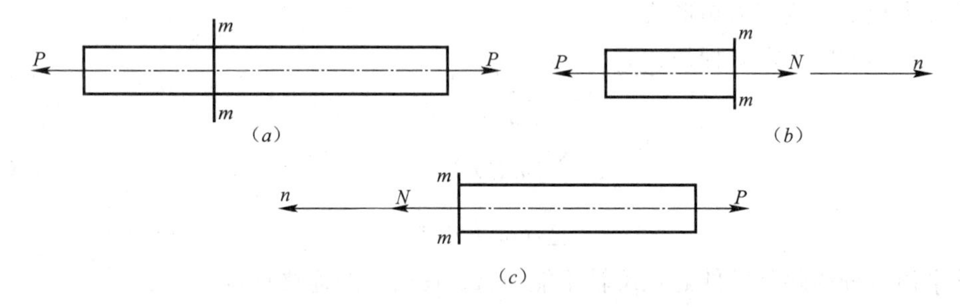

图 3-17　轴向拉（压）杆的内力—轴力图

（3）列出研究对象的平衡方程，求出内力。

$$\sum F_x = 0,\quad N - P = 0$$

$$N = P$$

注：本处所讲的内力是这些分布内力的合力。因此，画受力图时在被截开的截面处，只画分布内力的合力即可。

由图 3-17 知：轴向拉（压）杆的内力是一个作用线与杆件轴线重合的力，把与杆件

轴线相重合的内力称为轴力。并用符号 N 表示。通常规定：拉力（轴力 N 的方向背离该力的作用截面）为正；压力（轴力 N 的方向指向该力的作用截面）为负。

轴力的常用单位是牛顿或千牛，记为 N 或 kN。

2. 轴向拉（压）杆的应力

轴向拉（压）杆横截面上的内力是轴力，它的方向与横截面垂直。由内力与应力的关系，我们知道：在轴向拉（压）杆横截面上与轴力相应的应力只能是垂直于截面的正应力。而要确定正应力，必须了解内力在横截面上的变化规律，不能由主观推断。由于应力与变形有关，因此要研究应力，可以先从较直观的杆件变形入手。

取一等截面直杆，在杆的表面均匀地画一些与轴线相平行的纵向线和与轴线相垂直的横向线（图 3-18a），然后在杆的两端加一对与轴线相重合的外力，使杆产生轴向拉伸变形（图 3-18b）。

可以看到所有的纵向线都仍为直线，都伸长相等的长度；所有的横向线也仍为直线，保持与纵向线垂直，只是它们之间的相对距离增大了。由此，可以作出平面假设：变形前为平面的横截面，变形后仍为平面，但沿轴线发生了平移。由材料的均匀连续性假设可知，横截面上的内力是均匀分布的，即各点的应力相等（图 3-19）。

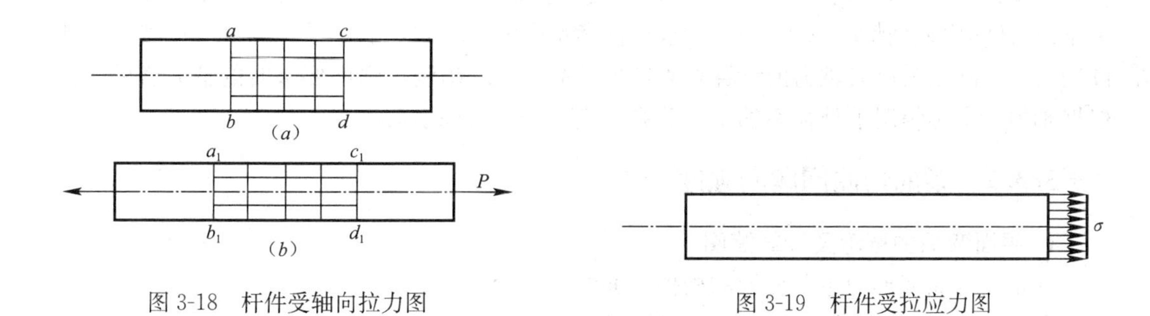

图 3-18　杆件受轴向拉力图

图 3-19　杆件受拉应力图

通过上述分析，已经知道：轴向拉（压）杆横截面上只有一种应力——正应力，并且正应力在横截面上是均匀分布的，所以横截面上的平均应力就是任一点的应力。即拉（压）杆横截面上正应力的计算公式为

$$\sigma=\frac{N}{A} \tag{3-12}$$

式中　A——拉（压）杆横截面的面积；

N——轴力。

由式（3-12）知，σ 的正负号与轴力相同，当轴力为拉力时，正应力也为拉应力，取正号；当轴力为压力时，正应力也为压应力，取负号。

对于等截面直杆，最大正应力一定发生在轴力最大的截面上，$\sigma_{max}=\frac{N_{max}}{A}$。

3. 轴向拉（压）杆的强度条件及其应用

为了保证轴向拉（压）杆在承受外力作用时能够安全可靠地工作，必须使构件截面上的最大工作应力 σ_{max} 不超过材料的许用应力，即

$$\sigma_{max}=\frac{N_{max}}{A}\leqslant[\sigma] \tag{3-13}$$

式（3-13）称为构件在轴向拉伸或压缩时的强度条件。

产生最大正应力的截面称为危险截面。对于等截面直杆，轴力最大的截面即为危险截面。对于变截面直杆，危险截面要结合轴力 N 和对应截面面积 A 通过计算来确定。

根据强度条件，可以解决强度计算的三类问题：

（1）强度校核

已知杆件所用材料（$[\sigma]$ 已知），杆件的截面形状及尺寸（A 已知），杆件所受的外力（可以求出轴力），判断杆件在实际荷载作用下是否会破坏，即校核杆的强度是否满足要求。若计算结果是 $\sigma_{max}\leqslant[\sigma]$，则杆的强度满足要求，杆能安全正常使用；若计算结果是 $\sigma_{max}>[\sigma]$，则杆的强度不满足要求。

（2）设计截面

已知杆件所用材料（$[\sigma]$ 已知），杆所受的外荷载（轴力可以求出），确定杆件不发生破坏（即满足强度要求）时，杆件应该选用的横截面面积或与横截面有关的尺寸。满足强度要求时面积的计算式为：$A\geqslant\dfrac{N}{[\sigma]}$，求出面积后可进一步根据截面形状求出有关尺寸。

（3）计算许用荷载

已知杆件所用材料（$[\sigma]$ 已知），杆所受外荷载的情况（可建立轴力与外荷载之间的关系），杆的横截面情况（A 已知），求杆件满足强度要求时，能够承担的最大荷载值，即许用荷载。满足强度时轴力的计算式为：$N\leqslant A[\sigma]$。求出满足强度要求时的轴力值后，再根据轴力与实际情况下外荷载的平衡关系，进一步求出许用荷载。

3.3.2 梁的弯曲问题的强度

1. 平面弯曲的概念及计算简图

凡是以弯曲变形为主要变形的构件，通常称为梁。

梁的轴线方向称为纵向，垂直于轴线的方向称为横向。梁的横截面是指垂直于梁轴线的截面，一般都具有对称性，存在着至少一个对称轴。我们在这里只讨论有纵向对称面的梁。所谓纵向对称面，是指梁的横截面的对称轴与梁的轴线这两条正交直线所构成的平面。如果梁的外力和外力偶都作用在梁的纵向对称面内，那么梁的轴线变形后所形成的曲线仍在该平面（即纵向对称面）内。这样的弯曲变形，我们称之为平面弯曲。产生平面弯曲变形的梁，称为平面弯曲梁。

梁是在工程结构中应用的非常广泛的一种构件。例如图 3-20（a）、（b）所示的梁式桥的主梁、房屋建筑中的梁等。它们的主要变形就是弯曲变形。

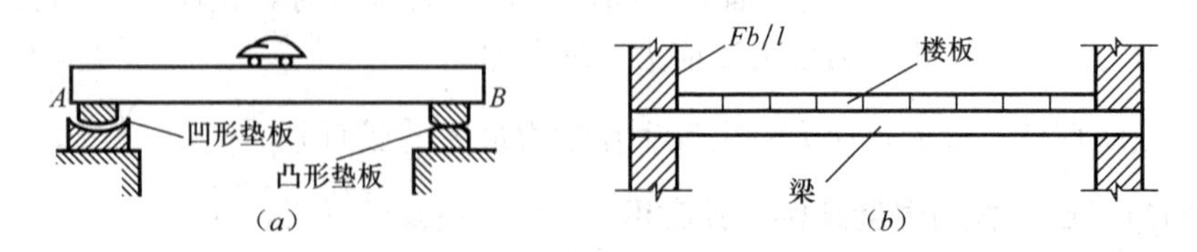

图 3-20　梁在工程结构中的应用

在进行梁的工程分析和受力计算时，不必把梁的复杂工程图按实际画出来，而是以能够代表梁的结构、荷载情况及作用效果的简化的图形来代替，这种简化后的图形称为梁的计算简图。

梁的计算简图也可称为梁的受力图。在计算简图上应包括梁的本身、梁的荷载、支座或支座反力。梁的本身可用其轴线来表示，但要在图上标明梁的结构尺寸数据，有时也需要把梁的截面尺寸表示出来。梁上的荷载因其作用在梁的纵向对称面内，可以认为就作用在轴线上，因而可以直接画在轴线上，并标明荷载的性质和大小。一般来讲，梁的荷载有均布荷载、集中力和集中力偶，分别用 q、F、M_e 表示，如图 3-21 所示。梁的支座最常见的有三种，即固定端支座、固定铰支座和活动铰支座。

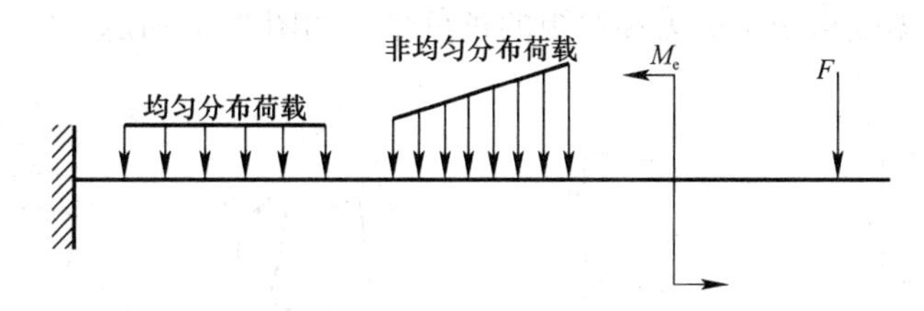

图 3-21　梁的荷载形式

2. 剪力与弯矩

梁在横向荷载作用下，将同时产生变形和内力。梁横截面处的内力是指横截面以左、以右梁段的相互作用，内力专指横截面上分布内力的合力。当作用在梁上的外力（荷载和支座反力）已知时，可用截面法求梁某截面处的内力。以图 3-22（a）所示简支梁为例，梁上作用有集中力荷载，现利用截面法求任意截面 $m—m$ 的内力。

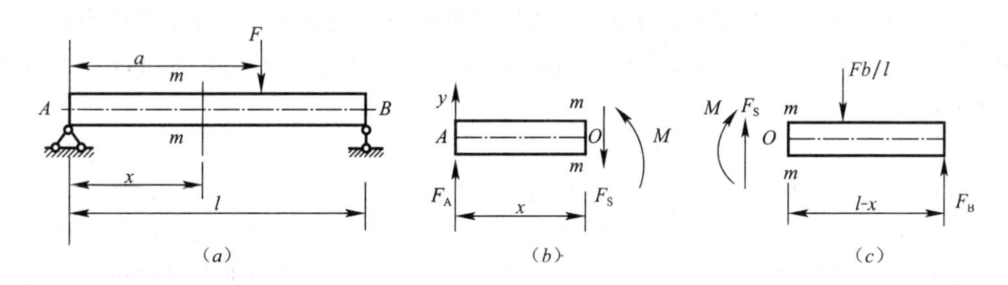

图 3-22　简支梁受力图

第一步，取梁整体为隔离体，求出两端支座的约束反力 F_A 和 F_B。

第二步，用 m-m 截断杆件，取左半部分或右半部分为隔离体，并在隔离体上以正的方向标出截面的内力，如图 3-22（b）、（c）所示。

第三步，在隔离体上建立平衡方程，根据静力平衡条件求出截面的内力。

取左半部分为隔离体，可求得：

$$\sum Y = 0 \quad F_A - F_S = 0$$

得
$$F_S = F_A$$

F_S 称为剪力，是作用在隔体上集中力（包括外荷载和约束反力）向截面形心简化的主矢。

$$\sum M_O = 0 \quad M - F_A \cdot x = 0$$

得
$$M = F_A x$$

力偶矩称为弯矩，是作用在隔离体上全部的力（包括外荷载、约束反力和力偶）向截面形心简化的主矩。

取右半部分为隔离体,可求得：

$$F_S = F_A$$
$$M = F_A x$$

从上述的计算中可以看出，无论是取截面的左半部分还是右半部分为隔离体，截面内力的计算结果都是一致的。但图 3-22 中取左、右隔离体为研究对象求得的剪力和弯矩是大小相等、方向相反的作用力与反作用力。为使同一截面的剪力和弯矩不仅大小相等，而且正负号一致。根据变形规定剪力和弯矩的正负号，如图 3-23 所示。

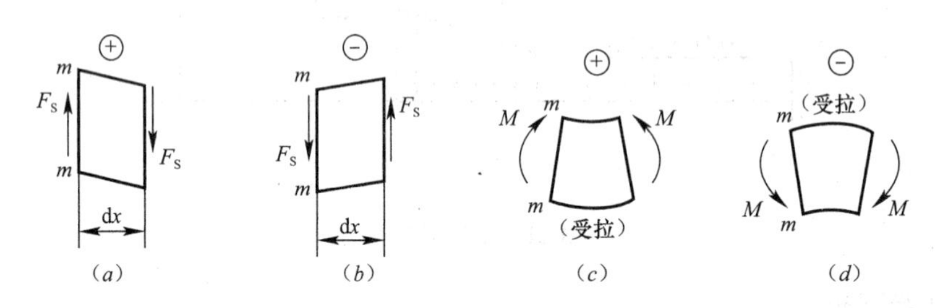

图 3-23　剪力和弯矩正负号规定图

剪力使隔离体产生顺时针方向旋转时为正，反之为负；弯矩使隔离体产生上侧纤维受压、下侧纤维受拉，即隔离体的轴线产生上凹下凸的变形时为正，反之为负。

3. 剪力图和弯矩图

梁在外力作用下，各截面上的剪力和弯矩沿轴线方向是变化的。如果用横坐标 x（其方向可以向左也可以向右）表示横截面沿梁轴线的位置，则剪力和弯矩都可以表示为坐标 x 的函数，即

$$F_S = F_S(x) \quad M = M(x)$$

这两个方程分别称为梁的剪力方程和弯矩方程。

与绘制轴力图或扭矩图一样，可用图线表示梁的各横截面上剪力和弯矩沿梁轴线的变化情况，称为剪力图和弯矩图。剪力图的绘制与前面章节中所讲的轴力图和扭矩图的绘制方法基本相同，正剪力画在 x 轴的上方，负剪力画在 x 轴的下方，并标明正负号。弯矩图绘制的规定和弯矩正负号的规定，弯矩画在梁的受拉侧，即正弯矩画在 x 轴的下方，负弯矩却画在了 x 轴的上方，而不须标明正负号。

剪力图和弯矩图的分布规律：

（1）梁上无均布荷载作用的区段，即 $q(x)=0$ 的区段，F_S 图为一条平行于梁轴线的水平直线，M 图为一斜直线，当 $F_S(x)=0$ 时，弯矩图为水平直线；当 $F_S(x)>0$ 时，弯矩图为向右下倾斜的直线；当 $F_S(x)<0$ 时，弯矩图为向右上倾斜的直线。

（2）梁上有均布荷载作用的区段，即 $q(x)=(c)$ 的区段，剪力图为斜直线，M 图为二次抛物线。当 $q(x)>0$（荷载向上）时，剪力图为向右上倾斜的直线，弯矩图为向上凸的抛物线；当 $q(x)<0$（荷载向下），剪力图为向右下倾斜的直线，弯矩图为向下凸的抛物线。

（3）梁上有按线性规律分布的荷载作用的区段，即 $q(x)$ 为一次线性函数的区段，F_S 图为二次抛物线，M 图为三次抛物线。

（4）在集中力作用点处，F_S 图出现突变，方向、大小与集中力同，而 M 图没有突变，但由于 F_S 值的突变，在集中力的作用点处形成了尖点，突变成的尖角与集中力的箭头同向。

（5）在集中力偶作用处，F_S 图没有变化，M 图发生突变，顺时针力偶向下突变，逆时针力偶向上突变，其差值即为该集中力偶，但两侧 M 图的切线应相互平行。

根据上述结论，在绘制梁的内力图时，不必写出梁的内力方程，直接由梁的荷载图就能定出梁的剪力图和弯矩图。因而，可以将梁按荷载的分布情况分成若干段，利用 $q(x)$、$F_S(x)$、$M(x)$ 三者之间的关系判断各段梁的剪力图和弯矩图的形状，计算特殊截面上的剪力值和弯矩值，进而可以绘制整个梁的剪力图和弯矩图。

4. 梁的弯曲正应力

在平面弯曲梁的横截面上，存在着两种内力——剪力和弯矩。横截面上既有弯矩又有剪力的弯曲称为横力弯曲。如果梁横截面上只有弯矩而无剪力，这种弯曲称为纯弯曲。

只有切向分布的内力才能构成剪力，只有法向分布的内力才能构成弯矩，因面在梁的横截面上同时存在着切应力 τ 和正应力 σ。

（1）纯弯曲梁横截面上的正应力计算

图 3-24 所示的简支梁的 CD 段，因其只有弯矩存在而无剪力存在，是一种纯弯曲变形情况。纯弯曲是弯曲中最基本的情况，纯弯曲梁横截面上的正应力计算公式可以推广到横力弯曲中使用。因此，研究弯曲正应力从纯弯曲开始。

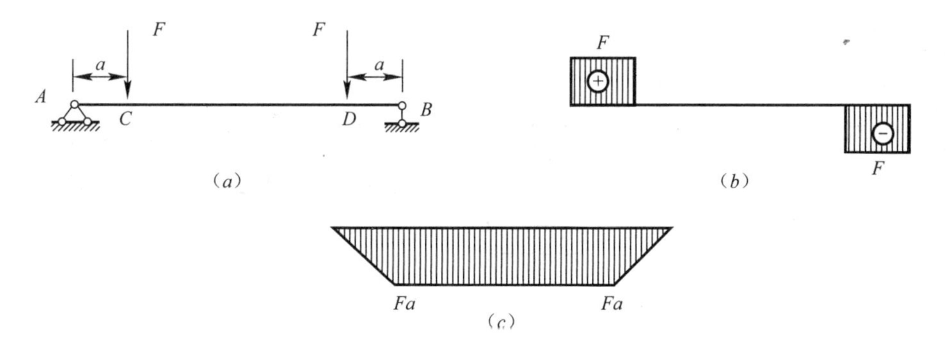

图 3-24　简支梁纯弯曲受力图

$$\sigma = \frac{My}{I_z} \tag{3-14}$$

式（3-14）称为纯弯曲梁横截面上正应力计算公式。

式中　y——横截面上所求应力点至中性轴的距离。

几点说明：

① 式（3-14）的适用范围为线弹性范围。

② 计算应力时可以用弯矩 M 和距离 y 的绝对值代入式中计算出正应力的数值，再根据变形形状来判断是拉应力还是压应力。

③ 在应力计算公式中没有弹性模量 E，说明正应力的大小与材料无关。

从式（3-14）可以看出，梁横截面某点的正应力 σ 与该横截面上弯矩 M 和该点到中性轴的距离 y 成正比，与该横截面对中性轴的惯性矩成反比。当横截面上弯矩 M 和惯性矩

I_z 为定值时，弯曲正应力 σ 与 y 成正比。当 $y=0$ 时，$\sigma=0$，中性轴各点正应力为零，即中性层纤维不受拉伸和压缩。中性轴两侧，一侧受拉，另一侧受压，距离中性轴越远，正应力越大。到上下边缘 $y=ym(a)x$ 正应力最大，一侧为最大拉应力 $\sigma_t m(a)x$，而另一侧为最大压应力 $\sigma_c m(a)x$。正应力分布规律如图 3-25 所示，横截面上 y 值相同的各点正应力相同。

最大应力值为：

$$\sigma_{\max}=\frac{My_{\max}}{I_z}=\frac{M}{\dfrac{I_z}{y_{\max}}}=\frac{M}{W_z} \tag{3-15}$$

式中 W_z——弯曲截面系数$\left(\text{抗弯截面系数或抵抗矩，}W_z=\dfrac{I_z}{y_{\max}}\right)$，它仅与横截面的形状尺寸有关，衡量截面抗弯能力的几何参数，常用单位是 mm^3 或 m^3。

对于高为 h，宽为 b 的矩形截面（图 3-25a）：$I_z=\dfrac{bh^3}{12}$　　$W_z=\dfrac{bh^2}{6}$

对于直径为 d 的圆形截面（图 3-25b）：$I_z=\dfrac{\pi D^4}{64}$　　$W_z=\dfrac{\pi D^3}{32}$

对于空心圆形截面（图 3-25c）：

$$I_z=\frac{\pi D^4}{64}(1-\alpha^4)\quad W_z=\frac{\pi D^3}{32}(1-\alpha^4)\quad \alpha=\frac{d}{D}$$

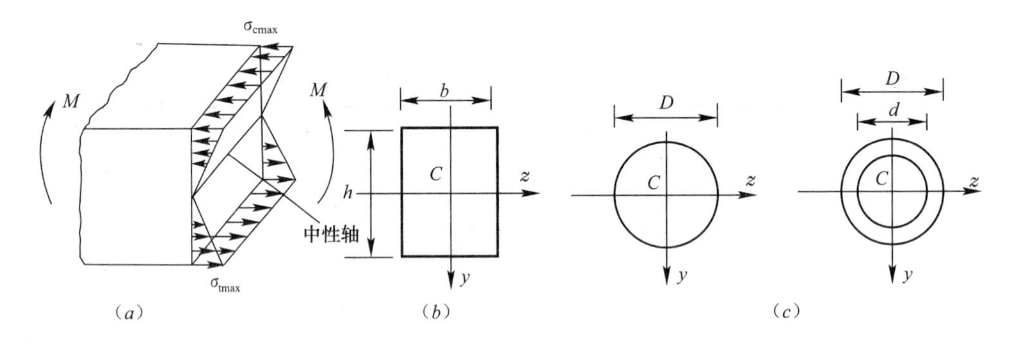

图 3-25　正应力分布规律图

各种常用型钢的惯性矩和弯曲截面系数可从型钢表中查取。

当梁的横截面不对称于中性轴时，截面上的最大拉应力和最大压应力并不相等，如图 3-26 所示中的 T 形截面。这时，应把 y_1 和 y_2 分别代入公式，计算截面上的最大正应力。

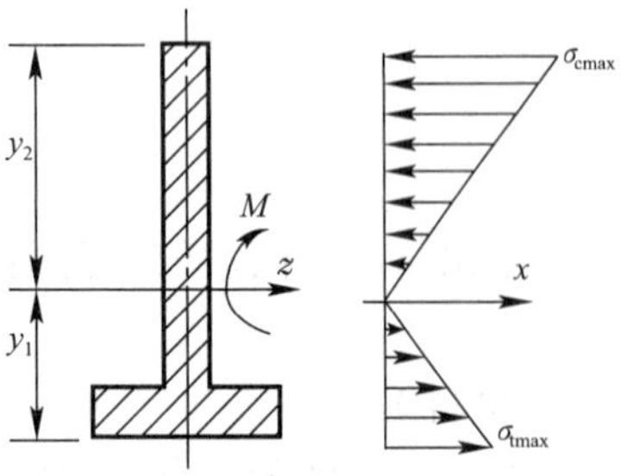

最大拉应力为 $\sigma_{\text{tmax}}=\dfrac{My_1}{I_z}$

最大压应力为 $\sigma_{\text{cmax}}=\dfrac{My_2}{I_z}$

图 3-26　T 形截面应力分布图

（2）横力弯曲梁横截面上的正应力计算

横力弯曲时，由于横截面上存在切应力，所以，弯曲时横截面将发生翘曲，这势必使横截面不能再保持为平面（平面假设不适用）。特别是当剪力随截面位置变化时，相邻两截面的翘曲程度也不一样。按平面假设推导出的纯弯曲梁横截面上正应力计算公式，用于计算横力弯曲梁横截面上的正应力是有一些误差的。但是当梁的跨度和梁高比 $1/h$ 大于 5 时，其误差在工程上是可以接受的。这时可以采用纯弯曲时梁横截面上的正应力公式来近似计算。

5. 梁的弯曲切应力

梁在横力弯曲时，梁的横截面上同时有弯矩 M 和剪力 F_S。因此，横截面上不仅有弯矩 M 对应的 σ，还有剪力 F_S 对应的切应力 τ。

（1）公式推导

图 3-27 所示的矩形截面梁高度为 h，宽度为 b，沿截面的对称轴 y 截面上有剪力 F_S。因为梁的侧面没有切应力，根据切应力互等定理，在横截面上靠近两侧面边缘的切应力方向一定平行于横截面的侧边。一般矩形截面梁的宽度相对于高度是比较窄的，可以认为沿截面宽度方向切应力的大小和方向都不会有明显变化。所以对横截面上切应力分布作如下的假设：横截面上各点处的切应力都平行于横截面的侧边，沿截面宽度均匀分布。

用相距 dx 的两个横截面 $m-m$ 和 $n-n$ 从梁中切一微段（图 3-27a）。为研究方便，设在微段上无横向外力作用，则由弯矩、剪力和荷载集度间的关系可知：横截面 $m-m$ 上和 $n-n$ 上剪力相等，均为 F_S。但弯矩不同，分别为 M 和 $M+F_Sdx$（图 3-27b）。由平衡方程 $\sum X=0$，导出（过程从略）矩形截面梁横截面上切应力公式

$$\tau=\frac{F_SS_z^*}{I_zb} \tag{3-16}$$

式中 F_S——横截面上的剪力；

I_z——整个截面对中性轴的惯性据；

S_z^*——横截面上求切应力处的水平线以下（以上）部分面积 A^* 对中性轴的静矩；

b——矩形截面宽度。

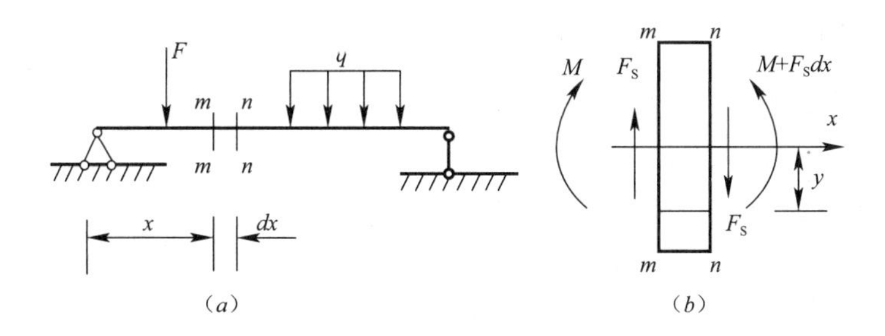

图 3-27 矩形截面梁横力弯曲受力图

（2）切应力分布规律及最大应力

对于矩形截面（图 3-27），求得距中性轴 y 处横线上的切应力 τ 为

$$\tau(y)=\frac{3}{2}\cdot\frac{F_S}{bh}\left(1-\frac{4y^2}{h^2}\right) \tag{3-17}$$

由式（3-17）看出矩形截面弯曲切应力沿截面高度按抛物线规律变化（图 3-28）

在上、下边缘 $y=\pm\frac{h}{2}$，　　$\tau=0$

在中性轴处（$y=0$）

$$\tau_{\max}=\frac{3}{2}\cdot\frac{F_S}{bh} \tag{3-18}$$

（3）其他形状截面的切应力

① 工字形截面梁

工字形梁的横截面由上、下翼缘和中间腹板组成。腹板是矩形截面，所以腹板上切应力计算可按（3-18）式进行，翼板上的切应力的数值比腹板上切应力的数值小许多，一般忽略不计。其切应力分布如图 3-29 所示。

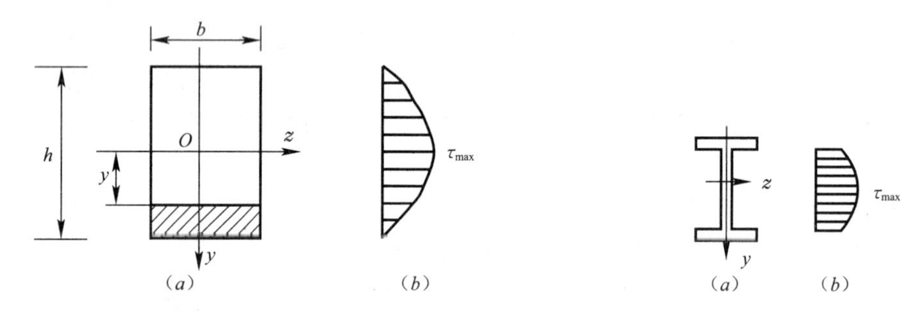

图 3-28　矩形截面切应力分布图　　　　图 3-29　工字形截面梁切应力分布图

最大切应力仍然发生在中性轴处。在腹板与翼板交接处，由于翼板面积对中性轴的静矩仍然有一定值，所以切应力较大。

$$\tau_{\max}=\frac{F_S S_{z\max}^*}{I_z b}$$

式中　$S_{z\max}^*$——半个截面对中性轴的静矩。

② 圆形截面梁和圆环形截面梁

圆形截面梁和圆环形截面梁，它们的最大切应力均发生在中性轴处，沿中性轴均匀分布，计算公式分别为

圆形截面：$\tau_{\max}=\frac{4}{3}\cdot\frac{F_S}{A}$　　圆环形截面：$\tau_{\max}=2\cdot\frac{F_S}{A}$

式中　F_S——横截面上的剪力；

　　A——为横截面面积。

3.3.3　位移

1. 结构的变形和位移的概念

实际工程中任何结构都是由可变形固体材料组成的，在荷载作用下将会产生应力和应变，从而导致杆件尺寸和形状的改变，这种改变称之为变形，变形是结构（或其中的一部分）各点的位置发生相应的改变。同时，由于外荷载的作用下引起的结构各点的位置的改变称为结构的位移，结构的位移一般可分为线位移和角位移。

例如图 3-30（a）所示的刚架在外荷载 P 作用下发生如虚线所示的变形，截面 A 的形

心沿某一方向移到了 A'，则线段$\overline{AA'}$称为 A 点的线位移，用 ΔA 表示。也可以用竖向位移 ΔA_y 和水平位移 ΔA_z 两个位移分量表示，如图 3-30（b）所示。同时，截面 A 还转动了一个角度 φ_A，称为截面 A 的转角位移。

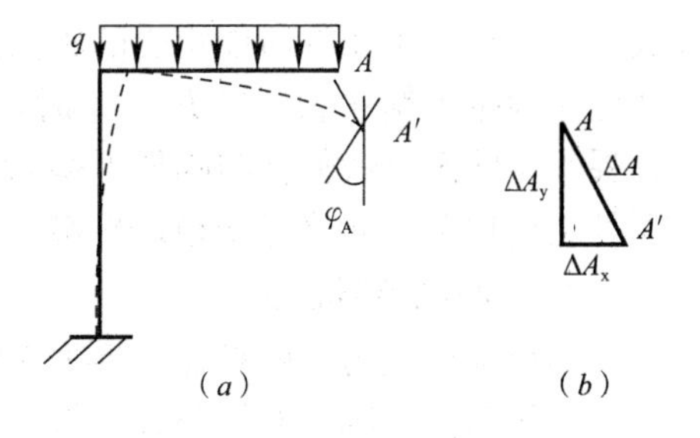

图 3-30　刚架受力变形图

计算结构位移的主要目的有如下三个方面：

（1）校核结构的刚度。结构的刚度是指发生单位变形的条件下结构所受到的外荷载作用。为保证结构在使用过程中不致发生过大的变形而影响结构的正常使用，需要校核结构的刚度。例如，当车辆通过桥梁时，假如桥梁挠度过大，将会导致线路不平，在车辆动荷载的作用下将会引起较大的冲击和振动，轻则引起乘客的不适，重则影响车辆的安全运行。

（2）便于结构、构件的制作和施工。某些结构、构件在制作、施工架设等过程中需要预先知道该结构、构件可能发生的位移，以便采取必要的防范和加固措施，确保结构或构件将来的正常使用。

（3）为分析超静定结构创造条件。因为超静定结构的内力计算单凭静力平衡条件是不能够完全确定的，还必须考虑变形条件才能求解，建立变形条件就需要进行结构位移的计算。

2. 计算静定杆系结构位移的单位荷载法—图乘法

（1）运用图乘法时结构的各杆段符合下列条件：

① 杆段的弯曲刚度 EI 为常数；

② 杆段的轴线为直线；

③ M_i 和 M_p 两个弯矩图中至少有一个为直线图形。

（2）根据推导图乘法计算位移公式的过程，可见在使用图乘法时应注意如下几点：

① 结构必须符合上述的三个条件；

② 纵距 y_c 的值必须从直线图形上选取，且与另一图形面积形心相对应；

③ 图乘法的正负号规定是：面积 ω 和纵距 y_c 若在杆件的同一侧，其乘积取正号，否则取负号。

3.3.4　压杆稳定

1. 压杆稳定的概念

工程中把承受轴向压力的直杆称为压杆。前面各章中我们从强度的观点出发，认为轴向受压杆，只要其横截面上的正应力不超过材料的极限应力，就不会因其强度不足而失去承载能力。但实践告诉我们，对于细长的杆件，在轴向压力的作用下，杆内应力并没有达到材料的极限应力，甚至还远低于材料的比例极限 σ_P 时，就会引起侧向屈曲而破坏。杆的破坏，并非抗压强度不足，而是杆件的突然弯曲，改变了它原来的变形性质，即由压缩变形转化为压弯变形，杆件此时的荷载远小于按抗压强度所确定的荷载。我们将细长压杆所发生的这种情形称为“丧失稳定”，简称“失稳”，而把这一类性质的问题称为“稳定问题”。所谓压杆的稳定，就是指受压杆件其平衡状态的稳定性。

作用在细长压杆上的轴向压力 P 的量变，将会引起压杆平衡状态稳定性的质变。也就是说，对于一根压杆所能承受的轴向压力 P，总存在着一个临界值 P_{cr}，当 $P<P_{cr}$时，压杆处于稳定平衡状态；当 $P>P_{cr}$时，压杆处于不稳定平衡状态；当 $P=P_{cr}$时，压杆处于临界平衡状态。我们把与临界平衡状态相对应的临界值 P_{cr}称为临界力。工程中要求压杆在外力作用下应始终保持稳定平衡，否则将会导致建筑物的倒塌。

2. 压杆的临界应力

所谓临界应力，就是在临界力作用下，压杆横截面上的平均正应力。假定压杆的横截面的面积为 A，则由欧拉公式所得到的临界应力为

$$\sigma_{cr}=\frac{P_{cr}}{A}=\frac{\pi^2 EI}{(\mu l)^2 A}$$

令$\frac{I}{A}=i^2$,则

$$\sigma_{cr}=\frac{\pi^2 E}{(\mu l)^2}\times i^2=\frac{\pi^2 E}{\left(\frac{\mu l}{i}\right)^2}=\frac{\pi^2 E}{\lambda^2} \tag{3-19}$$

式中 i 称为惯性半径，$i=\sqrt{\frac{I}{A}}$，$\lambda=\frac{\mu l}{i}$称为压杆的长细比（或柔度）。λ 综合反映了压杆杆端的约束情况（μ）、压杆的长度、尺寸及截面形状等因素对临界应力的影响。λ 越大，杆越细长，其临界应力 σ_{cr}就越小，压杆就越容易失稳。反之，λ 越小，杆越粗短，其临界应力就越大，压杆就越稳定。

3. 欧拉公式的适用范围

欧拉临界力公式是以压杆的挠曲线近似微分方程式为依据而推导得出的，而这个微分方程式只是在材料服从虎克定律的条件下才成立。因此只有在压杆内的应力不超过材料的比例极限时，才能用欧拉公式来计算临界力，即应用欧拉公式的条件可表达为：

$$\sigma_{cr}=\frac{\pi^2 E}{\lambda^2}\leqslant\sigma_p$$

亦即：

$$\lambda\geqslant\sqrt{\frac{\pi^2 E}{\sigma_p}}=\pi\sqrt{\frac{E}{\sigma_p}} \tag{3-20}$$

式（3-20）是欧拉公式试用范围用压杆的细长比（柔度）λ 来表示的形式，即只有当压杆的柔度大于或等于极限值 $\lambda_p=\pi\sqrt{\frac{E}{\sigma_p}}$时，欧拉公式才是正确的，也就是说，欧拉公式的适用条件是 $\lambda\geqslant\lambda_p$。工程中把 $\lambda\geqslant\lambda_p$ 的压杆称为细长压杆，即只有细长压杆才能应用欧拉公式来计算临界力和临界应力。

4. 压杆的稳定条件

压杆的稳定条件，就是考虑压杆的实际工作压应力不能超过、最多等于稳定许用应力 $[\sigma_{cr}]$，即 $\sigma=\frac{P}{A}\leqslant[\sigma_{cr}]$

引用折减系数 φ 进行压杆的稳定计算时，其稳定条件是：

$$\sigma=\frac{P}{A}\leqslant[\sigma_{cr}]=\phi[\sigma] \tag{3-21}$$

式中 $\sigma=\frac{P}{A}$是压杆的工作应力，P 是工作压力。

应用式（3-21）的稳定条件，与前面强度条件一样，可以用来解决以下三类问题：

（1）验算压杆的稳定性。即验算给定的压杆在已知的工作压力作用下是否满足稳定条件。为此，首先按压杆给定的约束情况确定 μ 的值，然后由已知的横截面形状和尺寸计算面积 A、惯性矩 I、柔度 λ，再根据压杆的材料及 λ 值，查出 φ 值，最后验算是否满足 $\sigma=\frac{P}{A}\leqslant[\sigma_{cr}]$ 这一稳定条件。

（2）确定容许荷载（稳定承载能力）。首先根据压杆的支承情况、截面形状和尺寸，确定 μ 值，计算 A、I、i、λ 的值，然后根据材料和 λ 值，查表得 φ 值。最后按稳定条件计算 $P=\varphi[\sigma]A$，进而确定容许荷载值，即稳定承载能力。

（3）选择截面。即当杆的长度、所用材料、杆端约束情况及压杆的工作压力已知时，按稳定条件选择杆的截面尺寸。由于设计截面时，稳定条件式中的 A、φ 都是未知的，所以需采用试算法进行计算。即先假定一个 φ_1 值（一般取 $\varphi_1=0.5$），根据工作压力 P 和允许应力 $[\sigma]$，由稳定条件算出截面面积的第一次近似值 A_1，并根据 A_1 值初选一个截面，然后计算 I_1、i_1 和 λ_1，再由表查出相应的 φ 值。如果查得的 φ 值与原先假定的 φ_1 值相差较大，可在二者之间再假定一个 φ_2 值，并重新计算一次。重复上述的计算，直到从表查得的 φ 值与假定者非常接近时为止，这样便可得到满足压杆稳定条件的结果。

3.4 平面体系的几何组成分析

3.4.1 平面体系几何组成分析的目的

1. 几何不变体系和几何可变体系

结构是由构件相互联结而组成的体系，其主要作用是承受并传递荷载。体系可以分为两类：

（1）几何不变体系在不考虑材料应变的条件下，几何形状和位置保持不变的体系称为几何不变体系。

（2）几何可变体系在不考虑材料应变的条件下，几何形状和位置可以改变的体系称为几何可变体系。

2. 平面体系几何组成分析的目的

工程结构必须是几何不变体系。在对结构进行分析计算时，首先必须分析判别它是不是几何不变体系，这种分析判别的过程称为体系的几何组成分析，其目的在于：

（1）判别某一体系是否几何不变，从而决定它能否作为结构。

（2）根据体系的几何组成，确定结构是静定的还是超静定的，从而选择相应的计算方法。

（3）明确结构中各部分之间的联系，从而选择结构受力分析的顺序。

在对体系进行几何组成分析时，由于不考虑材料的应变，因此体系中的某一杆件或已知是几何不变的部分，均可视为刚体。在平面体系中又将刚体称为刚片。

3.4.2　平面体系的自由度和约束

1. 自由度

对平面体系进行几何组成分析时，判别一个体系是否几何不变可先计算它的自由度。所谓自由度是指确定体系位置所必需的独立坐标的个数；也可以说是一个体系运动时，可以独立改变其位置的几何参数的个数。

平面内的一个点，要确定它的位置，需要有 x，y 两个独立的坐标，因此，一个点在平面内有两个自由度。

确定一个刚片在平面内的位置则需要有三个独立的几何参数。在刚片上先用 x，y 两个独立坐标确定 A 点的位置，再用倾角 φ 确定通过 A 点的任一直线 AB 的位置，这样，刚片的位置便完全确定了。因此，一个刚片在平面内有三个自由度。

凡体系的自由度大于零，则体系是可以发生运动的，即自由度大于零的体系是几何可变体系。

2. 约束

在刚片之间加入某些联结装置，可以减少它们的自由度。能使体系减少自由度的装置称为约束（或称联系）。减少一个自由度的装置，称为一个约束，减少 n 个自由度的装置，称为 n 个约束。下面分析几种联结装置的约束作用。

（1）链杆。图 3-31（*a*）表示用一根链杆将一个刚片与基础相联结，此时刚片可随链杆绕 C 点转动又可绕 A 点转动。刚片的位置可以用如图 3-31（*a*）所示的两个独立的参数 φ_1 和 φ_2 确定，其自由度由 3 减少为 2。可见一根链杆可减少一个自由度，故一根链杆相当于一个约束。

（2）铰——联结两个刚片的铰称为单铰。图 3-31（*b*）表示刚片Ⅰ和Ⅱ用一个铰 B 联结。未联结前，两个刚片在平面内共有六个自由度。用铰 B 联结后，若认为刚片Ⅰ的位置由 A 点坐标 x、y 及倾角 φ_1 确定，而刚片Ⅱ则只能绕铰 B 作相对转动，其位置可再用一个独立的参数 φ_2 即可确定，因此减少了两个自由度。所以，两刚片用一个铰联结后其自由度由 6 减少为 4。故单铰的作用相当于两个约束，或相当于两根链杆的作用。

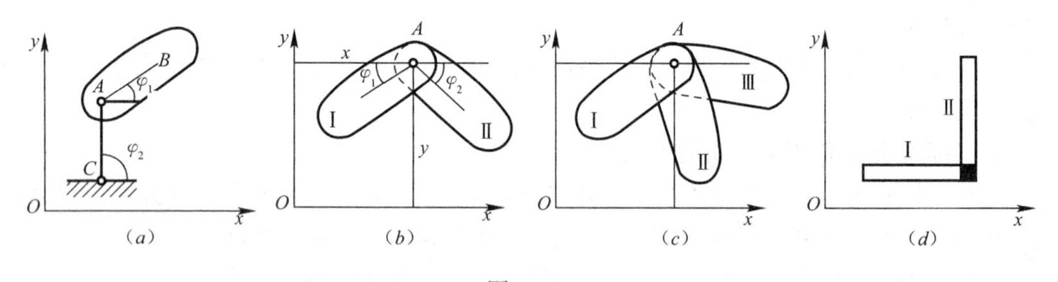

图 3-31

联结两个以上刚片的铰称为复铰。图 3-31（*c*）为三个刚片用复铰 A 相联，设刚片Ⅰ的位置已确定，则刚片Ⅱ、Ⅲ都只能绕 A 点转动，从而各减少了两个自由度。因此，联结三个刚片的复铰相当于两个单铰的作用。由此可知，联结 n 个刚片的复铰相当于（$n-1$）个单铰。

（3）刚性联结。所谓刚性联结如图 3-31（d）所示，它的作用是使两个刚片不能有相对的移动及转动。未联结前，刚片Ⅰ和Ⅱ在平面内共有六个自由度。刚性联结后，刚片Ⅰ仍有三个自由度，而刚片Ⅱ相对于刚片Ⅰ既不能移动也不能转动。可见，刚性联结能减少三个自由度，相当于三个约束。

工程实际中，对于常见的由若干个刚片彼此用铰相联并用支座链杆与基础相联而组成的平面体系，设其刚片数为 m，单铰数为 h，支座链杆数为 r，则理论上该体系的自由度为

$$W = 3m - 2h - r \tag{3-22}$$

但因体系中各构件的具体位置不同，致使每个约束不一定都能减少一个自由度，即 W 不一定为体系的真实自由度，故将 W 称为体系的计算自由度。

如果 $W>0$，则表明体系缺少足够的约束，因此体系是几何可变的。

如果 $W\leqslant 0$，则体系不一定就是几何不变的。如图 3-32 和图 3-33 所示的体系，虽然两者的 W 均为零，但前者是几何不变体系，而后者是几何可变体系。由此可知，$W\leqslant 0$ 只是体系为几何不变的必要条件。

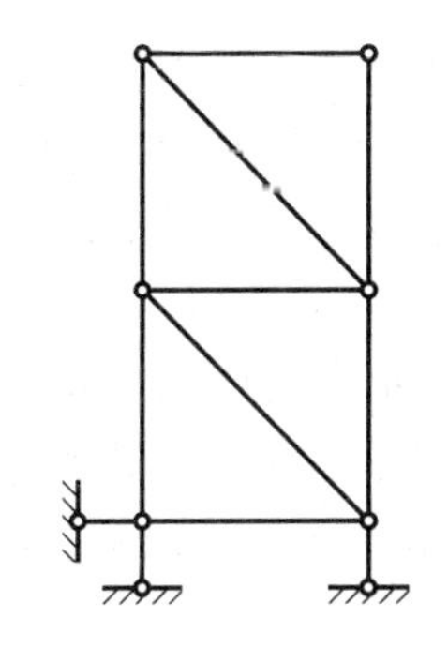

图 3-32　几何不变体系

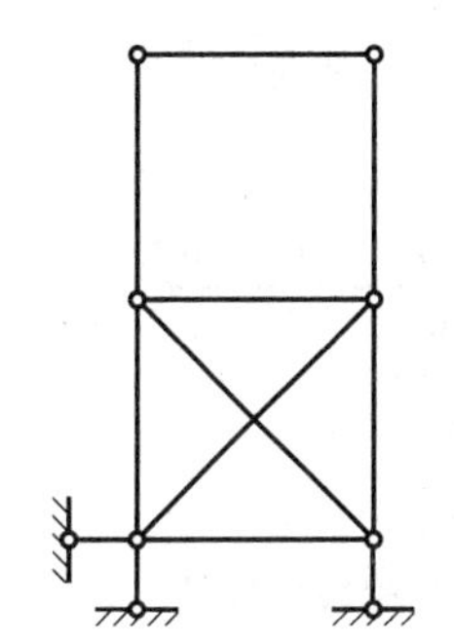

图 3-33　几何可变体系

3.4.3　平面体系几何组成分析

1. 几何不变体系的基本组成规则

前面指出，体系的 $W\leqslant 0$ 只是体系为几何不变的必要条件。为了判别体系是否几何不变，下面介绍其充分条件，即几何不变体系的基本组成规则。

（1）三刚片规则　三个刚片用不共线的三个铰两两相联，组成的体系是几何不变的。

（2）二元体规则　在一个刚片上增加一个二元体，仍为几何不变体系。

所谓二元体是指由两根不在一直线上的链杆联结一个新结点的构造。

（3）两刚片规则　两个刚片用一个铰和一根不通过此铰的链杆相联，所组成的体系是几何不变的；或者两个刚片用三根不全平行也不交于一点的链杆相联，所组成的体系是几何不变的。

此规则的前一种叙述，实际是将三刚片规则中的任意一个刚片代之以链杆，如图 3-34（a）所示，显然体系是几何不变的。

这里需要对后一种叙述作一说明：在图 3-34（b）中，刚片Ⅰ和Ⅱ用两根不平行的链杆 AB 和 CD 相联。假定刚片Ⅰ不动，则刚片Ⅱ可绕 AB 与 CD 两杆的延长线的交点 O 转

动，因此，联结两刚片的两根链杆的作用相当于在其交点的一个铰，但这个铰的位置是随着链杆的位置变动而变动的，这种铰称为虚铰。图 3-34（c）所示为两个刚片用三根不全平行也不交于一点的链杆相联的情形。此时可把链杆 AB、CD 看作是在其交点 O 处的一个铰，则两刚片就相当于用铰 O 和链杆 EF 相联，且链杆不通过铰 O，故为几何不变体系。

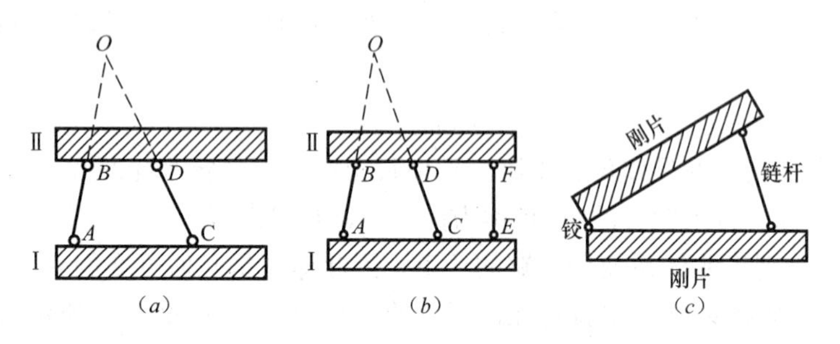

图 3-34　几何不变体系构成图

2. 瞬变体系

在上述三刚片规则中要求三个铰不共线，若三个铰共线，如图 3-35 所示的情形：铰 C 可沿图示两圆弧公切线作微小移动，因而是几何可变的。不过一旦发生微小移动后，三个铰将不再共线，即又转化成一个几何不变体系。这种原为几何可变，经微小位移后即转化为几何不变的体系，称为瞬变体系。当两刚片用交于一点或相互平行的三根链杆相联时，则所组成的体系或是瞬变体系（图 3-36）；或是几何可变体系（图 3-37）。

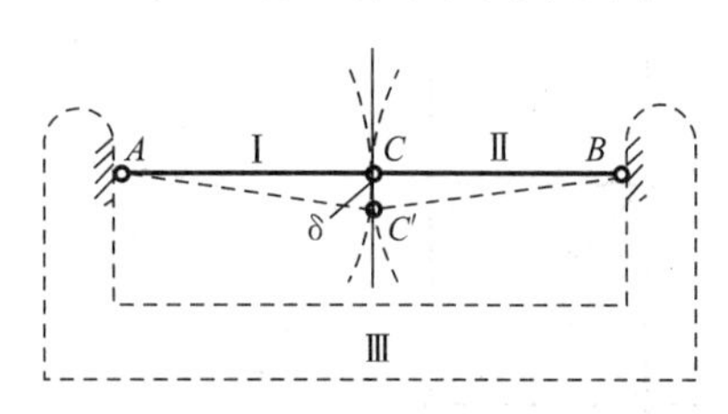

图 3-35　三个铰共线情况

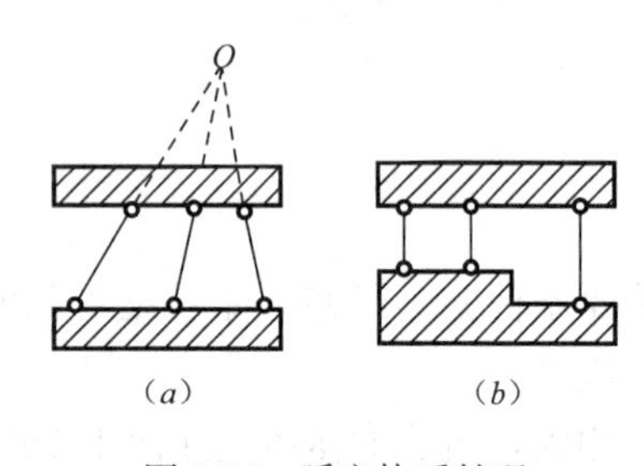

图 3-36　瞬变体系情况

(a)

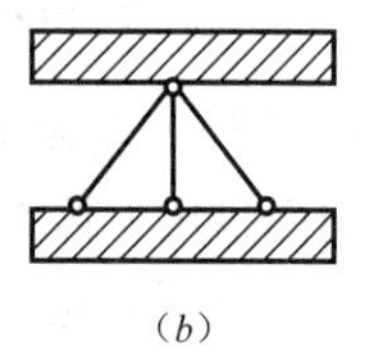

(b)

图 3-37　几何可变体系情况

瞬变体系是几何可变体系的特殊情况，不能作为工程结构使用。为区别起见，又将经微小位移后仍能继续发生运动的几何可变体系称为常变体系。

3.4.4　静定结构与超静定结构

1. 静定结构与超静定结构的概念

结构可分为静定结构和超静定结构。如果结构的全部反力和内力都可由平衡条件确定，这种结构称为静定结构；而只由平衡条件不能确定全部反力和内力的结构，称为超静定结构。一个超静定结构，如果去掉了 n 个多余约束才可变成静定结构，则这个超静定结

构称为 n 次超静定结构。静定结构的几何特征是几何不变且无多余约束，超静定结构的几何特征是几何不变且有多余约束。

2. 超静定结构超静定次数的确定方法

超静定结构中多余约束的数目称为超静定次数。确定超静定次数的方法是：去掉多余约束使原结构变成静定结构，所去掉的多余约束的数目即为原结构的超静定次数。

从超静定结构中去掉多余约束的方式通常有以下几种：

（1）去掉一根支座链杆或切断一根链杆，相当于去掉一个约束。

（2）去掉一个铰支座或拆开联结两刚片的单铰，相当于去掉两个约束。

（3）将固定端支座改成铰支座或将刚性联结改成单铰联结，相当于去掉一个约束。

（4）去掉一个固定端支座或切开刚性联结，相当于去掉三个约束。

如图 3-38 所示用两种方式得到了两种不同的静定结构，但它们都是去掉了三个多余约束。

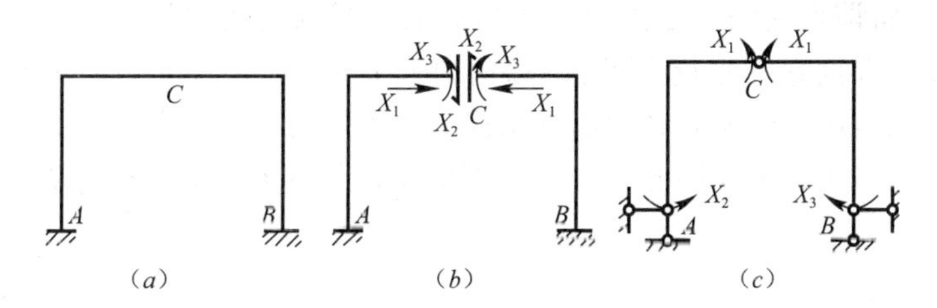

图 3-38　超静定结构超静定次数确定方法图

3. 静定平面刚架

刚架是由直杆组成的具有刚结点的结构。当组成刚架的各杆轴线与荷载位于同一平面内时，称为平面刚架。静定平面刚架常见的形式有悬臂刚架（图 3-39a）、简支刚架（图 3-39b）、三铰刚架（图 3-39c）和组合刚架（图 3-39d）。在刚架的刚结点处，刚结的各杆端连成整体，结构变形时它们的夹角保持不变。一般情况下，刚架中的杆件内力有弯矩、剪力和轴力。

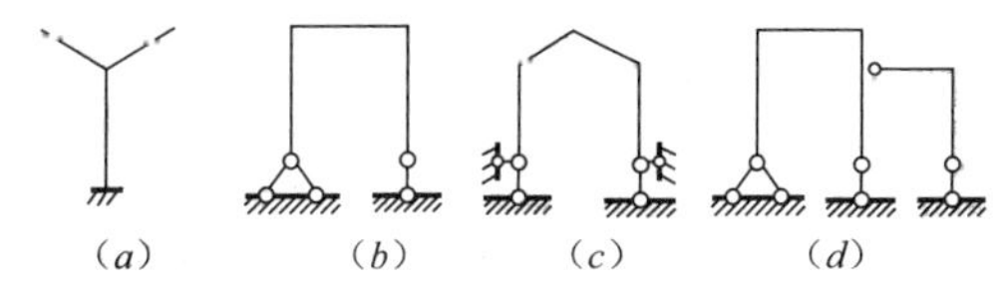

图 3-39　静定平面刚架

求解刚架内力的一般步骤是：先求出支座反力，然后按分析单跨静定梁内力的方法逐杆绘制内力图，即得整个刚架的内力图。

在计算内力时，弯矩的正负号可自行规定，剪力和轴力的正负号规定同前。绘制内力图时通常规定弯矩图绘制在杆件的受拉一侧，不标正负号；剪力图和轴力图可绘在杆件的任一侧，但必须标明正负号。

为了区别汇交于同一结点处不同杆件的杆端内力，在内力符号中增添了两个下标：第一个表示内力所属的截面，第二个表示该截面所属杆件（或杆段）的另一端。例如 M_{AB} 表示 AB 杆 A 端截面的弯矩，M_{BA} 则表示 AB 杆 B 端截面的弯矩。

4. 静定平面桁架

（1）静定平面桁架的组成及特点

桁架是指由若干根直杆在两端用铰联结而组成的结构。

在平面桁架的计算中，通常采用如下假定：

1）各结点都是无摩擦的理想铰。

2）各杆轴线都是直线，且都在同一平面内通过铰的中心。

3）荷载只作用在结点上，并位于桁架的平面内。

符合上述假定的桁架，称为理想桁架。理想桁架中的各杆只受轴力，截面上的应力分布均匀，材料可以得到充分利用。与梁相比，桁架的用料较省，并能跨越更大的跨度。

实际的桁架与上述假定存在一些差别。如桁架的各杆轴线不可能绝对平直，在结点处也不可能准确交于一点，荷载并非作用在结点上等等。但理论计算和实际量测结果表明，在一般情况下，忽略这些差别的影响，可以满足计算精度的要求。

（2）静定平面桁架的内力计算

1）结点法　所谓结点法，是指以截取桁架的结点为隔离体，利用各结点的静力平衡条件计算杆件内力的方法。

2）截面法　所谓截面法，是指用一适当截面，截取桁架的某一部分（至少包含两个结点）为隔离体，根据它的平衡条件计算杆件内力的方法。由于隔离体至少包含两个结点，所以作用在隔离体上的所有各力通常组成一平面一般力系。平面一般力系可建立三个平衡方程，求解三个未知力。因此，应用截面法时，若隔离体上的未知力不超过三个，可将他们全部求出。

第4章　建筑材料

4.1　材料的基本知识

随着交通运输基础设施建设规模的迅速发展以及交通量和车辆荷载与日俱增，对市政工程的使用性能要求也在不断提高。为了保证和提高市政工程结构的使用质量，降低工程建设造价，使建筑材料的选择更趋于合理、耐用和经济，从事相关专业的工程技术人员应该全面了解和掌握道路建筑材料的基本概念与理论、技术性能与质量要求、检测手段方面的系统知识。

4.1.1　市政工程结构对材料的要求

1. 道路工程结构用材料

在道路工程的使用环境中，行车荷载和自然因素对道路路面结构的作用程度随着深度的增加而逐渐减弱，对建筑材料的强度、载裁能力和稳定性要求也是随着深度的增加而逐渐降低。为此，通常在路基顶面以上分别采用不同质量、不同规格的材料，将路面结构从下而上铺筑成出垫层、基层和面层等结构层次组成的多层体系。

面层结构直接承受行车荷载作用，并受到自然环境小温度和湿度变化的直接影响，因此面层结构的材料应有足够的强度、稳定性、耐久性和良好的表面特性。道路面层结构中的常用材料主要是：沥青混合料、水泥混凝土、粒料和块料等。

基层位于面层之下，主要承受面层传递下来的车辆荷载的竖向应力，并将这种应力向下扩散到垫层和路基中，为此基层材料应有足够的强度、刚度及扩散应力的能力。环境因素对基层的作用虽然小于面层，但基层材料仍应具有足够的水稳定性和耐冲刷性，以保证面层结构的稳定性。常用的基层材料有：结合料稳定类混合料、碎石或砾石混合料、天然砂砾、碾压混凝土和贫混凝土、沥青稳定集料等。

垫层是介于基层和路基之间的结构层次，通常于季节性冰冻地区或土基水温状况不良的路段中设置，主要作用是改善路基的湿度和温度状况，扩散由基层传来的荷载应力，减少路基变形，以保证面层和基层的强度、稳定性及抗震能力。对垫层材料的强度要求虽然不高，但其应具备足够的水稳定性。常用的垫层材料有：碎石或砾石混合料、结合料稳定类混合料等。

2. 桥梁工程结构用材料

桥梁的墩、桩结构应具有足够的强度和承载能力，以支撑桥梁上部结构及其传递的荷载，并具有良好的抗渗透性、抗冻性和抗腐蚀能力，以抵抗环境介质的侵蚀作用。桥梁的上部结构将直接承受车辆荷载、自然环境因素的作用，应具有足够的强度、抗冲击性、耐久性等。用于桥梁结构的主要材料有：钢材、水泥混凝土、钢筋混凝土，用于桥面铺装层的沥青混合料及各种防水材料等。

3. 管道工程结构用材料

管道工程结构应具有一定的强度和耐腐蚀能力，所选用的材料主要分为金属材料和非金属材料。管道安装工程常用的金属材料主要有管材、管件、阀门、法兰、型钢等。管道安装工程常用的非金属材料主要有砌筑材料、绝热材料、防腐材料和非金属管材、塑料及复合材料水管等。

4.1.2 市政工程建筑材料的主要类型

综上所述，常用道路建筑材料可以归纳为以下几类：

1. 石料与集料

石料与集料包括人工开采的岩石或轧制的碎石、天然砂砾石及各种性能稳定的工业冶金矿渣如煤渣、高炉渣和钢渣等。这类材料是道路桥梁工程结构中使用量最大的一宗材料；其中尺寸较大的块状石料经加工后，可以直接用于砌筑道路、桥梁工程结构及附属构造物；性能稳定的岩石集料可制成沥青混合料或水泥混凝土，用于铺筑沥青路面或水泥路面，也可直接用于铺筑道路基层、垫层或低级道路面层；一些具有活性的矿质材料或工业废渣，如粒化高炉矿渣、粉煤灰等经加工后可作为水泥原料，也可以作为水泥混凝土和沥青混合料中的掺合料使用。

2. 结合料和聚合物类

沥青、水泥和石灰等是建筑材料中常用的结合料，它们的作用是将松散的集料颗粒胶结成具有一定强度和稳定性的整体材料。此外，塑料（合成树脂）、橡胶和纤维等聚合物材料，除了可用作混凝土路面的填缝料外，也可以作为结合料配制改性沥青、制作聚合物水泥混凝土等，用于改善建筑材料的技术性能。

3. 沥青混合料

沥青混合料是由矿质集料和沥青材料组成的复合材料，具有较高的强度、柔韧性和耐久性，所铺筑的沥青路面连续、平整、具有弹性和柔韧性，适合于车辆的高速行驶，是高等级道路特别是高速公路和城市快速路面层结构及桥梁桥面铺装层的重要材料。

4. 水泥混凝土与砂浆

水泥混凝土是由水泥与矿质集料组成的复合材料，它具有较高的强度和刚度，能承受较繁重的车辆荷载作用，故主要用于桥梁结构和高等级道路面层结构。水泥砂浆主要由水泥和细集料组成，用于砌筑和抹面结构物中。

5. 无机结合料稳定类混合料

无机结合料稳定类混合料是以石灰（粉煤灰）、少量水泥（石灰）或土壤固化剂作为稳定材料，将松散的土、碎砾石集料稳定、固化形成的复合材料，具有一定的强度、板体性和扩散应力的能力，但耐磨性和耐久性略差，通常用于道路路面基层结构或低级道路面层结构。

6. 其他建筑材料

在市政工程结构中，其他常用材料包括钢材、填缝料、合成塑料等。钢材主要应用于桥梁结构、钢筋混凝土结构、管道中；填缝料则主要应用于水泥混凝土路面接缝构造中；合成塑料主要用于管道结构中。

4.1.3 建筑材料的作用及其应具备的性质

1. 建筑材料的作用

材料是工程结构物的物质基础。材料质量的优劣、配制是否合理以及选用是否适当等，均直接影响结构物的质量。在工程结构的修建费用中，用于材料的费用约占30%～50%，某些重要工程甚至可达70%～80%。所以，要节约工程投资，降低工程造价，认真合理地选配和应用材料是很重要的一个环节。

2. 建筑材料应具备的性质

市政工程的绝大多数部分都是一种承受频繁交通瞬时动荷载的反复作用的结构物，同时又是一种无覆盖而裸露于大自然界的结构物。它不仅受到交通车辆施加的极其复杂的力系的作用，同时又受到各种复杂的自然因素的恶劣影响。所以，用于修筑市政工程结构的材料，不仅需要具有抵抗复杂应力复合作用下的综合力学性能，同时还要保证在各种自然因素的长时期恶劣影响下综合力学性能不产生明显的衰减，这就是所谓持久稳定性。

基于上述原因，市政工程用的建筑材料要求具备下列4个方面的性质。只有全面地掌握这些性能的主要影响因素、变化规律，正确评价材料性能，才能合理地选择和使用材料，这也是保证工程中所用材料的综合力学强度和稳定性，满足设计、施工和使用要求的关键所在。

（1）物理性质

材料的力学强度随其环境条件而改变，影响材料力学性质的物理因素主要是温度和湿度。材料的强度随着温度的升高或含水率的增加而显著降低，通常用热稳性或水稳性等来表征其强度变化的程度。优质材料，其强度随着环境条件的变化应当较小。此外，通常还要测定一些物理常数，如密度、空隙率和孔隙率等。这些物理常数取决于材料的基本组成及其构造，是材料内部组织结构的反映，既与材料的吸水性、抗冻性及抗渗性有关，也与材料的力学性质及耐久性之间有着显著的关系，可用于混合料配合比设计、材料体积与质量之间的换算等。

（2）力学性质

力学性质是材料抵抗车辆荷载复杂力系综合作用的性能。各项力学性能指标也是选择材料、进行组成设计和结构分析的重要参数。目前对建筑材料力学性质的测定，主要是测定各种静态的强度，如抗压、拉、弯、剪等强度；或者某些特殊设计的经验指标，如磨耗、冲击等。有时并假定材料的各种强度之间存在一定关系，以抗压强度作为基准，按其抗压强度折算为其他强度。

（3）化学性质

化学性质是材料抵抗各种周围环境对其化学作用的性能。裸露于自然环境中的市政工程结构物，除了可受到周围介质（如桥墩在工业污水中）或者其他侵蚀作用外，通常还受到大气因素，如气温的交替变化、日光中的紫外线、空气中的氧气以及湿度变化等综合作用，引起材料的“老化”，特别是各种有机材比如沥青材料等更为显著。为此应根据材料所处的结构部位及环境条件，综合考虑引起材料性质衰变的外界条件和材料自身的内在原因，从而全面了解材料抵抗破坏的能力，保证材料的使用性能。

（4）工艺性质

工艺性质是指材料适合于按照一定工艺流程加工的性能。例如，水泥混凝土在成型以前要求有一定的流动性，以便制作成一定形状的构件，但是加工工艺不同，要求的流动性亦不同。能否在现行的施工条件下，通过必要操作工序，使所选择材料或混合料的技术性能达到预期的目标，并满足使用要求，这是选择材料和确定设计参数时必须考虑的重要因素。

建筑材料这四方面性能是互相联系、互相制约的。在研究材料性能时，应注重要把这几个方面性能联系在一起统一考虑。

4.1.4 技术标准

材料的技术标准是有关部门根据材料自身固有特性，结合研究条件和工程特点，对材料的规格、质量标准、技术指标及相关的试验方法所做出的详尽而明确的规定。科研、生产、设计与施工单位，应以这些标准为依据进行材料的性能评价、生产、设计和施工。为了保证建筑材料的质量，我国对各种材料制定了专门的技术标准。目前我国的建筑材料标准分为：国家标准、行业标准、地方标准和企业标准等四类。

国家标准是由国家标准局颁布的全同性指导技术文件，简称“国标”，代号 GB；国标由有关科学研究机关起草、由有关主管部门提出，最后由国家标准总局发布，并确定实施日期。在国标代号中，除注明国标外，并写明编号和批准年份。

行业标准由国务院有关行政主管部门制定和颁布，也为全国性指导技术文件，在国家标准颁布之后，相关的行业标准即行作废；企业标准适用于本企业，凡没有制定国家标准或行业标限的材料或制品，均应制定企业标准。

4.2 砂石材料

砂石材料是路桥建筑中用量最大的一种建筑材料。它可以直接（或经加工后）用作道路与桥梁的圬工结构，亦可加工为各种尺寸的集料，作为水泥（或沥青）混凝土的骨料。石料或集料都应具备一定的技术性质，以适应不同工程建筑的技术要求。特别是作为水泥（或沥青）混凝土用集料，应按级配理论组成一定要求的矿质混合料。

4.2.1 石料的技术性质

石料的技术性质主要从物理性质、化学性质和力学性质三方面来进行评价。

1. 物理性质

石料的物理性质包括：物理常数（如真实密度、表观密度和孔隙率等）；关于水的性质（如吸水率、饱水率等）；气候稳定性（耐冻性、坚固性等）。

（1）物理常数

石料的物理常数是石料矿物组成结构状态的反映，它与石料的技术性质有着密切的联系。石料可由各种矿物形成不同排列的各种结构，但是从质量和密度的物理观点出发，石料的内部组成结构，主要是由矿物实体、闭口（不与外界连通的）孔隙和开口（与外界连通的）孔隙 3 部分所组成，见图 4-1（*a*）。各部分的质量与体积的关系见图 4-1（*b*）。

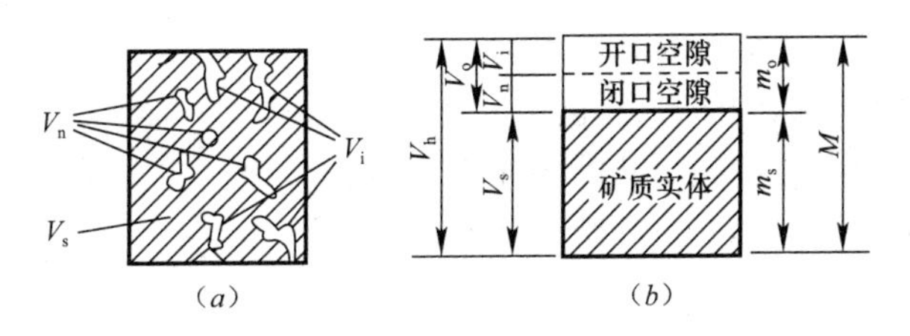

图 4-1　石料组成部分的质量与体积关系示意图
（a）石料结构剖面；（b）石料的体积与质量的关系

为了反映石料的组成结构以及它与物理—力学性质间的关系，通常采用一些物理常数来表征它。在路桥工程用块状石料中，最常用的物理常数主要是真实密度、表现密度和孔隙率。这些物理常数在一定程度上表征材料的内部组织结构，可以间接预测石料的有关物理性质和力学性质。此外，在计算混合料组成设计时，这些物理常数也是重要的原始资料。

1）密度

密度是指在规定条件下，石料矿质实体单位体积的质量。根据体积的定义不同，石料的密度包括真实密度、表观密度和毛体积密度等。

① 真实密度

真实密度是在规定条件（干燥、试验温度为 20℃）下石料矿质实体单位真实体积（不包括孔隙和空隙体积）的质量。真实密度简称真密度。通常真实密度以 ρ_t 表示，以式（4-1）计算：

$$\rho_t = \frac{m_s}{V_s} \tag{4-1}$$

式中　ρ_t——石料的真实密度，g/cm^3；

m_s——石料矿质实体的质量，g；

V_s——石料矿质实体的体积，cm^3。

② 表观密度

表观密度是在规定条件（干燥、试验温度为 20℃）下石料矿质实体单位表观体积（包括闭口孔隙在内）的质量。通常表观密度以 ρ_a 表示，以式（4-2）计算：

$$\rho_a = \frac{m_s}{V_s + V_n} \tag{4-2}$$

式中　ρ_a——石料的表观密度，g/cm^3；

m_s——石料矿质实体的质量，g；

V_s——石料矿质实体的体积，cm^3；

V_n——石料矿质实体中闭口孔隙的体积，cm^3。

③ 毛体积密度

毛体积密度是在规定条件（干燥、试验温度为 20℃）下石料矿质实体单位毛体积（包括闭口孔隙和开口孔隙在内）的质量。通常表观密度以 ρ_h 表示，以式（4-3）计算：

$$\rho_h = \frac{m_s}{V_s + V_n + V_i} \tag{4-3}$$

式中　ρ_h——石料的毛体积密度，g/cm^3；

m_s——石料矿质实体的质量，g；

V_s——石料矿质实体的体积，cm^3；

V_n——石料矿质实体中闭口孔隙的体积，cm^3；

V_i——石料矿质实体中开口孔隙的体积，cm^3。

2）孔隙率

孔隙率是指石料孔隙体积占石料总体积（包括开口孔隙和闭口孔隙体积）的百分率，由式（4-4）计算：

$$n=\frac{V_n+V_i}{V_h}\times 100\% \tag{4-4}$$

式中 n——石料的孔隙率，%；

V_n——石料矿质实体中闭口孔隙的体积，cm^3；

V_i——石料矿质实体中开口孔隙的体积，cm^3；

V_h——石料的毛体积，cm^3。

将式（4-1）和式（4-3）代入式（4-4）可得式（4-5），即采用石料的真实密度和毛体积密度计算其孔隙率。

$$n=\left(1-\frac{\rho_h}{\rho_t}\right)\times 100\% \tag{4-5}$$

石料技术性能不仅受孔隙率总量的影响，还取决于孔隙的构造。孔隙构造可分为连通的与封闭的两种，前者彼此贯通且与外界相通，封闭孔隙相互独立且与外界隔绝。孔隙按尺寸大小又分为极细微孔隙、细小孔隙和较粗大孔隙。在孔隙率相同的条件下，连通且粗大孔隙对石料性能的影响显著。

（2）吸水性

石料吸水性是石料在规定的条件下吸水的能力。由于石料的孔结构（孔隙尺寸和分布状态）的差异，在不同试验条件下吸水能力不同。为此，我国规范规定，采用吸水率和饱和吸水率两项指标来表征石料的吸水性。

1）吸水率

石料的吸水性是指在室内常温（20℃±2℃）和大气压条件下，石料试件最大的吸水质量占烘干（105℃±5℃干燥至恒重）石料试件质量的百分率。石料吸水率按式（4-6）计算。

$$\omega_x=\frac{m_1-m}{m}\times 100\% \tag{4-6}$$

式中 ω_x——石料试样的吸水率，%；

m——烘干至恒重时的试样质量，g；

m_1——吸水至恒重时试样质量，g。

2）饱和吸水率

石料饱和吸水率是在试件强制饱和室内常温（20℃±2℃）和真空抽气（抽至真空度为20mmHg）后的条件下，石料试件最大吸水率的质量占烘干石料试件质量的百分率。石料饱水率按式（4-7）计算。

$$\omega_{sx}=\frac{m_2-m}{m}\times 100\% \tag{4-7}$$

式中　ω_{sx}——石料试样的饱和吸水率，%；

m——烘干至恒重时的试样质量，g；

m_2——饱水至恒重时试样质量，g。

吸水率与饱和吸水率的之比称为饱水系数，用 K_w 表示。它是评价石料抗冻性的一种指标。饱水系数愈大，说明常压下吸水后留余的空间有限，岩石愈容易被冻胀破坏，因而岩石的抗冻性就差。

(3) 耐候性

市政工程大多数都是暴露于大自然中无遮盖的建筑物，经常受到各种自然因素的影响。用于市政工程的石料抵抗大自然因素作用的性能称为耐候性。

天然石料在结构物中，长期受到各种自然因素的综合作用，力学强度逐渐衰降。在工程使用中引起石料组织结构的破坏而导致力学强度降低的因素，首先是温度的升降（由于温度应力的作用，引起石料内部的破坏）；其次是石料在潮湿条件下，受到正、负气温的交替冻融作用，引起石料内部组织结构的破坏。在这两种因素中究竟何者为主要，需根据气候条件决定。在大多数地区，后者占有主导地位。测试方法有：抗冻性和坚固性。

1) 抗冻性

石料由于在潮湿状态受正负温度交替循环而产生破坏的机理是基于石料经自然饱水后，它与外界连通的开口孔隙大部分被水充满。当温度降低时水分体积缩小，水分积聚于部分孔隙中，直至4℃时体积达到最小；当温度再继续降低时水的体积又逐渐胀大，小部分水迁移至其他无水的孔隙中。但是当达到0℃以后，由于固态水的移动困难，随温度的下降，冰的体积继续胀大，而对石料孔壁周围施加张应力，如此多次冻融循环后，石料逐渐产生裂缝、掉边、缺角或表面松散等破坏现象。

我国现行抗冻性的试验方法是采用直接冻融法。该方法是将石料加工为规则的块状试样，在常温条件下（20℃±5℃），让试件自由吸水饱和，擦去表面水分，采用逐渐浸水的方法，使开口孔隙吸饱水分，然后置于负温（通常采用－15℃）的冰箱中冻结4h，最后在常温条件下融解，如此为一冻融循环。经过10次、15次、25次等或50次循环后，观察其外观破坏情况并加以记录。采用经过规定冻融循环后的质量损失百分率表征其抗冻性。抗冻质量损失率按式（4-8）计算

$$L=\frac{m_s-m_f}{m_s}\times100\% \tag{4-8}$$

式中　L——抗冻质量损失率，%；

m_s——冻融循环前试样的自由饱水质量，g；

m_f——冻融循环后试样的质量，g。

2) 坚固性

石料的坚固性是采用硫酸钠侵蚀法来测定。该法是将烘干并已称量过的规则试件，浸入饱和的硫酸钠溶液中经20h后，取出置于105～110℃的烘箱中烘4h。然后取出冷却至室温，这样作为一个循环。如此重复浸烘5次。最后一个循环后，用蒸馏水沸煮洗净，烘干称量，与直接冻融法的同样方法计算其质量损失率。此方法的机理是基于硫酸钠饱和溶液浸入石料孔隙后，经烘干，硫酸钠结晶体积膨胀，产生有如水结冻相似的作用，使石料孔隙周壁受到张应力，经过多次循环，引起石料破坏；坚固性是测定石料耐候性的一种简

易、快速的方法。有设备条件的单位应采用直接冻融法试验。

2. 力学性质

市政工程所用石料在力学性质方面的要求，除了一般材料力学中所述及的抗压、抗拉、抗剪、抗弯、弹性模量等纯粹力学性质外，还有一些为路用性能特殊设计的力学指标，如抗磨光性、抗冲击性、抗磨耗性等。

（1）单轴抗压强度

石料的（单轴）抗压强度，按我国现行规范，是将石料（岩块）制备成70mm×70mm×70mm的正方体（或直径和高度均为50mm的圆柱体或直径为50mm高径比为2∶1圆柱体）试件，经吸水饱和后，在单轴受压并按规定的加载条件下，达到极限破坏时，单位承压面积的强度。

（2）磨耗性

磨耗性是石料抵抗撞击、剪切和摩擦等综合作用的性能，用磨耗损失（%）表示。石料的磨耗性测定用洛杉矶式磨耗试验法。

3. 化学性质

各种矿质集料是与结合料（水泥或沥青）组成混合料而用于结构物中。早年的研究认为，矿质集料是一种惰性材料，它在混合料中只起物理作用。随着近代研究的发展，认为矿质集料在混合料中与结合料起着复杂的物理—化学作用，矿质集料的化学性质很大程度地影响着混合料的物理—力学性质。在沥青混合料中，由于矿质集料的化学性质变化，对沥青混合料的物理—力学性质起着极为重要作用。在其他条件完全相同的情况下，仅是矿质集料的矿物成分不同时，沥青混合料的强度和浸水后的强度以及强度降低百分率均有显著差别。石灰石矿质混合料强度最高，浸水强度降低最少；花岗石矿质混合料次之；石英石矿质混合料最差。

4.2.2 集料的技术性质

1. 粗集料

（1）粗集料的定义

在工程使用中，根据粒径大小划分，在沥青混合料中，凡粒径大于2.36mm者称为粗集料；在水泥混凝土中，凡粒径大于4.75mm者称为粗集料。

（2）密度

粗集料最重要的物理性质，反映质量和体积的关系。

1）表观密度——在规定的条件下（105℃±5℃烘干至恒重），单位体积（含矿质实体及其闭口孔隙的体积）物质颗粒的质量，见式（4-9）。

$$\rho_a = \frac{m_s}{V_s + V_n} \tag{4-9}$$

2）毛体积密度——在规定的条件下，单位毛体积（含矿质实体、闭口孔隙及开口孔隙的体积）物质颗粒的质量，见式（4-10）。

$$\rho_b = \frac{m_s}{V_s + V_n + V_i} \tag{4-10}$$

3）表干密度（饱和面干密度）——在规定的条件下，单位毛体积（含矿质实体、闭口孔隙及开口孔隙的体积）物质颗粒的饱和面干质量，见式（4-11）。

$$\rho_s=\frac{m_f}{V_s+V_n+V_i} \tag{4-11}$$

4）堆积密度——在规定的条件下，单位体积（含矿质实体、闭口孔隙、开口孔隙及颗粒间空隙的体积）物质颗粒的质量，见式（4-12）。

粗集料的堆积密度有三种不同状态：自然堆积状态、振实状态、捣实状态。

① 自然堆积密度是干燥的粗集料用平头铁锹离筒口 50mm 左右装入规定容积的容量筒的单位体积的质量；

② 振实状态密度是将装满试样的容量筒在振动台上振动 3min 后单位体积的质量；

③ 捣实状态密度是将试样分三次装入容量筒，每层用捣棒均匀捣实 25 次的单位体积的质量。

$$\rho=\frac{m_s}{V_s+V_n+V_p} \tag{4-12}$$

5）含水率——粗集料在自然状态条件下的含水量的大小，见式（4-13）。

$$\omega=\frac{m_1-m_2}{m_2-m_0} \tag{4-13}$$

（3）集料粒径与筛孔

1）集料最大粒径——指集料 100%都要求通过的最小的标准筛孔尺寸。

2）集料最大公称粒径——指集料可能全部通过或允许有少量不通过（一般容许筛余不超过 10%）的最小标准筛筛孔尺寸，通常是集料最大粒径的下一个粒径。

3）标准筛——对颗粒材料进行筛分试验应用符合标准形状和尺寸规格要求的系列样品筛。

标准筛（方孔）筛孔尺寸为 75mm、63mm、53mm、37.5mm、31.5mm、26.5mm、19mm、16mm、13.2mm、9.5mm、4.75mm、2.36mm、1.18mm、0.6mm、0.3mm、0.15mm、0.075mm。

（4）级配

粗集料中各组成颗粒的分级和搭配。一般通过筛分试验确定，根据集料试样的质量与存留在各筛孔尺寸标准筛上的集料质量，求得下列和级配有关的参数。

1）分计筛余百分率——指某号筛上的筛余质量占试样总质量百分率，见式（4-14）。

$$a_i=\frac{m_i}{M}\times 100\% \tag{4-14}$$

2）累计筛余百分率——指某号筛的分计筛余百分率和大于该号筛的各筛分计筛余百分率之总和，见式（4-15）。

$$A_i=a_1+a_2+\cdots\cdots+a_i \tag{4-15}$$

3）通过百分率——指通过某号筛的试样质量占试样总质量的百分率，即 100 与某号筛累计筛余百分率之差，见式（4-16）。

$$P_i=100-A_i \tag{4-16}$$

（5）针片状颗粒含量

粗集料的颗粒形状以正立方体为佳，不宜含有过多的针、片状颗粒，否则将显著影响混合料的强度和施工。针状颗粒是指颗粒长度大于平均粒径的2.4倍的颗粒，片状颗粒是指颗粒厚度小于平均粒径的0.4倍的颗粒（平均粒径指该粒级上、下粒径的平均值）。

针片状颗粒的存在影响了粗集料的力学性能，是不良因素，因此在工程应用中要加以限制。

（6）粗集料的力学性能

粗集料的力学性质，主要是压碎值和磨耗损失，其次是磨光值、磨耗值和冲击值。

1）压碎值——碎石和卵石（在连续增加的荷载下）抵抗压碎的能力。它作为衡量石材强度的一个相对指标，用以评价石料在公路工程中的适用性。

2）磨光值

现代高速交通的条件对路面的抗滑性提出了更高的要求。作为高速公路沥青路面用的集料，在车辆轮胎的作用下，不仅要求具有高的抗磨耗性，而且要求具有高的抗磨光性。集料磨光值愈高，表示其抗滑性愈好。

3）冲击值——集料抵抗多次连续重复冲击荷载的性能（抗冲韧性）。

冲击值越小，表示集料的抗冲击性越好。

4）磨耗度（Abrasiveness）——集料磨耗值愈高，表示集料的耐磨性愈差。

2. 细集料

细集料可按其形成方式或来源的不同，分为天然砂和人工砂两种，目前工程中主要以天然砂用的居多。（注意：由于天然砂也属于不可再生性资源，所以目前也面临着天然砂告急的现象，开发和使用人工砂是必然的发展趋势）

（1）细集料的定义

由于集料在不同的混合料中所起作用不同，因此在工程使用中，根据粒径大小划分，在沥青混合料中，凡粒径小于2.36mm者称为细集料；在水泥混凝土中，凡粒径小于4.75mm者称为细集料。

（2）密度——材料最重要的物理性质，反映质量和体积的关系。基本定义和粗集料一致。

（3）级配：材料各组成颗粒的分级和搭配。一般通过筛分试验确定，根据集料试样的质量与存留在各筛孔尺寸标准筛上的集料质量，求得下列和级配有关的参数。

（4）粗度——评价细集料粗细程度的一种指标，用细度模数（Fineness Modulus）表示，见式（4-17）。

$$M_x = \frac{A_{2.36} + A_{1.18} + A_{0.6} + A_{0.3} + A_{0.5} - 5A_{4.75}}{100 - A_{4.75}} \tag{4-17}$$

细度模数愈大，表示细集料愈粗。砂的粗度按细度模数一般可分为下列三级：

$$M_x = 3.7 \sim 3.1 \text{ 为粗砂}$$

$$M_x = 3.0 \sim 2.3 \text{ 为中砂}$$

$$M_x = 2.2 \sim 1.6 \text{ 为细砂}$$

细度模数的数值主要决定于累计筛余量。由于在累计筛余的总和中，粗颗粒分计筛余的“权”比细颗粒大，所以它的数值很大程度上取决于粗颗粒含量。另外，细度模数的值与小于0.15mm的颗粒含量无关，所以虽然细度模数在一定程度上能反映砂的粗细概念，但并未能全面反映砂的粒径分布情况，因为不同级配的砂可以具有相同的细度模数。

4.3 无机胶凝材料

在建筑工程中，能以自身的物理化学作用将松散材料（如砂、石）胶结成为具有一定强度的整体结构的材料，统称为胶凝材料。

胶凝材料按其化学成分不同分为有机胶凝材料（如各种沥青和树脂）和无机胶凝材料两大类。无机胶凝材料根据其硬化条件不同又分为水硬性胶凝材料和气硬性胶凝材料。气硬性胶凝材料只能在空气中硬化、保持或继续提高强度（如石灰、石膏、菱苦土和水玻璃等）。水硬性胶凝材料则不仅能在空气中硬化，而且能更好地在水中硬化，且可在水中或适宜的环境中保持并继续提高强度，各种水泥都属于水硬性胶凝材料。

4.3.1 石灰

1. 分类

石灰又称白灰，根据成品加工方法的不同，可分为：

（1）块状生石灰：由原料煅烧而成的原产品，主要成分为 CaO。

（2）生石灰粉：由块状生石灰磨细而得到的细粉，其主要成分亦为 CaO。

（3）消石灰：将生石灰用适量的水消化而得到的粉末，亦称熟石灰，其主要成分 $Ca(OH)_2$。

（4）石灰浆：将生石灰与多量的水（约为石灰体积的 3～4 倍）消化而得可塑性浆体，称为石灰膏，主要成分为 $Ca(OH)_2$ 和水。如果水分加得更多，则呈白色悬浮液，称为石灰乳。

2. 生产工艺

将主要成分为碳酸钙和碳酸镁的岩石经高温煅烧（加热至 900℃以上），逸出 CO_2 气体，得到白色或灰白色的块状材料即为生石灰，其主要化学成分为氧化钙（CaO）和氧化镁（MgO）。

优质的石灰，色质洁白或略带灰色，质量较轻，其堆积密度为 800～1000kg/m^3。石灰在烧制过程中，往往由于石灰石原料尺寸过大或窑中温度不匀等原因，使得石灰中含有未烧透的内核，这种石灰即称为“欠火石灰”。“欠火石灰”的颜色发青且未消化残渣含量高，有效氧化钙和氧化镁含量低，使用时缺乏粘结力。另一种情况是由于煅烧温度过高、时间过长而使石灰表面出现裂缝或玻璃状的外壳，体积收缩明显，颜色呈灰黑色，块体密度大，消化缓慢，这种石灰称“过火石灰”。“过火石灰”使用时则消解缓慢，甚至用于建筑结构物中仍能继续消化，以致引起体积膨胀，导致灰层表面剥落或产生裂缝等破坏现象，故危害极大。

3. 消化与硬化

（1）石灰的消化（熟化）

生石灰在使用前一般都需加水消解，这一过程称为“消化”或“熟化”。消化后的石灰称为“消石灰”或“熟石灰”，见式（4-18）。

$$CaO + H_2O \longrightarrow Ca(OH)_2 + Q(64.9kJ/mol) \tag{4-18}$$

此反应为放热反应，消化过程体积增大1～2.5倍。消解石灰的理论加水量为石灰质量的32%，但由于消化过程中水分的损失，实际加水量需达70%以上。在石灰的消解期间应严格控制加水量和加水速度。

石灰在消化时，如含有过火石灰，因过火石灰消化慢，在正常石灰已经消化后，过火石灰颗粒才逐渐消化，体积膨胀，从而引起结构物隆起和开裂。为了消除过火石灰的危害，石灰消化时间要“陈伏”半月左右，使得过火石灰充分消化，然后才能使用。石灰浆在陈伏期间，在其表面应有一层水分，使之与空气隔绝，以防止碳化。

（2）石灰的硬化

石灰的硬化过程包括干燥硬化和碳酸化两部分。

1）石灰浆的干燥硬化（结晶作用）

石灰浆在干燥过程中游离水逐渐蒸发，或被周围砌体吸收，氢氧化钙从饱和溶液中结晶析出，固体颗粒互相靠拢粘紧，强度也随之提高，见式（4-19）。

$$Ca(OH)_2 + nH_2O \longrightarrow Ca(OH)_2 \cdot nH_2O \tag{4-19}$$

2）石灰浆的碳化硬化（碳化作用）

氢氧化钙与空气中的二氧化碳作用生成碳酸钙晶体。石灰碳化作用只在有水条件下才能进行，见式（4-20）。

$$Ca(OH)_2 + CO_2 + H_2O \longrightarrow CaCO_3 + (n+1)H_2O \tag{4-20}$$

石灰浆体的硬化包括上面两个同时进行的过程，即表层以碳化为主，内部则以干燥硬化为主。纯石灰浆硬化时发生收缩开裂，所以工程上常配制成石灰砂浆使用。

4. 石灰的特性

（1）可塑性和保水性好

生石灰熟化后形成的石灰浆，是球状颗粒高度分散的胶体，表面附有较厚的水膜，降低了颗粒之间的摩擦力，具有良好的塑性，易铺摊成均匀的薄层。在水泥砂浆中加入石灰浆，可使可塑性和保水性显著提高。

（2）生石灰水化时水化热大，体积增大

（3）硬化缓慢

石灰水化后凝结硬化时，结晶作用和碳化作用同时进行，由于碳化作用主要发生在与空气接触的表层，且生成的$CaCO_3$膜层较致密，阻碍了空气中CO_2的渗入，也阻碍了内部水分向外蒸发，因而硬化缓慢。

（4）硬化时体积收缩大

由于石灰浆中存在大量的游离水分，硬化时大量水分蒸发，导致内部毛细管失水紧缩，引起显著的体积收缩变形，使硬化的石灰浆体出现干缩裂纹。所以，除调成石灰乳作薄层粉刷外，不宜单独使用。通常施工时要掺入一定量的骨料（如砂子等）或纤维材料。

（5）硬化后强度低

石灰消化时理论用水量为生石灰质量的32%，但为了使石灰浆具一定的可塑性便于应用，同时考虑到一部分水分因消化时水化热大而被蒸发掉，故实际用水量很大，达70%以上，多余水分在硬化后蒸发，将留下大量孔隙，因而石灰体密实度小，强度低。

（6）耐水性差

由于石灰浆硬化慢、强度低，在石灰硬化体中，大部分仍是尚未碳化的$Ca(OH)_2$，

$Ca(OH)_2$ 易溶于水，这会使得硬化石灰体遇水后产生溃散，故石灰不易用于潮湿环境。

5. 石灰的技术性质

（1）有效氧化钙和氧化镁含量

石灰中产生粘结性的有效成分是活性氧化钙和氧化镁。它们的含量是评价石灰质量的主要指标，其含量愈多，活性愈高，质量也愈好。

（2）生石灰产浆量和未消化残渣含量

产浆量是单位质量（1kg）的生石灰经消化后所产石灰浆体的体积（L）。石灰产浆量愈高，则表示其质量越好。未消化残渣含量是生石灰消化后，未能消化而存留在5mm圆孔筛上的残渣占试样的百分率。其含量愈多，石灰质量愈差，须加以限制。

（3）二氧化碳（CO_2）含量

控制生石灰或生石灰粉中 CO_2 的含量，是为了检测石灰石在煅烧时“欠火”造成产品中未分解完成的碳酸盐的含量。CO_2 含量越高，即表示未分解完全的碳酸盐含量越高，则（CaO＋MgO）含量相对降低，导致石灰的胶结性能的下降。

（4）消石灰游离水含量

游离水含量，指化学结合水以外的含水量。生石灰在消化过程中加入的水是理论需水量的2～3倍，除部分水被石灰消化过程中放出的热蒸发掉外，多加的水分残留于氢氧化钙（除结合水外）中。残余水分蒸发后，留下孔隙会加剧消石灰粉的碳化作用，以致影响石灰的质量，因此对消石灰粉的游离水含量需加以限制。

（5）细度

细度与石灰的质量有密切联系，过量的筛余物影响石灰的粘结性。现行标准规定以0.9mm和0.125mm筛余百分率控制。

4.3.2 水泥

水泥是一种水硬性无机胶凝材料。水泥与水混合后，经过一系列物理化学作用，由可塑性浆体变成坚硬的石状体，就硬化条件而言，水泥既能够在空气中硬化，而且能够在水中更好地硬化，保持并继续发展其强度。所以水泥材料既可用于地上工程，也可用于水下工程。

1. 水泥的分类

水泥按化学成分可分为硅酸盐、铝酸盐、硫铝酸盐等多种系列水泥，其中应用最为广泛的是硅酸盐系列水泥。而硅酸盐系列水泥按其性能和用途，分为常用水泥和特种水泥，常用水泥包括硅酸盐水泥、普通水泥、矿渣水泥、火山灰水泥、粉煤灰水泥、复合水泥等。特种水泥是指具有独特的性能，用于各类有特殊要求的工程中的水泥。

我国常用水泥的主要品种有硅酸盐水泥（分Ⅰ型、Ⅱ型，代号为P·Ⅰ、P·Ⅱ），普通硅酸盐水泥（简称普通水泥，代号P·O），矿渣硅酸盐水泥（简称矿渣水泥，代号P·S），火山灰质硅酸盐水泥（简称火山灰水泥，代号P·P），粉煤灰硅酸盐水泥（简称粉煤灰水泥，代号P·F）和复合硅酸盐水泥（简称复合水泥，代号P·C）等。

2. 常用水泥的生产及熟料组成

常用水泥的生产有两大步骤：由生料烧制成硅酸盐水泥熟料和磨制硅酸盐系列水泥成品。其生产过程可概括为“两磨一烧”，如图4-2所示。

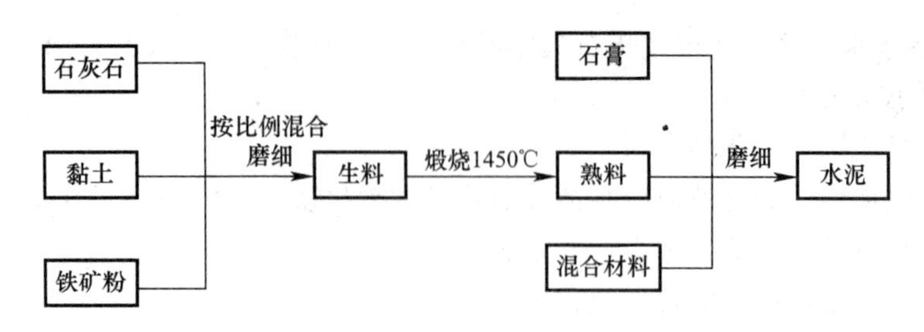

图 4-2　水泥生产工艺

(1) 水泥熟料的烧成

烧制硅酸盐水泥熟料的原材料主要是：提供 CaO 的石灰质原料，如石灰石、白垩等；提供 SiO_2、Al_2O_3，和少量 Fe_2O_3 的黏土质原料，如黏土、页岩等；此外，有时还配入铁矿粉等辅助原料。

将上述几种原材料按适当比例混合后在磨机中磨细，制成生料，再将生料入窑进行煅烧，便烧制成黑色球状的水泥熟料。

硅酸盐水泥熟料主要由四种矿物组成，其名称、含量范围和性质如下：

1) 硅酸三钙（$3CaO \cdot SiO_2$，简写为 C_3S），含量 36%～60%，它对硅酸盐水泥性质有重要的影响：硅酸三钙水化速度较快，水化热高，且早期强度高，28d 强度可达一年强度的 70%～80%。

2) 硅酸二钙（$2CaO \cdot SiO_2$，简写为 C_2S），含量 15%～37%，它遇水时对水反应较慢，水化热很低；硅酸二钙的早期强度较低而后期强度高，耐化学侵蚀性和干缩性较好。

3) 铝酸三钙（$3CaO \cdot Al_2O_3$，简写为 C_3A），含量 7%～15%，它是四种组分中遇水反应速度最快，水化热最高的组分。硅酸三钙的含量决定水泥的凝结速度和释热量，对水泥早期强度起一定作用，耐化学侵蚀性差，干缩性大。

4) 铁铝酸四钙（$4CaO \cdot Al_2O_3 \cdot Fe_2O_3$，简写为 C_4AF），含量 10%～18%，遇水反应较快，水化热较高，强度较低，但对水泥抗折强度起重要作用，耐化学侵蚀性好，干缩性小。

前两种矿物称硅酸盐矿物，一般占总量的 75%～82%，所以该种水泥熟料被命名为硅酸盐水泥熟料，由此熟料组成的水泥被命名为硅酸盐系列水泥。

(2) 磨制水泥成品

磨制水泥成品时的原材料包括水泥熟料、石膏和混合材料。用于水泥中的石膏一般是二水石膏或无水石膏。其主要作用是调节水泥的凝结时间。

用于水泥中的混合材料分为活性混合材料和非活性混合材料两大类。

活性混合材料是指那些与石灰、石膏一起，加水拌和后在常温下能形成水硬性胶凝材料的混合材料。活性混合材料中的主要活性成分是活性氧化硅和活性氧化铝。水泥生产中常用的活性混合材料有粒化高炉矿渣、火山灰质混合材料和粉煤灰等。

非活性混合材料是指不具活性或活性甚低的人工或天然的矿物质，如石英砂、石灰石、黏土及不符合质量标准的活性混合材料等。它们掺入水泥中仅起调节水泥性质，降低水化热，降低强度等级和增加产量的作用。

3. 常用水泥的特点

（1）硅酸盐水泥

凡由硅酸盐水泥熟料、0～5%石灰石或粒化高炉矿渣、适量石膏磨细制成的水硬性胶凝材料，称为硅酸盐水泥。

由于硅酸盐水泥中即使有混合材料，掺量也很少，因此硅酸盐水泥的特性基本上由水泥熟料确定。其主要特性为：

① 水化凝结硬化快、强度高，尤其是早期强度高。

② 水化热大。

③ 耐腐蚀性差。

④ 抗冻性好、干缩性小。

⑤ 耐热性差。

（2）普通水泥

普通水泥中混合材料的掺加量较少，其矿物组成的比例仍与硅酸盐水泥相似，所以普通水泥的性能、应用范围与同强度等级的硅酸盐水泥相近。由于普通水泥中掺入少量混合材料的主要作用是调节水泥的强度等级，因此它的强度等级比硅酸盐水泥多了 32.5 和 32.5R 两个等级，同时少了 62.5 和 62.5R 两个等级。与硅酸盐水泥相比，普通水泥的早期凝结硬化速度略微慢些，3d 强度稍低，其他如抗冻性及耐磨性等也稍差些。

（3）矿渣水泥

矿渣水泥中熟料的含量比硅酸盐水泥少，掺入的粒化高炉矿渣量比较多，因此，与硅酸盐水泥相比有以下几方面特点：

① 矿渣水泥加水后的水化分两步进行：首先是水泥熟料颗粒水化，接着矿渣受熟料水化时析出的 $Ca(OH)_2$ 及外掺石膏的激发，其玻璃体中的活性氧化硅和活性氧化铝进入溶液，与 $Ca(OH)_2$ 反应生成新的水化硅酸钙和水化铝酸钙，因为石膏存在，还生成水化硫铝酸钙。

② 矿渣水泥中熟料的减少，使水化时发热量高的 C_3S 和 C_3A 含量相对减少，故水化热较低，可在大体积混凝土工程中优先选用。

③ 矿渣水泥水化产物中氢氧化钙含量少，碱度低，抗碳化能力较差，但抗溶出性侵蚀及抗硫酸盐侵蚀的能力较强。

④ 矿渣颗粒亲水性较小，故矿渣水泥保水性较差，泌水性较大，容易在水泥石内部形成毛细通道，增加水分蒸发。因此，矿渣水泥干缩性较大，抗渗性、抗冻性和抗干湿交替作用的性能均较差，不宜用于有抗渗要求的混凝土工程中。

⑤ 矿渣水泥的水化产物中氢氧化钙含量低，而且矿渣本身是水泥的耐火掺料，因此其耐热性较好，可用于耐热混凝土工程中。

⑥ 矿渣水泥水化硬化过程中，对环境的温度、湿度条件较为敏感。低温下凝结硬化缓慢，但在湿热条件下强度发展很快，故适于采用蒸汽养护。

（4）火山灰水泥

火山灰水泥和矿渣水泥在性能方面有许多共同点，如水化反应分两步进行，早期强度低，后期强度增长率较大，水化热低，耐蚀性强，抗冻性差，易碳化等。

由于火山灰水泥在硬化过程中的干缩较矿渣水泥更为显著，在干热环境中易产生干缩裂缝。因此，使用时须加强养护，使其在较长时间内保持潮湿状态。在表面则由于水化硅酸钙抗碳化能力差，使水泥石表面产生“起粉”现象，因此火山灰水泥不宜用于干燥环境中的地上工程。

火山灰水泥颗粒较细，泌水性小，故具有较高抗渗性，宜用于有抗渗要求的混凝土工程中。

（5）粉煤灰水泥

粉煤灰本身就是一种火山灰质混合材料，因此，粉煤灰水泥实质上就是一种火山灰水泥，其水化硬化过程及其他诸方面性能与火山灰水泥极为相似。

粉煤灰水泥的主要特点是干缩性较小，甚至比硅酸盐水泥和普通水泥还小，因而抗裂性较好。另外，粉煤灰颗粒较致密，故吸水少，且呈球形，所以粉煤灰水泥的需水量小，配制成的混凝土和易性较好。

（6）复合水泥

复合水泥中含有两种或两种以上规定的混合材料，因此复合水泥的特性与其所掺混合材料的种类、掺量及相对比例有密切关系。总体上其特性与矿渣水泥、火山灰水泥、粉煤灰水泥有不同程度的相似之处。

实际工程使用时，一般根据上述六大常用水泥的特性，针对各类工程的工程性质、结构部位、施工要求和使用环境条件等，按照规范进行水泥的选用。

4. 常用水泥的技术性质

（1）细度

指水泥颗粒的粗细程度，它对水泥的凝结时间、强度、需水量和安定性有较大影响，是鉴定水泥品质的主要项目之一。

测定方法：80μm 筛筛析法和勃氏法（透气式比表面积仪）。

（2）标准稠度用水量

指水泥拌制成特定的塑性状态（标准稠度）时所需的用水量（以占水泥重量的百分数表示），也称需水量。由于用水量多少对水泥的一些技术性质（如凝结时间）有很大影响，所以测定这些性质必须采用标准稠度用水量，这样测定的结果才有可比性。

测定方法：水泥净浆稠度是采用标准法维卡仪测定。

（3）凝结时间

水泥的凝结时间在施工中具有重要意义。为了保证有足够的时间在初凝之前完成混凝土成型等各工序的操作，初凝时间不宜过短；为了使混凝土浇捣完成后尽早凝结硬化，以利下道工序及早进行，终凝时间不宜过长。

测定方法：用凝结时间测定仪测定。

（4）体积安定性

是指水泥在凝结硬化过程中，体积变化的均匀性。如果水泥硬化后产生不均匀的体积变化，会使水泥混凝土构筑物产生膨胀性裂缝，降低建筑工程质量，甚至引起严重事故，此即体积安定性不良。

引起水泥体积安定性不良的原因，是由于水泥熟料矿物组成中含有过多游离氧化钙（f-CaO）、游离氧化镁（f-MgO），或者水泥粉磨时石膏掺量过多。f-CaO 和 f-MgO 是在高温下生成的，处于过烧状态，水化很慢，它们在水泥凝结硬化后还在慢慢水化并产生体积膨胀，从而导致硬化水泥石开裂，而过量的石膏会与已固化的水化铝酸钙作用，生成水化硫铝酸钙，产生体积膨胀，造成硬化水泥石开裂。

测定方法：由游离氧化钙引起的水泥体积安定性不良可采用沸煮法检验；由游离氧化镁和三氧化硫引起的水泥体积安定性不良可采用含量限定来检验。

（5）强度

水泥强度是选用水泥时的主要技术指标，也是划分水泥强度等级的依据。

测定方法：软水泥胶砂法（水泥：ISO 标准砂=1∶3，水灰比 0.5）。

国家标准规定：硅酸盐水泥分为 42.5、42.5R、52.5、52.5R、62.5、62.5R 六个强度等级；普通硅酸盐水泥分为 42.5、42.5R、52.5、52.5R 四个强度等级，其他四种水泥分为 32.5、32.5R、42.5、42.5R、52.5、52.5R 六个强度等级。其中有代号 R 者为早强型水泥。

（6）碱含量

是指水泥中 Na_2O 和 K_2O 的含量。若水泥中碱含量过高，遇到有活性的骨料，易产生碱—骨料反应，造成工程危害。

国家标准规定：水泥中碱含量按（$Na_2O+0.685K_2O$）计算值来表示。若使用活性骨料，用户要求提供低碱水泥时，水泥中碱含量不得大于 0.60%或由供需双方商定。

5. 道路硅酸盐水泥

随着我国道路的发展，水泥混凝土路面已成为主要路面类型之一。对专供公路、城市道路和机场道面用的道路水泥，现根据《道路硅酸盐水泥》CB 13693—2005 就有关技术要求和技术标准分述如下。

（1）定义

以适当成分的生料烧至部分熔融，所得以硅酸钙为主要成分和较多量的铁铝酸钙的硅酸盐水泥熟料称为道路硅酸盐水泥熟料。由道路硅酸盐水泥熟料、0～10%活性混合材料和适量石膏细制成的水硬性胶凝材料，称为道路硅酸盐水泥（简称道路水泥）。

（2）技术要求

1）化学组成

① 氧化镁　道路水泥中氧化镁含量不得超过 5.0%。

② 三氧化硫　道路水泥中三氧化硫含量不得超过 3.5%。

③ 烧失量　道路水泥中的烧失量不得大于 3.0%。

④ 游离氧化钙含量　道路水泥熟料中游离氧化钙含量，旋窑生产不得大于 1.0%；立窑生产不得大于 1.8%。

⑤ 碱含量按《公路水泥混凝土路面施工技术细则》JTG/T F30—2003 规定，碱含量不得大于 0.6%。

2）矿物组成

① 铝酸三钙　道路水泥熟料中铝酸三钙的含量不得大于 5.0%。

② 铁铝酸四钙　道路水泥熟料中铁铝酸四钙的含量不得小于 16.0%。

3）物理力学性质

① 细度　按《公路工程水泥及水泥混凝土试验规程》JTG E30—2005 中的试验方法，$80\mu m$ 的筛余量不得大于 10%。

② 凝结时间　按《公路工程水泥及水泥混凝土试验规程》JTG E30—2005 中的试验方法，初凝不得早于 1h，终凝不得迟于 10h。

③ 安定性　按《公路工程水泥及水泥混凝土试验规程》JTG E30—2005 中的试验方法，安定性用沸煮法检验，必须合格。

④ 干缩性　道路水泥的 28d 干缩率不得大于 0.10%。

⑤ 耐磨性　道路水泥的磨损率不得大于 $3.6kg/m^2$。

⑥强度　道路水泥各强度等级值不低于规定的数值。

（3）工程应用

道路水泥是一种强度（特别是抗折强度）高、耐磨性好、干缩性小、抗冲击性好、抗冻性和抗硫酸性比较好的专用水泥。它适用于道路路面、机场跑道道面、城市广场等工程。由于道路水泥具有干缩性小、耐磨、抗冲击等特征，可减少水泥混凝土路面的裂缝和磨耗等病害，减少维修，延长路面使用年限，因而可获得显著地社会效益和经济效益。

4.4　混凝土与砂浆

4.4.1　混凝土

1. 概念及分类

凡由胶凝材料、骨料和水（或不加水）按适当的比例配合、拌和制成混合物，经一定时间后硬化而成的人造石材，称为混凝土。

2. 组成材料及其质量要求

普通混凝土主要由水泥、骨料（粗骨料：石子，细骨料：砂）、水所组成。其中粗骨料主要起总体的骨架作用；水泥砂浆即可用于填充粗骨料的空隙，还能包裹于粗骨料的表面，在水泥砂浆中，砂起骨架作用，水泥浆起填充砂的空隙和包裹砂的表面作用，并通过水泥的水化、凝结和硬化将砂石胶结成为一个具有一定强度的整体。

（1）水泥

水泥是影响混凝土施工性质、强度和耐久性的重要材料，在选择混凝土组成材料时，对水泥的品种和强度必须合理加以选择。

1）水泥的品种：应根据工程处的环境和工程的性质来选择。

2）水泥的强度等级：应与混凝土的强度等级相适应。

正确选择水泥的强度，使水泥的强度等级与所配制的混凝土强度等级相匹配。如果选用高强度等级水泥配制低强度等级的混凝土，会使水泥用量偏低，影响混凝土的工作性及密实度；如果采用低强度等级水泥配制高强度等级混凝土时，会使水泥用量过多，不仅不经济，还将影响混凝土的其他技术性质。

（2）细骨料

在混凝土工程中，粒径小于 4.75mm 的集料称为细集料（即砂），砂按来源分：河砂、海砂和山砂及人工砂。

1）有害杂质的含量要低

有害杂质包括：泥土和泥块、云母、轻物质、硫酸盐和硫化物以及有机质。

2）压碎值和坚固性

混凝土要求砂坚固耐久，压碎值和坚固性试验可用于衡量其性能。

3）颗粒级配和粗细程度

细集料的级配应满足技术规范的规定，其中Ⅱ区由中砂和部分偏粗的细砂组成，是配制混凝土时优先选用的级配类型；Ⅰ区属于粗砂范畴，当采用Ⅰ区砂配制混凝土时，应较Ⅱ区砂提高砂率，并保持足够的水泥用量，否则混凝土拌合物的内摩擦力较大，保水性差，不易捣实成型；Ⅲ区砂是由细砂和部分偏细的中砂组成，当采用Ⅲ区砂配制混凝土时，应较Ⅱ区砂适当降低砂率，以保证混凝土强度。

（3）粗骨料

在混凝土工程中，凡粒径大于4.75mm的集料称为粗集料。粗集料按其表面特征不同，有碎石和卵石之分。粗集料是混凝土的主要组成材料，也是影响混凝土强度的重要因素之一，对粗集料技术性能的主要要求是：具有稳定的物理性能和化学性能，不与水泥发生有害反应。

1）强度和坚固性

粗集料在混凝土中起骨架作用，必须具有足够的强度和坚固性。碎石或卵石的强度用岩石立方体抗压强度和压碎指标反映。

2）有害杂质含量

粗集料中的有害杂质为黏土、淤泥、硫化物及硫酸盐、有机质等。这些杂质常黏附在集料的表面，妨碍水泥与集料粘结，降低混凝土的抗渗性和抗冻性，有机杂质、硫化物及硫酸盐等对水泥亦有腐蚀作用。

3）最大粒径及颗粒级配与级配

为了保证混凝土的施工质量，保证混凝土构件的完整性和密实度，粗集料的最大粒径不宜过大。要求集料的最大粒径不得超过结构截面最小尺寸的1/4，且不得超过钢筋间最小净距的3/4；对于混凝土实心板，集料的最大粒径不宜超过板厚的1/2，且不得超过40mm。

粗集料的颗粒级配直接影响混凝土的技术性质和经济效果，因而粗集料级配的选定，是保证混凝土质量的重要环节。

粗骨料常见的级配情况有：

① 连续级配——工程性质好，不易产生离析等现象，是常用级配；

② 间断级配——理论上可获得较小的空隙率，但实际施工不易，只适用于较干硬性的混凝土；

③ 单粒径——空隙率大，不单独使用，常与其他粒级的混合使用（用于调配）。

4）颗粒形状及表面特征

颗粒形状：接近正方形好，针、片状对混凝土的性能不利，含量要限制。

表面特征：表面的粗糙程度和孔隙率。碎石与卵石在相同条件下，性能会产生差异。

5）碱活性检验

水泥中含有碱，会与骨料中的活性成分反应—碱骨料反应。影响混凝土的耐久性。

（4）水

清洗集料、拌合混凝土及养护用的水，不应含有影响混凝土质量的油、酸、碱、盐类、有机物等。清洁可饮用的水一般均适用于混凝土拌合及养护，其他水（地表水、处理水等）需经检验合格可用。

3. 技术性质

普通混凝土的主要技术性质包括在凝结化前的工作性、硬化后混凝土的力学性质和耐久性。

（1）新拌混凝土的工作性（和易性）

由水泥、砂、石及水拌制成的混合料，称为混凝土拌合物，又称新拌混凝土。混凝土拌合物必须具备良好的和易性，才能便于施工和制得密实而均匀的混凝土。

1）工作性的涵义

是指混凝土拌合物能保持其组成成分均匀，不发生分层离析、泌水等现象，适于运输、浇筑、捣实成型等施工作业，并能获得质量均匀、密实的混凝土的性能。工作性为一综合技术性能，它包括流动性、稳定性、可塑性和易密性四个方面的涵义。优质的新拌混凝土应具有：满足输送和浇捣要求的流动性；不为外力作用产生脆断的可塑性；不产生分层、泌水的稳定性和易于浇捣密致的密实性。

① 流动性

是指混凝土拌合物在自重或机械振捣力的作用下，能产生流动并均匀密实地充满模型的性能。流动性的大小，反映拌合物的稀稠，它直接影响浇捣施工的难易和混凝土的质量。

② 稳定性（可塑性）

是指混凝土拌合物内部组分间具有一定的黏聚力，在运输和浇筑过程中不致发生离析分层现象，而使混凝土能保持整体均匀的性能。黏聚性差的混凝土拌合物，或者发涩，或者产生石子下沉，石子与砂浆容易分离，振捣后会出现蜂窝、空洞等现象。

③ 黏聚性与保水性

是指混凝土拌合物具有一定的保持内部水分的能力，在施工过程中不致产生严重的泌水现象。保水性差的拌合物，在混凝土振实后，一部分水易从内部析出至表面，在水渗流之处留下许多毛细管孔道，成为以后混凝土内部的透水通路。另外，在水分上升的同时，一部分水还会滞留在石子及钢筋的下缘形成水隙，从而减弱水泥浆与石于及钢筋的胶结力。所有这些都将影响混凝土的密实性，降低混凝土的强度及耐久性。

2）影响工作性的主要因素

① 水泥浆的数量和集浆比

在水灰比一定的条件下，水泥浆愈多，流动性愈大，但如水泥浆过多，集料则相对减少，即集浆比小，将出现流浆现象，拌合物的稳定性变差，不仅浪费水泥，而且会使拌合物的强度和耐久性降低；若水泥浆用量过少，则无法很好包裹集料表面及填充其空隙，拌合物中水泥浆的数量应以满足流动性为宜。

② 水泥浆的稠度

水泥浆的稠度取决于水灰比。在固定用水量的条件下，水灰比小时，会使水泥浆变稠，拌合物流动性小；若加大水灰比，可使水泥浆变稀，流动性增大，但会使拌合物流浆、离析，严重影响混凝土强度和耐久性，因此，应合理地选用水灰比。

拌制水泥浆、砂浆和混凝土混合料时，水与水泥的质量比称为水灰比（W/C）。水灰比的倒数称为灰水比。在水泥用量不变的情况下，水灰比越小，水泥浆就越稠，混凝土拌合物的流动性便越小。水灰比过大，又会造成混凝土拌合物的黏聚性和保水性不良，而产生流浆、离析现象，并严重影响混凝土的强度。

③ 砂率

砂率是指混凝土中砂的质量占砂石总质量的百分率。砂率反映了粗细集料的相对比例，它影响混凝土集料的空隙和总比表面积。

砂率对混凝土拌合物的工作性影响很大，一方面是砂形成的砂浆在粗集料间起润滑作用，在一定砂率范围内随砂率的增大，润滑作用愈明显，流动性可以提高；另一方面，在砂率增大的同时，集料的总表面积随之增大，需要润滑的水分增多，在用水量一定的条件下，拌合物流动性降低，所以当砂率超过一定范围后，流动性反而随砂率的增大而降低。另如果砂率过小，砂浆数量不足会使混凝土拌合物的黏聚性和保水性降低，产生离析和流浆现象。所以，应在用水量和水泥用量不变的情况下，选取保证流动性、黏聚性和保水性的合理砂率。

④ 组成材料性质

水泥的品种、细度、矿物组成以及混合材料的掺量等，都会影响混凝土拌合物的工作性，由不同品种的水泥达到标准稠度的需水量不同，所以不同品种水泥配制成的混凝土拌合物的流动性也不同。通常普通水泥的混凝土拌合物比矿渣水泥、火山灰水泥的工作性好，矿渣水泥拌合物的流动性虽大，但黏聚性差，易产生泌水离析；火山灰水泥则流动性小，但黏聚性最好。此外，水泥的细度对拌合物的和易性也有很大的影响，提高水泥的细度可改善混凝土拌合物的黏聚性和保水性，减少拌合物泌水、离析现象。但其流动性变差。

集料对混凝土拌合物和易性影响的主要因素有：集料级配、颗粒形状、表面特性及粒径大小等。一般情况下，级配好的集料，其流动性较大，黏聚性与保水性较好；表面光滑的集料，其流动性较大，总表面积减小，流动性增大；集料棱角较少者，其流动性较大。

外加剂对混凝土拌合物的影响较大，在混凝土拌合物中加入少量的外加剂，可在不增加用水量和水泥用量的情况下，有效地改善混凝土拌合物的工作性。

⑤ 环境条件与搅拌时间

对混凝土拌合物工作性有影响的环境因素主要有湿度、温度、风速。在组成材料性质和配合比例一定的条件下，混凝土拌合物和易性主要受水泥的水化率和水分的蒸发率所支配。

3）改善新拌混凝土工作性的措施

① 选用合适的水泥品种和水泥的强度等级；

② 通过试验，采用最佳砂率，以提高混凝土的质量及节约水泥；

③ 改善砂、石级配；在可能条件下尽量采用较粗的砂、石；

④ 当混凝土拌合物坍落度太小时，保持水灰比不变，增加适量的水泥浆；当坍落度太大时，保持砂率不变，增加适量的砂、石；

⑤ 有条件时尽量掺用外加剂——减水剂、引气剂；

⑥ 采用机械振捣。

（2）硬化后混凝土的强度

混凝土的强度是指混凝土试件达到破坏极限的应力最大值。

1）混凝土抗压强度与强度等级

混凝土抗压强度：混凝土抗压强度是确定混凝土强度等级的依据，混凝土强度等级是混凝土结构设计时强度计算取值的依据。抗压强度包括立方体抗压强度和棱柱体抗压强度，前者是评定混凝土强度等级和混凝土施工中控制工程质量和工程验收时的重要依据，后者是钢筋混凝土结构设计中轴心受压构件（如柱、桁架腹杆）强度计算取值的依据。

① 立方体抗压强度

以边长为150mm的标准立方体试件，在温度为（20±2)℃，相对湿度为95%以上的潮湿条件下或者在$Ca(OH)_2$饱和溶液中养护，经28d龄期，采用标准试验方法测得的抗压极限强度。用f_{cu}表示，见式（4-21）。

$$f_{cu}=\frac{F}{A} \tag{4-21}$$

② 立方体抗压强度标准值

以边长为150mm的立方体标准试件，在28d龄期，用标准试验方法测定的抗压强度总体分布中的一个值，强度低于该值的百分率不超过5%（即具有95%保证率的抗压强度）以N/mm^2（即MPa）计，以$f_{cu,k}$表示。

③ 强度等级

按混凝土立方体抗压强度标准值划分的级别。以“C”和混凝土立方体抗压强度标准值（$f_{cu,k}$）表示，主要有C15，C20，C25，C30，C35，C40，C45，C50，C55，C60，C65，C70，C75，C80等十四个强度等级。

2）混凝土的抗弯拉强度

是路面用混凝土的强度指标，是以标准方法制备成150mm×150mm×550mm的梁形试件，在标准条件下，经养护28d后，按三分点加荷方式测定抗弯拉强度，以f_f表示，见式（4-22）。

$$f_f=\frac{FL}{bh^2} \tag{4-22}$$

3）影响水泥混凝土强度的因素

① 材料组成

a. 水泥强度与水灰比

在配合比相同的条件下，所用的水泥强度等级越高，制成的混凝土强度也越高。

b. 集料特性与水泥浆用量

如集料强度小于水泥石强度，则混凝土强度与集料强度有关，会使混凝土强度下降。集料颗粒形状接近立方体形为好，若使用扁平或细长颗粒，就会对施工带来不利影响，增加了混凝土的孔隙率，增加了混凝土的薄弱环节，导致混凝土强度的降低。

② 养护温度和湿度

养护环境温度高，水泥水化速度加快，混凝土早期强度高；反之亦然。若温度在冰点以下，不但水泥水化停止，而且有可能因冰冻导致混凝土结构疏松，强度严重降低，尤其是早期混凝土应特别加强防冻措施。为加快水泥的水化速度，可采用湿热养护的方法，即蒸气养护或蒸压养护。湿度通常指的是空气相对湿度。相对湿度低，混凝土中的水分挥发快，混凝土因缺水而停止水化，强度发展受阻。

③ 龄期

龄期是指混凝土在正常养护条件下所经历的时间。在正常养护条件下，混凝土强度将随着龄期的增长而增长。最初 7～14d 内，强度增长较快，以后逐渐缓慢。但在有水的情况下，龄期延续很久其强度仍有所增长。

4）提高混凝土强度的技术措施

① 采用高强度水泥和特种水泥；

② 采用低水灰比和浆集比；

③ 掺加外加剂；

④ 采用湿热处理方法：蒸汽养护、蒸压养护；

⑤ 采用机械搅拌合振捣。

（3）混凝土的变形性能

混凝土变形的种类主要有：

1）化学收缩

化学收缩是由于水泥和水产生水化反应后的体积小于原何种而产生的体积变形。约1%。是不可避免的，但对混凝土性能影响不大。

2）温度变形

热胀冷缩是所有物质的共性，混凝土中骨料与水泥石的热膨胀系数有差别。所以温度变化会在混凝土中产生应力。

3）干缩与湿胀

干缩是指混凝土在干燥环境中，孔隙中的水分蒸发产生的体积收缩。

湿胀是指混凝土在潮湿环境中或者水中孔隙，凝胶孔吸水产生的体积膨胀。

4）混凝土在荷载作用下的变形

① 短期荷载作用下的变形——弹塑性变形；

② 混凝土在长期荷载作用下的变形——徐变。

（4）混凝土的耐久性

混凝土耐久性是一项综合指标，它包括：

1）抗渗性

是指混凝土抵抗水、油等压力液体渗透作用的能力。应是混凝土耐久性中最为重要的指标。

2）抗冻性

是指抵抗冻融循环的能力。严寒地区和水位变化的部位应考虑。

3）抗侵蚀性

是指抵抗各种侵蚀性介质（淡水、海水、镁盐类、酸类、硫酸盐类）的侵蚀的能力。

4）混凝土的碳化

5）混凝土的碱—骨料反应

是指水泥中的碱与骨料中的活性成分反应，形成一种复杂的盐类，吸水后产生膨胀，从而导致混凝土结构的破坏。

6）耐磨性

耐磨性是路面和桥梁用混凝土的重要性能之一。

4. 普通混凝土的组成设计

混凝土配合比，是指单位体积的混凝土中各组成材料的质量比例。确定这种数量比例关系的工作，称为混凝土配合比设计。

（1）配合比的表示方法

1）单位用量表示法

以 $1m^3$ 混凝土中各组成材料的实际用量表示。例如水泥 $m_c=295kg$，砂 $m_s=648kg$，石子 $m_g=1330kg$，水 $m_w=165kg$。

2）相对用量表示法

以水泥的质量为1，并按“水泥∶细集料∶粗集料；水灰比”的顺序排列表示。例如1∶2.14∶3.81；$W/C=0.45$。

（2）基本要求

1）满足施工工作性的要求

按照结构物断面尺寸和形状、钢筋的配置情况、施工方法及设备等，合理确定混凝土拌合的工作性（坍落度或维勃稠度）。

2）满足结构物强度要求

不论是混凝土路面或桥梁，在设计时都会对不同的结构部位提出不同的“设计强度”要求。为了保证结构物可靠性，在配制混凝土配合比时，必须要考虑到结构物的重要性、施工单位施工水平、施工环境因素等，采用一个“设计强度”的“配制强度”，才能满足“设计强度”的要求。但是“配制强度”的高低一定要适宜，定得太低结构物不安全，定得太高会造成浪费。

3）满足环境耐久性要求

根据结构物所处的环境条件，如严寒地区的路面、桥梁墩台处于水位升降范围，处于有侵蚀介质中时，为保证结构的耐久性，在设计混凝土配合比时，应考虑允许的“最大水灰比”和“最小水泥用量”。

4）满足经济性的要求

在满足混凝土设计强度、工作性和耐久性的前提下，在配合比设计中要尽量降低高价材料（如水泥）的用量，并考虑应用当地材料和工业废料（如粉煤灰），以配制成性能优良、价格便宜的混凝土。

（3）设计步骤

1）确定基本满足强度和耐久性要求的初步配合比。

2）在实验室实配、检测、进行工作性调整确定混凝土基准配合比。

3）通过对水灰比的微调，确定水泥用量最少但强度能满足要求的实验室配合比。

4）考虑砂石的含水率计算施工配合比。

已知实验室配合比为 $m_{c2}:m_{w2}:m_{s2}:m_{g2}$，砂的含水率为 $a\%$，石子的含水率为 $b\%$，则施工配合比 $m_c:m_w:m_s:m_g$ 计算如下：

$$m_c = m_{c2}$$

$$m_s = m_{s2}(1+a\%)$$

$$m_g = m_{g2}(1+b\%)$$

$$m_w = m_{s2}-(m_{c2}\cdot a\%+m_{g2}\cdot b\%)$$

5. 高性能混凝土、预拌混凝土的特性及应用

（1）高性能混凝土

1）涵义

高性能混凝土是近20余年发展起来的一种新型混凝土。欧洲混凝土学会和国际预应力混凝土协会将HPC定义为水胶比低于0.40的混凝土；在日本，将高流态的自密实混凝土（即免振混凝土）称为HPC；中国土木工程学会高强与高性能混凝土委员会将HPC定义为以耐久性和可持续发展为基本要求并适合工业化生产与施工的混凝土。虽然在不同的国家，不同的学者或工程技术人员，对HPC的理解有所不同。比如美国学者更强调高强度和尺寸稳定性，欧洲学者更注重耐久性，而日本学者偏重于高工作性。但是他们的基本点都是高耐久性，这方面的认识是一致的。

2）高性能混凝土的性能

与普通混凝土相比，高性能混凝土具有如下独特的性能：

① 耐久性

高效减水剂和矿物质超细粉的配合使用，能够有效地减少用水量，减少混凝土内部的空隙，能够使混凝土结构安全可靠地工作50～100年以上，是高性能混凝土应用的主要目的。

② 工作性

坍落度是评价混凝土工作性的主要指标，HPC的坍落度控制功能好，在振捣的过程中，高性能混凝土黏性大，粗骨料的下沉速度慢，在相同振动时间内，下沉距离短，稳定性和均匀性好。同时，由于高性能混凝土的水灰比低，自由水少，且掺入超细粉，基本上无泌水，其水泥浆的黏性大，很少产生离析的现象。

③ 力学性能

由于混凝土是一种非均质材料，强度受诸多因素的影响，水灰比是影响混凝土强度的主要因素，对于普通混凝土，随着水灰比的降低，混凝土的抗压强度增大，高性能混凝土中的高效减水剂对水泥的分散能力强、减水率高，可大幅度降低混凝土单方用水量。在高性能混凝土中掺入矿物超细粉可以填充水泥颗粒之间的空隙，改善界面结构，提高混凝土的密实度，提高强度。

④ 体积稳定性

高性能混凝土具有较高的体积稳定性，即混凝土在硬化早期应具有较低的水化热，硬化后期具有较小的收缩变形。

⑤ 经济性

高性能混凝土较高的强度、良好的耐久性和工艺性都能使其具有良好的经济性。高性能混凝土良好的耐久性可以减少结构的维修费用，延长结构的使用寿命，收到良好的经济效益；高性能混凝土的高强度可以减少构件尺寸，减小自重，增加使用空间；HPC良好的工作性可以减少工人工作强度，加快施工速度，减少成本。

3）应用

苏联学者研究发现用C110～C137的高性能混凝土替代C40～C60的混凝土，可以节约15%～25%的钢材和30%～70%的水泥。虽然HPC本身的价格偏高，但是其优异的性能使其具有了良好的经济性。概括起来说，高性能混凝土就是能更好地满足结构功能要求和施工工艺要求的混凝土，能最大限度地延长混凝土结构的使用年限，降低工程造价。

(2) 预拌混凝土

1) 涵义

水泥、集料、水以及根据需要掺入的外加剂、矿物掺合料等组分按一定比例，在搅拌站经计量、拌制后出售的并采用运输车，在规定的时间内运至使用地点的混凝土拌合物。

2) 分类

预拌混凝土按其强度等级、坍落度大小、粗集料最大公称粒径的大小，可分为通用品和特制品。其中通用品是指强度等级不大于C50、坍落度不大于180mm粗集料最大公称粒径为20mm、25mm、31.5mm或40mm，无其他特殊要求的预拌混凝土，用A表示，而任一项指标超出通用品规定范围或有特殊要求的预拌混凝土称为特制品，用B表示。

3) 特性

预拌混凝土和普通混凝土相比，具有以下特点：

① 对原材料质量要求高、对配合比的要求高；

② 使用多种外加剂，对搅拌和运输设备的要求高；

③ 混凝土的存放时间长、坍落度大；

④ 计划性强，增加了检验环节和项目，要求加强各环节管理；

⑤ 有利于提高工效、环保节能。

4) 应用

预拌混凝土又称商品混凝土，它将混凝土这一主要的建筑材料，从备料、拌制到运输的一系列环节，从传统的施工现场分离出来，成为一种商品，直接进入建筑物作业层，是建筑施工技术进步的一个标志，也是混凝土施工技术发展的必然趋势，它是主要的结构工程材料，是影响结构安全的重要工程材料，是决定结构寿命的主要工程材料。

4.4.2 砂浆

由胶结料、细骨料、掺加料和水按照适当比例配制而成。

1. 分类

(1) 按用途分类

1) 砌筑砂浆：将砖、石、砌块等粘结成为砌体的砂浆起着胶结块材和传递荷载的作用，是砌体的重要组成部分。

2) 抹面砂浆：用以涂抹在建筑物或建筑构件的表面，兼有保护基层、满足使用要求和增加美观的作用。

(2) 按胶凝材料不同分类

1) 水泥砂浆；2) 石灰砂浆；3) 混合砂浆。

2. 组成材料

砂浆的组成材料除了不含粗集料外，基本与混凝土的组成材料要求相类似。

(1) 水泥

砂浆用水泥品种，应根据砂浆的用途来选择，常用的主要是五大类水泥。选用水泥的强度等级不宜大于32.5级；水泥混合砂浆采用的水泥其强度等级不宜大于42.5级。

(2) 掺合料

为了提高砂浆的和易性，除水泥外，一般还掺入部分石灰膏、黏土膏或粉煤灰形成水泥混合砂浆，以达到提高质量，降低水泥用量的目的。

（3）砂

砌筑砂浆用砂宜采用中砂，其中毛石砌体宜选用粗砂。≥M5 的混合砂浆含泥量不应超过 5%，<M5 的水泥混合砂浆含泥量不应超过 10%。

（4）水

采用不含有害杂质的洁净水，要求同混凝土。

（5）外加剂

可加入塑化、早强、防冻、缓凝等作用的外加剂，其品种和掺量应经试验确定。

3. 技术性质

（1）新拌砂浆的和易性

新拌砂浆的和易性通常用流动性和保水性 2 项指标表示。

1）流动性

是指砂浆在自重或外力作用下流动的性能，其实质上反映了砂浆的稠度，大小以砂浆稠度仪的圆锥体沉入砂浆中的深度来表示，称为稠度（沉入度）。

2）保水性

是指新拌砂浆在运输和施工过程中保持水分不流失和各组分不分离的能力。其大小用分层度表示，分层度大，表明砂浆的保水性不好。

（2）硬化后砂浆的强度

1）抗压强度与强度等级

砂浆是以抗压强度作为其强度指标，标准试件尺寸为 70.7mm 立方体试件一组 6 块，按标准条件养护至 28d 的抗压强度代表值（MPa）确定。一共划分为六个强度等级：M20、M15、M10、M7.5、M5.0、M2.5。

2）粘结力

砂浆的粘结力与其强度密切相关，通常砂浆强度越高则粘结力越大。此外，砂浆的粘结强度与基层材料的表面状态、清洁程度、湿润状况以及施工养护等条件有很大关系。

（3）耐久性

圬工砂浆经常受环境水的作用，故除强度外，还应考虑抗渗、抗冻、抗侵蚀等性能。提高砂浆的耐久性，主要是提高其密实度。

4.5 沥青和沥青混合料

4.5.1 沥青

沥青材料是一种有机胶凝材料，其内部是由一些极其复杂的碳氢化合物及其非金属（氧、硫、氮）的衍生物所组成的混合物。沥青在常温下一般呈固体、半固体，也有少数呈现黏性液体状态，可溶于二硫化碳、四氯化碳、三氯甲烷和苯等有机溶剂，颜色为黑色或黑褐色。

沥青具有良好的憎水性、粘结性和塑性，可以防水、防潮和防渗，因而得以广泛应用。

1. 分类

对于沥青材料的命名和分类，世界各国尚未取得统一的认识，我国按照来源不同，将沥青分为地沥青和焦油沥青 2 大类。

（1）地沥青

是天然存在的或石油加工得到的沥青材料。按其产源又可分为天然沥青和石油沥青。

1）天然沥青

是石油在自然条件下，由于地壳运动使地下石油上升到地壳表层聚集或渗入岩石孔隙，经受长时间地球物理因素作用而形成的产物。

2）石油沥青

是石油经精制则加工为其他油品后的残渣，最后加工而得到的产品。

（2）焦油沥青

是利用各种有机物（煤、页岩、木材等）干馏加工得到的焦油，经再加工而得到的产品。按其干馏原料的不同可分为煤沥青、页岩沥青、木沥青和泥炭沥青。

在工程中最常用的是石油沥青。

2. 石油沥青

（1）生产工艺

原油经分馏提取汽油、煤油、柴油和润滑油等石油产品后所剩残渣，再进行氧化装置、溶剂脱沥青装置或深拔装置加工得各种石油沥青。可采取各种方式将其加工成液体沥青、调合沥青、乳化沥青、混合沥青及其他改性沥青。

（2）组成

1）元素组成

石油沥青是十分复杂的烃类和非烃类的混合物，是石油中相对分子量最大、组成及结构最为复杂的部分。其主要元素有：C、H、O、N、S。在实际应用中，由于沥青化学组成结构的复杂性，常发现元素组成非常相近的沥青其性质差异却非常大，所以到目前为止还不能直接得到沥青元素数量组成与其性质之间的关系。

2）化学组分

化学组分分析就是将沥青分离为化学性质相近，且与其路用性质有一定联系的几个组，这些组就称为“组分”。我国现行规范中规定有三组分和四组分 2 种分析法。

① 三组分分析法

又称溶解—吸附法，是以沥青在吸附剂上的吸附性和在抽提溶剂中溶解性的差异为基础。先用低分子烷烃沉淀出沥青质，再用白土吸附可溶分，将其分成吸附部分——胶质和未被吸附部分——油分，这样，可将沥青分成三组分。各组分的特性如表 4-1 所示。

石油沥青三组分分析法的各组分性状 **表 4-1**

组　分	外观特点	作　用
油分	淡黄透明液体	使沥青具有流动性
树脂	红褐色黏稠半固体	使沥青具有粘结性和塑性
沥青质	深褐色固体末状微粒	决定沥青的温度稳定性、黏性及硬度

② 四组分分析法

即将沥青分离为：饱和分、芳香分、沥青质、胶质。其中饱和分含量增加，可使沥青稠度降低（针入度增大）；树脂含量增大，可使沥青塑性增加；在有饱和分存在的条件下，沥青质含量增加，可使沥青获得低的感温性；树脂和沥青质的含量增加，可使沥青的黏度提高。

（3）沥青的含蜡量

蜡对沥青路用性能的影响在于高温时沥青容易发软，导致沥青路面高温稳定性降低，出现车辙。低温时使沥青变得脆硬，导致路面低温抗裂性降低，出现裂缝。此外，蜡会使沥青与石料黏附性降低，在水分的作用下，会使路面石子与沥青产生剥落现象，造成路面破坏；更严重的是，含蜡沥青会使沥青路面的抗滑性降低，影响路面的行车安全性。沥青含蜡量限制范围为 2.2%～4.5%。

（4）石油沥青的结构

1）胶体结构的形成

沥青的技术性质，不仅取决于它的化学组分及其化学结构，而且取决于它的胶体结构。现代胶体理论认为：沥青的胶体结构，是以固态超细微粒的沥青质为胶核（分散相），吸附极性半固态的胶质，并逐渐向外扩散形成胶团。由于胶质的胶溶作用，而使胶团胶溶、分散于液态的芳香分和饱和分组成的分散介质中，形成稳定的胶体。

2）胶体的结构类型

① 溶胶型结构：沥青黏滞性小，流动性大，塑性好，温度稳定性较差，是液体沥青结构的特征。

② 凝胶型结构：弹性和黏性较高，温度敏感性较小，流动性、塑性较低。

③ 溶-凝胶型结构：沥青质含量少于凝胶结构，又含适量的油分和树脂，其性质介于两者之间。

3）胶体结构类型的判定

沥青的胶体结构与其路用性能有密切的关系。为工程使用方便，通常根据沥青的针入度指数 PI 值来划分其胶体结构类型。

（5）技术性质

1）黏滞性（黏性）

沥青在外力作用下抵抗变形的能力，反映沥青内部阻碍其相对运动的一种特性，是沥青的重要指标之一。在现代交通条件下，为防止路面出现车辙，沥青黏度是首要考虑到参数。

黏度的测定方法可分为两类：一类是绝对黏度法，另一类为相对黏度法，工程上常采用后者。测定相对黏度的方法是标准黏度计法及针入度法。

① 针入度

是在规定温度和时间内，附加一定质量的标准针垂直贯入试样的深度，以 0.1mm 表示。试验条件以 PT，m，t 表示，其中 P 为针入度，T 为试验温度，m 为荷重，t 为贯入时间。针入度值越小，表示黏度越大。

② 标准黏度

又称黏滞度，是液体状态的沥青材料，在标准黏度计中，于规定的温度条件下（20℃、25℃、30℃或 60℃），通过规定的流孔直径（3mm，4mm，5mm 及 10mm）流出 50ml 体积所需的时间（s），以 CT，d 表示，在相同温度和相同流孔条件下，流出时间愈长，表示沥青黏度愈大。

2）延展性（塑性）

是指沥青在外力作用下产生变形而不破坏（裂缝或断开），除去外力后仍保持原形状不变的性质。沥青的塑性用延度表示，用延度仪测定。

延度：将沥青试样制成∞字形标准试模（中间最小截面积为 $1cm^2$）在规定速度 5cm/min 和规定温度 25℃或 15℃下拉断时的长度，以厘米表示。沥青的延度越大，塑性越好，柔性和抗断裂性越好。

3）温度敏感性（感温性）

是指石油沥青的黏滞性和塑性随温度升降而变化的性能。

① 高温稳定性

用软化点表示，软化点愈高，表明沥青的耐热性愈好，即温度稳定性愈好。

以上所论及的针入度、延度、软化点是评价黏稠石油沥青路用性能最常用的经验指标，所以统称“沥青三大指标”。针入度是在规定温度下沥青的条件黏度，而软化点则是沥青达到规定条件黏度时的温度。软化点既是反映沥青材料感温性的一个指标，也是沥青黏度的一种量度。

② 低温抗裂性

沥青材料在低温下，受到瞬时荷载时，常表现为脆性破坏。沥青的低温抗裂性用脆点表示，脆点是指沥青材料由粘塑状态转变为固体状态达到条件脆裂时的温度。

在工程中，要求沥青具有较高的软化点和较低的脆点，防止沥青材料夏季流淌或冬季变脆甚至开裂等现象。

4）加热稳定性

沥青在过热或过长时间加热过程中，会发生轻馏分挥发、氧化、裂化、聚合等一系列物理及化学变化，使沥青的化学组成及性质相应地发生变化的性质。

对于中、轻交通量用道路黏稠石油沥青采用蒸发损失试验，对于重交通量用道黏稠石油沥青采用沥青薄膜加热试验，对于液体石油沥青采用沥青的蒸馏试验。

5）安全性

沥青材料在使用时必须加热，当加热至一定温度时，沥青材料中挥发的油分蒸气与周围空气组成混合气体，此混合气体遇火焰则发生闪火。若继续加热，油分蒸气的饱和度增加，由于此种蒸气与空气组成的混合气体遇火焰极易燃烧，而引起熔油车间发生火灾或导致沥青烧坏，为此必须测定沥青的闪点和燃点。

① 闪点：又称闪火点，是指加热沥青挥发出可燃气体与空气组成的混合气体在规定条件下与火接触，产生闪光时的沥青温度（℃）。

② 燃点：又称着火点，指沥青加热产生的混合气体与火接触能持续燃烧 5s 以上时的沥青温度。闪燃点温度相差 10℃左右。

6）溶解度

是指石油沥青在三氯乙烯中溶解的百分率（即有效物质含量）。那些不溶解的物质为有害物质（沥青碳、似碳物），会降低沥青的性能，应加以限制。

7）含水量

沥青中含有水分，施工中挥发太慢，影响施工速度，所以要求沥青中含水量不宜过多。在熔化沥青时应加快搅拌速度，促进水分蒸发，控制加热温度。

8）非常规的其他性能

① 针入度指数

应用经验的针入度和软化点试验结果，提出一种能表征沥青的感温性和胶体结构的指标称“针入度指数”，用 PI 表示，见式（4-23）。

$$PI=\frac{30}{1+50A}-10 \tag{4-23}$$

其中

$$A=\frac{\lg 800-\lg P_{(25℃,100g,5s)}}{T_{软}-25} \tag{4-24}$$

② 劲度模量

在一定荷载作用时间和温度条件下，其应力与应变的比值。

③ 黏附性

为保证沥青混合料的强度，在选择石料时应优先考虑利用碱性石材。

④ 老化

沥青在自然因素（热、氧化、光和水）的作用下，产生“不可逆”的化学变化，导致路用性能劣化，通常称之为“老化”。沥青老化后，在物理力学性质方面，表现为针入度减少，延度降低，软化点升高，绝对黏度提高，脆点降低等。

3. 煤沥青

煤沥青（俗称柏油）是将烟煤在隔绝空气条件下进行干馏而得的副产品——煤焦油，再经蒸馏而获得的产品。蒸馏温度低于 270℃所得的产品为液体或半固体，称为软煤沥青；蒸馏温度高于 270℃所得固态产品，称为硬煤沥青。路用煤沥青多为 700℃以上的高温煤焦油加工而得，它具有一定的温度稳定性。

（1）煤沥青的组分

利用选择性溶解的组分分析方法，可将煤沥青划分为几个化学性质、路用性能相近的组分，包括游离碳、固态树脂、可溶性树脂、油分；油分又可分为中性油、酚、萘、蒽。

（2）技术性质

1）温度稳定性较低

煤沥青中可溶性树脂含量较多，受热易软化溶于油分中。所以加热温度和时间都要严格控制，不易反复加热。

2）大气稳定性差

煤沥青中不饱和碳氢化合物含量较多，易老化变质。

3）塑性较差

煤沥青中含较多的游离碳，受力易变形开裂，尤其是在低温条件下易变得脆硬。

4）与矿料黏附性好

含有较多表面活性物质，能与矿料很好黏附，可提高粘结强度。

5）煤沥青密度比石油沥青大

6）有毒、有臭味、防腐能力强

煤沥青中含有酚、蒽等易挥发的有毒成分，施工时对人体有害，但用于木材的防腐效果较好。

（3）技术指标

1）黏度

表示煤沥青的粘结性，取决于液相组分和固相组分的比例。黏度是确定煤沥青强度等级的主要指标，用标准黏度计测定，常用的温度和流孔有C30，5、C30，10、C50，10、C60，10等四种。

2）蒸馏试验

根据煤沥青化学组成特征，将其物理化学性质较接近的化合物分为：170℃以前的轻油；270℃以前的中油；300℃以前的重油等三个馏程。其中300℃以后的馏分是煤沥青中最有价值的油质部分，应测其软化点以表示其性质。

3）含水量

煤沥青中含有水分，在施工加热时易产生泡沫或爆沸现象，不宜控制。同时，煤沥青作为路面结合料，如果含有水分会影响煤沥青与集料的黏附，降低路面强度，因此必须限制其在煤沥青中的含量。

4）甲苯不溶物含量

不溶于热甲苯的物质主要为游离碳和含有氧、氮、硫等结构复杂的大分子有机物及少量灰分，这些物质含量过多会降低煤沥青粘结性，因此必须加以限制。

5）萘含量

萘在煤沥青中，低温时易结晶析出，使煤沥青失去塑性，导致路面冬季易产生开裂。在常温下，萘易挥发、升华，加速煤沥青老化，并且挥发出的气体，对人体有毒害，因此必须限制煤沥青中萘的含量。

6）酚含量

酚能溶解于水，易导致路面强度降低，同时酚水溶物有毒，对环境、人类、牲畜有害，因此必须限制其在煤沥青中的含量。

4. 其他沥青

（1）乳化沥青

将黏稠沥青热融至流动态，经过机械力的作用，使沥青以细小的微粒状态（粒径可小至1～5μm）分散于含有乳化剂-稳定剂的水溶液中。由于乳化剂-稳定剂的作用而形成均匀稳定的乳状液，又称为沥青乳液，简称乳液。

（2）再生沥青

1）沥青的老化：表现为沥青黏度增大、脆性增加。

2）沥青的再生：向老化沥青中加入所缺少的组分（即添加沥青再生剂），把富含芳烃的软组分按一定比例调和到旧沥青中，使之建立新的沥青组分，并使其匹配得更合理，即将沥青质借助于树脂更好地分散在油分中，形成稳定的胶体结构，从而改变沥青的流变性能，使沥青性能达到质量指标的要求。

（3）改性沥青

是指掺加橡胶、树脂、高分子聚合物、天然沥青、磨细的橡胶粉，或者其他材料等外掺剂（改性剂）制成的沥青结合料，从而使沥青或沥青混合料的性能得以改善。

4.5.2 沥青混合料

沥青混合料是指用具有一定黏度和适当用量的沥青材料与一定级配的矿质集料，经过充分拌合而形成的混合物。

1. 含义

沥青混合料是由矿料与沥青结合料拌合而成的混合料的总称。将这种混合物加以摊铺、碾压成型，成为各种类型的沥青路面。常用的沥青路面类型包括：沥青表面处治、沥青贯入式、沥青碎石和沥青混凝土等四种。

2. 分类

（1）按结合料分

1）石油沥青混合料

以石油沥青为结合料的沥青混合料（包括：黏稠石油沥青、乳化石油沥青及液体石油沥青）。

2）煤沥青混合料

以煤沥青为结合料的沥青混合料。

（2）按施工工艺分

1）热拌热铺沥青混合料

简称热拌沥青混合料。沥青与矿料在热态拌合、热态铺筑的混合料。

2）冷拌沥青混合料

以乳化沥青或稀释沥青与矿料在常温状态下拌制、铺筑的混合料。

（3）按矿质集料级配类型分

1）连续级配沥青混合料

沥青混合料中的矿料是按级配原则，从大到小各级粒径都有，按比例相互搭配组成的混合料，称为连续级配混合料。

2）间断级配沥青混合料

连续级配沥青混合料矿料中缺少一个或两个档次粒径的沥青混合料称为间断级配沥青混合料。

（4）按混合料密实度分

1）密级配沥青混合料

按密实级配原则设计组成的各种粒径颗粒的矿料与沥青结合料拌合而成，设计空隙率较小（对不同交通及气候情况、层位可作适当调整）的密实式沥青混凝土混合料（以 AC 表示）和密实式沥青稳定碎石混合料（以 ATB 表示）。

2）开级配沥青混合料

矿料级配主要由粗集料嵌挤组成，细集料及填料较少，设计空隙率为 18%的混合料。

3）半开级配沥青混合料

由适当比例的粗集料、细集料及少量填料（或不加填料）与沥青结合料拌合而成，经马歇尔标准击实成型试件的剩余空隙率在 6%～12%的半开式沥青碎石混合料（以 AM 表示）。

（5）按最大粒径分类：

1）特粗式沥青混合料：集料公称最大粒径等于或大于 31.5mm 的沥青混合料。

2）粗粒式沥青混合料：集料公称最大粒径等于或大于26.5mm的沥青混合料。

3）中粒式沥青混合料：集料公称最大粒径为16mm或19mm的沥青混合料。

4）细粒式沥青混合料：集料公称最大粒径为9.5mm或13.2mm的沥青混合料。

5）砂粒式沥青混合料：集料公称最大粒径等于或小于4.75mm的沥青混合料，也称为沥青石屑或沥青砂。

（6）其他

1）沥青稳定碎石混合料（简称沥青碎石）

由矿料和沥青组成具有一定级配要求的混合料，按空隙率、集料最大粒径、添加矿粉数量的多少，分为密级配沥青碎石（ATB）、开级配沥青碎石（OGFC表面层及ATPB基层）、半开级配沥青碎石（AM）。

2）沥青玛蹄脂碎石混合料

由沥青结合料与少量的纤维稳定剂、细集料以及较多量的填料（矿粉）组成的沥青玛蹄脂填充于间断级配的粗集料骨架的间隙中，组成一体的沥青混合料，简称SMA。

3. 特点

（1）沥青混合料是一种弹塑黏性材料，因而它具有一定的高温稳定性和低温抗裂性。它不需设置施工缝和伸缩缝，路面平整且有弹性，行车比较舒适。

（2）沥青混合料路面有一定的粗糙度，雨天具有良好的抗滑性。路面又能保证一定的平整度，如高速公路路面，其平整度可达1.0mm以下，而且沥青混合料路面为黑色，无强烈反光，行车比较安全。

（3）施工方便，速度快，养护期短，能及时开放交通。

（4）沥青混合料路面可分期改造和再生利用。随着道路交通量的增大，可以对原有的路面拓宽和加厚。对旧有的沥青混合料，可以运用现代技术，再生利用，以节约原材料。

4. 热拌热铺沥青混合料（HMA）

（1）定义

是经人工组配的矿质混合料与黏稠沥青在专门设备中加热拌合而成，用保温运输工具运送至施工现场，并在热态下进行摊铺和压实的混合料，通称“热拌热铺沥青混合料”。

（2）组成结构类型

1）悬浮-密实结构

是指矿质集料由大到小组成连续型密级配的混合料结构。混合料中粗集料数量较少，不能形成骨架，细集料较多，足以填补空隙。这种沥青混合料粘结力较大，内摩擦角较小，虽然可以获得很大的密实度，但是各级集料均被次级集料所隔开，不能直接靠拢而形成骨架，有如悬浮于次级集料及沥青胶浆之间。主要靠粘结力形成强度，高温稳定性差。

2）骨架-空隙结构

是指矿质集料属于开级配的混合料结构。矿质集料中粗集料较多，可形成矿质骨架，细集料较少，不足以填满空隙。这种结构虽然具有较高的内摩擦角φ，但粘结力c较低。因而此结构混合料空隙率大，耐久性差，沥青与矿料的粘结力差，热稳定性较好，这种结构沥青混合料的强度主要取决于内摩擦角。当沥青路面采用这种形式的沥青混合料时，沥青面层下必须作下封层。

3）密实-骨架结构

是指此结构具有较多数量的粗骨料形成空间骨架，同时又有足够的细集料填满骨架的空隙。这种结构不仅具有较高的粘结力 c，而且具有较高的内摩擦角 φ，是沥青混合料中最理想的一种结构类型。

（3）组成材料的技术要求

1）沥青材料

沥青路面所用的沥青材料有石油沥青、煤沥青、液体石油沥青和沥青乳液等。各类沥青路面所用沥青材料的标号，应根据路面的类型、施工条件、地区气候条件、施工季节和矿料性质与尺寸等因素而定。这样才能使拌制的沥青混合料具有较高的力学强度和较好的耐久性。

一般上面层宜用较稠的沥青，下层或联结层宜用较稀的沥青。对于渠化交通的道路，宜采用较稠的沥青。煤沥青不得用于面层热拌沥青混合料。

2）粗集料

通常采用碎石、卵石及冶金矿渣等。沥青混合料的粗集料应该洁净、干燥、无风化、无杂质，并且具有足够的强度和耐磨性，形状要接近正立方体，针片状颗粒的含量应符合要求，且要求表面粗糙，有一定的棱角。

对路面抗滑表层的粗集料应选用坚硬、耐磨、抗冲击性好的碎石或破碎砾石，不可使用筛选砾石、矿渣及软质集料。

由于碱性石料与沥青具有较强的黏附力，组成沥青混合料可得到较高的力学强度。选用石料应尽量选用碱性石料。在缺少碱性石料的情况下，也可采用酸性石料代替，但必须对沥青或粗集料进行适当的处理，可采用掺加消石灰、水泥或用饱和石灰水处理，以增加混合料的粘结力。并应选用针入度较小的沥青与之搭配使用。

3）细集料

热拌沥青混合料的细集料包括天然砂、机制砂和石屑。细集料同样应洁净、干燥、无风化、无杂质，质地坚硬、有棱角，并有适当的级配，且与沥青具有良好的粘结力。细集料与粗集料和填料配制成的矿质混合料，其级配应符合要求。当一种细集料不能满足级配要求时，可采用两种或两种以上的细集料掺合使用。热拌密级配沥青混合料中天然砂的用量通常不宜超过集料总量的20%。

4）填料

矿质填料通常是指矿粉。矿粉应采用碱性石料磨制的石粉，如石灰石、白云石等，也可以由石灰、水泥、粉煤灰代替，但用这些物质作填料时，其用量不宜超过矿料总量的2%，其中粉煤灰的用量不宜超过填料总量的50%。

矿粉应具有足够的细度，故小于0.075mm的石粉应大于75%，并要求石粉干净、疏松、不结团、含水量小于1%，亲水系数小于1。

（4）技术性质

1）高温稳定性

沥青混合料是一种典型的流变性材料，它的强度和劲度模量随着温度的升高而降低。所以沥青混合料路面在夏季高温时，在重交通的重复作用下，由于交通的渠化，在轮迹带逐渐形成、变形下凹、两侧鼓起的所谓“车辙”。

沥青混合料高温稳定性，是指沥青混合料在夏季高温（通常为60℃）条件下，经车辆荷载长期重复作用后，不产生车辙和波浪等病害的性能。

① 马歇尔稳定度

马歇尔稳定度的试验方法自B. 马歇尔（Marshall）提出，迄今已半个多世纪，经过许多研究者的改进，目前普遍是测定：

a. 马歇尔稳定度（MS）：是指标准尺寸试件在规定温度和加荷速度下，在马歇尔仪中最大的破坏荷载（kN）；

b. 流值（FL）：是达到最大破坏荷重时试件的垂直变形（以mm计）；

c. 马歇尔模数（T）：稳定度除以流值的商。

② 车辙试验

高温稳定性主要表现为车辙，永久变形的累积而导致路面出现车辙。

2）低温抗裂性

① 定义：沥青混合料的低温抗裂性是沥青混合料在低温下抵抗断裂破坏的能力。

② 开裂原因：冬季，随着温度的降低，沥青材料的劲度模量变得越来越大，材料变得越来越硬，并开始收缩。由于沥青路面在面层和基层之间存在着很好的约束，因而当温度大幅度降低时，沥青面层中会产生很大的收缩拉应力或者拉应变，一旦其超过材料的极限拉应力或者极限拉应变，沥青面层就会开裂。

3）耐久性

沥青混合料在路面中，长期受自然因素的作用，为保证路面具有较长的使用年限，必须具备有较好的耐久性。影响沥青混合料耐久性的因素有：沥青的化学性质、矿料的矿物成分、沥青混合料的组成结构（如：残留空隙）等。

4）抗滑性

沥青混合料路面的抗滑性与矿质集料的微表面性质、混合料的级配组成以及沥青用量等因素有关。

5）施工和易性

影响沥青混合料施工和易性的因素很多，诸如当地气温、施工条件及混合料性质等。

5. 其他沥青混合料

（1）冷拌冷铺沥青混合料

1）冷拌沥青碎石混合料的组成

① 集料与填料：要求与热拌沥青碎石混合料相同。

② 结合料：采用乳化沥青。

2）冷拌沥青碎石混合料的类型

冷拌沥青碎石混合料的类型，按其结构层位决定，通常路面的面层采用双层式时，采用粗粒式（或特粗）沥青碎石AM25（或AM40），上层选用较密实的细粒式（或中粒式）沥青碎石AM10、AM13（或AM16）。

3）冷拌沥青混合料的应用

乳化沥青碎石混合料适用于三级及三级以下的公路的沥青路面面层，二级公路的罩面层施工，以及各级公路沥青路面的基层、联层或平整层。冷拌改性沥青混合料可用于沥青路面的坑槽冷补。

(2) 沥青稀浆封层混合料

简称沥青稀浆混合料，是由乳化沥青、石屑（或砂）、水泥和水等拌制而成的一种具有流动性的沥青混合料。

1）沥青稀浆封层混合料的组成

① 结合料：乳化沥青，常用阳离子慢凝乳液。

② 集料：级配石屑（或砂）组成矿质混合料，最大粒径为 10mm、5mm 或 3mm。

③ 填料：石灰或粉煤灰和石粉。

④ 水：适量。

⑤ 添加剂：为调节稀浆混合料的和易性和凝结时间需添加各种助剂，如氯化铵、氯化钠、硫酸铝等。

2）沥青稀浆封层混合料的类型

沥青稀浆封层混合料按其用途和适应性分为三种类型。

① ES-1 型

为细粒式封层混合料，沥青用量较高（>8%），具有较好渗透性，有利于治愈裂缝。适用于大裂缝的封缝或中轻交通的一般道路薄层处理。

② ES-2 型

为中粒式封层混合料，是最常用级配，可形成中等粗糙度，用于一般道路路面的磨耗层；也适用于旧高等级路面的修复罩面。

③ ES-3 型

为粗粒式封面混合料，其表面粗糙，适用作为抗滑层；亦可进行二次抗滑处理，可用于高等级路面。

(3) 沥青玛蹄脂碎石混合料（SMA）

SMA 是一种由沥青与少量的纤维稳定剂、细集料以及较多量的填料（矿粉）组成的沥青玛碲脂填充于间断级配的粗集料骨架间隙中，组成一体的沥青混合料，简称 SMA。

路用性能：

1）优良的温度稳定性

由于粗集料颗粒之间相互良好的嵌挤作用，传递荷载能力高，可以很快地把荷载传到下层，并承担较大轴载和高压轮胎；同时骨架结构增加了混合料的抗剪切能力。

2）良好的耐久性

沥青玛蹄脂与石料粘结性好，并且由于 SMA 不透水，有较强的保护作用和隔水作用，SMA 混合料内部被沥青结合料充分填充，使得沥青膜较厚且空隙率小，沥青与空气的接触少，抗老化、抗松散、耐磨耗。

3）优良的表面特性

4）投资效益高

4.6 砖和砌块

用于墙体的材料主要有砖，砌块等墙体砖按所用原料不同分为黏土砖和废渣砖（如页岩砖，灰砂砖，煤矸石砖，粉煤灰砖，炉渣砖等）；按生产方式不同分为烧结砖和非烧结砖；按砖的外形不同分为普通砖（实心砖），多孔砖及空心砖。砌块有混凝土砌块，蒸压加气混凝土砌块，粉煤灰硅酸盐砌块等。

4.6.1 烧结砖

1. 烧结普通砖

根据国家标准《烧结普通砖》GB 5101—2003 的规定，烧结普通砖按其主要原料分为黏土砖（N），页岩砖（Y），煤矸石砖（M）和粉煤灰砖（F），烧结普通砖的规格为 240mm×115mm×53mm（公称尺寸）的直角六面体。在烧结普通砖砌体中，加上灰缝 10mm，每 4 块砖长，8 块砖宽或 16 块砖厚均为 1m。$1m^3$ 砌体需用砖 512 块。

（1）烧结普通砖的主要技术性质

根据 GB 5101—2003，烧结普通砖的技术要求包括：尺寸偏差，外观质量，强度，抗风化性能，泛霜，石灰爆裂及欠火砖，酥砖和螺纹砖（过火砖）等，并划分为不同强度等级和优等品（A），一等品（B）和合格品（C）三个质量等级。

1）强度。烧结普通砖根据 10 块试样抗压强度的试验结果，分为五个强度等级（见表 4-2），不符合为不合格品。

烧结普通砖及多孔砖的强度 **表 4-2**

强度等级	抗压强度（MPa）	变异系数 $\delta\leqslant0.21$	变异系数 $\delta>0.21$
	平均值不小于	强度标准值不小于	单块最小抗压强度不小于
MU30	30.0	22.0	25.0
MU25	25.0	18.0	22.0
MU20	20.0	14.0	16.0
MU15	15.0	10.0	12.0
MU10	10.0	6.5	7.5

2）外观质量。烧结普通砖的外观质量应符合表 4-3 的规定，产品中不允许有欠火砖，酥砖和螺旋纹砖（过火砖），否则为不合格品。

烧结普通砖的外观质量（mm） **表 4-3**

项　目	优等品		一等品		合格品	
	样本平均偏差	样本偏差≤	样本平均偏差	样本偏差≤	样本平均偏差	样本极差≤
（1）两条面高度差，不大于（mm）	2		3		5	
（2）弯曲，不大于（mm）	2		3		5	
（3）杂质凸出高度，不大于（mm）	2		3		5	
（4）缺棱掉角的三个破坏尺寸，不得同时大于（mm）	15		20		30	
（5）裂纹长度，不大于（mm）						
① 大面上宽度方向及其延伸至条面的长度	70		70		110	
② 大面上长度方向及其延伸至顶面的长度或条、顶面上水平裂纹长度	100		100		150	
（6）完整面不得少于	一条面和一顶面		一条面和一顶面		—	
（7）颜色	基本一致		—		—	

3）泛霜。是指原料中可溶性盐类（如硫酸钠等），随着砖内水分蒸发而在砖表面产生的盐析现象，一般为白色粉末，常在砖表面形成絮团状斑点。

4）石灰爆裂。如果原料中夹杂石灰石，则烧砖时将被烧成生石灰留在砖中。有时掺入的内燃料（煤渣）也会带入生石灰，这些生石灰在砖体内吸水消化时产生体积膨胀，导致砖发生胀裂破坏，这种现象称为石灰爆裂。

石灰爆裂对砖砌体影响较大，轻者影响美观，重者将使砖砌体强度降低直至破坏。国家标准规定，优等品砖不允许出现最大破坏尺寸大于 2mm 的爆裂区域；一等品砖不允许出现大于 10mm 爆裂区，且 2～10mm 爆裂区域者，每组砖样中也不得多于 15 处；合格品砖不允许出现大于 15mm 的爆裂区域，且 2～15mm 爆裂区域者，每组砖样中不得多于 15 处，其中 10～15mm 的不得多于 7 处。

5）抗风化性能。砖的抗风化性能是烧结普通砖耐久性的重要标志之一。通常以抗冻性，吸水率及饱和系数等指标来判定砖的抗风化性能。

（2）烧结普通砖的应用

主要用于砌筑建筑工程的承重墙体、柱、拱、烟囱、沟道、基础等，有时也用于小型水利工程，如闸墩、涵管、渡槽、挡土墙等。砂浆性质对砖砌体强度的影响：在砌筑前，必须预先将砖进行吮水润湿，原因：砖的吸水率大，一般为 15%～20%。

2. 烧结多孔砖

烧结多孔砖为大面有孔的直角六面体，孔多而小，孔洞垂直于受压面。砖的主要规格有 M 型：190mm×190mm×90mm 及 P 型：240mm×115mm×90mm。国家标准《烧结多孔砖和多孔砌块》GB 13544—2011 规定，根据抗压强度，烧结多孔砖分为 MU30，MU25，MU20，MU15，MU10 五个强度等级（见表 4-2）。根据砖的尺寸偏差，外观质量，强度等级和物理性能（冻融、泛霜、石灰爆裂、吸水率等）分为优等品（A）、一等品（B）和合格品（C）三个质量等级。烧结多孔砖的孔洞率在 25%以上，表观密度约为 1400kg/m^3 左右。常被用于砌筑六层以下的承重墙。

3. 烧结空心砖

烧结空心砖为顶面有孔洞的直角六面体，孔大而少，孔洞为矩形条孔（或其他孔形），平行于大面和条面，在与砂浆的接合面上，设有增加结合力的深度为 1mm 以上的凹线槽。

对于强度、密度、抗风化性及放射性物质合格的空心砖，根据尺寸偏差、外观质量、孔洞排列及其结构、泛霜、石灰爆裂及吸水率，分为优等品（A）、一等品（B）和合格品（C）三个质量等级。烧结空心砖，孔洞率一般在 40%以上，质量较轻，强度不高，因而多用作非承重墙，如多层建筑内隔墙或框架结构的填充墙等。

4.6.2 非烧结砖

1. 蒸压灰砂砖（简称灰砂砖）

主要原料：磨细砂子，加入 10%～20%的石灰，成坯后需经高压蒸汽养护，磨细的二氧化硅和氢氧化钙在高温高湿条件下反应生成水化硅酸钙而具有强度。

国家标准《蒸压灰砂砖》GB 11945—1999 规定，按砖浸水 24h 后的抗压强度和抗折强度分为 MU25，MU20，MU15，MU10 四个等级。

避免用于长期受热高于 200℃，受急冷急热交替作用或有酸性介质侵蚀的建筑部位。

原因：灰砂砖中的一些组分如水化硅酸钙，氢氧化钙等不耐酸，也不耐热避免有流水冲刷的地方此外，原因：砖中的氢氧化钙等组分会被流水冲失。

2. 蒸养粉煤灰砖（简称粉煤灰砖）

以粉煤灰，石灰为主要原料，加入适量石膏，外加剂，颜料和集料等，经坯料制备，压制成型，常压或高压蒸气养护而成的实心砖。《粉煤灰砖》JC 239—2001 根据砖的抗压强度和抗折强度将其分为 MU30，MU25，MU20，MU15，MU10 五个强度等级，并根据尺寸偏差、外观质量及干燥收缩性质分为优等品（A)、一等品（B）及合格品（C）三个质量等级。

优势：大量处理工业废料，节约黏土资源，可用于工业与民用建筑的墙体和基础不能用于长期受热（200℃以上)，受急冷急热和有酸性介质侵蚀的建筑部位．应适当增设圈梁及伸缩缝避免或减少收缩裂缝的产生。

3. 炉渣砖（又称煤渣砖）

以煤燃烧后的炉渣为主要原料，加入适量石灰，石膏（或电石渣，粉煤灰）和水搅拌均匀，并经陈伏、轮碾、成型、蒸汽养护而成。炉渣砖按抗压强度和抗折强度分为 MU20，MU15，MU10 三个强度等级。

炉渣砖可用于一般工程的内墙和非承重外墙．其他使用要点与灰砂砖，粉煤灰砖相似。

4.6.3 砌块

砌块是用于建筑的人造材，外形多为直角六面体，也有异形的。

(1）按有无孔洞分：实心砌块（空心率<25%或无孔洞)、空心砌块（空心率≥25%)；

(2）按大小分：大砌块、中砌块、小砌块；

(3）按胶凝材料分：硅酸盐砌块、水泥混凝土砌块；

(4）按骨料品种分：普通砌块和轻骨料砌块。

1. 蒸压加气混凝土砌块

以钙质材料和硅质材料以及加气剂，少量调节剂，经配料、搅拌、浇注成型、切割和蒸压养护而成的多孔轻质块体材料。钙质材料：石灰硅质材料可分别采用，水泥，矿渣，粉煤灰，砂等。

国家标准《蒸压加气混凝土砌块》GB/T 11968—97 规定砌块的质量，按其尺寸偏差，外观质量，表观密度级别分为：优等品（A)，一等品（B）及合格品（C）三个质量等级。砌块强度级别按 100mm×100mm×100mm 立方体试件抗压强度值（MPa）划分为七个强度级别，见表 4-4 的规定。

砌块的立方体抗压强度 **表 4-4**

强度级别	立方体抗压强度（MPa）	
	平均值不小于	单组最小值不小于
A1.0	1.0	0.8
A2.0	2.0	1.6
A2.5	2.5	2.0
A3.5	3.5	2.8
A5.0	1.0	4.0
A7.5	1.0	6.0
A10.0	1.0	8.0

多用于高层建筑物非承重的内外墙，也可用于一般建筑物的承重墙，还可用于屋面保温，是当前重点推广的节能建筑墙体材料之一。但不能用于建筑物基础和处于浸水，高湿和有化学侵蚀的环境（如强酸，强碱或高浓度 CO_2），也不能用于表面温度高于 80℃的承重结构部位。

2. 普通混凝土小型空心砌块

由水泥、粗细骨料加水搅拌，经装模、振动（或加压振动或冲压）成型，并经养护而成。分为承重砌块和非承重砌块两类。其主要规格尺寸为 390mm×190mm×190mm。国家标准《普通混凝土小型空心砌块》GB 8239—97 按砌块的抗压强度分为 MU20.0，MU15.0，MU10.0，MU7.5，MU5.0 及 MU3.5 六个强度等级；按其尺寸偏差及外观质量分为：优等品（A），一等品（B）及合格品（C）。特点：质量轻，生产简便，施工速度快，适用性强，造价低等，用于低层和中层建筑的内外墙。砌筑时一般不宜浇水，但在气候特别干燥炎热时，可在砌筑前稍喷水湿润。

3. 轻集料混凝土小型砌块（LHB）

由水泥、轻集料、普通砂、掺合料、外加剂、加水搅拌、灌模成型养护而成。《轻集料混凝土小型空心砌块》GB/T 15229—2011 规定，砌块主规格尺寸为 390mm×190mm×190mm。按砌块内孔洞排数分为：实心（0），单排孔（1），双排孔（2），三排孔（3）和四排孔（4）五类。砌块表观密度分为：500，600，700，800，900，1200 及 1400 等八个等级。其中，用于围护结构或保温结构的实心砌块表观密度不应大于 800kg/m^3。砌块抗压强度分为 10.0，7.5，5.0，3.5，2.5，1.5 等六个强度等级。按砌块尺寸偏差及外观质量分为一等品（B）及合格品（C）两个质量等级。

4. 粉煤灰硅酸盐中型砌块（简称为粉煤灰砌块）

以粉煤灰，石灰，石膏和骨料等为原料，经加水搅拌，振动成型，蒸汽养护而制成的密实砌块。其主规格尺寸为 880mm×380mm×240mm 及 880mm×430mm×240mm 两种。《粉煤灰砌块》JC 238—91 规定，按砌块的抗压强度分为 MU10 和 MU13 两个强度等级；按砌块尺寸偏差，外观质量及干缩性能分为一等品（B）和合格品（C）两个质量等级。用于一般工业和民用建筑物墙体和基础。不宜用在有酸性介质侵蚀的建筑部位，也不宜用于经常受高温影响的建筑物。在常温施工时，砌块应提前浇水润湿，冬期施工时则不需浇水润湿。

4.7 建筑钢材

4.7.1 钢材的分类

（1）按化学成分分类

1）碳素钢

碳素钢的化学成分主要是铁，其次是碳，故也称铁一碳合金。其含碳量为 0.02%～2.06%。此外尚含有极少量的硅、锰和微量的硫、磷等元素。碳素钢按含碳量又可分为：低碳钢（含碳量小于 0.25%）、中碳钢（含碳量为 0.25%～0.60%）、高碳钢（含碳量大于 0.60%）。

2）合金钢

是指在炼钢过程中，有意识地加入一种或多种能改善钢材性能的合金元素而制得的钢种。常用合金元素有：硅、锰、钛、钒、铌、铬等。按合金元素总含量的不同，合金钢可分为：低合金钢（合金元素总含量小于5％）、中合金钢（合金元素总含量为5％～10％）、高合金钢（合金元素总含量大于10％）。

（2）按冶炼时脱氧程度分类

1）沸腾钢

炼钢时仅加入锰铁进行脱氧，则脱氧不完全。这种钢水浇入锭模时，会有大量的CO气体从钢水中外逸，引起钢水呈沸腾状，故称沸腾钢，代号为“F”。沸腾钢组织不够致密，成分不太均匀，硫、磷等杂质偏析较严重，故质量较差。但因其成本低、产量高，故被广泛用于一般建筑工程。

2）镇静钢

炼钢时采用锰铁、硅铁和铝锭等作脱氧剂，脱氧完全，且同时能起去硫作用。这种钢水铸锭时能平静地充满锭模并冷却凝固，故称镇静钢，代号为“Z”。镇静钢虽成本较高，但其组织致密，成分均匀，性能稳定，故质量好。适用于预应力混凝土等重要的结构工程。

3）半镇静钢

脱氧程度介于沸腾钢和镇静钢之间，为质量较好的钢，其代号为“b”。

4）特殊镇静钢

比镇静钢脱氧程度还要充分彻底的钢，故其质量最好，适用于特别重要的结构工程，代号为“TZ”。

（3）按有害杂质含量分类

按钢中有害杂质磷（P）和硫（S）含量的多少，钢材可分为以下四类：

1）普通钢。磷含量不大于0.045％；硫含量不大于0.050％。

2）优质钢。磷含量不大于0.035％；硫含量不大于0.035％。

3）高级优质钢。磷含量不大于0.025％；硫含量不大于0.015％。

4）特级优质钢。磷含量不大于0.025％；硫含量不大于0.015％。

4.7.2 钢材的技术性质

1. 抗拉性能

抗拉性能是建筑钢材最重要的技术性质。其技术指标为由拉力试验测定的屈服点、抗拉强度和伸长率。低碳钢（软钢）受拉的应力—应变图（图4-3）能够较好地解释这些重要的技术指标。

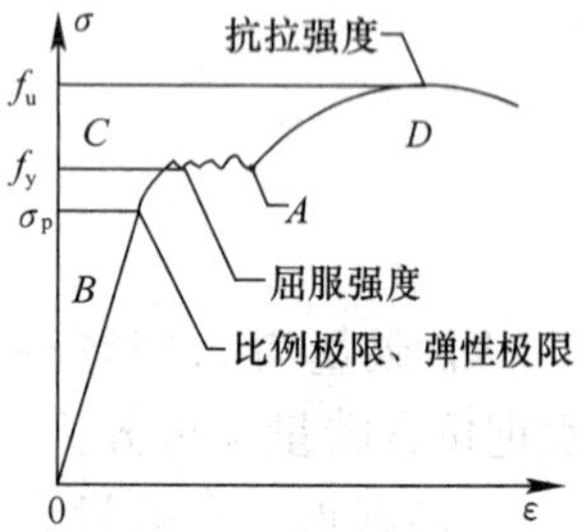

图 4-3

（1）屈服点

当试件拉力在OB范围内时，如卸去拉力，试件能恢复原状，应力与应变的比值为常数，因此，该阶段被称为弹性阶段。当对试件的拉伸进入塑性变形的屈服阶段BC时，称屈服下限$C_下$所对应的应力为屈服强度或屈服点，记做σ_s。设计时一般以σ_s作为强度取值的依据。对屈服现象不明显的钢材，规定以 0.2%残余变形时的应力 $\sigma_{0.2}$ 作为屈服强度。

(2) 抗拉强度

试件在屈服阶段以后，其抵抗塑性变形的能力又重新提高，称为强化阶段。对应于最高点 D 的应力称为抗拉强度，用 σ_b 表示。设计中抗拉强度虽然不能利用，但屈强比 σ_s/σ_b 有一定意义。屈强比愈小，反映钢材受力超过屈服点工作时的可靠性愈大，因而结构的安全性愈高。但屈强比太小，则反映钢材不能有效地被利用。

(3) 伸长率

当曲线到达 D 点后，试件薄弱处急剧缩小，塑性变形迅速增加，产生“颈缩现象”而断裂。量出拉断后标距部分的长度 L_1，标距的伸长值与原始标距 L_0 的百分率称为伸长率。即伸长率表征了钢材的塑性变形能力。由于在塑性变形时颈缩处的伸长较大，故当原始标距与试件的直径之比愈大，则颈缩处伸长中的比重愈小，因而计算的伸长率会小些。通常以 δ_5 和 δ_{10} 分别表示 $L_0=5d_0$ 和 $L_0=10d_0$（d_0 为试件直径）时的伸长率。对同一种钢材，δ_5 应大于 δ_{10}。

2. 冷弯性能

冷弯性能是指钢材在常温下承受弯曲变形的能力，是钢材的重要工艺性能。冷弯性能指标是通过试件被弯曲的角度（90°、180°）及弯心直径 d 对试件厚度（或直径）a 的比值（d/a）区分的，试件按规定的弯曲角和弯心直径进行试验，试件弯曲处的外表面无裂断、裂缝或起层，即认为冷弯性能合格。

3. 冲击韧性

冲击韧性是指钢材抵抗冲击荷载的能力。冲击韧性指标是通过标准试件的弯曲冲击韧性试验确定的。以摆锤打击试件，于刻槽处将其打断，试件单位截面积上所消耗的功，即为钢材的冲击韧性指标，用冲击韧性 a_k（J/cm^2）表示。a_k 值愈大，冲击韧性愈好。

钢材的化学成分、组织状态、内在缺陷及环境温度都会影响钢材的冲击韧性。试验表明，冲击韧性随温度的降低而下降，其规律是开始下降缓和，当达到一定温度范围时，突然下降很多而呈脆性，这种脆性称为钢材的冷脆性。

发生冷脆时的温度称为临界温度，其数值愈低，说明钢材的低温冲击性能愈好。所以在负温下使用的结构，应当选用脆性临界温度较工作温度为低的钢材。随时间的延长而表现出强度提高，塑性和冲击韧性下降的现象称为时效。完成时效变化的过程可达数十年，但是钢材如经受冷加工变形，或使用中经受振动和反复荷载的影响，时效可迅速发展。因时效而导致性能改变的程度称为时效敏感性，对于承受动荷载的结构应该选用时效敏感性小的钢材。

4. 硬度

钢材的硬度是指其表面局部体积内抵抗外物压入产生塑性变形的能力。常用的测定硬度的方法有布氏法和洛氏法。

5. 耐疲劳性

在反复荷载作用下的结构构件，钢材往往在应力远小于抗拉强度时发生断裂，这种现象称为钢材的疲劳破坏。疲劳破坏的危险应力用疲劳极限来表示，它是指疲劳试验中，试件在交变应力作用下，于规定的周期基数内不发生断裂所能承受的最大应力。

一般认为，钢材的疲劳破坏是由拉应力引起的，因此，钢材的疲劳极限与其抗拉强度有关，一般抗拉强度高，其疲劳极限也较高。由于疲劳裂纹是在应力集中处形成和发展的，故钢材的疲劳极限不仅与其内部组织有关，也和表面质量有关。

6. 焊接性能

钢材的可焊性是指焊接后在焊缝处的性质与母材性质的一致程度。影响钢材可焊性的主要因素是化学成分及含量。如硫产生热脆性，使焊缝处产生硬脆及热裂纹。又如，含碳量超过 0.3%，可焊性显著下降等。

第5章 桥梁结构基础

5.1 钢筋混凝土结构基本知识

5.1.1 钢筋混凝土结构的基本概念及特点

1. 钢筋混凝土结构的一般概念

钢筋混凝土是由钢筋和混凝土两种力学性能完全不同的材料所组成的结构材料。工程中，以混凝土为主要材料制作成的结构就称混凝土结构。

混凝土是一种典型的脆性材料，其抗压强度很高，而抗拉强度则很低（约为抗压强度的1/18～1/8）。如果只用混凝土材料制作一根受弯的梁，如图5-1（*a*）所示，则在荷载（包括自重）作用下，梁的上部受压、下部受拉。当荷载达到某一数值时，梁下部受拉边缘的拉应变达到混凝土极限拉应变，即出现竖向弯曲裂缝，这时，裂缝处截面的受拉区混凝土退出工作，受压高度减小，即使荷载不再增加，竖向弯曲裂缝也会急速向上发展，导致梁骤然断裂（图5-1*b*）。这种破坏是很突然的。对应于素混凝土梁受拉区出现裂缝的荷载 F_c，一般称为素混凝土梁的抗裂荷载，也是素混凝土梁的破坏荷载。由此可见，素混凝土梁的承载能力是由混凝土的抗拉强度控制的，而受压混凝土的优越抗压性能则远远未能充分利用。如果要使梁承受更大的荷载，则必须将其截面加大很多，这将是不经济的，有时甚至是不可能的。

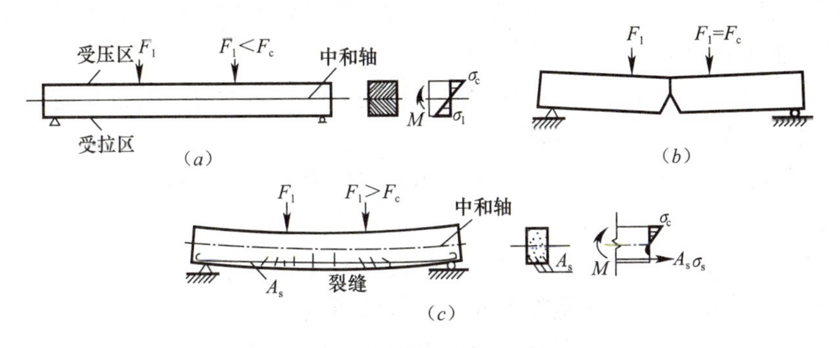

图5-1 素混凝土梁和钢筋混凝土梁的受力破坏情况

（*a*）受竖向力作用的混凝土梁；（*b*）素混凝土梁的断裂；（*c*）钢筋混凝土梁的开裂

为解决上述矛盾，可采用抗拉强度高的钢筋来加强混凝土梁的受拉区，也就是在混凝土梁的受拉区配置适量的纵向受力钢筋，这就构成了钢筋混凝土梁。试验表明，与素混凝土梁有相同截面尺寸的钢筋混凝土梁承受竖向荷载作用时，当荷载略大于 F_c 时，受拉区混凝土仍会出现裂缝。在出现裂缝的截面处，受拉区混凝土虽退出工作，但配置在受拉区的钢筋将可承担几乎全部的拉力。这时，钢筋混凝土梁不会像素混凝土梁那样立即裂断，而能继续承受荷载作用（图 5-1*c*），直至受拉钢筋的应力达到屈服强度，裂缝向上延伸，受压区混凝土达到其抗压强度而被压碎，梁才宣告破坏。因此，钢筋混凝土梁中混凝土的抗压强度和钢筋的抗拉强度都得到了充分发挥，其承载能力可较素混凝土梁提高很多，提高的幅度与配置的纵向受拉钢筋数量和强度等有关。

混凝土的抗压强度高，常用于受压构件。若在混凝土中配置受压钢筋和箍筋，构成钢筋混凝土受压构件，试验表明，与截面尺寸及长细比相同的素混凝土受压构件相比，钢筋混凝土受压构件不仅承载能力大为提高，而且受力性能得到改善。此时，钢筋的作用主要是协助混凝土共同承受压力。

钢筋和混凝土是两种物理力学性能不同的材料，它们能有效地结合在一起共同工作的主要原因在于：

（1）钢筋和混凝土之间存在着粘结力。混凝土结硬以后能够和钢筋可靠地结合在一起，从而可以保证在荷载的作用下，钢筋和周围混凝土能够共同变形。

（2）钢筋和混凝土的线膨胀系数相近。钢筋的线膨胀系数为 1.2×10^{-5}/℃，混凝土的线膨胀系数为 $(1.0\sim1.5)\times10^{-5}$/℃，二者数值相近，因此，当温度变化时，钢筋和混凝土之间不会产生较大的相对变形和温度应力而使粘结力破坏。

（3）包围在钢筋外围的混凝土，起着保护钢筋免遭锈蚀的作用，保证结构具有良好的耐久性。这是因为水泥水化作用后，产生碱性反应，在钢筋表面产生一种水泥石质薄膜，可以防止有害介质的直接侵蚀。因此，为了保证结构的耐久性，混凝土应具有较好的密实度，并留有足够厚度的保护层。

2. 钢筋混凝土结构的特点

钢筋混凝土结构问世一百多年来，在世界各国的土木工程中得到广泛的应用，其主要原因在于它具有下述一系列优点：

（1）在钢筋混凝土结构中，混凝土强度是随时间而不断增长的，同时，钢筋被混凝土所包裹而不致锈蚀。所以，钢筋混凝土结构的耐久性是较好的；此外，还可根据需要，配制具有不同性能的混凝土，以满足不同的耐久性要求。

（2）钢筋混凝土结构（特别是整体浇筑的结构）的整体性好，其抵抗地震、振动以及强烈冲击作用都具有较好的工作性能。

（3）钢筋混凝土结构的刚度较大，在使用荷载作用下的变形较小，故可有效地用于对变形有要求的建筑物中。

（4）新拌和的混凝土是可塑的，可以根据设计需要浇筑成各种形状和尺寸的构件，特别适合于结构形状复杂或对建筑造型有较高要求的建筑物。

（5）在钢筋混凝土结构中，混凝土包裹着钢筋，由于混凝土传热性能较差，在火灾中将对钢筋起着保护作用，使其不致很快达到软化温度而造成结构整体破坏。

（6）钢筋混凝土结构所用的原材料中，砂、石所占的比重较大，而砂、石易于就地取材，故可以降低建筑成本。在工业废料（如矿渣、粉煤灰等）比较多的地区，可将工业废料制成人造骨料用于钢筋混凝土结构中，这不但可解决工业废料处理问题，还有利于环境保护，而且可减解结构的自重。

但是，钢筋混凝土结构也存在一些缺点，诸如：钢筋混凝土构件的截面尺寸一般较相应的钢结构大，因而自重较大，这对于大跨度结构以及抗震都是不利的；抗裂性能较差，在正常使用时往往是带裂缝工作的；施工受气候条件影响较大；现浇钢筋混凝土结构需耗用模板；修补或拆除较困难等。

钢筋混凝土结构虽有缺点，但毕竟有其独特的优点，所以其应用极为广泛，无论是桥梁工程、隧道工程、房屋建筑、铁路工程，还是水工结构工程、海洋结构工程等，都已广泛采用。随着钢筋混凝土结构的不断发展，上述缺点已经或正在逐步加以改善，例如，采用轻质高强混凝土以减轻结构自重；采用预制装配结构或工业化的现浇施工方法以节约模板和加快施工速度。

5.1.2 混凝土的物理力学性能

1. 混凝土的强度

(1) 混凝土的强度等级和立方体抗压强度

混凝土的立方体抗压强度（简称立方体强度）是一种在规定的统一试验方法下衡量混凝土强度的基本指标。我国标准试件取用边长相等的混凝土立方体，这种试件的制作和试验均比较简便，而且离散性较小。

(2) 混凝土的轴心抗压强度（棱柱体抗压强度）

混凝土的抗压强度与试件的尺寸及其形状有关，通常钢筋混凝土构件的长度比它的截面边长要大得多，因此棱柱体试件（高度大于截面边长的试件）的受力状态更接近于实际构件中混凝土的受力情况。工程中通常用高宽比为3～4的棱柱体，按照与立方体试件相同条件下制作和试验方法测得的具有95%保证率的棱柱体试件的极限抗压强度值，作为混凝土轴心抗压强度，用f_{ck}表示。试验表明，棱柱体试件的抗压强度较立方体试块的抗压强度低。混凝土的轴心抗压强度试验以150mm×150mm×300mm的试件为标准试件。

(3) 混凝土的抗拉强度

混凝土的轴心抗拉强度也是混凝土的一个基本力学性能指标，可用于分析混凝土构件的开裂、裂缝宽度、变形及计算混凝土构件的受冲切、受扭、受剪等承载力。混凝土的抗拉强度很低，一般约为立方体抗压强度的1/18～1/8。我国较多采用直接轴心拉伸试验（直接测试法）和劈裂试验（间接测试法）两种方法。

2. 混凝土的变形

混凝土的变形包括受力变形和体积变形两种。混凝土的受力变形是指混凝土在一次短期加载、长期荷载作用或多次重复循环荷载作用下产生的变形；而混凝土的体积变形是指混凝土自身在硬化收缩或环境温度改变时引起的变形。

(1) 混凝土在一次短期加载时的应力—应变曲线

对混凝土进行短期单向施加压力所获得的应力—应变关系曲线即为单轴受压应力—应变曲线，它能反映混凝土受力全过程的重要力学特征和基本力学性能。是研究混凝土结构强度理论的必要依据，也是对混凝土进行非线性分析的重要基础。典型的混凝土单轴受压应力—应变全曲线如图5-2所示。

从图中可看出：①全曲线包括上升段和下降段两部分，以C点为分界点，每部分由三小段组成；②图中各关键点分别表示为：A—比例极限点，B—临界点，C—峰点，D—拐点，E—收敛点，F—曲线末梢；③各小段的含义为：OA段接近直线，应力较小，应变不

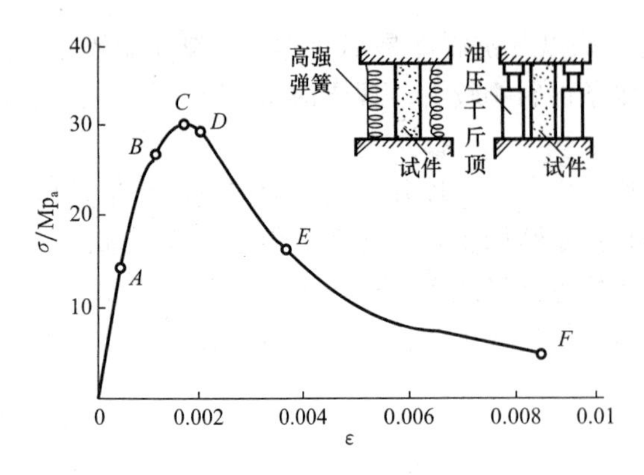

图 5-2　混凝土单轴受压应力—应变关系曲线

大，混凝土的变形为弹性变形，原始裂缝影响很小；AB 段为微曲线段，应变的增长稍比应力快，混凝土处于裂缝稳定扩展阶段，其中 B 点的应力是确定混凝土长期荷载作用下抗压强度的依据；BC 段应变增长明显比应力增长快，混凝土处于裂缝快速不稳定发展阶段，其中 C 点的应力最大，即为混凝土极限抗压强度，与之对应的应变 $\varepsilon_0 \approx 0.002$ 为峰值应变；CD 段应力快速下降，应变仍在增长，混凝土中裂缝迅速发展且贯通，出现了主裂缝，内部结构破坏严重；DE 段，应力下降变慢，应力较快增长，混凝土内部结构处于磨合和调整阶段，主裂缝宽度进一步增大，最后只依赖骨料间的咬合力和摩擦力来承受荷载；EF 段为收敛段，此时试件中的主裂缝宽度快速增大而完全破坏了混凝土内部结构。

（2）混凝土在重复荷载作用下的应力应变曲线

混凝土在多次重复荷载作用下，其应力、应变性质与一次短期加载情况有显著不同。从图 5-3（a）可以看出，初次卸载至应力为零时，应变不能全部恢复。可恢复的部分称之为弹性应变，弹性应变包括卸载时瞬时恢复应变和卸载后弹性后效两部分；不可恢复的部分称之为残余应变。

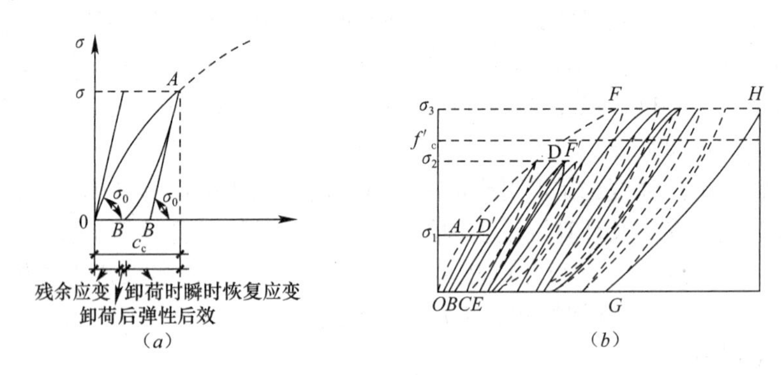

图 5-3　混凝土在重复荷载作用下的应力—应变曲线

如在某一荷载等级多次重复对混凝土试件加载，随着加载卸载次数的增加，残余应变会逐渐减小，一般重复 5～10 次后，应力应变曲线就越来越闭合，并接近于一条直线，混凝土呈现弹性工作性质。如荷载再提高一个等级，残余应变又加大，但随着加载卸载次数的增加，再次趋于闭合。如图 5-3（b）所示。

重复加载到某一循环次数，由于混凝土内部微裂缝存在和进一步发展，在试件内的缺陷处，造成局部应力集中，降低对材料强度最终产生脆性破坏，称为疲劳破坏。疲劳试验采用 100mm×100mm×300mm 或 150mm×150mm×450mm 的棱柱体，把能使棱柱体试件承受 200 万次或其以上循环荷载而发生破坏的压应力值称为混凝土的疲劳抗压强度。

（3）混凝土在长期荷载作用下的变形

混凝土构件或材料在不变荷载或应力长期作用下，其变形或应变随时间而不断增长，这种现象称为混凝土的徐变。徐变的特性主要与时间有关，通常表现为前期增长快，以后逐渐减慢，经过 2～3 年后趋于稳定，图 5-4 为混凝土试件的应变—时间关系曲线，图中纵标 A 为加荷过程中完成的变形，称为瞬变；纵标 B 为荷载不变情况下产生的徐变，纵标 C 为试件产生的总变形。试件在受荷后的前 3～4 个月，徐变发展最快，可达徐变总值的 45%～50%。当长期荷载引起的应力 $\sigma_c<(0.5\sim0.55)\ f_{cd}$时，徐变的发展符合渐进线规律。徐变全部完成则需 4～5 年。当长期荷载卸去后，变形一部分恢复，如图 5-4 中的 D，另一部分如图 5-4 中的 E，则在相当长的时间内逐渐恢复，又称弹性后效。图 5-4 中的 F 为最后的残余变形。

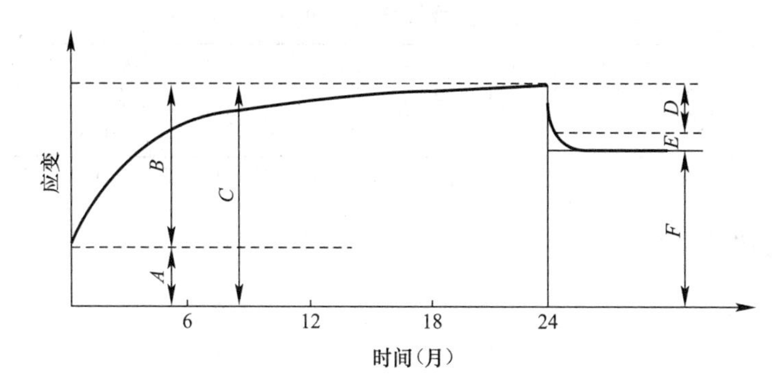

图 5-4　混凝土徐变增长图

徐变主要由两种原因引起，其一是混凝土具有黏性流动性质的水泥凝胶体，在荷载长期作用下产生黏性流动；其二是混凝土中微裂缝在荷载长期作用下不断发展。当作用的应力较小时主要由凝胶体引起，当作用的应力较大时，则主要由微裂缝引起。

影响混凝土徐变的因素是多方面的，包括有混凝土的组成、配合比、水泥品种、水泥用量、骨料特性、骨料的含量、骨料的级配、水灰比、外加剂、掺合料、混凝土的制作方法、养护条件、加载龄期、构件工作环境、受荷后应力水平、构件截面形状和尺寸、持荷时间等。

徐变具有两面性，一则引起混凝土结构变形增大，导致预应力混凝土发生预应力损失，严重时还会引起结构破坏；二则徐变的发生对结构内力重分布有利，可以减小各种外界因素对超静定结构的不利影响，降低附加应力。

混凝土发生徐变的同时往往也有收缩产生。因此在计算徐变时，应从混凝土的变形总量中扣除收缩变形，才能得到徐变变形。

（4）混凝土的变形模量

混凝土的变形模量广泛地用在计算混凝土结构的内力、构件截面的应力和变形以及预应力混凝土构件截面应力分析之中。但与弹性材料相比，混凝土的应力应变关系呈现非线性性质，即在不同应力状态下，应力与应变的比值是一个变数。

作为弹塑性材料的混凝土，其应力与应变的关系是一条曲线，其应力增量与应变增量的比值，即为混凝土的变形模量。它不是常数，随混凝土的应力变化而变化。显然，混凝土的变形模量在使用上很不方便。为了在工程上较实用，人们近似地取用应力—应变曲线在原点 0 的切线斜率作为混凝土的弹性模量，并用 E_c 表示。而混凝土应力—应变曲线原点 0 的切线斜率的准确值不易从一次加荷的应力—应变曲线上求得，我国工程上所取用的混凝土受压弹性模量 E_c 数值是在重复加荷的应力—应变曲线上求得的。试验采用棱柱体试件，加荷产生的最大压应力选取 $\sigma_c=(0.4\sim0.5)f_{cd}$，反复加荷卸荷 5～10 次消除混凝土的塑性变形后，混凝土受压应力—应变关系曲线基本上接近直线，并大致平行于相应的原点切线，则取该直线的斜率作为混凝土受压弹性模量 E_c 的数值。

试验结果表明，混凝土的受拉弹性模量与受压弹性模量十分相近，其比值平均为 0.995。使用时可取受拉弹性模量等于受压弹性模量。混凝土弹性模量 E_c 按表 5-1 取用。

混凝土弹性模量（MPa）　　**表 5-1**

混凝土强度等级	C15	C20	C25	C30	C35	C40	C45	C50	C55	C60	C65	C70	C75	C80
E_c	2.20×10^4	2.55×10^4	2.80×10^4	3.00×10^4	3.15×10^4	3.25×10^4	3.35×10^4	3.45×10^4	3.55×10^4	3.60×10^4	3.65×10^4	3.70×10^4	3.75×10^4	3.80×10^4

注：当采用引气剂及较高砂率的泵送混凝土且无实测数据时，表中 C50～C80 的 E_c 值应乘以折减系数 0.95。

混凝土的剪切弹性模量 G_c，一般可根据试验测得的混凝土弹性模量 E_c 和泊松比按下式确定：

$$G_c=\frac{E_c}{2(1+v_c)}$$

式中，v_c 为混凝土的横向变形系数（泊松比），在《公路钢筋混凝土及预应力混凝土桥涵设计规范》JTG D 62—2004（以下简称《公钢规》）规定取 $v_c=0.2$，则，$G_c=0.4E_c$。

（5）混凝土的收缩与膨胀

混凝土硬化过程中体积的改变称为体积变形，它包括混凝土的收缩和膨胀两方面。混凝土在空气中结硬时体积会减小，这种现象称为混凝土的收缩。相反地，混凝土在水中结硬时体积会增大，这种现象称为混凝土的膨胀。混凝土的收缩是一种自发的变形，比其膨胀值大许多。因此，当收缩变形不能自由进行时将在混凝土中产生拉应力，从而有可能导致混凝土开裂；预应力混凝土结构会因混凝土硬化收缩而引起预应力钢筋的预应力损失。混凝土的收缩是由凝胶体的体积凝结缩小和混凝土失水干缩共同引起的，收缩变形随时间的增长而增长，其规律如图 5-5 所示，早期发展较快，一个月内可完成收缩总量的 50%，而后发展渐缓，直至两年以上方可完成全部收缩，收缩应变总量约为 $(2\sim5)\times10^{-4}$，它是混凝土开裂时拉应变的 2～4 倍。

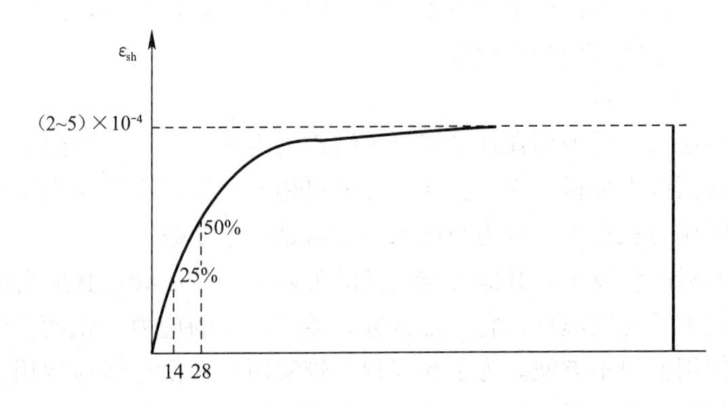

图 5-5　混凝土的收缩随时间发展的规律

影响混凝土收缩的主要因素有：水泥用量（用量越大，收缩越大）；水灰比（水灰比越大，收缩越大）；水泥强度等级（强度等级越高，收缩越大）；水泥品种（不同品种有不同的收缩量）；混凝土集料的特性（弹性模量越大，收缩越小）；养护条件（温、湿度越高，收缩越小）；混凝土成型后的质量（质量好，密实度高，收缩小）；构件尺寸（小构件，收缩大）等。显然影响因素很多而且复杂，准确地计算收缩量十分困难，所以应采取一些技术措施来降低因收缩而引起的不利影响。

5.1.3 钢筋的物理力学性能

钢筋在混凝土结构中起到提高其承载能力，改善其工作性能的作用。了解钢筋的品种及其力学性能是合理选用钢筋的基础，而合理选用钢筋是混凝土结构设计的前提。混凝土结构中使用的钢材不仅要求有较高的强度、良好的变形性能（塑性）和可焊性，而且与混凝土之间应有良好的粘结性能，以保证钢筋与混凝土能很好地共同工作。

1. 钢筋的品种

混凝土结构中使用的钢筋，按化学成分可分为碳素钢和普通低合金钢两大类；按生产工艺和强度可分为热轧钢筋、中高强钢丝、钢绞线和冷加工钢筋；按表面形状可分为光圆钢筋和带肋钢筋等。在一些大型的、重要的混凝土结构或构件中，也可以将型钢置入混凝土中形成劲性钢筋。

《公钢规》规定混凝土结构中使用的钢筋主要有热轧钢筋、热处理钢筋和钢丝、钢绞线等。

2. 钢筋的强度和变形

钢筋的力学性能指钢筋的强度和变形性能。钢筋的强度和变形性能可以由钢筋单向拉伸的应力—应变曲线来分析说明。钢筋的应力—应变曲线可以分为两类：一是有明显流幅的，即有明显屈服点和屈服台阶的；二是没有流幅的，即没有明显屈服点和屈服台阶的。热轧钢筋属于有明显流幅的钢筋，强度相对较低，但变形性能好；热处理钢筋、钢丝和钢绞线等属于无明显屈服点的钢筋，强度高，但变形性能差。

（1）有明显屈服点钢筋单向拉伸的应力—应变曲线

有明显屈服点钢筋单向拉伸的应力—应变曲线见图 5-6。曲线由三个阶段组成：弹性阶段、屈服阶段和强化阶段。在 a 点以前的阶段称弹性阶段，a 点称比例极限点。在 a 点以前，钢筋的应力随应变成比例增长，即钢筋的应力—应变关系为线性关系；过 a 点后，应变增长速度大于应力增长速度，应力增长较小的幅度后达到 b_h 点，钢筋开始屈服。随后应力稍有降低达到 b_l 点，钢筋进入流幅阶段，曲线接近水平线，应力不增加而应变持续增加。b_h 点和 b_l 点分别称为上屈服点和下屈服点。上屈服点不稳定，受加载速度、截面形式和表面光洁度等因素的影响；下屈服点一般比较稳定，因此一般以下屈服点对应的应力做为有明显流幅钢筋的屈服强度。

经过流幅阶段达到 c 点后，钢筋的弹性会有部分恢复，钢筋的应力会有所增加达到最大点 d，应变大幅度增加，此阶段为强化阶段，最大点 d 对应的应力称为钢筋的极限强度。达到极限强度后继续加载，钢筋会出现“颈缩”现象，最后在“颈缩”处 e 点钢筋被拉断。

尽管热轧低碳钢和低合金钢都属于有明显流幅的钢筋，但不同强度等级的钢筋的屈服台阶的长度是不同的，强度越高，屈服台阶的长度越短，塑性越差。

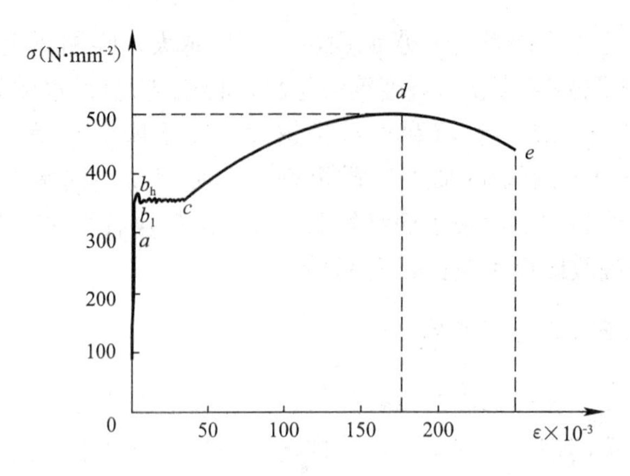

图 5-6　有明显流幅钢筋的应力—应变曲线

（2）无明显屈服点钢筋单向拉伸的应力—应变曲线

无明显屈服点钢筋单向拉伸的应力—应变曲线见图 5-7。其特点是没有明显的屈服点，钢筋被拉断前，钢筋的应变较小。对于无明显屈服点的钢筋，《公钢规》规定以极限抗拉强度的 85%（$0.85\sigma_b$）作为名义屈服点，用 $\sigma_{0.2}$ 表示。此点的残余应变为 0.002。

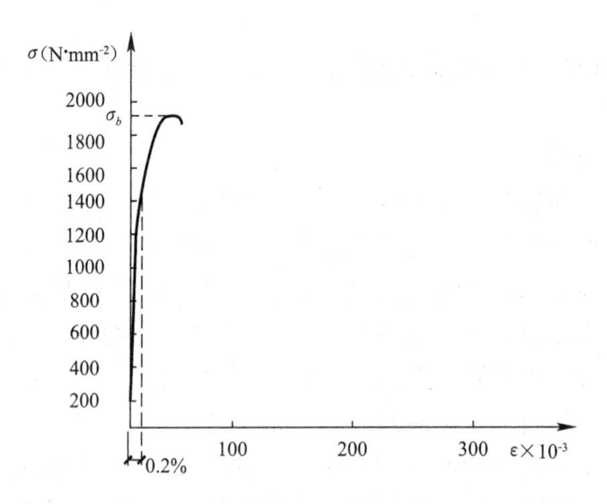

图 5-7　无明显流幅钢筋应力—应变曲线

（3）钢筋的弹性模量

钢筋的弹性模量是一项很稳定的材料常数，即使强度级别相差很大的钢筋，弹性模量却很接近，而且强度高的钢筋，弹性模量反而偏低。各种类型钢筋的弹性模量见表 5-2。

钢筋的弹性模量　　　　**表 5-2**

钢筋种类	E_s	钢筋种类	E_s
R235	2.1×10^5	消除应力光面钢丝、螺旋肋钢丝、刻痕钢丝	2.05×10^5
HRB335、HRB400、K1400、精轧螺纹钢筋	2.0×10^5	钢绞线	1.95×10^5

3. 钢筋的连接

由于结构中实际配置的钢筋长度与供货长度不一致，将产生钢筋的连接问题。钢筋的连接形式有焊接接头、机械连接接头和绑扎接头，宜采用焊接接头和机械连接接头。

预应力钢筋抗拉强度标准值（MPa）　　表 5-3

钢筋种类			符号	抗拉强度标准值 f_{pk}
钢绞线	1×2（二股）	d=8.0、10.0 d=12.0	ϕ^S	1470、1570、1720、1860 1470、1570、1720
	1×3（三股）	d=8.6、10.8 d=12.9		1470、1570、1720、1860 1470、1570、1720
	1×7（七股）	d=9.5、11.1、12.7 d=15.2		1860 1720、1860
消除应力钢丝	光面螺旋肋	d=4.5 d=6 d=7、8、9	ϕ^P ϕ^H	1470、1570、1670、1770 1570、1670 1470、1570
	刻痕	d=5、7	ϕ^I	1470、1570
精轧螺纹钢筋		d=40 d=18、25、32	JL	540 540、785、930

注：表中 d 系指国家标准中钢绞线、钢丝和精轧螺纹钢筋的公称直径，单位 mm。

预应力钢筋抗拉、抗压强度设计值（MPa）　　表 5-4

钢筋种类	抗拉强度标准值 f_{pk}	抗拉强度设计值 f'_{pd}	抗压强度设计值 f'_{pd}
钢绞线 1×2（二股） 1×3（三股） 1×7（七股）	1470	1000	390
	1570	1070	
	1720	1170	
	1860	1260	
消除应力光面钢丝和螺旋肋钢丝	1470	1000	410
	1570	1070	
	1670	1140	
	1770	1200	
消除应力刻痕钢丝	1470	1000	410
	1570	1070	
精轧螺纹钢筋	540	450	400
	785	650	
	930	770	

（1）钢筋连接的原则

钢筋的连接需要满足承载力、刚度、延性等基本要求，以便实现结构对钢筋的整体传力，应遵循如下基本设计原则：

1）接头应尽量设置在受力较小处，以降低接头对钢筋传力的影响程度。

2）在同一钢筋上宜少设连接接头，以避免过多的削弱钢筋的传力性能。

3）同一构件相邻纵向受力钢筋的绑扎搭接接头宜相互错开，限制同一连接区段内接头钢筋面积率，以避免变形、裂缝集中于接头区域而影响传力效果。

4）在钢筋连接区域应采取必要构造措施，如适当增加混凝土保护层厚度或调整钢筋间距，保证连接区域的配箍，以确保对被连接钢筋的约束，避免连接区域混凝土纵向劈裂。

（2）绑扎接头

绑扎接头是在钢筋搭接处用铁丝绑扎而成，如图 5-8 所示。钢筋的绑扎搭接连接利用了钢筋与混凝土之间的粘结锚固作用，因比较可靠且施工简便而得到广泛应用。要使搭接处接头强度可靠，必须有足够的搭接长度 l_s，l_s 不小于表 5-5 所列的长度；当受力钢筋直径大于 25mm 及轴心受拉、小偏心受拉构件，不宜采用绑扎接头。《公路桥涵施工技术规范》JTG/T F50—2011 规定：受拉钢筋绑扎接头的搭接长度应符合表 5-5 的规定；受压钢筋绑扎接头的搭接长度应取受拉钢筋绑扎接头搭接长度的 0.7 倍。

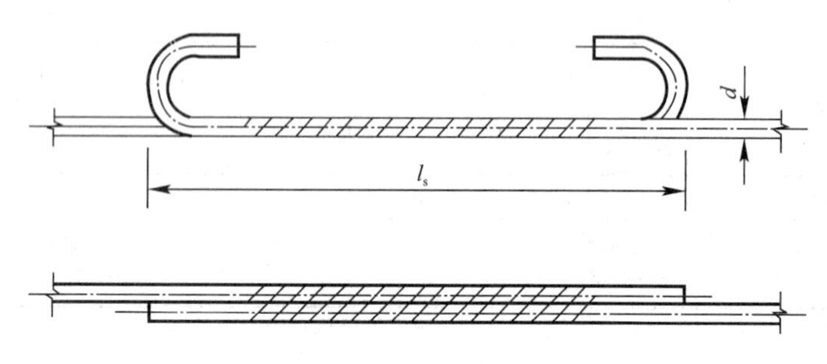

图 5-8　绑扎接头

受拉钢筋绑扎接头的搭接长度 l_s　　**表 5-5**

钢筋类型		混凝土强度等级		
		C20	C25	＞C25
R235 牌号钢筋		35d	30d	25d
月牙肋	HRB335 牌号钢筋	45d	40d	35d
	HRB400 牌号钢筋	55d	50d	45d

注：① 当带肋钢筋直径 d 不大于 25mm 时，其受拉钢筋的搭接长度应按表中值减少 5d 采用；当带肋钢筋直径 d 大于 25mm 时，其受拉钢筋的搭接长度应按表中值增加 5d 采用；
② 当混凝土在凝固过程中受力钢筋易受扰动时，其搭接长度宜适当增加；
③ 在任何情况下，纵向受拉钢筋的搭接长度不应小于 300mm，受压钢筋的搭接长度不应小于 200mm；
④ 当混凝土强度等级低于 C20 时，R235、HRB335 牌号钢筋的搭接长度应按表中 C20 的数值相应增加 10d；HRB500 钢筋不宜采用绑扎接头；
⑤ 对有抗震要求的受力钢筋的搭接长度，当抗震烈度为 7 度（及以上）时应增加 5d；
⑥ 两根不同直径的钢筋的搭接长度，以较细的钢筋直径计算。

（3）焊接接头

钢筋焊接是利用电阻、电弧或者燃烧的气体加热钢筋端头使之熔化并用加压或添加熔融的金属焊接材料，使之连成一体的连接方式。有闪光对焊、电弧焊、电渣压力焊、气压焊等类型。焊接接头最大的优点是节省钢筋材料、接头成本低、接头尺寸小，基本不影响钢筋间距及施工操作，在质量有保证的情况下是较理想的连接形式。对焊是由两条钢筋直接对头接触电焊而成，如表 5-6 第 1 项所示；焊缝焊接需要一定的搭接长度，其有关规定见表 5-6 第 2～5 项。

冷拉钢筋应在冷拉前进行焊接；冷拔低碳钢丝的接头只能采用绑扎接头。为了保证构件安全，受力钢筋接头应设置在内力较小处，并错开布置。在任一搭接长度（对预应力钢筋的焊接接头，搭接长度取 30d，且不小于 500mm）的区段内，有接头的受力钢筋截面面积的百分率应符合表 5-7 的规定。

（4）机械连接

钢筋的机械连接是通过钢筋与连接件的机械咬合作用或钢筋端面的承压作用，将一根钢筋中的力传递至另一根钢筋的连接方法。主要形式有镦粗直螺纹连接、滚轧直螺纹连接、套筒挤压连接接头等。

机械连接比较简便，是规范鼓励推广应用的钢筋连接形式，但与整体钢筋相比性能总有削弱，因此应用时应遵循如下规定：

1）钢筋机械连接接头连接区段的长度为 35d（d 纵向受力钢筋的较大直径），凡接头中点位于该连接区段长度内的机械连接接头均属于同一连接区段。

2）在受拉钢筋受力较大处设置机械连接接头时，位于同一连接区段内的纵向受拉钢筋接头面积百分率不宜大于 50%。

3）直接承受动力荷载的结构构件中的机械连接接头，除应满足设计要求的抗疲劳性能外，位于同一连接区段内的纵向受力钢筋接头面积百分率不应大于 50%。

4）钢筋机械连接件的最小混凝土保护层厚度，应符合设计受力主筋混凝土保护层厚度的规定，且不得小于 20mm；连接件之间或连接件与钢筋之间的横向净距不宜小于 25mm。

焊接接头的类型 **表 5-6**

项次	焊接接头类型	接头结构	适用范围	
			钢筋类别	钢筋直径（mm）
1	接触电焊（闪光焊）	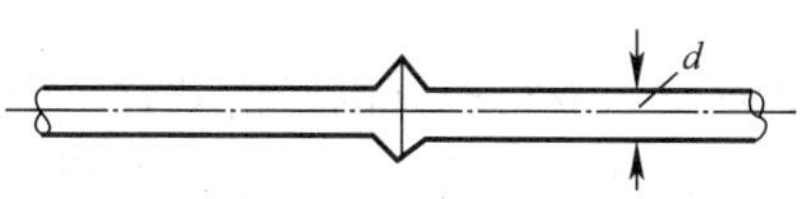 d	R235 HRB335 HRB400 KL400	10～40
2	四条焊缝的帮条电弧焊	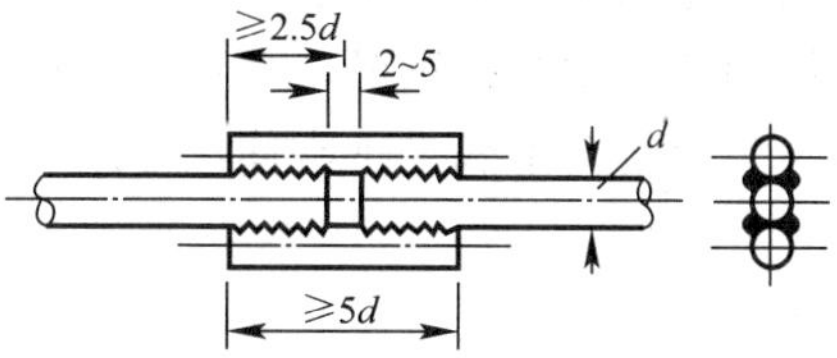 ≥2.5d　2~5　d　≥5d	R235 HRB335 HRB400 KL400	10～40
3	二条焊缝的帮条电弧焊	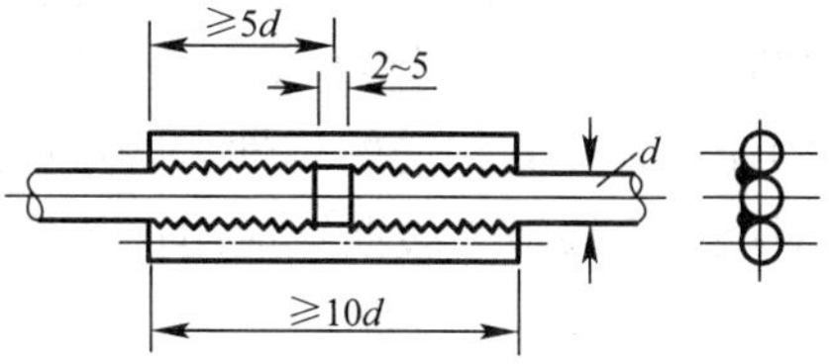 ≥5d　2~5　d　≥10d	R235 HRB335 HRB400 KL400	10～40
4	二条焊缝的搭接电弧焊	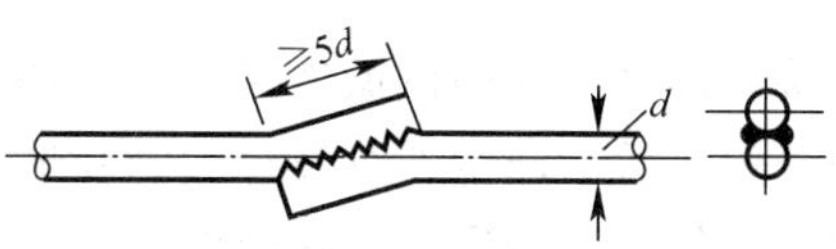 ≥5d　d	R235 HRB335 HRB400 KL400	10～40

续表

项次	焊接接头类型	接头结构	适用范围	
			钢筋类别	钢筋直径（mm）
5	一条焊缝的搭接电弧焊	$\geqslant 10d$　d	R235 HRB335 HRB400 KL400	10～40

注：① 只有在无法进行项次 2、4 的电弧焊时，才允许采用项次 3、5 形式；

② 采用项次 2、3、4、5 的电弧焊时，焊缝长度不应小于帮条或搭接长度；

③ d——钢筋直径。

接头长度区段内受力钢筋接头面积的最大百分率　　表 5-7

接头形式	接头面积最大百分率（%）	
	受拉区	受压区
主钢筋绑扎接头	25	50
主钢筋焊接接头	50	不限制
预应力钢筋对焊接头	25	不限制

注：① 在同一根钢筋上应尽量少设接头；

② 装配式构件连接处的受力钢筋焊接接头和预应力混凝土构件的螺丝端杆接头，可不受本条限制；

③ 焊接接头长度区段内是指 $35d$ 长度范围内，但不得小于 500mm，绑扎接头长度区段是指 1.3 倍搭接长度；

④ 绑扎接头中钢筋的横向净距不应小于钢筋直径且不应小于 25mm。

5.1.4 混凝土结构对钢筋性能的要求

混凝土结构对钢筋性能的要求主要有四个方面：

（1）强度高

使用强度高的钢筋可以节省钢材，取得较好的经济效益。但混凝土结构中，钢筋能否充分发挥其高强度，取决于混凝土构件截面的应变。钢筋混凝土结构中受压钢筋所能达到的最大应力为 400MPa 左右，因此选用设计强度超过 400MPa 的钢筋，并不能充分发挥其高强度；钢筋混凝土结构中若使用高强度受拉钢筋，在正常使用条件下，要使钢筋充分发挥其强度，混凝土结构的变形与裂缝就会不满足正常使用要求，所以高强度钢筋只能用于预应力混凝土结构中。

（2）变形性能好

为了保证混凝土结构构件具有良好的变形性能，在破坏前能给出即将破坏的预兆，不发生突然的脆性破坏，要求钢筋有良好的变形性能，并通过延伸率和冷弯试验来检验。HPB235 级、HRB335 级和 HRB400 级热轧钢筋的延性和冷弯性能很好；钢丝和钢绞线具有较好的延性，但不能弯折，只能以直线或平缓曲线应用；余热处理 RRB400 级钢筋的冷弯性能也较差。

（3）可焊性好

混凝土结构中钢筋需要连接，连接可采用机械连接、焊接和搭接，其中焊接是一种主要的连接形式。可焊性好的钢筋焊接后不产生裂纹及过大的变形，焊接接头有良好的力学性能。钢筋焊接质量除了外观检查外，一般通过直接拉伸试验检验。

（4）与混凝土有良好的粘结性能

钢筋和混凝土之间必须有良好的粘结性能才能保证钢筋和混凝土能共同工作。钢筋的表面形状是影响钢筋和混凝土之间粘结性能的主要因素。

5.1.5 钢筋与混凝土之间的粘结

钢筋与混凝土粘结是保证钢筋和混凝土组成混凝土结构或构件并能共同工作的前提。如果钢筋和混凝土不能良好地粘结在一起，混凝土构件受力变形后，在小变形的情况下，钢筋和混凝土不能协调变形；在大变形的情况下，钢筋就不能很好地锚固在混凝土结构中。

钢筋与混凝土之间的粘结性能可以用两者界面上的粘结应力来说明。当钢筋与混凝土之间有相对变形（滑移）时，其界面上会产生沿钢筋轴线方向的相互作用力，这种作用力称为粘结应力。

在混凝土结构设计中钢筋伸入支座或在连续梁顶部负弯矩区段的钢筋截断时，应将钢筋延伸一定的长度，这就是钢筋的锚固。只有钢筋有足够的锚固长度，才能积累足够的粘结力，使钢筋能承受拉力。此外，为防止钢筋与混凝土的相对滑动，除应保证钢筋在混凝土中有一定的锚固长度外，也可在钢筋端部设置弯钩。半圆弯钩和直弯钩均可换算成一定量的锚固长度。

1. 钢筋与混凝土的粘结力

在钢筋混凝土结构中，钢筋与混凝土之间之所以能共同工作的最主要条件，就是钢筋与混凝土的粘结作用。两者之间的粘结力由下列三部分组成：

（1）水泥浆凝结与钢筋表面的化学胶结力；

（2）混凝土收缩将钢筋裹紧而产生摩阻力；

（3）钢筋表面凹凸不平与混凝土之间产生机械咬合力。

在实际工程中，通常以拔出试验中粘结失效（钢筋被拔出，或者混凝土被劈裂）时的最大平均粘结应力作为钢筋和混凝土的粘结强度，即将钢筋的一端埋入混凝土内，在另一端施力将钢筋拔出，见图 5-9 钢筋表面单位面积上的粘结力称为粘结强度。试验表明，粘结应力沿钢筋埋入长度按曲线分布，最大粘结应力在离端头一定距离处，且随拔出力的大小而变化。

据有关国外资料介绍，对于受拉的带肋钢筋，其粘结强度大约为 2.5～6.0MPa，光圆钢筋的粘结强度约为 1.5～3.5MPa。

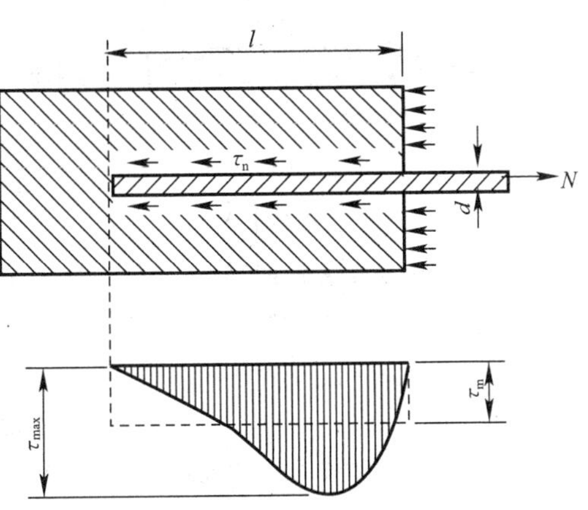

图 5-9　钢筋拔出试验中粘结应力分布图

2. 确保粘结强度的措施

影响钢筋与混凝土粘结性能的因素很多，主要有钢筋的表面形状、混凝土强度及其组成成分、浇筑位置、保护层厚度、钢筋净间距、横向钢筋约束和横向压力作用等。

为了保证钢筋与混凝土之间有足够的粘结力，可以采取以下措施：

（1）选用适宜的混凝土的强度等级：试

验表明，当其他条件基本相同时，粘结强度与混凝土抗拉强度近乎成正比。

（2）采用变形钢筋：加强钢筋与混凝土的机械咬合作用。

（3）光圆受拉钢筋的端部应做成弯钩：增加钢筋在混凝土内的抗滑移能力及钢筋端部的锚固作用；

（4）绑扎钢筋的接头必须有足够的搭接长度：采用绑扎接头的方法连接两根钢筋时，钢筋的内力是依靠钢筋和混凝土间的粘结力来传递的。

（5）保证受力钢筋具有足够的锚固长度：使钢筋牢固地锚固在混凝土中。

（6）钢筋周围的混凝土应有足够的厚度：混凝土保护层和钢筋间距对确保粘结强度作用甚大。

（7）设置一定数量的横向钢筋：可延缓混凝土沿受力钢筋纵向劈裂裂缝的发展和限制劈裂裂缝的宽度，从而可以提高粘结应力。

5.2 钢筋混凝土受弯构件

桥梁工程中受弯构件的应用很广泛，如梁式桥或板式桥上部结构中承重的梁和板、人行道板、行车道板等。受弯构件是指截面上通常有弯矩和剪力共同作用而轴力可以忽略不计的构件。梁与板的区别是梁的截面高度大于其宽度，而板的截面高度远小于其宽度。

5.2.1 受弯构件正截面计算

1. 受弯构件的构造要求

（1）截面形式和尺寸

钢筋混凝土受弯构件常用的截面形式有矩形、T形和箱形，如图5-10所示。钢筋混凝土板可分为整体现浇板和预制板。整体现浇板的截面宽度较大（图5-10*a*），设计时可取单位宽度（b=1m）的矩形截面进行计算。为使构件标准化，预制板的宽度，一般控制在b=1～1.5m。由于施工条件好，不仅可采用矩形实心板（图5-10*b*），还可以用截面形状较复杂的矩形空心板（图5-10*c*），以减轻自重。空心板的空洞端部应予填封。

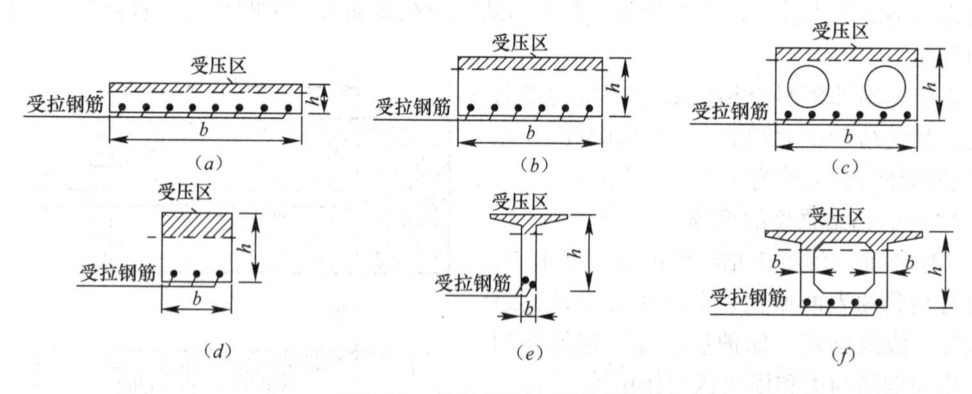

图5-10 受弯构件的截面形式

（*a*）整体式板；（*b*）装配式实心板；（*c*）装配式空心板；（*d*）矩形梁；（*e*）T形梁；（*f*）箱形梁

板的厚度h由其控制截面上最大的弯矩和板的刚度要求决定，但为了保证施工质量及耐久性要求，《公钢规》规定了各种板的最小厚度：空心板桥的顶板和底板厚度，均不应小于 80mm。人行道板的厚度，就地浇筑的混凝土板不应小于 80mm；预制混凝土板不应小于 60mm。

钢筋混凝土梁根据使用要求和施工条件可以采用现浇或预制方式制造。为了使梁截面尺寸有统一的标准，便于施工，对常见的矩形截面（图 5-10d）和 T 形截面（图 5-10e）梁截面尺寸可按下述建议选用：

1）现浇矩形截面梁的宽度 b 常取 120mm、150mm、180mm、200mm、220mm 和 250mm，其后按 50mm 一级增加（当梁高 $h \leqslant 800$mm 时）或 100mm 一级增加（当梁高 $h > 800$mm时）。

矩形截面梁的高宽比 h/b，一般可取 2.0～2.5。

2）预制的 T 形截面梁，梁肋宽度 b 常取为 150～180mm，根据梁内主筋布置及抗剪要求而定。T 形截面梁翼缘悬臂端厚度不应小于 100mm，梁肋处翼缘厚度不宜小于梁高 h 的 1/10。T 形截面梁截面高度 h 与跨径 l 之比（称高跨比），一般为 $h/l = l/16 \sim l/11$，跨径较大时取用偏小比值。

（2）受弯构件的钢筋构造

钢筋混凝土梁（板）正截面承受弯矩作用时，中和轴以上受压，中和轴以下受拉（图 5-11），故在梁（板）的受拉区配置纵向受拉钢筋，此种构件称为单筋受弯构件；如果同时在截面受压区也配置受力钢筋，则此种构件称为双筋受弯构件。

截面上配置钢筋的多少，通常用配筋率来衡量，它是指所配置的钢筋截面面积与规定的混凝土截面面积的比值（化为百分数表达）。对于矩形截面和 T 形截面，其受拉钢筋的配筋率 ρ（%）表示为：

$$\rho = \frac{A_s}{bh_0} \tag{5-1}$$

式中 A_s——截面纵向受拉钢筋全部截面积；

b——矩形截面宽度或 T 形截面梁肋宽度；

h_0——截面的有效高度（图 5-11）$h_0 = h - a_s$，这里 h 为截面高度，a_s 为纵向受拉钢筋全部截面的重心至受拉边缘的距离。

图 5-11 中的 c 被称为混凝土保护层厚度，其值为钢筋边缘至构件截面表面之间的最短距离。设置保护层是为了保护钢筋不直接受到大气的侵蚀和其他环境因素作用，也是为了保证钢筋和混凝土有良好的粘结。行车道板、人行道板的主钢筋最小保护层厚度：Ⅰ类环境条件为 30mm，Ⅱ类环境条件为 40mm，Ⅲ、Ⅳ类环境条件为 45mm；分布钢筋的最小保护层厚度：Ⅰ类环境条件为 15mm，Ⅱ类环境条件为 20mm，Ⅲ、Ⅳ类环境条件为 25mm。

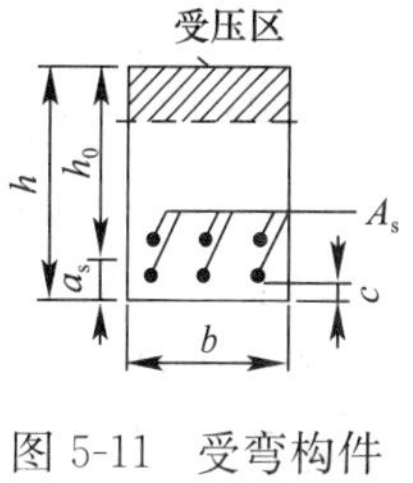

图 5-11 受弯构件的钢筋构造

1）板的钢筋

这里的板主要指现浇整体式桥面板、现浇或预制的人行道板和肋板式桥的桥面板。板的钢筋由主钢筋和分布钢筋所组成，如图 5-12 所示，分布钢筋设在主钢筋的内侧，使主钢筋受力更均匀，同时也起着固定受力钢筋位置、分担混凝土收缩和温度应力的作用。《公钢规》

中对于板内的钢筋构造规定如下：

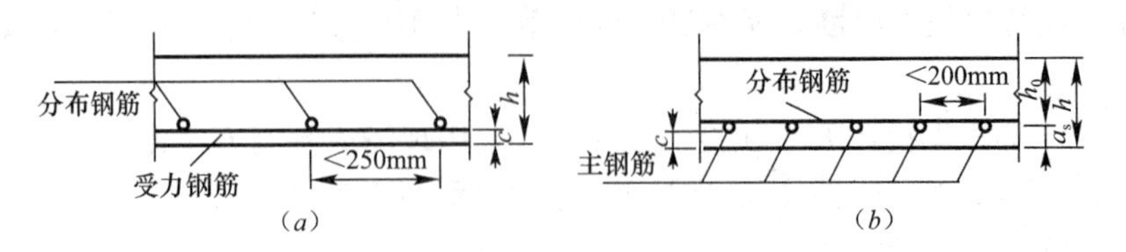

图 5-12 钢筋混凝土板内的钢筋

(a) 顺板跨方向；(b) 垂直于板跨方向

① 行车道板内主钢筋直径不应小于 10mm。人行道板内的主钢筋直径不应小于 8mm。在简支板跨中和连续板支点处，板内主钢筋间距不应大于 200mm。

② 行车道板内主钢筋可在沿板高中心纵轴线的 1/6～1/4 计算跨径处按 30°～45°弯起。通过支点的不弯起的主钢筋，每米板宽内不应少于 3 根，并不应少于主钢筋截面面积的 1/4。

③ 行车道板内应设置垂直于主钢筋的分布钢筋。其直径不应小于 8mm，间距不应大于 200mm，截面面积不宜小于板的截面面积的 0.1%。在主钢筋的弯折处，应布置分布钢筋。人行道板内分布钢筋直径不应小于 6mm，其间距不应大于 200mm。

④ 对于周边支承的双向板，板的两个方向（沿板长边方向和沿板短边方向）同时承受弯矩，所以两个方向均应设置主钢筋。布置四周支承双向板钢筋时，可将板沿纵向及横向各划分为三部分。靠边部分的宽度均为板的短边宽度的 1/4。中间部分的钢筋应按计算数量设置，靠边部分的钢筋按中间部分的半数设置，钢筋间距不应大于 250mm，且不应大于板厚的两倍。

2) 主梁钢筋布置

装配式 T 形梁的主梁钢筋包括主钢筋、弯起钢筋（也称为斜钢筋）、箍筋、架立钢筋和分布钢筋。梁内钢筋骨架可以采用两种形式，即绑扎钢筋骨架（图 5-13*a*）和焊接钢筋骨架（图 5-13*b*）。在装配式钢筋混凝土 T 形梁中，钢筋数量众多，为了尽可能地减小梁肋尺寸，降低钢筋中心位置，通常将主筋叠置，并与斜筋、架立筋一起通过侧面焊缝焊接成钢筋骨架，但应限制焊接骨架的钢筋层数（不超过 6 层），并选用较小直径的钢筋（不大于 32mm），有条件时还可以将箍筋与主筋接触处点焊固结，以增大其粘结强度，从而改善其抗裂性能。

① 主钢筋

简支梁承受弯矩作用，故抵抗拉力的主钢筋应设在梁肋的下缘。随着弯矩向支点截面减小，主钢筋可在适当位置弯起。为保证主筋和梁端有足够的锚固长度和加强支承部分的强度，《公钢规》中规定，钢筋混凝土梁的支点处，应至少有 2 根且不少于总数 20%的下层受拉主钢筋通过。两外侧钢筋应伸出支点截面以外，并弯成直角顺梁高延伸至顶部，与顶层纵向架立钢筋相连。两侧之间不向上弯起的受拉主钢筋伸出支承截面的长度不应小于 $10d$（环氧树脂涂层钢筋伸出 $12.5d$）；HRB235 钢筋应带半圆钩。

梁内主钢筋可选择的钢筋直径一般为 14～32mm，通常不得超过 40mm，以满足抗裂要求。在同一根梁内主钢筋宜用相同直径的钢筋，当采用两种以上直径的钢筋时，为了便于施工识别，直径间应相差 2mm 以上。

梁内主钢筋可以单根或 2～3 根地成束布置成束筋，主钢筋的层数不宜多于三层，也

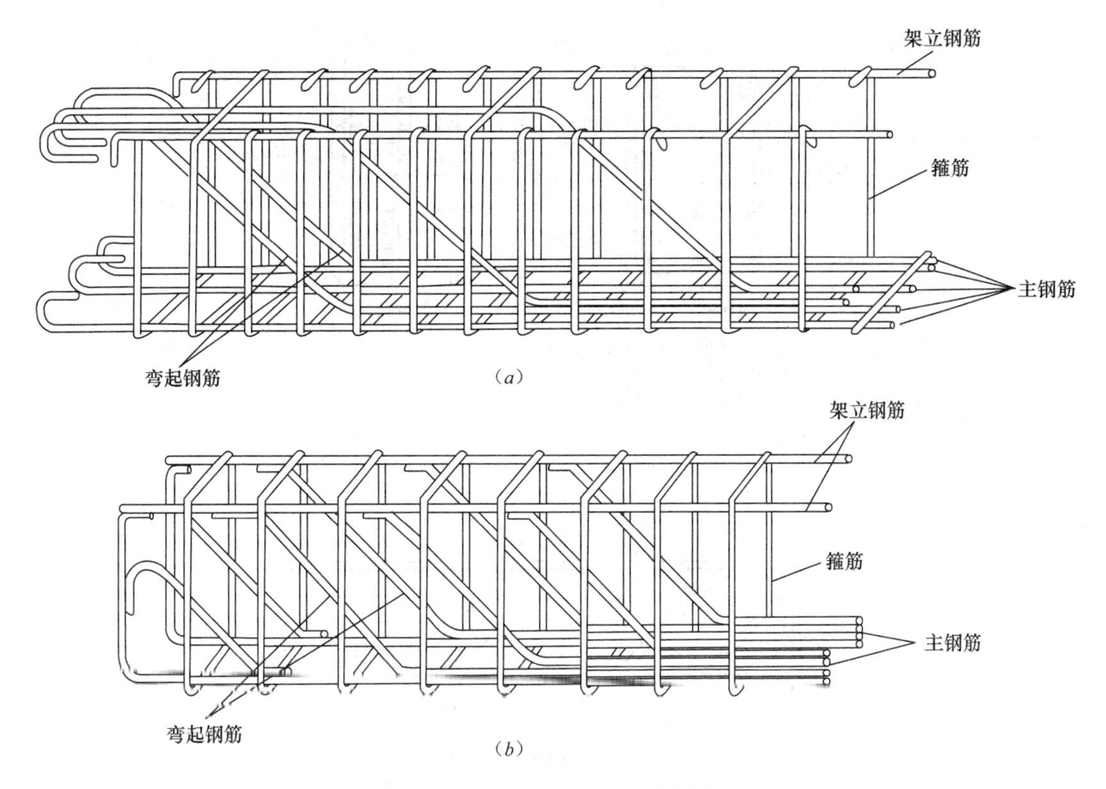

图 5-13　钢筋混凝土梁内钢筋构造图

可竖向不留空隙地焊成多层钢筋骨架，其叠高一般不超过（0.15～0.20）h，h 为梁高。主钢筋应尽量布置成最少的层数。在满足保护层的前提下，简支梁的主钢筋应尽量布置在梁底，以获得较大的内力偶臂而节约钢材。对于焊接钢筋骨架，钢筋的层数不宜多于 6 层，并应将粗钢筋布置在底层。主钢筋的排列原则应为：由下至上，下粗上细（对不同直径钢筋而言），对称布置，并应上下左右对齐，便于混凝土的浇筑。

为保护钢筋免于锈蚀，主钢筋至梁底面的净距应符合《公钢规》规定的钢筋最小混凝土保护层厚度要求。主钢筋的最小保护层厚度：Ⅰ类环境条件为 30mm，Ⅱ类环境条件为 40mm，Ⅲ、Ⅳ类环境条件为 45mm。边上的主钢筋与梁侧面的净距应不小于 25mm，钢筋与梁侧面的净距应不小于 25mm。

绑扎钢筋骨架中，各主钢筋的净距应满足图 5-14 中的要求，以保证混凝土的浇筑质量。三层及以下时净距不应小于 30mm 并不小于钢筋直径；三层以上时净距不小于 40mm 或钢筋直径的 1.25 倍。各束筋间的净距，不应小于等代直径 d_e（$d_e=\sqrt{n}d$，n 为束筋根数，d 为单根钢筋直径）。钢筋位置与保护层厚度，如图 5-14 所示。

焊接钢筋骨架中，为了缩短接头长度，减少焊接变形，钢筋骨架的焊接最好采用双面焊缝；但当骨架较长而不便翻身时，也可采用单面焊缝。焊缝设在弯起钢筋的弯折点处，并在钢筋骨架中间直线部分适当设置短焊缝。为了保证焊接质量，使焊缝处强度不低于钢筋本身强度，焊缝的长度必须满足以下规定（图 5-15）：利用主钢筋弯起的斜筋，在弯起处应与其他主钢筋相焊接，焊缝长度双面焊为 $2.5d$；单面焊为 $5.0d$，其中 d 为受力钢筋直径；附加斜筋与主钢筋或架立钢筋时，焊缝长度双面焊为 $5.0d$；单面焊为 $10d$；各层主

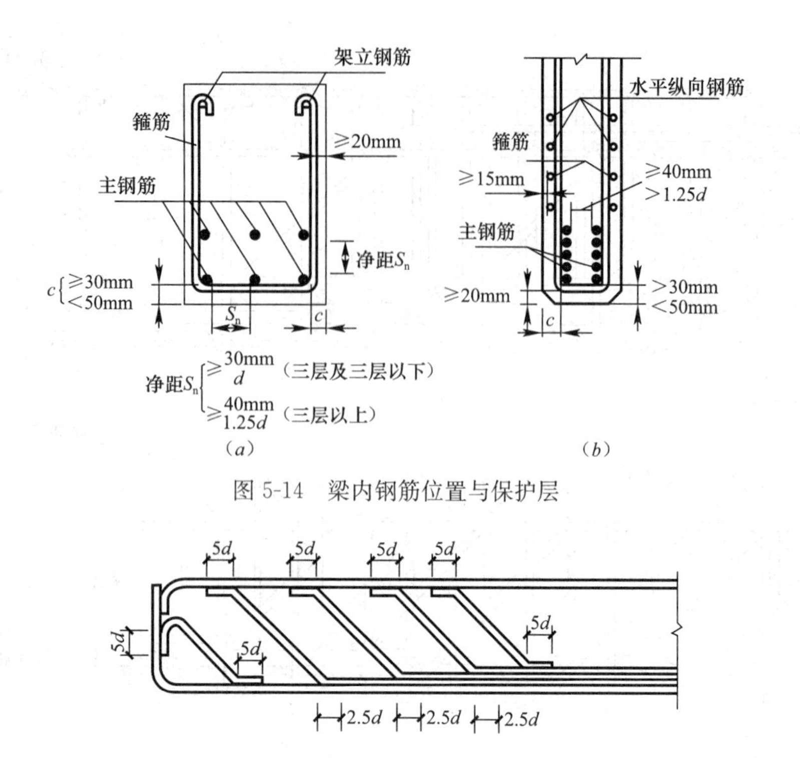

图 5-14 梁内钢筋位置与保护层

图 5-15 焊接钢筋骨架

钢筋相互焊接的焊缝采用短焊缝，焊缝长度双面焊为 2.5d；单面焊为 5.0d。通常对于小跨径梁可采用双面焊缝，先焊好一边再把骨架翻身焊另一边，这样既可以缩短接头长度，又可减小焊接变形；但当骨架较长而不便翻身时，可用单面焊缝。

② 弯起钢筋（斜筋）

简支梁靠近支点截面的剪力较大，需要设置斜钢筋以增强梁体的抗剪强度。斜钢筋可以由主钢筋弯起而成（称弯起钢筋），当可供弯起的主钢筋数量不足时，需要加配专门焊接于主筋和架立筋上的斜钢筋，具体设置及数量均由抗剪计算确定。斜钢筋与梁轴线的夹角一般取 45°。

③ 箍筋

梁内箍筋是沿梁纵轴方向按一定间距配置并箍住纵向钢筋的横向钢筋。箍筋除了帮助混凝土抗剪外，它还起到联结受拉钢筋和受压区混凝土，使其共同工作的作用。此外，在构造上还起着固定纵向钢筋位置的作用，并与梁内各种钢筋组成骨架。因此，无论计算上是否需要，梁内均应设置箍筋。工程上使用的箍筋有开口和闭口两种形式，如图 5-16 所示。

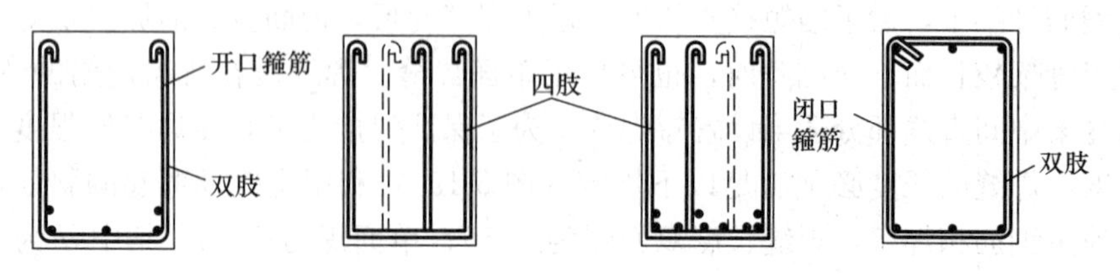

图 5-16 箍筋的形式

箍筋的直径不小于 8mm 且不小于 1/4 主钢筋直径。HRB235 钢筋的配筋率不小于 0.18%，HRB335 钢筋的配筋率不小于 0.12%。其间距应不大于梁高的 1/2 或 400mm。当所箍的钢筋为受压钢筋时，还应不大于受压钢筋直径的 15 倍和 400mm。从支座中心向跨径方向的长度在不小于 1 倍梁高的范围内，箍筋间距不大于 100mm。近梁端第一根箍筋应设置在距端面的一个混凝土保护层距离处。

④ 架立钢筋

架立钢筋主要为构造上或施工上的要求而设置，布置在梁肋的上缘，主要起固定箍筋和斜筋并使梁内全部钢筋形成骨架的作用。

钢筋混凝土梁内须设置架立钢筋，以便在施工时形成钢筋骨架，保持箍筋的间距，防止钢筋因浇筑振捣混凝土及其他意外因素而产生的偏斜。钢筋混凝土 T 形梁的架立钢筋直径多为 22mm；矩形截面梁一般为 10～14mm。

⑤ 纵向水平钢筋

当梁高大于 1m 时，沿梁肋高度的两侧并在箍筋外侧水平方向设置防裂钢筋，以抵抗温度应力及混凝土收缩应力，同时与箍筋共同构成网格骨架以利于应力扩散。其直径一般为 8～10mm，其总面积为（0.001～0.002）bh。以上 b 为梁腹宽，h 为梁全高。

当梁跨较大，梁肋较薄时取用较大值。靠近下缘的受拉区应布置得密集些，其间距不应大于腹板（梁肋）宽度，且不应大于 200mm；在上部受压区则可稀疏些，但间距不应大于 300mm。在支点附近剪力较大的区段，纵向分布钢筋间距应为 100～150mm。

2. 受弯构件正截面受力全过程和计算原则

（1）正截面工作的三个阶段

以图 5-17 所示跨长为 1.8m 的钢筋混凝土简支梁作为试验梁，其截面为矩形，尺寸为 $b \times h = 100\text{mm} \times 160\text{mm}$，配有 2$\Phi$10 钢筋。为了重点研究正截面受力和变形的变化规律，通常采用两点加载。这样，在两个对称集中荷载间的“纯弯段”内，不仅可以基本上排除剪力的影响（忽略自重），同时也有利于布置测试仪表以观察试验梁受荷后变形和裂缝出现与开展的情况。

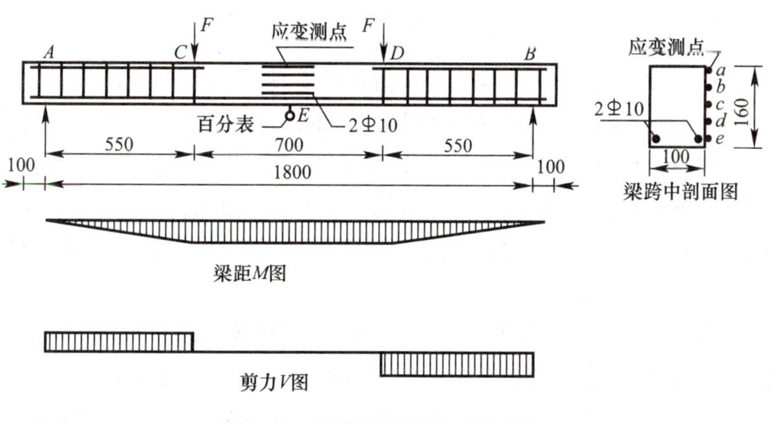

图 5-17　钢筋混凝土梁试验研究

在“纯弯段”内，沿梁高两侧布置测点，用仪表量测梁的纵向变形。浇筑混凝土时，在梁跨中附近的钢筋表面处预留孔洞（或预埋电阻片），用以量测钢筋的应变。不论使用哪种仪表量测变形，它都有一定的标距。因此，所测得的数值都表示标距范围内的平均值。另外，在跨中和支座上分别安装百（千）分表以量测跨中的挠度 f；有时还要安装倾角仪量测梁的转角。试验采用分级加载，每级加载后观测和记录裂缝出现及发展情况，并记录受拉钢筋的应变和不同高度处混凝土纤维的应变及梁的挠度。

图 5-18 为一根有代表性的单筋矩形截面梁的试验结果。图中纵坐标为无量纲 M/M_u 值；横坐标为跨中挠度 f 的实测值。M 为各级荷载下的实测弯矩；M_u 为试验梁破坏时所能承受的极限弯矩。可见，当弯矩较小时，挠度和弯矩关系接近直线变化，梁的工作特点是未出现裂缝，称为第Ⅰ阶段；当弯矩超过开裂弯矩 M_{cr} 后将产生裂缝，且随着荷载的增加将不断出现新的裂缝，随着裂缝的出现与不断开展，挠度的增长速度较开裂前加快，梁的工作特点是带有裂缝，称为第Ⅱ阶段。在图 5-18 中纵坐标为 M_{cr}/M_u 处，M/M_u-f 关系曲线上出现了第一个明显转折点。

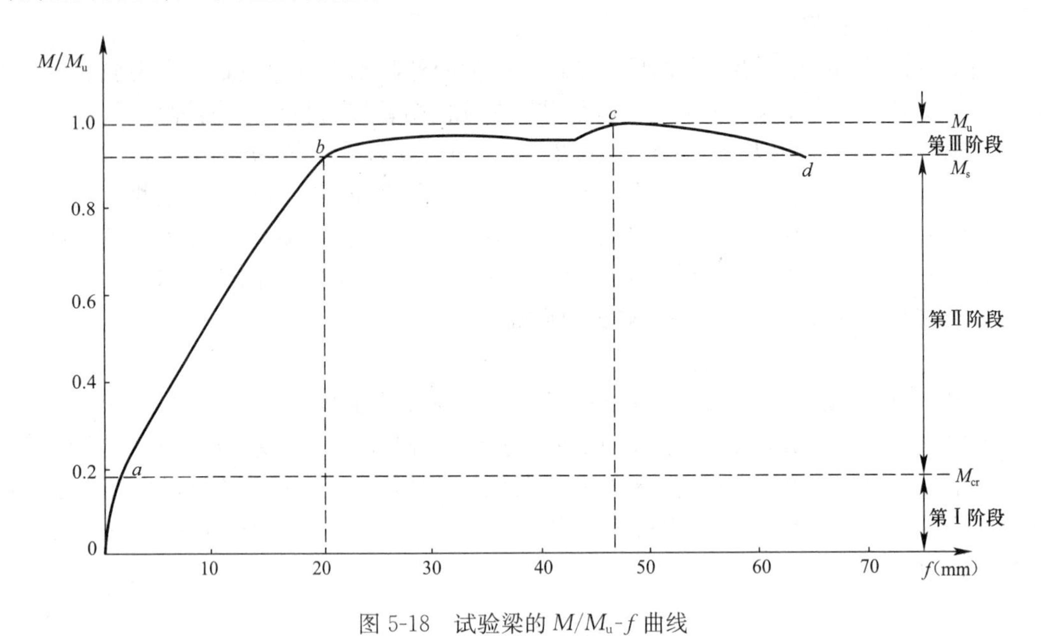

图 5-18　试验梁的 M/M_u-f 曲线

在第Ⅱ阶段整个发展过程中，钢筋的应力将随着荷载的增加而增加。当受拉钢筋刚刚到达屈服强度（对应于梁所承受的弯矩为 M_s）瞬间，标志着第Ⅱ阶段的终结而转化为第Ⅲ阶段的开始（此时，在 M/M_u-f 关系上出现了第二个明显转折点）。第Ⅲ阶段梁的工作特点是裂缝急剧开展，挠度急剧增加，而钢筋应变有较大的增长但其应力始终维持屈服强度不变。当 M 从 M_s 再增加不多时，即到达梁所承受的极限弯矩 M_u，此时标志着梁开始破坏。

在 M/M_u-f 关系曲线上的两个明显的转折点，把梁的截面受力和变形过程划分为图 5-18所示的三个阶段，适筋梁在三个工作阶段的截面应力分布如图 5-19 所示。

1）第Ⅰ阶段（整体工作阶段）。开始加载时，由于弯矩很小，量测的梁截面上各个纤维应变也很小，且变形的变化规律符合平截面假定，这时梁的工作情况与匀质弹性体梁相似，混凝土基本上处于弹性工作阶段，应力与应变成正比，受压区和受拉区混凝土应力分布图形可假设为三角形。

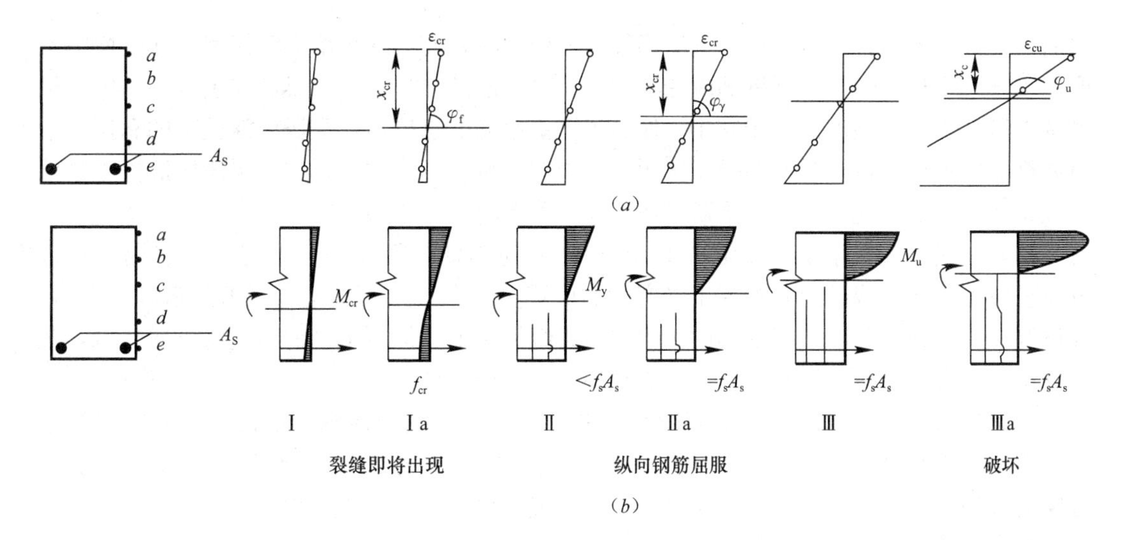

图 5-19　梁正截面各阶段的应力应变图

当弯矩再增大，量测到的应变也将随之加大，但其变化规律仍符合平截面假定。由于混凝土受拉时应力—应变关系呈曲线性质，故在受拉区边缘处混凝土将首先开始表现出塑性性质，应变较应力增长速度为快。从而可以推断出受拉区应力图形开始偏离直线而逐步变弯，随着弯矩继续增加，受拉区应力图形中曲线部分的范围将不断沿梁高向上发展。

在弯矩增加到 M_{cr}时，受拉区边缘纤维应变恰好到达混凝土受弯时极限拉应变 ε_{tu}，梁处于将裂而未裂的极限状态，此即第Ⅰ阶段末，以 $Ⅰ_a$表示，这时受压区边缘纤维应变量测值相对还很小，受压区混凝土基本上属于弹性工作性质，即受压区应力图形接近三角形。但这时受拉区应力图形则呈曲线分布。在 $Ⅰ_a$时，由于粘结力的存在，受拉钢筋的应变与周围同一水平处混凝土拉应变相等，这时钢筋应力 $\sigma_s=\varepsilon_{tu}E_s$，量值较小。由于受拉区混凝土塑性的发展，第Ⅰ阶段末中和轴的位置较Ⅰ阶段的初期略有上升。$Ⅰ_a$可作为受弯构件抗裂度的计算依据。

2）第Ⅱ阶段（带裂缝工作阶段）。当 $M=M_{cr}$时，在“纯弯段”抗拉能力最薄弱的截面处将首先出现第一条裂缝，一旦开裂，梁即由第Ⅰ阶段进入第Ⅱ阶段工作。在裂缝截面处，由于混凝土开裂，受拉区工作将主要由钢筋承受，在弯矩不变的情况下，开裂后的钢筋应力较开裂前将突然增大许多，使裂缝一出现即具有一定的开展宽度，并将沿梁高延伸到一定的高度，从而这个截面处中和轴的位置也将随之上移。但在中和轴以下裂缝尚未延伸到的部位，混凝土仍可承受一小部分拉力。

随着弯矩继续增加，受压区混凝土压应变与受拉钢筋的拉应变实测值均不断增长，但其平均应变（标距较大时的量测值）的变化规律仍符合平截面假定。

在第Ⅱ阶段中，受压区混凝土塑性性质将表现得越来越明显，应力增长速度越来越慢，故受压应力图形将呈曲线变化。当弯矩继续增加使得受拉钢筋应力刚刚到达屈服强度（M_s）时，称为第Ⅱ阶段末，以 $Ⅱ_a$表示。

阶段Ⅱ相当于梁在正常使用时的应力状态，可作为正常使用极限状态的变形和裂缝宽度计算时的依据。

3）第Ⅲ阶段（破坏阶段）。在图 5-18 中 M/M_u-f 曲线的第二个明显转折点（$Ⅱ_a$）

之后，梁就进入第Ⅲ阶段工作。这时钢筋因屈服，将在变形继续增大的情况下保持应力不变。当弯矩再稍有增加，则钢筋应变骤增，裂缝宽度随之扩展并沿梁高向上延伸，中和轴继续上移，受压区高度进一步减小。但为了平衡钢筋的总拉力，受压区混凝土的总压力也将始终保持不变。这时量测的受压区边缘纤维应变也将迅速增长，这时受压区混凝土塑性特征将表现得更为充分，可以推断受压区应力图形将更趋丰满。

弯矩再增加直至梁承受极限弯矩 M_u 时，称为第Ⅲ阶段末，以$Ⅲ_a$表示。此时，边缘纤维压应变达到（或接近）混凝土受弯时的极限压应变 ε_{cu}，标志着梁已开始破坏。其后，在试验室一定条件下，适当配筋的试验梁虽可继续变形，但所承受的弯矩将有所降低，最后在破坏区段上受压区混凝土被压碎甚至崩落而完全破坏。

在第Ⅲ阶段整个过程中，钢筋所承受的总拉力和混凝土所承受的总压力始终保持不变。但由于中和轴逐步上移，内力臂 Z 不断略有增加，故截面破坏弯矩 M_u 较$Ⅱ_a$时的 M_s 也略有增加。第Ⅲ阶段末（$Ⅲ_a$）可作为极限状态承载力计算时的依据。

总结上述试验梁从加荷到破坏的整个过程，应注意以下几个特点：

① 由图 5-19 可知，第Ⅰ阶段梁的挠度增长速度较慢；第Ⅱ阶段梁因带裂缝工作，使挠度增长速度较快；第Ⅲ阶段由于钢筋屈服，故挠度急剧增加。

② 由图 5-19 可见，随着弯矩的增加，中和轴不断上移，受压区高度 x_c 逐渐缩小，混凝土边缘纤维压应变随之加大。受拉钢筋的拉应变也是随着弯矩的增长而加大。但应变图基本上仍是上下两个三角形，即平均应变符合平截面假定。受压区应力图形在第Ⅰ阶段为三角形分布；第Ⅱ阶段为微曲线形状；第Ⅲ阶段呈更为丰满的曲线分布。

③ 在第Ⅰ阶段钢筋应力 σ_s 增长速度较慢；当 $M=M_{cr}$ 时，开裂前、后的钢筋应力发生突变；第Ⅱ阶段 σ_s 较第Ⅰ阶段增长速度加快；当 $M=M_s$ 时，钢筋应力到达屈服强度 f_{sk}，以后应力不再增加直到破坏。

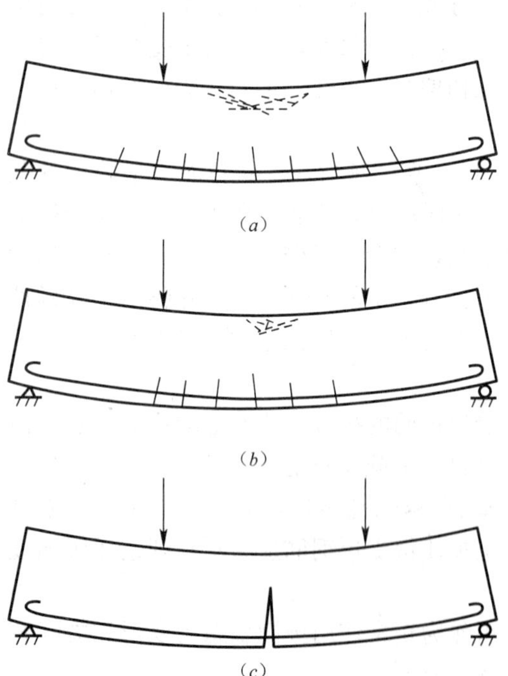

图 5-20　钢筋混凝土梁的三种破坏形态

(2) 受弯构件正截面的破坏形态

根据试验研究，梁正截面的破坏形式与配筋率 ρ、钢筋和混凝土的强度等级有关。在常用的钢筋级别和混凝土强度等级情况下，其破坏形式主要随配筋率 ρ 的大小而异。梁的破坏形式可分为以下三类：

1）适筋梁——塑形破坏

已如前述，这种梁的特点是破坏始于受拉区钢筋的屈服。在钢筋应力到达屈服强度之初，受压区边缘纤维应变尚小于受弯时混凝土极限压应变。梁完全破坏以前，由于钢筋要经历较大的塑性伸长，随之引起裂缝急剧开展和梁挠度的激增，它将给人以明显的破坏预兆，习惯上常把这种梁的破坏称之为“塑性破坏”（图 5-20a）。

2）超筋梁——脆性破坏

若梁截面配筋率 ρ 很大时，破坏将始于受压区混凝土的压碎，在受压区边缘纤维应变达到混凝土受弯时的极限压应变值，钢筋应力尚小于屈服强度，裂缝宽度很小，沿梁高延伸较短，梁的挠度不大，但此时梁已破坏。因其在没有明显预兆的情况下由于受压区混凝土突然压碎而破坏，故习惯上常称之为“脆性破坏”（图 5-20*b*）。

超筋梁虽配置过多的受拉钢筋，但由于其应力低于屈服强度，不能充分发挥作用，造成钢材的浪费。这不仅不经济，且破坏前毫无预兆，故设计中不准许采用这种梁。

比较适筋梁和超筋梁的破坏，可以发现，两者的差异在于：前者破坏始自受拉钢筋；后者则始自受压区混凝土。显然，当钢筋级别和混凝土强度等级确定之后，一根梁总会有一个特定的配筋率 ρ_{max}，它使得钢筋应力到达屈服强度的同时，受压区边缘纤维应变也恰好到达混凝土受弯时极限压应变值，这种梁的破坏称之为“界限破坏”，即适筋梁与超筋梁的界限。鉴于安全和经济的理由，在实际工程中不允许采用超筋梁，那么这个特定配筋率，ρ_{max}实质上就限制了适筋梁的最大配筋率。梁的实际配筋率 $\rho<\rho_{max}$时，破坏始自钢筋的屈服；$\rho>\rho_{max}$时，破坏始自受压区混凝土的压碎；$\rho=\rho_{max}$时，受拉钢筋应力到达屈服强度的同时压区混凝土压碎而梁立即破坏。

3）少筋梁——脆性破坏

当梁的配筋率 ρ 很小时称为少筋梁，少筋梁混凝土一旦开裂，受拉钢筋立即到达屈服强度并迅速经历整个流幅而进入强化阶段工作。由于裂缝往往集中出现一条，不仅开展宽度较大，且沿梁高延伸很高。即使受压区混凝土暂未压碎，但因此时裂缝宽度过大，已标志着梁的“破坏”（图 5-20）。尽管开裂后梁仍可能保留一定的承载力，但因梁已发生严重的下垂，这部分承载力实际上是不能利用的，少筋梁也属于“脆性破坏”。因此是不经济、不安全的。

3. 受弯构件正截面承载力计算的基本原则

（1）基本假定

基于受弯构件正截面的破坏特征，其承载力按下列基本假定进行计算：

① 构件弯曲后，其截面仍保持为平面；

② 截面受压区混凝土的应力图形简化为矩形，其压力强度取混凝土的轴心抗压强度设计值 f_{cd}；截面受拉区混凝土的抗拉强度不予考虑；

③ 钢筋应力等于钢筋应变与其弹性模量的乘积，但不大于其强度设计值。极限状态计算时，受拉钢筋的应力取其抗拉强度设计值 f_{sd}；受压区钢筋的应力取其抗压强度设计值 f'_{sd}。

（2）适筋和超筋破坏的界限条件

对不同的钢筋级别和不同混凝土强度等级有着不同的 ξ_b 值，见表 5-8。当相对受压区高度 $\xi\leqslant\xi_b$ 时，属于适筋梁；相对受压区高度 $\xi>\xi_b$ 时，属于超筋梁。

《公钢规》规定受弯构件相对界限受压区高度 ξ_b 值 **表 5-8**

钢筋种类	混凝土强度等级			
	C50 及以下	C55，C60	C65，C70	C75，C80
R235	0.62	0.60	0.58	—
HRB335	0.56	0.54	0.52	—

续表

钢筋种类	混凝土强度等级			
	C50 及以下	C55，C60	C65，C70	C75，C80
HRB400，K1400	0.53	0.51	0.49	—
钢绞线、钢丝	0.40	0.38	0.36	0.35
精轧螺纹钢筋	0.40	0.38	0.36	—

注：1. 截面受拉区配置不同种类钢筋的受弯构件，其 ξ_b 值应选用相应于各种钢筋的较小者；

2. $\xi_b = x_b/h_0$，x_b 为纵向受拉钢筋和受压区混凝土同时达到其强度设计值时的受压区高度。

（3）适筋和少筋破坏的界限条件

为了防止截面配筋过少而出现脆性破坏，并考虑温度收缩应力及构造等方面的要求，适筋梁配筋率 ρ 亦应满足另一条件，即 $\rho \geqslant \rho_{min}$，式中 ρ_{min} 表示适筋梁的最小配筋率。《公钢规》规定：$\rho_{min} = (45 f_{td}/f_{sd})\%$，同时不应小于 0.2%，即有：

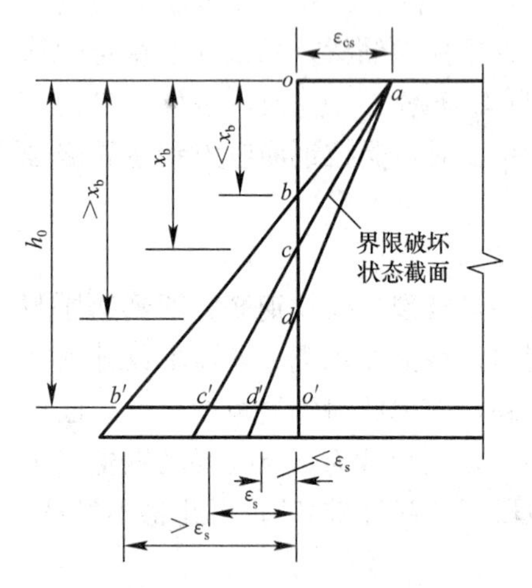

图 5-21 梁破坏时的正截面平均应变图

$$\rho = \frac{A_s}{bh_0} \geqslant \rho_{min} = 45 \times \frac{f_{td}}{f_{sd}}(\%), 且$$

$$\rho \geqslant 0.2\%$$

在工程实际中，梁的配筋率 ρ 总要比 ρ_{max} 低一些，比 ρ_{min} 高一些，才能做到经济合理。这主要是考虑到以下两点：

1）为了确保所有的梁在濒临破坏时具有明显的预兆以及在破坏时具有适当的延性，就要满足 $\rho < \rho_{min}$；

2）当 ρ 取得小些时，梁截面就要大些；当 ρ 取得大些时，梁截面就要小些，这就要顾及钢材、水泥、砂石等材料价格及施工费用。

根据我国经验，钢筋混凝土板的经济配筋率约为 0.5%～1.3%；钢筋混凝土 T 形梁的经济配筋率约为 2.0%～3.5%。

4. 单筋矩形截面受弯构件正截面承载力计算

（1）基本计算公式及适用条件

1）基本公式

根据上述基本假定，单筋矩形截面正截面强度的计算简图如图 5-22 所示，由平衡条件可得：

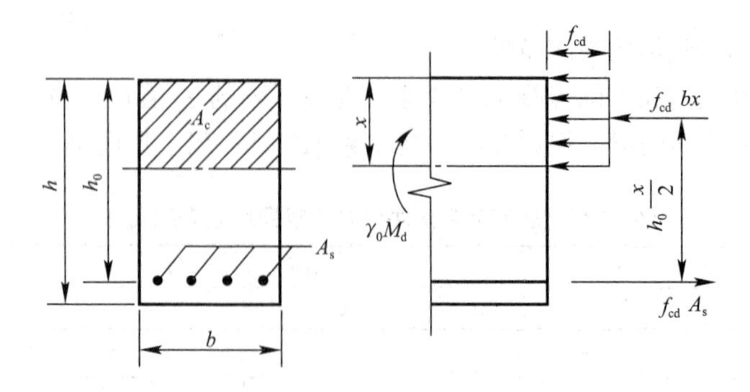

图 5-22 单筋矩形截面梁正截面承载力计算图式

根据力的平衡条件，可列出其基本方程

$$\sum X = 0 \quad f_{cd}bx = f_{sd}A_s \tag{5-2}$$

$$\sum M_{AS} = 0 \quad \gamma_0 M_d \leqslant f_{cd}bx\left(h_0 - \frac{x}{2}\right) \tag{5-3}$$

$$\sum M_c = 0 \quad \gamma_0 M_d \leqslant f_{sd}A_s\left(h_0 - \frac{x}{2}\right) \tag{5-4}$$

式中　h_0——截面的有效高度，$h_0 = h - a_s$；

a_s——受拉区边缘到受拉钢筋合力作用点的距离。

2）适用条件

① 为了防止超筋破坏，保证构件破坏时纵向受拉钢筋首先屈服，应满足

$$\xi \leqslant \xi_b \text{ 或 } x \leqslant \xi_b h_0 \text{ 或 } \rho \leqslant \rho_{max}$$

② 为了防止少筋破坏，应满足

$$A_s \geqslant \rho_{min} bh_0$$

（2）计算方法

实际设计中，受弯构件的正截面承载力计算，可分为截面设计和承载力复核两类问题。解决这两类问题的依据是前述的基本公式及适用条件。

5.2.2　受弯构件斜截面计算

1. 弯构件斜截面的受力特点及破坏形态

（1）斜截面破坏形态

剪跨比是一个无量纲常数，表示荷载作用下钢筋混凝土受弯构件的斜截面破坏与弯矩和剪力的组合情况。对于集中荷载作用下的简支梁，集中荷载作用点至最靠近的简支梁支点之间的距离 a，称为剪跨，剪跨与截面有效高度 h_0 的比值，称为剪跨比，用 m 表示。而剪跨比又可表示为：$m=\frac{a}{h_0}=\frac{pa}{ph_0}=\frac{M_c}{V_c h_0}$，此处 M_c 和 V_c 分别为剪切破坏截面的弯矩和剪力。对于其他荷载作用情况，也可用 $m=M_c/V_c h_0$ 表示，此式又称为广义剪跨比。

随着荷载的增加，梁底出现裂缝并向上延伸，从而形成了大体与梁的主拉应力相垂直的弯剪斜裂缝，这样当垂直截面的抗弯强度得到保证时梁最后有可能由于斜截面强度不足而破坏。这种由于斜裂缝出现而导致钢筋混凝土梁的破坏，称为斜截面破坏。这是一种剪切破坏。

1）斜压破坏（图 5-23c）

多发生在剪力大而弯矩小的区段内。当集中荷载十分接近支座、剪跨比值较小（$m<1$）时或腹筋配置过多，或者当梁腹板很薄时，梁腹部分的混凝土往往因为主压应力过大而造成斜向压坏。破坏时，梁腹被一系列平行的斜裂缝分割成许多倾斜的受压柱体而被压坏，破坏是突然发生。破坏时，箍筋往往并未屈服。

2）剪压破坏（图 5-23b）

对于有腹筋梁，剪压破坏是最常见的斜截面破坏形态。对于无腹筋梁，如剪跨比 $m=1\sim3$ 时，也会发生剪压破坏。剪压破坏的特点是：若构件内腹筋用量适当，当荷载增加到一定程度后，构件上早已出现的垂直裂缝和细微的倾斜裂缝发展形成一根主要的斜裂

缝，称为“临界斜裂缝”。斜裂缝末端混凝土截面既受剪、又受压，称之为剪压区。荷载继续增加，斜裂缝向上伸展，直到与临界斜裂缝相交的箍筋达到屈服强度，同时剪压区的混凝土在剪应力与压应力共同作用下达到复合受力时的极限强度而破坏，梁也失去了承载力。

3）斜拉破坏（图 5-23a）

斜拉破坏多发生在无腹筋梁或配置较少腹筋的有腹筋梁，且其剪跨比的数值较大（$m>3$）时。斜拉破坏的特点是斜裂缝一出现，就很快形成临界斜裂缝，并迅速伸到集中荷载作用点处，使梁斜向被拉断而破坏。

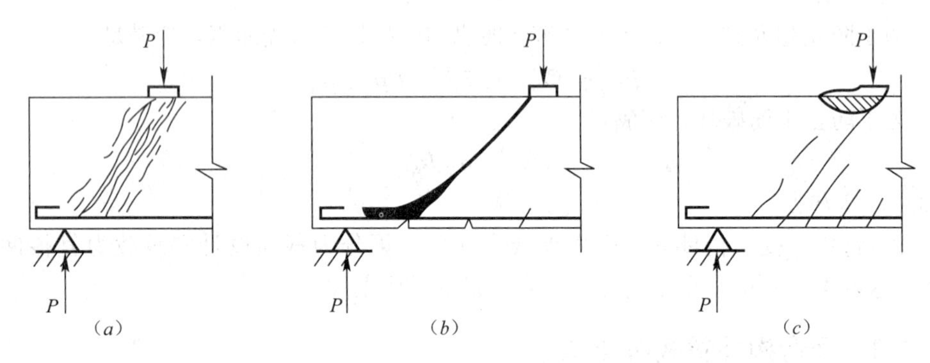

图 5-23　受弯构件斜截面破坏状态

（a）斜压破坏；（b）剪压破坏；（c）斜拉破坏

各种破坏形态的斜截面承载力各不相同，斜压破坏时最大，其次为剪压，斜拉最小。它们在达到峰值荷载时，跨中挠度都不大，破坏后荷载都会迅速下降，表明它们都属脆性破坏类型，而其中尤以斜拉破坏为甚。一般用限制截面最小尺寸的办法，防止梁发生斜压破坏；用满足箍筋最大间距等构造要求和限制箍筋最小配筋率的方法，防止梁发生斜拉破坏。剪压破坏则通过配箍计算来防止。《公钢规》给出的斜截面抗剪承载力计算公式，都是以剪压破坏形态的受力特征为基础而建立的。

（2）影响受弯构件斜截面抗剪承载力的主要因素

1）剪跨比

剪跨比的大小决定着梁的抗剪承载力。试验表明，对无腹筋梁来说，剪跨比愈大，梁的抗剪承载力愈小，但当 $m>3$ 以后，剪跨比的影响不再明显。在有腹筋梁中，剪跨比同样显著地影响着梁的抗剪承载力，剪跨比越大，有腹筋梁的抗剪承载力越低。

2）混凝土强度等级

斜截面破坏是因混凝土到达极限强度而发生的，故斜截面抗剪承载力随混凝土强度等级的提高而提高。

3）纵向钢筋配筋率

试验表明，梁的抗剪承载力随着纵向钢筋配筋率的提高而增大。但到一定程度后，抗剪能力不再提高。

① 纵向钢筋能抑制斜裂缝的开展，阻止中性轴上升，增大受压区混凝土的抗剪承

载力。

② 与斜裂缝相交的纵向钢筋可以起到“销栓作用”而直接承受一部分剪力。

4）腹筋的强度和数量

腹筋包括箍筋和弯起钢筋，它们的强度和数量对梁的抗剪承载力有显著影响。

① 箍筋的配置数量对受弯构件斜截面抗剪能力的影响：有腹筋梁出现斜裂缝后，箍筋不仅直接承受相当部分的剪力，而且有效地抑制斜裂缝的开展和延伸，对提高剪压区混凝土的抗剪能力和纵向钢筋的销栓作用有着积极的影响。试验表明，在配箍最适当的范围内，梁的受剪承载力随配箍量的增多、箍筋强度的提高而有较大幅度的增长。

② 配箍率：配箍量一般用配箍率（又称箍筋配筋率）ρ_{sv}表示，即

$$\rho_{sv}=\frac{A_{sv}}{bs}=\frac{n\cdot A_{sv1}}{bs}$$

③ 配箍率与箍筋强度 f_{sv}的乘积对梁抗剪承载力的影响。当其他条件相同时，两者大体呈线性关系。如前所述，剪切破坏属脆性破坏。为了提高斜截面的延性，不宜采用高强度钢筋作箍筋。

2. 全梁承载能力校核与构造要求

（1）全梁承载力校核

就是进一步检查梁沿长度上的截面的正截面抗弯承载力、斜截面抗剪承载力和斜截面抗弯承载力是否满足要求。

在工程实践设计中设计钢筋混凝土受弯构件，通常只需对若干控制截面进行承载力计算，至于其他截面的承载力能否满足要求，可通过图解法来校核。

1）设计弯矩图

所谓设计弯矩图，即是由永久荷载和各种不利位置的基本可变作用沿梁跨径，在各正截面产生的弯矩组合设计值的变化图形 M_{dx}。设计弯矩图又称弯矩包络图，其线形为二次或高次抛物线。在均布荷载作用下，简支梁的弯矩包络图一般是以支点弯矩 $M_{d(0)}$、跨中弯矩 $M_{d(\frac{l}{2})}$，作为控制点，按二次抛物线 $M_{dx}=M_{d(\frac{l}{2})}\cdot\left(1-\frac{4x^2}{L^2}\right)$绘出，如图 5-24 所示。

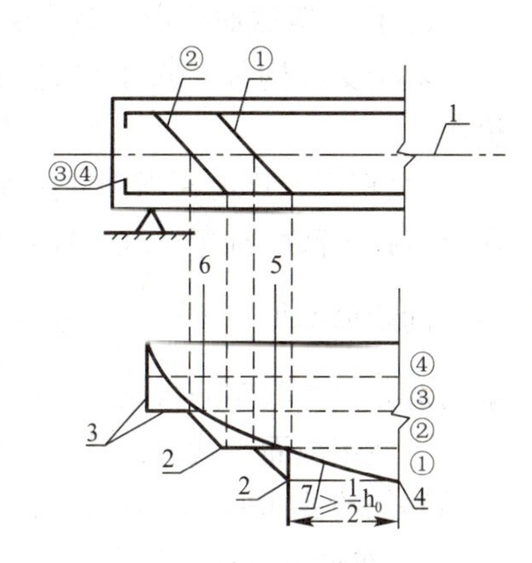

图 5-24　设计弯矩图与抵抗弯矩图的叠合图

1—梁中心线；2—受拉区钢筋弯起点；3—正截面抗弯承载力图形；4—钢筋①④强度充分利用的截面；5—按计算不需要钢筋①的截面（钢筋②～④强度充分利用截面）；6—按计算不需要钢筋②的截面（钢筋③～④强度充分利用截面）；7—弯矩图；①、②、③、④—钢筋批号

2）正截面抗弯承载力图

所谓正截面抗弯承载力图是指梁沿跨径各正截面实际具有的抵抗力矩 M_u 的分布图形，如图 5-24 中的阶梯形图线。正截面抗弯承载力图又称抵抗弯矩图。其构成如下：

① 在跨中截面将其最大抵抗力矩根据纵向主钢筋数量改变处的截面实有抵抗力矩分段，也可近似地由各组钢筋的截面积比例进行分段，然后做平行于横轴的水平线；

② 通过支点，不弯起，水平线贯穿全跨；

③ 弯起钢筋在弯起点处将开始退出工作，水平线终止；

④ 弯起钢筋在其与梁纵轴相交点后才完全退出工作，故与弯起点段用斜线相连；

⑤ 钢筋在截断处将完全退出工作，线形发生突变，成阶梯形状。

3）全梁承载力校核

采用同一比例，将设计弯矩图与抵抗弯矩图置于同一坐标中，即两图叠合，用来确定纵向主钢筋的弯起或截断，或校核全梁正截面抗弯承载力。为了保证梁的正截面抗弯承载力，必须要求抵抗弯矩图全部包含在内。如果抵抗弯矩图形离开设计弯矩图，且离开的距离较大，说明纵筋较多，它所对应的正截面抗弯承载力尚有富余，此时，可以从此截面向跨中方向移动适当位置将纵筋弯起或截断。

4）利用弯矩包络图和抵抗弯矩图确定弯起钢筋的弯起位置

① 不需要点：按正截面强度计算不需要该钢筋截面所在位置；

② 充分利用点：按计算充分利用该钢筋截面所在位置。

（2）构造要求

1）纵向钢筋弯起的构造要求

① 保证正截面抗弯承载力的构造要求

从纯理论观点而言，若承载力图与弯矩包络图相切，则表明此梁设计是最经济合理的。

② 保证斜截面抗剪承载力的构造要求

简支梁第一排（对支座而言）弯起钢筋弯终点应位于支座中心截面处，以后各排弯起钢筋的弯终点应落在或超过前一排弯起钢筋弯起点截面。

③ 保证斜截面抗弯承载力的构造要求

对于受弯构件，除了要进行斜截面抗弯承载力计算之外，尚要在构造上采取一定措施。

《公钢规》规定，当钢筋由纵向受拉钢筋弯起时，从该钢筋充分发挥抗力点即充分利用点（按正截面抗弯承载力计算充分利用该钢筋的截面与弯矩包络图的交点）到实际弯起点之间距离不得小于$\frac{h_0}{2}$。弯起钢筋可在按正截面抗弯承载力计算不需要该钢筋截面面积之前弯起，但弯起钢筋与梁中心线的交点应位于按计算不需要该钢筋的截面之外。

上述正截面承载力计算不需要该钢筋截面所在位置，被称为不需要点；按计算充分利用该钢筋的截面所在位置者，被称为充分利用点。通常是在叠合图上用作图方法解决的。

2）纵筋的截断与锚固

① 纵筋的截断

为了保证钢筋强度的充分利用，必须将钢筋从理论切断点外伸一定的长度再截断，这段距离称为钢筋的锚固长度（也称延伸长度）。

a. 钢筋混凝土梁内纵向受拉钢筋不宜在受拉区截断；

b. 需截断时，应从按正截面抗弯承载力计算充分利用该钢筋强度的截面至少延伸（l_a+h_0）长度，同时，尚应考虑从正截面抗弯承载力计算不需要该钢筋的截面至少延伸$20d$；

c. 纵向受压钢筋如在跨间截面时，应延伸至按计算不需要该钢筋的截面以外至少

15d。

② 纵筋的锚固

为防止伸入支座的纵筋因锚固不足而发生滑动，甚至从混凝土中拔出来，造成破坏，应采取锚固措施。

a. 在钢筋混凝土梁的支点处，至少应有两根并不少于总数 1/5 的下层受拉主钢筋通过；

b. 梁底两侧的受拉主钢筋应伸出端支点截面以外，并弯成直角且顺梁高延伸至顶部，与顶层架立钢筋相连。两侧之间不向上弯曲的受拉主钢筋伸出支点截面的长度，不应小于 10 倍钢筋直径；R235 钢筋应带半圆钩；

c. 弯起钢筋的末端（弯终点以外）应留有锚固长度，R235（Q235）钢筋尚应设置半圆弯钩。

5.2.3 受弯构件施工阶段应力计算

钢筋混凝土构件除了可能由于材料强度破坏或失稳等原因达到承载能力极限状态以外，还可能由于构件变形或裂缝过大影响了构件的适用性及耐久性，而达不到结构正常使用要求。对于钢筋混凝土受弯构件，《公钢规》规定必须进行使用阶段的变形和最大裂缝宽度验算，以及施工阶段的混凝土和钢筋应力验算。

与承载能力极限状态计算相比，钢筋混凝土受弯构件在使用阶段的计算有如下特点：

（1）钢筋混凝土受弯构件的承载能力极限状态是取构件破坏阶段（第Ⅲ阶段）；而使用阶段是以带裂缝工作阶段（第Ⅱ阶段）为基础。

（2）在钢筋混凝土受弯构件的设计中，其承载力计算决定了构件设计尺寸、材料、配筋数量及钢筋布置，以保证截面承载能力要大于最不利荷载效应：$\gamma_0 M_d \leqslant M_u$，计算内容分为截面设计和截面复核两部分。使用阶段计算是按照构件使用条件对已设计的构件进行验算，以保证在正常使用状态下的裂缝宽度和变形小于规范规定的各项限值。当构件验算不满足要求时，必须按承载能力极限状态要求对已设计好的构件进行修改、调整，直至满足两种极限状态的设计要求。

（3）承载能力极限状态计算时，汽车荷载应计入冲击系数，作用（或荷载）效应及结构构件的抗力均应采用考虑了分项系数的设计值；正常使用极限状态计算时作用（或荷载）效应应取用短期效应和长期效应的一种或两种组合，并且《公路桥涵设计通用规范》JTG D 60—2004 明确规定这时汽车荷载可不计冲击系数。

钢筋混凝土梁在施工阶段，特别是梁的运输、安装过程中，梁的支承条件、受力图式会发生变化。例如，图 5-25（b）所示简支梁的吊装，吊点的位置并不在梁设计的支座截面，当吊点位置口较大时，将会在吊点截面处引起较大负弯矩。又如图 5-25（c）所示，采用“钓鱼法”架设简支梁，在安装施工中，其受力简图不再是简支体系。因此，应该根据受弯构件在施工中的实际受力体系进行正截面和斜截面的应力计算。

《公钢规》规定进行施工阶段验算，施工荷载除有特别规定外均采用标准值，当有组合时不考虑荷载组合系数。构件在吊装时，构件重力应乘以动力系数 1.2 或 0.85，并可视构件具体情况适当增减。当用吊机（吊车）行驶于桥梁进行安装时，应对已安装的构件进行验算，吊机（车）应乘以 1.15 的荷载系数，但当由吊机（车）产生的效应设计值小于

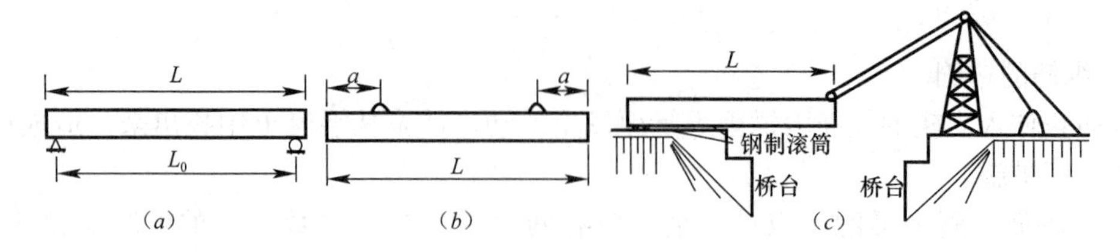

图 5-25 施工阶段受力图

(a) 简支梁图；(b) 梁吊点位置图；(c) 梁“钓鱼法”安装图

按持久状况承载能力极限状态计算的荷载效应设计值时，则可不必验算。

对于钢筋混凝土受弯构件施工阶段的应力计算，可按第Ⅱ工作阶段进行。《公钢规》规定受弯构件正截面应力验算按下式进行：

(1) 受压区混凝土边缘的压应力

$$\sigma_{cc}^{t} \frac{M_{k}^{t} x_{0}}{I_{cr}} \leqslant 0.80 f_{ck}' \tag{5-5}$$

(2) 受拉钢筋的应力

$$\sigma_{si}^{t} = \alpha_{ES} \frac{M_{k}^{t}(h_{0i} - x_{0})}{I_{cr}} \leqslant 0.75 f_{sk}' \tag{5-6}$$

式中 M_{k}^{t}——由临时的施工荷载标准值产生的弯矩值；

x_0——换算截面的受压区高度，按换算截面受压区和受拉区对中性轴面积矩相等的原则求得；

I_{cr}——开裂截面换算截面的惯性矩，根据已求得的受压区高度 x_0，按开裂截面对中性轴惯性矩之和求得；

σ_{si}^{t}——按短暂状况计算时受拉区第 i 层钢筋的应力；

h_{0i}——受压区边缘至受拉区第 i 层钢筋截面重心的距离；

f_{ck}'——施工阶段相应于混凝土立方体抗压强度标准值 $f_{cu,k}$ 的混凝土轴心抗压强度标准值，直线内插取用；

f_{sk}'——普通钢筋的抗拉强度标准值。

对于钢筋的应力计算，一般仅需验算最外排受拉钢筋的应力，当内排钢筋强度小于外排钢筋强度时，则应分排验算。

受弯构件截面应力计算，应已知梁的截面尺寸、材料强度、钢筋数量及布置，以及梁在施工阶段控制截面上的弯矩 M_{k}^{t}。

当钢筋混凝土受弯构件施工阶段应力验算不满足时，应该调整施工方法，或者补充、调整某些钢筋。对于钢筋混凝土受弯构件在施工阶段的主应力验算详见《公钢规》规定。

5.2.4 受弯构件的变形和裂缝宽度验算

1. 受弯构件的裂缝及裂缝宽度验算

混凝土的抗拉强度很低，在不大的拉应力作用下就可能出现裂缝。

(1) 裂缝的类型

钢筋混凝土结构的裂缝，按其产生的原因可分为以下几类：

1) 作用效应（如弯矩、剪力、扭矩及拉力等）引起的裂缝。

这类裂缝是由于构件下缘拉应力早已超过混凝土抗拉强度而使受拉区混凝土产生的垂直裂缝。例如C25混凝土，其轴心抗拉标准值 f_{tk} =1.78MPa，采用HRB335钢筋，则弹性模量比等于7.14。在使用中，当构件下缘混凝土应力达到1.78MPa截面即将开裂时，与混凝土粘结在一起的钢筋应力仅为12.7MPa，可见，当受拉钢筋应力达到其设计应力时，构件下缘混凝土早已开裂。所以，通常按承载能力极限状态设计的钢筋混凝土构件，在使用阶段总是有裂缝。由直接作用引起的裂缝一般是与受力钢筋以一定角度相交的横向裂缝。

2）由外加变形或约束变形引起的裂缝。外加变形一般有地基的不均匀沉降、混凝土的收缩及温度差等。约束变形越大，裂缝宽度也越大。例如在钢筋混凝土薄腹T梁的肋板表面上出现中间宽两端窄的竖向裂缝，这是混凝土结硬时，肋板混凝土受到四周混凝土及钢筋骨架约束而引起的裂缝。

3）钢筋锈蚀裂缝。由于保护层混凝土碳化或冬季施工中掺氯盐（这是一种混凝土促凝、早强剂）过多导致钢筋锈蚀。锈蚀产物的体积比钢筋被侵蚀的体积大2～3倍，这种体积膨胀使外围混凝土产生相当大的拉应力，引起混凝土开裂，甚至保护层混凝土剥落。钢筋锈蚀裂缝是沿钢筋长度方向劈裂的纵向裂缝。

上述第一种裂缝总是要产生的，习惯上称之为正常裂缝；而后两种就称为非正常裂缝。过多裂缝或过大的裂缝宽度会影响结构的外观，造成使用者的不安。同时，某些裂缝的发生或发展，将会影响结构的使用寿命。为了保证钢筋混凝土构件的耐久性，必须在设计、施工等方面控制裂缝的宽度。

对外加变形或约束变形引起的裂缝，往往是在构造上提出要求和在施工工艺上采取相应的措施予以控制。例如，混凝土收缩引起的裂缝，在施工规程中，提出要严格控制混凝土的配合比，保证混凝土的养护条件和时间。同时，《公钢规》还规定，对于钢筋混凝土薄腹梁，应沿梁肋的两侧分别设置直径为6～8mm的水平纵向钢筋，并且具有规定的配筋率以防止过宽的收缩裂缝。

对于钢筋锈蚀裂缝，由于它的出现将影响结构的使用寿命，危害性较大，故必须防止其出现。在实际工程中，为了防止它的出现，一般认为必须有足够厚度的混凝土保护层和保证混凝土的密实性，严格控制早凝剂的掺入量。一旦钢筋锈蚀裂缝出现，应当及时处理。

在钢筋混凝土结构的使用阶段，直接作用引起的混凝土裂缝，只要不是沿混凝土表面延伸过长或裂缝的发展处于不稳定状态，均属正常的（指一般构件）。但在直接作用下，若裂缝宽度过大，仍会造成裂缝处钢筋锈蚀。钢筋混凝土构件在荷载作用下产生的裂缝宽度，主要通过设计计算进行验算和构造措施上加以控制。

（2）裂缝宽度的计算

目前，国内外有关裂缝宽度的计算公式很多，尽管各种公式所考虑的参数不同，但就其研究的方法来说，可将其分为两类：第一类是以粘结—滑移理论为基础的半理论半经验的计算方法，按照这种理论，裂缝的间距取决于钢筋与混凝土间粘结应力的分布，裂缝的开展是由于钢筋与混凝土间的变形不再维持协调，出现相对滑移而产生；第二类是以数理统计为基础的经验计算方法，即从大量的试验资料中分析影响裂缝的各种因素，保留主要因素，舍去次要因素，给出简单适用而又有一定可靠性的经验计算公式。

1）影响裂缝宽度的因素

根据试验研究结果分析，影响裂缝宽度的主要因素有：钢筋应力、钢筋直径、配筋率、保护层厚度、钢筋外形、作用性质（短期、长期、重复作用）、构件的受力性质（受弯、受拉、偏心受拉等）等。

2）裂缝宽度限值

《公钢规》规定，在正常使用极限状态下钢筋混凝土构件的裂缝宽度，应按作用（或荷载）短期效应组合并考虑长期效应组合影响进行验算，并规定钢筋混凝土构件的最大裂缝宽度不应超过下列规定限值：

Ⅰ类和Ⅱ类环境　　　0.2mm

Ⅲ类和Ⅳ类环境　　　0.15mm

在上述各验算中，汽车荷载应不计冲击系数。

2. 受弯构件的变形验算

在荷载作用下的受弯构件，如果变形过大，将会影响结构的正常使用。例如，桥梁上部结构的挠度过大，梁端的转角亦大，车辆通过时，不仅要发生冲击，而且要破坏伸缩缝两侧的桥面影响结构的耐久性。桥面铺装的过大变形将会引起车辆的颠簸和冲击，起着对桥梁结构不利的加载作用。所以在设计这些构件时，必须根据不同要求，把它们的弯曲变形控制在规范规定的容许值以内。这就是所谓的刚度问题。

一般地说，满足梁的强度要求，应是问题的主要方面，可是对构件的刚度问题也不能忽视；特别是当使用要求对变形限制较严格或构件截面过于单薄时，刚度要求可能在梁的设计中起控制作用。

桥梁的挠度，根据产生原因可分成永久作用（结构自重力、桥面铺装、预应力、混凝土徐变和收缩作用等）产生的和可变作用（汽车、人群）产生的两种。永久作用产生的挠度是恒久存在的且与持续的时间有关，可分为短期挠度和长期挠度。可变作用产生的挠度是临时出现的，在最不利的作用位置下，挠度达到最大值，随着可变作用位置的移动，挠度逐渐减小，一旦可变作用离开桥梁，挠度随即消失。永久作用产生的挠度并不表征结构的刚度特性，通常可以通过施工时预设的反向挠度（即预拱度）来加以抵消，使竣工后的桥梁达到理想的设计线形。可变作用产生的挠度，使梁产生反复变形，变形的幅度越大，可能发生的冲击和振动作用也越强烈，对行车的影响也越大。因此，在桥梁设计中，需要通过验算可变作用产生的挠度以体现结构的刚度特性。

受弯构件在使用阶段的挠度应考虑作用（或荷载）长期效应的影响，即按作用（或荷载）短期效应组合和给定的刚度计算的挠度值，再乘以挠度长期增长系数 η_θ。挠度长期增长系数 η_θ 可按下列规定采用：当采用 C40 以下混凝土时，$\eta_\theta=1.60$；采用 C40～C80 混凝土时，$\eta_\theta=1.35\sim1.45$，中间强度等级可适当插入取值。

《公钢规》规定，钢筋混凝土受弯构件按上述计算的长期挠度值，在消除结构自重产生的长期挠度后不应超过下列规定的限值（在上述各组合中，汽车荷载应不计冲击系数）：

梁式桥主梁的最大挠度处 $l/600$

梁式桥主梁的悬臂端 $l_1/600$

此处为 l 计算跨径，l_1 为悬臂长度。

（1）结构力学中的挠度计算公式

对于普通的均质弹性梁在承受不同作用时的变形（挠度）计算，可用结构力学中的相应公式求解。例如，在均布荷载作用下，简支梁的最大挠度为：

$$f=\frac{5ML^2}{48EI} \text{ 或 } f=\frac{5qL^4}{384EI}$$

当集中荷载作用在简支梁跨中时，梁的最大挠度为：

$$f=\frac{ML^2}{12EI} \text{ 或 } f=\frac{PL^3}{48EI}$$

由这些公式可以看出，不论作用的形式和大小如何，梁的挠度 f 总是与 EI 值成反比。EI 值愈大，挠度 f 就愈小；反之，挠度 f 就加大。EI 值反映了梁的抵抗弯曲变形的能力，故又称为受弯构件的抗弯刚度。

（2）受弯构件的刚度和挠度

在使用阶段，钢筋混凝土受弯构件是带裂缝工作的。对这个阶段的计算，前已介绍有三个基本假定，即平截面假定、弹性体假定和不考虑受拉区混凝土参与工作，故可以采用材料力学或结构力学中关于受弯构件变形处理的方法，但应考虑到钢筋混凝土构件在第Ⅱ阶段的工作特点。

钢筋混凝土梁在弯曲变形时，纯弯段的各横截面将绕中和轴转动一个角度 φ，但截面仍保持平面。这时，按结构力学可得到挠度计算公式为：

$$f=\alpha\frac{ML^2}{B} \tag{5-7}$$

式中　B——抗弯刚度。对匀质弹性梁，抗弯刚度 $B=EI$。

（3）预拱度的设置

对于钢筋混凝土梁式桥，梁的变形是由结构重力（恒载）和可变荷载两部分作用产生的。《公钢规》对受弯构件主要验算作用（或荷载）短期效应组合并考虑作用（或荷载）长期效应影响的长期挠度值（扣除结构重力产生的影响值）并满足限值。对结构重力引起的变形，一般可在施工中设置预拱度来加以消除。

《公钢规》规定：当由作用（或荷载）短期效应组合并考虑作用（或荷载）长期效应影响产生的长期挠度不超过 $l/1600$（l 为计算跨径）时，可不设预拱度；当不符合上述规定时则应设预拱度。钢筋混凝土受弯构件预拱度值按结构自重和 1/2 可变荷载频遇值计算的长期挠度值之和采用，即：

$$\Delta=w_G+\frac{1}{2}w_Q \tag{5-8}$$

式中　Δ——预拱度值；

w_G——结构重力产生的长期竖向挠度；

w_Q——可变荷载频遇值产生的长期竖向挠度。

汽车荷载频遇值为汽车荷载标准值的 0.7 倍，人群荷载频遇值等于其标准值。此外需要注意的是，预拱的设置按最大的预拱值沿顺桥向做成平顺的曲线，如抛物线等。

5.3　钢筋混凝土受压构件

5.3.1　轴心受压构件

当构件受到位于截面形心的轴向压力作用时，称为轴心受压构件。在实际结构中，严格的轴心受压构件是很少的，通常由于实际存在的结构节点构造、混凝土组成的非均匀性、纵向钢筋的布置以及施工中的误差等原因，轴心受压构件截面都或多或少存在弯矩的作用。但是，在实际工程中，例如钢筋混凝土桁架拱中的某些杆件（如受压腹杆）是可以按轴心受压构件设计的；同时，由于轴心受压构件计算简便，故可作为受压构件初步估算截面、复核承载力的手段。

钢筋混凝土轴心受压构件按照箍筋的功能和配置方式的不同可分为两种：

（1）配有纵向钢筋和普通箍筋的轴心受压构件（普通箍筋柱），如图 5-26（a）所示；

（2）配有纵向钢筋和螺旋箍筋的轴心受压构件（螺旋箍筋柱），如图 5-26（b）所示。

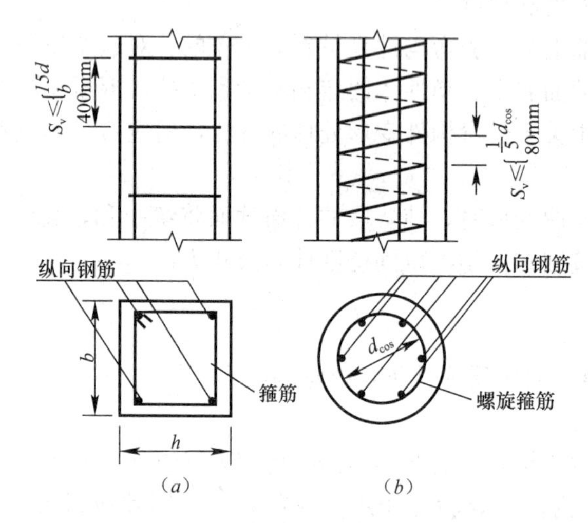

图 5-26 两种钢筋混凝土轴心受压构件

（a）普通箍筋柱；（b）螺旋箍筋柱

普通箍筋柱的截面形状多为正方形、矩形和圆形等。纵向钢筋为对称布置，沿构件高度设置等间距的箍筋。轴心受压构件的承载力主要由混凝土提供，设置纵向钢筋的目的是：①协助混凝土承受压力，可减少构件截面尺寸；②承受可能存在的不大的弯矩；③防止构件的突然脆性破坏。普通箍筋作用是，防止纵向钢筋局部压屈，并与纵向钢筋形成钢筋骨架，便于施工。

螺旋箍筋柱的截面形状多为圆形或正多边形，纵向钢筋外围设有连续环绕的间距较密的螺旋箍筋（或间距较密的焊接环形箍筋）。螺旋箍筋的作用是使截面中间部分（核心）混凝土成为约束混凝土，从而提高构件的承载力和延性。

1. 配有纵向钢筋和普通箍筋的轴心受压构件

（1）构造要求

1）混凝土。轴心受压构件的正截面承载力主要由混凝土来提供，故一般多采用C25～C40级混凝土。

2）截面尺寸。轴心受压构件截面尺寸不宜过小，因长细比越大，φ 值越小，承载力降低很多，不能充分利用材料强度。构件截面尺寸不宜小于 250mm。

3）纵向钢筋。纵向受力钢筋一般采用 R235 级、HRB335 级和 HRB400 级等热轧钢筋。纵向受力钢筋的直径应不小于 12mm。在构件截面上，纵向受力钢筋至少应有 4 根并且在截面每一角隅处必须布置一根。

纵向受力钢筋的净距不应小于50mm，也不应大于350mm；对水平浇筑混凝土预制构件，其纵向钢筋的最小净距采用受弯构件的规定要求。纵向钢筋最小混凝土保护层厚度：Ⅰ类环境条件为30mm，Ⅱ类环境条件为40mm，Ⅲ、Ⅳ类环境条件为45mm。

对于纵向受力钢筋的配筋率要求，一般是从轴心受压构件中不可避免存在混凝土徐变、可能存在的较小偏心弯矩等非计算因素而提出的。

在实际结构中，轴心受压构件的荷载大部分为长期作用的恒载。在恒载产生的轴力 N 长期作用下，混凝土要产生徐变，由于混凝土徐变的作用以及钢筋和混凝土的变形必须协调，在混凝土和钢筋之间将会出现应力重分布现象。

若纵向钢筋配筋率很小时，纵筋对构件承载力影响很小，此时接近素混凝土柱，徐变使混凝土的应力降低得很少，纵筋将起不到防止脆性破坏的缓冲作用，同时为了承受可能存在的较小弯矩以及混凝土收缩、温度变化引起的拉应力。《公钢规》规定了纵向钢筋的最小配筋率 ρ_{min}（%）；构件的全部纵向钢筋配筋率不宜超过5%。一般纵向钢筋的配筋率 ρ' 约为1%～2%。

4）箍筋。普通箍筋柱中的箍筋必须做成封闭式，箍筋直径应不小于纵向钢筋直径的1/4，且不小于8mm。

箍筋的间距应不大于纵向受力钢筋直径的15倍且不大于构件截面的较小尺寸（圆形截面采用0.8倍直径）并不大于400mm。在纵向钢筋搭接范围内，箍筋的间距应不大于纵向钢筋直径的10倍且不大于200mm。当纵向钢筋截面积超过混凝土截面面积3%时，箍筋间距应不大于纵向钢筋直径的10倍，且不大于200mm。

《公钢规》将位于箍筋折角处的纵向钢筋定义为角筋。沿箍筋设置的纵向钢筋离角筋间距 S 不大于150mm或15倍箍筋直径（取较大者）范围内，若超过此范围设置纵向受力钢筋，应设复合箍筋（图5-27）。图5-27中，箍筋 A、B 与 C、D 两组设置方式可根据实际情况选用（a）、（b）或（c）的方式。复合箍筋是沿构件纵轴方向同一截面按一定间距配置两种或两种以上形式共同组成的箍筋。

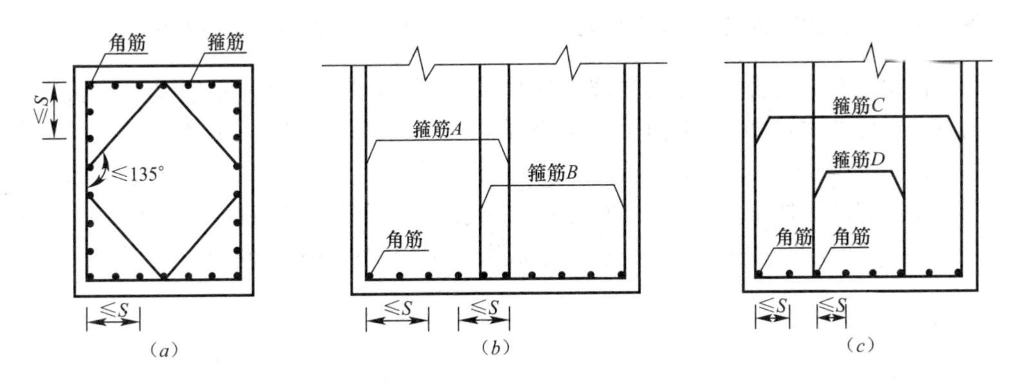

图5-27　柱内复合箍筋布置

（a）、（b）S 内设3根纵向受力钢筋；（c）S 内设2根纵向受力钢筋

（2）破坏形态

按照构件的长细比不同，轴心受压构件可分为短柱和长柱两种，它们受力后的侧向变

形和破坏形态各不相同。下面结合有关试验研究来分别介绍。

在轴心受压构件试验中，试件的材料强度级别、截面尺寸和配筋均相同，但柱长度不同（图 5-28）。轴心力 P 用油压千斤顶施加，并用电子秤量测压力大小。由平衡条件可知，压力 P 的读数就等于试验柱截面所受到的轴心压力 N 值。同时，在柱长度一半处设置百分表，测量其横向挠度 f。通过对比试验的方法，观察长细比不同的轴心受压构件的破坏形态。

1）短柱

当轴向力 P 逐渐增加时，试件 A 柱也随之缩短，测量结果证明混凝土全截面和纵向钢筋均发生压缩变形。

当轴向力 P 达到破坏荷载的 90%左右时，柱中部四周混凝土表面出现纵向裂缝，部分混凝土保护层剥落，最后箍筋间的纵向钢筋发生屈曲，向外鼓出，混凝土被压碎而整个试验柱破坏（图 5-29）。破坏时，测得的混凝土压应变大于 1.8×10^{-3}，而柱中部的横向挠度很小。钢筋混凝土短柱的破坏是一种材料破坏，即混凝土压碎破坏。

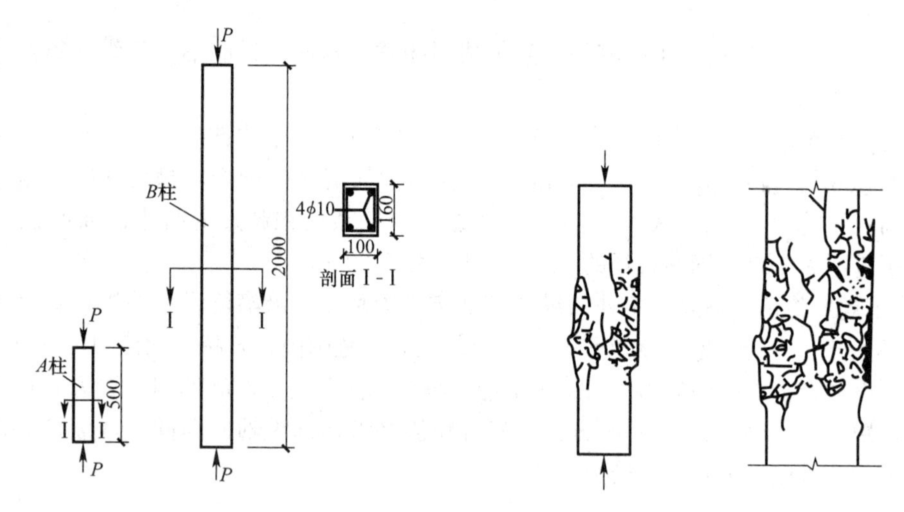

图 5-28　轴心受压构件试件（尺寸单位：mm）　　图 5-29　轴心受压短柱的破坏形态

许多试验证明，钢筋混凝土短柱破坏时混凝土的压应变均在 2×10^{3} 附近，由混凝土受压时的应力应变曲线可知，混凝土已达到其轴心抗压强度；同时，采用普通热轧的纵向钢筋，均能达到抗压屈服强度。对于高强度钢筋，混凝土应变到达 2×10^{3} 时，钢筋可能尚未达到屈服强度，在设计时如果采用这样的钢材，则它的抗压强度设计值仅为 $0.002E_s=0.002\times2.0\times10^5=400\text{MPa}$，钢筋可能尚未达到屈服强度，所以在受压构件中一般不宜采用高强钢筋。

2）长柱

试件 B 柱在压力 P 不大时，也是全截面受压，但随着压力增大，长柱不仅发生压缩变形，同时长柱中部产生较大的横向挠度，凹侧压应力较大，凸侧较小。在长柱破坏前，横向挠度增加得很快，使长柱的破坏来得比较突然，导致失稳破坏。破坏时，凹侧的混凝土首先被压碎，有混凝土表面纵向裂缝，纵向钢筋被压弯而向外鼓出，混凝土保护层脱落；凸侧则由受压突然转变为受拉，出现横向裂缝（图 5-30）。

图 5-31 为短柱和长柱试验的横向挠度 f 与轴向力 P 之间关系的对比图。由图 5-31 及大量的其他试验可知，短柱总是受压破坏，长柱则是失稳破坏；长柱的承载力要小于相同截面、配筋、材料的短柱承载力。

（3）稳定系数 φ

钢筋混凝土轴心受压构件计算中，考虑构件长细比增大的附加效应使构件承载力降低的计算系数，称为轴心受压构件的稳定系数，又称为纵向弯曲系数，用符号 φ 表示。如前所述，稳定系数就是长柱失稳破坏时的临界承载力与短柱压坏时的轴心力的比值，表示长柱承载力降低的程度。

稳定系数 φ 主要与构件的长细比有关，混凝土强度等级及配筋率 ρ' 对其影响较小。《公钢规》根据国内试验资料，考虑到长期荷载作用的影响和荷载初偏心影响，规定了稳定系数 φ 值，见表 5-9。由表 5-9 可以看到，长细比 $\lambda=l_0/b$（矩形截面）越大，φ 值越小，当 $\frac{l_0}{b}\leqslant 8$ 时，$\varphi\approx 1$，构件的承载力没有降低，即为短柱。

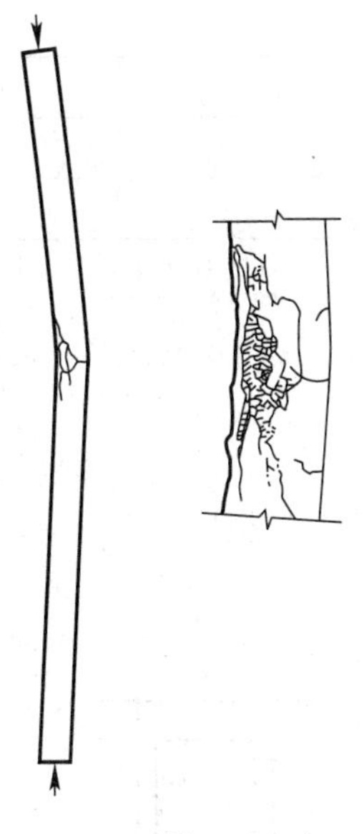

图 5-30　轴芯受压长柱的破坏形态

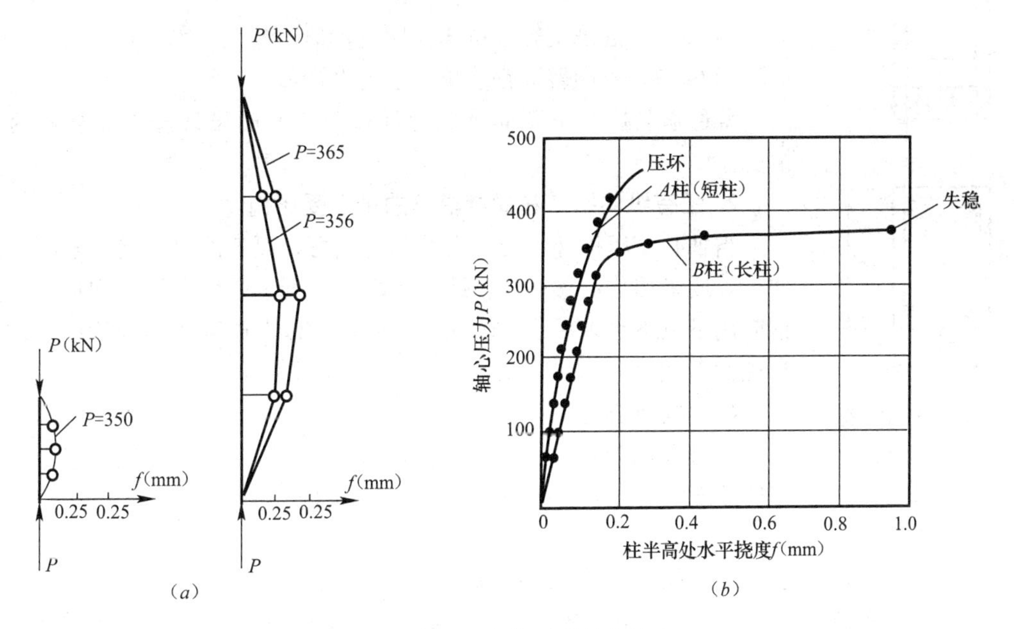

图 5-31　轴心受压构件的横向挠度 f

（a）横向挠度沿柱长的变化；（b）横向挠度 f 与轴心压力 P 的关系

钢筋混凝土轴心受压构件的稳定系数　　**表 5-9**

l_0/b	≤8	10	12	14	16	18	20	22	24	26	28
$l_0/2r$	≤7	8.5	10.5	12	14	15.5	17	19	21	22.5	24
l_0/i	≤28	35	42	48	55	62	69	76	83	90	97
φ	1.0	0.98	0.95	0.92	0.87	0.81	0.75	0.70	0.65	0.60	0.56
l_0/b	30	32	34	36	38	40	42	44	46	48	50

续表

$l_0/2r$	26	28	29.5	31	33	34.5	36.5	38	40	41.5	43
l_0/i	104	111	118	125	132	139	146	153	160	167	174
φ	0.52	0.48	0.44	0.40	0.36	0.32	0.29	0.26	0.23	0.21	0.19

注：① 表中 l_0 为构件的计算长度；b 为矩形截面的短边尺寸；r 为圆形截面的半径；i 为截面最小回旋半径 $i=\sqrt{I/A}$（I 为截面惯性矩，A 为截面面积）；

② 构件计算长度 l_0 的取值。当构件两端固定时取 $0.5l$；当一端固定一端为不移动的铰时取 $0.7l$；当两端均为不移动的铰时取 1，当一端固定一端自由时取 $2l$，l 为构件支点间长度。

（4）正截面承载力计算

根据以上分析，由图 5-32 可得到配有纵向受力钢筋和普通箍筋的轴心受压构件正截面承载力计算式：

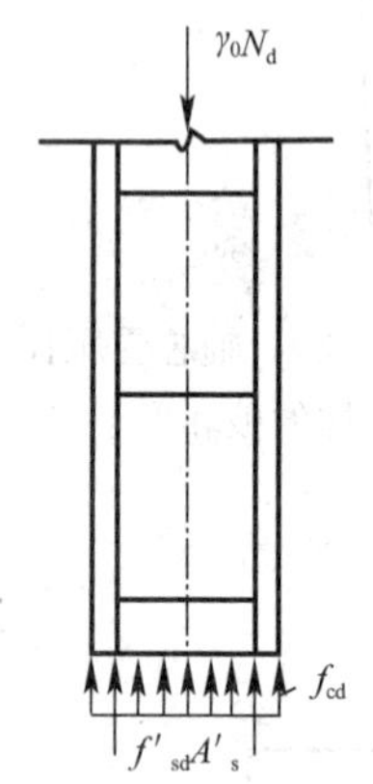

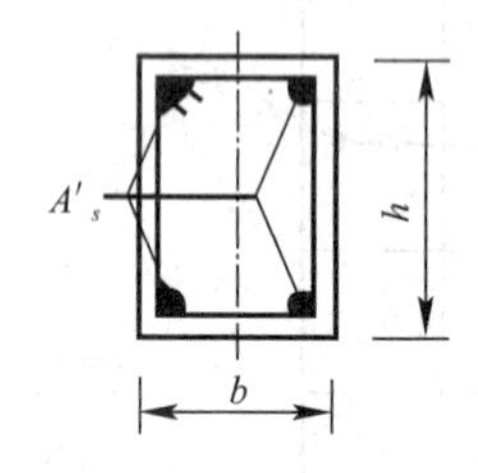

图 5-32 普通箍筋柱正截面承载力计算图式

$$\gamma_0 N_d \leqslant N_u = 0.9\varphi(f_{cd}A + f'_{sd}A'_s) \tag{5-9}$$

式中 N_d——轴向力组合设计值；

φ——轴心受压构件稳定系数，按表 5-9 取用；

A——构件毛截面面积；当纵向钢筋配筋率＞3%时，A 应改用混凝土截面净面积 $A_n=A-A'_s$；

A'_s——全部纵向钢筋截面面积；

f_{cd}——混凝土轴心抗压强度设计值；

f'_{sd}——纵向普通钢筋抗压强度设计值。

普通箍筋柱的正截面承载力计算分为截面设计和强度复核两种情况。

2. 配有纵向钢筋和螺旋箍筋的轴心受压构件

当轴心受压构件承受很大的轴向压力，而截面尺寸受到限制不能加大，或采用普通箍筋柱，即使提高了混凝土强度等级和增加了纵向钢筋用量也不足以承受该轴向压力时，可以考虑采用螺旋箍筋柱以提高柱的承载力。

（1）构造要求

1）螺旋箍筋柱的纵向钢筋应沿圆周均匀分布，其截面积应不小于箍筋圈内核心截面积的 0.5%。常用的配筋率 $\rho'=A'_s/A_{cor}$ 在 0.8%～1.2%之间。

2）构件核心截面积 A_{cor} 应不小于构件整个截面面积 A 的 2/3。

3）螺旋箍筋的直径不应小于纵向钢筋直径的 1/4，且不小于 8mm，一般采用 8～12mm。为了保证螺旋箍筋的作用，螺旋箍筋的间距 S 应满足：

① S 应不大于核心直径 d_{cor} 的 1/5，即 $S\leqslant\frac{1}{5}d_{cor}$；

② S 应不大于 80mm，且不应小于 40mm，以便施工。

（2）受力特点与破坏特性

对于配有纵向钢筋和螺旋箍筋的轴心受压短柱，沿柱高连续缠绕的、间距很密的螺旋箍筋犹如一个套筒，将核心部分的混凝土约束住，有效地限制了核心混凝土的横向变形，从而提高了柱的承载力。

由图 5-33 中所示的螺旋箍筋柱轴压力—混凝土压应变曲线可见，在混凝土压应变 $\varepsilon_c=0.002$ 以前，螺旋箍筋柱的轴力—混凝土压应变变化曲线与普通箍筋柱基本相同。当轴力继续增加，直至混凝土和纵筋的压应变 ε 达到 0.003～0.0035 时，纵筋已经开始屈服，箍筋外面的混凝土保护层开始崩裂剥落，混凝土的截面积减小，轴力略有下降。这时，核心部分混凝土由于受到螺旋箍筋的约束，仍能继续受压，核心混凝土处于三向受压状态，其抗压强度超过了轴心抗压强度 f_c，补偿了剥落的外围混凝土所承担的压力，曲线逐渐回升。随着轴力不断增大，螺旋箍筋中的环向拉力也不断增大，直至螺旋箍筋达到屈服，不能再约束核心混凝土横向变形，混凝土被压碎，构件即告破坏。这时，荷载达到第二次峰值，柱的纵向压应变可达到 0.01 以上。

由图 5-33 也可见到，螺旋箍筋柱具有很好的延性，在承载力不降低情况下，其变形能力比普通箍筋柱提高很多。

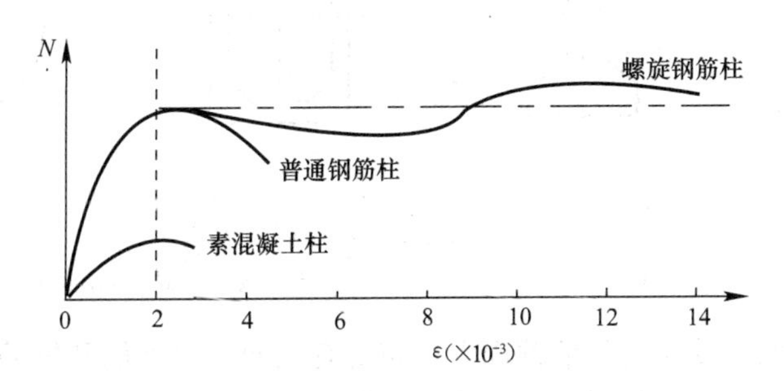

图 5-33　轴心受压柱的轴力—应变曲线

（3）正截面承载力组成

螺旋箍筋柱的正截面破坏时核心混凝土压碎、纵向钢筋已经屈服，而在破坏之前，柱的混凝土保护层早已剥落。因此，螺旋箍筋柱的正截面抗压承载力是由核心混凝土、纵向钢筋、螺旋式或焊接环式箍筋三部分的承载力所组成。

5.3.2　偏心受压构件

当轴向压力 N 的作用线偏离受压构件的轴线时（图 5-34a），称为偏心受压构件。压力 N 的作用点离构件截面形心的距离 e_0 称为偏心距。截面上同时承受轴心压力和弯矩的构件（图 5-34b），称为压弯构件。根据力的平移法则，截面承受偏心距为 e_0 的偏心压力

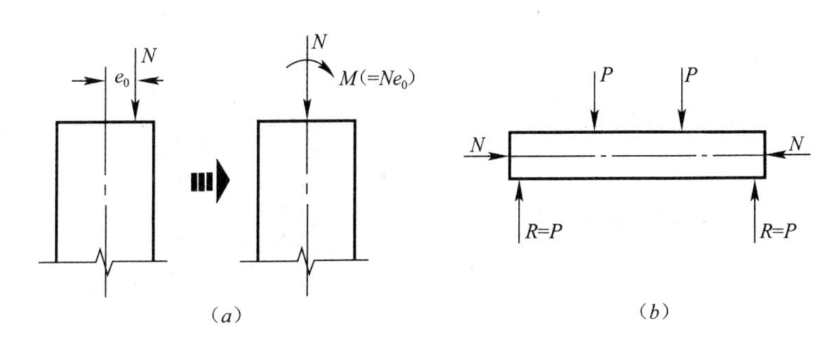

图 5-34　偏心受压构件与压弯构件

（a）偏心受压构件；（b）压弯构件

N 相当于承受轴心压力 N 和弯矩 $M(=Ne_0)$ 的共同作用，故压弯构件与偏心受压构件的基本受力特性是一致的。

钢筋混凝土偏心受压（或压弯）构件是实际工程中应用较广泛的受力构件之一，例如，拱桥的钢筋混凝土拱肋，桁架的上弦杆、刚架的立柱、柱式墩（台）的墩（台）柱等均属偏心受压构件，在荷载作用下，构件截面上同时存在轴心压力和弯矩。

钢筋混凝土偏心受压构件的截面形式如图 5-35 所示。矩形截面为最常用的截面形式，截面高度 h 大于 600mm 的偏心受压构件多采用工字形或箱形截面。圆形截面主要用于柱式墩台、桩基础中。

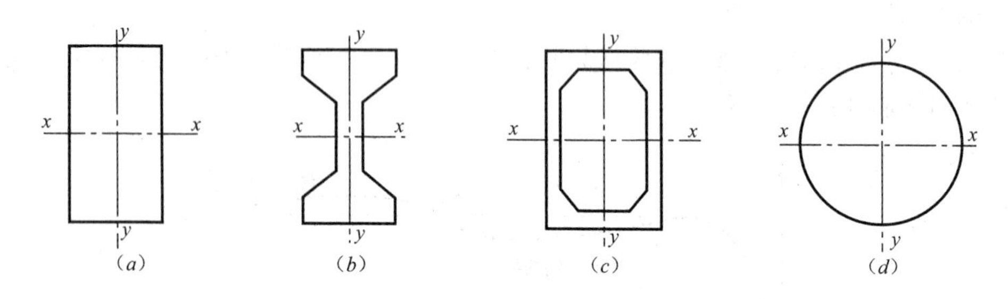

图 5-35　偏心受压构件截面形式

(a) 矩形截面；(b) 工字形截面；(c) 箱形截面；(d) 圆形截面

在钢筋混凝土偏心受压构件的截面上，布置有纵向受力钢筋和箍筋。纵向受力钢筋在截面中最常见的配置方式是将纵向钢筋集中放置在偏心方向的两对面（图 5-36a），其数量

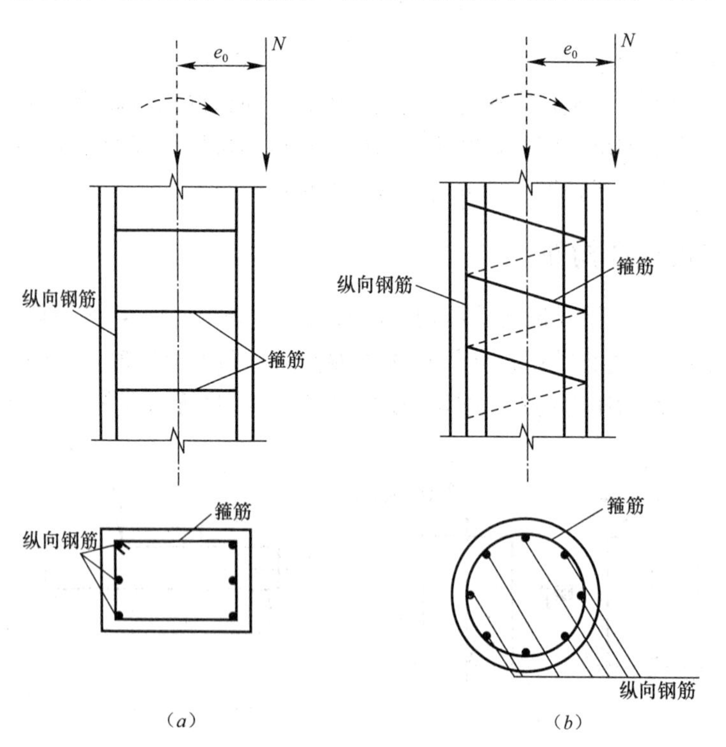

图 5-36　偏心受压构件截面钢筋布置形式

(a) 纵筋集中配筋布置；(b) 纵筋沿截面周边均匀布置

通过正截面承载力计算确定。对于圆形截面，则采用沿截面周边均匀配筋的方式（图 5-36*b*）。箍筋的作用与轴心受压构件中普通箍筋的作用基本相同。此外，偏心受压构件中还存在着一定的剪力，可由箍筋负担。但因剪力的数值一般较小，故一般不予计算。箍筋数量及间距按普通箍筋柱的构造要求确定。

1. 偏心受压构件正截面受力特点和破坏形态

钢筋混凝土偏心受压构件也有短柱和长柱之分。本节以矩形截面的偏心受压短柱的试验结果，介绍截面集中配筋情况下偏心受压构件的受力特点和破坏形态。

（1）偏心受压构件的破坏形态

钢筋混凝土偏心受压构件随着偏心距的大小及纵向钢筋配筋情况不同，有以下两种主要破坏形态。

1）受拉破坏——大偏心受压破坏在相对偏心距 e_0/h 较大，且受拉钢筋配置得不太多时，会发生这种破坏形态。图 5-37 为矩形截面大偏心受压短柱试件在试验荷载 N 作用下截面混凝土应变、应力及柱侧向变位的发展情况。短柱受力后，截面靠近偏心压力 N 的一侧（钢筋为 A_s'）受压，另一侧（钢筋为 A_s）受拉。随着荷载增大，受拉区混凝土先出现横向裂缝，裂缝的开展使受拉钢筋 A_s 的应力增长较快，首先达到屈服。中和轴向受压边移动，受压区混凝土压应变迅速增大，最后，受压区钢筋 A_s'屈服，混凝土达到极限压应变而压碎（图 5-38）。其破坏形成与双筋矩形截面梁的破坏形态相似。

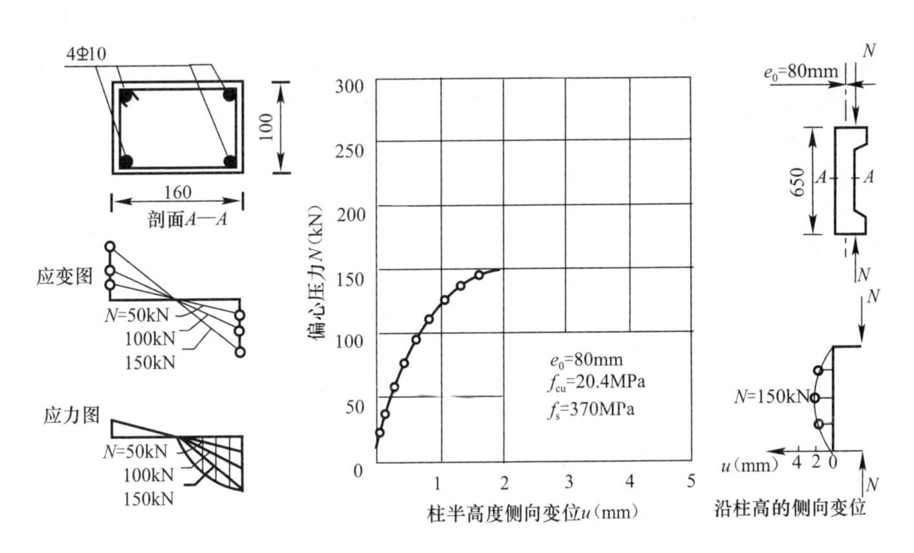

图 5-37　大偏心受压短柱试件（尺寸单位：mm）

许多大偏心受压短柱试验都表明，当偏心距较大，且受拉钢筋配筋率不高时，偏心受压构件的破坏是受拉钢筋首先到达屈服强度然后受压混凝土压坏。临近破坏时有明显的预兆，裂缝显著开展，称为受拉破坏。构件的承载能力取决于受拉钢筋的强度和数量。

2）受压破坏——小偏心受压破坏

小偏心受压就是压力 N 的初始偏心距 e_0 较小的情况。图 5-39 为矩形截面小偏心受压短柱试件的试验结果。该试件的截面尺寸，配筋均与图所示试件相同，但偏心距较小，$e_0=25$mm。由图 5-39 可见，短柱受力后，截面全部受压，其中，靠近偏心压力 N 的一侧

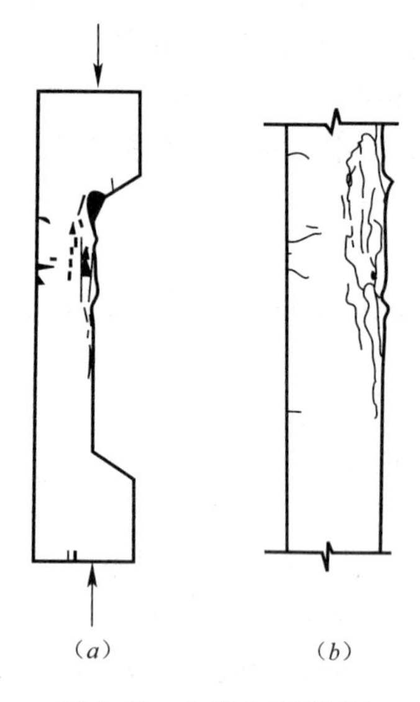

图 5-38 大偏心受压短柱的破坏形态

(a) 破坏形态；(b) 局部放大

（钢筋为 A_s'）受到的压应力较大，另一侧（钢筋为 A_s）压应力较小。随着偏心压力 N 的逐渐增加，混凝土应力也增大。当靠近 N 一侧的混凝土压应变达到其极限压应变时，压区边缘混凝土压碎，同时，该侧的受压钢筋 A_s'也达到屈服；但是，破坏时另一侧的混凝土和钢筋 A_s 的应力都很小，在临近破坏时，受拉一侧才出现短而小的裂缝（图 5-40）。

根据以上试验以及其他短柱的试验结果，依偏心距 e_0 的大小及受拉区纵向钢筋 A_s 数量，小偏心受压短柱破坏时的截面应力分布，可分为图 5-41 所示的几种情况。

① 当纵向偏心压力偏心距很小时，构件截面将全部受压，中和轴位于截面以外（图 5-41a）。破坏时，靠近压力 N 一侧混凝土应变达到极限压应变，钢筋 A_s'达到屈服强度，而离纵向压力较远一侧的混凝土和受压钢筋均未达到其抗压强度。

② 纵向压力偏心距很小，但是离纵向压力较远一侧钢筋 A_s 数量少而靠近纵向力 N 一侧钢筋 A_s'较多时，则截面的实际重心轴就不在混凝土截面形心轴 0-0 处（图 5-41c）而向右偏移至 1-1 轴。这样，截面靠近纵向力 N 的一侧，即原来压应力较小而 A_s 布置得过少的一侧，将负担较大的压应力。于是，尽管仍是全截面受压，但远离纵向力 N 一侧的钢筋 A_s 将由于混凝土的应变达到极限压应变而屈服，但靠近纵向力 N 一侧的钢筋 A_s'的应力有可能达不到屈服强度。

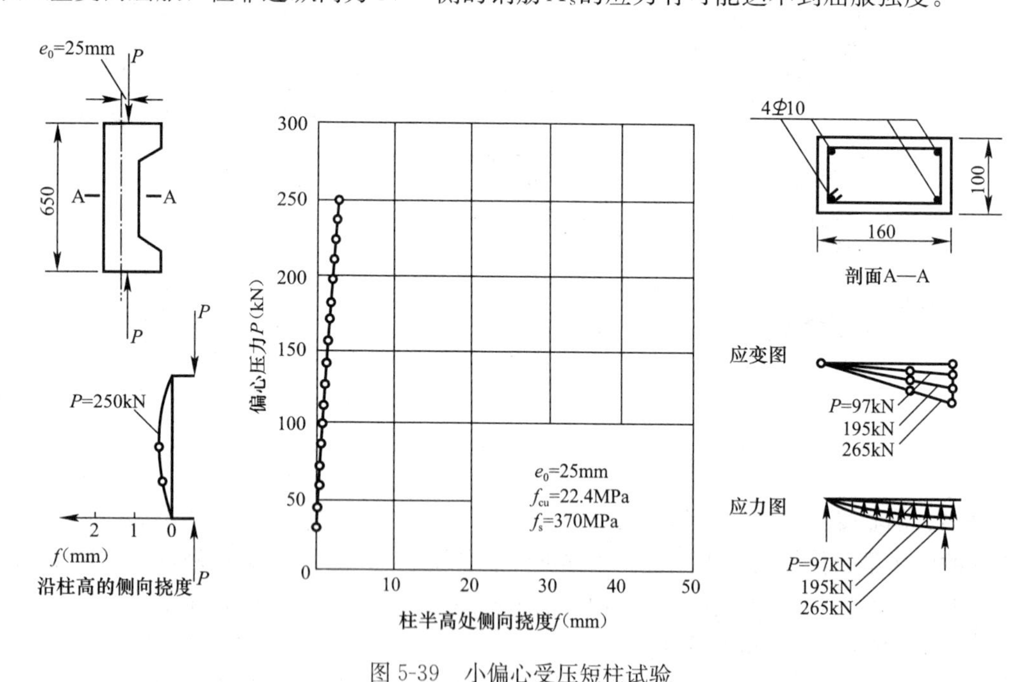

图 5-39 小偏心受压短柱试验

③ 当纵向力偏心距较小时，或偏心距较大而受拉钢筋 A_s 较多时，截面大部分受压而小部分受拉（图 5-41b）。中和轴距受拉钢筋 A_s 很近，钢筋 A_s 中的拉应力很小，达不到屈

服强度。

总而言之，小偏心受压构件的破坏一般是受压区边缘混凝土的应变达到极限压应变，受压区混凝土被压碎；同一侧的钢筋压应力达到屈服强度，而另一侧的钢筋，不论受拉还是受压，其应力均达不到屈服强度，破坏前构件横向变形无明显的急剧增长，这种破坏被称为“受压破坏”，其正截面承载力取决于受压区混凝土抗压强度和受压钢筋强度。

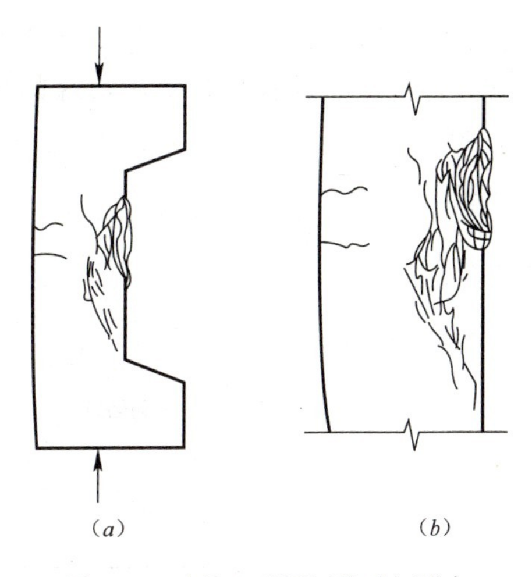

图 5-40 小偏心受压短柱破坏形态

（*a*）破坏形态；（*b*）局部放大

（2）大、小偏心受压的界限

图 5-42 表示矩形截面偏心受压构件的混凝土应变分布图形，图中 *ab*、*ac* 线表示在大偏心受压状态下的截面应变状态。随着纵向压力的偏心距减小或受拉钢筋配筋率的增加，在破坏时形成斜线 *ad* 所示的应变分布状态，即当受拉钢筋达到屈服应变 ε_y 时，受压边缘混凝土也刚好达到极限压应变值 ε_{cu}，这就是界限状态。若纵向压力的偏心距进一步减小或受拉钢筋配筋量进一步增大，则截面破坏时将形成斜线 *ae* 所示的受拉钢筋达不到屈服的小偏心受压状态。

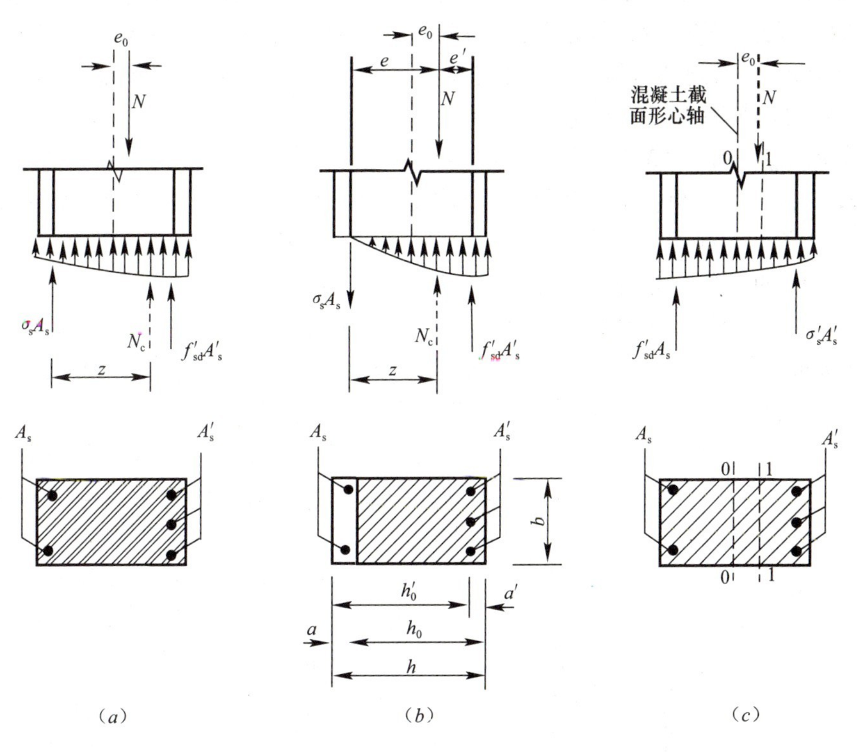

图 5-41 小偏心受压短柱截面受力的几种情况

（*a*）截面全部受压的应力图；（*b*）截面大部受压的应力图；（*c*）A_s 太少时的应力图

当进入全截面受压状态后，混凝土受压较大一侧的边缘极限压应变将随着纵向压力 N

偏心距的减小而逐步有所下降，其截面应变分布如斜线 af、$a'g$ 和垂直线 $a''h$ 所示顺序变化，在变化的过程中，受压边缘的极限压应变将由 ε_{cu} 逐步下降到接近轴心受压时的 0.002。

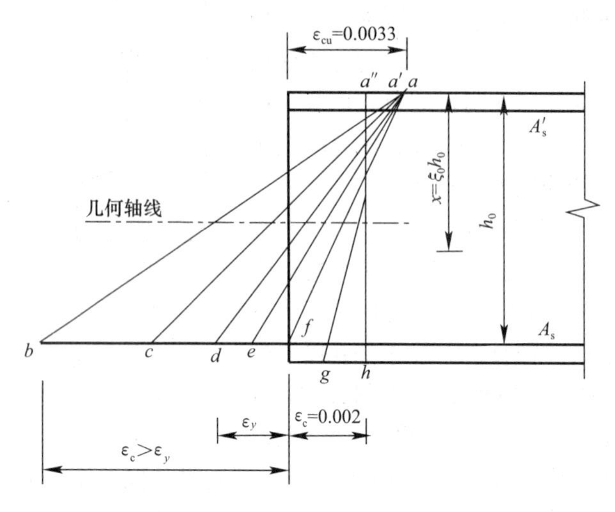

图 5-42 偏心受压构件的截面应变分布

上述偏心受压构件截面部分受压、部分受拉时的应变变化规律与受弯构件截面应变变化是相似的，因此，与受弯构件正截面承载力计算相同，可用受压区界限高度 x_b 或相对界限受压区高度 ξ_b 来判别两种不同偏心受压破坏形态：当 $\xi \leqslant \xi_b$ 时，截面为大偏心受压破坏；当 $\xi > \xi_b$ 时，截面为小偏心受压破坏。

（3）偏心受压构件的 M-N 相关曲线

偏心受压构件是弯矩和轴力共同作用的构件，轴力与弯矩对于构件的作用效应存在着叠加和制约的关系，亦即当给定轴力 N 时，有其唯一对应的弯矩 M，或者说构件可以在不同的 N 和 M 的组合下达到其极限承载能力。

对于偏心受压短柱，由其截面承载力的计算分析可以得到图 5-43 所示的偏心受压构件 M-N 相关曲线图。在图 5-43 中，ab 段表示大偏心受压时的 M-N 相关曲线，为二次抛物线。随着轴向压力 N 的增大，截面能承担的弯矩也相应提高。

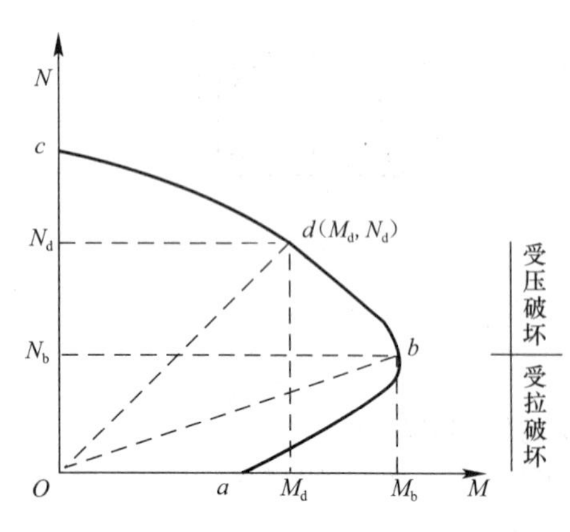

图 5-43 偏心受压构件的 M-N 曲线图

b 点为钢筋与受压混凝土同时达到其强度极限值的界限状态。此时，偏心受压构件承受的弯矩 M 最大。

cb 段表示小偏心受压时的 M-N 相关曲线，是一条接近于直线的二次函数曲线。由曲线走向可以看出，在小偏心受压情况下，随着轴向压力的增大，截面所能承担的弯矩反而降低。

图 5-43 中，c 点表示轴心受压的情况，a 点表示受弯构件的情况。图中曲线上的任一点 d 的坐标就代表截面强度的一种 M 和 N 的组合。若任意点 d 位于曲线 abc 的内侧，说明截面在该点坐标给

出的 M 和 N 的组合未达到承载能力极限状态；若 d 点位于图中曲线 abc 的外侧则表明截面的承载力不足。

2. 偏心受压构件的纵向弯曲

钢筋混凝土受压构件在承受偏心力作用后，将产生纵向弯曲变形，即会产生侧向变形（变位）。对于长细比小的短柱，侧向挠度小，计算时一般可忽略其影响。而对长细比较大的长柱，由于侧向变形的影响，各截面所受的弯矩不再是 Ne_0，而变成 $N(e_0+y)$（图 5-44），y 为构件任意点的水平侧向变形。在柱高度中点处，侧向变形最大，截面上的弯矩为 $N(e_0+y)$。y 随着荷载的增大而不断加大，因而弯矩的增长也越来越快。一般把偏心受压构件截面弯矩中的 Ne_0 称为初始弯矩或一阶弯矩（不考虑构件侧向变形时的弯矩），将 Ny 称为附加弯矩或二阶弯矩。由于二阶弯矩的影响，将造成偏心受压构件不同的破坏类型。

（1）偏心受压构件的破坏类型

钢筋混凝土偏心受压构件按长细比可分为短柱、长柱和细长柱。

1）短柱。偏心受压短柱中，虽然偏心力作用将产生一定的侧向变形，但其 u 值很小，一般可忽略不计。即可以不考虑二阶弯矩，各截面中的弯矩均可认为等于 Ne_0，弯矩 M 与轴向力 N 呈线性关系。

一般当长细比 $l_0/i\leqslant17.5$（相当于矩形截面 $l_0/h\leqslant5$ 或圆形截面 $l_0/2r\leqslant4.4$）的构件，不考虑侧向挠度的影响。

随着荷载的增大，当短柱达到极限承载能力时，柱的截面由于材料达到其极限强度而破坏。在 M-N 相关图中，从加载到破坏的路径为直线，当直线与截面承载力线相交于 B 点时就发生材料破坏，即图 5-45 中的 OB 直线。

2）长柱。矩形截面柱，当 $8<l_0/h\leqslant30$ 时即为长柱。长柱受偏心力作用时的侧向变形 u 较大，二阶弯矩影响已不可忽视，因此，实际偏心距是随荷载的增大而非线性增加，构件控制截面最终仍然是由于截面中材料达到其强度极限而破坏，属材料破坏。图 5-46 为偏心受压长柱的试验结果。其截面尺寸、配筋与图 5-39 所示短柱相同，但其长细比为 $l_0/h=15.6$，最终破坏形态仍为小偏心受压，但偏心距已随 N 值的增加而变大。

偏心受压长柱在 M-N 相关图上从加荷到破坏的受力路径为曲线，与截面承载力曲线相交于 C 点而发生材料破坏，即图 5-45 中 OC 曲线。

3）细长柱。长细比很大的柱。当偏心压力 N 达到最大值时（图 5-45 中 E 点），侧向变形 y 突然剧增，此时，偏心受压构件截面上钢筋和混凝土的应变均未达到材料破坏时的极限值，即压杆达到最大承载能力是发生在其控制截面材料强度还未达到其破坏强度，这种破坏类型称为失稳破坏。在构件失稳后，若控制作用在构件上的压力逐渐减小以保持构件继续变形，则随着 y 增大到一定值及相应的荷载下，截面也可达到材料破坏点（点 E'）。但这时的承载能力已明显低于失稳时的破坏荷载。由于失稳破坏与材料破坏有本质的区别，设计中一般尽量不采用细长柱。

在图 5-45 中，短柱、长柱和细长柱的初始偏心距是相同的，但破坏类型不同：短柱和长柱分别为 OB 和 OC 受力路径，为材料破坏；细长柱为 OE 受力路径，失稳破坏。随着长细比的增大，其承载力 N 值也不同，其值分别为 N_0、N_1 和 N_2，而 $N_0>N_1>N_2$。

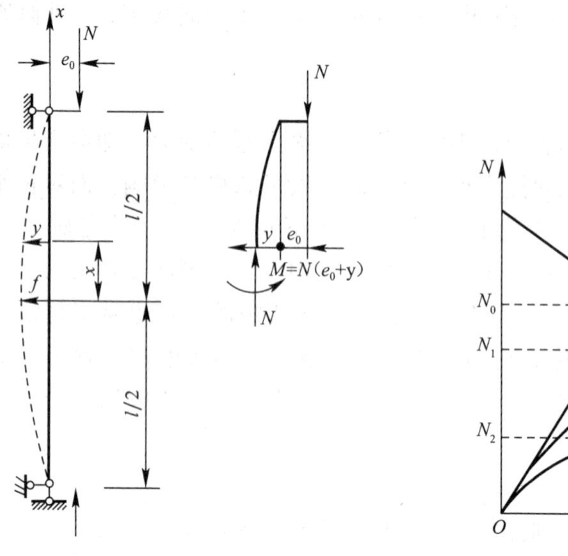

图 5-44　偏心受压构件的受力图

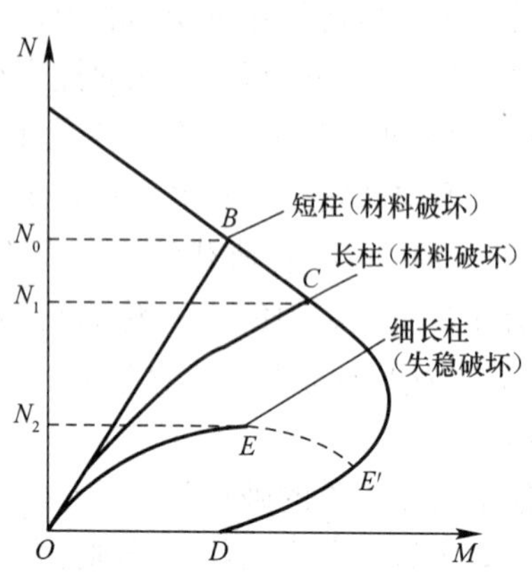

图 5-45　构件长细比的影响

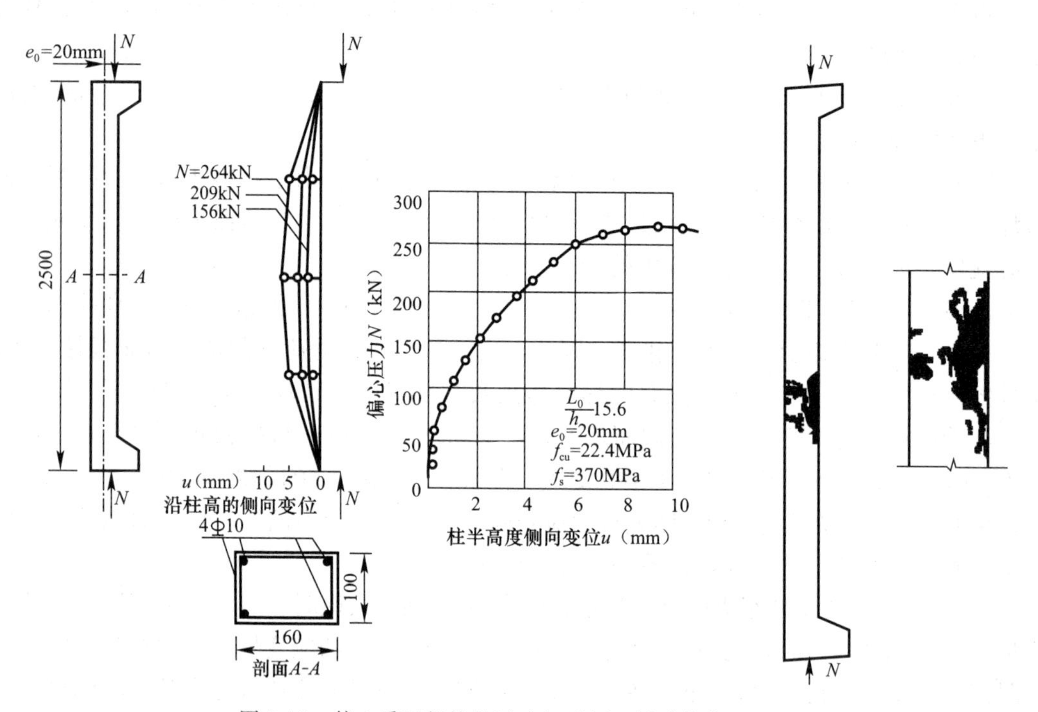

图 5-46　偏心受压长柱的试验与破坏（尺寸单位：mm）

（2）偏心距增大系数

实际工程中最常遇到的是长柱，由于最终破坏是材料破坏，因此，在设计计算中需考虑由于构件侧向变形（变位）而引起的二阶弯矩的影响。

《公钢规》根据偏心压杆的极限曲率理论分析，规定偏心距增大系数 η 计算表达式。

《公钢规》规定，计算偏心受压构件正截面承载力时，对长细比 $l_0/i>17.5$（i 为构件截面回转半径）的构件或长细比 l_0/h（矩形截面）>5、长细比 l_0/d_1（圆形截面）>4.4 的构件，应考虑构件在弯矩作用平面内的变形（变位）对轴向力偏心距的影响。此时，应将轴向力对截面重心轴的偏心距 e_0 乘以偏心距增大系数 η。

偏心受压构件的弯矩作用平面的意义见图 5-47。应该指出的，前述偏心受压构件的破坏类型及破坏形态，均指在弯矩作用平面的受力情况。

3. 矩形截面偏心受压构件的构造要求

钢筋混凝土矩形截面偏心受压构件是工程中应用最广泛的构件，其截面长边为 h，短边为 b。在设计中，应该以长边方向的截面主轴面 x-x 为弯矩作用平面（图 5-47）。

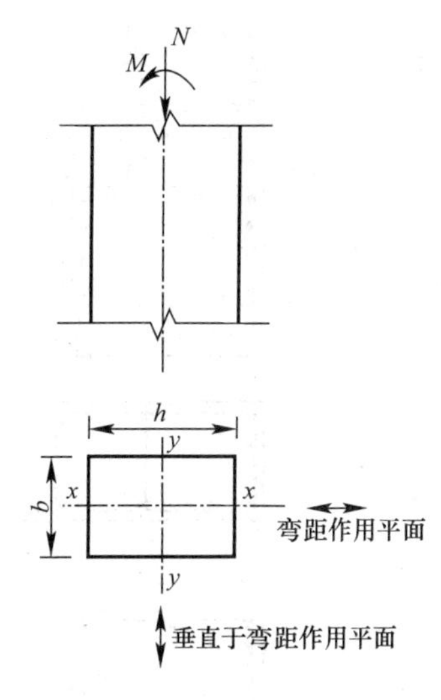

图 5-47　矩形截面偏心受压构件的弯矩作用平面示意图

矩形偏心受压构件的纵向钢筋一般集中布置在弯矩作用方向的截面两对边位置上，以 A_s 和 A_s'来分别代表离偏心压力较远一侧和较近一侧的钢筋面积。当 $A_s \neq A_s'$时，称为非对称布筋；当 $A_s = A_s'$时，称为对称布筋。

矩形偏心受压构件的构造要求及其基本原则，与配有纵向钢筋及普通箍筋的轴心受压构件相仿。对箍筋直径、间距的构造要求，也适用于偏心受压构件。

（1）截面尺寸

矩形截面的最小尺寸不宜小于 300mm，同时截面的长边 h 与短边 b 的比值常选用 $h/b=1.5\sim3$。为了模板尺寸的模数化，边长宜采用 50mm 的倍数。

矩形截面的长边应设在弯矩作用方向。

（2）纵向钢筋的配筋率

矩形截面偏心受压构件的纵向受力钢筋沿截面短边 b 配置。截面全部纵向钢筋和一侧钢筋的配筋率应大于规范规定的最小配筋率 ρ_{min}（%）要求。

纵向受力钢筋的常用配筋率（全部钢筋截面积与构件截面积之比），对大偏心受压构件宜为 $\rho=1\%\sim3\%$；对小偏心受压宜为 $\rho=0.5\%\sim2\%$。

当截面长边 $h\geqslant600$mm 时，应在长边 h 方向设置直径为 10～16mm 的纵向构造钢筋，必要时相应地设置附加箍筋或复合箍筋，用以保持钢筋骨架刚度（图 5-48）。

4. 圆形截面偏心受压构件的构造要求

在桥梁结构中，圆形截面主要应用于桥梁墩（台）身及基础工程中，例如圆形柱式桥墩、钻孔灌注桩基础等。

圆形截面偏心受压构件的纵向受力钢筋，通常是沿圆周均匀布置，其根数不少于 6 根。对于预制或现浇的一般钢筋混凝土圆形截面偏心受压构件，纵向钢筋的直径不宜小于 12mm，保护层厚度不小于 30～40mm。桥梁工程中采用的钻孔灌注桩，其截面尺寸较大（桩直径 $D=800\sim1500$mm），桩内纵向受力钢筋的直径不宜小于 14mm，根数不宜小于 8 根，钢筋间净距不宜小于 80mm，混凝土保护层厚度不小于 60～75mm；箍筋直径不小于 8mm，箍筋间距 200～400mm。对直径较大的桩，为了加强钢筋骨架的刚度，可在钢筋骨架上每隔 2～3m，设置一道直径为 14～18mm 的加劲箍筋。

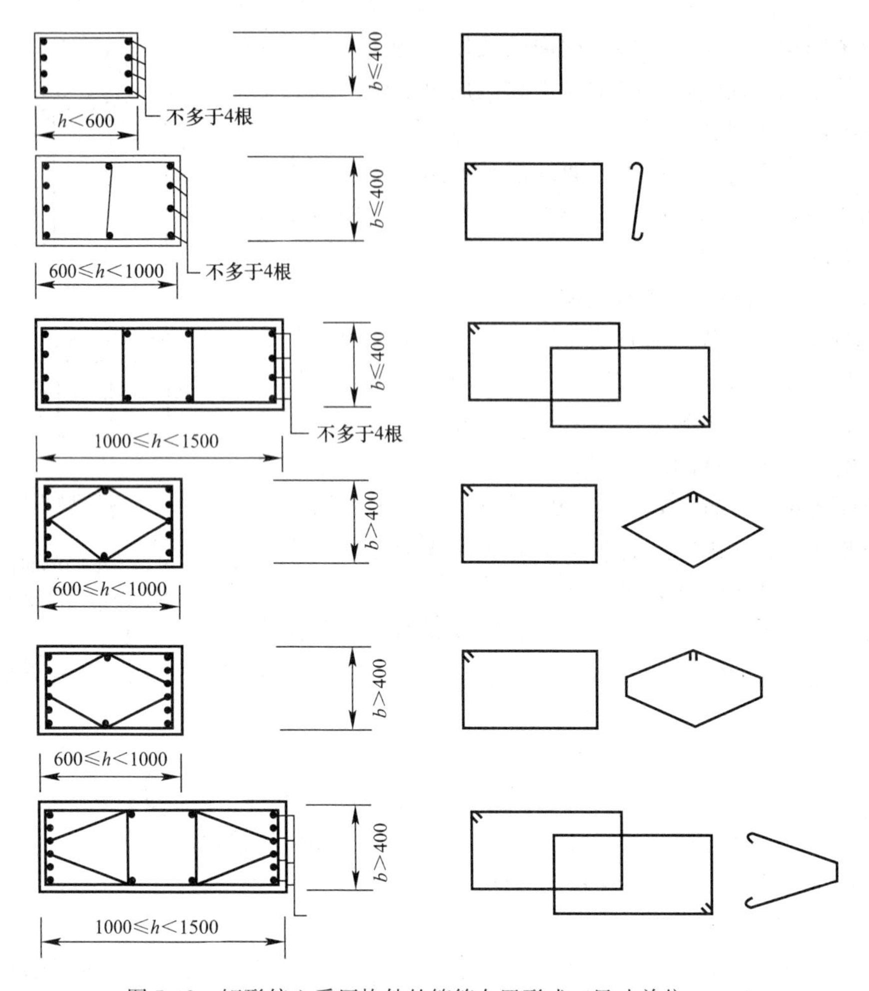

图 5-48　矩形偏心受压构件的箍筋布置形式（尺寸单位：mm）

5.4　预应力混凝土结构

5.4.1　预应力混凝土结构的基本原理

1. 预应力混凝土的基本原理

从受力性能的角度而言，所谓预应力混凝土结构，就是在结构承受外荷载作用之前，在其可能开裂的部位预先人为的施加压应力，以抵消或减少外荷载所引起的拉应力，是结构在正常使用和在作用下不开裂或者裂缝开展宽度小一些的结构。

预应力的作用可用图 5-49 的梁来说明。在外荷载作用下，梁下边缘产生拉应力 σ_3，如图 5-49（b）所示。如果在荷载作用以前，给梁先施加一偏心压力 N，使得梁下边缘产生预压应力 σ_1 如图 5-49（a）所示，那么在外荷载作用后，截面的应力分布将是两者的叠加，如图 5-49（c）所示。梁的下边缘应力可为压应力（如 $\sigma_1-\sigma_3>0$）或数值很小的拉应力（如$\sigma_1-\sigma_3<0$）。

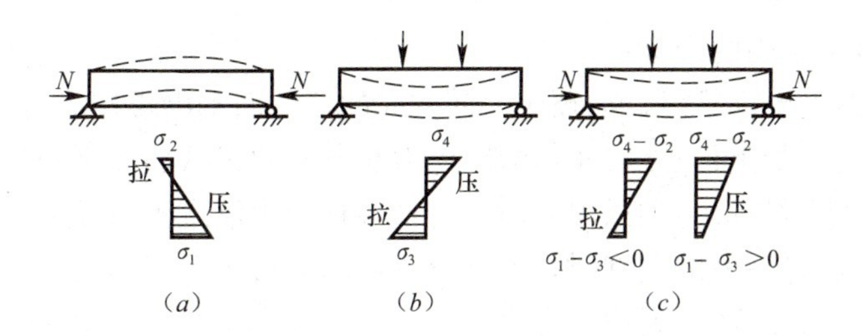

图 5-49　预应力混凝土简支梁的受力情况

(a) 预压力作用；(b) 荷载作用；(c) 预压力与荷载共同作用

由此可见，预应力可以改善混凝土结构的受拉性能，延缓受拉混凝土的开裂或裂缝开展，使结构在使用荷载下不出现裂缝或不产生过大裂缝，提高了构件的抗裂度和刚度，并取得节约钢筋，减轻自重的效果，克服了钢筋混凝土的主要缺点。

2. 预应力混凝土结构的特点

相对于钢筋混凝土结构，预应力混凝土结构具有如下的特点：

(1) 自重轻，节约工程材料。预应力混凝土充分发挥了混凝土抗压强度高、钢筋抗拉强度高的优点，利用高强混凝土和高强钢筋建立合理的预应力，提高了结构构件的抗裂度和刚度，有效地减小构件截面尺寸和减轻自重。因此节约了工程材料，适用于建造大跨度、大悬臂等有变形控制要求的结构。

(2) 改善结构的耐久性。由于对结构构件的可能开裂部位施加了预压应力，避免了使用荷载作用下的裂缝，使结构中预应力钢筋和普通钢筋免受外界有害介质的侵蚀，大大提高了结构的耐久性。对于水池、压力管道、污水沉淀池和污泥消化池等，施加预应力后还提高了其抗渗性能。

(3) 提高结构的抗疲劳性能。承受重复荷载的结构或构件，如吊车梁、桥梁等，因为荷载经常往复的作用，结构长期处于加载与卸载的变化之中，当这种反复变化超过一定次数时，材料就会发生低于静力强度的破坏。预应力可以降低钢筋的疲劳应力变化幅度，从而提高结构或构件的抗疲劳性能。

(4) 增强结构或构件的抗剪能力。大跨、薄壁结构构件，如薄壁箱形、T 形、工字形等截面构件，靠近搁置处的薄壁往往由于剪力或扭矩作用产生斜向裂缝，预应力可提高斜截面的抗裂性和抗扭性，并可延迟裂缝出现、约束裂缝宽度开展，因此提高了抗剪能力。

3. 预应力混凝土结构的分类

国内通常把混凝土结构内配有纵筋的结构总称为加筋混凝土结构系列。

(1) 预应力度的定义

《公钢规》将预应力度（λ）定义为由预加应力大小确定的消压弯矩 M_0 与外荷载产生的弯矩 M 的比值，即：

$$\lambda = M_0/M$$

式中　λ——预应力度；

M_0——消压弯矩，也就是使构件控制截面受拉区边缘混凝土的预压应力，抵消到零时的弯矩；

M——使用荷载（不包括预加力）作用下控制截面的弯矩。

（2）加筋混凝土结构的分类

1）全预应力混凝土：$\lambda \geqslant 1$，沿预应力筋方向的正截面不出现拉应力；

2）部分预应力混凝土：$1 > \lambda > 0$，沿预应力筋方向的正截面出现拉应力或出现不超过规定宽度的裂缝；当对拉应力加以限制时，为部分预应力混凝土A类构件；当拉应力超过规定限值或出现不超过限值的裂缝时，为部分预应力混凝土B类构件。

（3）钢筋混凝土：$\lambda = 0$，无预加应力。

5.4.2 预应力的计算与预应力损失的估算

1. 预应力钢筋的张拉控制应力

预应力筋中预拉应力的大小并不是一个恒定值，由于施工因素、材料性能及环境条件等的影响，钢筋中的预拉应力将会逐渐减小。预应力筋中这种预拉应力减小的现象称为预应力损失。

设计中所需的钢筋预应力值，应是扣除相应阶段的应力损失 σ_l 后，钢筋中实际存在的预应力（即有效预应力 σ_{pe}）值。钢筋初始张拉的预应力，一般称为张拉控制应力，记作 σ_{con}：

$$\sigma_{pe} = \sigma_{con} - \sigma_l$$

张拉控制应力是指预应力钢筋张拉时需要达到的最大应力值，即用张拉设备所控制施加的张拉力除以预应力钢筋截面面积所得到的应力，用 σ_{con} 表示。

张拉控制应力的取值对预应力混凝土构件的受力性能影响很大。张拉控制应力愈高，混凝土所受到的预压应力愈大，构件的抗裂性能愈好，还可以节约预应力钢筋，所以张拉控制应力不能过低。但张拉控制应力过高会造成构件在施工阶段的预拉区拉应力过大，甚至开裂；过大的预压应力还会使构件开裂荷载值与极限荷载值很接近，使构件破坏前无明显预兆，构件的延性较差；此外，为了减小预应力损失，往往进行超张拉，过高的张拉应力可能使个别预应力钢筋超过它的实际屈服强度，使钢筋产生塑性变形，对高强度硬钢，甚至可能发生脆断。

张拉控制应力值大小主要与张拉方法及钢筋种类有关。先张法的张拉控制应力值高于后张法。后张法在张拉预应力钢筋时，混凝土即产生弹性压缩，所以张拉控制应力为混凝土压缩后的预应力钢筋应力值；而先张法构件，混凝土是在预应力钢筋放张后才产生弹性压缩，故需考虑混凝土弹性压缩引起的预应力值的降低。消除应力钢丝和钢绞线这类钢材材质稳定，对后张法张拉时的高应力，在预应力钢筋锚固后降低很快，不会发生拉断，故其张拉控制应力值较高些。

《公钢规》规定：对于钢丝、钢绞线，$\sigma_{con} \leqslant 0.75 f_{pk}$；对于精轧螺纹钢筋，$\sigma_{con} \leqslant 0.9 f_{pk}$。$f_{pk}$ 为预应力钢筋抗拉强度标准值。

当对构件进行超张拉或计入锚圈口摩擦损失时，钢筋中最大控制应力（千斤顶油泵上显示的值）对钢丝和钢绞线不应超过 $0.8 f_{pk}$；对精轧螺纹钢筋不应超过 $0.95 f_{pk}$。

2. 预应力损失产生原因及减少措施

在预应力混凝土构件施工及使用过程中，预应力钢筋的张拉应力值由于张拉工艺和材料特性等原因逐渐降低。这种现象称为预应力损失。预应力损失会降低预应力的效果，因此，尽可能减小预应力损失并对其进行正确的估算，对预应力混凝土结构的设计是非常重要的。

引起预应力损失的因素很多，而且许多因素之间相互影响，所以要精确计算预应力损失非常困难。对预应力损失的计算，我国规范采用的是将各种因素产生的预应力损失值分别计算然后叠加的方法。

（1）预应力钢筋与管道壁之间的摩擦引起的应力损失 σ_{l1}

1）产生原因及估算方法

采用后张法张拉预应力钢筋时，钢筋与孔道壁之间产生摩擦力，使预应力钢筋的应力从张拉端向里逐渐降低（图 5-50）。预应力钢筋与孔道壁间摩擦力产生的原因为：①直线预留孔道因施工原因发生凹凸和轴线的偏差，使钢筋与孔道壁产生法向压力而引起摩擦力；②曲线预应力钢筋与孔道壁之间的法向压力引起的摩擦力。

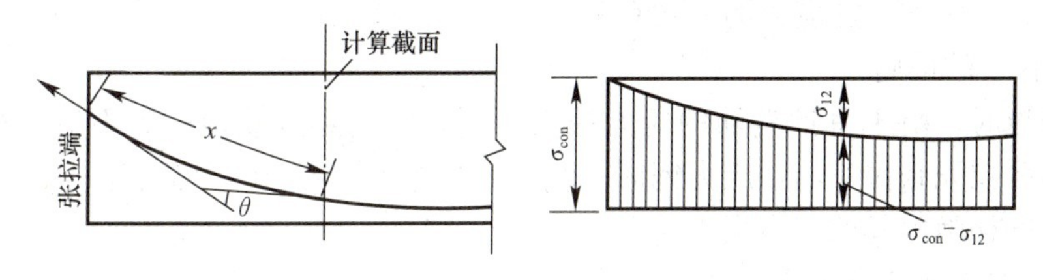

图 5-50　预应力摩擦损失 σ_{l1} 计算简图

2）减少 σ_{l1} 损失的措施

① 对于较长的构件可在两端进行张拉，则计算中孔道长度可按构件的一半长度计算；

② 采用超张拉，一般张拉程序为：

$$0 \rightarrow \text{初应力}(0.1\sigma_{con}) \rightarrow 1.05\sigma_{con} \xrightarrow{\text{持荷 2min}} 0.85\sigma_{con} \xrightarrow{\text{持荷 2min}} 1.0\sigma_{con}(\text{锚固})$$

（2）锚具变形、钢筋回缩和拼装构件的接缝压缩引起的应力损失 σ_{l2}

1）产生原因及估算方法

预应力钢筋张拉完毕后，用锚具锚固在台座或构件上。由于锚具压缩变形、垫板与构件之间的缝隙被挤紧以及钢筋和楔块在锚具内的滑移等因素的影响，将使预应力钢筋产生预应力损失，以符号 σ_{l2} 表示。计算这项损失时，只需考虑张拉端，不需考虑锚固端，因为锚固端的锚具变形在张拉过程中已经完成。

2）减小 σ_{l2} 的措施

① 选择锚具变形和钢筋内缩值 Δl 较小的锚具；

② 尽量减少垫板的数量；

③ 对先张法，可增加台座的长度 l。

（3）混凝土加热养护时，预应力钢筋与台座之间的温度引起的应力损失 σ_{l3}

1）产生原因及估算方法

为了缩短生产周期，先张法构件在浇筑混凝土后采用蒸气养护。在养护的升温阶段钢筋受热伸长，台座长度不变，故钢筋应力值降低，而此时混凝土尚未硬化。降温时，混凝土已经硬化并与钢筋产生了粘结，能够一起回缩，由于这两种材料的线膨胀系数相近，原来建立的应力关系不再发生变化。

2）减小 σ_{l3} 的措施

① 采用分阶段升温养护方法。先在常温或略高于常温下养护，待混凝土达到一定强

度后，再逐渐升温至养护温度，这时因为混凝土已硬化与钢筋粘结成整体，能够一起伸缩而不会引起应力变化。

② 采用整体式钢模板。预应力钢筋锚固在钢模上，因钢模与构件一起加热养护，不会引起此项预应力损失。

（4）混凝土的弹性压缩引起的应力损失 σ_{l4}

1）产生原因及估算方法

当预应力混凝土构件在受到预压应力而产生压缩应变时，则对于已经张拉并锚固于混凝土构件上的预应力钢筋来说，亦将产生与该钢筋重心水平处混凝土同样的压缩应变，因而产生一个预拉应力损失，称为混凝土弹性压缩损失，以 σ_{l4} 表示。引起应力损失的混凝土弹性压缩量，与施加预加应力的方式有关。

2）减小 σ_{l4} 的措施

分批张拉时，由于每批钢筋的应力损失不同，则实际有效预应力不等。补救方法如下：①重复张拉先张拉过的预应力钢筋；②超张拉先张拉的预应力钢筋。

（5）钢筋松弛引起的应力损失 σ_{l5}

1）产生原因及估算方法

在高拉应力作用下，随时间的增长，钢筋中将产生塑性变形，在钢筋长度保持不变的情况下，钢筋的拉应力会随时间的增长而逐渐降低，这种现象称为钢筋的应力松弛。钢筋的应力松弛与下列因素有关：①时间。受力开始阶段松弛发展较快，1h 和 24h 松弛损失分别达总松弛损失的 50％和 80％左右，以后发展缓慢；②钢筋品种。热处理钢筋的应力松弛值比钢丝、钢绞线小；③初始应力。初始应力愈高，应力松弛愈大。

2）减小 σ_{l5} 的措施

为减小预应力钢筋应力松弛损失可采用超张拉，先将预应力钢筋张拉至 $1.05\sigma_{con}$，持荷 2min，再卸荷至张拉控制应力 σ_{con}。因为在高应力状态下，短时间所产生的应力松弛值即可达到在低应力状态下较长时间才能完成的松弛值。所以，经超张拉后部分松弛已经完成，锚固后的松弛值即可减小。

（6）混凝土收缩和徐变引起的预应力钢筋应力损失 σ_{l6}

混凝土在硬化时发生体积收缩，在压应力作用下，混凝土还会产生徐变。混凝土收缩和徐变都使构件长度缩短，预应力钢筋也随之回缩，造成预应力损失。混凝土收缩和徐变虽是两种性质不同的现象，但它们的影响是相似的，为了简化计算，将此两项预应力损失一起考虑。

以上各项预应力损失的估算值，可作为一般设计的依据。但计算值与实际损失可能有出入。在施工中，应加强管理并做好应力损失值的实测工作。除了以上六项损失外，还应根据具体情况考虑其他因素引起的损失。

3. 有效预应力计算

（1）预应力损失值的组合

上述预应力损失有的只发生在先张法中，有的则发生于后张法中，有的在先张法和后张法中均有，而且是分批出现的。为了便于分析和计算，设计时可将预应力损失分为两批：1）传力锚固时的损失，称第一批损失 $\sigma_{l\mathrm{I}}$；2）传力锚固后出现的损失，称第二批损失 $\sigma_{l\mathrm{II}}$。先、后张法预应力构件在各阶段的预应力损失组合见表 5-10。

各阶段的预应力损失组合　　表 5-10

预应力损失值的组合	先张法构件	后张法构件
传力锚固时的损失（第一批）$\sigma_{l\mathrm{I}}$	$\sigma_{l5}+\sigma_{l2}+\sigma_{l3}+\sigma_{l4}+0.5\sigma_{l5}$	$\sigma_{l1}+\sigma_{l2}+\sigma_{l4}$
传力锚固后的损失（第二批）$\sigma_{l\mathrm{II}}$	$0.5\sigma_{l5}+\sigma_{l6}$	$\sigma_{l5}+\sigma_{l6}$

（2）预应力钢筋的有效预应力

预加力阶段：

$$\sigma_{\mathrm{pe}}^{\mathrm{I}}=\sigma_{\mathrm{con}}-\sigma_{l\mathrm{I}}$$

使用阶段：

$$\sigma_{\mathrm{pe}}^{\mathrm{II}}=\sigma_{\mathrm{con}}-\sigma_{l\mathrm{II}}$$

5.4.3 预应力混凝土简支梁的基本构造

1. 截面形式和尺寸

预应力混凝土构件的截面形式应根据构件的受力特点进行合理选择。对于轴心受拉构件，通常采用正方形或矩形截面，对于受弯构件，宜选用 T 形、工字形或其他空心截面形式。此外，沿受弯构件纵轴，其截面形式可以根据受力要求改变，形成变截面构件。

由于预应力混凝土构件具有较好的抗裂性能和较大的刚度，其截面尺寸可比钢筋混凝土构件小些。对一般的预应力混凝土受弯构件，截面高度一般可取跨度的 1/20～1/14，最小可取 1/35，翼缘宽度一般可取截面高度的 1/3～1/2，翼缘厚度一般可取截面高度的 1/10～1/6，腹板厚度尽可能薄一些，一般可取截面高度的 1/15～1/8。

2. 预应力钢筋的布置

1）先张法构件

预应力钢绞线之间的净距不应小于其直径的 1.5 倍，且对 1×2（二股）、1×3（三股）钢绞线不应小于 20mm，对 1×7（七股）钢绞线不应小于 25mm。预应力钢丝间净距不应小于 15mm。

在先张法预应力混凝土构件中，对于单根预应力钢筋，其端部应设置长度不小于 150mm 的螺旋筋；对于多根预应力钢筋，在构件端部 10 倍预应力钢筋直径范围内，应设置 3～5 片钢筋网。

预应力钢丝束埋入式锚具之间的净距不应小于钢丝束直径，且不应小于 60mm；预应力钢丝束与埋入式锚具之间的净距不应小于 20mm。预应力钢筋或埋入式锚具的混凝土保护层厚度不应小于 30mm，当构件处于受侵蚀环境时，该值应增加 10mm。

2）后张法构件

在靠近端支座区段横向对称弯起，尽可能沿梁端面均匀布置，同时沿纵向可将梁腹板加宽。在梁端部附近，设置间距较密的纵向钢筋和箍筋。并符合 T 形和箱形梁对纵向钢筋和箍筋的要求。

预应力直线管道的混凝土保护层厚度，对构件顶面和侧面，当管道直径等于或小于 55mm 时，不应小于 35mm；当管道直径大于 55mm 时，不应小于 45mm；对构件底面不应小于 50mm。当桥梁处于受侵蚀的环境时，上述保护层厚度应增加 10mm。

后张法预应力混凝土构件的端部锚固区，在锚具下面应设置厚度不小于 16mm 的垫板或采用具有喇叭管的锚具垫板。锚垫板下应设间接钢筋，其体积配筋率不应小于 0.5%。

后张法预应力钢筋管道由钢管或橡胶管抽芯成型的直线管道，其净距不应小于 40mm，且不宜小于管道直径的 0.6 倍；对于预埋金属或塑料波纹管和铁皮管，在竖直方向可将两管道叠置。

3. 非预应力筋布置

（1）箍筋

1）箍筋直径和间距：预应力混凝土 T 形、I 形截面梁和箱形截面梁腹板内应分别设置直径不小于 10mm 和 12mm 的箍筋，且应采用带肋钢筋，间距不应大于 250mm；自支座中心起长度不小于一倍梁高范围内，应采用闭合式箍筋，间距不应大于 100mm。

2）在 T 形、I 形截面梁下部的马蹄内，应另设直径不小于 8mm 的闭合式箍筋，间距不应大于 200mm。此外，马蹄内尚应设直径不小于 12mm 的定位钢筋。

（2）其他辅助钢筋

其他辅助钢筋有：架立钢筋、防收缩钢筋、局部加强钢筋。

1）在先张法预应力混凝土构件中，预应力钢筋端部周围应采用以下局部加强措施：

① 对于单根预应力钢筋，其端部设置长度不小于 150mm 的螺旋筋。

② 对于多根预应力钢筋，在构件端部 10d（d 为预应力钢筋直径）范围内，设置 3～5 片钢筋网。

2）在后张法预应力混凝土构件中，预应力钢筋端部周围应采用以下局部加强措施：

后张法预应力混凝土构件的端部锚固区，在锚具下面应设置厚度不小于 16mm 的垫板或采用具有喇叭管的锚具垫板。锚垫板下应设间接钢筋，其体积配筋率不应小于 0.5%。

第3篇

施工技术及项目管理

第6章 市政公用工程施工项目管理

6.1 施工项目管理概念

6.1.1 建设工程项目管理概述

1. 项目

所谓项目是指作为管理的对象，按时间、造价和质量标准完成的一次性任务。项目的主要特征如下：

（1）一次性（单件性）。

（2）目标的明确性（成果性和约束性）。成果性指项目的功能性要求；约束性指期限、预算、质量。

（3）作为管理对象的整体性。一个项目是指一个整体管理对象，在按其需要配置生产要素时，必须以总体效益的提高为标准。由于内外环境是不断变化的，所以管理和生产要素的配置是动态的。

（4）项目按最终成果划分，有建设项目、科研开发项目、航天项目及维修项目等。

2. 建设项目

所谓建设项目是指需要一定量的投资，经过决策和实施（设计、施工）的一系列程序，在一定约束条件下形成以固定资产为明确目标的一次性事业。

3. 施工项目

所谓施工项目是指建筑施工企业对一个建筑产品的施工过程及成果，即生产对象。其主要特征如下：

（1）它是建设项目或其中的单项工程或单位工程的施工任务。

（2）它作为一个管理整体，以建筑施工企业为管理的主体。

（3）其任务范围由建设工程施工承包合同界定。

施工项目的特点具有多样性、固定性及庞大性。其主要的特殊性是生产活动和市场交易同时进行。

4. 施工项目管理

所谓施工项目管理是指企业运用系统的观点、理论和科学技术对施工项目进行的计划、组织、监督、控制、协调等企业过程管理，由建筑施工企业对施工项目进行管理。必须强调，施工项目管理的主体是以施工项目经理为首的项目经理部，即作业管理层，管理的客体是具体的施工对象、施工活动及相关生产要素。

（1）项目管理是为使项目取得成功所进行的全过程、全方位的规划、组织、控制与协调。

（2）项目管理的主要内容：成本控制、进度控制、质量控制、职业健康安全与环境管理、合同管理、信息管理、组织协调，即“三控制、三管理、一协调”。

（3）施工方项目管理的目标应符合合同的要求，其主要内容包括：

1）施工的质量目标；

2）施工的进度目标；

3）施工的成本目标。

如果采用工程施工总承包或工程施工总承包管理模式，施工总承包方或施工总承包管理方必须按工程合同规定的工期目标和质量目标完成建设任务。而施工总承包方或施工总承包管理方的成本目标是由施工单位根据其生产和经营的情况自行确定的。分包方则必须按工程分包合同规定的工期目标和质量目标完成建设任务，分包方的成本目标是该分包企业内部自行确定的。

6.1.2 施工项目组织

1. 定义

组织的第一种含义是指组织机构。组织机构是按一定领导体制、部门设置、层次划分、职责分工、规章制度和信息系统等构成的有机整体，是社会人的结合形式，可以完成一定的任务，并为此而处理人和人、人和事、人和物的关系。组织的第二种含义是指组织行为（活动），即通过一定的权力和影响力，为达到一定目标对所需资源进行合理配置，处理人和人、人和事、人和物关系的行为（活动）。

2. 组织的职能

组织职能是项目管理的基本职能之一，其目的是通过合理设计和职权关系结构来使各方面的工作协同一致。项目管理的组织职能包括5个方面。

（1）组织设计。包括选定一个合理的组织系统，划分各部门的权限和职责，确立各种基本的规章制度。

（2）组织联系。就是规定组织机构中各部门的相互关系，明确信息流通和信息反馈的渠道以及它们之间的协调原则和方法。

（3）组织运行。就是按分担的责任完成各自的工作，规定各组织体的工作顺序和业务管理活动的运行过程。组织运行要抓好三个关键性问题：一是人员配置；二是业务交圈；三是信息反馈。

（4）组织行为。指应用行为科学、社会学及社会心理学原理来研究、理解和影响组织中人们的行为、言语、组织过程、管理风格以及组织变更等。

（5）组织调整。指根据工作的需要，环境的变化，分析原有的项目组织系统的缺陷、适应性和效率性，对原组织系统进行调整和重新组合，包括组织形式的变化、人员的变动、规章制度的修订或废止、责任系统的调整以及信息流通系统的调整等。

3. 常用的组织结构模式

常用的组织结构模式包括职能组织结构、线性组织结构和矩阵组织结构等。

职能组织结构是一种传统的组织结构模式。在职能组织结构中，每一个工作部门可能有多个矛盾的指令源。

线性组织结构来自于军事组织系统。在线性组织结构中，每一个工作部门只有一个指令源，避免了由于矛盾的指令而影响组织系统的运行。

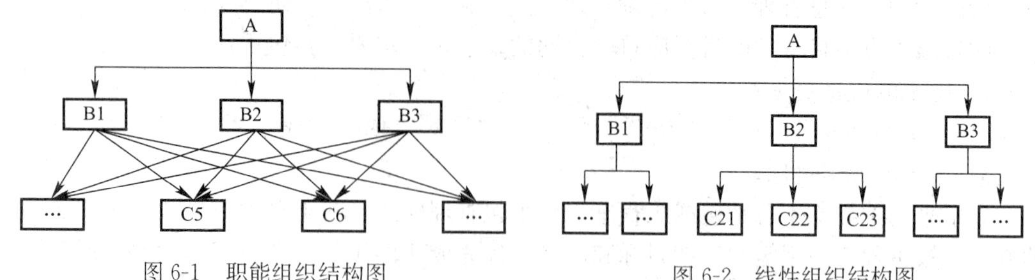

图 6-1　职能组织结构图

图 6-2　线性组织结构图

矩阵组织结构设纵向和横向两种不同类型的工作部门。在矩阵组织结构中，指令来自于纵向和横向工作部门，因此其指令源有两个。矩阵组织结构适宜用于大的组织系统。

6.1.3　施工项目管理组织结构

施工项目管理组织，也称为项目经理部，是指为进行施工项目管理、实现组织职能而进行组织系统的设计与建立、组织运行和组织调整等三个方面工作的总工程。它由项目经理在企业的支持下组建并领导、进行项目管理的组织机构。组织系统的设计与建立，是指经过筹划、设计，建成一个可以完成施工项目管理任务的组织机构，建立必要的规章制度，划分并明确岗位、层次、部门的责任和权力，建立和形成管理信息系统及责任分担系统，并通过一定岗位和部门内人员规范化的活动和信息流通实现组织目标。组织运行是指在组织系统形成后，按照组织要求，由各岗位和部门实施组织行为的过程。

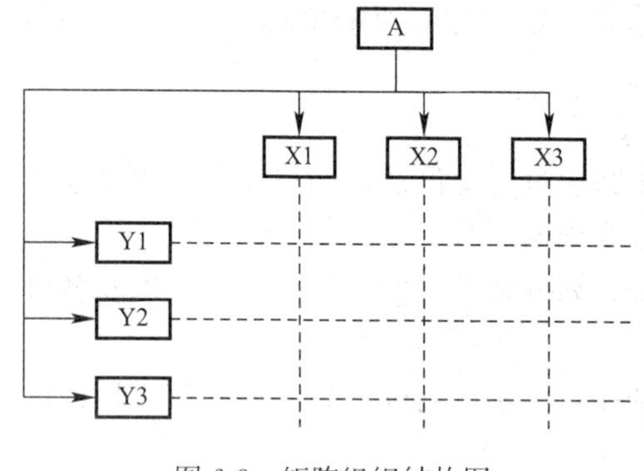

图 6-3　矩阵组织结构图

施工项目管理组织机构与企业管理组织机构是局部与整体的关系。组织机构设置的目的是为了进一步充分发挥项目管理功能，提高项目整体管理效率，以达到项目管理的最终目标。因此，企业在推行项目管理中合理设置项目管理组织机构是一个非常重要的问题。高效率的组织体系和组织机构的建立是施工项目管理成功的组织保证。

施工项目管理组织主要形式，通常施工项目的组织形式有以下几种。

（1）工作队式项目组织，由企业各职能部门抽调人员组成项目管理机构，适用于大型、工期要求紧、要求多部门密切配合的施工项目。

（2）部门控制式项目组织，按职能原则建立，适用于小型的、专业性较强、不涉及众多部门的施工项目。

（3）矩阵式项目组织，项目组织机构与职能部门的结合部同职能部门数相同。适用于同时承担多个需要进行工程项目管理的企业。在这种情况下，各项目对专业技术人才和管理人员都有需求。采用矩阵制组织可以充分利用有限的人才对多个项目进行管理，特别有利于发挥稀有人才的作用。

（4）事业部式项目组织，企业下设事业部，享有相对独立的经营权。适用大型经营型企业的工程承包，特别是适用于远离公司本部的施工项目。

6.1.4 施工项目目标动态控制

由于项目实施过程中主客观条件的变化是绝对的，不变则是相对的，因此在项目实施过程中，必须随着情况的变化进行项目目标的动态控制。

项目目标动态控制的工作程序：第一步，项目目标动态控制的准备工作：将项目的目标进行分解，以确定用于目标控制的计划值。第二步，在项目实施过程中项目目标的动态控制：收集项目目标的实际值，如实际投资、实际进度等；定期（如每两周或每月）进行项目目标的计划值和实际值的比较；通过项目目标的计划值和实际值的比较，如有偏差，则采取纠偏措施进行纠偏。

项目目标动态控制的纠偏措施主要有以下几种：

1. 组织措施

分析由于组织的原因而影响项目目标实现的问题，并采取相应的措施，如调整项目组织结构、任务分工、管理职能分工、工作流程组织和项目管理班子人员等。

2. 管理措施（包括合同措施）

分析由于管理的原因而影响项目目标实现的问题，并采取相应的措施，如调整进度管理的方法和手段，改变施工管理和强化合同管理等。

3. 经济措施

分析由于经济的原因而影响项目目标实现的问题，并采取相应的措施，如落实加快工程施工进度所需的资金等。

4. 技术措施

分析由于技术（包括设计和施工的技术）的原因而影响项目目标实现的问题，并采取相应的措施，如调整设计、改进施工方法和改变施工机具等。

项目目标动态控制的核心是，在项目实施的过程中，要定期地进行项目目标的计划值和实际值的比较，当发现项目目标偏离时应采取纠偏措施。为避免项目目标偏离的发生，还应重视事前的主动控制，即事前分析可能导致项目目标偏离的各种影响因素，并针对这些影响因素采取有效的预防措施。

（1）运用动态控制原理控制施工进度的步骤如下：

1）施工进度目标的逐层分解；

2）在施工过程中，对施工进度目标进行动态跟踪和控制；

3）调整施工进度目标。

（2）运用动态控制原理控制施工成本的步骤如下：

1）施工成本目标的逐层分解；

2）在施工过程中，对施工成本目标进行动态跟踪和控制；

3）调整施工成本目标。

（3）运用动态控制原理控制施工质量的工作步骤：

在施工活动开展前，首先应对质量目标进行分解，定出质量的计划值。在施工进展过程中，检查质量的实际值，通过施工质量计划值和实际值的比较，发现质量有偏差，则采取相应的措施进行纠偏。

6.1.5 项目施工监理

1. 建设工程监理的概念

（1）建设工程监理是指监理单位受项目法人的委托，依据国家批准的工程项目建设文件、有关工程建设的法律、法规和工程建设监理合同及其他工程建设合同，对工程建设实施的监督管理。

（2）我国推行建设工程监理制度的目的。

① 确保工程建设质量。

② 提高工程建设水平。

③ 充分发挥投资效益。

（3）住房和城乡建设部规定工程项目管理的范围包括：

① 国家重点建设工程。

② 大、中型公用事业工程。

③ 成片开发建设的住宅小区工程。

④ 利用外国政府或者国际组织贷款、援助资金的工程。

⑤ 国家规定必须实行监理的其他工程。

（4）监理单位与项目法人之间是委托与被委托的合同关系，与被监理单位是监理与被监理关系。

（5）从事工程建设监理活动，应当遵循守法、诚信、公正和科学的准则。

（6）工程监理单位应当根据建设单位的委托，客观、公正地执行监理任务。

（7）我国的建设工程监理属于国际上业主方项目管理的范畴。

2. 建设工程监理的工作性质

（1）监理单位是建筑市场的主体之一，建设监理是一种高智能的有偿技术服务，在国际上把这类服务归为工程咨询（工程顾问）服务。

（2）工程监理单位不按照委托监理合同的约定履行监理义务，对应当监督检查的项目不检查或者不按照规定检查，给建设单位造成损失的，应当承担相应的赔偿责任。工程监理单位与承包单位串通，为承包单位谋取非法利益，给建设单位造成损失的，应当与承包单位承担连带赔偿责任。

3. 建设工程监理的工作任务

（1）工程建设监理的主要内容是控制工程建设的投资、建设工期和工程质量，进行工程建设合同管理，协调有关单位间的工作关系。

（2）建筑工程监理应当依照法律、行政法规及有关的技术标准、设计文件和建筑工程承包合同，对承包单位在施工质量、建设工期和建设资金使用等方面，代表建设单位实施监督。

4. 建设工程监理的工作方法

（1）实施建筑工程监理前，建设单位应当将委托的工程监理单位、监理的内容及监理权限，书面通知被监理的建筑施工企业。

（2）工程建设监理一般应按下列程序进行：

① 确定项目总监，成立项目监理机构。

② 编制工程建设监理规划。

③ 按工程建设进度，分专业编制工程建设监理细则。

④ 按照建设监理细则进行建设监理。

⑤ 参与工程竣工预验收，签署建设监理意见。

⑥ 建设监理业务完成后，向项目法人提交工程建设监理档案资料。

⑦ 监理工作总结。

（3）工程监理人员认为工程施工有不符合工程设计要求、施工技术标准和合同约定的，有权要求建筑施工企业改正。工程监理人员如发现工程设计有不符合建筑工程质量标准或者合同约定的质量要求的，应当报告建设单位，要求设计单位改正。

5. 旁站监理

旁站监理是指监理人员在房屋建筑工程施工阶段监理中，对关键部位、关键工序的施工质量实施全过程现场跟班的监督活动。

旁站监理是监理人员控制工程质量、保证质量目标实现必不可少的重要手段。在施工阶段中，旁站监理对关键部位、关键工序实施全过程质量监督活动是质量目标实现的基本保证。

项目监理机构按工程要求给监理组配备各专业监理人员，督促施工单位落实质保体系。监理人员将巡视、平行检验相结合，并记录旁站监理全过程，发现违反强制性条文时，应及时制止并督促整改。

6.2 施工项目质量管理

6.2.1 施工项目质量管理及影响因素

《质量管理体系 基础和术语》GB/T 19000—2008 标准中，质量管理的定义是在质量方面指挥和控制组织的协调的活动。

质量管理的首要任务是确定质量方针、明确质量目标和岗位职责。质量管理的核心是建立有效的质量管理体系，通过质量策划、质量控制、质量保证和质量改进这四项具体活动，确保质量方针、目标的切实实施和具体实现。

质量管理应由参加项目的全体员工参与并由项目经理部作为项目质量的第一责任人，通过全员共同努力，才能有效地实现预期的方针和目标。

全面质量管理要坚持“预防为主、防治结合”的基本思路，将管理重点放在影响工作质量的人、机、料、法和环境等因素。

1. 人

人是质量活动的主体。人的素质，包括人的文化、技术、决策、管理、身体素质及职业道德等，这些都将直接和间接地对质量产生影响，而规划、决策是否正确，设计、施工能否满足质量质量要求，是否符合合同、规范、技术标准的要求等，都将对施工项目质量产生不同程度的影响。所以，人是影响施工项目质量的第一个重要因素。

2. 材料

材料控制包括原材料、成品、半成品和构配件等的控制，应严把质量验收关，保证材料正确合理使用，建立管理台账，进行收、发、储、运等各环节的技术管理，避免混料和材料混用。

（1）材料质量控制的要点

1）获取最新材料信息，选择最合适的供货厂家

掌握材料质量、价格、供货能力方面信息的最新动态，以获得质优价廉的材料资源，从而确保工程质量，一定程度上降低工程造价。材料订货时，厂方应提供质量保证文件，用以表明提供的货物完全符合质量要求的质量保证文件。质量保证文件的内容：主要包括供货总说明；产品合格证及技术说明书；质量检验证明；检测与试验者的资质证明；不合格品或质量问题处理的说明及证明；有关图纸及技术资料等。

2）合理组织材料供应，确保施工正常进行

合理地、科学地组织材料的采购、加工、储备和运输，建立严密的计划和调度体系，加快材料的周转，减少材料的占用量，按质、按量、如期地满足建设需要，乃是提高供应效益、确保正常施工的关键环节。

3）合理地组织材料使用，最大限度减少材料的损失

正确按定额计量使用材料，加强运输、入库和保管工作，加强材料限额管理和发放工作，健全现场材料管理制度，避免材料损失、变质，乃是确保材料质量、节约材料的重要措施。

4）加强材料检查验收，严把进场材料质量关。

5）要重视材料的使用认证，以防错用或使用不合格的材料。

（2）材料质量控制的内容

材料质量控制的内容：主要有材料的质量标准，材料的性能，材料的取样、试验方法，材料的适用范围和施工要求等。

1）材料质量标准

材料质量标准是用以衡量材料质量的尺度，也是材料检验验收的依据。不同材料有不同的质量标准。掌握材料的质量标准，就便于可靠地控制材料质量。如水泥颗粒越细，水化作用就越充分，强度就越高，反之，则低，影响最终强度；初凝时间过短，不能满足施工有足够的操作时间，初凝时间过长又影响施工进度。为此，对水泥的质量控制，就是要检验水泥是否符合质量标准。

2）材料质量的检（试）验

通过一系列的检测手段，将所取得的材料数据与材料质量标准相比较，借以判断质量的可靠性，能否使用于工程中。同时，还有利于掌握材料信息。

材料质量检验一般有书面检验、外观检验、理化检验和无损检验等 4 种方法。

根据材料信息和保证资料的具体情况，材料的质量检验程度分免检、抽检和全部检查 3 种。

抽样检验一般适用于对原材料、半成品或成品的质量鉴定。所取样本的质量应能代表该批材料的质量，通过抽样检验，可判断整批产品是否合格。

对不同的材料，有不同的检验项目和不同的检验标准，应按规定的部位、数量及要求进行，而检验标准则是用以判断材料是否合格的依据。

（3）材料的选择和使用要求

材料的选择和使用不当，会严重影响工程质量甚至造成质量事故。为此，必须针对工

程特点，根据材料的性能、质量标准、适用范围结合本工程对施工要求等方面进行综合考虑，慎重地选择和使用材料。

3. 机械设备

施工机械设备是实现施工机械化的重要物质基础，是现代化施工中必不可少的设备，对施工项目的进度、质量均有直接影响。为此，施工机械设备的选用，必须除了需要考虑施工现场的条件、建筑结构类型、机械设备性能等方面的因素外，还应结合施工工艺和方法、施工组织与管理和建筑技术经济等各种影响因素，进行多方案论证比较，力求获得较好的综合经济效益。

要健全“人机固定”制度、“操作证”制度、岗位责任制度、交接班制度、“技术保养”制度、“安全使用”制度和机械设备检查制度等，确保机械设备处于最佳使用状态。

4. 工艺方法

施工项目建设期内所采取的技术方案、工艺流程、组织实施、检测手段和施工组织设计等都属于工艺方法的范畴。

对工艺方法的控制，尤其是施工方案的正确合理选择，是直接影响施工项目的进度控制、质量控制和投资控制三大目标能否顺利实现的关键。为此，在制定和审核施工方案时，必须结合工程实际，从技术、组织、经济和安全等方面进行全面分析、综合考虑，力求方案在技术可行、经济合理、工艺先进、措施得力、操作方便的前提下，有利于提高工程质量、加快工期进度、降低实际成本。

5. 环境

影响施工项目质量的环境因素较多，有工程技术环境、工程管理环境、劳动环境。环境因素对质量的影响，具有复杂而多变的特点。因此，根据工程特点和具体条件，应对影响质量的环境因素，采取有效的措施严加控制。尤其是施工现场，应建立文明施工和文明生产的环境，保持材料工件堆放有序，道路畅通，工作场所清洁整齐，施工程序井井有条，为确保质量、安全创造良好条件。

6.2.2 施工项目质量管理的基本原理

质量管理和其他各项管理工作一样，要做到有计划、有执行、有检查、有纠偏，可使整个管理工作循序渐进，保证工程质量不断提高。

PDCA循环是人们在管理实践中形成的基本理论方法，这个循环工作原理是美国的戴明发明的，故又称“戴明循环”。

PDCA分为四个阶段：即计划P（Plan）、执行D（Do）、检查C（Check）和处置A（Action）。

（1）计划P

此阶段可理解为质量计划阶段，是明确质量目标并制订实现质量目标的行动方案。具体是确定质量控制的组织制度、工作程序、技术方法、业务流程、资源配置、检验试验要求、管理措施等具体内容和做法。此阶段还包括对其实现预期目标的可行性、有效性、经济合理性进行分析论证。

（2）实施D

此阶段是按照计划要求及制定的质量目标去组织实施。具体包含两个环节：即计划行动方案的交底和工程作业技术活动的开展。计划交底目的在于使具体的作业者和管理者，明确计划的意图和要求，为下一步作业活动的开展奠定基础，步调一致地去实现预期的质量目标。

（3）检查C

检查可分为自检、互检和专检。各类检查都包含两大方面：一是检查是否严格执行了计划行动方案，不执行计划的原因。二是检查计划执行的结果，即产品的质量是否达到标准的要求，并对此进行确认和评价。

（4）处置A

此阶段是总结经验，纠正偏差，并将遗留问题转入下一轮循环。对于遇到的质量问题，应及时分析原因，采取必要的纠偏措施，使质量保持受控状态。纠偏是采取应急措施，以解决当前的质量问题；而本次的质量信息也将反馈给管理部门，为今后类似质量问题的预防提供借鉴。

6.2.3 施工项目质量控制系统的建立和运行

质量控制的范围涉及产品质量形成全过程的各个环节。质量控制的工作内容包括专业技术和管理技术两个方面。作业技术是直接产生产品或服务质量的条件，再通过科学的管理，组织和协调作业技术活动，以充分发挥其质量形成能力，实现预期的质量目标。

质量控制包括事前控制、事中控制和事后控制三个过程。

（1）事前控制

事前控制要求预先编制周密的质量计划，尤其是施工项目施工阶段，制定质量计划或编制施工组织设计或施工项目实施规划，都必须建立在切实可行、有效实现预期质量目标的基础上。

事前控制强调质量目标的计划预控，按质量计划进行质量活动前的准备工作状态的控制。

（2）事中控制

事中控制首先是对质量活动的行为约束，其次是对质量活动过程和结果的监督控制。事中控制是开展过程质量控制最基本的途径。

事中质量控制的策略：全面控制施工过程，重点控制工序质量。其具体措施是工序交接有检查；质量预控有对策；施工项目有方案；技术措施有交底；图纸会审有记录；配制材料有试验；隐蔽工程有验收；计量器具校正有复核；设计变更有手续；钢筋代换有制度；质量处理有复查；成品保护有措施；行使质控有否决。

（3）事后控制

事后控制主要是进行已完工程施工的成品保护、质量验收和不合格品的处理，保证项目质量实测值与目标值纠偏措施之间的偏差在允许范围内，并分析产生偏差的原因，采取纠偏措施，保持质量处于受控状态。

1. 施工项目质量控制体系建立原则

（1）分层次规划

施工项目质量控制体系根据项目分解结构可分为两个层次：第一层次是对建设单位和工程总承包企业的质量控制体系进行设计；第二层次是对勘察设计单位、施工单位、监理单位的质量控制体系进行设计。两个层次的质量控制分工不同，责任不同。

（2）总目标分解

按照工程项目质量总目标的实现层次自上而下地按横向和纵向分层次展开，横向是各责任主体，纵向是各责任主体向下分解的分目标及子目标。目标展开其分、子目标值累加总和必须大于上级目标值或总目标值。

（3）质量责任制

建立质量责任制是把质量管理各方面的具体要求落实到每个责任主体、每个部门、每个工作岗位、每个工作人员，做到质量工作事事有人管、人人有专责、办事有标准、工作有检查和检查有考核。要将质量责任制与奖惩机制相结合，把质量责任作为经济考核的主要内容。

（4）系统有效性

要求做到整体系统和局部系统的组织、人员、资源和措施相互协调，保证质量持续改进，以提高各项质量的有效性。"有效性"是指做的事正确合理，能达到预期的目标和效果。

2. 施工项目质量控制系统的建立程序

（1）确定控制系统各层面组织的工程质量控制负责人及其管理职责，建立明确的项目质量控制责任者的关系网络构架。

（2）确定控制系统组织的领导关系、报告审批及信息流转程序。

（3）制订系统质量控制工作制度，包括质量控制例会制度、协调制度、验收制度、质量责任制度和质量信息管理制度。

（4）分析系统质量控制界面，明确责任划分，部署各质量主体编制相关质量计划，并按规定程序完成质量计划的审批，形成质量控制依据。

（5）研究并确定控制系统内部质量职能交叉衔接的界面划分和管理方式。

3. 施工项目质量控制系统的运行

（1）控制系统运行的动力机制

人是管理的动力，也是管理的对象。做好质量控制工作的关键是做好人的工作。要调动质量控制主体和各级各类人员的积极性，就要正确地运用动力机制，才能使质量控制持续而有效地向前发展，最终使质量控制主体各方达到多赢的目的。

（2）控制系统运行的约束机制

施工项目质量控制系统运行的约束机制来自于两个方面：一方面是质量责任主体和质量活动主体的自我约束能力；另一方面是来自于外部的监控效力。

（3）控制系统运行的反馈机制

施工项目处于不断变化的客观环境之中，质量控制是否有效，关键在于是否有及时、灵敏、准确、有力的反馈。没有质量信息的反馈，就无法改进质量，就无法作出决策。

（4）控制系统运行的方式

在施工项目实施的各个阶段、不同的范围层面和不同的责任主体间，进行质量控制时应用 PDCA 即计划、实施、检查和处置的方式展开，使系统始终处于控制之中。在应用 PDCA 循环的同时，还要抓好控制点的设置，加强重点控制和例外控制。

4. 施工项目施工质量控制和验收的方法

施工质量控制的过程包括施工准备质量控制、施工过程质量控制和施工验收质量控制。

（1）施工准备阶段的质量控制

施工准备阶段的质量控制是指项目正式施工活动开始前，对项目施工各项准备工作及影响项目质量的各因素和有关方面进行的质量控制。

1）技术资料、文件准备的质量控；

2）设计交底和图纸审核的质量控制；

3）采购质量控制；

4）质量教育与培训。

（2）施工阶段的质量控制

1）技术交底；

2）测量控制；

3）材料控制；

4）机械设备控制；

5）环境控制；

6）计量控制；

7）工序控制；

8）特殊过程控制；

9）工程变更控制；

10）成品保护：护、包、盖、封。

（3）竣工验收阶段的质量控制

根据《建筑工程施工质量验收统一标准》GB/T 50300－2013 进行，详见《质量员专业管理实务（市政工程）》部分（以下简称“实务部分”）。

6.2.4 施工质量计划编制

（1）《质量管理体系 基础和术语》GB/T 19000—2008 中关于质量计划的定义：对特定项目、产品、过程或合同，规定由谁及何时应使用哪些程序相关资源的文件。

（2）施工质量计划的编制主体是施工承包企业。

（3）项目的质量计划是针对具体项目的具体要求，以及应重点控制的环节所编制的对设计、采购、制造、检验、包装和发运等方面工程质量的控制方案。

（4）如果企业已经建立质量管理体系，质量计划的内容必须全面体现和落实企业质量管理体系文件的要求，适当情况下也可以引用质量手册或程序文件中适用的条款。

1）质量计划可以规定的内容。

① 需要达到的质量目标（例如，特性或规范、可靠性和综合指标等）。

② 企业实际运作的各过程的步骤（可以用流程图等形式展示过程的各项活动）。

③ 在项目的不同阶段，职责、权限和资源的具体分配。

④ 实施中需采用的具体书面程序和指导书。

⑤ 有关阶段（如设计、采购、生产和检验等）适用的试验、检查、检验和评审大纲。

⑥ 达到质量目标的测量方法。

⑦ 随项目的进展而修改和完善质量计划的程序。

⑧ 为达到质量目标必须采取的其他措施，如更新检验技术、研究新的工艺方法和设备、用户的监督和验证等。

2）结合施工项目的特点，施工质量计划的内容一般应包括以下几个方面。

① 工程特点及施工条件分析（合同条件、法规条件和现场条件）。

②履行施工合同所必须达到的工程质量总目标及其分解目标。

③ 质量管理组织机构、人员及资源配置计划。

④ 为确保工程质量所采取的施工技术方案、施工程序。

⑤ 材料设备质量管理及控制措施。

⑥ 工程测量项目计划及方法等。

（5）施工质量计划编制完毕，应经企业技术领导审核批准，并按施工承包合同的约定提交工程监理或建设单位批准确认后执行。

6.2.5 施工作业过程的质量控制

施工作业过程的质量控制，即是对各道工序的施工质量控制。

1. 施工工序质量控制的程序

（1）作业技术交底：施工方法、作业技术要领、质量要求、验收标准和施工过程中需注意的问题。

（2）检查施工工序、程序的合理性、科学性：施工总体流程、施工作业的先后顺序，应坚持先准备后施工、先地下后地上、先深后浅、先土建后安装和先验收后交工等。

（3）检查工序施工条件：水、电动力供应，施工照明，安全防护设备，施工场地空间条件和通道，使用的工具、器具，使用的材料和构配件等。

（4）检查工序施工中人员操作程序、操作方法和操作质量是否符合质量规程要求。

（5）对工序和隐蔽工程进行验收。

（6）经验收合格的工序方可准予进入下一道工序的施工。反之，不得进入下一道工序施工。

2. 施工工序质量控制的要求

（1）坚持预防为主。事先分析并找出影响工序质量的主导因素，提前采取措施加以重点控制，使质量问题消灭在发生之前或萌芽状态。

（2）进行工序质量检查。利用一定的方法和手段，对工序操作及其完成的可交付成果的质量进行检查、测定，并将实测结果与操作规程、技术标准进行比较，从而掌握施工质量状况。具体的检查方法为工序操作、质量巡查、抽查及重要部位的跟踪检查。

（3）按目测、实测及抽样试验程序，对工序产品、分项工程作出合格与否的判断。

（4）对合格工序产品应及时提交监理，经确认合格后予以签认验收。

（5）完善质量记录资料。质量记录资料主要包括各项检查记录、检测资料及验收资料。质量记录资料应真实、齐全、完整，它既可作为工程质量验收的依据，也可为工程质量分析提供可追溯的依据。

3. 施工工序质量检验

(1) 质量检验的内容

① 开工前检查。主要检查工程项目是否具备开工条件，开工后能否连续正常施工，能否保证工程质量。

② 工序交接检查。对于重要的工序或对工程质量有重大影响的工序，在自检、互检的基础上，还要组织专职人员对工序进行交接检查。

③ 隐蔽工程检查。凡是隐蔽工程均应检查认证后方能掩盖。

④ 停工后复工前的检查。因处理工程项目质量问题或由于某种原因停工后需复工时，亦应经检查认可后方能复工。

⑤ 分项、分部工程完工后，需经过检查认可，签署验收记录后，才能进行下一阶段施工项目施工。

⑥ 成品保护检查。检查成品有无保护措施，或保护措施是否可靠。

此外，还应经常深入现场，对施工操作质量进行巡视检查。必要时，还应进行跟班或追踪检查，以确保工序质量满足工程需要。

(2) 质量检查的方法

现场进行质量检查的方法主要有目测法、实测法和试验法 3 种。

① 目测法。其手段可归纳为看、摸、敲、照 4 个字。

看，就是根据质量标准进行外观目测。

摸，就是通过触摸手感检查，主要用于装饰工程的某些检查项目。

敲，是运用工具进行声感检查。对地面工程、装饰工程中的水磨石、面砖、锦砖和大理石贴面等，均应进行敲击检查，通过声音的虚实确定有无空鼓，还可根据声音的清脆和沉闷，判定属于面层空鼓或底层空鼓。

照，对于难以看到或光线较暗的部位，则可采用人工光源或反射光照射的方法进行检查。

② 实测法。就是通过实测数据与施工规范及质量标准所规定的允许偏差对照，以此判别工程质量是否合格。实测检查法的手段，可归纳为靠、吊、量、套 4 个字。

靠，是用直尺、塞尺检查墙面、地面、屋面等的平整度。

吊，是用托线板以线坠吊线检查垂直度。

量，是用测量工具和计量仪表等检查断面尺寸、轴线、标高、湿度和温度等的偏差。

套，是以方尺套方，辅以塞尺检查。

③ 试验检查。指必须通过试验手段，才能对质量进行判断的检查方法。

6.2.6 市政工程施工质量检验统计方法

市政工程施工质量检验方法必须通过试验手段，获取产品的质量信息并加以判断。而质量是动态的、分布是离散的。因此，应用概率和数理统计方法进行分析。

1. 误差

通过试验，可得到反映试验结果的一系列数据。但是，在大多数情况之下，这些未经分析与处理的试验数据往往具有一定的离散性，很难用来说明问题。因此，应根据测试方法和试验对象的性质对测试数据进行分析与处理，使其能最大限度地发挥作用，这在整个试验工作中是十分重要的。

在试验中，由于测试方法、测试仪表、周围环境（如温度、湿度等）、测试人员的熟练程度以及感官条件等因素的影响，使被测量（如应变、应力和位移等）的测定值 x 与其客观存在的真值 μ 之间总会存在一定的差异，这种由多因素影响所造成的测定值与其真值不一致的矛盾，在数值上的表现即为误差 δ，所以，x、μ 与 δ 之间存在如下关系：

$$\mu = x \pm \delta \tag{6-1}$$

尽管误差的产生是不可避免的，但是随着科学技术的提高，人们的经验、技巧和专门知识的丰富，在测试过程中误差可被控制得越来越小。对于某些因素引起的误差，可经过周密考虑与必要的准备，在测试过程中加以消除或减小，对于另一些因素引起的误差也可设法估计出它们的大小，然后对量测结果给予修正，对于不能确切估计出大小的误差，也应设法知道它们的可能的最大值，据以确定量测结果的可靠程度。

误差根据其性质、特点和产生原因，可分为三类。

（1）系统误差

系统误差有以下几个来源：

1）方法误差

这种误差是由于所采用的量测方法或数学处理方法不完善所产生的。例如采用简化的测量方法和近似计算方法以及对某些经常作用的外界条件影响的忽略等，导致量测结果偏高或偏低。

2）工具误差

由于量测仪器或工具结构上不完善或零部件制造时的缺陷所造成的误差，如仪表，刻度不均匀，百分表的无效行程等。

3）条件误差

测量过程中，由于测量条件变化所造成的误差。例如，测量工作的开始与结束时的某些条件（温度，湿度，气压……）发生变化带来的误差。

4）调整误差

由于量测人员没调整好仪器所带来的误差。例如，测量前未将仪器安装在正确位置上，仪器未校准或使用零点调整不准的仪器等。

5）主观误差

又称个人误差，是量测人员本身的一些主观因素造成的。例如，用眼在刻度上估读时习惯性地偏向某个方向，使读数偏高或偏低。凭听觉鉴别时，在时间判断上习惯性地提前或落后等。

（2）偶然误差

偶然误差又称随机误差，它是由一些随机的偶然原因造成的。例如测量时环境温度、湿度和气压的微小波动、仪器的微小变化、操作人员操作上的微小差别等，都不可避免地带来偶然误差。

由于偶然误差是由一些不确定的偶然原因造成的，因而是可变的，有时大，有时小，有时正，有时负，所以偶然误差又称不定误差。偶然误差在测量中是无法避免的，即使是一个很有经验的测量工作者，很仔细地操作，对同一试验进行多次量测，其结果也不会完全一致，而是有高有低。偶然误差的产生难以找出确定的原因，似乎没有规律性，但如果进行多次测定，便会发现其数据分布符合一般的统计规律，关于这方面的内容，如有必要，可参考有关专业书。

（3）过失误差

这种误差的产生是由测试人的过失所引起的，如试验中粗心大意，精神不集中，操作方法不正确，计算错误等。只要认真仔细，正确操作，过失误差是可以避免的。

由此可知，上述第一、三种误差是可以消除的，而第二种误差即偶然误差是无法消除的，但它服从统计规律，因此，误差理论分析就是对偶然误差的规律性进行研究和探讨。

进行误差分析的目的在于解决以下两方面的问题：

1）已知个别测定值的误差，如何估计最终试验结果的误差。

2）根据试验目的和要求，如何确定个别测量时所需要的精度，也是采用何种精度等级的仪器才能达到测试的要求。

2. 测定值的精确度与准确度

（1）真值与平均值

任何物理量的真值，由于各种条件的限制是无法测得的，所以，一般说来，真值是未知的。为了使真值这个概念具有现实意义，通常可将真值定义为：在无系统误差和过失误差的条件下，观测次数为无限多时的平均值即为真值。但在实践中不可能观测无限多次，而只能是有限次，对于有限次观测值的平均值只能是近似真值或最佳值，称此最佳值为平均值。常用的平均值有算术平均值和加权平均值两种，其中算术平均值为最佳值。

1）算术平均值

设 x_1，x_2，…，x_n。代表各次观测值，n 表示观测次数，则算术平均值为：

$$\mu_x = \frac{\sum x_i}{n} = \frac{x_1 + x_2 + \cdots + x_n}{n} \tag{6-2}$$

算术平均值表达了观测值的集中趋势，当观测值符合正态分布时，可以证明，在有限次测定中，算术平均值 μ_x 是真值的最佳近似值。观测次数 n 越大，μ_x 的精度越高，也越接近真值。然而，当 n 增加到一定程度时，μ_x 精度的提高就不显著了，所以在一般的测定中，n 很少大于 10，一般 $n=3\sim5$ 即可。

2）加权平均值

设对同一物理量用不同方法去测定，或对同一物理量由不同人去测定，计算平均值时常对比较可靠的数值予以加重平均，称为加权平均。如 x_1，x_2，…，x_n 为各次的观测值，w_1，w_2，…，w_n 代表各观测值对应的权值，$\sum w_i = 1$ 则加权平均值为 μ_{wx}：

$$\mu_{wx} = \frac{\sum x_i w_i}{\sum w_i} = \frac{x_1 w_1 + x_2 w_2 + \cdots + x_n w_n}{w_1 + w_2 + \cdots + w_n} \tag{6-3}$$

各观测值的权数，在很多情况下是可以根据经验来确定的，权越大则说明对应的测定值越可信；反之，权越小则说明该测定值越不可信。

（2）精确度与准确度

精确度是指在某物理量的测试中，多次测量所得数据的重复程度，或者说是向某一中心趋向的集中程度。准确度则指观测值与真值的相符程度，两者越相符，准确度就越高。在一组观测数据中，尽管精确度很高，但准确度不一定很好；反之，若准确度好，则精确度不一定高。但精确度高则精密度与准确度都高，在测量工作中，我们希望得到偶然误差与系统误差都小，即综合误差小，从而精确度高的结果。

通常人们习惯于用误差来说明结果的准确度。设真值为μ，观测值为x，则

绝对误差为：
$$\Delta x = x - \mu \tag{6-4}$$

相对误差为：
$$\varepsilon = \frac{\Delta x}{\mu} = \frac{x-\mu}{\mu} \tag{6-5}$$

绝对误差说明测量误差的大小，相对误差说明了测量误差的比重或程度。可见，相对误差能更清楚地表达结果的准确度，相对误差越大则准确度越低。在绝大多数情况下，真值μ不易得到，因此，绝对误差Δx和相对误差ε也不能确定。但是，往往可以肯定Δx的绝对值不超过某一个最大值Δx_{max}，称为最大绝对误差，用绝对误差表示测定值时，可写成$x \pm \Delta x_{max}$，而最大相对误差为$\varepsilon = \pm \Delta x_{max}/\Delta x$，最大相对误差即通常仪器使用范围的误差。

3. 检测结果的误差估计

（1）检测结果的误差估计

由式（6-1）可知，测定值＝真值＋误差，误差＝系统误差＋偶然误差。在多次重复测定中，偶然误差是一随机变量，测定值也是随机变量。因此，可以用算术平均误差和标准差来表示，所用的离散样本即为各次观测值。

1）算术平均误差

如x_1，x_2，…，x_n代表一组观测值，n表示观测次数，则算术平均误差为：

$$\delta = \frac{\sum |d_i|}{n}, (i = 1,2,\cdots,n) \tag{6-6}$$

式中　　n——观测次数；

$d_i = x_i - \mu_x$——为观测值与平均值的偏差，在一组观测值中，观测值与平均值之偏差d的代数和为零（即$\sum d_i = 0$）。

算术平均误差是表示误差的一种较好的方法，但这个方法对于大的偏差和小的偏差同样进行平均，这就不能反映各观测值之间重复性的好坏。

2）标准误差

标准误差也称为均方根误差，它是衡量测定精度的一个数值，标准误差越小说明测定的精度越高。在有限次观测情况下，标准误差为很明显，标准误差反映了观测值在算术平均误差附近的分散和偏离程度，它对于较大或较小的误差反应比较敏感，所以能很好地反映观测值的集中程度（精确度），因而也是一种重要的误差表示方法。

为了使在观测次数足够多时，标准误差σ为

$$\sigma = \sqrt{\frac{\sum (x_i - \mu_x)^2}{n-1}} \tag{6-7}$$

3）或然误差

或然误差的意义是指在一组观测值中，若不计正负号，误差大于γ的观测值和误差小于γ的观测值将各占其观测次数的一半，也就是说，落在$+\gamma$和$-\gamma$之间的观测次数占总观测数的一半，可证明或然误差γ和标准误差σ、算术平均误差δ的关系为

$$\gamma = 0.6745\sigma = 0.8454\delta \tag{6-8}$$

（2）检测结果误差的分布

从以上分析可知，系统误差可以通过试验或分析的方法查明其产生的原因并测定其数值的大小，因而可以在量测结果中予以修正，或在新的测量中采取一定措施使之减小或消除。过失误差是人为的，提高工作人员的技术水平和工作责任感，同时学会从测量记录和数据中发现过失误差并把它剔除，过失误差是完全可以避免的。偶然误差是由一些偶然因素造成的，其大小和正负都难以预计，但它服从统计学规律。为弄清偶然误差的统计规律，可作偶然误差分布曲线。实践中发现，形状如图 6-4 的曲线称为正态分布曲线。

除正态分布曲线外，还有其他分布规律的曲线，建筑结构试验中，许多数据的偶然误差，如力学上的参数、材料强度、荷载等，大都服从正态分布，其概率分布取正态分布形式，则误差的函数形式为

$$y=\frac{1}{\sqrt{2\pi}}e^{-\frac{x^2}{2}} \tag{6-9}$$

式中，x 表示量测的误差，y 表示量测误差 x 出现的概率密度，σ 为标准误差。

图 6-4 是按上式给出的误差概率密度图，由图中可明显地看出：

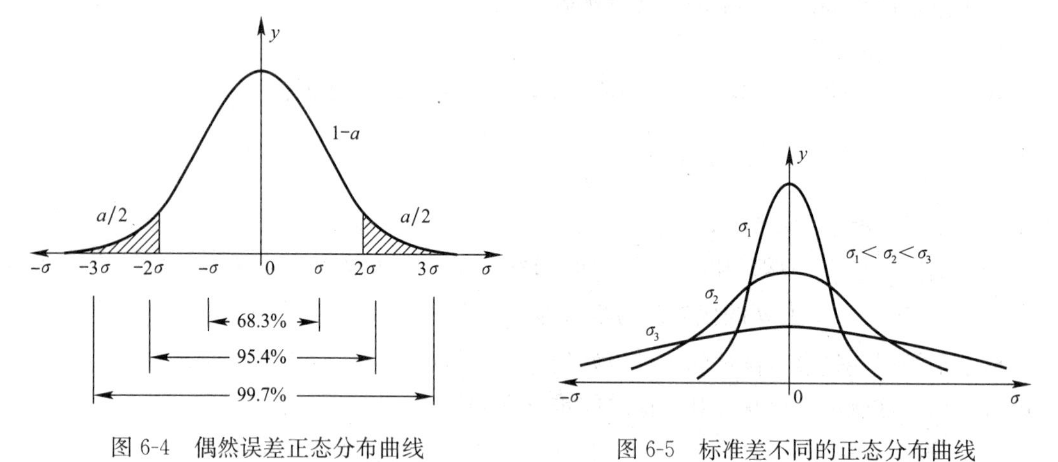

图 6-4　偶然误差正态分布曲线　　　　图 6-5　标准差不同的正态分布曲线

1）单峰性：绝对值小的误差出现的概率比绝对值大的误差出现的概率大。

2）对称性：绝对值相等的正误差与负误差出现的概率相等。

3）有界性：在一定测量条件下，误差的绝对值实际上不超过一定界限。

在测量列中，如果数值小的偶然误差数目愈多，数值大的偶然误差数目愈少，则该测量列的可靠性愈大。从偶然误差的分布曲线来看，标准误差 σ 越小，即曲线愈陡，偶然误差的极限值范围愈小。所以标准误差 σ 标志着一组数据的观测精度，σ 越小则精度越高；σ 越大则精度越低。

如欲确定误差在 $-\sigma$ 与 $+x$ 之间的观测值出现的概率，则应在此区间内将 y 积分。其计算结果表明，误差在 $-\sigma$ 与 $+\sigma$ 之间的概率为 68%，在 -2σ 与 $+2\sigma$ 之间的概率为 95%，在 -3σ 与 $+3\sigma$ 之间的概率为 99.7%。一般情况下，99.7%已可认为代表多次量测的全体，因此将 3σ 称为极限误差。如将某一多次量测的物理量记为：$\mu_x \pm 3\sigma$，则可认为对该物理量所进行的任一次测定，都不会超过该范围。

(3) 可疑数据的剔除

在对某一量进行多次重复测定时，往往会遇到个别的观测值和其他多数观测值相差较大的情况，这种个别的数据即为可疑数据。对于可疑数据的保留或舍弃，应有一个科学的根据，既不能不加分析地一概保留，也不能草率地一律舍弃。只有在充分确认可疑数据是由于在测试过程中的某些过失原因所造成时，才将它舍弃。否则，应根据误差理论确定的数值来决定取舍。

根据误差的统计规律，绝对值越大的随机误差，其出现的概率越小；随机误差的绝对值不会超过某一范围。因此可以选择一个范围来对各个数据进行鉴别，如果某个数据的偏差超出此范围，则认为该数据中包含有过失误差，应予以剔除。常用的判别范围和鉴别方法如下：

1) 3σ 方法

如前所述，在多次量测中，误差在 -3σ 与 $+3\sigma$ 之间时，其出现的概率 99.7%，在此范围之外的误差出现的概率只有 0.3%，也就是测量 300 多次才能遇到一次。而对于通常只进行有限次的测量，就可以认为超出 $+3\sigma$ 的误差已不属于偶然误差，而是系统误差或过失误差了，因此，可将这样的测值舍弃。

如利用回弹法推测混凝土强度时，一个测区测 16 个数据，从小到大排列，然后去掉前后各 3 个，其余 10 个数据取平均就是排除偶然误差等因素的影响。

又如在对一组混凝土试块强度代表值进行计算时，将三个数值从小到大排列，并规定如下：

① 头尾两个数均不超过中值的 15%时，取三个数的平均值；

② 头或尾中仅一个数均不超过中值的 15%时，取中间值；

③ 头尾两个数值均超过中值的 15%时，此组试块强度不能进行强度评定。

2) 格拉布斯方法

格拉布斯方法的主要步骤为：

① 把试验所得数据从小到大排列：x_1，x_2，…，x_n。

② 选定显著性水平（一般 $\alpha=0.05$），根据 n 及 α。从 $t(n, \alpha)$ 有关表中求得 t 值。

③ 计算统计量 t 值。

当最小值 x_1 为可疑时：
$$t=\frac{\mu_{\mathrm{x}}-x_1}{\sigma} \tag{6-10}$$

当最大值 x_n 为可疑时：
$$t=\frac{x_n-\mu_{\mathrm{x}}}{\sigma} \tag{6-11}$$

④ 查 t 分布表中相应于 n 与 α 的 $t(n, \alpha)$ 值。

⑤ 当计算的统计量 $t>t(n, \alpha)$ 时，则所怀疑的数据是异常的，应舍去。当 $t<t(n, \alpha)$ 时，则不舍去。

以上两种方法中，3σ 方法比较简单，但要求较宽，几乎绝大部分数据可不舍弃。格拉布斯方法比 3σ 要严格得多。

6.2.7 市政工程施工质量验收

《建筑工程施工质量验收统一标准》GB/T 50300—2013 坚持了“验评分离、强化验收、完善手段、过程控制”的指导思想，将有关建筑工程的施工及验收规范和工程质量检验评定标准合并，组成新的工程质量验收规范体系，形成了统一的建筑工程施工质量验收方法、质量标准和程序。详见“实务部分”。

6.2.8 施工项目质量的政府监督

为加强对建设工程质量的管理，我国《建筑法》及《建设工程质量管理条例》明确政府行政主管部门设立专门机构对建设工程质量行使监督职能，其目的是保证建设工程质量、保证建设工程的使用安全及环境质量。国务院建设行政主管部门对全国建设工程质量实行统一监督管理，国务院铁路、交通、水利等有关部门按照规定的职责分工，负责对全国有关专业建设工程质量的监督管理。

各级政府质量监督机构对建设工程质量监督的依据是国家、地方和各专业建设管理部门颁发的法律、法规及各类规范和强制性标准。

政府对建设工程质量监督的职能包括两大方面：

一是监督工程建设的各方主体（包括建设单位、施工单位、材料设备供应单位、设计勘察单位和监理单位等）的质量行为是否符合国家法律法规及各项制度的规定；

二是监督检查工程实体的施工质量，尤其是地基基础、土体结构、专业设备安装等涉及结构安全和使用功能的施工质量。

6.2.9 质量管理体系

八项质量管理原则是2008版ISO 9000族标准的编制基础，是近年来在质量管理理论和实践的基础上提出来的，是做好质量管理工作必须遵循的准则。8项质量管理原则已成为改进组织业绩的框架，可帮助组织达到持续成功。质量管理8项原则的具体内容如下：

（1）以顾客为关注焦点。

（2）领导作用。

（3）全员参与。

（4）过程方法。

（5）管理的系统方法。

（6）持续改进。

（7）基于事实的决策方法。

（8）与供方互利的关系。

上述8项质量管理原则之间是相互联系和相互影响的。其中，以顾客为关注焦点是主要的，是满足顾客要求的核心。为了以顾客为关注焦点，必须持续改进，才能不断地满足顾客不断提高的要求。而持续改进又是依靠领导作用、全员参与和互利的供方关系来完成的。所采用的方法是过程方法（控制论）、管理的系统方法（系统论）和基于事实的决策方法（信息论）。可见，这8项质量管理原则体现了现代管理理论和实践发展的成果，并被人们普遍接受。

1. 质量管理体系文件的构成

企业需要建立形成文件的质量管理体系，其价值是便于沟通意图、统一行动，有利于质量管理体系的实施、保持和改进。编制和使用质量管理体系文件是一项具有动态管理要求的活动。因为质量管理体系的建立、健全要从编制完善的体系文件开始，质量管理体系的运行、审核与改进都是依据文件的规定进行，质量管理实施的结果也要形成文件，作为证实产品质量符合规定要求及质量管理体系有效的证据。

（1）质量管理体系文件的内容

在《质量管理体系 基础和术语》GB/T 19000—2008 中规定，质量管理体系文件应包括以下内容。

1）形成文件的质量方针和质量目标。

2）质量手册。

3）质量管理标准所要求的各种生产、工作和管理的程序性文件。

4）为确保其过程的有效策划、运行和控制所需的文件。

5）质量管理标准所要求的质量记录。

（2）质量方针和质量目标

质量方针是组织的质量宗旨和质量方向，是实施和改进组织质量管理体系的推动力。质量方针提供了质量目标制定和评审的框架，是评价质量管理体系有效性的基础。质量方针一般均以简洁的文字来表述，应反映用户及社会对工程质量的要求及企业对质量水平和服务的承诺。

质量目标是指在质量方面所追求的目的。质量目标在质量方针给定框架内制定并展开，也是组织各职能和层次上所追求并加以实现的主要工作任务。

（3）质量手册

质量手册是质量体系建立和实施中所用主要文件的典型形式，是企业的质量法规，也是实施和保持质量管理体系过程中应长期遵循的纲领性文件。

企业的质量手册应具备以下 6 个性质：

① 指令性。

② 系统性。

③ 协调性。

④ 先进性。

⑤ 可操作性。

⑥ 可检查性。

（4）程序文件

质量管理体系程序文件是质量手册的支持性文件，是企业各职能部门为落实质量手册要求而规定的细则。为确保过程的有效运行和控制，在程序文件的指导下，尚可按管理需要编制相关文件，如作业指导书、具体工程的质量计划等。

（5）质量记录

质量记录可提供产品、过程和体系符合要求及体系有效运行的证据。组织应制定形成文件的程序，以控制对质量记录的标识（可用颜色、编号等方式）、贮存（如环境要适宜）、保护（包括保管的要求）、检索（包括对编目、归档和查阅的规定）、保存期限（应根据工程特点、法规要求及合同要求等决定保存期）和处置（包括最终如何销毁）。

2. 质量管理体系的建立和运行

建立质量管理体系的基本工作主要有：确定质量管理体系过程，明确和完善体系结构，质量管理体系要文件化，要定期进行质量管理体系审核与质量管理体系复审。

（1）确定质量管理体系过程

施工企业的产品是施工项目，无论其工程复杂程度、结构形式怎样变化，无论是道路桥梁高楼大厦还是一般构筑物，其建造和使用的过程、环节和程序基本上是一致的。施工项目质量管理体系过程一般可分为以下 8 个阶段。

① 工程调研和任务承接。

② 施工准备。

③ 材料采购。

④ 施工生产。

⑤ 试验与检验。

⑥ 建筑物功能试验。

⑦ 交工验收。

⑧ 回访与维修。

（2）完善质量管理体系结构，并使之有效运行

质量管理体系的有效运行要依靠相应的组织机构网络。这个机构要严密完整，能充分体现各项质量职能的有效控制。

（3）质量管理体系要文件化

文件是质量管理体系中必需的要素。质量管理文件能够起到沟通意图和统一行动的作用。

文件化的质量管理体系包括建立和实施两个方面，建立文件化的质量管理体系只是开始，只有通过实施文件化质量管理体系才能变成增值活动。

质量管理体系的文件共有 4 种。

①质量手册：规定组织质量管理体系的文件，也是向组织内部和外部提供关于质量管理体系的信息文件。

②质量计划：规定用于某一具体情况的质量管理体系要素和资源的文件，也是表述质量管理体系用于特定产品、项目或合同的文件。

③程序文件：提供如何完成活动的信息文件。

④质量记录：对完成的活动或达到的结果提供客观证据的文件。

（4）定期质量审核

质量管理体系能够发挥作用，并不断改进提高工作质量，主要是在建立体系后能坚持质量管理体系的审核和评审活动。

为了查明质量管理体系的实施效果是否达到了规定的目标要求，企业管理者应制订内部审核计划，定期进行质量管理体系审核。

质量管理体系审核由企业胜任的管理人员对体系各项活动进行客观评价，这些人员独立于被审核的部门和活动范围。质量管理体系审核范围如下：①组织机构；②管理与工作程序；③人员、装备和器材；④工作区域、作业和过程；⑤在制品（确定其符合规范和标准的程度）；⑥文件、报告和记录。

质量管理体系审核一般以质量管理体系运行中各项工作文件的实施程度及产品质量水平为主要工作对象，一般为符合性评价。

(5) 质量管理体系评审和评价

质量管理体系的评审和评价，一般称为管理者评审，它是由上层领导亲自组织的，对质量管理体系、质量方针和质量目标等各项工作所开展的适合性评价。就是说，质量管理体系审核时主要精力应放在是否将计划工作落实，效果如何。而质量管理体系评审和评价重点为该体系的计划、结构是否合理有效，尤其是结合市场及社会环境和企业情况进行全面的分析与评价，一旦发现这些方面的不足，就应对其体系结构、质量目标和质量政策提出改进意见，以使企业管理者采取必要的措施。

质量管理体系的评审和评价也包括各项质量管理体系审核范围的工作。

与质量管理体系审核不同的是，质量管理体系评审更侧重于质量管理体系的适合性(质量管理体系审核侧重符合性)，而且，一般评审与评价活动要由企业领导直接组织。

(6) 建立和完善质量管理体系的程序

① 企业领导决策。

② 编制工作计划。

③ 分层次教育培训。

④ 分析企业特点。

⑤ 落实各项要素。

⑥ 编制质量管理体系文件。

(7) 质量管理体系的运行

① 组织协调。

② 质量监督。

质量管理体系在运行过程中，各项活动及其结果不可避免地会有发生偏离标准的可能。为此，必须实施质量监督。

③ 质量信息管理。

④ 质量管理体系审核与评审。

(8) 质量管理体系认证与监督

质量管理体系认证是指根据有关的质量保证模式标准，由第三方机构对供方（承包方）的质量管理体系进行评定和注册的活动。这里的第三方机构指的是经国家质量监督检验检疫总局质量管理体系认可委员会认可的质量管理体系认证机构。质量管理体系认证机构是个专职机构，各认证机构具有自己的认证章程、程序、注册证书和认证合格标志。国家质量监督检验检疫总局对质量认证工作实行统一管理。

① 提出申请

申请认证者按照规定的内容和格式向体系认证机构提出书面申请，认证机构在收到认证申请之日起60d内作出是否受理申请的决定，并书面通知申请者；如果不受理申请应说明理由。

② 体系审核

由体系认证机构指派审核组对申请的质量管理体系进行文件审查和现场审核。

③ 审批发证

体系认证机构审查审核组提交的审核报告，对符合规定要求的批准认证，向申请者颁发体系认证证书，证书有效期三年。对不符合规定要求的亦应书面通知申请者。并公布证书持有者的注册名录。

④ 监督管理

对获准认证后的监督管理有以下几项规定。

① 标志的使用。

② 通报。

③ 监督审核。

④ 监督后的处置。如果不符合要求，由体系认证机构决定暂停使用，或撤销，收回其体系认证证书。

⑤ 换发证书。

⑥ 注销证书。

6.3 施工项目进度管理

进度是指某项工作进行的速度，工程进度即为工程进行的速度。工程进度计划是指根据已批准的建设文件或签订的承发包合同，将工程项目的建设进度做出周密的安排。参与工程建设的每一个单位均要编制和自己任务相适应的进度计划。合同工期指业主与承包商签订的合同中确定的承包商完成所承包项目的工期，也即业主对项目工期的期望。计划应按合同工期要求控制从开工至竣工所经历的时间。

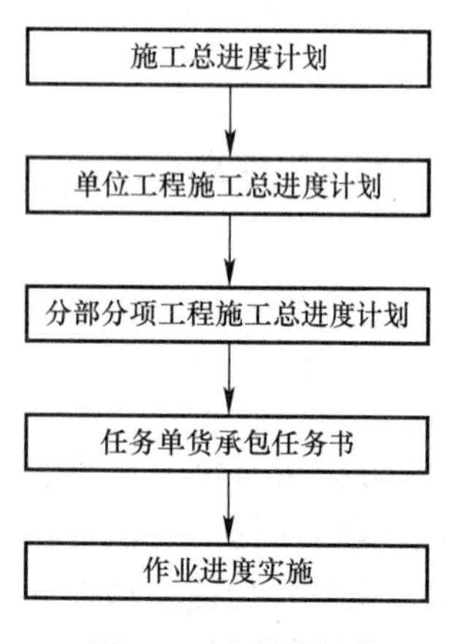

图 6-6 进度计划分解示意图

工程进度管理是一个动态过程，影响因素多，风险大，应认真分析和预测，采取合理措施，在动态管理中实现进度目标。影响工程进度管理的因素主要有以下几方面。

(1) 业主。业主提出的建设工期目标的合理性、在资金及材料等方面的供应进度、业主各项准备工作的进度和业主项目管理的有效性等，均影响着建设项目的进度。

(2) 勘察设计单位。勘察设计目标的确定、可投入的力量及其工作效率、各专业设计的配合，以及业主和设计单位的配合等均影响着建设项目进度控制。

(3) 承包人。施工进度目标的确定、施工组织设计编制、投入的人力及施工设备的规模，以及施工管理水平等均影响着建设项目进度控制。

(4) 建设环境。建筑市场状况、国家财政经济形势、建设管理体制和当地施工条件(气象、水文、地形、地质、交通和建筑材料供应) 等均影响着建设项目进度控制。

上述多方面的因素是客观存在的，但有许多是人为的，是可以预测和控制的，参与工程建设的各方要加强对各种影响因素的控制，确保进度管理目标的实现。

6.3.1 施工组织与流水施工

在工程项目施工过程中，可以采用以下三种组织方式：依次施工、平行施工与流水施工。

1. 依次施工

依次施工是将拟建工程项目的整个建造过程分解成若干个施工过程，然后按照一定的施工顺序，各施工过程或施工段依次开工、依次完成的一种施工组织方式。这种施工方式组织简单，但由于同一工种工人无法连续施工造成窝工，从而使得施工工期较长。

2. 平行施工

平行施工是所有施工对象的各施工段同时开工、同时完工的一种施工组织方式。这种施工方式施工速度最快，但由于工作面拥挤，同时投入的人力、物力过多而造成组织困难和资源浪费。

3. 流水施工

流水施工是把施工对象划分成若干施工段，每个施工过程的专业队（组）依次连续地在每个施工段上进行作业，当前一个专业队（组）完成一个施工段的作业之后，就为下一个施工过程提供了作业面，不同的施工过程，按照工程对象的施工工艺要求，先后相继投入施工，使各专业队（组）在不同的空间范围内可以互不干扰地同时进行不同的工作。流水施工能够充分、合理地利用工作面争取时间，减少或避免工人停工、窝工。而且，由于其连续性、均衡性好，有利于提高劳动生产率，缩短工期。同时，可以促进施工技术与管理水平的提高。

表示流水施工的图表主要有两大类：第一类是横道图，第二类是网络图。

（1）横道图

横道图表的示意图如图 6-7 所示。横道图表的水平方向表示工程施工的持续时间，其时间单位可大可小（如季度、月、周或天），需要根据施工工期的长短加以确定；垂直方向表示工程施工的施工过程（专业队名称）。横道图中每一条横道的长度表示流水施工的流水节拍，横道上方的数字为施工段的编号。

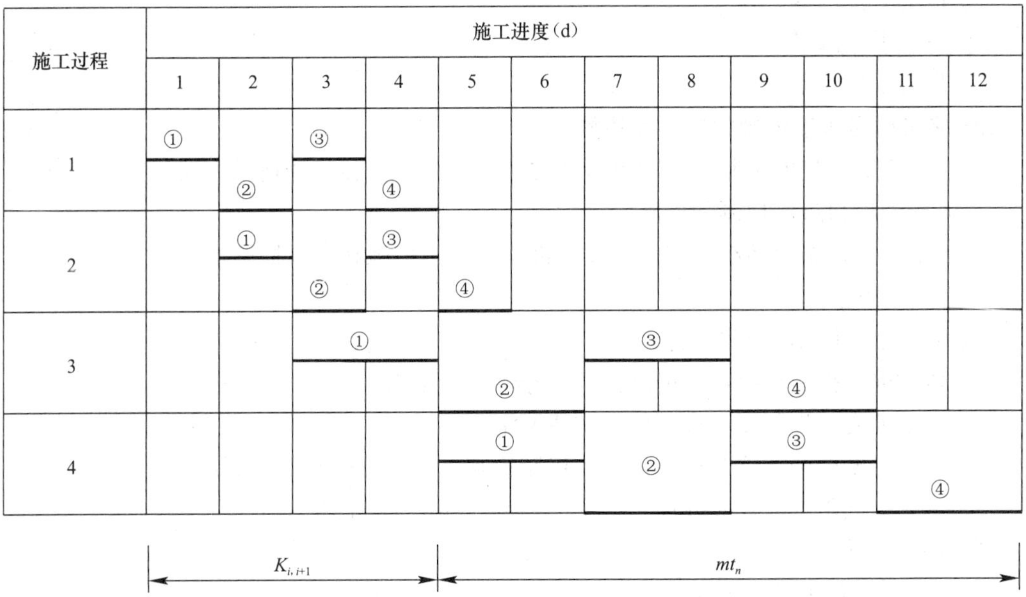

图 6-7　流水施工的横道图表示及其工期构成示意图

（2）网络图

网络图是利用箭线和编号表示工作及其相互间的逻辑关系而形成的网络，分析得出完成计划所需的最长时间，即工期，对应的线路称为关键线路，关键线路上的工作，称为关键工作。关键工作应优先保证，否则影响计划的实现。网络图分单代号和双代号两种，图 6-8为某基础工程施工的双代号网络图。

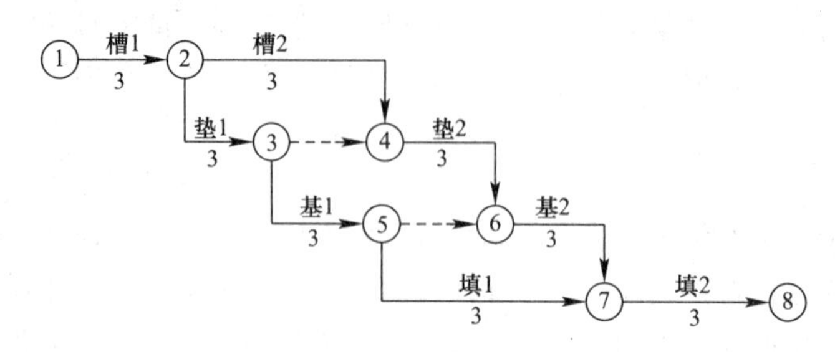

图 6-8　某基础工程施工关系图

6.3.2　施工项目进度控制

施工项目进度控制是指在既定的工期内，编制出最优的施工进度计划，在执行该计划的施工中，经常检查施工实际进度情况，并将其与计划进度相比较。如有偏差，则分析产生偏差的原因，采取补救措施或调整、修改原计划，直至工程竣工。进度控制的最终目的是确保项目施工目标的实现，施工进度控制的总目标是建设工期。

1. 影响施工项目进度的因素

① 人的干扰因素。

② 材料、机具和设备干扰因素。

③ 地基干扰因素。

④ 资金干扰因素。

⑤ 环境干扰因素。

2. 施工项目进度控制的方法和措施

（1）施工项目进度控制的方法有行政方法、经济方法和管理技术方法。

（2）施工项目进度控制的措施：

进度控制的措施包括组织措施、技术措施、经济措施和合同措施等。

1）组织措施

进度控制的组织措施主要包括：

① 建立进度控制小组，将进度控制任务落实到个人。

② 建立进度报告制度和进度信息沟通网络。

③ 建立进度协调会议、计划审核、控制检查、控制分析和调整制度。

④ 建立图纸审查、及时办理工程变更和设计变更手续的措施。

2）技术措施

进度控制的技术措施主要包括：

① 采用多级网络计划技术和其他先进适用的计划技术。

② 组织流水作业，保证作业连续、均衡、有节奏。

③ 缩短作业时间，减少技术间歇。

④ 采用电子计算机控制进度的措施。

⑤ 采用先进高效的技术和设备。

3）经济措施

进度控制的经济措施主要包括：

① 对工期缩短给予奖励。

② 对应急赶工给予优厚的赶工费。

③ 对拖延工期给予罚款、收赔偿金。

④ 提供资金、设备、材料和加工订货等供应保证措施。

⑤ 及时办理预付款及工程进度款支付手续。

⑥ 加强索赔管理。

4）合同措施

进度控制的合同措施包括：

① 加强合同管理，加强组织、指挥和协调，以保证合同进度目标的实现。

② 严格控制合同变更，对各方提出的工程变更和设计变更，经监理工程师严格审查后补进合同文件。

③ 加强风险管理，在合同中要充分考虑风险因素及其对进度的影响和处理办法等。

6.4 施工项目成本管理

6.4.1 施工项目成本管理的内容

施工项目成本管理就是要在保证工期和质量满足要求的情况下，利用组织措施、经济措施、技术措施、合同措施把成本控制在计划范围内，并进一步寻求最大程度的成本节约。施工成本管理的任务主要包括：成本预测、成本计划、成本控制、成本核算、成本分析和成本考核。

6.4.2 施工项目成本管理的措施

为了取得施工项目成本管理的理想成果，应当从多方面采取措施实施管理，通常可以将这些措施归纳为组织措施、技术措施、经济措施、合同措施 4 个方面。

1. 组织措施

组织措施是实行项目经理责任制，落实施工成本管理的组织机构和人员，明确各级施工成本管理人员的任务和职能分工、权利和责任，编制本阶段施工成本控制工作计划和详细的工作流程图等。

2. 技术措施

运用技术纠偏措施的关键，一是要能提出多个不同的技术方案，二是要对不同的技术方案进行技术经济分析。

3. 经济措施

经济措施是最易为人接受和采用的措施。通过对施工成本管理目标进行风险分析，并制定防范性对策。通过偏差原因分析和未完工程施工成本预测，可发现一些潜在的问题，及时采取预防措施。

4. 合同措施

成本管理要以合同为依据，除了参加合同谈判、修订合同条款、处理合同执行过程中的索赔问题、防止和处理好与业主和分包商之间的索赔之外，还应分析不同合同之间的相互联系和影响，对每一个合同作总体和具体分析等。

6.5 施工项目安全管理

安全生产是我国的一项基本国策，必须强制贯彻执行。同时，安全生产也是建筑企业的立身之本，关系到企业能否稳定、持续、健康地发展。总之，安全生产是建筑企业科学规范管理的重要标志。

在一个施工项目中，项目经理是安全管理工作的第一责任人，安全员是该工作的专职人员。

6.5.1 安全生产方针

建筑企业的安全生产方针经历了从“安全生产”到“安全第一、预防为主”的产生和发展过程，应强调在施工生产中要做好预防工作，尽可能将事故消灭在萌芽状态之中。

6.5.2 安全生产管理制度

安全生产管理制度是依据国家法律法规制定的，项目全体员工在生产经营活动中必须贯彻执行，同时也是企业规章制度的重要组成部分。通过建立安全生产管理制度，可以把企业员工组织起来，围绕安全目标进行生产建设。同时，我国的安全生产方针和法律法规也是通过安全生产管理制度去实现的。安全生产管理制度既有国家制定的，也有企业制定的。企业必须建立的基本制度包括：安全生产责任制、安全技术措施、安全生产培训和教育、安全生产定期检查、伤亡事故的调查和处理等制度。

6.5.3 施工安全管理体系

施工安全管理体系是项目管理体系中的一个子系统，它是根据PDCA循环模式的运行方式，以逐步提高、持续改进的思想指导企业系统地实现安全管理的既定目标。

建立施工安全管理体系，能使劳动者获得安全与健康，是体现社会经济发展和社会公正、安全、文明的基本标志。

施工安全管理体系的建立，必须适用于工程施工全过程的安全管理和控制。

施工安全管理体系文件的编制，必须符合《中华人民共和国建筑法》、《中华人民共和国安全生产法》、《建设工程安全生产管理条例》等法律、行政法规及规程的要求。

企业应加强对施工项目的安全管理、指导，帮助项目经理部建立和实施安全管理体系。

6.5.4 施工安全保证体系

施工安全管理的工作目标，主要是避免或减少一般安全事故和轻伤事故，杜绝重大、特大安全事故和伤亡事故的发生，最大限度地确保施工中劳动者的人身和财产安全。能否达到这一施工安全管理的工作目标，关键是需要安全管理和安全技术来保证。

施工安全保证体系的构成：

(1) 施工安全的组织保证体系

施工安全的组织保证体系是负责施工安全工作的组织管理系统，一般包括最高权力机构、专职管理机构的设置和专兼职安全管理人员的配备（如企业的主要负责人，专职安全管理人员，企业、项目部主管安全的管理人员以及班组长、班组安全员）。

(2) 施工安全的制度保证体系

施工安全的制度保证体系是为贯彻执行安全生产法律、法规、强制性标准、工程施工设计和安全技术措施，确保施工安全而提供制度的支持与保证体系。

(3) 施工安全的技术保证体系

为了达到施工状态安全、施工行为安全以及安全生产管理到位的安全目的，施工安全的技术保证，就是为上述安全要求提供安全技术的保证，确保在施工中准确判断其安全的可靠性，对避免出现危险状况、事态做出限制和控制规定，对施工安全保险与排险措施给予规定以及对一切施工生产给予安全保证。

施工安全技术保证由专项工程、专项技术、专项管理、专项治理 4 种类别构成，每种类别又有若干项目，每个项目都包括安全可靠性技术、安全限控技术、安全保险与排险技术和安全保护技术等。

(4) 施工安全投入保证体系

施工安全投入保证体系是确保施工安全应有与其要求相适应的人力、物力和财力投入，并发挥其投入效果的保证体系。其中，人力投入可在施工安全组织保证体系中解决，而物力和财力的投入则需要解决相应的资金问题。其资金来源为工程费用中的机械装备费、措施费（如脚手架费、环境保护费、安全文明施工费、临时设施费等）、管理费和劳动保险支出等。

(5) 施工安全信息保证体系

施工安全工作中的信息主要有文件信息、标准信息、管理信息、技术信息、安全施工状况信息及事故信息等，这些信息对于企业搞好安全施工工作具有重要的指导和参考作用。因此，企业应把这些信息作为安全施工的基础资料保存，建立起施工安全的信息保证体系，以便为施工安全工作提供有力的安全信息支持。

6.5.5 施工安全技术措施

施工安全技术措施是在施工项目生产活动中，根据工程特点、规模、结构复杂程度、工期、施工现场环境、劳动组织、施工方法、施工机械设备、变配电设施、架设工具以及各项安全防护设施等，针对施工中存在的不安全因素进行预测和分析。找出危险点，为消除和控制危险隐患，从技术和管理上采取措施加以防范，消除不安全因素，防止事故发生，确保施工项目安全施工。

1. 施工安全技术措施的编制要求

（1）施工安全技术措施在施工前必须编制好，并且经过审批后正式下达施工单位指导施工。设计和施工发生变更时，安全技术措施必须及时变更或作补充。

（2）根据不同分部分项工程的施工方法和施工工艺可能给施工带来的不安全因素，制定相应的施工安全技术措施，真正做到从技术上采取措施保证其安全实施。

（3）编制各种机械动力设备、用电设备的安全技术措施。

（4）有毒、有害、易燃、易爆等项目的作业，必须有防止可能给施工人员造成危害的安全技术措施。

（5）对有可能给施工人员及周围居民带来的不安全因素，应制定相应的施工安全技术措施。

（6）针对季节性施工的特点，必须制定相应的安全技术措施。夏季要制定防暑降温措施；雨期施工要制定防触电、防雷、防坍塌措施；冬期施工要制定防风、防火、防滑、防煤气和亚硝酸钠中毒措施。

（7）施工安全技术措施中要有施工总平面图，在图中必须对危险的油库、易燃材料库以及材料、构件的堆放位置、垂直运输设备、变电设备、搅拌站的位置等，按照施工需要和安全规程的要求明确定位，并提出具体要求。

（8）制定的施工安全技术措施必须符合国家颁发的施工安全技术法规、规范及标准。

2. 施工安全技术措施的主要内容

施工安全技术措施可按施工准备阶段和施工阶段编写。

（1）施工准备阶段安全技术措施

1）技术准备。

2）物质准备。

3）施工现场准备。

4）施工队伍准备。

（2）施工阶段安全技术措施

1）一般工程

单项工程、单位工程均有安全技术措施，分部分项工程有安全技术具体措施，施工前由技术负责人向参加施工的有关人员进行安全技术交底，并应逐级和保存“安全交底任务单”；

安全技术应与施工生产技术统一、实行标准化作业；

针对采用的新工艺、新技术、新设备、新结构制定专门的施工安全技术措施。

2）特殊工程

① 对于结构复杂、危险性大的特殊工程，应编制单项的安全技术措施。

② 安全技术措施中应注明设计依据，并附有计算、详图和文字说明。

3）拆除工程

① 详细调查拆除工程的结构特点、结构强度、电线线路、管道设施等现状，制定可靠安全技术方案。

② 拆除之前，划定危险警戒区域，设立安全围栏，禁止无关人员进入作业现场。

③ 拆除工作开始前，先切断被拆除建筑物、构筑物的电线、供水、供热、供煤气的

通道。

④ 拆除工作应自上而下顺序进行，禁止数层同时拆除，必要时要对底层或下部结构进行加固等。

3. 安全技术交底

1）项目经理部必须实行逐级安全技术交底制度。保持书面安全技术交底签字记录。

2）技术交底必须具体、明确，针对性强。

3）技术交底的内容应针对分部分项工程施工中给作业人员带来的潜在危害和存在问题。

4）应优先采用新的安全技术措施。

5）应将工程概况、施工方法、施工程序、安全技术措施等向工长、班组长进行详细交底。

6）定期向由两个以上作业队和多工种进行交叉施工的作业队伍进行书面交底。

6.5.6 施工安全教育与培训

安全生产保证体系的成功实施，有赖于施工现场全体人员的参与，需要他们具有良好的安全意识和安全知识。保证他们得到适当的教育和培训，是实现施工现场安全保证体系有效运行，达到安全生产目标的重要环节。施工现场应在项目安全保证计划中确保对员工进行教育和培训的需求，指定安全教育和培训的责任部门或责任人。

安全教育和培训要体现全面、全员、全过程的原则，覆盖施工现场的所有人员（包括分包单位人员），贯穿于从施工准备、工程施工到竣工交付的各个阶段和方面，通过动态控制，确保只有经过安全教育的人员才能上岗。施工安全教育主要内容包括：现场规章制度和遵章守纪教育、本工种岗位安全操作及班组安全制度、纪律教育和安全生产须知。

第 7 章　城市道路工程施工技术

道路是指为陆地交通运输服务，用于各种车辆和行人通行的交通设施。

道路具有交通运输、城乡骨架、公共空间、抵御灾害相发展经济的功能。

道路的功能表现为交通运输方面。它是城乡结合的骨架和公共空间；是抵御灾害的通道；还是社会发展的基础产业，是经济发展的先行设施。“要想富、先修路”已成为全社会的共识。工农业生产、商品流通、国土发展、国防建设、旅游事业等。

7.1　道路的分类及城市道路的分类

按照道路的使用任务、性质可以把道路分为公路、城市道路、厂矿道路、林区道路和乡村道路。本教材主要研究城市道路。

城市道路按其在道路系统中的地位、交通功能及服务功能规定我国城市道路划分为：快速路、主干路、次干路、支路四大类。

（1）快速路：又称城市快速交通干道，是城市交通主干道，也是与高速公路联系的通道。

（2）主干路：又称城市主干道，是城市中连接各主要分区的交通道路，以交通功能为主。

（3）次干路：是城市各组团内的主要干道，与主干路结合组成城市道路网，兼有服务功能。

（4）支路：是次干路与城市各组团的连线，解决局部区域的交通，以服务功能为主。

除快速路外，其余各类道路按城市规模，设计交通量、地形情况分为Ⅰ、Ⅱ、Ⅲ级。

7.2　道路平面、纵断面、横断面及道路交叉

道路是一个三维空间的实体，道路路线是道路中线的空间位置，主要依据设计车辆、设计车速交通量、通行能力确定道路平面、纵断面、横断面及道路交叉等的空间位置及线形要素，在实施中因严格按照设计数据进行测量、放样、施工。

7.2.1　道路平面

道路中心线在水平面的投影是平面线形，它一般由直线、圆曲线、缓和曲线三个线形组成。城市道路一般采用直线——圆曲线——直线的组合方式。

1. 直线

直线是两点间距离最短的线段，它具有线形直捷、布设方便、行车视距良好、行车平稳等优点。但直线不能适应地形变化、不便于避让障碍等缺陷，且直线过长容易使驾驶员

产生麻痹而放松警惕导致发生行车事故，夜间行车时，对向的行车灯光眩目不利于安全。因此，直线不宜设置过长，长直线上的纵坡一般应小于3%。

2. 圆曲线

圆曲线是道路平面走向改变方向时，所设置的连接两相邻直线段的圆弧形曲线。圆曲线线形布设方便，能很好地适应地形，避让障碍，与地形配合得当可获得圆滑、舒顺、美观的路线，又能降低造价，而且由于行车景观不断变化使驾驶员保持警惕，可以增加行车安全性和诱导行车视线。但切不可因迁就地形而设置半径过小的圆曲线影响行车安全。

圆曲线上的技术代号一般有：交点（JD）、直圆（ZY）、曲中（QZ）、圆直（YZ）。

圆曲线的几何要素一般有：切线长（T）、曲线长（l）、外距值（E）、校正值（J）。

圆曲线的半径应控制在最小半径和最大半径之间。

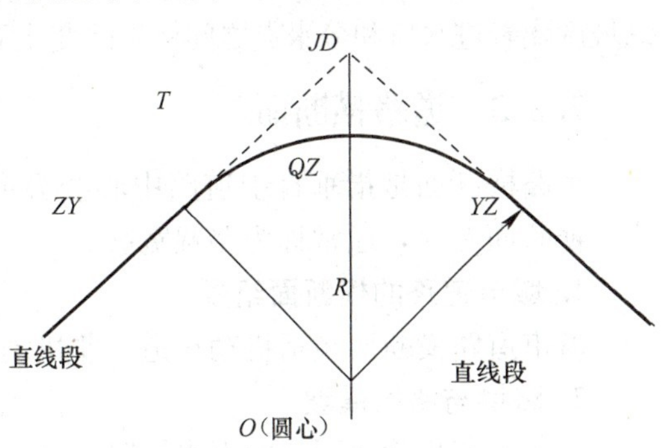

图 7-1　平曲线参数示意图

为使汽车在曲线路段顺适行驶，减缓驾驶员的紧张操作，应根据设计车速、道路转角［特别是小偏角（转角小于7°时）］控制平曲线的最小长度。

为抵消车辆在平曲线路段上行驶时所产生的离（向）心力，在该平曲线路段横断面上设置曲线超高，即设置外侧高于内侧的单向横坡，其原理是利用车身自重沿路面向内侧的水平分力抵消部分离（向）心力，以保证行车安全。

在平曲线路段上行驶的汽车车身占用路面宽度比直线路段要大，为了避免在弯道上行驶的汽车侵占相邻车道，在该平曲线路段横断面上设置曲线加宽，即该平曲线路段的宽度比标准横断面要宽一些。

3. 平面视距

为了行车安全，保证驾驶员在发现道路上的障碍、迎面来车等情况能及时采取制动或避让措施，道路平面线形（及纵断面线形）都应有足够的行车视距。平面视距包括停车视距、会车视距和超车视距。

7.2.2　道路纵断面

沿道路中心线纵向垂直剖切的立面为纵断面，它反映道路沿线起伏变化情况。道路纵断面的确定与汽车爬坡性能、地形条件、运输与工程经济等诸多方面因素有关。纵断面线形主要由纵坡和竖曲线组成。

1. 纵坡与坡长

纵坡是两点间高差 h 与两点水平距离 L 之比的百分数，用坡度值（i）表示。

一般地，i 值为正表示上坡，i 值为负表示下坡。纵坡的取值范围一般应在最大纵坡和最小纵坡之间。最大纵坡要考虑合成坡度（即超高横坡与纵坡组合而成的坡度）；最小纵坡不能满足时，一般应设置锯齿形街沟或其他综合措施，满足排水要求。

从安全、节能、行车舒适、机械磨损等因素考虑，纵坡坡长应加以限制。

2. 竖曲线

竖曲线是道路纵断面上连接两不同直线坡度段而设置的连接两相邻直线段的竖向圆弧形曲线。竖曲线半径不宜太小，否则影响驾驶员观察变坡前方的视线，影响行车安全。

3. 锯齿形街沟

所谓锯齿形街沟，即在保持侧石顶面线与道路中心线总体平行的条件下，交替地改变侧石顶面线与平石（或路面）之间的高度，在最低处设置雨水进水口，并使进水口处的路面横坡度放大，在雨水口之间的分水点处标高最高，该处的横坡度便最小，使车行道两侧平石的纵坡度随着进水口和分水点之间标高的变化而变化。通常用于道路纵坡较小的城市道路中。

7.2.3 道路横断面

道路横断面是指垂直于道路中心线方向的断面，它是由横断面设计线与地面线所围成。横断面宽度，通常称为路幅宽度。

1. 城市道路的横断面组成

城市道路横断面包括机动车道、非机动车道、人行道、绿化带、分隔带等。

2. 路拱与路拱横坡

为了迅速排除路面上的雨水，路面表面做成中间高两边低的拱形，称之为路拱。

人行道、行车道在道路横向单位长度内升高或降低的数值，也称为道路横坡。路拱横坡的基本形式有抛物线形、直线形、曲线直线组合形、折线形四种，横坡一般在1.5%～2.0%。

3. 横断面的基本布置形式

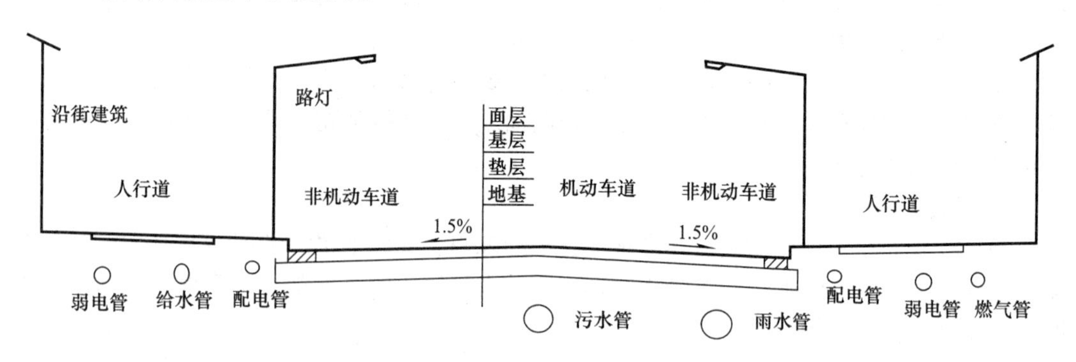

图 7-2 市政道路一块板结构示意图

道路横断面布置应满足机动车、非机动车和行人通行需要。城市道路通常采用侧石和绿化带将人行道、车行道布置在不同高度上，做到人车分流，防止互相干扰。常采用混合行驶、对向分流、车种分流等几种不同的交通组织要求来布设断面。行车道断面有单幅路、双幅路、三幅路、四幅路四种基本形式。

（1）单幅路：又称“一块板”。道路上所有行驶车辆在同一幅车道混合行驶。这种断面形式对对向行驶车辆之间、机动车与非机动车之间干扰大，行车速度低。但造价低、用地省、起伏小、行人过街方便。适用于城市道路交通量不大的次干路、支路，商业街、旅游道路等，见图 7-2。

（2）双幅路：又称“二块板”。利用中间分隔带把行车道一分为二，使对向行驶车辆分开行驶，形成对向分流的断面形式，有效地避免了对向行车的相互干扰。而机动车与非机动车仍为混合行驶，相互影响较大。

(3) 三幅路：又称“三板块”。用两条分隔带把行车道分成三部分，中间为双向行驶的机动车道，两边为单向行驶的非机动车道，形成车种分流的断面形式。这种断面的缺点是路面宽，占地面积较大，费用较高；优点是较好解决了机动车与非机动车之间相互干扰的问题，各类车辆行车速度快、通行效率高，且便于绿化、照明、杆线、地下管线的布置，是城市道路规划、设计优先考虑使用的断面。

(4) 四幅路：也称“四块板”。在三块板断面形式的基础上，再设中央分隔带把对向行驶的机动车分开，实现了车种分流、对向分流，是一种完全分道行驶的最理想的断面形式。但道路占地面积大，工程费用高。这种断面主要用于城市道路的快速干道上。

7.2.4 道路交叉

道路与道路（或与铁路）的相交处称为交叉口（道口）。由于相交道路上车辆和行人之间相互干扰，且易发生交通事故。因此须合理设置。交叉口根据相交道路交汇时的标高情况，分为两类，即平面交叉和立体交叉。

1. 平面交叉

平面交叉的形式取决于道路规划、相交道路的等级、交通量的大小和交通组织特点、交叉口地形与用地等。按交汇于交叉口相交道路的条数分为三路交叉、四路交叉、多路交叉。其中常见的平面交叉口的形式有十字形、X字形、T字形、错位交叉、Y字形、多路复合交叉等。

2. 立体交叉

立体交叉是指相交道路在不同高度上的交叉。这种交叉使各条相汇道路车流互不干扰，并可保持原有车速通过交叉口，既能保证行车安全，也大大提高了道路通过能力。

(1) 按交叉道路相对位置与结构类型分为上跨式和下穿式的立体交叉；

(2) 按交通功能与有无匝道连接上下层道路分为互通式和分离式两种。

① 分离式立体交叉：上下层车道不设匝道连接，常用于道路与铁路相交处，高速公路和快速干道与各级道路相交处。

② 互通式立体交叉：上下层车道用各种形式的匝道连接。互通式立体交叉以苜蓿叶形式最为典型，这种立交叉口的四个象限内都设有内、外环匝道，供上下层车辆行驶互换车道，是完全互通的定向立体交叉。此外还有二相匝道，三相匝道的不完全苜蓿叶形的部分互通式立体交叉。

城市道路与各种管线（电力线，电信线，电缆，管道等）与道路相交时，均不得侵入道路限界。不得妨碍道路交通安全，不得损害道路构造物，不得影响道路设施的使用。

7.3 路基基本知识

7.3.1 路基的基本类型及要求

1. 路基的基本类型

主要有路堤（填方路基）、路堑（挖方路基）、半填半挖路基、不填不挖路基四种。

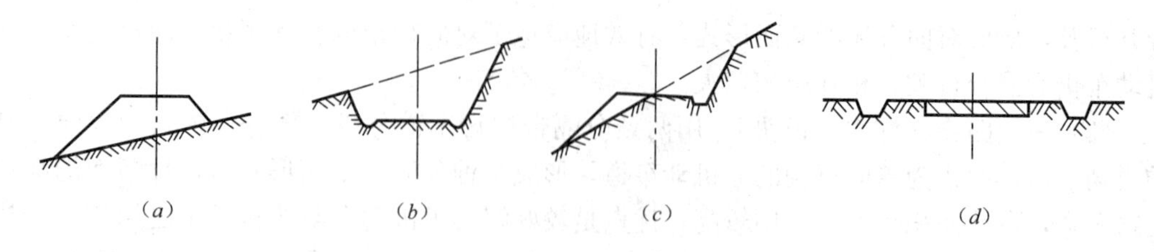

图 7-3　路基横断面图

(a) 路堤；(b) 路堑；(c) 半填半挖路基；(d) 不填不挖路基

2. 对路基的基本要求

路基必须满足的基本要求包括路基必须具有足够的强度、足够的水稳定性、足够的整体稳定性，季节性冰冻地区还需要具有足够的冰冻稳定性。

(1) 具有足够的强度

路基除与路面共同承受交通荷载外，又是路面结构物的基础。道路上的交通荷载，通过路面传递给路基，加上路基、路面的自重，路基会产生一定变形。因此，要求路基应具有一定的强度和抗变形能力。在我国的路基设计方法中，路基的强度指标以回弹模量或路床的 *CBR* 值表示。

(2) 具有足够的水稳定性

路基不仅承受交通荷载的作用，同时还受到水文、气候条件影响，使路基强度降低，产生过量的变形。因此，要求路基应具有足够的水稳性。

(3) 具有足够的整体稳定性

路基的整体稳定性是指路基整体在车辆及自然因素作用下，产生不允许的变形和破坏。由于修建路基改变了原地面的天然平衡状态，必须因地制宜地采取一定的措施来保证路基整体结构的稳定性。

(4) 具有足够的冰冻稳定性

季节性冰冻地区的路基，不仅受到交通荷载的作用，同时受到季节性的冰冻作用，使路基出现周期性的冻融状态，可能引发冻胀病害的发生。因此，对季节性冰冻地区的路基，除具有足够的强度外，还要求具有足够的冰冻稳定性。

7.3.2　路基土性质及路基稳定性

道路路基是一种线形结构物，具有路线长与大自然接触面广的特点，影响其稳定性的主要因素有地形、气候、水文与水文地质、土的类别、地质条件、植物覆盖等自然因素和荷载作用、路基结构、施工方法、养护措施等人为因素。

1. 路基土的分类

世界各国公路用土的分类方法虽然不尽相同，但是分类的依据大致相近，一般都根据土颗粒的粒径组成、土颗粒的矿物成分或其余物质的含量、土的塑性指标区分为巨粒土、粗粒土、细粒土和特殊土四大类、十一种土。土的颗粒组成特征用不同粒径粒组在土中的百分含量表示。

(1) 巨粒土包括漂石（块石）和卵石（块石），有很高的强度和稳定性，用以填筑路基是良好的材料。亦可用于砌筑边坡。

(2) 级配良好的砾石混合料，密实程度好，强度和稳定性均能满足要求。

(3) 砂土无塑性，透水性强，毛细上升高度小，具有较大的内摩擦系数，强度和水稳定性均好，但砂土粘结性小，易于松散，压实困难。

(4) 砂性土含一定数量粗颗粒和黏土颗粒，遇水不膨胀，干得快，干燥时有足够粘结力，扬尘少。砂性土路基容易压实，易构成平整表面，是良好的筑路材料。

(5) 粉性土含有较多的粉土颗粒，干时虽有黏性，但易于破碎，浸水时容易成为流动状态。粉性土属于不良的道路用土，必须用时则应采取排水、隔离水等措施。

(6) 黏性土中细颗粒含量多，土的内摩擦系数小而黏聚力大，透水性小而吸水能力强，毛细现象显著，有较大的可塑性。

(7) 重黏土工程性质与黏性土相似，但含黏土矿物成分不同时，性质有很大差别。

一般地，砂性土最优，黏性土次之，粉性土属不良材料，最容易引起路基病害，重黏土，特别是蒙脱土也是不良的路基土。

2. 路基的干湿类型与划分

路基的强度和稳定性受路基的湿度状况影响很大，在进行路基设计时要对路基的湿度状况进行分析和评价。

(1) 路基干湿类型

路基按其干湿状态不同分为干燥、中湿、潮湿和过湿四类。土基处于干燥状态时承载力高，而处于潮湿和过湿状态的路基承载力低。为了保证路基路面结构的稳定性，一般要求路基处于干燥或中湿状态。

(2) 路基干湿类型划分方法

根据我国沥青路面设计规范规定，路基的干湿类型可以用实测不利季节路床表面以下800mm深度内土的平均稠度进行划分。对于新建道路，路基尚未建成，无法按上述方法现场勘查路基的湿度状况，可以用路基临界高度作为判别标准。

3. 土路基的力学特性

土路基的力学强度指标取决于所采用的地基模型。目前采用的模型主要是弹性半空间体地基模型和文克勒地基模型两种。前者采用反映土基应力应变特征的弹性模量 E 和泊松比 μ 作为土基的刚度指标；后者用地基反应模量 K 表征土基受力后的变形性质。此外，尚有用于表征土基承载力的参数指标和进行路面结构设计的指标加州承载比（CBR）等。

(1) 土基回弹模量：以回弹模量表征土基的荷载变形特征可以反映土基在瞬时荷载作用下的可恢复变形性质。对于各种以弹性半空间体模型来表征土基特性的设计方法，无论是沥青路面还是水泥混凝土路面都以回弹模量作为土基的强度和刚度指标。

(2) 地基反应模量：用文克勒（E. Winkler）地基模型描述土基工作状态时，用地基反应模量 K 表征土基的承载力。根据文克勒地基假定，土基顶面任一点的弯沉 l，仅同作用于该点的垂直压力 P 成正比。压力 P 与弯沉 l 之比称为地基反应模量 K。

(3) 加州承载比（CBR）：加州承载比是一种评定土基及路面材料承载能力的指标。承载能力以材料抵抗局部荷载压入变形的能力表征，并采用标准碎石为标准，以它们的相对比值表示 CBR 值。CBR 试验设备有室内试验与室外试验两种。

7.3.3　路基的常见病害及防治措施

1. 路基的常见病害

包括路堤变形和路堑变形。

（1）路堤变形主要有：沉陷、溜方、滑坡、路堤下滑、路堤塌散等。

（2）路堑变形主要有：边坡的溜方和滑坡、碎落和崩塌等。

2. 路基的常见病害产生的原因

路基土体整体或一部分不稳定、路基以下的地基土不稳定、重复的行车荷载作用、填土方法不正确或压实不足、自然因素的作用。

3. 路基病害的防治措施

（1）设计方面：路基高、排水顺、边坡稳；必要时隔、滤、防。

（2）施工方面：土质好、压得实；必要时对路基上层填土作稳定处理。

7.3.4　路基防护

1. 路基防护简介

岩土路基暴露于大气中，长期受自然因素的作用，其物理、力学性质将发生劣化，影响路基的稳定性。为保证交通安全和环境协调，必须做好路基防护。路基防护主要包括防护与支挡、支挡建筑、湿软地基的加固等。

2. 坡面防护

坡面防护主要是保护路基边坡表面免受雨水冲刷，减缓温差及湿度变化的影响，防止和延缓软弱岩土表面的风化、碎裂、剥蚀演变进程，从而保护路基边坡的整体稳定性。

简易防护的边坡高度与坡度不宜过大，土质边坡坡度一般不陡于1∶1～1∶1.5。地面水的径流速度以不超过2.0m/s为宜，水亦不宜集中汇流。坡面防护主要类型有：

（1）植物防护

植物防护适用于比较平缓的稳定土质边坡，可美化路容，起到固结和稳定边坡的作用。不同的植被还可起到交通诱导、防眩、吸尘和隔声的作用。植物防护的方法有植被防护、三维植被网防护、湿法喷播、客土喷播及骨架植物防护等措施。

（2）圬工防护

圬工防护适用于以石质路堑边坡为主的边坡，常用的有喷护、锚杆挂网喷浆、石砌护坡、抹面墙等。

（3）砌石防护

为防止雨水、雪水或河水冲刷、侵蚀，填方边坡、沿河路堤边坡可采用干砌和浆砌两种砌石。

7.4　路基施工技术

7.4.1　路基施工的准备工作

施工单位的施工准备工作千头万绪，涉及面广，必须有计划、按步骤、分阶段进行，力争在较短的时间内为工程的开工创造必要的条件。准备工作的基本任务是了解施工的客观条件，根据工程的特点、进度要求，合理安排施工力量，从人力、物资、技术和施工组织等方面为工程施工创造一切必要条件。

（1）组织准备

① 建立健全施工组织机构：即项目经理全面负责的目标责任制。

② 组建施工队伍：根据工程量、工期要求等编制总进度计划，并估算出总用工量，以及工期进度要求的各技术工种、机械操作工种、普通工种等用工量，组织施工队伍并进行适当的培训，以满足工程施工的要求。

（2）物质准备

1）机械及工具准备：根据工程需要、工程量大小及施工进度，配套选择足够数量且有效的施工机械设备及工具机械设备。

2）材料准备

① 编好材料预算，提出材料的需用量计划及加工计划。

② 根据施工平面图安排，落实材料的堆放和临时仓库设施。

③ 组织材料分批进场。当场地狭小时，要考虑场地的多次周转使用。

④ 组织材料的加工准备，尽可能的集中加工。

3）安全防护准备：按照施工安全要求，切实做好防火、防爆工作，准备好各种安全防护和劳动防护用品，并要求全体人员严格遵守安全操作规程进行施工。

（3）技术准备

① 熟悉设计文件；

② 编制施工方案、施工进度图、概预算控制文件等，进行施工组织设计；

③ 技术交底；

④ 施工测量（包括：导线复测、水准点复测与加密、中线放样和路基放样）。

（4）场地准备

一般由建设单位（业主）完成用地划界及拆迁建筑物、办理占用土地手续等，施工单位应做的主要准备工作包括：

① 砍树清表：在路基施工范围内，对妨碍视线、影响行车的树木、灌木丛，均应在施工前进行砍伐或移植清理、挖除树根、坑穴填平夯实；

② 挖沟排水：通常是根据现场情况，设置纵横排水沟，形成通畅的排水系统。所开的排水沟应按所设计的路基排水系统布置。

（5）铺筑试验路

一般对路堤，包括填石路堤、土石路堤、特殊地段路堤、特殊填料路堤、拟采用新技术、新工艺、新材料的路堤都应铺筑试验路。试验路段应选择在地质条件、断面形式等工程特点具有代表性的地段，路段长度不宜小于100m。

路堤试验路段应包括以下内容：

① 填料试验、检测报告等；

② 压实工艺主要参数：机械组合；压实机械规格、松铺厚度、碾压遍数、碾压速度；最佳含水量及碾压时含水量允许偏差等；

③ 过程质量控制方法、指标；

④ 质量评价指标、标准；

⑤ 优化后的施工组织方案及工艺；

⑥ 原始记录、过程记录；

⑦ 对施工设计图的修改建议等。

（6）临时工程

为了维护施工期间的场内外交通，必须在开工前做到“四通一平”，通水、通电、通临时道路及电信设备，并应保持行驶安全；在施工过程中，如需阻断原有道路的交通时，应事先设置便道、便桥和必要的行车标志及灯光，以保证交通不受阻碍。完工时，应恢复受施工干扰的旧路与其他场地，并做好新旧路的连接工程。

7.4.2 填方路基施工技术

1. 基底处理

路堤一般都是在天然地基上利用当地土石做填料、按一定方案在原地面上填筑起来的。为保证路堤具有足够的强度和稳定性，必须严格控制基底的处理质量。

若原基底为平面或坡面坡度小于 1∶5 时，只需清除表面上树、草杂物或耕质土后，将翻松的表层压实后即可保证坡面的稳定。

当路基稳定受到地下水影响时，应予拦截或排除，引地下水至路堤基础范围之外再进行填方压实。

2. 填料选择

填方路基应优先选用级配较好的砾类土、砂类土等粗粒土作为填料，填料最大粒径应小于 150mm。

填石的填料粒径应不大于 500mm，并不宜超过层厚的 2/3。路床底面以下 400mm 范围内，填料粒径应小于 150mm。

3. 土质路堤的填筑

路堤基本填筑方案有分层填筑法、竖向填筑法和混合填筑法三种，见图 7-4。

① 分层填筑法：路堤填筑必须考虑不同的土质，从原地面逐层填起并分层压实，每层填土的厚度应符合设计或规范规定。分层填筑法又可分为水平分层填筑法和纵向分层填筑法两种。

② 竖向填筑法：在深谷陡坡地段填筑路堤，无法自下而上分层填筑，可采用竖向填筑法。竖向填筑是指从路堤的一端或两端按横断面全部高度，逐步推进填筑。竖向填筑因填土地过厚不易压实，施工时需采取下列措施：选用振动式或夯击式压实机械；选用沉陷量较小及粒径均匀的砂石材料；暂不铺筑较高级的路面，容许短期内自然沉落。

③ 混合填筑法：在深谷陡坡地段填筑路堤，尽量采用混合填筑法，即在路堤下层竖向填筑，上层水平分层填筑，使上部填土经分层压实获得需要的压实度。

基本要求详见“实务部分”有关章节。

4. 土质路堤压实

土基的压实程度对路基的强度和稳定性影响极大。因此，土基的压实是路基施工极其重要的环节，是保证路基质量的关键。

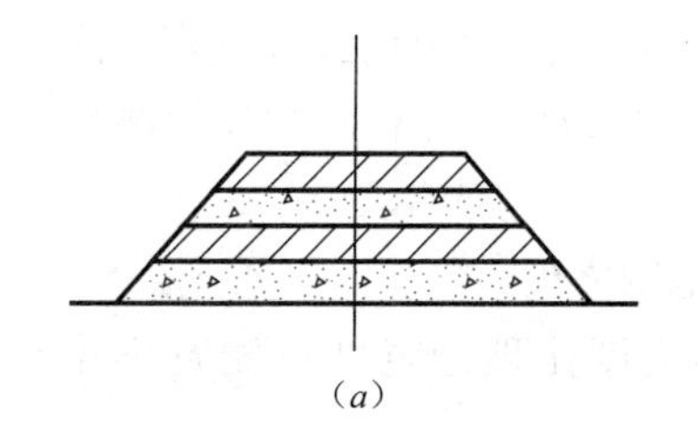

(*a*)

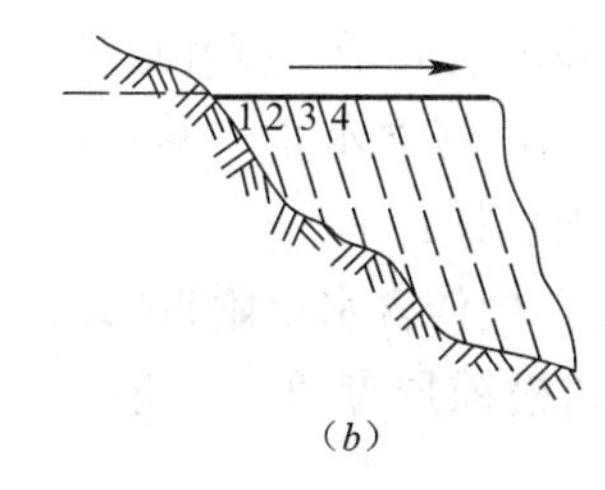

(*b*)

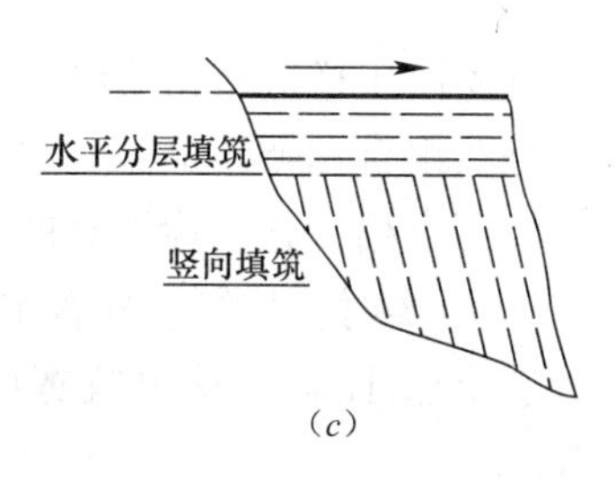

(*c*)

图 7-4　路基混合填筑方式

(*a*) 水平填筑方案；(*b*) 竖向填筑方案；(*c*) 混合填筑方案

(1) 影响路基压实的主要因素

① 含水量

在一定击实做功条件下得到的土样干密度与其含水量大小有关，通过标准击实试验（图 7-5），可得出干密度与含水量的关系曲线，曲线的最高点对应的干密度最，称为最大干密度，与之相对应的含水量称为最佳含水量。如能控制工地含水量为最佳含水量，就能获得最好的压实效果，使路基强度和稳定性最好。

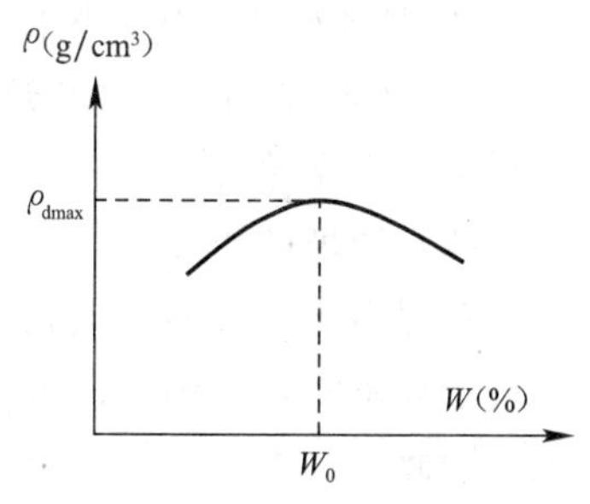

图 7-5　击实试验曲线

② 土质

不同的十质，其压实效果不同。因此不同的土质具有不同的最佳含水量及最大干密度。

③ 压实功

土的压实效果与压实工具的类型、质量、速度和碾压次数有关。压实工具质量越大，速度越慢和压实次数越多，单位体积压实功就越大，压实度就越大。

(2) 路基压实标准

路基压实标准通常用压实度来表征。土的压实度是现场压实后土的干密度与室内用压实标准仪测定的土的最大干密度的比值百分数。

城市道路通常采用重型击式和轻型击式两种标准。

(3) 选用压实机械

根据工程施工的要求，正确地选择压路机种类、规格、压实作业参数及运行路线是保证压实品质和压实效率的前提条件。

压实机械通常可分为静碾型、振碾型和夯实型，各有其适用场合。

常有压实机械适应的松铺厚度如表 7-1。

压实机具及压实厚度表　　　　**表 7-1**

压实机械	羊足碾（6～8t）	振动压路机（10～12t）	压路机（8～12t）	压路机（12～15t）
压实厚度（m）	≤0.50	≤0.40	0.20～0.25	0.25～0.35

(4) 路基的压实施工

在路基压实过程中，应遵循“先轻后重、先慢后快、先边后中、先低后高、注意重叠”的原则。

首先取土样进行击实试验以确定最大干密度和最佳含水量，然后做试验段选定压实机具类型及组合和碾压遍数，再上土，测含水量，碾压，最后按规定频率和点数检测压实度，直到合格为止。应注意的事项包括：

① 压实时，控制土样含水量在最佳含水量附近±2%范围之内；

② 严格控制路基填筑宽度和松铺层厚度；一般实际宽度比理论宽度每侧宽不小于350cm；

③ 碾压分初压、复压和终压。碾压时，相邻碾压轮应相互重叠20～30cm；

④ 正确选择压路机的运行路线，确保压实的均匀度；

⑤ 遇到死角或作业场地狭小的地段，应换用机动性好的小型压实机械予以压实；

⑥ 保证当天铺筑，当天压实。每班作业结束后，做好路基排水；压路机应停放在硬实平坦的安全路段。

（5）边坡的压实

路堤填土的坡面应该充分压实，而且要符合设计截面。如果边坡面层和路堤整体相比压得不够密实，下雨时，由于表层流水的洗刷和渗透，而发生滑坡、崩溃和路侧下沉等现象。因此，边坡亦必须给予充分压实，不可忽视。

边坡面施工有削土坡面施工和堆土坡面施工两种方法。

① 削土坡面施工：路堤堆土要加宽，经正常的填土碾压后，再将坡面没有压实的土铲除后修整坡面，用液压挖掘机对坡面进行整形。

② 堆土坡面施工，系采用碾压坡面的方法。碾压机械可用振动压路机、推土机或挖掘机等。坡面的坡度在1∶1.8左右时，要先粗拉线放坡，用自重3t以上的拖式振动压路机，从填土的底部向上滚动振动压实。为防止土壤塌落，压路机下行时不要振动。压路机的上下运动，用装在推土机后的卷扬机来操纵。

（6）台背回填的压实

桥梁、箱形涵洞等构筑物和填土相连接部分，一般在行车后，连接部发生不同沉陷，使路面产生高差导致损坏，影响正常交通。因此台背回填的压实工作必须认真做好。

台背回填用土选用透水性好、易压实、压缩性小的材料。

5. 填石路堤的填筑

填石路堤的填筑方式有逐层填筑压实和倾填（含抛填）两种。抛填又可分为石块从岩面爆破后直接散落在准备填筑的路堤内，或用推土机将爆破后的石块以及用自卸汽车从远处运来的爆破石块推入路堤两种情况。填石路堤填筑应先修筑试验路段，然后应分层填筑压实，压实机械宜选用自重不小于18t的振动压路机。详细规定见“实务部分”相关章节。

6. 路堤预留沉降量

路堤填方的沉降与施工碾压质量、填土高度、填料土质等因素有关。在正常情况下可按堤高的1%～3%预留量进行路基设计标高放样，同时计算路基放样宽度时，在考虑了沉降损失后，还应根据经验略有放宽，以满足沉降后路基的设计宽度和日后修理边坡要求。施工期间要加强沉降量观测；施工加强质量管理，边坡要夯密实，尽早密铺草皮及其他必要的防护。

7.4.3 挖方路基施工技术

1. 挖方路基施工特点

由于挖方路堑是由天然地层构成的，天然地层在生成和演变的长期过程中，一般具有复杂的地质结构。处于地壳表层的挖方路堑边坡施工中受到自然和人为因素，包括水文、地质、气候、地貌、设计与施工方案等的影响，比路堤边坡更容易发生变形和破坏。

工程实践证明，路基出现的病害大多发生在路堑挖方地段上，诸如滑坡、崩坍、落石、路基翻浆等。路基大断面的开挖施工，破坏了原有山体的平衡，施工方案选择不合理，边坡太陡，废方堆弃太近，草皮栽种、护面铺砌及挡土墙施工不及时，排水不良等都会引起路堑边坡失稳、滑坍，严重时影响整个工程进度。施工人员应从设计图纸会审、施工方案选择、现场地质水文调查多方面把关，切实搞好挖方路基施工。

2. 土质路堑施工

（1）施工方法

路堑开挖施工，除需考虑当地的地形条件、采用的机具等因素外，还需考虑土层的分布。在路堑开挖前，应做好现场伐树除根清理和排水工作。路堑的开挖方法根据路堑高度、纵向长短及现场施工条件，可采用横向挖掘法、纵向挖掘法、混合式挖掘法三种方法。

① 横向挖掘法：包括单层横向全宽挖掘法和多层横向全宽挖掘法。

② 纵向挖掘法：包括分层纵挖法、通道纵挖法、分段纵挖法。

③ 混合式挖掘法：当路线纵向长度和挖深都很大时，为扩大工作面，可将多层横挖法和通道纵挖法综合使用。先沿路堑纵向挖通道，然后沿横向坡面挖掘，以增加开挖坡面。每一坡面的大小应能容纳一个施工小组或一台机械作业。

（2）注意事项

深挖掘中特别需要注意的问题是保证施工过程或竣工后的有效排水。一般应先开挖排水沟槽，并要求与永久性构造物相结合，并设法排除一切可能影响边坡稳定的地面水和地下水，为此，路堑开挖作业时应注意以下几点：

① 不论采取何种开挖方法，均应保证施工中及竣工后的有效排水，确保施工作业面不积水。开挖路堑时，在路堑的线路方向保持一定的纵坡度，以利排水和提高运输效率。

② 开挖时应按照横断面自上而下，依照设计边坡逐层进行，防止因开挖不当而引起边坡失稳崩塌。当开挖至零填、路堑路床部分后，应尽快进行路床施工，如不能及时进行，宜在设计路床顶标高以上预留至少300mm厚的保护层。

③ 开挖过程中，应采取措施保证边坡稳定。开挖至边坡线前，应预留一定宽度，预留的宽度应保证刷坡过程中设计边坡线外的土层不受扰动。

④ 路堑弃土应及时运出现场。如现场堆放应按要求整齐地堆在路基一侧或两侧或弃土堆内侧坡脚（靠路堑一侧），至路堑边坡顶端距离不得小于规定限度。

⑤ 弃土运往他处时，挖掘工作面的运输散落土料要及时清除，尤其是每个工作日作业结束时，更要注意及时用推土机将散落土清除干净，以防土遇雨积水，造成滑坡损害，以至于发生滑塌事故。

⑥ 松软土地带或其他不符合要求的土质地段，要采取各种稳定处理措施，并注意地

下水的上升情况，根据需要设置排水盲沟等。

3. 石质路堑施工

石质路堑是道路通过山区与丘陵地区的一种常见路基形式，由于是开挖建造，结构物的整体稳定是路堑设计、施工的中心问题。

路基边坡的形状，一般可分为直线、折线和台阶形三种。当挖方边坡较高时，可根据不同的土质、岩石性质和稳定要求开挖成折线式或台阶式边坡，边沟外侧应设置碎落台，其宽度不宜小于1.0m；台阶式边坡中部应设置边坡平台，边坡平台的宽度不宜小于2m。

边坡坡顶、坡面、坡脚和边坡中部平台应设置地表排水系统，当边坡有积水湿地、地下水渗出或地下水露头时，应根据实际情况设置地下渗沟、边坡渗沟或仰斜式排水孔，或在上游沿垂直地下水流向设置拦截地下水的排水隧洞等排导设施。

根据边坡稳定情况和周围环境确定边坡坡面防护形式，边坡防护应采取工程防护与植物防护相结合，稳定性差的边坡应设置综合支挡工程。条件许可时，宜优先采用有利于生态环境保护的防护措施。

当土质挖方边坡高度超过20m、岩石挖方边坡高度超过30m以及不良地质地段路堑边坡，应按有关规定，进行路基高边坡个别处理设计。

对于岩土的破碎开挖，主要采用两种方法：一是松土机械作业法，二是爆破作业法。

松土机械作业法是利用大型、整体式松土器，耙松岩土后由铲运机械装运。

爆破作业法：是利用炸药爆炸时所产生的热和高压，使岩石或周围的介质受到破坏或移位。其特点是施工进度快，并可减轻繁重的体力劳动，提高劳动生产率。但这种方法，毕竟是一种带有危险性的作业，需要有充分的爆破知识和必要的安全措施。

7.4.4 软弱路基施工技术

在软弱地基上修筑道路，软土地基处理恰当与否也关系到整个工程质量、投资。因此道路修建于软土地基时，无论是设计还是施工均必须给予充分的重视。

1. 垫层与浅层地基处理

垫层与浅层处治的目的是增加地基强度，防止地基产生局部变形。当软土层厚小于3m且软土层在表层时，可采用垫层或用生石灰等浅层拌合、换填、抛石等方法进行浅层处理。

（1）垫层

在软土地基上修筑路堤，其下均宜设置透水性垫层，以排除地基中的孔隙水。最常用的透水性垫层是砂垫层，垫层厚度以50cm为宜，宽度为路堤底宽并在两侧各增加500～1000mm。垫层材料宜采用洁净的中、粗砂，含泥量不大于5%。也可采用天然级配砂砾，最大粒径不宜大于5cm。施工时应分层摊铺，分层洒水碾压，每层压实厚度宜为15～20cm。

（2）浅层地基处理

① 浅层换填

根据处治的目的可将路堤内的软土层挖去，换填好土或局部挖除换填。换填料应选用水稳性或透水性好的材料，回填应分层摊铺、分层碾压，每层的压实度应满足设计或《公路路基设计规范》JTG D 30—2004和《公路路基施工技术规范》JTG F10—2006的要求。

② 浅层拌合稳定剂

该方法是用稳定材料，如生石灰、消石灰、水泥、石灰粉煤灰或其他固化剂掺入软弱的表层软土层中，就地拌合、压实以改善地基的压缩性和软土地基的强度。施工时，应通过室内试验确定施工配合比。其主要工序包括：摊铺→拌合→压实→养生等。处治稳定层的强度可采用7d龄期抗压强度或*CBR*值，其中任何一个达到规定的要求即可。

2. 反压护道法

（1）反压护道法主要是当路堤在施工过程中，达不到要求的稳定安全系数时，用主路堤两侧的护道反压以达到路堤稳定的目的。可在路堤的两侧或一侧设置反压护道。

（2）反压护道的高度宜为路堤高度的1/2，宽度应通过稳定性验算确定，且应满足路堤施工后沉降的要求。反压护道所用的填筑材料应符合路堤填料的要求。

（3）反压护道施工应与路堤同时填筑，分开填筑时，必须在路堤达到临界高度前将反压护道填筑好。

3. 土工合成材料处理

土工合成材料具有加筋、防护、过滤、排水、隔离等功能，利用土工合成材料的抗拉抗剪强度好，改善施工机械的作业条件，均匀支承路堤荷载，减小地基的沉降和侧向位移，提高地基的承载力。土工合成材料的种类有：土工网、土工格栅、土工模袋、土工织物、土工复合排水材料、土工垫等。

（1）材料要求

土工合成材料技术、质量指标应满足设计要求。材料的存放及铺设过程中应避免长时间暴露或暴晒。与土工合成材料直接接触的填料中严禁含强酸、强碱性物质。

（2）施工要求

① 土工合成材料在铺设时，应将强度高的方向置于垂直于路堤轴线方向。土工合成材料之间的连接应牢固，在受力方向连接处的强度不得低于材料设计抗拉强度，且其叠合长度不应小于15cm。

② 土工合成材料的铺设不允许有褶皱，应用人工拉紧，必要时可采用插针等措施固定土工合成材料于填土层表面。铺设土工合成材料的土层表面应平整，表面严禁有碎、块石等坚硬凸出物。在距土工合成材料层8cm以内的路堤填料，其最大粒径不得大于6cm。

③ 土工合成材料摊铺以后应及时填筑填料，以避免其受到阳光过长时间的直接暴晒，一般情况下，间隔时间不应超过48h。填料应分层摊铺、分层碾压，所选填料及其压实度应达到设计或相关规范规定的要求。

④ 铺设土工合成材料，应在路堤每边各留一定长度，回折覆裹在已压实的填筑层面上，折回外露部分应用土覆盖。

⑤ 对于软土地基，应采用后卸式卡车沿加筋材料两侧边缘倾卸填料，以形成运土的交通便道，并将土工合成材料张紧。填料不允许直接卸在土工合成材料上面，必须卸在已摊铺完毕的土面上；卸土高度以不大于1m为宜，以免造成局部承载能力不足。卸土后应立即摊铺，以免出现局部下陷。

⑥ 土工合成材料的连接，采用搭接时，搭接长度宜为300～600mm；采用缝接时，缝接宽度应不小于50mm，缝接强度应不低于土工合成材料的抗拉强度。

4. 塑料排水板

塑料排水板是由芯板和滤膜组成的复合体，或由单一材料制成的多孔管无滤套板带。

（1）材料要求

① 芯板：是由聚乙烯或聚丙烯加工而成两面有间隔沟槽的板条，土层中孔隙水通过滤膜渗入到沟槽内，并沿着沟槽竖向排入地面的砂垫脚石层内。应具有足够的抗拉强度和垂直排水能力，其抗拉强度不应小于 130N/cm。芯板应具有耐腐性和足够的柔性，保证塑料排水板在地下的耐久性并在主体固结变形时不会被折断或破裂。

② 滤套：一般由非纺织物制成，具有一定的隔离土颗粒和渗透功能，且应等效于 0.025mm 孔隙，其最小自由透水表面积宜为 $1500cm^2/m$，渗透系数应不小于 $5\times10^{-3}mm/s$。

（2）施工机械

主要机具是插板机，也可与袋装砂井机具共用，但应将圆形套管换成矩形套管。

（3）施工工艺

塑料排水板的施工工艺流程：整平原地面→摊铺下层砂垫层→机具就位→塑料排水板穿靴→插入套管→拉出套管→割断塑料排水板→机具移位→摊铺上层砂垫层。

5. 碎石桩

碎石桩是用碎石做填料并依靠振动沉管机、水振冲器等挤压软土层形成桩体。碎石桩与桩间的软土形成复合地基，起到加固、置换作用，提高地基承载能力，减少沉降。

填料宜为 19～63mm 粒径未风化的砾石或碎石，含泥量小于 10%。

（1）成桩试验

施工前应按规定做成桩试验，记录冲孔、清孔、成桩时间和深度、冲水量、水压、压入碎石量及电流的变化等，作为碎石桩施工的控制指标。

（2）施工机械

主要机具是振冲器、吊机或施工专用平车和水泵。

① 选择振冲器型号应考虑桩径、桩长及加固工程离周围建筑物的距离。

② 配备的供水设备，出口水压应为 400～600kPa，流量 $20\sim30m^3/h$。起重机械起吊能力应大于 100～200kN。

（3）施工工艺

碎石桩的施工工艺流程：整平原地面→振冲器就位对中→成孔→清孔→加料振密→关机停水→振冲器移位。

6. 加固土桩

加固土桩是用专用机械将软土地基内局部范围的软土主体用无机结合料加固、稳定，使桩体与桩间的软土形成复合地基。加固土桩起置换和集中承载作用，以减少地基总沉降。

加固土桩所采用的材料有水泥、生石灰、粉煤灰等符合相关规定。

（1）成桩试验

为全面施工提供依据，加固土桩施工前须进行成桩试验，桩数不小于 5 根。

① 满足设计喷入量的各种技术参数，如钻进速度、提升速度、搅拌速度、喷气压力、单位时间喷入量等；

② 搅拌要均匀，根据地层、地质情况确定覆喷范围。

（2）室内配合比试验

应根据软土层的土质情况进行加固土的室内配合比试验，选择合适的固化剂和外掺剂量，确定实际使用时的施工配合比。

（3）施工机具

粉体固化剂所用的施工机械主要有钻机、粉体发送器、空气压缩机、搅拌钻头等。

（4）施工工艺流程

整平原地面→钻机定位→钻杆下沉钻进→上提喷粉（浆）→强制搅拌→复拌→提杆出孔→钻机移位。

7.5 挡土墙施工技术

7.5.1 概述

挡土墙是用来支承路基填土或山坡土体，防止填土或土体变形失稳的一种构造物。在路基工程中，挡土墙用来稳定路基或路堑边坡，减少土石方工程数量和占地面积，防止水流冲刷路基，整治塌方、滑坡等路基病害。它广泛应用于支撑路堤或路堑边坡、隧道洞口、桥梁两端及河流岸壁等。

1. 挡墙分类

按其在道路横断面上的位置可分为：路堑墙、路堤墙、路肩墙、山坡墙等；

按其结构形式可分为：重力式、衡重式、半重力式、锚杆式、垛式、扶壁式等；

按砌筑墙身材料可分为：石砌、砖砌、混凝土、钢筋混凝土、加筋挡土墙等。

道路中常用的挡土墙有石砌重力式，衡重式及混凝土、钢筋混凝土悬臂式。

挡土墙方案选择，应与其他方案进行技术经济比较。例如，采用路堑或山坡挡土墙，常须写隧道、明洞或刷缓边坡的方案作比较；采用路堤或路肩挡土墙，有时须与栈桥或陡坡填方等相比较，以求工程经济合理。

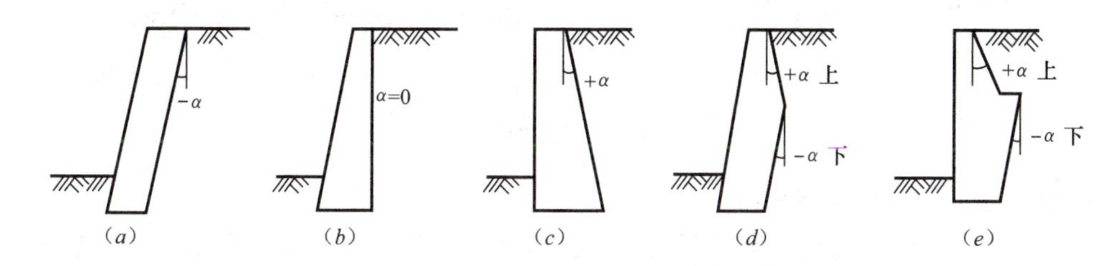

图 7-6 挡土墙的断面形式

(a) 仰斜；(b) 垂直；(c) 俯斜；(d) 凸型折线式；(e) 衡重式

2. 挡土墙的构造

以常见的重力式挡土墙介绍挡土墙的构造，重力式挡土墙一般是由墙身、基础、排水设施、沉降缝和伸缩缝等部分组成。

（1）墙身：一般由墙背、墙面、墙顶、护栏等组成。

墙身靠近填土（或山体）一侧称为墙背，挡土墙大部分外露的一侧称为墙面（墙胸），墙的顶面部分称为墙顶（顶宽），墙的底面部分称为墙底（底宽），称为基础或基脚，根据需要可与墙分开建造，也可整体建造成为墙身的一部分。基底的外侧前缘部分称为墙趾，基底的内侧后缘部分称为墙踵。墙背与竖直面的夹角称为墙背倾角，一般用 a 表示；工程中常用单位墙高与水平长度之比来表示，即可表示为 $1:n$。墙踵到墙顶的垂直距离称为墙高，用 H 表示（见图 7-6）。

（2）基础：挡土墙基础的内容一般包括基础类型形式和基础埋置深度。

① 基础类型：绝大多数挡土墙都直接修筑在天然地基上。当天然地基缺陷时（包括承载力不足、遇软弱土层、遇陡坡、地基不连续等原因），常常采用扩大基础、钢筋混凝土底板、换地基材料、设置台阶基础、拱形基础等处理方法。

② 基础埋置深度：应足以保证挡土墙具有抗滑稳定性和抗倾覆稳定性。

3. 挡土墙的排水设施

（1）挡土墙的排水方式分为地面排水和墙面排水；

（2）挡土墙的排水措施主要包括连续排水层和不连续排水层两大类；

（3）挡土墙的排水包括：设置地面排水沟、夯实回填土顶面或加设铺砌片石、加固墙趾、设置墙身泄水孔等，见图 7-7。

浆砌块石墙身的泄水孔的设置应考虑常水位高度、泄水孔的尺寸、横向孔眼间距、纵向设置排数等因素，并保持上下排错位。泄水孔的进水口处应设置反滤层。干砌块石可不设置泄水孔。泄水孔尺寸可视水量大小分别采用 5cm×10cm、10cm×10cm、15cm×20cm 方孔，或直径 5～10cm 的圆孔。泄水孔间距一般为 2～3m 由下向上交错设置，最下排泄水孔的底部应高出地面或排水沟底 0.3m。

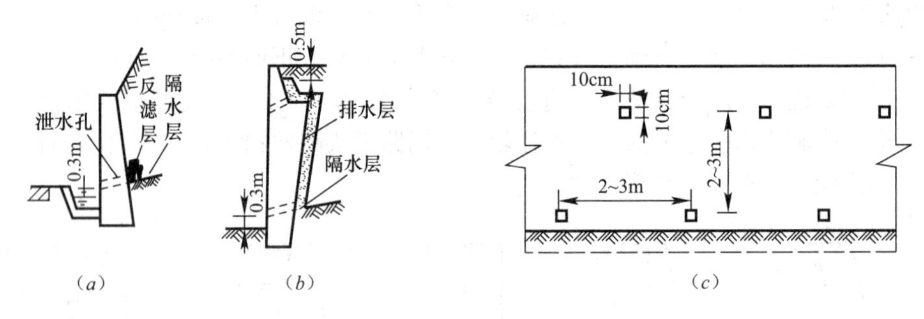

图 7-7　挡土墙的泄水孔及排水层

4. 挡土墙的沉降缝与伸缩缝

沉降缝是为避免因地基不均匀沉陷而引起墙身不规则开裂而设；伸缩缝是为防止圬工砌体因收缩硬化和温度变化使挡土墙墙身产生裂缝而设置。一般将沉降缝与伸缩缝合并设置，沿路线方向每隔 10～15m 设置一道，缝宽 2～3cm，缝内填充胶泥、沥青麻筋、木板、橡胶条等弹性材料。

7.5.2　挡土墙的施工

1. 重力式挡土墙的施工

（1）材料要求

1）石料材料：石料强度必须符合设计要求，应为结构密实、石质均匀、不易风化、无裂缝的硬质石料。当在一月份平均气温低于−10℃的地区，所用石料和混凝土等材料，均须通过冻融试验，其砂浆强度等级不低于M25。

2）砌筑砂浆：水泥、砂及石灰应符合规范规定要求；砂浆配合比需通过试验确定，其强度等级应符合设计要求，且具有良好的和易性。

（2）重力式挡土墙的砌筑

挡土墙砌筑前应精确测定挡土墙基座主轴线和起讫点，并查看与两端边坡衔接是否适顺。砌筑时必需两面立杆挂线或样板挂线，外面线应顺直整齐，逐层收坡，内面线可大致适顺，以保证砌体各部尺寸符合设计要求，在砌筑过程中应经常校正线杆。浆砌石底面应卧浆铺筑，立缝填浆补实，不得有空隙和立缝贯通现象。砌筑工作中断时，可将砌好的石层孔隙用砂浆填满，再砌筑时，砌体表面要仔细清扫干净，洒水湿润。工作段的分段位置宜在伸缩缝和沉降缝处，各段水平缝应一致，分段砌筑时，相邻段高差不宜超过1.2m，砌筑砌体外坡时，浆缝需留出1～2cm深的缝槽，以硬砂浆勾缝，其强度等级应比砂浆提高一倍，隐蔽面的砌缝可随砌随填平，不另勾缝。

1）浆砌片石

① 片石宜分层砌筑，宽面朝下，石块之间均要有砂浆隔开，以2～3层组成一工作层，每工作层的水平缝大致齐平，竖缝应错开，不能贯通。砌缝宽度一般不应大于4cm。

② 砌片石墙必须设置拉结石，并均匀分布，相互错开。砌体中的石块大小搭配，相互错叠，挤浆时可用小锤将小石块轻轻敲入缝隙中。

2）浆砌块石

① 用做镶面的块石，表面四周应加修整，易于安砌。丁石长不短于顺石长的1.5倍。

② 块石应平砌，要根据墙高进行层次配料，每层石料高度做到基本齐平。外圈定位行列和镶面石应一丁一顺排列，丁石深入墙心不小于25cm，灰浆缝宽2～3m，上下层竖缝错开距离不小于10cm。

3）浆砌料石

① 每层镶面料石应先按规定缝宽要求配料，再用铺浆法顺序砌筑：先角石后中间石。

② 当一层镶面石砌筑完毕后，方可砌填心石，其高度与镶面石齐平。如用水泥混凝土填心，可先砌2～3层镶面石后再浇筑混凝土。

③ 每层料石均应采用丁顺相间砌法，砌缝宽度均匀，为1.0～1.5cm。

4）墙顶

墙顶宜用粗料石或现浇混凝土做成顶帽，厚30cm，路肩墙顶面宜以大块石砌筑，用M5.0以上砂浆勾缝和抹平顶面，厚2cm，并均应在墙顶外缘线留10cm的帽檐。

5）基础

① 基础的各部尺寸、形状、埋置深度均按设计要求进行施工。当基础开挖后，若发现与设计情况有出入时，应按实际情况请示有关部门调整设计。

② 在松软地层或坡积层地段开挖时，基坑不宜全段贯通，而应采用跳槽办法开挖以防上部失稳。当基底土质为碎石土、砂砾土、砂性土、黏性土等，将其整平夯实。

③ 基底软弱土质地段处理方法：

当地基软弱，地形平坦，墙身又超过一定高度时，可在墙趾处伸出一个台阶，以拓宽基础。如地基压应力超过地基承载力过多时，为避免台阶过多，可采用钢筋混凝土底板。

如地层为淤泥质土、杂质土等，可采用砂砾、碎石、矿渣灰土等材料，可采用换填或砂桩、石灰桩、碎石桩、挤淤法、土工织物及粉体喷搅等方法分别予以处理。

④ 基坑开挖大小，需满足基础施工的要求。渗水土的基坑要根据基坑排水设施（包括排水沟、集水坑、网管）和基础模板等大小而定。一般基坑底面宽度应留 0.5～1.0m 的工作宽度；基坑开挖坡度按地质、深度、水位等具体情况而定。

⑤ 基坑挖至标高后不得长时间暴露、扰动或浸泡而削弱其承载能力。一般土质基坑挖至接近标高时，保留 10～20cm 的厚度，待基础施工准备完备后以人工突击挖除，确保不超挖。基坑开挖完成后，应放样复验，并经监理确认合格后，方可进行基础施工。

6）墙背回填施工

① 墙背回填时，砌体砂浆强度须达到 70%以上；优先选择渗水性较好的砂砾土填筑；

② 墙背回填要均匀摊铺平整，并设不小于 3%的横坡逐层夯实，不允许向着墙背斜坡填筑，严禁使用膨胀性土和高塑性土。每层压实厚度不宜超过 20cm，碾压机具和填料性质应进行压实试验，确定填料分层厚度及碾压遍数，以便正确地指导施工；

③ 压实时应注意勿使墙身受较大的冲击影响，临近墙背 1.0m 范围内，应采用小型压实机具碾压。

2. 混凝土挡土墙施工

（1）基础施工

① 基础处理与重力式挡土墙相同，软基础可采用桩基、加固结剂等加固措施。

② 混凝土板可以在基础上直接立模，钢筋混凝土底板则需先浇垫层，在垫层上放线扎钢筋立模。基础模板的反撑，不宜直接落在土基上，应加垫木。混凝土的施工缝应尽量避免设置在基础与墙体的分界面。

（2）墙体钢筋混凝土施工

① 墙体钢筋安装应在立模前施工。安装模板特别是护壁式挡土墙，钢筋不易校正其位置偏差，因此钢筋安装绑扎必须控制到位，一般控制方法是搭架支撑，控制钢筋在顶端的准确位置，拉紧固定。

② 挡土墙混凝土应分层浇筑，分层振捣，每层厚度以 30cm 为宜，浇筑控制在每小时 1～1.5m；混凝土入仓要有料斗、漏槽等辅助措施。

7.6 道路排水

7.6.1 道路（路基）排水简介

道路（路基）排水是指道路路基的施工排水以及运营阶段路基的排水，两者形成完善的道路排水系统，简称路基排水。路基排水的目的，就是将路基范围内的土基湿度降低到一定的限度以内，保持路基常年处于干燥状态，确保路基、路面具有足够的强度与稳定性。

根据水源的不同，道路排水分为地面排水和地下排水两大类。

地面排水是排除包括大气降水（雨和雪）以及海、河、湖等地面水。防止地面水对路基产生冲刷和渗透，导致路基整体稳定性受损和降低路基强度。

常用的路基地表排水设施包括边沟、截水沟、排水沟、跌水与急流槽等，必要时还有渡槽、倒虹吸、积水池等。

地下排水主要是通过渗透方式汇集水流，并就近排出路基范围以外。地下水包括上层滞水、潜水、层间水等，常用的路基地下排水设施包括暗沟、渗沟、渗井等。

7.6.2 路基排水一般规定

（1）路基排水设计应防、排、疏结合，并与路面排水、路基防护、地基处理以及特殊路基地区（段）的其他处治措施等相互协调，形成完善的排水系统。

（2）路基排水设计应遵循总体规划，合理布局，少占农田，环境保护，景观协调的原则，并与当地排灌系统协调。

（3）排水困难地段，可采取降低地下水位、设置隔离层等措施，使路基处于干燥、中湿状态。

（4）施工场地的临时性排水设施，应尽可能与永久性排水设施相结合。各类排水设施的设计应满足使用功能要求，结构安全可靠，便于施工、检查和养护维修。

7.7 路面基本知识

路面工程是道路工程的一个重要组成部分，它直接影响汽车的行车速度、运输成本、行车安全、舒适程度。路面工程的造价在整个道路工程造价中所占的比例很大，一般要占道路建设总投资的60％～70％。因此，合理安排好道路路面建设具有十分重要的意义。

为适应交通量和车辆荷载质量迅速增长的需要，我国目前以沥青混凝土和水泥混凝土路面作为高级路面。

7.7.1 对路面的基本要求

路面是分层铺筑在路基顶面上的结构物。为保证车辆高速、安全、舒适地行驶，要求路面应具有规定的强度和刚度、稳定性、耐久性、表面平整度、表面抗滑性能等。

（1）强度和刚度

路面强度是指路面结构整体及各结构层抵抗在各种荷载作用下产生的应力（压应力、拉应力、剪应力）及破坏（裂缝、变形、车辙、沉陷、波浪）的能力；刚度则是指其抵抗变形的能力。

（2）稳定性

路面结构暴露在大气之中，会受到气温、降水与湿度变化的影响，其物理、力学性质也将随之不断发生变化，处于一种不稳定状态。路面结构承受这种不稳定状态，并能保持结构设计所要求的几何形态及物理力学性质，称为路面结构的稳定性。

（3）耐久性

路面结构要承受车辆荷载与自然因素的重复作用，由此而逐渐产生疲劳破坏或塑性变形的累积；此外，路面各结构层组成材料也可能由于老化而导致破坏。因此，要求路面结构必须具有足够的抗疲劳强度、抗变形能力及抗老化能力。

（4）平整度

路面的平整度将直接影响行车的速度和安全、驾驶的平稳和乘客的舒适性。不平整的路表面会使车辆产生附加振动，增大行车阻力；同时也增大对路面冲击力，加剧路面的破坏与车辆机件的损坏及轮胎的磨损，并增大油料的消耗等。

（5）表面抗滑性能

路面表面要求既平整又粗糙，汽车在光滑的路面上行驶时，车轮与路面之间缺乏足够的附着力或摩擦阻力，在雨天高速行车或紧急制动，或爬坡、转弯时，车轮易空转或打滑，致使车速降低、油耗增大，甚至引起交通事故。因此，要求路面表面具有一定抗滑性能。

7.7.2 路面结构层

路面又称路面结构层，是承载于路基（土基）之上的多层结构，包括面层、基层和垫层等。

道路的路面直接承受汽车荷载作用，抵抗车轮的磨耗。根据路面及路面面层结构的力学特性，可将路面分为柔性路面和刚性路面。

柔性路面是指刚度较小、在车轮荷载作用下产生的弯沉较大，路面结构本身的抗弯拉强度较低，它通过各结构层将荷载传递给路基，使路基承受较大的单位压力。通常采用半刚性基层，提高车轮荷载的扩散性。

刚性路面是指面层板刚度较大，它的抗弯拉强度较高，一般指水泥混凝土路面。在车轮荷载的作用下，水泥混凝土结构层处于板体工作状态，竖向弯沉较小，主要靠水泥混凝土的抗弯拉强度承受车轮荷载，通过板体的扩散分布作用，传递给土基的单位压力较柔性路面小得多。

1. 面层

位于道路的顶层，直接承受汽车荷载作用，抵抗车轮的磨耗。通常用沥青面层和水泥混凝土面层。前者称为柔性路面，后者称为刚性路面。有时在沥青路面结构中加一层或一层以上厚度大于15cm的半刚性基层且能发挥其特性称为半刚性路面。

2. 基层

基层位于面层之下，底基层或垫层之上，是沥青路面结构层中的主要承重层。基层主要承担面层传下来的车辆垂直荷载，并把其扩散到垫层或路基上。基层应具有较高的强度、稳定性和耐久性，且要求抗裂性和抗冲刷性好。基层可为单层或双层，双层分为上基层、下基层。

底基层（有时设）是设置在基层之下，用质量较次材料铺筑的次要承重层。当路面基层太厚、垫层与基层模量比不符合要求时都应考虑设置底基层。因此，对底基层材料的技术指标要求可比基层材料略低，底基层也可分为上、下底基层。

3. 垫层

垫层是在水、温度稳定性不良地带设置的路面结构层。垫层是介于底基层与土基之间的结构层。设置垫层的主要目的是保证路基处于干燥或中湿状态。其次是将基层传下的荷载应力加以扩散，以减小土基产生的应力和变形。同时防止路基土挤入基层中，影响基层结构的性能。

7.8 路面基层施工技术

7.8.1 级配碎石基层

级配碎石是一种古典的路面结构层，常用几种粒径不同的粗、中、细碎石和石屑掺配拌制而成路面结构形式，分为骨架密实型与连续型。它适应于各级道路的基层和底基层，以减轻或消除半刚性基层开裂对沥青面层的影响，避免反射裂缝。采用级配碎石是柔性与半刚性两类基层结构的优化组合以满足新形势下的交通需求。

1. 级配碎石的材料

（1）碎石中针片状颗粒的总含量应不超过20%。碎石中不应有黏土块、植物等有害物质；

（2）级配碎石级配合理，所用石料的压碎值应符合设计规定或验收标准；

（3）在最佳含水量时进行碾压，并达到规范要求的压实度。

2. 级配碎石基层的施工流程

级配碎石的施工有路拌法和中心站集中场拌法两种。其主要施工流程为：备料→运输与摊铺集料→拌合及整形→碾压→横缝的处理→纵缝的处理→养护。

（1）备料

根据级配碎石的颗粒组成计算碎石和石屑的配合比；根据各段基层或底基层的宽度、厚度及规定的压实干密度并按确定的配合比计算碎石、石屑的数量；碎石和石屑按预定比例混合并洒水加湿，使混合料的含水量超过最佳含水量约1%。

（2）运输与摊铺集料

通常通过试验确定集料的松铺系数并确定松铺厚度；用平地机或其他合适的机具将集料均匀地摊铺在预定的宽度上，表面应力求平整，并具有规定的路拱，并应同时摊铺路肩用料；采用不同粒级的碎石和石屑时，应将大碎石铺在下层，中碎石铺在中层，小碎石铺在上层，洒水使碎石湿润后，再摊铺石屑。

（3）拌合及整形

对于高等级道路，应采用专用稳定土拌合机拌合级配碎石，拌合结束时，混合料的含水量应均匀，并较最佳含水量大1%左右，同时没有粗细颗粒离析现象发生；用平地机将拌合均匀的混合料按规定的路拱进行整平和整形，在整形过程中，应注意消除粗细集料的离析现象。

（4）碾压

整形后，当混合料的含水量等于或略大于最佳含水量的1%时，立即用12t以上的压路机进行碾压。碾压方法同前。

（5）横缝的处理

两作业段的衔接处，应搭接拌合。第一段拌合后，留5～8cm不进行碾压，第二段施工时，前段留下的未碾压部分与第二段一起拌合整平后进行碾压。

（6）纵缝的处理

级配碎石施工时应避免纵向接缝。在必须分幅铺筑时，纵缝应搭接拌合。

(7) 养护

未洒透层沥青或未铺封层时，禁止开放交通，以保护表层不受损坏。

7.8.2 稳定类基层

凡是用无机结合料稳定的各种土，当其原材料强度应符合规定要求。半刚性基层材料包括水泥稳定土、石灰稳定土、石灰稳定工业废渣和综合稳定土。

半刚性类基层稳定路面具有稳定性好、抗冻性能强、结构本身自成板体等特点，但其耐磨性差。因此，广泛用于修筑路面结构层的基层或底基层。较厚的半刚性材料层可以抵消土基强度的巨大差别。

1. 常用半刚性材料

水泥应符合国家技术标准的要求，初凝时间应大于4h，终凝时间应在6h以上。

石灰、粉煤灰稳定土类和石灰稳定土类的半刚性基层、底基层，粉煤灰中SiO_2，Al_2O_3和Fe_2O_3的总含量应大于70%，烧失量不宜大于20%，比表面积宜大于2500cm^2/g或0.075mm筛孔通过率应大于60%。采用Ⅲ级以上石灰。

(1) 水泥稳定土

在粉碎的或原来松散的土（包括各种粗粒土、中粒土、细粒土）中，掺入足够量的水泥和水，经拌合、压实和养生得到的一种强度或耐久性符合规范要求的结构材料称为水泥稳定土。它包括水泥土、水泥碎石、水泥砂砾等。

(2) 石灰稳定土

在粉碎的土和原状松散的土（包括各种粗、中、细粒土）中，掺入适量的石灰和水，按照一定技术要求，经拌合，在最佳含水量下摊铺、压实及养生，其抗压强度符合规定要求的路面基层称为石灰稳定类基层。用石灰稳定细粒土得到的混合料简称石灰土，所做成的基层称石灰土基层（底基层）。它包括石灰土、石灰砂砾土、石灰碎石土等。石灰稳定类土禁止用作高等级路面的基层。

(3) 石灰稳定工业废渣

当掺入无机材料为石灰稳定工业废渣（常用工业废渣有粉煤灰、炉渣、高炉铁渣、钢渣、煤矸石和其他粒状废渣），用一定比例的石灰与这些废渣中的一种或两种经加水拌合、压实和养生后得到的一种强度和耐久性，都有很大提高的结构材料称之为石灰稳定工业废渣。

(4) 综合稳定土

同时用水泥和石灰稳定某种土得到的强度符合要求的混合料，简称为综合土。

2. 石灰稳定土基层施工流程

石灰稳定土施工分为路拌法和场拌（或集中拌合）法两种。我国石灰稳定土的施工主要采用路拌法施工（南京规定为场拌或集中拌合），在少数地区和某些高等级道路的路面施工中，采用中心站集中拌合法施工的工程越来越多。路拌法施工主要流程为：准备工作→摊铺集料→整型轻压→摊铺石灰→拌合与洒水→接缝和调头处的处理→碾压→养生与交通管理。

(1) 准备工作

摊铺土料前，土基洒水湿润。稳定用土最大尺寸不应大于15mm。生石灰块在使用前

7～10d必须充分消解，并过孔径10mm筛，尽快使用。应将石灰堆成高堆，保持一定湿度，并用篷布等覆盖，以防扬尘。

（2）摊铺集料

根据事先通过试验确定土或集料的松铺系数（或压实系数，它是混合料的松铺干密度与压实干密度的比值）。将土和集料摊铺均匀。

（3）整型轻压

将土或集料摊铺均匀后，必须进行整型，并应用两轮压路机立即开始碾压一至两遍，使其表面具有规定的路拱，并使土或集料层表面平整。考虑拌合后碾压前水的蒸发，混合料的压实含水量应在最佳含水量的±1%范围内。

（4）摊铺石灰

在事先计算得的每车或每袋石灰的纵横间距，用石灰土在土层或集料层上做卸置石灰的标记，同时划出摊铺石灰的边线。用刮板将石灰均匀摊平，应量测石灰土的松铺厚度，根据石灰土的含水量和松密度，确定石灰用量是否符合要求。

（5）拌合与洒水

拌合机应先将拌合深度调整好，由两侧向中心拌合，每次拌合应重叠10～20cm，防止漏拌。先干拌一遍，然后视混合料的含水情况，再进行补充拌合，以达到混合料颜色一致，没有灰条、灰团和花面为止。

（6）接缝和调头处的处理

同日施工的两工作段的衔接处，应采用搭接形式。即先施工的前一段尾部留5～8m不进行碾压，待第二段施工时，应与前段留下未压部分要再加部分石灰，重新拌合，并与第二段一起碾压。

工作缝应成直线，而且上下垂直，经过摊铺整型的石灰稳定土当天应全部压实，不留尾巴。第二天铺筑时，为了使已压成型的稳定边缘不致遭受破坏，应用方木（厚度与其压实后厚度相同）保护，碾压前将方木提出，用混合料回填并整平。

（7）碾压

当混合料处于最佳含水范围时，进行碾压。当用12～15t三轮压路机碾压时，每层压实厚度不应超过15cm；用18～20t三轮压路机或相应功能的滚动压路机碾压时，每层压实厚度不应超过20cm。压实厚度超过上述规定时，应分层铺筑，每层的最小压实厚度为10cm。

在碾压结束之前，用平地机再终平一次，使其纵向顺适，高程、路拱和超高符合设计要求。石灰土碾压中如出现“弹簧”、松散、起皮等现象，应及时翻开晾晒或换新混合料重新拌合碾压。

严禁压路机在已完成的或正在碾压的路上“调头”和急刹车，以保证灰土表面平整。

（8）养生与交通管理

石灰稳定土在养生期间应保湿养生。养生条件主要指温度与湿度。养生期应禁止车辆通行。不能封闭交通时，应当限制车速不得超过30km/h，禁止重型号车辆通行。

施工期的最低温度应在5℃以上，并在第一次重冰冻（－5～－3℃）到来之前一个月至一个半月完成。不管路拌或场拌，其拌合碾压时间不得多于2d。

3. 水泥稳定类基层施工流程

水泥稳定土按照颗粒的粒径大小和组成，将土分为三种：粗粒土、中粒土、细粒土。常用的水泥稳定材料有：水泥碎石、水泥砂砾、水泥土等。

水泥剂量不宜超过6%。必要时，应首先改善集料的级配，然后用水泥稳定，以达到要求的压实度。

水泥稳定类基层施工主要流程为：准备工作→摊铺集料→洒水预湿→整平和轻压→摆放和摊铺水泥→干拌→加水并湿拌→整形→碾压→接缝和调头处的处理→养生。

(1) 准备工作：包括下承层准备、施工放样等。

(2) 摊铺集料

通过试验确定集料的松铺系数。摊铺材料在摊铺水泥前一天进行。摊料长度以日进度的需要量为度，够次日一天内完成掺加水泥、拌合、碾压成型即可。雨期施工，及时摊铺集料并保证后续工艺在降雨之前全部完成。

(3) 洒水预湿

在运输到底基层上的选料（包括各种砂砾土和细粒土）上洒水预湿。洒使土的含水量约为最佳含水量的70%。预湿时，将水均匀地喷洒在土上。

(4) 整平和轻压

集料经过预湿之后，采用平地机整平成要求的路拱和坡度，并用轻型压路机碾压1～2遍，使集料层具有平整光滑的表面，同时具有一定的密实度，以便摊铺水泥。

(5) 摆放和摊铺水泥

采用袋装水泥时，应先根据水泥稳定土层厚度的压实厚度、预定的干密度和润滑油剂量，计算每一平方料水泥稳定土需要的水泥用量，并计算每袋水泥摊铺面积。然后，根据水泥稳定土层的宽度，计算的每袋水泥摆放的水泥的行数和间距。

(6) 干拌

用稳定土拌合机进行拌合，拌合的第一、二遍，通常进行"干拌"。严禁在拌合层底部留有"素土"夹层。

(7) 加水并湿拌

在上述拌合过程结束时，如果混合料的含水量不足，用喷管式洒水车补充洒水。洒水车起洒处和另一端"调头"处都超出拌合段2m以上。禁止洒水车在正进行拌合的以及当天计划拌合的路段上"调头"和停留，以防局部水量过大。

(8) 整形

混合料拌合均匀后，立即用平地机进行初平。在直线段，平地机由两侧向路中心进行刮平；在曲线段，平地机由内侧向外侧进行刮平；需要时，再返回刮一二遍。用轻型压路机立即在刚初平的路段上快速碾压一遍，以暴露潜在的不平整；然后再用平地机整平一次。每次整平都按照要求的坡度和路拱进行。特别注意接缝处的整平，使接缝顺适平整。

水泥稳定土基层摊铺时，按"宁高勿低"、"宁刮勿补"的原则处理。

(9) 碾压

水泥稳定土层整平满足要求后，混合料的含水量等于或略大于最佳含水量时，立即用三轮压路机、重型轮胎压路机或振动压路机在全宽内进行碾压。碾压时，重叠1/2轮宽，后轮超过两段的接缝处。

碾压过程中，水泥稳定土的表面始终保持湿润，如水分蒸发过快，及时补洒少量的水。如发生“弹簧”松散起皮等现象，及时翻开换以新的混合料或添加适量的水泥重新拌合，使其达到质量要求。

经过拌合、整形的水泥稳定土，在水泥初凝前和试验确定的延迟时间内完成碾压，并达到要求的密实度，同时无明显的轮迹。

(10) 接缝和调头处的处理

同时施工的两工作段的衔接时，采用搭接，前一段拌合整形后，留 5～8m 不进行碾压，后段施工时，前段留下未碾压部分，加部分水泥重新拌合，并与后一段一起碾压。

在已碾压完成的水泥稳定土层末端，沿稳定土挖一条横贯铺筑层全宽的宽约 30cm 的槽，直挖到下承层顶面。此槽与路的中心线垂直，靠稳定土的一面切成垂直面，并放两根与压实厚度等厚、长为全宽一半的方木紧贴其垂直面。第二作业段拌合后，除去方木，用混合料回填。靠近方木未能拌合的一小段，人工进行补充拌合。整平时，接缝处的水泥稳定土较已完成断面高出约 5cm，以利形成一个平顺的接缝。

(11) 养生

水泥稳定土经过拌合、压实成型后立即养生。用潮湿的土工布、粗麻袋、稻草麦秸或其他合适的潮湿材料覆盖养生。养生期不少于 7d。养生期间禁止车辆通行。

4. 石灰工业废渣稳定土（二灰碎石）施工

石灰工业废渣稳定土可分为两大类：石灰粉煤灰、石灰其他废渣类。二灰碎石（或二灰集料）在道路工程路面结构层中得到广泛应用。

二灰碎石基层所用材料就地取材，施工方便，强度高。形成板体后，具有类似贫混凝土的性质，水稳性、抗裂性也较好。由于这些优点，使二灰碎石基层得到广泛应用。

二灰碎石施工的重点是控制好后台的质量检测工作，每天一开机就要进行混合料的筛分以及灰剂量、含水量的检测工作，各项指标合格后才能进行正式拌合。采用灌砂法进行现场压实度的检测，在碾压过程中试验人员跟踪定点检测，直至达到压实度要求。采用生石灰粉进行施工时，试验室制作强度试件要首先进行焖料，每隔 1～2h 应掺拌一次，使生石灰颗粒充分消解，否则试件容易炸裂。

二灰碎石基层施工主要流程为：准备下承层→施工放样→备料→集中拌合→运输→摊铺→焖料→碾压→养生。

(1) 准备下承层

二灰碎石不能直接在土路基上施工，一般以石灰稳定土或二灰土作为二灰碎石的下承层。下承层必须平整、密实。

(2) 施工放样

在下承层上恢复中线并放出边桩，直线段每 10m 设一桩，曲线段每 5m 设一桩。用水准仪放出基准杆的设计高程，并架设基准钢丝。用石灰再打出基层边线，控制好基层宽度。然后立钢模或上土培肩，厚度与二灰碎石厚度相同。

(3) 备料

所有材料必须经检验合格后才能进场。尤其是生石灰，必须每车一检。对存放时间过长的石灰，使用前必须重新测定其钙镁含量。石灰、粉煤灰必须覆盖，以防雨淋或随风飘扬。为保证配料的准确，粉煤灰的含水量不宜超过 35%。

(4) 集中拌合

集中拌合法是将材料运到拌合场用机械进行集中拌合，然后将拌合好的混合材料运到路基上直接进行铺装。现在高等级公路一般采用集中拌合法。

(5) 运输

混合料采用自卸车进行运输。二灰碎石集中拌合虽然比路拌的均匀，但在运输和装卸过程中容易产生混合料离析现象。因此，装料经过拌合、闷料 24h 后，由装载机装车。装料时应视混合料情况重新翻拌 2～3 次后再装车，防止产生离析。

当运距较远时，应加盖篷布，晴天可防止水分散失，雨天可防止淋湿混合料。

运输车辆在运输途中不得停留，应避免在底基层上调头、刹车，倒车时防止对高程控制支架的破坏。

(6) 摊铺

摊铺作业采用摊铺机组合，单幅全宽成梯队联合进行摊铺。摊铺过程应连续，摊铺机匀速行驶，尽可能减少手工操作，以防止造成混合料离析和水分散失。摊铺过程中，摊铺机应缓慢、均匀、不间断的摊铺，不得随意变换速度或中途停顿。

(7) 焖料

施工现场摊铺整形摊铺完成后要进行焖料，一般至少焖 5h，以保证其充分消解。在焖料期间，要使混合料保持适宜的含水量，以高出最佳含水量 5%左右为宜，同时补洒适当水分以防表面干燥。

(8) 碾压

碾压应先轻后重，先慢后快。如有振动压路机，则先用振动压路机碾压，对保证平整度、稳定面层效果会更好。同时，边碾压边人工修整，对露出石子的地方撒二灰，直到二灰刚刚覆盖住碎石为止。凡碾压机械不能作业的部位要采用蛙夯进行夯实，达到规定的密实度。

二灰基层连续施工时，横缝可以每天摊铺完预留 5～8m 不碾压，第二天将混合料耙松后与新料人工拌合，整平后与新铺段一起碾压。若间隔时间太长应将接缝做成平接缝。接缝处理时必须平整密实，严禁有混合料离析。同半幅两横缝必须错开 50cm 以上。

(9) 养生

碾压完成后立即进行养生。养生采用洒水方式，时间不小于 7d。洒水养生时，应使喷出的水成雾状，不得将水直接喷射或冲击二灰碎石基层表面，将表面冲成松散状。

养生期间应封闭交通，养生期结束后，车辆行驶时，限速在 30km/h 以下，并禁止急刹车。车辆行驶在全宽范围内均匀分布。

7.9 沥青路面施工技术

7.9.1 沥青路面简介

沥青路面面层直接承受车辆和大气因素的作用，而沥青材料自身的性质受气候和时间影响很大，这是沥青路面使用中的一个重要特点。因此沥青路面必须满足高温稳定性、低温抗裂性、耐久性、抗滑能力、抗渗能力。

由于沥青面层与水泥混凝土路面相比，沥青路面具有表面平整、无接缝、行车舒适、耐磨、振动小、噪声低、施工期短、养护维修简便等优点，因而获得越来越广泛的应用。

沥青路面属柔性路面，其强度与稳定性在很大程度上取决于土基和基层的特性。因此，必须提高基层的水稳性，尽可能采用无机结合料的半刚性基层。

1. 沥青路面的优点

（1）沥青路面由于车轮与路面两级减振，无接缝、平整度好，噪声小，行车舒适。

（2）柔性路面对路基、地基变形或不均匀沉降的适应性强，路面出现细小裂纹，可以通过车辆行驶对路面的碾压而自行修复。

（3）沥青路面修复速度快，碾压后温度降到 50℃以下即可通车。

2. 沥青路面的缺点

（1）压实的混合料空隙率大时，其耐水性差，易产生水损坏，一个雨季，就可能造成路面大量破损。

（2）沥青材料的温度稳定性差，脆点到软化点之间的温度区偏小，经不住天然高低温差，冬季易脆裂，夏季易软化。

（3）沥青是有机高分子材料，耐“老化”性差，使用后将产生老化和龟裂破坏。

（4）平整度保持比较差，不仅沉降会带来平整度劣化，而且材料软化会形成车辙。

3. 沥青路面的常见病害及损坏原因

沥青路面的破坏可分为两类：一类是结构性破坏，它是路面结构整体或其组成部分的一处或多处的破坏，这种破坏严重时可能不具有支承车辆荷载的能力；另一类是功能性破坏，即由于路面的不平整，使其不再满足行车要求的功能。这两类破坏不一定是同时发生，而是逐渐积累起来的。对于功能性破坏，可以通过修复、养护来恢复路面的平整性，以满足使用的要求。

（1）沥青路面的常见病害

① 裂缝类包括：纵向裂缝、横向裂缝、网裂、反射裂缝等；

② 变形类包括：沉陷、车辙、波浪（搓板）等；

③ 表面损坏类包括：泛油、啃边、磨光等；

④ 水损害类包括：松散（麻面）、坑洞、唧泥。

（2）沥青路面损坏的原因

① 设计和施工缺陷——若道路设计不合理、道路材料没达到设计要求的质量、施工质量不好可能会造成早期的损坏。

② 汽车车轮碾压——重型和超载车辆对路面的作用，大大超过道路设计的承载能力，会对路面和基层造成严重损坏。

③ 气候自然因素影响——夏季天气炎热，易使沥青软化。寒冷的冬季沥青易于脆硬。雨水侵袭到沥青混合料内部易于使沥青失去黏性。冬季雪水侵入沥青混合料的裂缝。

④ 沥青老化——沥青路面暴露在空气中，长期受到日晒和雨淋，造成老化、脆硬、黏性下降，使表面开裂。

7.9.2 沥青路面施工

1. 沥青表面处治

（1）适用条件

由于沥青表面处治层很薄，一般不起提高强度作用，其主要作用是抵抗行车的磨耗、增强防水性、提高平整度以及改善路面的行车条件。沥青表面处治宜在干燥和较热的季节施工，并应在雨期及日最高温度低于15℃到来以前半个月结束，使表面处治层通过开放交通压实，成型稳定。

（2）材料要求

沥青表面处治可采用道路石油沥青、乳化沥青、煤沥青铺筑，标号符合规范规定。

沥青表面处治施工后，应在路侧另备S12（5～10mm）碎石或S14（3～5mm）石屑、粗砂或小砾石2～3m^3/1000m^2作为初期养护用料。

（3）沥青表面处治的类型

沥青表面处治可采用拌合法或层铺法施工。采用层铺法施工时，按照洒布沥青及铺撒矿料的层次多少可划分为单层式、双层式、三层式。单层式为洒布一次沥青，铺撒一次矿料，厚度为1.5～1.5cm；双层式为洒布二次沥青，铺撒二次矿料，厚度为2.0～2.5cm；三层式为洒布三次沥青，铺撒三次矿料，厚度为2.3～3.0cm。

（4）双层式沥青表面处治施工程序

层铺法沥青表面处治施工，一般采用所谓"先油后料"法，即先洒布一层沥青，后铺撒一层矿料。施工程序为：备料→清理基层及放样→浇洒透层沥青→洒布第一次沥青→铺撒第一层矿料→碾压→洒布第二次沥青→铺撒第二层矿料→碾压→初期养护。

2. 沥青透层、粘层与封层

透层、粘层和封层是沥青混合料路面施工的辅助层，可以起到过渡、粘结或提高道路性能的作用。

（1）透层

透层用于非沥青材料与沥青结构层连接。透层的作用使沥青面层与半刚性基层材料粘结成为一体，以提高路面的整体承载力。透层使用的材料较多选用乳化沥青、改性乳化沥青、液体沥青（成本高）。透层的施工要求沥青材料要能够充分渗透到基层内。宜在铺筑沥青层前1～2d洒布；气温低于10℃或大风、即将降雨时不得喷洒透层油。

（2）粘层

粘层是在沥青混凝土层与层之间铺设一层薄薄的沥青层，将层与层之间的混合料牢牢粘成一个整体，提高路面的整体强度。粘层使用的材料宜采用快裂或中裂乳化沥青、改性乳化沥青，也可采用快、中凝液体石油沥青。符合下列情况之一时，必须喷洒粘层油。

① 双层式或三层式热拌热铺沥青混合料路面的沥青层之间。

② 水泥混凝土路面、沥青稳定碎石基层或旧沥青路面层上加铺沥青层。

③ 路缘石、雨水口、检查井等构造物与新铺沥青混合料接触的侧面。

（3）封层

封层的作用是使道路表面密封，防止雨水浸入道路，保护路面结构层，防止表面磨耗损坏。封层分为下封层和上封层。

① 下封层：下封层铺筑在沥青面层的下面。在多雨地区的高速公路、一级公路的沥青路面空隙较大时，有严重渗水可能，可能对基层造成损坏，或铺筑基层不能及时铺筑沥青面层而需要通行车辆时，宜在基层上喷洒透层油后铺筑下封层。可以起到保护基层的作用，防止雨水侵蚀，造成基层破坏，待施工条件成熟后，再在下封层上铺筑沥青混合料面层。

② 上封层：上封层铺筑在沥青面层的上表面。对二级及二级以下道路的旧沥青路面出现裂缝，造成严重透水时，铺筑上封层可以防止路面透水。多采用普通的乳化沥青稀浆封层，也可在喷洒道路石油沥青后撒布一层高耐磨性石屑（砂）后碾压作封层，以改善道路表面的防滑性能或提高耐磨性能。

铺设上封层的下卧层必须彻底清扫干净，并对车辙、坑槽、裂缝进行处理或挖补。

3. 沥青混凝土路面

(1) 适用条件

热拌沥青混合料适用于各种等级道路的沥青面层。城市快速路、主干路的沥青面层的上面层、中面层及下面层应采用沥青混凝土混合料铺筑。

(2) 分类

沥青混合料必须在沥青拌合厂（站）采用拌合机械拌制，运至施工现场，经摊铺压实修筑路面的施工方法。

厂拌法按混合料铺筑时的温度不同，又可分为热拌热铺和热拌冷铺两种。

厂拌法拌制的沥青碎石及沥青混凝土混合料拌制与现场施工工艺基本相同。

(3) 拌合温度及摊铺温度

普通沥青结合料的施工（摊铺）温度宜通过在135℃及175℃条件下测定的黏度一温度曲线按规范确定。

(4) 沥青混凝土路面施工程序

沥青混凝土施工过程可分为沥青混合料的拌制与运输及现场铺筑两个阶段。

沥青混凝土路面施工的主要流程为：沥青混合料的拌制与运输（略）→基层准备和放样→洒布透层沥青与粘层沥青→摊铺（包括机械摊铺和人工摊铺）→碾压→接缝施工→开放交通。

1）基层准备和放样：面层铺筑前，应对基层或旧路面的厚度、密实度、平整度、路拱等进行检查。基层或旧路面若有坎坷不平、松散、坑槽等现象出现时，必须在面层铺筑之前整修完毕，并应清扫干净。

2）洒布透层沥青与粘层沥青。

3）摊铺：沥青混合料一般应采用机械摊铺，因施工施工条件等限制时采用人工摊铺。先做试验段进行试拌试铺，取得经验后，再全面展开。

① 机械摊铺

沥青混合料摊铺机有履带式和轮胎式两种。沥青摊铺机的主要组成部分为料斗、链式传送器、螺旋摊铺器、振动板、摊平板、行使部分和发动机等。

采用两台以上摊铺机成梯队作业进行摊铺，相邻两幅的摊铺应有5～10cm左右宽度的重叠。相邻两台摊铺机宜相距10～30m。当混合料供应能满足不间断摊铺时，也可采用全宽度摊铺机一幅摊铺。

摊铺机自动找平时，中、下面层宜采用一侧钢丝绳引导的高程控制方式，表面层宜采用摊铺层前后保持相同高差的雪橇式摊铺厚度控制方式。

② 人工摊铺

将汽车运来的沥青混合料先卸在铁板上，随即用人工铲运，以扣铲方式均匀摊铺在路上，摊铺时不得扬铲远甩，以免造成粗细粒料分离，一边摊铺一边用刮板刮平。刮平时做到轻重一致，往返刮2～3次达到平整即可，防止反复多刮使粗粒料刮出表面。摊铺过程中要随时检查摊铺厚度、平整度和路拱，如发现有不妥之处应及时修整。

4）碾压

沥青混合料摊铺平整之后，应趁热及时进行碾压。碾压的温度应符合规定。压实后的沥青混合料应符合压实度及平整度的要求，沥青混合料的分层压实厚度不得大于10cm。

沥青混合料碾压过程分为初压、复压和终压三个阶段。

① 初压应在混合料摊铺后温度较高时进行。初压用60～80kN双轮压路机，以1.5～2.0km/h的速度先碾压两遍，使混合料得以初步稳定。压路机应从外侧向路中心碾压，相邻碾压带应重叠1/3～1/2轮宽。一幅宽度边缘无支挡时，可用人工将边缘的混合料稍稍耙高，然后将压路机的外侧轮伸出边缘10cm以上碾压。也可在边缘先空出30～40cm，待压完第一遍后，将压路机大部分的重量位于已压过的混合料面上再压边缘，以减少向外推移。

碾压时应将驱动轮面向摊铺机。碾压路线及碾压方向不应突然改变而导致混合料产生推移。压路机启动、停止，必须缓慢进行。

② 复压是碾压过程最重要的阶段，混合料能否达到规定的密实度，关键全在于本阶段的碾压。复压宜采用重型轮胎压路机，也可采用振动压路机或钢轮压路机。一般采用100～120kN三轮压路机或轮胎式压路机碾压。碾压速度对于三轮压路机为3km/h；对于轮胎式压路机为5km/h。碾压便数不少于4～6遍。复压阶段碾压至稳定无显著轮迹为止。

③ 终压应紧接复压进行。一般用60～80kN双轮压路机以3km/h的碾压速度碾压2～4遍，以消除碾压过程中产生的轮迹，并确保路面表面的平整。

④ 碾压路线

压路机碾压时开行的方向应平行于路中心线，并由一侧路边缘压向路中。用三轮压路机碾压时，每次应重叠后轮宽的1/2；双轮压路机则每次重叠30cm；轮胎式压路机亦应重叠碾压。由于轮胎式压路机能调整轮胎的内压，可以得到所需的接触地面压力，使骨料相互嵌挤咬合，易于获得均一的密实度，而且密实度可以提高2%～3%。所以轮胎式压路机最适宜用于复压阶段的碾压。

⑤ 压路机械

热拌沥青混合料的压实宜采用钢筒式压路机与轮胎压路机或振动压路机组合的方式。双轮钢筒式振动压路机为6～8t或10～15t；轮胎压路机为16～20t或20～26t。

5）接缝施工

沥青路面的施工缝包括纵缝、横缝、新旧路面的接缝等。

① 纵缝施工

摊铺时采用梯队作业的纵缝应采用热接缝。施工时应将已铺混合料部分留下10～20cm宽暂不碾压，作为后摊铺部分的高程基准面，再最后作跨缝碾压以消除缝迹。

半幅施工不能采用热接缝时，宜加设挡板或采用切刀切齐。铺另半幅前必须将缝边缘清扫干净并涂少量粘层沥青。摊铺时应重叠在已铺层上 5～10cm，摊铺后用人工将摊铺在前半幅上面的混合料铲走。碾压时先在已压实路面上行走，碾压新铺层 10～15cm，然后压实新铺部分，再伸入已压实路面 10～15cm，充分将接缝压实紧密。上下层的纵缝应错开 15cm 以上，表层的纵缝应顺直，且宜留在车道区画线位置上。

对当日先后修筑的两个车道，摊铺宽度应与已铺车道重叠 3～5cm，所摊铺的混合料应高出相邻已压实的路面，以便压实到相同的厚度。对不在同一天铺筑的相邻车道，或与旧沥青路面连接的纵缝，在摊铺新料之前，应对原路面边缘加以修理，要求边缘凿齐，塌落松动部分应刨除，露出坚硬的边缘。缝边应保持垂直，并需在涂刷一薄层粘层沥青之后方可摊铺新料。

纵缝应在摊铺之后立即碾压，压路机应大部分在已铺好的路面上，仅有 10～15cm 的宽度压在新铺的车道上，然后逐渐移动跨过纵缝。

② 横缝施工

横缝应与路中线垂直。接缝时先沿已刨齐的缝边用热沥青混合料覆盖，以资预热，覆盖厚度约 15cm。待接缝处沥青混合料变软之后，将所覆盖的混合料清除，换用新的热混合料摊铺，随即用热夯沿接缝边缘夯捣，并将接缝的热料铲平，然后趁热用压路机沿接缝边缘碾压密实。双层式沥青路面上下层的接缝应相互错开 20～30cm，做成台阶式衔接。

相邻两幅及上下层的横向接缝均应错位 1m 以上。表面层横向接缝应采用垂直的平接缝，以下各层可采用自然碾压的斜接缝，沥青层较厚时也可作阶梯形接缝。斜接缝的搭接长度与层厚有关，宜为 0.4～0.8m。搭接处应清扫干净并洒粘层油。当搭接处混合料中的粗集料颗粒超过压实层厚时应予剔除，并补上细料。斜接缝应充分压实并搭接平顺。平接缝做到紧密粘结，充分压实，连接平顺。

为保证接缝质量，可在摊铺施工结束时，在摊铺机接近端部前约 1m 处将熨平板稍稍抬起驶离现场，用人工将端部混合料铲齐后再予碾压。然后用 3m 直尺检查平整度，趁尚未冷透时垂直铲除端部层厚不足的部分，使下次施工时成直角连接；在预定的摊铺段的末端先撒一薄层砂带，摊铺混合料后趁热在摊铺层上挖出一条缝隙，缝隙位于撒砂与未撒砂的交界处，在缝中嵌入一块与压实层厚等厚的木板或型钢，待压实后，铲除撒砂的部分，扫尽砂子，撤去木板或型钢，在端部洒粘层沥青接槎摊铺；在预定摊铺段的末端先铺上一层麻袋或牛皮纸，摊铺碾压成斜坡，下次施工时将铺有麻袋或牛皮纸的部分用人工刨除，在端部洒粘层沥青接茬摊铺；在预定摊铺段的末端先撒一薄层砂带，再摊铺混合料，待混合料稍冷却后用切割机将撒砂的部分切割整齐后取走，用干拖布吸走多余的冷却水，待完全干燥后在端部洒粘层沥青接着摊铺。不得在接头处有水或潮湿情况下铺筑混合料。

从接缝处起继续摊铺混合料前，应用 3m 直尺检查端部平整度。不合要求时，应予修整。摊铺时应调整好预留高度，接缝处摊铺层施工结束后再用 3m 直尺检查平整度，当不合要求时应趁热立即处理。

横缝的碾压应先用双轮压路机进行横向碾压。碾压带的外侧应放置供压路机行驶的垫木，碾压时压路机应位于已压实的混合料层上伸入新铺层的宽度为 15cm。然后每压一遍向新铺混合料移动 15～20cm，直至全部在新铺层上为止，再改为纵向碾压。当相邻摊铺层已经成型，同时又有纵缝时，可先用钢筒式压路机沿纵缝碾压一遍，其碾压宽度为 15～

20cm，然后再沿横缝作横向碾压，最后进行正常的纵向碾压。

③ 开放交通

应待摊铺层完全自然冷却，混合料表面温度低于50℃后，方可开放交通。需要提早开放时，可洒水冷却降低混合料温度。

铺筑好的沥青层应严格控制交通，做好保护，保持整洁，不得造成污染，严禁在沥青层上堆放施工产生的土或杂物，严禁在已铺沥青层上制作水泥砂浆。

（5）沥青混凝土路面雨期施工

下雨时，不允许铺筑沥青混合料。在雨水较多的季节进行施工时，应注意以下几点：

1）要设专人收集天气预报信息，在制定施工计划时，要根据天气预报，确定次日是否可以进行摊铺施工。

2）摊铺施工现场设专人负责与沥青混合料生产厂联系。施工作业时如遇突然下雨，应及时停止沥青混合料的生产。

3）摊铺施工要做到及时摊铺、及时压实，若遇摊铺作业中突然下雨，应尽量抢在下雨前将已经摊铺的混合料压实，至少应保证碾压2～4遍。

4）摊铺的沥青混合料未经压实而遭水侵蚀，要全部铲除清理，重新铺筑。

5）雨期施工，基层要做好排水。基层潮湿或积水不得摊铺沥青混合料。

6）进场的施工机械应备有防雨设施。

（6）沥青混凝土路面冬期施工

冬期进行沥青混合料路面施工，摊铺的沥青混合料冷却速度很快，如果不及时压实，很快就冷却固化，无法压实到规定的压实度。因此，高速公路和一级公路施工气温不得低于10℃，其他等级公路施工温度不得低于5℃。

1）冬期施工影响质量的因素

① 地表温度：冬期施工应测量地表温度，选择天气晴朗，日照强，无风时，地面温度较高。

② 摊铺厚度：厚度较薄时，摊铺后混合料很快冷却，难以压实，不宜在低温环境下施工。

③ 沥青混合料类型：改性沥青混合料要求在较高的温度下压实，才能保证压实的密实度。因此，改性沥青在低温下施工也难以保证压实质量。

2）冬期施工措施

① 适当提高沥青混合料的出厂温度。石油沥青混合料可控制在160℃以上。

② 为了防止沥青混合料在运输过程中降温，车辆应使用帆布严密覆盖，保证摊铺时沥青混合料的温度不低于120～150℃。每次从运输车卸下来的沥青混合料都应覆盖苫布保温。

③ 摊铺机要重点检查预热装置，保证完好有效。

④ 摊铺作业适宜在上午9时至下午4时之间无风的天气进行。

⑤ 碾压工作应有足够数量的压路机。一般采用振动压路机碾压压实效果较好。

⑥ 应快速摊铺、快速碾压。作业时可采用缩小压路机与摊铺机距离、缩短碾压段长度、碾压时先重后轻，在短时间内达到规定的压实度，再用轻压消除表面轮迹等方法。

⑦ 雨雪天气不能进行沥青混合料的摊铺施工。

7.10 水泥混凝土路面施工技术

7.10.1 施工准备

（1）选择混凝土拌合场地

根据施工路线的长短和所采用的运输工具，混凝土可集中在一个场地拌制，也可以在沿线选择几个场地，随工程进展情况迁移。拌合场地的选择首先要考虑使运送混合料的运距最短，同时拌合场还应该接近水源和电源。此外，拌合场应有足够的面积，以供堆放砂石材料和搭建水泥库房。

（2）进行材料试验和混凝土配合比设计

根据技术设计要求与当地材料供应情况，做好混凝土各组成材料的试验，进行混凝土各组成材料的配合比设计。

（3）基层的检查与整修

基层的宽度、路拱与标高、表面平整度和压实度，均应检查其是否符合要求。如有不符之处，应予整修。半刚性基层的整修时机很重要，过迟则强度已形成，难以修整且很费工。当在旧砂石路面上铺筑混凝土路面时，所有旧路面的坑洞、松散等损坏，以及路拱横坡或宽度不符合要求之处，均应事先翻修调整压实。

（4）洒水润湿

混凝土摊铺前，基层表面应洒水润湿，以免混凝土底部的水分被干燥的基层吸去，变得疏松以致产生细裂缝。有时也可在基层和混凝土之间铺设薄层沥青混合料或塑料薄膜。

7.10.2 小型机具铺筑施工程序

小型机具铺筑是指采用固定模板，人工布料、手持振动棒，平板振动器或振动梁振实，用修复尺、抹刀整平，且对其表面进行了抗滑处理的水泥混凝土路面。

小型机具施工主要机械设备有：配备自动重量计量设备的强制式搅拌机、插入式振动棒、平板振动器和振动梁等振捣式机具；提浆滚杆、叶片式或圆盘式抹面机、3m 刮尺和抹刀等整平工具；拉毛机、工作桥、刻槽机等抗滑构造设备以及运输车辆。

水泥混凝土小型机具施工主要流程为：施工放样→安装模板→设置传力杆和拉杆→混凝土混合料的制备与运输→摊铺与振捣→抹面与设置防滑措施→接缝→养生与填缝→开放交通。

1. 安装模板

在摊铺混凝土前，应先安装两侧模板。模板宜采用钢制模板，接头处应拼装牢固，而且装拆容易。钢模板可用厚 4～5mm 的钢板冲压制成，或用 3～4mm 厚钢板与边宽 40～50mm 的角钢或槽钢组合构成。模板厚度应与混凝土面板厚度相同，模板的顶面与面板设计高程一致。如果采用木模板，其厚度应在 5cm 以上。模板安装、检查后，在模板内侧面均匀涂刷一薄层隔离剂（如废机油、肥皂液等），以便于脱模。弯道和交叉口路缘处，可采用 1.5～3cm 厚的木模板，以便弯成弧形。

图 7-8　水泥混凝土路面施工

2. 设置传力杆和拉杆

（1）纵缝处的设置：可采用三种形式。

① 在模板上设孔，立模后在浇筑混凝土之前将拉杆穿入孔中。

② 拉杆弯成直角形，立模后用铁丝将其一半绑在模板上，另一半浇筑在混凝土内，拆模后将外露在已浇筑混凝土侧面上的拉杆弯直。

③ 采用带螺丝的拉杆，一半拉杆用支架固定在基层上，拆模后另一半带螺丝接头的拉杆同埋在已浇筑混凝土内的半根拉杆相接。

（2）横缝处的设置：分混凝土板连续浇筑和不连续浇筑两种形式。

① 连续浇筑：混凝土板连续浇筑时设置胀缝传力杆的做法，一般是在嵌缝板上预留圆孔以便传力杆穿过，嵌缝板上面设木制或铁制压缝板条，其旁再放一块胀缝模板，按传力杆位置和间距，在胀缝模板下部挖成倒 U 形槽，使传力杆由此通过。传力杆的两端固定在钢筋支架上，支架脚插入基层内。

② 不连续浇筑：对于不连续浇筑的混凝土板在施工结束时设置的胀缝，宜用顶头模板固定传力杆的安装方法。即在端模板外侧增设一块定位模板，板上同样按照传力杆间距及杆径钻成孔眼，将传力杆穿过端模板孔眼并直至外侧定位模板孔眼。两模板之间可用按传力杆一半长度的横木固定。继续浇筑邻板时，拆除挡板、横木及定位模板，设置胀缝板、压缝板条和传力杆套管。

3. 混凝土混合料的制备与运输

（1）混合料的制备

可采用现场拌制和工厂集中制备后用汽车运送到工地两种方式。

混凝土混合料应有适当的施工和易性，一般规定其坍落度为 0～30mm，工作度约 30s。一般坍落度的混凝土，最短的拌合时间不低于最佳拌合时间的低限，最长拌合时间不超过最短拌合时间的 3 倍。

在工地制备混合料时，应在拌合场地上合理布置拌合机和砂石、水泥等材料的堆放地点，力求提高拌合机的生产率。拌制混凝土时，要准确掌握配合比，特别要严格控制用水量。每天开始拌合前，应根据天气变化情况，测定砂、石材料的含水量，以调整拌制时的实际用水量。每拌所用材料应过秤。量配的精确度对水泥为±1.5%，砂为±2%，碎石为±3%，水为±1%。每一工班应检查材料量配的精确度至少 2 次，每半天检查混合料的坍落度 2 次。

在施工时，应力求混凝土强度满足设计要求。通常，要求面层混凝土的 28d 抗弯拉强度达到 4.0～5.0MPa，28d 抗压强度达到 30～35MPa。

（2）混合料的运输

① 对混凝土混合料的一般要求：混凝土运至浇筑地点时，如发生离析、严重泌水或坍落度不合要求时，应进行第二次搅拌，并不得任意加水。确有必要时，可同时加水和水泥，以保持水灰比不变。如二次搅拌仍不合要求，严禁使用。

② 选择运输设备：混合料一般可根据车辆种类和混合料容许的运输时间选手推车、翻斗车、自卸汽车、混凝土搅拌运输车等运输车辆。运输车辆应洁净，运输中应防止污染并注意防止产生离析现象。当不能满足容许的运输时间要求时，应使用缓凝剂。通常，夏季不宜超过 30～40min，冬季不宜超过 60～90min。高温天气运送混合料时应采取覆盖措施，以防混合料中水分蒸发。运送用的车厢必须在每天工作结束后，用水冲洗干净。

4. 摊铺与振捣

（1）摊铺

1）为防止混凝土离析现象，当运送混合料的车辆运达摊铺地点后，一般直接倒向安装好侧模的路槽内，并用人工找补均匀。如果自高处向模板内倾卸混凝土时，应注意：

① 直接倾卸时，其自由倾落高度不宜超过 2m，以不发生离析现象为度。

② 高度超过 2m 时，应通过串筒、溜管或振动管等辅助设施；高度超过 10m 时，应设置减速装置。

③ 在串筒等出料口下端，混凝土堆积高度不宜超过 1m。

2）混凝土应按照一定厚度、顺序和方向浇筑。当分层浇筑时，应在下层混凝土初凝或能够重塑前完成上一层混凝土浇筑。在倾斜面上浇筑时，应从底处开始逐层扩展升高，保持水平分层。

3）虚铺厚度：混凝土摊铺时应考虑混凝十振捣后的落沉量，摊铺时可高出设计厚度约 10%左右，使振实后的面层标高同设计相符。

（2）振捣

浇筑混凝土时，除少量塑性混凝土可用人工捣实外，宜采用振动器振实。混凝土混合料的振动器具，应由平板振动器、插入式振动器和振动梁配套作业。混凝土路面板厚在 0.22m 以内时，一般可一次摊铺，用平板振动器振实。凡振捣不到之处，如面板的边角部、窨井、进水口附近，以及设置钢筋的部位，可用插入式振动器进行振实；当混凝土板厚较大时，可先插入振捣，然后再用平板振捣，以免出现蜂窝现象。

平板振动器在同一位置停留的时间，一般为 10～15s，以达到表面振出浆水，混合料不再沉落为宜。平板振捣后，用带有振动器的、底面符合路拱横坡的振动梁，两端搁在侧模上，沿摊铺方向振捣拖平。拖振过程中，多余的混合料将随着振动梁的拖移而刮去，低陷处则应随时补足。随后，再用直径 75～100mm 长的无缝钢管，两端放在侧模上，沿纵向滚压一遍。对每一振动部位，必须振到该部位混凝土密实为止。密实的标志是：混凝土停止下沉，不再冒出气泡，表面呈现平坦、泛浆。

5. 抹面与设置防滑措施

（1）抹面

混凝土终凝前必须用人工或机械抹平其表面。当用人工抹光时，不仅劳动强度大、工效低，而且还会把水分、水泥和细砂带至混凝土表面，致使它比下部混凝土或砂浆有较高的干缩性，致使强度较低。而采用机械抹面时可以克服以上缺点。目前国产的小型电动抹面机有两种装置：装上圆盘即可进行粗光；装上细抹叶片即可进行精光。在一般情况下，面层表面仅需粗光即可。抹面结束后，有时再用拖光带横向轻轻拖拉几次。

（2）设置防滑措施

为保证行车安全，混凝土表面应具有粗糙抗滑的表面。最普通的做法是用棕刷沿道路横向在抹平后的表面上轻轻刷毛；也可用金属丝梳子梳成深 1～2mm 的横槽。近年来，国外已采用一种更有效的方法，既在已硬结的路面上，用锯槽机将路面锯割成深 5～6mm、宽 2～3mm、间距 20mm 的小横槽。也可在未结硬的混凝土表面塑压成槽，或压入坚硬的石屑来防滑。

6. 接缝

（1）胀缝

先浇筑胀缝一侧混凝土，取去胀缝模板后，再浇筑另一侧混凝土，钢筋支架浇在混凝土内。压缝板条使用前应涂废机油或其他润滑油，在混凝土振捣后，先抽动一下，随后最迟在终凝前，将压缝板条抽出。缝隙上部需浇灌填缝料。留在缝隙下部的嵌缝板应采用沥青浸制的软木板或油毛毡等材料制成。

（2）纵缝

纵缝筑做企口式纵缝，模板内壁做成凸榫状。拆模后，混凝土板侧面即形成凹槽。需设置拉杆时，模板在相应位置处要钻成圆孔，以便拉杆穿入。浇筑另一侧混凝土前，应先在凹槽壁上涂抹沥青。

（3）横向缩缝

横向缩缝即假缝，通常采用有切缝法。

在结硬的混凝土中用切缝机切割出要求深度的槽口。这种方法可保证缝槽质量，并且不会扰动混凝土结构，但要掌握好锯割时间，一般为 25%～30%的设计强度时为宜。

7. 养生与填缝

（1）养生

为防止混凝土中水分蒸发过速而产生缩裂，并保证水泥水化过程的顺利进行，混凝土应及时养生。一般用湿润养生和塑料薄膜或养护剂养生两种方法。

① 湿润养生

混凝土抹面 2h 后，当表面已有相当硬度，用手指轻压不见痕迹时既可开始养生。一般采用湿麻袋或草垫，或者 20～30mm 厚的湿砂覆盖于混凝土表面。每天均匀洒水数次，使其保持潮湿状态，至少延续 14d。

② 塑料薄膜或养护剂养生

当混凝土表面不见浮水，用手指按压无痕迹时，即均匀喷洒塑料溶液，形成不透水的薄膜黏附于表面，从而阻止混凝土中水分的蒸发，保证混凝土的水化作用。

混凝土强度必须达到设计强度的 90%以上时，方能开放交通。

（2）填缝

填缝工作宜在混凝土初步结硬后及时进行。填缝前，首先将缝隙内泥砂杂物清除干净，然后浇灌填缝料。

理想的填缝料应能长期保持弹性、韧性，热天缝隙缩窄时不软化挤出，冷天缝隙增宽时能胀大并不脆裂，同时还要与混凝土粘牢，防止土砂、雨水进入缝内，此外还要耐磨、耐疲劳、不易老化。实践表明，填料不宜填满缝隙全深，最好在浇灌填料前先用多孔柔性材料填塞缝底，然后再加填料，这样夏天胀缝变窄时填料不至受挤而溢至路面。

7.10.3　特殊气候条件下混凝土路面的施工

所谓特殊气候条件下的施工，是指气温超过25℃（一般指夏季）和气温低于5℃（一般指冬季）的天气条件下，由于水泥混凝土施工工艺及材料成型过程的要求，必须采取必要的措施才能保证满足要求。

混凝土路面铺筑期间，应注意天气预报，遇不良天气时，应暂停施工。如降雨；风力大于6级，风速在10.8m/s以上的强风天气；现场气温高于40℃或拌合物摊铺温度高于35℃；摊铺现场连续5d昼夜平均气温低于5℃，夜间最低气温低于－3℃。

1. 高温季节施工

在气温超过25℃时施工，应防止混凝土的温度超过30℃，以免混凝土中水分蒸发过快，致使混凝土干缩而出现裂缝，应采取相应的措施。

（1）当现场气温高于30℃时，应避开中午高温时段施工；

（2）砂石料堆应设遮阳篷；抽取地下水或采用冰屑水拌合混合物；

（3）对湿混合料，在运输途中要加以遮盖；

（4）各道工序应紧凑衔接，尽量缩短施工时间；

（5）搭设临时性的遮光挡风设备，避免混凝土遭到烈日暴晒并降低吹到混凝土表面的风速，减少水分蒸发；

（6）在采用覆盖保湿养生时，应加强洒水，并保持足够的湿度；

（7）应根据混凝土强度的增长情况确定切缝时间，应比常温施工时适当提前。特别是在降雨或夜间降温幅度较大时，应提早切缝。

2. 低温季节施工

混凝土强度的增长主要依靠水泥的水化作用。当水结冰时，水泥的水化作用即停止，而混凝土的强度也就不再增长，而且当水结冰时体积会膨胀，促使混凝土结构松散破坏。因此，混凝土路面应尽可能在气温高于5℃时施工。由于特殊情况必须在低温情况下（5昼夜平均气温低于5℃和最低气温低于－3℃）施工时，应按低温季节施工处理，应采取相应的措施。

（1）采用高强度等级（42.5以上）快凝水泥，或掺入早强剂，或增加水泥用量。

（2）加热水或集料。较常用的方法是仅将水加热。拌制混凝土时，先用温度超过70℃的水同冷集料相拌合，使混合料在拌合时的温度不超过40℃，摊铺后的温度不低于10（气温为0℃时）～20℃（气温为－3℃时）。

（3）混凝土整修完毕后，表面应覆盖蓄热保温材料，必要时还应加盖养生暖棚。

低温条件下施工时，混凝土路面养生天数不得少于28d。

7.10.4　滑模摊铺机施工简介

目前在我国一些省市和机场道路铺筑中已开始使用滑模摊铺机施工，由于该项施工技术属于比较复杂完整的大型机械化施工系统，其要求标准高，难度大，因此，做好施工前的准备工作及把握好各个施工环节均十分重要。这里对水泥混凝土路面的滑模摊铺机施工做简单介绍（图7-9）。

图 7-9　滑膜摊铺机

水泥混凝土滑模摊铺机施工主要流程为：施工准备→滑模摊铺机的设置→初始摊铺→拉杆施工→摊铺→摊铺结束后的工作。

滑模摊铺机的施工类似于沥青混凝土摊铺机施工，区别在于摊铺的料的性质不同，通过试验段施工摸索经验，然后大面积展开施工。

（1）摊铺开始前，应对摊铺机进行全面性能检查和正确的施工位置参数设定，这是滑模摊铺机操作技术中最关键的技术环节之一，也是摊铺机试调当中最重要的内容。

（2）设置基准线是为滑模摊铺机建立一个标高、纵横坡、板厚、板宽、摊铺中线、弯道及连续平整度等基本几何位置的基准参照系。基准线有单向坡双线式、单向坡单线式和双向坡双线式三种。

（3）首次摊铺前，应按照路面设计高程、横坡度或路拱测量设定2～3根基准线或4～6个桩，将六个传感器全部挂到两侧基准线上，并检查传感器的灵敏度和反应方向，开动滑模机进入设好的桩位或线位，调整水平传感器立柱高度，使滑模摊铺机挤压底板恰好落在经精确测量设置好的木桩或基准线上。同时调整好滑模摊铺机机架前后左右的水平度。令滑模摊铺机挂线自动行走，再返回校核1～2遍，正确无误后方可开始摊铺。

（4）首次摊铺，应校准摊铺位置，即直线段校准滑模摊铺机挤压底板四角点高程和侧模前进方向。在开始摊铺的5m内，必须对所摊铺出的路面标高、边缘厚度、中线、横坡度等技术参数进行复核测量。

第 8 章　城市桥梁工程施工技术

8.1　桥梁的组成与分类

8.1.1　桥梁的组成

桥梁主要由上部结构（也称桥跨结构）和下部结构组成，见图 8-1。

（1）桥梁上部结构：承担行车等荷载，跨越障碍。上部结构包括主要承重结构（梁、板）、桥面系和支座等。

1）主要承重结构：它是桥梁承载和跨越的重要部分。其作用是承担上部结构所受的全部荷载并传给支座。例如，桁架梁桥中的主桁架，梁式桥中的主梁，拱桥中的拱肋（拱圈）等。

2）桥面系：一般由桥面板、桥面铺装、栏杆（防撞墙）、人行道、伸缩缝、照明系统等组成。其中，桥面板用以承受局部荷载，常采用钢筋混凝土板做成，桥面铺装用以防止车轮直接磨耗桥面板、排水和分布轮重。

3）支座：设于桥（墩）台顶部，支承上部结构并将荷载传给下部结构的装置。

（2）桥梁下部结构：支持桥梁上部结构并将荷载传给地基。下部结构主要包括桥台、桥墩及桥梁基础等。

1）桥台：位于桥梁的两端，支承桥梁上部结构，并使之与路堤衔接的建筑物。其功能是传递上部结构荷载于基础，并抵抗来自路堤的土压力。为了维持路堤的边坡稳定并将水流导入桥孔，除带八字形翼墙的桥台外，在桥台左右两侧筑有保持路肩稳定的锥形护坡。

2）桥墩：位于多孔桥跨的中间部位，支承相邻两跨上部结构的建筑物，其功能是将上部结构荷载传至基础。

3）桥梁基础：是桥梁最下部的结构，上承墩台，并将桥梁墩台的荷载传至地基。基底应设置在有足够承载力的持力层处，且有一定的埋置深度。当地基承载力较高时，可用扩大基础。否则，改用桩等深基础，把荷载传递到深部地基。

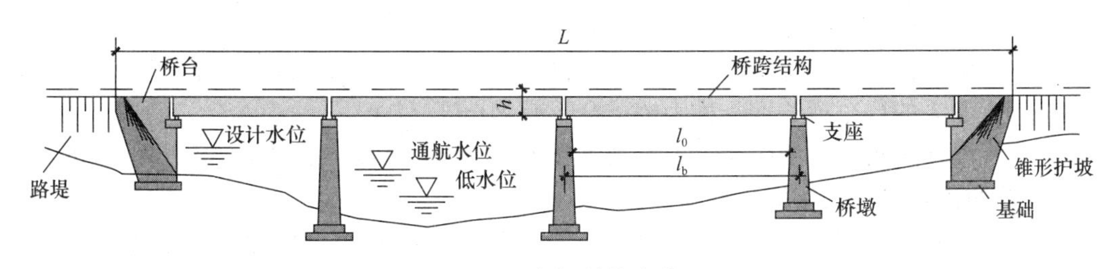

图 8-1　桥梁结构全貌

桥梁的结构按部位功能划分：可分为五大部件和五小部件。

（1）五大部件：是指桥梁承受汽车或其他作用的桥跨上部结构与下部结构，它们是桥梁结构安全性的保证。五大部件包括桥跨结构、支座、桥墩、桥台、基础。

（2）五小部件：是直接与桥梁服务功能有关的部件，也称为桥面构造。五小部件包括桥面铺装、排水防水系统、栏杆、伸缩缝、照明系统。

1）桥面铺装：桥面铺装的平整、耐磨、不翘曲、不渗水是保证行车舒适的关键，特别在钢箱梁上铺设沥青路面，技术要求高，检查评定严格。

2）排水防水系统：应能迅速排除桥面积水，并使渗水的可能性降至最小限度。此外，城市桥梁排水系统还应保证桥下无滴水和结构上无漏水现象。

3）栏杆或防撞护栏：它既是保证安全的构造措施，又是改善景观的最佳装饰构件。

4）伸缩缝。简支梁桥位于桥梁墩顶上部结构之间或其他桥型上部结构与桥台端墙之间，以保证结构在各种因素作用下的自由变位。为使桥面上行车顺适、不颠簸，桥面上要设置伸缩缝构造。尤其是大桥或城市桥的伸缩缝，不仅要结构牢固、外观光洁，而且要经常扫除掉入伸缩缝中的垃圾泥土，以保证其功能正常。

5）照明系统（包括灯光照明）：在现代城市中，大跨径桥梁通常是一个城市的标志性建筑，大都装置了照明系统，构成了城市夜景的重要组成部分。

（3）桥梁的附属结构物：一般有路堤挡土墙、护坡、导流堤、检查设备、台阶扶梯、导航装置等。

8.1.2 桥梁常用名词术语

（1）计算跨径：同一孔桥跨结构相邻两支座中心之间的水平距离（l）。用于桥梁结构的内力、变形计算。

（2）标准跨径：对于梁式桥，是指两相邻桥墩中线间水平距离或桥墩中线与台背前缘之间的水平距离（l_b），也称为单孔跨径。标准跨径是桥梁划分大、中、小桥及涵洞的指标之一。标准跨径扣除伸缩缝宽度就是实际梁的长度。

（3）净跨径：对于梁式桥，设计洪水位上相邻两桥墩（或桥台）间的水平净距（l_0）；对于拱式桥，是指每孔拱跨两拱脚截面最低点之间的水平距离。它反映桥梁在该跨的排洪能力，也与通航净宽有关。

（4）标准化跨径：为了便于编制标准设计，增强构件的互换性，当跨径在50m及以下时，通常采用标准化跨径。采用标准化跨径设计，有利于桥梁制造和施工的机械化，也有利于桥梁养护维修和战备需要。

《公路工程技术标准》JTG B 01—2003规定了标准化跨径0.75～50m，共21级，常用者为10m、16m、20m、40m等标准设计。

（5）桥梁全长：沿桥梁中心线，两岸桥台侧墙（八字墙）尾端之间的水平距离（无桥台的桥为桥面系的行车道长度）称为桥梁全长或总长度（L）。

（6）桥梁建筑高度：桥面路拱中心顶点到桥跨结构最下缘（拱式桥为拱脚线）的高差h。桥梁建筑高度不得大于容许建筑高度。

（7）桥梁高度：桥面路拱中心顶点到低水位或桥下线路路面之间的垂直距离，称为桥梁高度。

(8) 桥下净空高度：设计洪水位或计算通航水位与桥跨结构最下缘之间的高差，称为桥下净空高度。桥下净空高度应满足排洪、通航或通车的规定要求。城市多层立交桥对桥梁建筑高度有较严格的限制。

(9) 高程与尺寸：桥梁主要标高和总体尺寸在桥梁沿高度方向的结构位置。高程用国家标准水准高程，尺寸用国家规定长度单位表示。

主要的控制部位有基底、地面、襟边、墩（台）顶、桥面等处。

表示水位高程的主要有低水位、设计水位、洪水位、通航水位的高程。

8.1.3 桥梁的分类

桥梁可以按工程规模、结构体系、上部结构的建筑材料、用途、跨越障碍、桥面位置、桥梁平面的形状、制造方法、使用期限等方式分类，每一种分类方式均反映出桥梁在某一方面的特征。

1. 按工程规模划分

按工程规模划分为特大桥、大桥、中桥、小桥、涵洞。

《公路工程技术标准》JTG B 01—2003 根据桥梁单孔跨径和多孔跨径总长进行分类。规定如表 8-1。

桥梁分类表 **表 8-1**

桥梁分类	单孔跨径 l_b (m)	多跨桥梁全长 L (m)
特大桥	$l_b>150$	$L>1000$
大　桥	$40\leqslant l_b\leqslant 150$	$100\leqslant L\leqslant 1000$
中　桥	$20\leqslant l_b<40$	$30<L<100$
小　桥	$l_b<20$	$8\leqslant L\leqslant 30$

2. 按结构体系及受力特点划分

按结构体系及其受力特点可划分为梁桥、拱桥、刚架桥、悬索桥、斜拉桥、组合体系桥。

(1) 梁桥

梁桥是古老的结构体系之一。其承重结构主要是以其抗弯能力来承受荷载。在竖向荷载作用下，其支承反力也是竖直的。梁体结构的特点是只受弯、剪，不承受轴向力。

根据桥跨结构是否连续又分为简支梁桥、悬臂梁桥和连续梁桥。

1) 简支梁桥在荷载作用下，跨中弯矩最大、支点处剪力最大。该种桥型属静定结构，温度和支座沉降不会改变内力。但一般跨越能力不大。

2) 悬臂梁为静定结构，受力明确，计算简便；悬臂根部受较大负弯矩作用，悬臂端位移最大。因结构变形在连接处不连续对行车和桥面养护产生不利影响，近年来已很少采用。

3) 连续梁为超静定结构，因桥跨结构连续，行车舒适，是目前采用较多的梁式桥型。

根据断面形式梁式桥又可分实腹式和空腹式。前者梁的截面形式多为 T 形、工字形和箱形等，后者指主要由拉杆、压杆、拉压杆以及连接件组成的桁架式桥跨结构。梁的高度和截面尺寸可在桥长方向保持一致或随之变化。对中小跨径的实腹式梁，常采用等高度 T 形梁；跨径较大时，可采用变高度箱形截面预应力混凝土连续梁桥。

(2) 拱桥

拱桥是古老的结构体系之一。其主要承重结构是具有曲线外形的拱（其拱圈的截面形式可以是实体矩形、肋形、箱形、桁架等）。在竖向荷载作用下，拱主要承受轴向压力，同时也承受弯矩、剪力。支承反力不仅有竖向反力，也承受较大的水平推力。

根据拱的受力特点，多采用抗压能力较强且经济合算的圬工材料和钢筋混凝土来修建拱桥。拱对墩台有较大的水平推力，对地基的要求较高，故一般宜建于地基良好之处。

按力学分析，拱又分成单铰拱、双铰拱、三铰拱和无铰拱。因铰的构造较为复杂，一般常采用无铰拱体系。我国发明创造的桥型结构—双曲拱，其特点是使上部结构轻型化、装配化。

拱桥的施工方法，除常采用的有支架施工方法外，现可采用悬臂施工、转体施工、劲性骨架等无支架施工新技术，这对拱桥在更大跨径范围内的应用，起到了重要的促进作用。

(3) 刚架桥（刚构桥）

刚架桥是指梁与立柱（墩柱）或竖墙整体刚性连接的桥梁。其主要特点是：立柱具有相当大的抗弯刚度，故可分担梁跨中正弯矩，达到降低梁高、增大桥下净空的目的。在竖向荷载作用下，主梁与立柱（竖墙）的连接处会产生负弯矩；主梁、立柱承受弯矩，也承受轴力和剪力；柱底约束处既有竖直反力，也有水平反力。立柱直立的刚架桥称为门形框架；立柱斜向布置称为斜腿刚架桥；柱脚处可以是铰接，也可以是刚接。

钢筋混凝土和预应力混凝土刚架桥适用于中小跨径、建筑高度要求大的城市跨线桥。

采用预应力技术和对称悬臂施工方法，刚架形式的桥梁可用于更大跨径的情况，如 T 形刚构桥和连接刚构桥等。

连续刚构桥就是把刚度较小的桥墩（柱）与梁体固结起来，其特点是桥墩（称为薄壁墩）较为轻巧。这种桥式除保持了连续梁的受力优点外，还节省了大型支座的费用，减少了墩及基础的工程量，改善了结构在水平荷载下的受力性能，有利于简化施工程序，适用于需要布置大跨径（可达 300m）、高墩的桥位。

(4) 悬索桥（吊桥）

主要由索（缆索）、塔、锚碇、加劲梁等组成。在竖向荷载作用下，其缆索受拉，锚碇处会产生较大的竖向（向上）和水平反力。缆索通常用高强度钢丝制成圆形主缆，加劲梁多采用钢桁架或扁平箱梁，桥塔可采用钢筋混凝土或钢结构。因缆索的抗拉性能得以充分发挥且大缆尺寸基本上不受限制，故悬索桥的跨越能力最大。不过，由于结构的刚度不足，悬索桥较难满足当代铁路桥梁的要求。

(5) 斜拉桥

主要由梁、塔和斜拉索（拉索）组成，结构形式多样，造型优美。在竖向荷载作用下，梁以受弯为主，塔以受压为主，斜拉索受拉。梁体被斜拉索多点扣拉，表现出弹性支承连续梁的特点。因此，梁体荷载弯矩减小，梁高可降低，从而减轻了自重节省材料，还增大跨越能力。另外，塔和斜拉索的材料性能也能得到较充分地发挥。因此，斜拉桥的跨越能力仅次于悬索桥，是近几十年来发展很快的一种桥型。由于刚度问题，斜拉桥在铁路桥梁上的应用极为有限。斜拉桥按照索面的布置，分为单索面、双索面和斜向双索面。

(6) 组合体系桥

将上述几种结构形式进行合理的组合应用，即形成组合体系桥梁。常见的组合方式是梁、拱结构的组合。梁、拱、吊组合体系同时具备梁的受弯和拱的承压特点，可以是刚性拱及柔性拉杆，也可以是柔性拱及刚性梁。

3. 按上部结构的建筑材料划分

按上部结构的建筑材料可分为木桥、石桥、混凝土（钢筋混凝土、预应力混凝土）桥、钢桥、结合梁桥和复合材料桥等。

4. 其他分类方法

按用途可分为公路桥、铁路桥、公铁两用桥、城市桥和管线桥；按跨越障碍可分为跨河桥、跨谷桥、跨线桥和高架线路桥等；按桥面位置可分为上承式桥、中承式桥、下承式桥和双层桥；按桥梁平面的形状划分：可分为正交桥、斜交桥和弯桥；按制造方法可分为现场浇筑和装配式两类；按使用期限可分为临时性桥、永久性桥和半永久性桥；按其他特殊用途桥梁有活动桥、军用桥、漫水桥、悬带桥和观景廊桥等。

8.2 桥梁基础施工技术

桥梁基础是桥梁结构物直接与地基接触的部分，是桥梁下部结构的重要组成部分。桥梁基础根据埋置深度可分为浅基础（一般小于 5m）和深基础两类（一般埋深大于 5m）。浅基础一般采用明挖施工，深基础可采用多种方法施工，如打（沉）入桩、钻孔灌注桩、沉井、沉箱等。本部分主要介绍浅基础、打（沉）入桩、钻孔灌注桩及沉井施工技术。

8.2.1 浅基础施工

桥梁工程中的浅基础（又称明挖基础）可分为柔性基础和刚性扩大基础。柔性基础一般采用钢筋混凝土浇筑而成；刚性扩大基础一般采用圬工材料砌筑而成。

采用明挖法施工基础时，应根据地基土性质、周边环境等条件，采用无支护和有支护施工。当地基土承载力高，周边不受限，可放坡开挖；当地基土层较软或放坡受限时，可采用各种坑壁支撑后开挖。采用明挖法施工特点是工作面大、施工简便，其施工程序为基坑定位放样→基坑围堰→基坑排水→基坑开挖→基底检验与处理→基础砌筑→基坑回填。

(1) 基坑定位放样

首先定出当墩、台中心线，然后定墩、台的基础的尺寸，加上周边（每边加 50～100cm）的工作宽度，即可定出基坑底部尺寸，再根据土质放坡率，得到基坑顶的开挖尺寸。

(2) 基坑围堰

在河岸或水中修筑墩台时，为防止河水由基坑顶面浸入基坑，需要修筑围堰。围堰修筑好以后，抽除围堰内的水，使基坑开挖和基础在无水的状态下施工，待墩台修筑出水面后，再对基坑回填并拆除围堰。

1) 围堰的要求

① 围堰顶高程宜高出施工期间可能出现的最高水位（包括浪高）0.5～0.7m。

② 由于修筑围堰会减小河床断面，流速增大引起河床冲刷。因此，围堰占用过水的断面不应超过原河床流水断面的 30%。

③ 围堰内应满足坑壁放坡和砌筑基础时工作面的要求。

2）常用的围堰形式

① 土围堰：这是一种最简易的围堰。适用于水深 1.5m 以内、流速 0.5m/s 以内、河床土质渗水性较小的河床。

② 草袋围堰：适用于水深 3.0m 以内、流速 1.5m/s 以内、河床土质渗水性较小的河床。

③ 板桩围堰：根据河床土质、水深、流速等条件可分别采用木板桩围堰、钢板桩围堰和钢筋混凝土板桩围堰等。

（3）基坑排水

明挖基础施工中一般应采用排降水措施，保证地下水位低于坑底 0.5m。基坑排水多采用集水井排水法和井点降水法。

1）集水井排水法

在基坑底周边设置排水沟，每隔 20～40m 设一个集水井，井的直径或边宽一般为 60～80m，深度可为 80～100m。井内用水泵将水排出坑外，并持续至基础工程完成进行回填土后才停止。

2）井点降水法（详见隧道工程施工技术）

（4）基坑开挖

基坑开挖应根据土质条件、基坑深度、施工期限以及有无地表水或地下水等因素，采用适当的施工方法。

1）基坑开挖有坑壁有支撑和坑壁有支撑两种形式。

2）常用的坑壁支撑形式有：挡板支撑护壁、喷射混凝土护壁、混凝土围圈护壁以及其他形式的支撑（如锚桩式、锚杆式、锚碇板式、斜撑式等）。

3）基坑施工注意事项：

① 在基坑顶缘四周适当距离处设置集水沟，并防止水沟渗水，以避免地表水冲刷坑壁，影响坑壁稳定性。

② 坑壁缘边应留有护道，静荷载距坑壁边缘不少于 0.5m，动荷载距坑壁边缘不少于 1.0m，垂直坑壁边缘的护道还应适当增宽，水文地质条件欠佳时应有加固措施。

③ 应经常注意观察基坑边缘顶面有无裂缝，坑壁有无松散塌落现象发生，以确保安全施工。

④ 基坑施工自开挖至基础完成，应抓紧时间连续施工。

⑤ 机械开挖至坑底标高以上 30cm。待在基础施工准备好后，用人工挖至基底标高。一防超挖，二防雨水浸泡，影响地基承载力。

（5）基底检验与处理（详见“实务部分”）

（6）基础砌筑

在基坑中砌筑基础可分为无水砌筑、排水砌筑和混凝土封底再排水砌筑等几种情况，基础用料应在挖基完成前准备好，以保证能及时砌筑。

1）无水砌筑

当基坑无渗漏，坑内无积水，应先将基底洒水湿润；当地基为过湿的土基时，应铺设一层厚 10～30cm 碎石垫层，夯实后再铺水泥砂浆一层，然后再砌筑基础。砌筑时，各工作层竖缝应相互错开不得贯通，浆砌块石的竖缝错开距离不得小于 8cm。

2）排水砌筑

如基坑基本无渗漏，仅有雨水存积，则可沿基坑底四周基础范围以外挖排水沟，将坑内积水排除后再砌筑基础。如基坑有渗漏，则应沿基坑底四周基础范围以外挖集水井，然后用水泵排出坑外。确保在无水状态下砌筑基础，基础边缘部分应严密隔水。

（7）基坑回填

根据基坑所处位置详见相关要求。

8.2.2 打（沉）入桩施工

打（沉）入桩按材料可分为木桩、钢筋混凝土桩、预应力混凝土桩和钢桩等。目前使用较多的是钢筋混凝土桩和预应力混凝土管桩。桩的截面形式有实心桩和空心管桩两种。

（1）混凝土桩的预制

1）钢筋混凝土方桩

钢筋混凝土方桩分为实心和空心两种。

钢筋混凝土方桩的预制过程是：制桩场地的整平与夯实；制模与立模；钢筋骨架的制作与吊放；混凝土浇筑与养护。可采用间接浇筑法或重叠浇筑法制桩。间接浇筑法要求第一批桩的混凝土达到设计强度的 30％后，方可拆除侧模；待第二批桩的混凝土达到设计强度的 70％以后才可起吊出坑。重叠浇筑法是以第一批为底模进行重叠浇筑。

空心桩的内膜，可采用充气胶囊、钢管、橡胶管或活动木模等。

2）预应力混凝土桩

预应力混凝土方桩有实心和空心两种。方桩的制作一般是采用长线台座先张法施工。空心方桩中配置与直径相适应的特别胶囊，并采用有效措施，防止胶囊上浮或偏心。

预应力混凝土管桩一般用离心旋转法制作。

（2）桩的起吊、搬运和堆放

1）起吊

预制桩的混凝土达到吊搬要求的强度，而且不低于设计强度的 70％后，方可吊搬。达到设计强度时方可使用。

预制桩的起吊与堆放时，较多采用两个支点，较长的桩也可采用 3～4 个支点。预制桩的吊点处通常不设吊环，起吊时用钢丝绳捆绑，捆绑处应加衬垫如麻布、木块等保护，防止损坏桩的表面、棱角。

2）搬运

可采用超长平板拖车或轨道平板车搬运。如采用前后托架车时，前托架必须加设活动转盘。桩搬运时，其支承点与吊点位置相同；支承点位置如相差很大时，应检验桩的应力。运输时，应将桩捆绑稳固，使各支承点同时受力。

3）堆放

堆存桩的场地应靠近沉桩地点。场地应平整坚实，做好必要的防水措施，防止发生湿陷和不均匀沉陷。

不同类型和尺寸的桩，应考虑使用先后，分别堆放。堆放支点与吊点相同，偏差不应超过±20cm。按二吊点设计的桩，当桩需长期堆存时，为避免桩身挠曲，可采用多点支垫，各支点垫木应均匀放置，各垫木顶面应在一水平线上。

多层堆放时，各层垫木应位于同一垂直面上。堆放层数一般不宜超过 4 层。

用自然岸坡的坡顶作为临时堆桩场地时，应考虑岸坡的稳定性，防止岸坡发生沉降和滑移事故。

（3）桩的连接

当预制桩长度不足时，需要接桩。常用的接桩方法有法兰盘连接、钢板连接及硫黄砂浆（胶泥）连接等。

1）法兰盘连接

适用于管桩或实心方桩。制桩时，将法兰盘焊接在桩的主钢筋上。为了保证法兰盘位置准确，并垂直于桩的纵向轴线，应用夹具将法兰盘按照专门的样板固定在桩的两端的模板上，然后在桩的模板内扎结钢筋骨架，骨架钢筋两端恰与法兰盘密接，再将接触点用电弧焊焊接。法兰盘接桩的优点是沉桩时传递压力、拉力或振动力较好；缺点是工艺较烦琐，耗钢材较多，成本较高。

2）钢板连接

适用于方桩或钢管桩。制桩时，将桩的主筋上、下端各焊 2～4 块方形钢板或于主筋环四角焊上角钢。钢板或角钢大小须按与主筋截面压、拉应力等强原则计算决定。钢板或角钢的位置、角度方向要用夹具按样板要求固定在模板上，再在模板内扎结钢筋骨架，两端主筋与钢板紧密接触，先点焊固定，防止钢板或角钢位移、变形，如有位移、变形，立即纠正。然后全面焊接各通缝。

钢板连接的优点是较法兰盘连接节省钢材，其缺点是在下沉过程中还要电焊接缝，影响进度，也难以保证接桩质量。

（4）沉桩施工

沉入桩的施工方法主要有锤击沉桩、振动沉桩（或配合射水下沉管桩）、静力压桩以及沉管灌注桩等。

1）捶击沉桩

捶击沉桩是依靠桩锤的冲击能量将桩打入土中，一般桩径不宜过大（不大于 0.6m），入土深度不大于 50m。捶击沉桩一般适用于中密砂类土、黏性土。

① 沉桩设备：包括桩锤、打桩架、桩帽、送桩等。

桩锤：桩锤可分为坠锤、单气动锤、双气动锤、柴油锤、振动锤、液压锤等。

打桩架：桩架是沉桩的主要设备，其主要作用是吊锤、吊桩、插桩、吊插射水管和桩在下沉过程中的导向。主要由导杆和导向架，起吊装置，撑架，支撑导杆，起吊装置和底盘等组成。可分为自行移动式和非自行移动式两大类，自行移动式又可分为履带式、导轨式和轮胎式三种，非自行式为各类木桩架。

桩帽：要在锤与桩间设置桩帽，既要起缓冲而保护桩顶的作用，又要保持沉桩效率。

送桩：送桩通常采用钢板焊成的钢送桩，送桩的强度不应小于桩的强度。

② 施工要点及注意事项。

锤击沉桩开始时，应严格控制各种桩锤的功能。用坠锤和单气动锤时，提锤高度不宜超过 50cm（控制单气动锤的落锤高度调整装置）；用双气动锤时，可少开气阀降低气压和进气量，以减少每分钟的锤击数；用柴油机桩锤时，可控制供油量以减少锤击能量。以后视桩沉入土中的情况，逐渐加大冲击能量；至达到桩的入土深度和贯入度都符合设计要求时为止。

锤击时，坠锤的落距不得大于 2m，单气动锤的落距不宜大于 0.6m，以免损坏桩身。

接桩力求迅速，尽量缩短停锤时间。如停顿过久，土壤恢复，即难以打下。就地接桩宜在下接桩头露出地面至少 1m 以上时进行。必须使两桩的中轴线重合。

③ 停打标准：摩擦桩以设计标高为准，端承桩则以贯入度控制。

2）振动沉桩

在松软的或塑态的黏质土或饱和的砂类土层中沉桩，基桩入土深度小于 15m 时，单用振动沉桩机即可，除此情况外宜采用射水配合振动沉桩。

① 振动沉桩（配合射水下沉管桩）的施工方法。

初期可单靠桩自重和射水下沉。

吊装振动沉桩机和机座（桩帽）与桩顶法兰盘连接牢固。在射水下沉缓慢或不下沉时，可开动振动沉桩机并同时射水，以振动力强迫桩下沉。振动持续一段时间后，当桩下沉又趋缓慢或桩顶大量涌水时，即停止振动，再用射水冲刷。如此振动-射水交替下沉，沉至接桩高度时，拆去振动打桩机及输水管，在接桩的同时接长射水管，再装上振动打桩机，然后继续沉桩。

沉桩至最后阶段离设计标高尚有适当距离时，提高射水管，使射水嘴缩入桩内，停止射水，立即进行干振。将桩沉至设计标高，并且最后下沉速度不大于试桩的最后下沉速度，振幅符合规定时，即认为合格，并拆除沉桩设备。

一个基础内的桩全部下沉完毕后，为了避免先沉下的桩周围的土被后来沉桩射水所破坏，影响其承载力，应将全部基桩再进行一次干振，使其达到合格要求。

② 振动沉桩的注意事项。

振动沉桩机与桩头法兰盘连接螺栓必须拧紧，不能有微小间隙或松动，否则振动力不能向下传递，管桩不下沉，接头也易振坏。

每一根基桩的下沉应一气呵成，中途不可有较长的间歇，以免桩周土恢复，继续下沉困难。接桩、接管和停水干振的间歇时间应力求缩减。

振动沉桩机的齿轮，偏心锤各部件的螺栓、偏心锤轴承、电动机的轴承和炭刷、电线路以及电动机，振动机机座和桩顶等各部件之间的连接螺栓，在施工中均应经常检修。

3）静力压桩

静力压桩是以很小的静压力沉入桩，而获得较大承载能力的桩基的一种施工工艺。

① 静力压桩的适用范围。

仅适用于可塑状态黏性土，而不适用于坚硬状态的黏土和中密以上的砂土。在标准贯入度 $N<20$（次）的软黏性土中，也可用特制的液压或动力千斤顶及卷扬机设备等沉入各种类型桩。

由于静力压桩施工时无噪声、无振动、对周围环境干扰和影响小，因此，可用于医院、学校等附近的桥梁基桩施工。

② 静力压桩的施工要点。

首先应根据计算压桩阻力选用适当的压桩设备，并做好各项辅助工作（如压桩机的辅助设备、绞车、测量仪器检查、校正等）。

按照施工程序，压桩机已就位，吊桩前的准备工作已就绪，即可将桩吊至导向龙口内。当吊装竖直后，用撬杠将桩稳住，并推至底盘插桩口，缓缓放下，到离地面10cm左右时，再用几支撬杠协助拨位。对准桩位插桩。2台卷扬机同时启动，放下压梁，套住桩顶顺势下压。开动专门压桩的卷扬机进行压桩。

8.2.3 钻孔灌注桩施工

钻孔灌注桩是采用不同的钻孔（或挖孔）方法，在土中形成一定直径的井孔，达到设计标高后，将钢筋骨架吊入井孔中，灌注混凝土（有地下水时灌注水下混凝土），成为桩基础的一种工艺。钻孔灌注桩基础在如今的桥梁建设，特别是城市桥梁的建设中得到了广泛的应用。

钻孔灌注桩施工的主要流程为施工准备→埋设护筒→制备泥浆→钻孔→清孔→钢筋骨架→灌注混凝土等。

1. 施工准备

在施工前，要安排好施工计划，编制具体的工艺流程图。做好场地准备，钻孔场地的平面尺寸应按桩基设计的平面尺寸，钻机数量和钻机底座平面尺寸，钻机移位要求，施工方法以及其他配合施工机具设施布置等情况决定。施工场地或工作平台的高度应考虑施工期间可能出现的高水位或潮水位，并比其高出0.5～1.0m。

2. 埋设护筒

常见的护筒有木护筒、钢护筒和钢筋混凝土护筒三种，一般常用钢护筒。护筒要求坚固耐用，不漏水，其内径应比钻孔直径大（旋转钻约大20cm，潜水钻、冲击或冲抓锥约大40cm），每节长度为2～3m。一般钢护筒可取出重复使用。

（1）护筒的作用

钻孔成败的关键是防止孔壁坍塌。当钻孔较深时，在地下水位以下的孔壁土在静水压力下会向孔内坍塌，甚至发生流砂现象。钻孔内若能保持比地下水位高的水头，增加孔内静水压力，能稳定孔壁、防止坍孔。护筒除起到这个作用外，同时还有隔离地表水、保护孔口地面，固定桩孔位置和起到钻头导向作用等。

（2）埋设护筒的方法与要求

1）护筒内径宜比桩径大200（回转钻机）～400mm（冲击钻）。

2）护筒的中心竖直线应与桩中心线重合，除设计另有规定外，平面允许误差为50mm，竖直线倾斜不大于1%，干处可实测定位，水域可依靠导向架定位。

3）旱地、筑岛处护筒可采用挖坑埋设法，护筒底部和周边回填黏土必须分层夯实。

4）水域护筒设置，应严格注意平面位置、竖向倾斜和两节护筒的连接质量均需符合上述要求。沉入时可采用压重、振动、锤击并辅以筒内除土的方法。

5）护筒高度宜高出地面0.3m或水面1.0～2.0m。当钻孔内有承压水时，应高于稳定后的承压水位2.0m以上。

6）护筒埋置深度应根据设计要求或桩位的水文地质情况确定，一般情况埋置深度宜为2～4m。有冲刷影响的河床，应沉入局部冲刷线以下不小于1.0～1.5m。

3. 制备泥浆

钻孔泥浆一般由水、黏土（或膨润土）和添加剂按适当配合比配制而成，具有浮悬钻渣，冷却钻头，润滑钻具，增大静水压力，并在孔壁形成泥皮，隔断孔内外渗流，防止坍孔等作用。调制的钻孔泥浆及经过循环净化的泥浆，应根据钻孔方法和地层情况采用不同的性能指标。泥浆的比重、黏度、含砂率、酸碱度等指标均应符合规定指标。

4. 钻孔

常用钻孔机械有回转钻机、冲击钻机和冲抓钻机等，回转钻机又分正循环和反循环回转钻机。此处重点介绍回转钻机钻孔施工流程（图 8-2）。

（1）正循环回转钻机钻孔

正循环旋转钻孔时，泥浆以高压通过钻机的空心钻杆，从钻杆底部射出，底部的钻头在回转时将土层搅松成为钻渣，被泥浆浮悬，随着泥浆上升而溢出流到井外的泥浆溜槽，经过沉淀池沉淀净化，泥浆再循环使用。井孔壁靠水头和泥浆保护。所以泥浆起到护壁和携渣的功能。

（2）反循环回转钻机钻孔

反循环旋转钻孔和正循环相比，泥浆由泥浆池流（注）入井孔，用真空泵或其他方法（如空气吸泥机等）从孔底将钻渣经钻杆中吸出。打入到泥浆沉淀池，净化后泥浆可循环使用。本法泥浆主要起护壁作用。

钻孔过程中，应根据不同的地层采取不同的进尺速度。一般在黏性土、亚黏土、轻亚黏土中进尺速度较快，而通过流沙等不良地质层时，应减慢进尺，加大泥浆比重，如加入泥块等，保证此处在其后清孔及浇筑混凝土时不塌孔。

当测量孔底已达到设计标高后，可停止冲击，进行成孔检查。包括孔径、孔深、孔位和沉淀层厚度，确认满足设计要求后，再灌注水下混凝土。

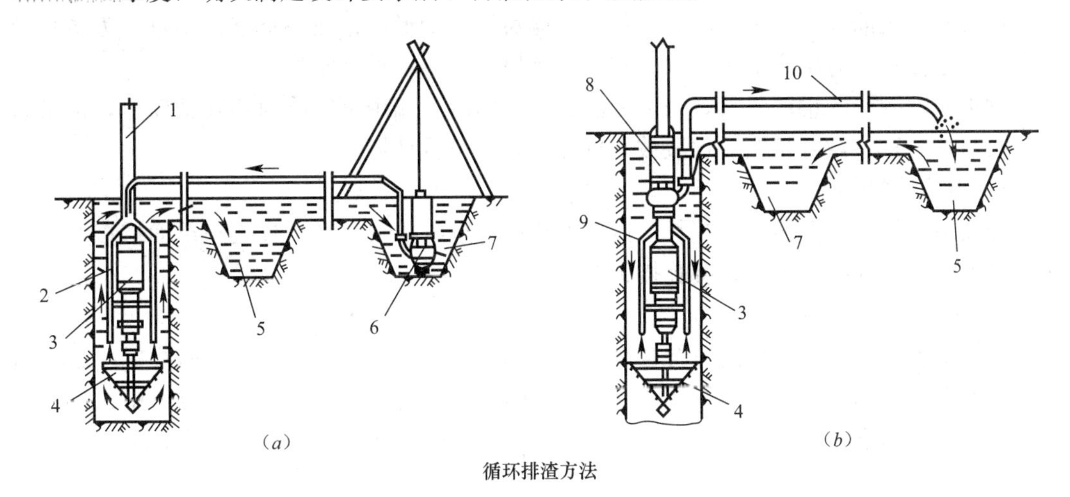

图 8-2　回转钻机施工

（a）正循环排渣；（b）泵举反循环排渣

1—钻杆；2—送水管；3—主机；4—钻头；5—沉淀池；6—潜水泥浆泵；7—泥浆池；8—砂石泵；9—抽渣管；10—排渣胶管

5. 清孔

清孔的目的是抽、换孔内泥浆，清除钻渣和沉淀层，尽量减少孔底沉淀厚度，防止桩底沉渣过厚而降低桩的承载力。常见的清孔方法有抽浆法、换浆法和掏渣法等。

(1) 抽浆法

抽浆清孔比较彻底，适用于各种钻孔方法的摩擦桩、支承桩和嵌岩桩。但孔壁易坍塌的钻孔使用抽浆法清孔时，操作要注意，防止坍孔。

(2) 换浆法

当使用正循环回转钻进时，终孔后，停止进尺，稍提钻锥离孔底 10～20cm 空转，并保持泥浆正常循环，以中速压入相对密度为 1.03～1.10 的较纯泥浆，把钻孔内悬浮钻渣较多的泥浆换出。根据钻孔直径和深度，换浆时间为 4～8h（直径 1.5m，深 55m 的孔需 8h)。然后在泥浆中灌注水下混凝土。用其他方法钻孔时，不宜采用本法清孔。

(3) 掏渣法

要求用手摸泥浆中无 2～3mm 大的颗粒为止，并使泥浆相对密度减小到 1.05～1.20。对冲击钻进，可在清渣前，投入水泥 1～2 袋，通过冲击锥低冲程的反复冲拌数次，使孔底泥浆、钻渣和水泥形成混合物，然后用掏渣工具掏出。

清孔注意事项：

1) 不论采用何种清孔方法，在清孔排渣时，必须注意保持孔内水头，防止坍孔。

2) 对于摩擦桩，孔底沉淀土的厚度，中、小桥不得大于 0.1～0.6d（d 为桩直径)。清孔后泥浆性能指标：含砂率 4%～8%，相对密度 1.1～1.25，黏度 18～20s。对支承桩沉淀层厚度不大于 10cm。

3) 不得用加深钻孔深度的方式代替清孔。

6. 下放钢筋笼

1) 起吊、入孔

钢筋笼中主筋一般上密下疏，下放前应避免过大变形而造成主筋连接困难。为防止骨架变形，除在制作时增设加强箍筋、临时十字撑等，以增加其刚度。

对于分段制作的钢筋骨架，当前一段放入孔内后上端用钢管临时担在护筒口，再吊起另一段与其对正，做好接头后逐段放入桩孔内，直至设计标高。

2) 钢筋笼接长

分段制作的骨架下笼时要接长，接头方法有冷挤压接头、螺纹连接、单面搭接焊、双面搭接焊、帮条焊、气压焊、绑扎接头等。

3) 找正固定

钢筋笼的顶面与底面标高应符合设计要求，误差不得大于±5cm。平面位置、纵横向偏差不得大于 5cm，平面位置重要靠钢筋笼上的定位钢筋或定位块定位。经对中、找正后用吊钩点焊其固定在护筒上口。此外还应采取以防混凝土灌注过程中钢筋笼上浮措施。

7. 灌注混凝土

(1) 首批灌注混凝土的数量应能满足导管首次埋置深度（≥1.0m）和填充导管底部的需要。

(2) 首批混凝土可用剪球法或开启活门的办法泄放。泄放后，孔口溢出相当数量的泥浆，导管下口被埋于混凝土中，若导管不漏水，说明情况正常。届时测探混凝土面高度，推算导管下端埋入混凝土中的深度，并做记录。

(3) 继续灌注混凝土，一般导管下端埋入混凝土中的深度不宜超过 4～6m。

(4) 每次拆除导管前先测埋深，然后提升导管，拆除上段导管，并应保持下端被埋置深度不得小于 1m。

(5) 为确保桩顶质量，在桩顶设计标高以上应加灌 0.5～1m，以便破除桩头后即能显露出合格的混凝土。

8.2.4 沉井施工

沉井是桥梁工程中广泛采用的一种无底无盖、形如井筒的基础构筑物，在这里既是作为一种基础的形式又是一种施工方法。

1. 沉井的功能

(1) 在施工时作为基础开挖的围壁，依靠自身重量，克服井壁摩阻力逐渐下沉，直至底刃达到设计基底。

(2) 经过混凝土封底并填塞井孔后成为桥墩（台）的基础。

2. 沉井的特点

沉井具有深度大、可靠度大、多功能、工艺简单、应用广泛、圬工量大（体积大）、开挖和掏空刃脚下很费时、易产生倾斜和位移、工期较长等特点。

3. 沉井的分类

(1) 按几何形状分类：有矩形、圆端形和圆形等。

(2) 按材料分类：有钢筋混凝土、素混凝土、钢制浮式沉井和在下沉深度不大的河床上用浆砌石块或砖材构筑而成的沉井等。

(3) 按施工方法分类：有就地灌注式和预制结构件浮运安装沉井等。

4. 沉井的构造

沉井的构造主要由井壁（外壁）、刃脚、隔墙（内墙）、井孔（取土孔）、凹槽、井底和顶盖等构成，若以射水辅助下沉时，还设有防水墙和射水管。

(1) 井壁（外壁）

是沉井的主要部分。它起挡土、防水以及利用自重下沉三种作用，还有传力至地基的功能。井壁厚度，应根据结构形式、下沉重量和除土等条件决定，一般为 0.8～1.2m。钢筋混凝土沉井可不受此限制。井节应根据沉井全高、基础土质、施工条件等划分，一般不高于 5m。若过高或通过土质密实的地层时，可做成台阶面，但台阶要设在分节处。矩形沉井的井壁四周应做成圆角或钝角以免撞伤。井壁应严密不漏水。

(2) 刃脚

在井壁的最下端、形如楔状有利于切下土层后加速沉井下沉。刃底宽一般为 10～20cm。若在软土地基上可适当放宽，斜面与水平面的夹角应大于 45°；若在深度大、坚硬物多的紧密土层中下沉时，应以角钢或型钢加强刃脚底面，以防坚硬物损坏刃脚。刃高由壁厚决定，一般不低于 1m。

(3) 隔墙（内墙）

用以缩小外壁跨度，减少井壁挠曲应力，加强沉井整体刚度。它将沉井隔开分成若干个取土孔，便于井下除土和纠正井的倾斜与偏移。因其受力较小，厚度比外壁厚，刃脚底面也比外壁刃脚高出 0.5m 以上。

(4) 井孔（取土孔）

主要用于上下运输施工机具、土石方和工人，是挖土排水的工作通道。其分格尺寸应由取土方法决定，每孔宽度和直径不得小于 3m。平面布置要以沉井中轴线对称，这样便于沉井均匀下沉和校正。

（5）凹槽

设置在井壁内下部近刃脚处，高约 1m，深为 0.15～0.25m，用以加强封底混凝土与井筒的连接。井孔全部填充的混凝土沉井可不设凹槽，但有时需将预备沉井改为气压沉箱时，须在井孔下端预备留槽以备修筑箱顶盖。

（6）井底和顶盖

有两种情况，一种为不排水下沉者，当井沉至设计标高后，必须将井底部封闭，切断井外水源，抽干井内积水，并填充混凝土或抛填片石；另一种是为了减轻井重，在孔内不填实或仅填砂砾，井底要承受土和水的压力，因而要求底板有一定厚度。井应高出刃脚顶面至少 0.5m。不填充的空心沉井需用钢筋混凝土顶盖，其厚为 1.0～2.0m，钢筋按计算及构造需要配置。实心沉井可用素混凝土盖板，但强度等级不得低于 C20。

（7）防水墙和射水管

沉井基础在施工水位以下者，应设防水墙，以防水淹没井顶，并使墙与井壁顶部连接。靠自重作用下沉有困难需射水辅助时，可在井壁中埋设射水管，以高压射水破坏土层结构。

5. 沉井制作

一般沉井的自重很大，不便运输，所以在岸滩或浅水中修建沉井时，多采用筑岛法，即先在基础的设计位置上筑岛，再在岛上制作沉井并就地下沉。

（1）平整场地筑岛

如果在岸上下沉沉井，在制作底节沉井之前应先平整场地，使其具有一定的承载能力。若沉井下沉位置在水中，就需先在水中筑岛，再在岛上制作沉井。

（2）沉井制作

沉井一般采用混凝土或钢筋混凝土制作，其强度一般不应低于 C15。

1）沉井分节

沉井分节制作高度，应能保证其稳定性，又有适当重力便于顺利下沉。底节沉井的最小高度，应能抵抗拆除垫木或挖除土模时的竖向挠曲强度，当上述条件许可时，应尽可能高些，一般每节高度不宜小于 3m。

2）铺设承垫木

铺设承垫木时，应用水平尺进行找平，要使刃脚在同一水平面上。承垫木下应用 0.3～0.5m 厚的砂垫层填实，高差不应大于 3cm；相邻两块承垫木高差不应大于 0.5cm。

3）沉井的非承重的侧模在混凝土强度达到设计强度的 50%时便可拆除；刃脚下的侧模，在混凝土强度达到设计强度的 75%时方可拆除。

6. 沉井下沉

沉井下沉主要是通过从井孔除土，清除刃脚上正面阻力及沉井的内壁阻力，依靠沉井的自重下沉。当混凝土强度达到设计强度的 100%时，沉井方可下沉。

7. 沉井封底

当沉井刃脚下沉至设计高程后，基底应按设计要求清理并进行封底。

（1）基底清理

排水下沉时，工作人员可以下到沉井内进行清理和检查。不排水下沉时，需潜水员下到井底或用钻机取样检查。地基鉴定的目的是检验地基土质是否与设计相符。

(2) 封底

当井内无水时，可浇筑混凝土进行封底。当沉井内的水无法抽干时，只能用浇筑水下混凝土的方法封底。

(3) 井孔填充与浇筑顶盖板

当封底混凝土达到设计强度后，才允许抽干井内的水．进行井孔填充。填充前应清除封底混凝土面上的浮浆。若用砂夹卵石填充时，应分层夯实。

填充后的沉井，不需设置顶盖板，可直接在填充后的井顶浇承台对于不填充的沉井，需设置钢筋混凝土顶盖板或模板，以作为浇筑承台的底模板。

8. 沉井下沉时常见的问题及处理

沉井下沉初始、下沉中间阶段、下沉最后阶段均可能出现倾斜事故；下沉过程中应采取措施保证位置符合设计和规范要求。此外，下沉困难是主要问题。一般可采用高压射水、抽水、压重、炮振、空气幕、触变泥浆等方法处理。

8.3 桥墩施工技术

8.3.1 桥墩的分类与构造

桥墩一般系指多跨桥梁中的中间支承结构物。它除承受上部结构产生竖向力、水平力和弯矩外，还承受风力、流水压力及可能发生的地震、冰压力、船只和漂流物的撞击力。桥墩不仅自身应有足够的强度、刚度和稳定性，而且对地基的承载能力、沉降量、地基与基础之间的摩阻力等也都提出一定的要求，避免在上述荷载作用下产生危害桥梁整体结构的水平、竖向位移和转角位移。

1. 桥墩的分类

(1) 重力式桥墩

这类桥墩的主要特点是靠自身重力平衡外力来保持其稳定。因此，墩身比较厚实，可以不用钢筋，而用天然石材或片石混凝土砌筑。它适用于地基良好的大、中型桥梁，或流水、漂浮物较多的河流中，其主要缺点是体积较大，而其自重和阻水面积也较大。

(2) 轻型桥墩

这类桥墩的刚度一般较小，受力后允许在一定范围内发生弹性变形，所用的材料大都以钢筋混凝土或少筋混凝土为主。

2. 桥墩的构造

梁桥桥墩按其构造可分为实体桥墩、空心桥墩、柱（桩）式墩、柔性墩和框架墩等类型。按墩身截面形状可分为矩形、圆形、圆端形、尖端形和各种空心墩。墩身侧面可以做成垂直的，也可做成斜坡式或台阶式。

(1) 实体桥墩

实体式桥墩是由一个实体结构组成，按其截面尺寸和桥墩重力的不同又可分为实体重力式桥墩和实体薄壁式桥墩，它们由墩帽、墩身和基础构成。

1）实体重力式桥墩

实体重力式桥墩主要靠自身的重量来平衡外力而保持其稳定。因此墩身比较厚实，可以不用钢筋，而用天然石材或片石混凝土砌筑。

墩帽位于桥墩顶部，它的主要作用是把桥梁支座传来的相当大的较为集中的力，分散均匀地传给墩身。因此要求墩帽具有一定的厚度和较高的强度，且要满足桥梁支座布置的需要。墩帽与支座直接接触的部分称为支承垫石，其承受的应力更集中，需具有更高的强度。此外，墩帽要为施工架梁和养护维修提供必要的工作面。因此其平面尺寸与墩身相比一般较大。

2）实体薄壁桥墩

实体薄壁桥墩可用钢筋混凝土材料做成。由于它可以显著减少圬工体积，因而被广泛地用于中、小型桥梁中，但其抗冲击力较差，不宜用在流速大并夹有大量泥沙的河流或可能有船舶、水、漂浮物撞击的河流中。

（2）空心桥墩

在一些高大的桥墩中，为了减少圬工体积，节约材料，减轻自重，减少软弱地基的负荷，也可将墩身内部做成空腔体，即空心桥墩。这种桥墩在外形上与实体重力式桥墩并无多大差别，只是自重较轻，因此它介于重力式桥墩和轻型桥墩之间。几种常见的空心式桥墩有圆形空心桥墩、方形空心桥墩、格构形空心桥墩。

空心式桥墩是实体墩向轻型化发展的一种较好的结构形式，尤其适用于高桥墩。空心式桥墩可以采用滑动模板施工，其施工速度快，质量好，节省模板支架，特别对于高墩，更显出优越性。

桥墩的截面形式有圆形、圆端形、长方形等数种，桥墩的立面布置可采用直坡式、侧坡式和阶梯式等。

按建筑材料的不同，空心式桥墩可分为混凝土空心墩和钢筋混凝土空心墩两类。混凝土空心墩可在高度小于50m的桥墩中使用；钢筋混凝土空心墩受力性能比混凝土墩要好，高桥墩一般采用这种类型。

空心式桥墩的顶部可设置实体段，以便布置支座，均匀传力并减少对空心墩壁的冲击。实体段的高度取1～2m。墩身与底部或顶面交界处，为改善应力集中，应采用墩壁局部加厚或设置实体段的措施。

在流速大并夹有大量泥沙石的河流，以及在可能有船只、冰和漂流物冲击的河流中采用薄壁空心墩时，应采取有效防护措施（如在设计水位以下的墩身改用实体段）。

（3）柱（桩）式墩

1）柱式桥墩

柱式桥墩的结构特点是由分离的两根或多根立柱（或桩柱）组成，是目前桥梁中广泛采用的桥墩形式之一，特别是在城市高架桥和立交桥中。采用这种桥墩既能减轻墩身重量、节约圬工材料，又较美观。

柱式桥墩的墩身沿桥横向常由1～4根立柱组成，柱身为0.6～1.5m的大直径圆柱或方形、六角形等其他形式，使墩身具有较大的强度和刚度。当墩身高度大于6～7m时，可设横系梁加强柱身横向联系。

柱式桥墩一般由基础之上的承台、柱式墩身和盖梁组成。双车道桥常用的形式有单柱式、双柱式和哑铃式以及混合双柱式四种。

2）桩式桥墩

桩式桥墩是将钻孔桩基础向上延伸作为桥墩的墩身，在桩顶浇筑盖梁。桩式墩在墩位的横向可以是一根、两根或数根。在一个桥墩纵向设置一排桩时，称为单排桩墩，如设置两排时称为双排桩墩。

排架桩墩采用钢筋混凝土结构，盖梁截面可用矩形或T形，等截面或变截面。单排桩墩一般适用于墩高不超过4～5m的中小跨径梁桥。双排桩墩的承载能力和稳定性都较强，但墩身高度不宜大于10m。

排架桩墩材料用量经济，施工简单，适合在平原地区建桥使用，一般跨度不大于13m。有漂流物和流速过大的河道，桩墩容易受到冲击和磨损，不宜采用。

（4）柔性墩

传统的简支梁一端设置固定支座，另一端为活动支座。

为充分发挥桥墩的承载（受压）能力，可让各墩（台）具有不同的抗剪刚度，并用梁使其连接在一起。对多跨桥，可在其两端设置刚性较大的桥台，中间各墩均采用柔性墩，其顺桥方向的墩身尺寸很小；同时，全桥除在一个中墩上设置活动支座外，其余桥墩均采用固定支座。

由于柔性墩在布置上只设一个活动支座，当桥梁孔数较多且桥较长时，柔性墩固定支座的墩顶位移量过大而处于不利状态，活动支座的活动量要求也要大，刚性桥台的支座所受的水平力也大。因此，多跨长桥采用柔性墩时宜分成若干联。两个活动支座之间或刚性台与第一个活动支座间称为一联。每联设置一个刚性墩（台），刚性墩宜布置在地基较好和地形较高的地方。一联长度的划分视地形、构造和受力情况确定。

（5）框架墩

框架墩是采用由构件组成的平面框架代替墩身，以支承上部结构，必要时可做成双层或更多层的框架支承上部结构，这类桥墩较空心墩来说是更进一步的轻型结构，是以钢筋混凝土和预应力混凝土建成的受力体系，还可以适应建筑艺术，建成纵、横向V形、Y形、X形、倒梯形等墩身。这些桥墩在同样跨越能力情况下缩短梁的跨径，降低梁高，使结构轻巧美观，但结构构造比较复杂，施工比较麻烦。

8.3.2 桥墩施工

桥墩的施工是桥梁建造中的一个重要部分，目前桥墩建设的常用材料有石料、混凝土、钢筋混凝土、预应力混凝土等。桥墩的施工方法通常分为两大类：一类是现场就地浇筑，另一类是预制墩柱装配构件安装。目前我国城市桥梁中以现场浇筑为主，这种方法工序简单，机具较少，技术操作难度较小，但是施工期限较长，需消耗较多的劳力和物力。在中、小型投资的桥梁中也常采用石砌的形式。近年来，采用预制墩柱装配构件建造桥墩的方法有新的进展，这在加快工程进度、减小劳动强度等方面有着重要的意义。

1. 现场就地浇筑施工

就地浇筑桥墩多为钢筋混凝土桥墩形式，其施工过程主要包括钢筋工程、模板工程、混凝土工程等几个方面。模板工程在桥墩的施工当中非常重要，它是保证桥墩施工精度的基础，同时在施工过程中受力复杂多变，必须保证其有足够的强度和刚度。

(1) 模板种类

1) 固定式模板 (零拼模板)

固定式模板使用一次后，就被拆散或改制，仅有一部分可重复使用，工料浪费较大，因此仅适用于一般小型工程。

2) 镶板式模板 (整体吊装模板)

它是将固定式模板改成可以拆移活动的模板。在浇筑同类多个桥墩时，可节约工料。这种模板由螺栓连接，整体吊装。镶板彼此用横带或竖带间接接合，尺寸大小由吊装能力与结构大小确定。它常用钢板和型钢加工而成。

3) 拼装式模板 (盾状模板)

将桥墩模板划分为若干尺寸的小块，在工厂按规定尺寸加工成大小相同的块件，然后运到桥位处进行拼装。它适合于高大桥墩或在同类桥墩较多时，将各种不同尺寸的标准模板，利用销钉、螺栓及拉杆、加劲构件等组合在一起的拼装模板，适用于各种形式桥墩。此类模板可用钢材或木材加工而成。

4) 滑升模板

一般适用于较高的桥墩和吊桥、斜拉桥的索塔等施工。

滑升模板通常整体地支在桥墩墩脚处，当浇筑混凝土时，借助液压千斤顶和顶杆使模板沿墩身向上滑升，其滑升浇筑高度可达 70m 以上。

根据墩、台的平面形状可制成矩形、圆形、圆端形等形式。常用钢板制作。当墩身收坡率不大时，也可滑升做成内外壁同坡等厚或不等厚的空心墩。

(2) 模板的制作与安装

模板制作时，画线、下料、加工等均要符合设计要求。安装时要先确定顺序，预留空(件)、接触面、可靠度均要符合有关规定。自身制造工艺应简单、安装方便、脱模容易。

(3) 混凝土的浇筑

混凝土浇筑应根据墩所处位置、混凝土用量、拌合设备等情况合理选用运输和浇筑方法。对高墩浇筑混凝土使用的脚手架，应便于人员与料具上下，且必须保证安全。

1) 大体积混凝土浇筑要求

① 大体积基础混凝土，可分块进行浇筑。

② 大体积混凝土应通过改善集料级配、降低水灰比、采用矿渣水泥、减小浇筑层厚度等措施控制混凝土水化热温度。

③ 自高处向模板内浇筑混凝土时，为防止离析，应采用溜槽或串筒等设施下落。

2) 采用滑升方法浇筑桥墩混凝土的要求

① 宜采用低流动度或半干硬性混凝土。

② 浇筑应分层分段进行，各段应浇筑到距模板上口不小于 10～15cm 的位置为止。

③ 为加速模板提升，可掺入一定数量的早强剂。

④ 混凝土脱模时强度宜为 0.2～0.5MPa，脱模后如表面有缺陷时，应及时予以修理。

2. 预制墩柱装配构件安装

近年来，随着施工机械的不断发展，采用预制装配构件建造桥墩的施工方法有了新的进展，特别是在城市桥梁的施工当中得到了应用，其特点是既可以保证施工质量，减轻人工劳动强度，又可以加快工程进度，提高工程效益，对施工场地狭窄，尤其对于缺少石料的地区建造桥墩有着重要的意义。

（1）预制墩柱种类与优点

1）种类：常用的有矩形、梯形、T形、Y形、V形、H形等。

2）优点：施工简便、省工、保证质量且能缩短施工工期。

（2）预制墩柱常用拼接接头

1）承插式接头：常用于立柱与基础的接头连接。将预制构件插入相应的预留孔内，锚固深度应符合设计规定，底部铺设2cm砂浆，四周以半干硬性混凝土填充。

2）钢筋锚固接头：多用于立柱与顶帽处的连接。构件上预留钢筋或型钢，插入另一构件的预留槽内，或将钢筋互相焊接，再灌注半干硬性混凝土。

3）焊接接头：将预埋在构件中的铁件与另一构件的预埋铁件用电焊连接，外部再用混凝土封闭。

4）法兰盘接头：接头处可不用混凝土封闭。在相连接构件两端安装法兰盘，连接时用法兰盘连接，要求法兰盘预埋位置必须与构件垂直。

5）扣环式接头：相互连接的构件按预定位置预埋环式钢筋，安装时柱脚先坐落在承台的柱芯上，上、下环式钢筋互相错接，扣环间插入U形短钢筋焊牢，四周再绑扎钢筋一圈，立模浇筑外围接头混凝土。要求上、下扣环预埋位置正确。

（3）预制墩柱安装要点

1）预制墩柱构件与基础顶面预留杯形基座应编号，并检查各个墩高度和基座标高是否符合设计要求；基杯口四周与柱边的空隙不得小于2cm。

2）在钢筋混凝土承台或条形扩大基础施工时，浇筑混凝土杯口，杯口模板位置要准确，杯底标高要略低于设计标高，并须采取防止杯模上浮措施。

3）预制墩柱吊入基杯口内就位时，应在纵、横方向测量，使柱身竖直度或倾斜度以及平面位置均符合设计要求；对重大、细长的墩柱，需用风缆或撑木固定后，方可摘除吊钩。

4）预制墩柱顶安装盖梁前，应先检查盖梁口预留槽眼位置是否符合设计要求。

5）预制柱身与盖梁（顶帽）安装完毕并检查符合要求后，可在基杯空隙与盖梁槽眼处灌注稀砂浆，待其硬化后，撤除楔子、支撑或风缆，再在楔子孔中灌填砂浆。

6）根据道路、运输设备、吊装设备及施工场地条件等情况尽量为预制安装创造条件，一般高度在15m以内，重量小于20t，有条件吊装都可以采用预制安装的方法施工。

8.4 桥台施工技术

8.4.1 梁桥桥台分类与构造

梁桥桥台可分为重力式桥台、轻型桥台、组合式桥台、框架式桥台等。

1. 重力式桥台

重力式桥台一般由台帽、台身（前墙、胸墙和后墙）及基础等组成。它主要靠自重来平衡台后的土压力，台帽支承桥跨，设有支承垫石和排水坡，它一般用钢筋混凝土做成；台身承托着台帽，并支挡路堤填土，它一般用石材或片石混凝土做成。在路堤前端的填土应按一定坡度做成锥形，称锥体填土。

（1）按截面形状，重力式桥台的常用类型有T形桥台、矩形桥台、U形桥台、埋式桥台、耳墙式桥台等。

1）T形桥台：主要用于铁路桥，工程量较小，尤其适用于较大的桥跨和较高的路堤。

2）矩形桥台：形状简单，施工方便，但工程量大，目前已较少采用。

3）U形桥台：当桥面较宽或桥跨较小，填土较低时，采用U形桥台较为节省。

4）埋式桥台：当填土较高时，为减少桥台长度节省圬工，可将桥台前缘后退。使桥台埋入锥体填土中。

5）耳墙式桥台：在台尾上部用两片钢筋混凝土耳墙代替实体台身并与路堤连接，可以节省圬工。

（2）按结构形式，桥台还可分为带翼墙和不带翼墙两大类。翼墙位于桥台两侧，多采用八字形和一字形。带翼墙的桥台主要用于公路桥梁。

2. 轻型桥台

轻型桥台的常用类型有薄壁轻型桥台、支撑梁轻型桥台。

1）薄壁轻型桥台

薄壁轻型桥台常用的形式有悬臂式、扶壁式、撑墙式及箱式等。

在一般情况下，悬臂式桥台的混凝土数量和用钢量较高，撑墙式与箱式的模板用量较高。薄壁轻型桥台的优点与薄壁墩类同，可依据桥台高度、地基强度和土质等选定。

2）支撑梁轻型桥台

单跨或孔跨不多的小跨径桥，在条件许可的情况下，可在轻型桥台之间或台与墩间，设置3～5根支撑梁。支撑梁设在冲刷线或河床铺砌线以下。梁与桥台设置锚周栓钉，使上部结构与支撑梁共同支撑桥台承受台后土压力。此时桥台与支撑梁及上部结构形成四铰框架来受力。

3. 组合式桥台

为使桥台轻型化，桥台本身主要承受桥跨结构传来的竖向力和水平力，而土压力由其他结构来承受，形成组合式桥台。组合的方式很多，如桥台与锚定板组合，桥台与挡土墙组合，桥台与梁及挡土墙组合，框架式的组合，桥台与重力式后座组合等。

4. 框架式桥台

框架式桥台是一种在横桥方向呈框架式结构的桩基础轻型桥台，适用于地基承载力较低、台身较高、跨径较大的梁桥。其构造形式有双柱式、多柱式、墙式等。

框架式桥台均采用埋置式，台前设置溜坡。为满足桥台与路堤的连接，在台帽上部设置耳墙，必要时在台帽上方两侧设置挡板。

1）双柱式桥台：一般用于填土高度小于5m的情况。

2）多柱式桥台：用于当桥较宽时。为了减少桥台水平位移，也可先填土后钻孔。

3）墙式：用于填土高度大于5m的情况。墙厚一般为0.4～0.8m，设少量钢筋。

8.4.2 拱桥桥台分类与构造

拱桥桥台既要承受来自拱圈的巨大推力、竖向力及弯矩，又要承受台后土的侧压力，从尺寸上一般比梁桥桥台要大，拱桥桥台同梁桥桥台一样，也大致分为重力式桥台和轻型桥台两大类型，其作用原理与梁桥桥台大致相同。根据其构造形式具体可分为重力式桥台、轻型桥台、组合式桥台、空腹式桥台和齿槛式桥台等。

1. 重力式桥台

拱桥常用的重力式桥台为U形桥台，它由台身（又称前墙）和平行于行车方向的侧翼墙组成，它的水平截面呈U形，常采用锥形护坡与路堤连接。U形桥台的特点与梁桥U形桥台相同。在结构构造上除在台帽部分有所差别外，其余部分也基本相同。

重力式桥台的前墙任一水平截面的宽度，不宜小于该截面至墙顶高度的0.40倍。侧墙的水平截面宽度，采用片石砌体时，不小于该截面至墙顶高度的0.40倍，采用块石料石及混凝土时不小于0.35倍。前墙、侧墙的顶宽，片石砌体不宜小于0.50m，块石料石砌体及混凝土不宜小于0.40m。这样设置的桥台可按U形整体截面验算截面强度。侧墙的后端应伸入锥坡顶点内0.75m。

2. 轻型桥台

轻型桥台适用于小跨径拱桥，常用的形式有八字台、U形台、一字台、E字台等。轻型桥台尺寸比重力式桥台小很多。采用轻型桥台时，要注意保证台后的填土质量，台后填土应严格按照规定分层夯实，并做好台后填土的防护工作，防止受水流侵蚀和冲刷。

3. 组合式桥台

组合式桥台由台身和后座两部分组成。台身承受拱的垂直压力。由后座的自重摩阻力及台后的土侧压力来平衡拱推力。因此，后座基底标高应低于起拱线的标高。台身与后座间应密切贴合并设沉降缝，以适应两者的不均匀沉降。在地基土质较差时，后座地基也应适当处理，以免后座的后倾斜导致台身和拱圈变形。

4. 空腹式桥台

空腹式桥台的后墙与底板形成L形。为增加刚度，在拱座与后墙间设撑墙。前墙与后墙之间用撑墙相连，平面上形成“目”字形。它充分利用后背土抗力和基底摩阻力来平衡拱推力。此类型桥台适用于地基较软、冲刷较小的河床，可用于大中跨径的拱桥。

5. 齿槛式桥台

齿槛式桥台的基础底板面积较大，基底应力较小，因此，可适用于较软弱的地基。底板下设齿槛以增大摩阻力和抗滑稳定性。齿板宽度和深度一般不小于0.5m。为增加刚度，在底板上拱座与后挡板之间设撑墙。利用后挡板后面原状地基土及前墙背面填土的侧压力来平衡拱的推力。一般用于河床冲刷不大的中小跨径拱桥。

8.4.3 桥台施工

桥台施工方法与桥墩并无太大区别，同桥墩一样，桥台的施工方法通常分为现场就地浇筑与砌筑和拼装预制的混凝土砌块、钢筋混凝土或预应力混凝土构件两大类。

1. 石砌桥台施工

(1) 桥台砌筑顺序

1) 基础砌筑

当基坑开挖完毕并处理后，即可砌筑基础。砌筑时，应自最外边缘开始，砌好外圈后填砌腹部。

基础采用片石砌筑。当基底为土质时，基础底层石块直接干铺于基土上；当基底为岩石时，则应铺座灰再砌石块。第一层砌筑的石块应尽可能挑选大块的，平放铺砌，且顺丁交替，并用小石块将空隙填塞，灌以砂浆，然后开始一层一层平砌。每砌 2～3 层就要大致找平后再砌。

2）台身砌筑

当基础砌筑完毕，并检查平面位置和标高均符合设计要求后，即可砌筑桥台台身。砌筑前将基础顶面洗刷干净。砌筑时，先砌四角转角石，然后在已砌石料上挂线，砌筑边部外露部分，最后填砌腹部。

台身可采用浆砌片石、块石或粗料石砌筑（内部均用片石填腹）。表面石料一般采用一丁一顺的排列方法，使之连接牢固。桥台砌筑时应均匀升高，高低不应相差过大，每砌 2～3 层应大致找平。

为了美观和防水需要，桥台表面砌缝，靠外露面需另外勾缝，靠隐蔽面随砌随刮平。

勾缝的形式一般采用凸缝或平缝，浆砌规则块材也可采用凹缝。勾缝砂浆的强度等级应符合设计文件规定，一般主体工程用 M10，附属工程用 M7.5。砌筑时，外层砂浆留出距石面 1～2cm 的空隙，以备勾缝。勾缝最好在整个桥台砌筑后自上而下进行，以保证勾缝整齐干净。

（2）桥台砌筑工艺

1）浆砌片石

一般采用铺浆和灌浆相结合的方法。砌筑时先铺一层砂浆，把片石铺上，每层高度不超过 40cm，空隙处先灌满较稠的砂浆，再用合适的小石块卡紧填实。然后再铺上砂浆，以同样方法继续砌筑上层石块。每隔 70～120cm 的高度砌缝应大致砌成水平。

2）浆砌块石

一般采用铺浆和挤浆相结合的方法。砌筑时先铺一层砂浆，再把块石铺上，经左右轻轻揉动几下，再用手锤轻击石块，将灰缝砂浆挤压密实。在已砌好的石块侧面继续安砌时，应在相邻侧面先抹砂浆，再砌块石，并向下面和抹浆的侧面用手压，用锤轻击，使下面和侧面砂浆密实。砌体应分层平砌，石块丁顺相同，分层厚度一般不小于 20cm。对于厚大砌体，如不易按石料厚度砌成水平层时，可设法搭配，使每隔 70～120cm 能够砌成一个比较平整的水平层。

3）浆砌粗料石

一般采用铺浆和挤浆相结合的方法。砌筑前应按石料尺寸和灰缝厚度预先计算层数，使其符合砌体竖向尺寸。

砌筑时宜先用已修凿的石块试摆，力求水平缝一样。可先将料石干放于木条或铁棍上，然后将石块沿边棱翻开，在石块砌筑地点的砌石上及侧缝处铺抹砂浆一层并将其摊平，再将石块翻回原位，以木槌轻击，使石块结合紧密。垂直缝中砂浆若有不满，应补填捣至溢出为止。石块下垫放的木条或铁棍，在砂浆捣实后即行取出，空隙处再以砂浆填补压实。

2. 台后填土

台后填土采用的高度常在 4～8m 之间，早期台后填土较高，通常在 12m 以上，多达 20m，出现的病害较多；降低填土高度后，病害大为减少。

台后路基填土起点，一般要求在台后 2m 开始，按填土自然休止角填筑，与桥台间留下的三角形缺口应换填透水性土。如填土较高，需要透水性土的数量很大。当天然地面坚实时，填筑碎石或砌筑片石。

如桥台基底坐落在填土之上，则必须严格要求台下和台后填土分层夯实填筑。禁止从路堤顶面倾倒松土回填。

当桥台基底高出地面，由填土填充其间的空隙，则在填土前打桩施工比较方便。但如填土沉陷，在填土内的一段桩身就不能发挥支承作用，甚至会产生负摩擦力。填土后打桩则桩身需穿过的填土将增加贯入的阻力。同样，此后的沉陷也将抵消土层的支承力。比较理想的做法是填土后放置一段时间，待大部分土层沉陷完成后，再打基桩。

当设计采用填土上建造桥台时，必须严格要求填土的施工质量。即使在一般台后填土，也必须分层夯实。使用桩基不能降低对填土施工的要求。

3. 台后泄水盲沟

泄水盲沟以片石、碎石、卵石等透水材料砌筑或安装泄水管排水。沟底用黏土夯实，夯实后，在其上挖一条地沟，并设置3%～4%的坡度。或者在台背后全宽范围内满铺一层隔水材料，在隔水材料上铺装泄水管及填上透水性好的、粒径大的砂、石作为透水材料。泄水盲沟应建在下游方向，出口处应高出最高水位一定的距离。

如桥台在挖方内横向无法排水时，泄水盲沟在平面上可在下游方向的锥体填土内折向桥台前端排出，在平面上形成L形。

4. 直角锥坡放样

桥台锥坡是为保护桥台与引道路基的稳定，防止冲刷而在桥头两侧设置的锥体护坡，锥坡放样方法有图解法、直角坐标法等。

（1）图解法

又叫双圆垂直投影图解法。这是根据桥头锥坡的高度，横坡坡率和纵坡坡率计算出锥底椭圆的长、短半轴，然后以它们的半径及坡顶在坡底的投影为圆心，画出1/4同心圆；将圆周分成若干等分，由等分点分别与圆心相连，得到若干条径向直线，从各直线与圆周的交点互作垂线相交，各交点即为椭圆上的点。用光滑曲线连接各点即成为椭圆曲线，若等分点越多，画的椭圆就越准确，锥坡放样精度就越高。

（2）直角坐标法

5. 斜桥锥坡放样

斜桥锥坡放样可采用直角坐标法予以修正（略）。

6. 锥坡施工要点

（1）铺砌前，应由测量人员放出锥坡坡脚边线。

（2）按设计要求先铺砌护坡坡脚，然后再根据坡长，坡度自下向上按设计尺寸分层铺砌。

（3）铺砌前，应首先进行基底的检验及验收，符合质量要求后进行试砌，将片石在基面或按砌面上试砌。找出不平稳部位及其大小，再用手锤敲去尖凸部位。

（4）铺砌工作应在土工建筑物沉实或经可靠的夯实后进行。对于岸坡的整平，只可挖土，如需填补个别坑槽，应用砾石或碎石夯填平整。

（5）砌石护坡的边坡坡度一般为1∶1.5～1∶2。

（6）砌石坡脚应稳固可靠，保证坡脚免受冲毁。一般在坡脚用墁石铺砌式基础，并设置在冲刷线以下，或在坡脚处加抛片石防护。

（7）砌石石块尺寸须符合规格要求，砌筑时，应自下向上分层进行，石块互相间错，紧靠咬搭，空缝应用适宜大小的石块填塞紧密。

（8）铺砌坡顶边口，应采用较大而方正的石块，砌成整齐坚固的封边，封边石块旁边所留空隙应用黏性土回填夯实。

（9）用于冲刷防护的片石护坡或片石铺底石块尺寸，应根据流速大小、水深和波浪高度计算确定或按设计要求执行。

8.5 钢筋混凝土简支梁桥施工技术

8.5.1 简支梁桥的分类及构造

简支梁桥属静定结构，受力明确，在竖直荷载作用下支撑处只有竖向反力，梁体以受弯为主，同时承受剪力。简支梁桥结构适用于修建中小跨径桥梁，其构造相对较简单。

按截面形式分，常见的有简支板、简支T梁、简支箱梁、组合简支梁。

按施工方法分，有整体现浇板、预制安装板（梁）。

按是否施加预应力分，有预应力混凝土（板）梁桥、钢筋混凝土（板）梁桥。

本部分介绍城市桥梁中常用的简支板桥、简支T梁桥和简支箱梁桥的结构与构造。

1. 简支板桥

板桥是小跨径桥梁最常用的桥型之一。由于它在建成之后外形像一块薄板，故称为板桥。其外形简单，制作方便，可以采用整体式结构，也可以采用装配式结构。

简支板桥常见的结构形式：整体式简支板桥、装配式简支板桥、预应力空心板桥。

简支板桥跨径不宜过大。钢筋混凝土简支板桥的标准跨径不宜超过13m，预应力混凝土简支板桥的标准跨径不宜超过25m。

（1）整体式简支板桥

整体式简支板桥施工的主要程序为搭设支架→安装模板→铺设钢筋→整体浇筑混凝土→养护。通常用于跨径为4～8m的小桥。

整体式简支板桥的板厚与跨径之比一般为1/23～1/16，随跨径增大，比值取用较小值。横截面一般设计成等厚度的矩形板。为了减小自重，也可以将下缘受拉区混凝土部分挖空，形成矮肋板。

整体式板桥的跨径与板宽尺寸通常相差不大（比值不大于2），在荷载作用下实际处于双向受力状态。主筋的直径不宜小于10mm，跨中主筋间距不得大于200mm。横向分布钢筋设在主钢筋的内侧，其直径不小于8mm，间距不大于200mm，配筋率不小于0.1%。在主钢筋的弯折处，还应布置分布钢筋，

整体式板桥的主拉应力较小，根据计算可以不设置弯起的斜钢筋，但习惯上还是将一部分主钢筋在沿板高中心纵轴线的1/6～1/4计算跨径处按30°～45°的角度弯起。通过支点的不弯起的主钢筋。每米板宽内不少于3根，且不少于主钢筋截面面积的1/4。

（2）装配式简支板桥

当具备运输和起重设备时，简支板桥宜采用装配式结构，以缩短工期，高工程施工质

量。装配式简支板桥按截面形式可分为矩形板和空心板。

实心矩形板桥：通常用于跨径 8m 以下的桥梁，一般应尽量采用标准化设计。标准化跨径有 1.5m，2.0m，2.5m，3.0m，4.0m，5.0m，6.0m 和 8.0m 八种。预制板的设计宽度一般为 1.0m，板厚一般为 16～36cm；主钢筋一般采用 HRB335 钢筋。

装配式钢筋混凝土空心板桥：标准化跨径有 6.0m，8.0m，10.0m 和 13.0m 四种，相应的板厚为 0.4～0.8m。

(3) 预应力空心板桥

预应力混凝土空心板桥的跨径一般在 8～20m，标准化跨径有 8.0m，10.0m，13.0m，16.0m 和 20.0m 五种，相应板厚为 0.4～0.9m。空心板的顶板和底板厚度均不宜小于 80mm，截面的最薄处不得小于 70mm，以保证施工质量和构造的需要。为保证抗剪强度，应在截面内按设计计算需要配置弯起钢筋和箍筋。

预应力混凝土空心板，通常在预制厂采用先张法预制，然后运输到工地现场安装。

(4) 斜交板桥

桥梁纵轴线的布置与水流方向的交角不是 90°时，称为斜交桥。为了保证路线线形的要求，在高等级的道路上，需要设计小跨径斜交板桥。

(5) 装配式板桥的横向联结

为了使装配式板块能够共同承受车辆荷载，必须在块件之间设置强度足够的横向联结构造。装配式板的横向连接方法有企口混凝土铰和钢板焊接两种，其中，企口混凝土铰连接应用较为广泛。

2. 简支 T 梁桥

简支 T 梁桥通常采用预制安装的装配式结构。装配式简支 T 梁桥受力明确，构造简单，施工方便，便于工业化生产。可节省大量的模板和支架，降低劳动强度，缩短工期。因此在中小跨径桥梁中，它成为应用最多的桥型。简支 T 梁桥分为钢筋混凝土简支 T 梁和预应力简支 T 梁两类。

(1) 钢筋混凝土简支 T 梁桥

1) 简支 T 梁桥布置与构造

简支 T 梁桥布置包括主梁截面形式、主梁间距、截面各部尺寸等，它与立面布置、建筑高度、施工方法、美观要求及经济适用等因素有关。

装配式钢筋混凝土简支梁桥的优点：外形简单，制造方便，肋内配筋可做成刚劲的钢筋骨架，主梁之间借助横隔梁连接，整体性较好，接头也较方便。但构件的截面形状不稳定，运输和安装较麻烦。

2) 主梁布置

主梁间距越大，主梁的片数就越少，预制工作量就少，但构件的吊装重量增大，使运输和架设工作趋于复杂，同时桥面板的跨径增大，悬臂翼缘板端部较大的挠度对引起桥面接缝处纵向裂缝的可能性也增大。装配式钢筋混凝土 T 形简支梁桥的主梁间距一般在 1.5～2.3m 之间。目前采用较多的构造尺寸为主梁间距 2.2m、预制宽度 1.6m、吊装后接缝宽是 0.6m。

3) 主梁细部尺寸

主梁的合理高度与主梁的跨径、活载的大小等有关。梁高与跨径之比（即高跨比）的经济范围在 1/18～1/11 之间，跨径大的取用其中偏小的比值。

① 主梁梁肋尺寸：我国标准化跨径为 10m，13m，16m 和 20m 四种跨径，其梁高分别为 0.8～0.9m，0.9～1.0m，1.0～1.1m 和 1.1～1.3m。

主梁梁肋的宽度多采用 160～240mm，一般不应小于 140mm，且不小于梁肋高度的 1/15。钢筋混凝土简支梁一般沿跨径方向做成等截面的形式，以便于预制施工。

② 主梁翼板尺寸：一般翼板的宽度应比主梁间距小 20mm，以便在安装过程中易于调整 T 形梁的位置和减小制作上的误差。

4）主梁与翼板的配筋构造

装配式 T 形简支梁桥的钢筋可分为纵向主钢筋、架立钢筋、斜钢筋（弯起钢筋）、箍筋和分布钢筋等。

① 钢筋保护层厚度

为了防护钢筋免于锈蚀，钢筋至梁体混凝土边缘的净距，应符合规范规定的钢筋最小混凝土保护层厚度要求。主钢筋的最小混凝土保护层厚度，Ⅰ类环境条件为 30mm，Ⅱ类环境条件为 40mm 类，Ⅲ类、Ⅳ类环境条件为 45mm。

② 主梁钢筋布置

简支梁承受弯矩作用，故抵抗拉力的主钢筋应设在梁肋的下缘。随着弯矩向支点截面减小，主钢筋可在适当位置弯起。主钢筋不宜截断。

为保证主筋和梁端有足够的锚固长度和加强支承部分的强度，规范中规定，钢筋混凝土梁的支点处，应至少有 2 根且不少于总数 20％的下层受拉主钢筋通过。两外侧钢筋应伸出支点截面以外，并弯成直角顺梁高延伸至顶部，与顶层纵向架立钢筋相连。两侧之间不向上弯起的受拉主钢筋伸出支承截面的长度不应小于 $10d$，HPB235 钢筋应带半圆钩。

斜钢筋可以由主钢筋弯起而成（称弯起钢筋），当可供弯起的主钢筋数量不足时，需要加配专门的焊接于主筋和架立筋上的斜钢筋。斜钢筋与梁轴线的夹角一般取 45°。

箍筋的主要作用也是增强主梁的抗剪承载力，其直径不小于 8mm 且不小于 1/4 主钢筋直径。HPB235 钢筋的配筋率不小于 0.18％，HRB335 钢筋的配筋率不小于 0.12％。

T 形梁腹板（梁肋）两侧还应设置纵向分布钢筋，直径宜不小于 6～8mm，以防止因混凝土收缩等原因产生裂缝。每个梁肋内分布钢筋的总面积取（0.001～0.002）bh，其中 b 为梁肋宽度，h 为梁的高度。

架立钢筋布置在梁的上缘，起固定箍筋和斜筋并使梁内全部钢筋形成骨架的作用。

受弯构件的钢筋之间的净距应考虑浇筑混凝土时，振捣器可以顺利插入。各主筋之间的横向净距和层与层之间的竖向净距，当钢筋为三层及以下时，不小于 30mm，并且不小于 d；在三层以上时，不小于 40mm，并且不小于 $1.25d$。

在装配式钢筋混凝土 T 形梁中，钢筋数量众多，为了尽可能地减小梁肋尺寸，通常将主筋叠置，并与斜筋、架立筋一起通过侧面焊缝焊接成钢筋骨架。

为了缩短接头长度，减少焊接变形，钢筋骨架的焊接最好采用双面焊缝；但当骨架较长而不便翻身时，也可采用单面焊缝。采用双面焊缝时，斜钢筋与纵向钢筋之间的焊缝长度为 $5d$，纵向钢筋之间的短焊缝长度为 $2.5d$。采用单面焊时，焊缝长度加倍。

③ 翼板钢筋布置

T 形梁翼缘板内的受力钢筋沿横向布置在板的上缘，以承受悬臂负弯矩。板内主筋的直径不小于10mm，间距不应大于200mm。垂直于主钢筋还应设置分布钢筋，直径不小于6mm，间距不应大于200mm。设置分布钢筋的截面面积，不少于板的截面面积的0.1%。

5）横隔梁布置与构造

当梁横向刚性连接时，横隔梁的间距（沿主梁肋纵向）不应大于10m；当为铰接时，其间距可取5m左右。对于钢筋混凝土简支梁桥，一般在梁端、跨中和四分点处各设置一道横隔梁即可满足要求。

跨中横隔梁的高度应保证具有足够的抗弯刚度，通常可取为主梁高度的3/4左右。

横隔梁的宽度可取12～20cm，最常用的为15～18cm，且应当做成上宽下窄和内宽外窄的楔形，以便于脱模。

6）主梁的横向连接

装配式T形梁桥通常均借助横隔梁和桥面板的接头使所有主梁连接成整体。常用的接头形式有以下焊接钢板接头、扣环接头、桥面板的企口铰连接等。

（2）预应力钢筋混凝土简支T梁桥

预应力混凝土简支梁桥的标准跨径不宜大于50m。

1）梁体构造

装配式预应力混凝土简支梁桥的横截面类型基本上与钢筋混凝土简支梁桥类似，通常也做成T形，但为了方便布置预应力束筋和满足锚头布置的需要，下部一般都设有马蹄或加宽的下缘。有时为了提高单梁的抗扭刚度并减小截面尺寸，也采用箱形。

较大跨径的预应力混凝土简支T梁，当吊装质量不受限制时，主梁之间的横向距离采用较大间距比较合理，一般为1.8～2.5m。

① 主梁高度

预应力混凝土简支梁桥的主梁高度，对于常用的等截面简支梁，其高跨比的取值范围为1/15～1/25，一般随跨径增大而取较小比值，随梁数减少而取较大比值。对预应力混凝土T梁一般可取1/16～1/18。当建筑高度不受限制时，采用较大梁高比较经济。

② 细部尺寸

肋宽一般都由构造和施工要求决定。标准设计图中肋宽为140～160mm。

T形梁上翼缘的厚度按钢筋混凝土梁桥同样的原则来确定。为了减小翼板和梁肋连接处的局部应力集中和便于脱模，在该处一般还设置折线形承托或圆角。

T形梁下缘的马蹄尺寸应满足预加力阶段的强度要求，马蹄的具体形状要根据预应力束筋的数量和排列方式确定，具体尺寸建议如下：

a. 马蹄宽度为肋宽的2～4倍，并注意马蹄部分的管道保护层不应小于60mm。

b. 马蹄全宽部分的高度加1/2斜坡区高度约为梁高的0.15～0.20倍，斜坡宜陡于45°。

③ 横隔梁布置

沿主梁纵向的横隔梁布置基本上与钢筋混凝土T梁桥相同，但中横隔梁应延伸至马蹄的加宽处。在主梁跨度较大、梁较高的情况下，为了减小质量而往往将横隔梁的中部挖空。

2）配筋构造

预应力混凝土梁内的配筋，除主要的纵向预应力筋外，还有非预应力纵向受力钢筋、架立钢筋、箍筋、水平分布钢筋、承受局部应力的钢筋（如锚固端加强钢筋网）和其他构造钢筋等。

① 纵向预应力筋的布置

预应力混凝土简支T形梁桥，通常采用后张法施工，根据简支梁的受力特点通常采用曲线配筋的形式。全部主筋直线布置的形式，仅适用于先张法施工的小跨径梁。

对于钢束根数较多或当梁高受到限制，以致梁端不能锚固全部钢束时，可以将一部分预应力筋弯出梁顶。这样的布置方式使张拉操作稍趋烦琐，使预应力筋的弯起角度增大（达到25°～30°），摩阻损失也增大。

② 纵向预应力筋的锚固

预应力筋的锚固分两种情形：在先张法梁中，钢丝或钢筋主要靠混凝土的握裹力锚固在梁体内；在后张法梁中，则通过各类锚具锚固在梁端或梁顶。下面仅介绍后张法的锚固。

在后张法锚固构造中，锚具在梁端的布置必须遵循一定的原则：

a. 锚具的布置应尽量减小局部应力。一般而言，集中、过大的锚具不如分散、小型的锚具有利。

b. 锚具应在梁端对称于竖轴线布置，以免产生过大的横向不平衡弯矩。

c. 锚具之间应留有足够的净距，以便能安装张拉设备，方便施工作业。

为了防止锚具附近混凝土出现裂缝，还必须配置足够的间接钢筋（包括加强钢筋网和螺旋筋）予以加强。锚具下还应设置厚度不小于16mm的钢垫板，以扩大承载面积，减小混凝土应力。

施加预应力之后，应在锚具周围设置构造钢筋与梁体连接，并浇筑混凝土封锚（封端）。封锚（封端）混凝土的强度等级不应低于构件本身混凝土强度等级的80%，并且不低于C30。

③ 其他钢筋的布置

预应力混凝土梁与钢筋混凝土梁一样，需按规定的构造要求布置箍筋、架立钢筋和纵向水平分布钢筋等。由于弯起的预应力筋对梁肋混凝土提供了预剪力，主拉应力较小，一般可不设斜筋。

a. 箍筋的配置

预应力混凝土T形梁的腹板内应设置直径不小于ϕ10mm的箍筋，且采用带肋钢筋，间距不大于250mm；自支座中心起长度不小于一倍梁高的范围内，应采用闭合式箍筋，间距不大于100mm，用来加强梁端承受的局部应力。纵向预应力筋集中布置在下缘的马蹄部分，该部分混凝土承受很大的压应力。因此，必须另外设置直径不小于ϕ8mm的闭合式加强箍筋，其间距不大于200mm。此外，马蹄内还必须设置直径不小于ϕ12mm的定位钢筋。

b. 非预应力纵向受力钢筋

在预应力混凝土简支梁中，将非预应力的钢筋与预应力钢筋协同配置，有时可以达到补充局部梁段内承载力不足，满足承载力要求，也可起到更好地分布裂缝和提高梁体韧性等效果，使简支梁的设计更加经济合理。

（3）横向连接

装配式预应力混凝土梁桥的横向连接构造一般与钢筋混凝土梁桥一样。

8.5.2 简支梁桥施工技术

1. 模板与支架工程

模板与支架属于施工中的临时结构，在桥梁施工中大量使用。特别是现浇桥梁上部承载结构时，模板和支架是确保工程施工质量、进度、安全的重要技术措施，必须予以足够的重视，避免施工过程中的垮塌事故。支架、模板等临时结构应由施工单位技术部门专门设计，验算其强度、变形、稳定性符合规范要求后，方可施工。

（1）模板

就地浇筑施工的模板常用木模和钢模。对预制安装构件，除钢、木模外，也可采用钢木结合模板、土模和钢筋混凝土模型板等。模板工程的造价与上部结构主要工程造价的比值，在工程数量和模板周转次数相同的情况下，木模为4%～10%，钢筋混凝土模型板为3%～4%，钢模为2%～3%。本部分只介绍木模与钢模。

1）木模

钢筋混凝土肋式桥跨结构的木模主要由横向内框架、外框架和模板组成。

框架由竖向的和水平的以及斜向的方木或木条用钉或螺栓结合而成。框架间距一般取用0.7～1.0m，模板厚可选用40～50mm，在梁肋的模板之间设置穿过混凝土撑块的螺栓，一方面可减小新浇筑混凝土的侧压力对框架立柱产生的弯矩，同时也保证梁肋的施工尺寸符合设计规定。

木模包括胶合板木模，可制成整体定型的大型块件，它可按结构要求预先制作，然后在支架上用连接件迅速拼装。

模板制造宜选用机械化方法，以保证模板形状的正确和尺寸的精度。模板制作尺寸与设计要求的偏差、表面局部不平整度、板间缝隙宽度和安装偏差均应符合有关规定。

2）钢模

钢模大都做成大型块件，一般长3～8m，由钢板和加劲骨架焊接组成。通常钢板厚取用4～8mm。骨架由水平肋和竖向肋形成，肋由钢板或角钢做成，肋距500～800mm。大型钢模块件之间用螺栓或销连接。多次周转使用的钢模，在使用前可用化学方法或机械方法清扫，在浇筑混凝土前，在模板内壁要用隔离剂，以便脱模。

（2）支架

支架的主要类型有三种：立柱式支架、梁式支架、梁柱结合式支架。

1）立柱式支架

主要由排架和纵梁等构件组成。其中排架由枕木或桩、立柱和盖梁组成。一般排架间距为4m，桩的入土深度按施工设计要求设置，但是不能低于3m。当水深大于3m时，桩要采用拉杆加强，还需要在纵梁下布置卸落设备。立柱式支架的特点是构造简单，主要用于城市高架桥或不通航道以及桥墩不高的小跨径桥梁施工。

2）梁式支架

根据高架桥的跨径不同，梁可采用工字钢、钢板梁或钢桁梁。一般工字钢用于跨径小于10m。钢板梁用于跨径小于20m，钢板梁用于跨径大于20m的情况。梁可以支承在墩旁支柱上，也可支承在桥墩上预留的托架或支承在桥墩处的横梁上。

3）梁柱结合式支架

当高架桥较高、跨径较大或必须在支架下设孔通航或排洪时，可采用梁柱结合式支架所示。梁支承在桥墩、台以及临时支柱或临时墩上，形成多跨的梁柱结合式支架。

（3）对模板、支架的要求

1）模板、支架、拱架虽然是临时结构，但它要承受大部分恒载，为保证结构位置和尺寸的准确，因此必须有足够的强度、刚度和稳定性。支架、模板等受力要明确，计算图式应简单、明了。为了减少变形，构件应主要选用受压或受拉形式，并减少构件接缝数量。

2）在河道中施工的支架，要充分考虑洪水和漂流物以及通过船只（队）的影响，要有足够的安全措施；同时在安排施工进度时，尽量避免在高水位情况下施工。

3）支架、拱架在受荷后会产生变形与挠度，在安装前要有充分的估计和计算，并在安装时设置预拱度，使就地浇筑的桥跨结构线形符合设计要求。

4）模板的接缝必须密合，如有缝隙，须用胶带纸、泡沫塑料等塞堵严密，以免漏浆。

5）为减少施工现场的安装和拆卸工作，便于周转使用，模板、支架、拱架应尽量做成装配式组件或块件。

6）具有必需的强度、刚度和稳定性，能可靠地承受施工过程中可能产生的各项荷载，保证结构物各部形状、尺寸准确。

7）尽可能采用组合钢模板或大模板，以节约木材，提高模板的适应性的周转率。

8）模板面要求平整，接缝严密不漏浆；装拆容易，施工操作方便，保证安全。

2. 普通混凝土工程

普通混凝土浇筑的施工工艺为：浇筑前的准备工作→混凝土的搅拌→混凝土的运输→混凝土的浇捣→混凝土的养护。

（1）浇筑前的准备工作

1）材料的准备

① 混凝土原材料的准备：混凝土搅拌前，应检查水泥、砂、石、外加剂等原材料的品种、规格是否符合要求。确定投料时的施工配合比，并根据施工现场使用的搅拌机确定每搅拌一盘混凝土所需各种材料的用量。

② 混凝土浇筑前的准备：混凝土浇筑前先根据设计的施工配合比做混凝土坍落度试验。如发现不符合要求，应及时调整施工配合比。

2）模板的检查

检查模板配置和安装是否符合要求，支撑是否牢固；检查模板的轴线位置、垂直度、标高、起拱高度的正确性。检查模板上的浇筑口、振捣口是否正确，施工缝是否按要求留设等。

3）钢筋工程的验收

混凝土的浇筑必须在钢筋的隐蔽工程验收符合要求后进行，对钢筋和预埋件的品种、数量、规格、间距、接头位置、保护层厚度及绑扎安装的牢固性等进行全面的检查，并签发隐蔽工程验收单后方可进行浇筑混凝土。

4）预埋水、电管线的检查和验收

预埋水、电管线材料的品种、规格、数量、位置必须符合设计要求，并签发隐蔽工程验收单后方可进行混凝土浇筑。

5）模板的清理及接缝的处理

混凝土浇筑前应打开清扫口，对残留在柱、墙底的泥、浮砂、浮石、木屑、废弃的绑扎丝等杂物清理干净，用清水冲洗干净并不得留下积水。对木模还应浇水润湿，模板接缝较大时还应用水泥纸袋或纸筋灰填实，特别是模板四角处的接缝应严密。

（2）混凝土的搅拌

1）混凝土应符合国家现行标准《普通混凝土配合比设计规程》JGJ 55—2011 和《混凝土强度检验评定标准》GB/T 50107—2010 的有关规定，根据混凝土强度等级、耐久性和工作性质等要求由有资质的试验室进行配合比设计。混凝土搅拌前，应测定砂、石含水率并根据测试结果调整材料用量，提出混凝土施工配合比。

2）搅拌要求

混凝土原材料每盘称量的偏差应符合规定要求。每工作班对原材料的计量情况进行不少于一次的复称。

3）配合比的控制

混凝土搅拌前，应根据设计配合比修正计算施工配合比，并将施工配合比进行挂牌明示，对混凝土搅拌施工人员进行详细技术交底。

应按照工地砂、石实测含水量对理论配合比进行修正，理论配合比调整后变为施工用配合比。在施工时，每立方米混凝土中水泥称量不变，水和砂、石的实际称量为：

水的称量＝设计用水量—砂、石中水的重量

砂的称量＝设计砂的用量＋砂中水的重量＝干砂重×（1＋含水量）

石的称量＝设计石的用量＋石中水的重量＝干石重×（1＋含水量）

4）上料顺序

现场搅拌混凝土时，一般是计量好的原材料先集中在上料斗中，然后经上料斗进入搅拌筒，水和液态外加剂经计量后，在往搅拌筒中进料时，直接进入搅拌筒。每次加入的拌合物不得超过搅拌机进料容量的10％。当无外加剂时依次上料顺序为石子→水泥→砂；当掺混合物时其依次上料顺序为石子→水泥→外加剂→砂；当掺干粉外加剂时其依次上料顺序为石子→外加剂→水泥→砂。

5）搅拌时间：混凝土搅拌的最短时间应符合规定。

（3）混凝土的运输

混凝土自搅拌机卸出后，应及时送到浇筑地点。在运输过程中，应严格控制混凝土的运输时间符合规定。在运输过程中要防止混凝土离析及产生初凝等现象。

（4）混凝土的浇捣

混凝土的浇筑要保证混凝土的均匀性和密实性，要保证结构的整体性、尺寸的准确和钢筋、预埋件的位置正确，拆模后混凝土表面平整、光滑。

1）混凝土浇筑前不应发生初凝和离析现象，如已发生，可重新搅拌，使混凝土恢复流动性和粘聚性后再进行浇筑。

2）为了防止混凝土浇筑时产生离析，混凝土自由倾落高度不宜高于 2m；若混凝土自由下落高度超过 2m；应采用串筒、斜槽、溜管等下料。当高度超过 8m 时，则应采用节管振动串筒，即在串筒上每隔 2～3 节管安装一台振动器。

3）浇筑较厚的构件时，为了使混凝土振捣实心密实，必须分层浇筑；每层浇筑厚度与振捣方法、结构配筋情况有关，应符合规范规定。

4）混凝土的浇筑应连续进行。如必须间歇作业，其间歇时间应尽量缩短，并要在前层混凝土凝结前，将次层混凝土浇筑完成。

5）竖向结构的浇筑，在浇筑竖向结构（如墙、柱）的混凝土时，若浇筑高度超过3m，应采用溜槽或串筒。混凝土的水灰比和坍落度，宜随浇筑高度的上升，而酌情予以递减。

6）浇筑混凝土时，应经常观察模板、支架、钢筋、预埋件和预留孔洞的情况，当发生有变形、移位时，应立即停止浇筑，并在已浇筑的混凝土凝结前修整好。

7）混凝土结构多要求整体浇筑，如因技术或组织上的原因不能整体浇筑时，则应事先确定在适当位置留置施工缝。

8）施工缝的处理

① 在已硬化的混凝土表面上继续浇筑混凝土之前，应及时清除垃圾、水泥薄膜、表面松动的砂石和软弱的混凝土层，同时对表面光滑处还应进行凿毛处理，同时用水冲洗干净并充分湿润，残留在混凝土表面的积水也应清除。凿除时混凝土应达规定强度。

② 在施工缝附近回弯钢筋时，要做到钢筋周围的混凝土不受松动和损坏。钢筋上的油污、浮锈等杂质也应及时清除。

③ 浇筑前，水平施工缝宜先铺上一层10～15mm厚的水泥砂浆，其配合比与混凝土内的砂浆成分相同。垂直缝应刷一层水泥净浆，无筋构件的工作缝应加锚固钢筋或石榫，以增加新、旧混凝土的整体粘结。

（5）混凝土的养护

混凝土养护是保证混凝土强度的关键工序之一，养护方法主要有浇水养护、喷膜养护、太阳能养护、蒸汽养护等。太阳能养护是利用太阳光的照射，将辐射能转变为热能，使混凝土内部升温较快，加速了水泥的水化过程，以达到养护的目的。蒸汽养护是将成型的混凝土构件置于封闭的养护室（空间）内，通过蒸汽使混凝土在较高湿度的环境中迅速凝结、硬化，达到所要求的强度。

3. 泵送混凝土工程

泵送混凝土是在混凝土泵的推动下，沿输送管道进行水平和垂直方向运输和浇筑的工艺技术。其工效高、劳动强度低、快速方便、浇筑范围大、适应性强等，适用于各种大体积混凝土和连续性强、浇筑效率要求高的混凝土工程。

泵送混凝土除应满足设计规定的强度、耐久性外，还要满足管道输送对混凝土拌合物的要求，即要求混凝土拌合物有较好的可泵性。所谓可泵性，即混凝土拌合物具有能顺利通过管道、摩阻力小、不离析、不阻塞和粘聚性良好的性能。混凝土的可泵性，可用压力泌水试验结合施工经验进行控制。压力泌水试验详见《混凝土泵送施工技术规程》JGJ/T 10—2011及相关资料。

泵送混凝土的坍落度不低于100mm的混凝土。

混凝土泵送设备主要有混凝土泵及泵车、输送管道组成。

混凝土泵是泵送混凝土施工的主要设备。按驱动形式主要分为挤压式和活塞式。目前一般采用的是液压活塞式混凝土泵；按其移动方式可分为拖式、固定式、臂架式和车载式等。目前常用的臂架式混凝土泵通称为混凝土泵车。

(1) 混凝土泵及泵车的主要技术参数

包括有排量（输送量）、输送压力、最大输送距离泵的排量、输送压力和最大输送距离是混凝土泵选型的主要参数，三者间的相互关系是：当排量增大时，输送压力降低，输送距离也就减少；反之，排量减少，则输送压力增加，输送距离也相应增加。

(2) 输送管道

混凝土泵的输送管有直管、锥形管、弯管和软管等。除软管为橡胶外，其余一般均为钢管。直管管径一般有100mm，125mm，150mm三种。管道直径可按实际需要和可能，通过变径锥管连接。

(3) 施工方法

1）混凝土采用泵送时，要密切注意观察油压表和各部分的工作状态。

2）泵送混凝土的浇筑：浇筑应根据工程结构特点、平面形状和几何尺寸、混凝土供应和泵送设备能力、劳动力和管理能力，以及周围场地大小等条件，预先划分好混凝土浇筑区域。

① 混凝土的浇筑顺序

当采用输送管输送混凝土时，应由远而近浇筑，可使布料、拆管和移动布料设备等不会影响先浇筑混凝土的质量。

同一区域的混凝土，应按先竖向结构后水平结构的顺序，分层连续浇筑。

当不允许留施工缝时，区域之间、上下层之间的混凝土浇筑间歇时间，不得超过混凝土初凝时间。当下层混凝土初凝后，浇筑上层混凝土时，应先按留施工缝的规定处理。

② 混凝土的布料方法

在浇筑竖向结构混凝土时，布料设备的出口离模板内侧面不应小于50mm且不得向模板内侧面直冲布料，也不得直冲钢筋骨架，以防止混凝土离析。

浇筑水平结构混凝土时，不得在同一处连续布料，应在2～3m范围内水平移动布料，且宜垂直于模板布料。

3）混凝土的浇捣

混凝土浇筑分层厚度，宜为300～500mm。当水平结构的混凝土浇筑厚度超过500mm时，可按1∶6～1∶10坡度分层浇筑，且上层混凝土应超前覆盖下层混凝土500mm以上。

振捣泵送混凝土时，振动棒移动间距宜为400mm左右，振捣时间宜为15～30s，且隔20～30min后进行第二次复振。

(4) 安全措施

泵送混凝土施工操作中，施工人员应严格执行施工安全操作规程。混凝土泵送施工现场，应统一指挥和调度，以保证顺利施工。混凝土泵的安全使用及操作，应严格执行使用说明书和其他有关规定，同时应根据使用说明书制订专门操作要点。混凝土泵的操作人员必须经过专门培训合格后，方可上岗独立操作。

泵机运转时，严禁把手伸入料斗或用手抓握分配阀。若要在料斗或分配阀上工作时，应先关闭电动机和消除蓄能器压力。作业中不可随意调整液压系统压力。炎热季节要防止油温过高，如油温达到70℃时，应停止运行。寒冷季节要采取防冻措施。输送管路要固定、垫实，严禁将输送软管弯曲，以免软管爆炸。

清洗混凝土泵和输送管时，必须要有专人统一指挥，认真执行有关清洗的操作规程，以确保安全。作业完毕后要释放蓄能器的压力。

4. 钢筋工程

钢筋工程主要包括钢筋的加工制作、钢筋的连接、焊接（或绑扎）钢筋骨架以及钢筋的配料和下料、钢筋代换计算等施工过程。

桥梁工程所用钢筋一般是热轧钢筋，《公路桥涵施工技术规范》JTG/T F50—2011（以下简称“桥规”）按其强度分为 HPB235，HRB335，HRB400 和 RRB400 四级。其中数字前面的英文字母分别表示生产工艺、表面形状和钢筋，而数字则代表钢筋的强度标准值。H 表示热轧钢筋，P 表示光圆钢筋，R 表示带肋钢筋，B 表示钢筋。

（1）钢筋加工

除冷加工外，钢筋加工是指钢筋调直、除锈、切断、弯曲成型等。

1）钢筋调直

钢筋调直是钢筋加工中不可缺少的工序。钢筋调直有手工调直和机械调直。细钢筋可采用调直机调直，粗钢筋可以采用捶直或扳直的方法。钢筋的调直还可采用冷拉方法，其冷拉率 HPB235 级钢筋不大于 4%，HRB335 级、HRB400 级和 RRB400 级钢筋的冷拉率不宜大于 1%，一般拉至钢筋表面氧化皮开始脱落为止。

2）钢筋除锈

除锈应在调直后、弯曲前进行，并应尽量利用冷拉和调直工序进行除锈。钢筋除锈常用人工除锈、钢筋除锈机除锈、酸法除锈、电动除锈机除锈、喷砂除锈、酸洗除锈等方法。

3）钢筋切断

钢筋应按下料长度下料切断，力求准确，允许偏差应符合有关规定。切断时，将同规格钢筋根据不同长度长短搭配、统筹排料。一般应先断长料，后断短料，减少短头，长料长用，短料短用，使下脚料的长度最短。

4）钢筋弯曲成型

钢筋弯曲成型的顺序是：准备工作→画线→样件→弯曲成型。

（2）钢筋的连接

钢筋的连接方法主要有绑扎搭接、焊接和机械连接。采用焊接接长代替绑扎，可节约钢材，改善结构受力性能，提高工效，降低成本。钢筋常用焊接接长方法有对焊、电弧焊、电渣压力焊和电阻点焊。钢筋机械连接包括冷挤压连接和螺纹套筒连接，螺纹套筒连接又分直螺纹和锥螺纹套筒连接。

（3）钢筋的配料和下料

1）钢筋配料

钢筋配料是根据构件配筋图中钢筋的品种、规格及外形尺寸、数量计算构件各钢筋的直线下料长度、总根数及钢筋总质量，然后编制钢筋配料单。

2）钢筋下料

桥梁受弯构件的配筋一般有架立钢筋、纵向受力钢筋、弯起钢筋和箍筋。按照弯制的形式可归纳为直钢筋、弯起钢筋和弯钩钢筋三种。为使钢筋满足设计要求的形状和尺寸，需要对钢筋进行弯折，而弯折后钢筋各段的长度总和并不等于其在直线状态下的长度，所以就需要对钢筋的剪切下料长度加以计算。

下料长度计算需考虑保护层厚度、弯钩增长值、钢筋中间部位弯折处的伸长量等。

(4) 钢筋代换

施工中如遇钢筋品种或规格与设计要求不符时，征得设计单位同意后，可进行代换。

1) 钢筋代换原则

① 等强度代换：构件配筋受强度控制时，代换前后强度应相等。

② 等面积代换：构件按最小配筋率配筋时或同型号钢筋之间，代换前后截面积应相等。

2) 钢筋代换注意事项

钢筋代换时，必须充分了解设计意图和代换材料的性能，并严格遵守《桥规》的各项规定，应征得设计单位的同意，并应符合下列规定：

① 不同种类钢筋代换，应按钢筋受拉承载力设计值相等的原则进行；

② 当构件受裂缝宽度或挠度控制时，钢筋代换后应进行裂缝宽度或挠度验算；

③ 钢筋代换后应满足设计规定的钢筋间距、锚固长度、最小钢筋直径、根数等要求；

④ 对重要受力构件，不宜用 HPB235 级代换 HRB335 级钢筋。

⑤ 梁的纵向受力钢筋与弯起钢筋应分别进行代换；

⑥ 偏心受压构件或偏心受拉构件做钢筋代换时，不取整个截面配筋量计算，应按受力面（受压或受拉）分别代换。

(5) 钢筋骨架的绑扎与焊接

钢筋骨架，可以焊接成型，也可以绑扎成型，但都必须保证骨架有足够的刚度。

钢筋绑扎方法有顺扣、缠扣、套扣法。绑扎骨架钢筋的安装，应事先拟定安装顺序。一般的梁肋钢筋，先放箍筋，再安下排主筋，后装上排钢筋。

骨架的焊接一般采用电弧焊，先焊成单片平面骨架，再将它组拼成立体骨架。

8.5.3 简支梁（板）安装

简支梁（板）在预制厂或现场预制工地预制成型后，经养护合格，运输到桥位进行安装。简支梁桥安装施工的分类方法有多种，根据施工使用的主要机械设备来分类，一般有桅杆（扒杆）安装、起重机安装、龙门架安装、架桥机安装、浮吊安装、缆索吊装等方法。本部分仅简单介绍起重机安装。

1. 起重机安装

大型的自行式起重机广泛使用于城市桥梁的架设安装施工中，因为自行式起重机本身有动力，不需要架设桥梁的临时动力设备，也不需要进行架设设备的准备工作，架设速度快，可缩短施工期限，因此，对中、小跨径的混凝土预制梁的架设安装，自行式起重机深受欢迎。

(1) 采用一台起重机架设：当钢筋混凝土预制梁的质量不大，而起重机又有相当的起吊能力，城市道路无障碍物，起重机能自由行驶和停置时，就可以采用一台起重机架设安装，但应注意起吊钢丝绳与梁面的夹角不能太小，一般情况下以 45°～60°为宜。

(2) 采用二台起重机架设：其主要施工方法是两台自行式起重机同时起吊一根混凝土预制梁的端头，同步提升、同步转向、同时将梁安放在桥墩上。运用此法时，应注意两台起重机的互相配合。

（3）采用起重机和绞车配合架设：其主要施工方法是预制梁一端采用走板、滚筒支垫，而另一端用起重机吊起，前方采用一台绞车牵引预制梁前进，梁在前进的过程中，其起重机的起重臂也随着转动，将梁向前移动，当前端就位后，卸掉吊点，起重机移到梁的后端，提起梁的后端取出走板、滚筒，将梁放下就位，直至将整根预制梁完全安装在桥墩上。

2. 起重机安全注意事项

（1）起吊安装之前，必须认真检查梁的运输路线、梁的架设顺序、起重机进出路线状况及起重机作业位置有无障碍物等。

（2）必须检查起重机的起重臂长度及作业时所要求的伸幅半径和高度。

（3）了解起重机通行路线的宽度、弯道半径、高度限制和载重限制等。

（4）在起重机施工过程中，应严格按照吊装安全技术操作规程进行。并特别注意防止因下列情况造成安全事故。

8.6 预应力混凝土梁桥施工技术

8.6.1 先张法预应力混凝土简支梁施工技术

先张法的制梁工艺是在灌注混凝土前张拉预应力筋，将其临时锚固在张拉台座上，再立模浇筑混凝土，待混凝土达到规定强度（不得低于设计强度的70%）时，逐渐将预应力筋放松，这样就因预应力筋的弹性回缩通过其与混凝土之间的粘结作用，使混凝土获得预压应力。

本节着重介绍先张法预应力施工中的台座、预应力筋的制备及张拉工艺、混凝土工作、预应力筋放松等问题。

1. 台座

台座是先张法生产中的主要设备之一，要求有足够的强度和稳定性。台座按构造形式不同，可分为墩式和槽式两类。

（1）墩式台座

墩式台座是靠自重和土压力来平衡张拉力所产生的倾覆力矩，并靠土壤的反力和摩擦力抵抗水平位移。台座由台面、承力架、横梁和定位钢板等组成。

台面：有整体式混凝土台面和装配式台面两种，它是制梁的底模。

承力架：要承受全部的张拉力，承力架可因地制宜地采取不同的形式。

横梁：是将预应力筋张拉力传给承力架的构件，常用型钢设计制成。

定位钢板：是用来固定预应力筋的位置，其厚度必须保证承受张拉力后具有足够的刚度。定位板的圆孔位置按梁体预应力筋的设计位置确定，孔径比预应力筋大2～5mm，以便穿筋。

（2）槽式台座

当现场地质条件较差、台座又不很长时，可采用由台面、传力柱、横梁、横系梁等组成的槽式台座。传力柱和横系梁一般用钢筋混凝土做成，其他部分与墩式台座相同。

2. 预应力筋的制备

先张法预应力混凝土梁可用冷拉Ⅲ级、Ⅳ级螺纹粗钢筋、高强钢丝、钢绞线和冷拔低碳钢丝作为预应力筋。

3. 预应力筋的张拉（图 8-3）

预应力筋的张拉可分单根张拉和多根整批张拉两种。

粗钢筋在台座上利用各类液压拉伸机（由千斤顶、油泵、连接油管组成）进行张拉。

（1）张拉前的准备工作

张拉前应先在端横梁上安装预应力筋的定位钢板，同时检查其孔位和孔径是否符合设计要求。安装定位板时要保证最下层和最外侧预应力筋的混凝土保护层尺寸。

（a）

（b）

（c）

（d）

图 8-3　先张法施工图

（a）张拉横梁；（b）连接器；（c）钢筋绑扎与混凝土施工；（d）放张成型

控制张拉力是由预应力筋的张拉控制应力 σ_k 与截面积 Ag 的乘积来确定。《桥规》规定，钢筋中的最大控制应力对钢丝、钢绞线不应超过 $0.7R_y^b$，对冷拉粗钢筋不应超过 $0.9R_y^b$，此处为预应力筋的标准强度。

对于张拉设备的各个部件在张拉前均应仔细检查无误后才能开始张拉。

（2）张拉程序

为了减少预应力筋的应力松弛损失，通常采用超张拉的方法进行张拉。其中应力由 $105\%\sigma_k$ 退至 $90\%\sigma_k$，主要是为了设置预埋件、绑扎钢筋和支模时的安全。初应力值一般取 $10\%\sigma_k$，以保证成组张拉时每根钢筋应力均匀。

张拉程序：

Ⅱ级Ⅲ级Ⅳ级钢筋为　$0\rightarrow$初应力$\rightarrow 105\%\sigma_k$(持荷 2min)$\rightarrow 90\%\sigma_k\rightarrow\sigma_k$（锚固）

碳素钢丝、钢绞线为　$0\rightarrow$初应力$\rightarrow 105\%\sigma_k$(持荷 2min)$\rightarrow\sigma_k$（锚固）

冷拔低碳素钢丝为　$0\rightarrow 105\%\sigma_k$(持荷 2min)$\rightarrow\sigma_k$(锚固)

或为　$0\rightarrow 103\%\sigma_k$(锚固)

为了避免台座承受过大的偏心力，应先张拉靠近台座截面重心处的预应力筋。

如遇钢筋伸长值大于拉伸机油缸最大工作行程时，可采用重复张拉的办法来解决。

4. 混凝土

预应力混凝土梁的混凝土最低用 C40，所用强度等级较高而在配料、制备、浇筑、振捣和养护等方面更应严格要求。

此外，在台座内每条生产线上的构件，其混凝土必须一次连续灌注完毕；振捣时，应避免碰击预应力筋。

5. 预应力筋张拉力的放松

预应力筋的放松是先张法生产中的一个重要工序，放松方法选择的好坏和操作是否正确，对构件的质量都将有直接的影响。

预应力筋的放松必须待混凝土养护达到设计规定的强度（一般为混凝土强度的70%～80%）以后才可以进行。放松过早会造成较多的预应力损失（主要是收缩、徐变损失）或因混凝土与钢筋的粘结力不足而造成预应力筋弹性收缩滑动和在构件端部出现水平裂缝的质量事故；放松过迟，则影响台座和模板的周转。放松操作时速度不应过快，尽量使构件受力对称均匀。只有待预应力筋被放松后，才能切割每个构件端部的钢筋。

预应力筋张拉力放松的方法：有千斤顶放松、砂筒放松、滑楔放松、螺杆和张拉架放松等方法。

8.6.2 后张法预应力混凝土简支梁施工技术

后张法制梁的步骤是先制作留有预应力筋孔道的梁体，待其混凝土达到规定强度后，再从孔道内穿束张拉并锚固，最后进行孔道压浆并浇灌梁端封头混凝土。

制梁过程中有关模板和混凝土等工作与钢筋混凝土梁和先张法预应力梁的基本相同。本部分仅介绍后张法制梁所特有的一些工序（图8-4、图8-5）。

1. 预应力筋的制备

后张法预应力混凝土桥梁常用高强碳素钢丝束、钢绞线和冷拉Ⅲ级、Ⅳ级粗钢筋作为预应力筋。对于跨径较小的T形梁桥，也可采用冷拔低碳钢丝作为预应力筋。

预应力筋的下料长度为管道长度、张拉和锚固所需的工作长度等。预应力筋下料应采用切割机切割，禁止使用热切割。

2. 预应力筋孔道成型

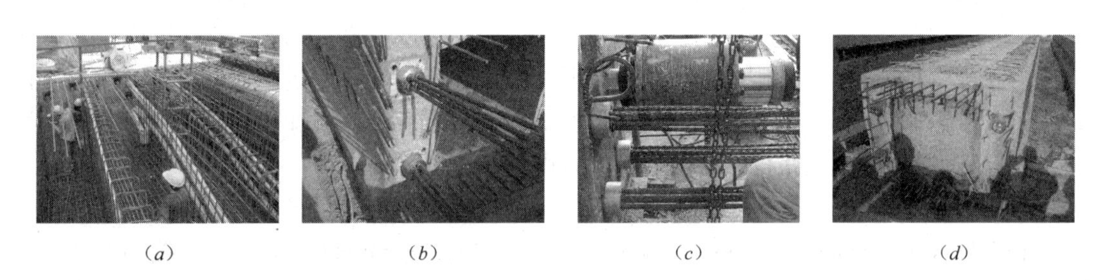

(*a*)　(*b*)　(*c*)　(*d*)

图8-4　后张法施工及锚具组装图

(*a*) 管道设置；(*b*) 锚具安装；(*c*) 千斤顶张拉；(*d*) 压浆封锚

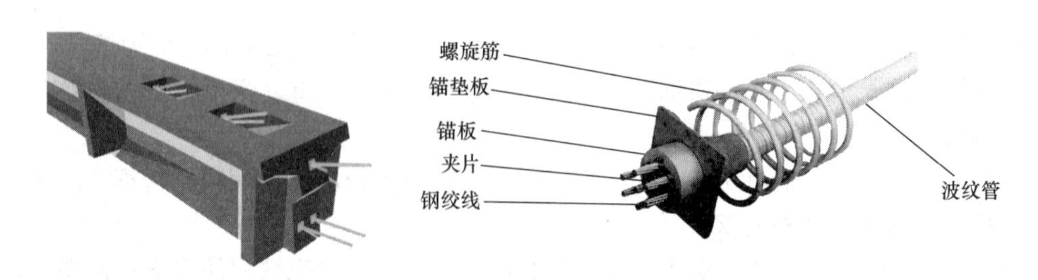

图8-5　后张法锚固及锚具组装图

孔道成型的主要工作内容：有选择和安装制孔器、抽拔制孔器和孔道通孔检验等。

常用的抽拔式制孔器：有橡胶管制孔器、金属伸缩管制孔器、钢管制孔器三种。

3. 预应力筋的张拉工艺

当梁体混凝土的强度达到设计强度的70％以上时，才可进行穿束张拉。穿束前，可用空压机吹风等方法清理孔道内的污物和积水，以确保孔道畅通。

预应力筋张拉时，应按顺序对称地进行，以防过大偏心压力导致梁体出现较大的侧弯现象。分批张拉时，先张拉的预应力筋应考虑因此后张拉其他预应力筋所引起弹性压缩的预应力损失。

后张法预应力筋张拉所用液压千斤顶的形式

（1）按其作用区分：有单作用（张拉）、双作用（张拉和顶紧锚塞）、三作用（张拉、顶锚和退楔）三种形式。

（2）按其构造特点区分：有锥锚式、拉杆式、穿心式三种形式。

锥锚式千斤顶张拉工艺的主要流程为：准备工作→装上对中套与加楔→初始张拉→正式张拉→顶铺→退楔→千斤顶缸体复位。

4. 孔道压浆

孔道压浆是为了保护预应力筋不致锈蚀，并使力筋与混凝土梁体粘结成整体，从而既能减轻锚具的受力，又能提高梁的承载能力、抗裂性能和耐久性。孔道压浆用专门的压浆泵进行，压浆时要求密实、饱满，并应在张拉后尽早完成。

（1）准备工作

压浆前烧割锚外钢丝时，应采取降温措施，以免锚具和预应力筋因过热而产生滑丝。用环氧砂浆或棉花和水泥浆填塞锚塞周围的钢丝间隙。用压力水冲洗孔道，排除孔内粉渣杂物，确保孔道畅通，并吹去孔内积水。

（2）水泥浆的制备

水泥浆须用不低于42.5级的普通硅酸盐水泥拌制，泥浆强度等级不应低于30MPa。

水泥浆的水灰比应为0.40～0.45，最大不超过0.5。

（3）压浆

压浆工艺有“一次压注法”和“二次压注法”两种。对于较长的孔道或曲线形孔道以“二次压注法”为好。

压浆压力以500～600kPa为宜。

压浆顺序应先下孔道后上孔道，以免上孔道漏浆把下孔道堵塞。

直线孔道压浆时，应从构件的一端压到另一端；曲线孔道压浆时，应从孔道最低处开始向两端进行。

压浆操作注意事项：

① 在冲洗孔道时如发现串孔，则应改成两孔同时压注；

② 每个孔道的压浆作业必须一次完成，不得中途停顿，如因故停顿时间超过20min，则应用清水冲洗已压浆的孔道，重新压注；

③ 水泥浆应不断地搅拌从拌制到压入孔道的间隔时间不得超过40min；

④ 输浆管的长度最多不得超过40m。当超过30m时，就要提高压力100～200kPa；

⑤ 压浆工人应戴防护眼镜，以免灰浆喷出时射伤眼睛。

（4）封锚

孔道压浆后应立即将梁端水泥浆冲洗干净，并将端面混凝土凿毛。在绑扎端部钢筋网和安装封端模板时，要妥善固定，以免在灌注混凝土时因模板走动而影响梁长。封端混凝土的强度应不低于梁体的强度80%。

8.6.3 预应力连续梁悬臂施工技术

悬臂施工技术常用连续梁等结构的施工中。由于悬臂施工方法的优越性，后来被推广用于预应力混凝土悬臂梁桥、斜腿刚构桥、桁架桥、拱桥及斜拉桥等。

悬臂施工的施工特点：

（1）施工预应力混凝土连续梁及悬臂梁桥采用悬臂施工时需进行体系转换，即在悬臂施工时，梁墩应临时固结；边跨合龙后中跨合龙前，撤销梁墩临时固结，结构呈悬臂梁受力状态，待结构合龙后形成连续梁体系。

（2）桥跨间不需搭设支架，施工不影响桥下通航或行车。施工过程中，施工机具和人员等重力均全部由已建梁段承受，随着施工的进展，悬臂逐渐延伸，机具设备也逐步移至梁端，需用支架作为支撑。所以悬臂施工法可应用于通航及跨线桥施工。

（3）悬臂施工用的挂篮设备可重复使用，施工费用较省，可降低工程造价。

1. 悬臂浇筑法施工简介（图8-6）

悬臂浇筑（简称悬浇）采用移动式挂篮作为施工平台，以中间桥墩为中心，对称向两侧利用挂篮浇筑梁段混凝土并张拉锚固，挂篮对称前移，进入下一节段施工。

图8-6 悬臂挂篮施工技术

悬臂浇筑每个节段长度一般2～6m。

（1）悬臂浇筑施工程序

悬臂浇筑施工时，梁体一般要分四部分浇筑，施工程序一般如下：

1）在墩顶托架上浇筑0号块并实施墩梁临时固结系统。

2）在0号块上安装悬臂挂篮，向两侧依次对称地分段浇筑主梁至合龙段。

3）在临时支架或梁端与边墩间临时托架上支模板浇筑现浇梁段。当现浇梁段较短时，可利用挂篮浇筑；当与现浇相接的连接桥是采用顶推施工时，可将现浇梁段锚固在顶推梁前端施工，并顶推到位。此法不需要支撑，省料省工。

4）主梁合龙段可在改装的简支挂篮托架上浇筑。多跨合龙段浇筑顺序按先边跨后次边跨、最后中跨合龙。施工过程示意图见图8-7。

（2）主要施工要点

① 施工托架

采用悬臂浇筑法施工时，墩顶0号块梁段采用在托架上立模现浇，并在施工过程中设置临时梁墩锚固，使0号块梁段能承受两侧悬臂施工时产生的不平衡力矩。施工托架可根据承台形式、墩身高度和地形情况，分别支承在承台、墩身或地面上。它们可采用万能杆件、贝雷桁架（或装配式公路钢桁架）、六四军用桁架及型钢等组成，也可采用钢筋混凝

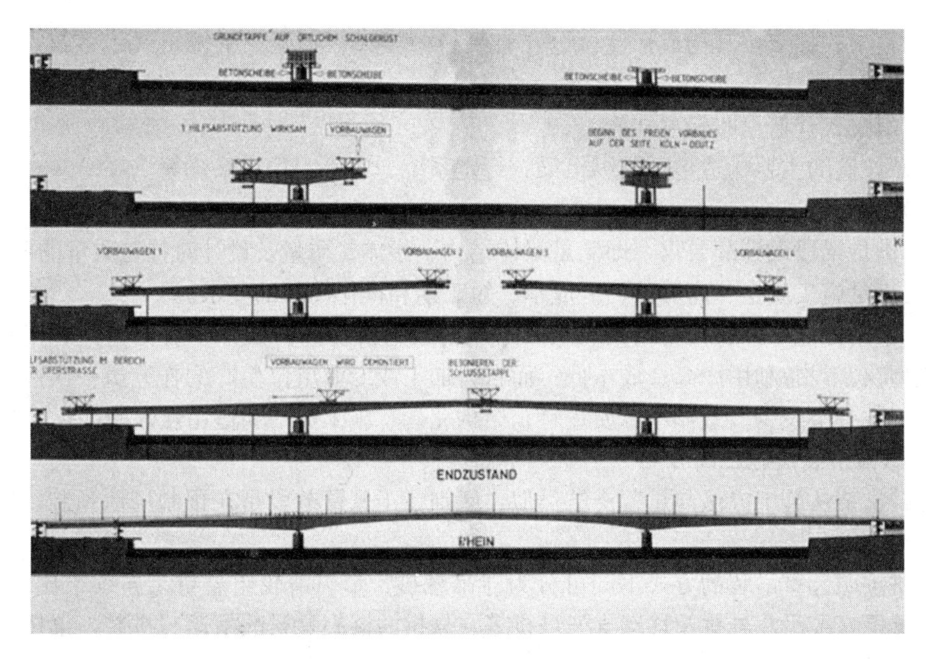

图 8-7　悬臂施工示意图

土构件作为临时支撑。

② 临时支座

为保证施工过程中结构的稳定可靠，必须采取 0 号块梁段与桥墩间临时固结或支承措施。临时支座的作用是在施工阶段临时固结墩、梁，以承受施工中可能存在的不平衡力的作用。临时支座设置应方便在梁体合龙后拆除，实现体系转换。

（3）0 号块模板和支架

模板和支架是 0 号块施工的关键，其设计、施工的主要技术要求是：

1）应有足够的刚度和强度。

2）准确计算在浇筑过程中结构的弹性变形和非弹性变形。

3）施工偏差和定位要求应符合有关规范的规定。

4）便于操作，确保施工质量。

（4）以 0 号块为支承，对称向两侧进行悬臂施工。

2. 挂篮

挂篮是悬臂浇筑施工的主要机具。挂篮是一个能沿着轨道行走的活动脚手架，挂篮悬挂在已经张拉锚固的箱梁梁段上，悬臂浇筑时箱梁梁段的模板安装、钢筋绑扎、管道安装、混凝土浇筑、预应力筋张拉、压浆等工作均在挂篮上进行。当一个梁段的施工程序完成后，挂篮解除后锚，移向下一梁段施工。所以挂篮既是空间的施工设备，又是预应力筋未张拉前梁段的承重结构。

（1）挂篮分类：

自锚式施工挂篮结构的形式主要有桁架式、斜拉式两类。

1）桁架式挂篮按其构成部件区分：有万能杆件挂篮、贝雷梁或装配式公路钢桁梁组合式和挂篮、型钢组合桁架组合式等。

2）桁架式挂篮按其构成形状区分：有平行桁架式、平弦无平衡重式、弓弦式、菱形式等。

3）斜拉式挂篮也叫轻型挂篮。

（2）挂篮的主要构造包括主纵桁梁、行走系统、底篮、后锚系统等。

（3）挂篮的选择：

1）满足梁段设计的要求，即满足梁体结构、形体、质量及设计对挂篮质量的要求。

2）满足施工安全、高质量、低成本、短工期和操作简便的要求。

3）采用万能杆件、贝雷桁架、六四军用桁架组拼挂篮桁架，一般比型钢加工制作的挂篮成型快、设备利用率高、成本低；而自行加工或专业单位生产的挂篮虽一次性投入成本大，但常有节点少、变形小、质量轻、结构完善、施工灵活和适用性强的优点。

3. 悬臂拼装法施工简介

悬臂拼装法施工方法与悬臂浇筑类似，区别在于悬臂节段是在预制场地预制，运至现场进行拼装。

悬拼按照起重吊装的方式不同可分为浮吊悬拼、牵引滑轮组悬拼、连续千斤顶悬拼、缆索起重机（缆吊）悬拼及移动支架悬拼等。悬拼的核心是梁的吊运与拼装，梁体节段的预制是悬拼的基础。

注意事项：

（1）梁段预制：相邻段互为模板，确保拼缝密贴。

（2）湿接缝两结合面必须凿毛、清洗，并修补预制缺陷。

（3）在铰接面涂上一层环氧浆液。

（4）合龙段施工。

用悬臂施工法建造的连续刚构桥、连续梁桥和悬臂桁架拱，则需在跨中将悬臂端刚性连接、整体合龙。这时合龙段的施工常采用现浇和拼装两种方法。

8.7 拱桥施工技术

拱桥按照结构体系主要可分为简单体系的拱桥和组合体系的拱桥。简单体系的拱桥中，桥上的全部荷载由主拱单独承受，拱的水平推力直接由承台或者基础承受。当拱桥行车系的行车道梁与拱圈共同受力时，称为组合体系的拱桥。

主拱圈是拱桥的重要承重结构，沿拱轴线可以做成等截面或变截面的形式。根据主拱圈截面形式不同可分为板拱、肋拱、双曲拱和箱形拱等。

拱上建筑是拱桥的一部分，按照拱上建筑采用的不同构造方式，可将拱桥分为实腹式和空腹式两种。

拱桥施工总体上可分为有支架施工和无支架施工两大类。有支架施工常用于砖、石和混凝土预制块拱桥的砌筑施工以及混凝土拱圈的浇筑施工，而无支架施工主要用于肋拱桥、双曲拱桥、箱形拱桥、桁架拱桥和钢管混凝土拱桥等。

1. 砌筑施工方法

（1）拱圈放样

拱圈是拱桥的主要受力部分，它的各部分尺寸必须和设计图纸严密吻合。

(2) 拱架

拱架的形式很多，按使用材料分有木、钢、竹及钢木、竹木混合等；按应用结构形式分有满堂式、斜撑式、排架式、拱架式、混合式等。

(3) 砖石（混凝土块）拱圈的砌筑

1) 拱圈按顺序对称砌筑

跨径16m以下的拱圈，采用满布式拱架施工时，可以从拱脚至拱顶依顺序对称地砌筑，在拱顶合龙；当采用拱式拱架时，对跨径10m以下的拱圈，应在砌筑拱脚的同时，预压拱顶以及拱跨1/4处。

2) 拱圈三分法砌筑：分段砌筑；分环砌筑；分阶段砌筑。

3) 拱圈合龙

砌筑拱圈时，常在拱顶留一龙口，在各拱段砌筑完成后安砌拱顶石合龙。分段较多的拱圈和分环砌筑的拱圈，为使拱架受力对称和均匀，可在拱圈两半跨的1/4处或在几处同时砌筑合龙。

2. 现浇施工方法

拱圈的浇筑一般可分成三个阶段进行：第一阶段浇筑拱圈及拱上立柱的柱脚；第二阶段浇筑拱上立柱、联结系及横梁等；第三阶段浇筑桥面系。后一阶段的混凝土应在前一阶段混凝土具有一定强度后才能浇筑。拱圈的拱架可在拱圈混凝土强度达到设计值的70%以上后，在第二阶段或第三阶段开始前拆除，但应事先对拆除拱架后拱圈的稳定性进行验算。

浇筑方法可采用连续浇筑和分段浇筑。

3. 无支架施工方法

拱桥的无支架施工有很多方法，常见的有缆索吊装施工、转体施工、悬臂施工、劲性骨架施工等。

(1) 缆索吊装施工

拱桥的缆索吊装系统由主索、天线滑车、起重索、牵引索、起重及牵引绞车、主索地锚、塔架、风缆、扣索、扣索排架、扣索地锚等部件组成。

(2) 转体施工

转体施工法的特点是将主拱圈从拱顶截面分开，把主拱圈混凝土高空浇筑作业改为放在桥孔下面或者两岸进行，并预先设置好转动装置，待主拱圈混凝土达到设计强度后，再将它就地旋转就成为拱。拱桥的转体施工通常可分为平面转体、竖向转体以及平竖转体结合的方法。

(3) 悬臂施工

拱桥悬臂施工法就是指拱圈、拱上立柱和预应力混凝土桥面板等齐头并进，边浇筑边构成支架的悬臂浇筑法。施工时，用预应力钢筋临时作为桁架的斜拉杆和桥面板的临时明索，将桁架锚固在后面桥台上。悬臂施工可分为悬臂拼装和悬臂浇筑施工。

(4) 劲性骨架施工

劲性骨架法是目前特大跨径混凝土拱桥施工的主要方法，它以钢管混凝土骨架代替钢筋骨架，又将钢管混凝土骨架当作浇筑混凝土的钢支架，直接在它的外面包上一定厚度的混凝土。因此，钢管拱本身的安装和向钢管中压注混凝土的方法与钢管混凝土拱肋相同。

(*a*)

(*b*)

(*c*)

图 8-8　拱桥施工过程图片

(*a*) 拱桥无支架施工；(*b*) 拱圈悬拼；(*c*) 钢骨拱拼装施工

8.8　大跨度桥梁施工技术

8.8.1　斜拉桥施工技术

1. 构造

斜拉桥由主梁、拉索和索塔三种构件组成。它是一种桥面体系以主梁受轴力或受弯为主、支承体系以拉索受拉和索塔受压为主的桥梁。

斜拉桥的总体布置按桥塔数量分独塔、双塔、多塔和无背索斜拉桥。

斜拉索的布置分单索面、双索面和双斜索面。

斜拉索的分布有竖琴形、辐射形和扇形。另外，还有星形（索在梁上汇集于一点）、混合形（边跨为平行形，中跨为扇形）等。

斜拉桥索塔的布置形式分为沿桥纵向的布置形式和沿桥横向的布置形式，其中后者又因索面的布置位置不同而有所差异。

斜拉索在构造上可分为刚性索和柔性索两大类。

斜拉桥主梁截面形式根据主梁使用材料和索面的布置有所不同，其形式多种多样。

斜拉索与混凝土索塔的锚固结构：

（1）斜拉索在塔柱上交叉锚固；

（2）斜拉索在塔柱上对称锚固；

（3）采用钢锚固梁来锚固；

（4）利用钢锚箱锚固。

2. 斜拉桥施工（图 8-9）

斜拉桥的主要施工内容包括基础、墩柱、桥跨、斜拉索和索塔等，其中基础、墩柱以及索塔的施工基本和悬索桥相似。

（1）索塔

混凝土斜拉桥可先施工墩、塔，然后施工主梁和安装拉索，也可索塔、拉索、主梁三者同时并进。

塔柱混凝土施工一般采用就地浇筑，模板和脚手平台的做法常用支架法、滑模法、爬模法或大型模板构件法等。

（2）横梁

横梁采用支架法就地浇筑混凝土，但在高空中进行大跨径、大断面、高等级预应力混凝土的施工，难度较大。

（3）斜拉索

斜拉桥斜拉索的施工技术包括：制索、运索、穿索、张拉及调索等几个部分。

（4）主梁

斜拉桥主梁制作与安装方法与梁桥的施工方法类似，包括支架法、悬臂法、顶推法等。

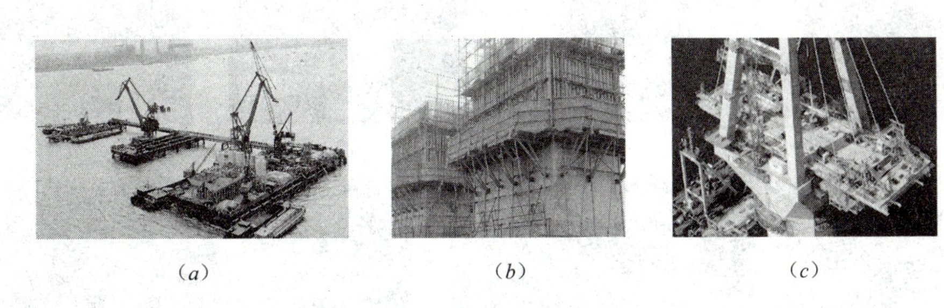

（*a*）（*b*）（*c*）

图 8-9 斜拉桥施工过程图片

（*a*）基础施工平台；（*b*）索塔施工；（*c*）主梁施工

8.8.2 悬索桥施工技术

悬索桥是一种适合于特大跨度的桥型，它以主缆、锚碇和桥塔为主要承重构件，以加劲梁、吊索、鞍座为辅助构件。悬索桥由于跨越能力大，常可因地制宜地选择一跨跨过江河或海峡主航道的布置方案，这样可以避免水中深水桥墩的修建，满足通航要求；但是由于悬索是柔性结构，刚度较小，当活载作用时，悬索会改变几何形状，引起桥跨结构产生较大的挠曲变形；在风荷载、车辆冲击荷载等动荷载作用下容易产生振动。

1. 悬索桥的组成

悬索桥是由主缆、加劲梁、主塔、鞍座、锚碇、吊索等构件构成的柔性悬吊体系。

2. 悬索桥施工

悬索桥的基本施工步骤是先修建基础、锚碇、桥塔，然后利用桥塔架设施工便道（称为猫道），利用猫道来架设主缆，随后安装吊索并拼装加劲梁。悬索桥基础及索塔的施工与斜拉桥相似，可参照斜拉桥部分，这里重点介绍悬索桥锚碇、主缆和加劲梁的施工。

（1）锚碇的施工

锚碇是支撑主缆的重要结构之一。大跨度悬索桥的锚碇由锚块、锚块基础、主缆的锚碇架及固定装置、遮棚等组成。锚块分为重力式和隧洞式。

（2）主缆的施工

主缆架设之前的准备工作有安装塔顶吊机，塔顶主鞍座、支架副鞍座、展束锚固鞍座以及各种绞车和转向设备等的驱动装置。

首先要架设猫道。所谓猫道，就是指位于主缆之下（大约是 1m 多），沿着主缆设置，是主缆架设的操作平台。每座悬索桥的施工一般布置两道猫道，每道猫道各供一侧主缆所需。为保证稳定，两侧猫道间设横梁连接。

主缆架设日前有空中送丝法和预制平行丝股法。

(3) 加劲梁架设

在完成主缆架设并调整好主缆线形后，就可安装索夹和吊索，开始加劲梁的架设工作了。加劲梁的形式又桁架梁和箱梁等。

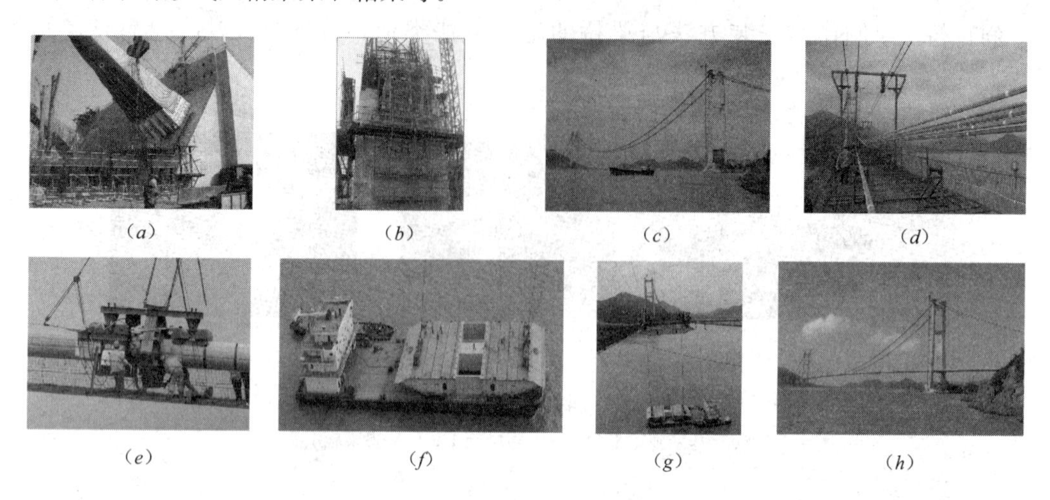

图 8-10 悬索桥施工过程图片

(*a*) 锚锭；(*b*) 索塔施工；(*c*) 猫道施工；(*d*) 索股架设；(*e*) 紧缆机紧缆；(*f*) 钢筋梁运输；(*g*) 钢箱梁架设；(*h*) 桥梁成型

第9章　城市管道工程施工技术

9.1　城市管道工程概述

城市管道工程是市政工程的重要组成部分，是城市重要的基础工程设施。它犹如人体内的“血管”和“神经”，日夜担负着传送信息和输送能量的任务，是城市赖以生存和发展的物质基础，是城市的生命线。

城市管道工程包括的种类很多，按其功能主要分为：给水管道、排水管道、燃气管道、热力管道、电力电缆和电信电缆六大类。

9.1.1　给水管道工程

给水管道主要为城市输送供应生活用水、生产用水、消防用水和市政绿化及喷洒道路用水，包括输水管道和配水管网两部分。给水厂中符合国家现行生活饮用水卫生标准的成品水经输水管道输送到配水管网，然后再经配水干管、连接管、配水支管和分配管分配到各用水点上，供用户使用。

9.1.2　排水管道工程

排水管道主要是及时收集城市中的生活污水、工业废水和雨水，并将生活污水和工业废水输送到污水处理厂进行适当处理后再排放，雨水一般既不处理也不利用，而是就近排放，以保证城市的环境卫生和生命财产的安全。一般有合流制和分流制两种排水体制，在一个城市中也可合流制和分流制并存。因此排水管道一般分为污水管道、雨水管道、合流管道。

9.1.3　燃气管道工程

燃气管道主要是将燃气分配站中的燃气输送分配到各用户，供用户使用。一般包括分配管道和用户引入管。我国城市燃气管道根据输气压力的不同一般分为：低压燃气管道（$P \leqslant 0.005$MPa）、中压B燃气管道（0.005MPa$< P \leqslant 0.2$MPa）、中压A燃气管道（0.2MPa$< P \leqslant 0.4$MPa）、高压B燃气管道（0.4MPa$< P \leqslant 0.8$MPa）、高压A燃气管道（0.8MPa$< P \leqslant 1.6$MPa）。高压A燃气管道通常用于城市间的长距离输送管线，有时也构成大城市输配管网系统的外环网；高压B燃气管道通常构成大城市输配管网系统的外环网，是城市供气的主动脉。高压燃气必须经调压站调压后才能送入中压管道，中压管道经用户专用调压站调压后，才能经中压或低压分配管道向用户供气，供用户使用。

9.1.4　其他城市管线工程

热力管道是将热源中产生的热水或蒸汽输送分配到各用户，供用户取暖使用。一般有热水管道和蒸汽管道两种。

电力电缆主要为城市输送电能，按其功能可分为动力电缆、照明电缆、电车电缆等；按电压的高低又可分为低压电缆、高压电缆和超高压电缆三种。

电信电缆主要为城市传送信息，包括市话电缆、长话电缆、光纤电缆、广播电缆、电视电缆、军队及铁路专用通信电缆等。

9.2 城市管道工程开槽施工

9.2.1 城市管道开槽施工的一般知识

城市管道开槽施工时，经常遇到地下水。土层内的水分主要以水汽、结合水、自由水三种状态存在，结合水没有出水性，自由水对城市管道开槽施工起主要影响作用。当沟槽开挖后自由水在水力坡降的作用下，从沟槽侧壁和沟槽底部渗入沟槽内，使施工条件恶化，严重时，会使沟槽侧壁土体坍落，地基土承载力下降，从而影响沟槽内的施工。因此，在管道开槽施工时必须做好施工排（降）水工作。城市管道开槽施工中的排水主要指排除影响施工的地下水，同时也包括排除流入沟槽内的地表水和雨水。

施工排水有明沟排水和人工降低地下水位两种方法。不论采用哪种方法，都应将地下水位降到槽底以下一定深度，以改善槽底的施工条件，稳定边坡，稳定槽底，防止地基土承载力下降，为市政管道的开槽施工创造有利条件。

1. 明沟排水

沟槽开挖时，排除渗入沟槽内的地下水和流入沟槽内的地面水、雨水一般采用明沟排水的方法。

明沟排水是将从槽壁、槽底渗入沟槽内的地下水以及流入沟槽内的地表水和雨水，经沟槽内的排水沟汇集到集水井，然后用水泵抽走的排水方法。施工时，排水沟的开挖断面应根据地下水量及沟槽的大小来决定，通常排水沟的底宽不小于0.3m，排水沟深应大于0.3m，排水沟的纵向坡度不应小于3%～5%，且坡向集水井。

明沟排水常用的水泵有离心泵、潜水泵和潜污泵。

2. 人工降低地下水位

人工降低地下水位是在含水层中布设井点进行抽水，地下水位下降后形成降落漏斗。如果槽底标高位于降落漏斗以上，就基本消除了地下水对施工的影响。地下水位是在沟槽开挖前人为预先降落的，并维持到沟槽土方回填，因此这种方法称为人工降低地下水位（图9-1）。

人工降低地下水位一般有轻型井点、喷射井点、电渗井点、管井井点、深井井点等方法。

9.2.2 沟槽开挖

沟槽降水进行一段时间，水位降落达到一定深度，为沟槽开挖创造了一定的便利条件后，即可进行沟槽的开挖工作。

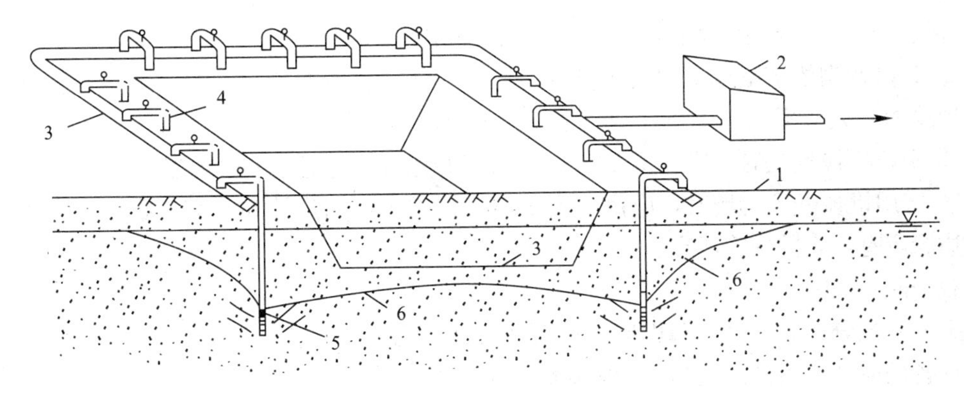

图 9-1　井点降低地下水

1—地面；2—抽水泵；3—集水总管；4—弯联管；5—井点滤管；6—降水漏斗

1. 沟槽断面形式的选择

常用的沟槽断面形式有直槽、梯形槽、混合槽和联合槽四种，见图 9-2。

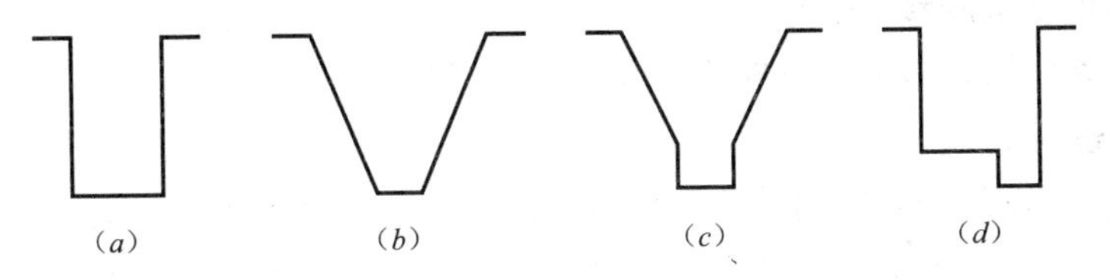

图 9-2　沟槽断面形式

(a) 直槽；(b) 梯形槽；(c) 混合槽；(d) 联合槽

合理地选择沟槽断面形式，可以为城市管道施工创造良好的作业条件，在保证工程质量和施工安全的前提下，减少土方开挖量，降低工程造价，加快施工速度。选择沟槽断面形式，应综合考虑土的种类、地下水情况、管道断面尺寸、管道埋深，施工方法和施工现场环境等因素，结合具体条件确定。

2. 沟槽土方量计算

沟槽土方量通常根据沟槽的断面形式，采用平均断面法进行计算。由于管径的变化和地势高低的起伏，要精确地计算土方量，须沿长度方向分段计算。一般重力流管道以敷设坡度相同的管段作为一个计算段计算土方量；压力流管道计算断面的间距最大不超过100m。将各计算段的土方量相加，即得总土方量。

3. 沟槽土方开挖

(1) 沟槽放线

沟槽开挖前，应建立临时水准点并加以核对、测设管道中心线、沟槽边线及附属构筑物位置。临时水准点一般设在固定建筑物上，且不受施工影响，并妥善保护，使用前要校测。沟槽边线测设好后，用白灰放线，以作为开槽的依据。根据测设的中心线，在沟槽两端埋设固定的中线桩，以作为控制管道平面位置的依据。

(2) 沟槽开挖

1) 遵循的原则

① 开挖前应认真解读施工图，合理确定沟槽断面形式，了解土质、地下水位等施工

现场环境，结合现场的水文、地质条件，合理确定开挖顺序。

② 为保证沟槽槽壁稳定和便于排管，挖出的土应堆置在沟槽一侧，堆土坡脚距沟槽上口边缘的距离应不小于 1.0m，堆土高度不应超过 1.5m。

③ 采用机械挖土时，应预留 200mm，人工开挖且不得超挖，以防扰动地基土。

④ 采用机械开挖沟槽时，应由专人负责掌握挖槽断面尺寸和标高。施工机械离沟槽上口边缘应有一定的安全距离。

2）开挖方法

土方开挖分为人工开挖和机械开挖两种方法。为了加快施工速度，提高劳动生产率，凡是具备机械开挖条件的现场，均应采用机械开挖。

沟槽机械开挖常用的施工机械有单斗挖土机、多斗挖土机和液压挖掘装载机。

3）开挖质量要求

① 严禁扰动槽底土壤，如发生超挖，严禁用土回填；

② 槽壁平整，边坡符合设计要求；

③ 槽底不得受水浸泡或受冻；

④ 施工偏差应符合施工验收规范要求。

4. 地基处理

城市管道及其附属构筑物的荷载均作用在地基土上，由此可引起地基土的沉降，沉降量取决于土的孔隙率和附加应力的大小。当沉降量在允许范围内，管道和构筑物才能稳定安全，否则就会失去稳定或遭到破坏。因此，在城市管道的施工中，要根据地基土的承载力情况，必要时对地基进行处理。

地基处理的目的是：改善土的力学性能、提高抗剪强度、降低软弱土的压缩性、减少基础的沉降、消除或减少湿陷性黄土的湿陷性和膨胀土的胀缩性。

地基处理的方法有以下五类：换土垫层、碾压、夯实、挤密桩，注浆液加固。

9.2.3 沟槽支撑

支撑是由木材或钢材做成的一种防止沟槽土壁坍塌的临时性挡土结构。支撑的荷载是原土和地面上的荷载所产生的侧土压力。支撑加设与否应根据土质、地下水情况、槽深、槽宽、开挖方法、排水方法、地面荷载等因素确定。

支设支撑可以减少土方开挖量和施工占地面积，减少拆迁。但支撑增加材料消耗，有时影响后续工序的操作。

支撑结构应满足下列要求：

① 牢固可靠，支撑材料质地和尺寸合格，保证施工安全；

② 在保证安全的前提下，尽可能节约用料，宜采用工具式钢支撑；

③ 便于支设、拆除，不影响后续工序的操作。

1. 支撑的种类及其适用的条件

在城市管道工程施工中，常用的沟槽支撑有横撑、竖撑和板桩撑三种形式。

横撑由撑板、立柱和撑杠组成。可分成疏撑和密撑两种。疏撑的撑板之间有间距；密撑的各撑板间则密接铺设。

2. 支撑的材料要求

支撑材料的尺寸应满足强度和稳定性的要求。一般取决于现场已有材料的规格，施工时常根据经验确定。

3. 支撑的支设与拆除

（1）支撑的支设

1）横撑的支设

挖槽到一定深度或接近地下水位时，开始支设，然后逐层开挖逐层支设。支设程序一般为：首先校核沟槽断面是否符合要求，然后用铁锹将槽壁找平，按要求将撑板紧贴于槽壁上，再将立柱紧贴在撑板上，继而将撑杠支设在立柱上。若采用木撑杠，应用木楔、扒钉将撑杠固定于立柱上，下面钉一木托防止撑杠下滑。横撑必须横平竖直，支设牢固。

2）竖撑的支设

竖撑支设时：先在沟槽两侧将撑板垂直打入土中，然后开始挖土。根据土质，每挖深500～600mm，将撑板下锤一次，直至锤打到槽底排水沟底为止。下锤撑板每到1.2～1.5m，再加撑杠和横梁一道，如此反复进行。

施工过程中，如原支撑妨碍下一工序进行或原支撑不稳定、一次拆撑有危险或因其他原因必须重新支设支撑时，均需要更换立柱和撑杠的位置，这一过程称为倒撑。倒撑操作应特别注意安全，必要时须制订安全措施。

3）板桩撑的支设

主要介绍钢板桩的施工过程。

钢板桩是用打桩机将其打入沟槽底以下。施工时要正确选择打桩方式、打桩机械和划分流水段，保证打入后的板桩有足够的刚度，且板桩墙面平直，对封闭式板桩墙要封闭合拢。

钢板桩打设的工艺为：钢板桩矫正—安装围檩支架—钢板桩打设—检查修正。钢板桩矫正是打设前对所打设的钢板桩进行修整矫正，保证钢板桩在打设前外形平直。

钢板桩应分几次打入，开始打设的前两块板桩，要确保方向和位置准确，从而起样板导向作用，一般每打入1m即测量校正1次。对位置和方向有偏差的钢板桩，要及时采取措施进行纠正，确保支设质量。

当钢板桩内的土方开挖后，应在沟槽内设撑杠，以保证钢板桩的可靠性。

4）支设支撑的注意事项

① 支撑应随沟槽的开挖及时支设，雨期施工不得空槽过夜；

② 槽壁要平整，撑板要均匀地紧贴于槽壁；

③ 撑板、立柱、撑杠必须相互贴紧、固定牢固；

④ 施工中尽量不倒撑或少倒撑；

⑤ 糟朽、劈裂的木料不得作为支撑材料。

（2）支撑的拆除

沟槽内工作全部完成后，应将支撑拆除。拆除时必须注意安全，边回填土边拆除。拆除支撑前应检查槽壁及沟槽两侧地面有无裂缝，建筑物、构筑物有无沉降，支撑有无位移、松动等情况，应准确判断拆除支撑可能产生的后果。

拆除横撑时，先松动最下一层的撑杠，抽出最下一层撑板，然后回填土，回填完毕后再拆除上一层撑板，依次将撑板全部拆除，最后将立柱拔出。

竖撑拆除时，先回填土至最下层撑杠底面，松动最下一层的撑杠，拆除最下一层的横梁，然后回填土。回填至上一层撑杠底面时，再拆出上一层的撑杠和横梁，依次将撑杠和横梁全部拆除后，最后用吊车或导链拔出撑板。

板桩撑的拆除与竖撑基本相同。

拆除支撑时应注意以下事项：

1）采用明沟排水的沟槽，应由两座集水井的分水岭向两端延伸拆除；

2）多层支撑的沟槽，应按自下而上的顺序逐层拆除，待下层拆撑还土之后，再拆上层支撑；

3）遇撑板和立柱较长时，可在倒撑或还土后拆除；

4）一次拆除支撑有危险时，应考虑倒撑；

5）钢板桩拔除后应及时回填桩孔，并采取措施保证回填密实度。

9.2.4 沟槽回填

城市管道施工完毕并经检验合格后，应及时进行土方回填，以保证管道的位置正确，避免沟槽坍塌和管道生锈，尽早恢复地面交通。

回填前，应建立回填制度。回填制度是为了保证回填质量而制订的回填操作规程，如根据管道特点和回填密实度要求，确定回填土的土质、含水量；还土虚铺厚度；压实后厚度；夯实工具、夯击次数及走夯形式等。

回填施工一般包括还土、摊平、夯实、检查四道工序。

回填施工注意事项：

（1）雨期回填应先测定土壤含水量，排除槽内积水，还土时应避免造成地面水流向槽内的通道。

（2）冬期回填应尽量缩短施工段，分层薄填，迅速夯实，铺土须当天完成。管道上方计划修筑路面时不得回填冻土；上方无修筑路面计划时，两侧及管顶以上 500mm 范围内不得回填冻土，其上部回填冻土含量也不能超过填方总体积的 30%，且冻土颗粒尺寸不得大于 15cm。

（3）有支撑的沟槽，拆撑时要注意检查沟槽及邻近建筑物、构筑物的安全。

（4）回填时沟槽降水应继续进行，只有当回填土达到原地下水位以上时方可停止。

（5）回填土时不得将土直接砸在抹带接口及防腐绝缘层上。

（6）塑料管道回填的时间宜在一昼夜中温度最低的时刻，且回填土中不应含有砾石、冻土块及其他杂硬物体。

（7）燃气管道、电力电缆、通信电缆回填后，应设置明显的标志。

（8）为了缓解热力管道的热胀作用，回填前应在管道弯曲部位的外侧设置硬泡沫垫块；回填时先用砂子填至管顶以上 100mm 处，然后再用原土回填。

（9）回填应使槽上土面略呈拱形，防沉陷下凹。拱高一般为槽宽的 1/20，常取 150mm。

9.2.5 管道的铺设与安装

城市管道的沟槽开挖完毕，经验收符合要求后，应按照设计要求进行管道的基础施工。混凝土基础的施工包括支模、浇筑混凝土、养护等工序，本教材不作介绍，施工时可参考有关书籍；基础施工完毕并经验收合格后，应着手进行管道的铺设与安装工作。管道铺设与安装包括沟槽与管材检查、排管、下管、稳管、接口、质量检查与验收等工序。

1. 沟槽与管材检查

（1）沟槽开挖的质量检查

下管前，应按设计要求对开挖好的沟槽进行复测，检查其开挖深度、断面尺寸、边坡、平面位置和槽底标高等是否符合设计要求；设置管道基础的沟槽，应检查基础的宽度、顶面标高和两侧工作宽度是否符合设计要求；基础混凝土应达到规定的设计抗压强度等。

（2）管材的质量检查

下管前，除对沟槽进行质量检查外，还必须对管材、管件进行质量检验，保证下入到沟槽内的管道和管件的质量符合设计要求。

在城市管道工程施工中，管道和管件的质量直接影响到工程的质量。因此，必须做好管道和管件的质量检查工作，检查的内容主要有：

1）管道和管件必须有出厂质量合格证，指标应符合国家有关技术标准要求。

2）应按设计要求认真核对管道和管件的规格、型号、材质和压力等级。

3）应进行外观质量检查。

铸铁管及管件内外表面应平整、光洁，不得有裂纹、凹凸不平等缺陷。承插口部分不得有粘砂及凸起，其他部分不得有大于2mm厚的粘砂和5mm高的凸起。承插口配合的环向间隙，应满足接口嵌缝的需要。

钢管及管件的外径、壁厚和尺寸偏差应符合制造标准要求；表面应无斑痕、裂纹、严重锈蚀等缺陷；内外防腐层应无气孔、裂纹和杂物；防腐层厚度应满足要求；安装中使用的橡胶、石棉橡胶、塑料等非金属垫片，均应质地柔韧，元老化变质、折损、皱纹等缺陷。

塑料管材内外壁应光滑、清洁、无划伤等缺陷；不允许有气泡、裂口、明显凹陷、颜色不均、分解变色等现象；管端应平整并与轴线垂直。

普通钢筋混凝土管、自（预）应力钢筋混凝土管的内外表面应无裂纹、露筋、残缺、蜂窝、空鼓、剥落、浮渣、露石碰伤等缺陷。

4）金属管道应用小锤轻轻敲打管口和管身进行破裂检查。非金属管道通过观察进行破裂检查。

5）对无出厂合格证的压力流管道或管件，如无制造厂家提供的水压试验资料，则每批应抽取10%的管道做试件进行强度检查。如试验有不合格者，则应逐根进行检查。

6）对压力流管道，还应检查管道的出厂日期。对于出厂时间过长的管道经水压试验合格后方可使用。

（3）管材修补

对管材本身存在的不影响管道工程质量的微小缺陷，应在保证工程质量的前提下进行修补使用，以降低工程成本。铸铁管道应对承口内壁、插口外壁的沥青用气焊或喷灯烤掉；对飞刺和铸砂可用砂轮磨掉，或用錾子剔除。内衬水泥砂浆防腐层如有缺陷或损坏，应按产品说明书的要求修补、养护。

钢管防腐层质量不符合要求时，应用相同的防腐材料进行修补。

钢筋混凝土管的缺陷部位，可用环氧腻子或环氧树脂砂浆进行修补。修补时，先将修补部位凿毛，清洗晾干后刷一薄层底胶，而后抹环氧腻子（或环氧树脂砂浆），并用抹子压实抹光。

2. 排管

排管应在沟槽和管材质量检查合格后进行。根据施工现场条件，将管道在沟槽堆土的另一侧沿铺设方向排成一长串称为排管。排管时，管道与沟槽边缘的净距不小于0.5m。

重力流管道排管时，对承插接口的管道，同样宜使承口迎着水流方向排列，并满足接口环向间隙和对口间隙的要求。不管何种管口的排水管道，排管时均应扣除沿线检查井等构筑物所占的长度，以确定管道的实际用量。

当施工现场条件不允许排管时，亦可以集中堆放。但管道铺设安装时需在槽内运管，施工不便。

3. 下管

按设计要求经过排管，核对管节、管件位置无误方可下管。

下管方法分为人工下管和机械下管两类。应根据管材种类、单节重量和长度以及施工现场情况选用。

（1）人工下管法

人工下管适用于管径小、重量轻、沟槽浅、施工现场狭窄、不便于机械操作的地段。目前常用的人工下管方法有压绳下管法、吊链下管法、溜管法等方法。

（2）机械下管法

机械下管适用于管径大、沟槽深、工程量大且便于机械操作的地段。

机械下管速度快、施工安全，并且可以减轻工人的劳动强度，提高生产效率。因此，只要施工现场条件允许，就应尽量采用机械下管法。

机械下管时，应根据管道重量选择起重机械。常采用轮胎式起重机、履带式起重机和汽车式起重机。

下管时，起重机作业操作应有专人统一指挥，并按有关机械安全操作规程进行。

4. 稳管

稳管是将管道按设计的高程和平面位置稳定在地基或基础上。压力流管道对高程和平面位置的要求精度可低些，一般由上游向下游进行稳管；重力流管道的高程和平面位置应严格符合设计要求，一般由下游向上游进行稳管。

稳管通常包括对中和对高程两个环节。

对中作业是使管道中心线与沟槽中心线在同一平面上重合。如果中心线偏离较大，则应调整管道位置，直至符合要求为止。通常可按下述两种方法进行。

（1）中心线法（图9-3）

该法借助坡度板上的中心钉进行。当沟槽挖到一定深度后，沿着挖好的沟槽埋设坡度板，根据开挖沟槽前测定管道中心线时所预设的中线桩（通常设置在沟槽边的树下或电杆下等可靠处）定出沟槽中心线，并在每块坡度板上钉上中心钉，使各中心钉的连线与沟槽中心线在同一铅垂面上。对中时，将有二等分刻度的水平尺置于管口内，使水平尺的水泡居中。

(2) 边线法（图 9-4）

边线法进行对中作业是将坡度板上的中心钉移至与管外皮相切的铅垂面上。操作时，只要向左或向右移动管子，使两个钉子之间的连线的垂线恰好与管外皮相切即可。边线法对中速度快，操作方便，但要求各节管的管壁厚度与规格均应一致。

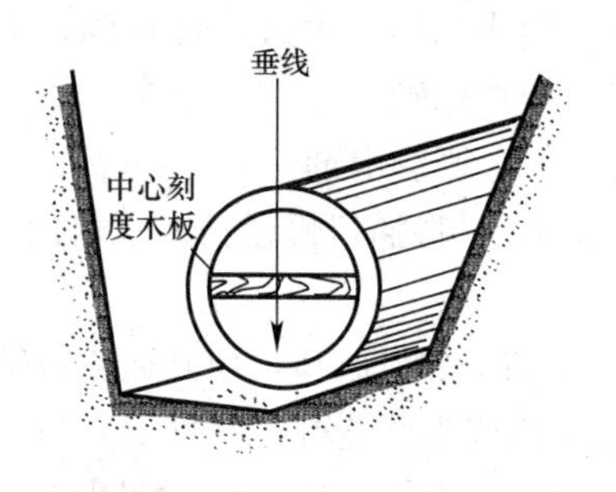

图 9-3　中心线法

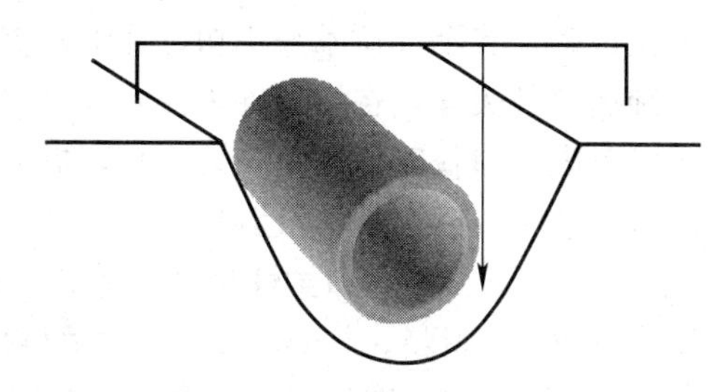
图 9-4　边线法

调整管道标高时，所垫石块应稳固可靠，以防管道从垫块上滚下伤人。为便于混凝土管道勾缝，当管径 $D\geqslant$700mm 时，对口间隙为 10mm；$D<$600mm 时，可不留间隙；$D>$800mm 时，须进入管内检查对口，以免出现错口。

稳管作业应达到平、直、稳、实的要求，其管内底标高允许偏差为±10mm，管中心线允许偏差为 10mm。

胶圈接口的承插式给水铸铁管、预应力钢筋混凝土管及给水用 UPVC 管，稳管与接口宜同时进行。

9.2.6　管道接口

1. 给水管道接口

(1) 给水铸铁管接口方法

铸铁管的接口形式有刚性接口、柔性接口和半柔半刚性接口三种。接口材料分为嵌缝填料和密封填料，嵌缝填料放置于承口内侧，用来保证管道的严密性，防止外层散状密封填料漏入管内，目前常用油麻、石棉绳或橡胶圈作嵌缝填料；密封填料采用石棉水泥、膨胀水泥、铅等，置于嵌缝填料外侧，用来保护嵌缝填料，同时还起密封作用。

1) 刚性接口

浆、油麻铅等。施工时，先填塞嵌缝填料，然后再填打密封填料，养护后即可。

2) 半柔半刚性接口

刚性材料。用橡胶圈代替刚性接口中的油麻即构成半柔半刚性接口。

3) 柔性接口

刚性接口和半柔半刚性接口的抗应变能力差，受外力作用容易造成接口漏水事故，在软弱地基地带和强震区更甚。因此，在上述地带可采用柔性接口。

(2) 球墨铸铁给水管接口方法

按接口形式分为推入式（简称 T 形）和机械式（简称 K 形）两类。

1) 推入式柔性接口

承插式球墨铸铁管采用推入式柔性接口，常用工具有叉子、手动捯链、连杆千斤顶等，这种接口操作简便、快速、工具配套，适用于管径为80～2600mm的输水管道，在国内外输水工程上广泛采用。

施工程序为：下管→清理承口和胶圈→上胶圈→清理插口外表面、刷润滑剂→撞口→检查。

下管后，将管道承口和胶圈清理洁净，把胶圈弯成心形或花形（大口径管）放入承口槽内就位，确保各个部位不翘不扭，仔细检查胶圈的固定是否正确。

清理插口外表面，在插口外表面和承口内胶圈的内表面上刷润滑剂。

插口对准承口找正后，上安装工具，扳动捯链（或叉子），将插口慢慢挤入承口内。

2）机械式（压兰式）柔性接口

机械式（压兰式）接口柔性接口，是将球墨铸铁管的承插口加以改造，使其适应特殊形状的橡胶圈做挡水材料，外部不需要其他填料，其主要优点是抗震性能好，并且安装与拆修方便，缺点是配件多，造价高。它主要由球墨铸铁直管、管件、压兰、螺栓及橡胶圈组成。

施工顺序为：下管→清理插口、压兰和胶圈→压兰与胶圈定位→清理承口→刷润滑剂→对口→临时紧固→螺栓全方位紧固→检查螺栓扭矩。

下管后，用棉纱和毛刷将插口端外表面、压兰内外表面、胶圈表面、承口内表面彻底清洁干净。然后吊装压兰并将其推送至插口端部定位，用人工把胶圈套在插口上（注意胶圈不要装反）。为便于安装，在插口及密封胶圈的外表面和承口内表面均匀涂刷润滑剂。将管道吊起，使插口对正承口，对口间隙应符合设计规定，调整好管中心和接口间隙后，在管道两侧填砂固定管身，将密封胶圈推入承口与插口的间隙，调整压兰，使其螺栓孔和承口螺栓孔对正、压兰与插口外壁间的缝隙要均匀。最后，用螺栓在上下、左右4个方位对角紧固。

（3）给水硬聚氯乙烯管（UPVC）接口方法

给水硬聚氯乙烯管道可以采用胶圈接口、粘接接口、法兰连接等形式，最常用的是胶圈接口和粘接连接。橡胶圈接口适用于管外径为63～710mm的管道连接；粘接接口只适用管外径小于160mm管道的连接；法兰连接一般用于硬聚氯乙烯管与铸铁管等其他管材、阀件的连接。

胶圈接口中所用的橡胶圈不应有气孔、裂缝、重皮和接缝等缺陷，胶圈内径与管材插口外径之比宜为0.85～0.90，胶圈断面直径压缩率一般采用40%。

（4）钢管接口方法

市政给水管道中所使用的钢管主要采用焊接接口，小管径的钢管可采用螺纹连接，不埋地时可采用法兰连接。由于钢管的耐腐蚀性差，使用前需进行防腐处理，现在已被越来越多的被衬里（衬塑料、衬橡胶、衬玻璃钢、衬玄武岩）钢管所代替。

（5）预（自）应力钢筋混凝土管接口方法

预（自）应力钢筋混凝土管是目前常用的给水管材，其耐腐蚀性优于金属管材。代替钢管和铸铁管使用，可降低工程造价。但预（自）应力钢筋混凝土管的自重大、运输及安装不便；承口椭圆度大，影响接口质量。一般在市政给水管道工程中很少采用，但在长距离输水工程中使用较多。

承插式预（自）应力钢筋混凝土管一般采用胶圈接口。施工时用撬杠顶力法、拉链顶力法与千斤顶顶入法等产生推力或拉力的施工装置使胶圈均匀而紧密地达到工作位置。为达到密封不漏水的目的，胶圈务必安在工作台的正确位置，且具有一定的压缩率，而且在管内水压作用下不被挤出，因此要根据管道厂家的要求，选配胶圈直径。

预（自）应力钢筋混凝土压力管采用胶圈接口时，一般不需做封口处理，但遇到对胶圈有腐蚀性的地下水或靠近树木处应进行封口处理。封口材料一般为水泥砂浆。

2. 排水管道接口

（1）排水管道的铺设

市政排水管道属重力流管道，铺设的方法通常有平基法、垫块法、“四合一”法，应根据管道种类、管径大小、管座形式、管道基础、接口方式等进行选择。

平基法铺设排水管道，就是先进行地基处理，浇筑混凝土带形基础，待基础混凝土达到一定强度后，再进行下管、稳管、浇筑管座及抹带接口的施工方法。这种方法适合于地质条件不良的地段或雨期施工的场合。

平基法施工时，基础混凝土强度必须达到5MPa以上时，才能下管。基础顶面标高要满足设计要求，误差不超过±10mm。管道设计中心线可在基础顶面上弹线进行控制。管道对口间隙，当管径不小于700mm时，按10mm控制；当管径小于700mm时，可不留间隙。铺设较大的管道时，宜进入管内检查对口，以减少错口现象。稳管以管内底标高偏差在±10mm之内，中心线偏差不超过10mm，相邻管内底错口不大于3mm为合格。稳管合格后，在管道两侧用砖块或碎石卡牢，并立即浇筑混凝土管座。浇筑管座前，平基应进行凿毛处理，并冲洗干净。为防止挤偏管道，在浇筑混凝土管座时，应两侧同时进行。

垫块法铺设排水管道，是在预制的混凝土垫块上安管和稳管，然后再浇筑混凝土基础和接口的施工方法。这种方法可以使平基和管座同时浇筑，缩短工期，是污水管道常用的施工方法。

垫块法施工时，预制混凝土垫块的强度等级应与基础混凝土相同；垫块的长度为管径的0.7倍，高度等于平基厚度，宽度大于或等于高度；每节管道应设2个垫块，一般放在管道两端。为了防止管道从垫块上滚下伤人，铺管时管道两侧应立保险杠；垫块应放置平稳，高程符合设计要求。稳管合格后一定要用砖块或碎石在管道两侧卡牢，并及时灌筑混凝土基础和管座。

“四合一”施工法是将混凝土平基、稳管、管座、抹带4道工序合在一起施工的方法。这种方法施工速度快，管道安装后整体性好，但要求操作技术熟练，适用于管径为500mm以下的管道安装。

其施工程序为：验槽→支模→下管→排管→四合→施工→养护。

“四合一”法施工时，首先要支模，模板材料一般采用150mm×150mm的方木，支设时模板内侧用支杆临时支撑，外侧用支架支牢，为方便施工可在模板外侧钉铁钎。根据操作需要，模板应略高于平基或90°管座基础高度。下管后，利用模板做导木，在槽内将管道滚运到安管处，然后顺排在一侧方木上，使管道重心落在模板上，倚靠在槽壁上，并能容易地滚入模板内。

若用135°或180°管座基础，模板宜分两次支设，上部模板待管道铺设合格再支设。

浇筑平基混凝土时，一般应使基础混凝土面比设计标高高20～40mm（视管径大小而定），以便稳管时轻轻揉动管道，使管道落到略高于设计标高处，并备安装下一节管道时的微量下沉。当管径在400mm以下时，可将管座混凝土与平基一次浇筑。

稳管时，将管身润湿，从模板上滚至基础混凝土面，边轻轻揉动边找中心和高程，将管道揉至高于设计高程1～2mm处，同时保证中心线位置准确。完成稳管后，立即支设管座模板，浇筑两侧管座混凝土，捣固管座两侧三角区，补填对口砂浆，抹平管座两肩。管座混凝土浇筑完毕后，立即进行抹带，使管座混凝土与抹带砂浆结合成一体，但抹带与稳管至少要相隔2～3个管口，以免碰撞，影响抹带接口的质量。

（2）排水管道接口方法

市政排水管道经常采用混凝土管和钢筋混凝土管，其接口形式有刚性、柔性和半柔半刚性三种。刚性接口施工简单，造价低廉，应用广泛；但刚性接口抗震性差，不允许管道有轴向变形。柔性接口抗变形效果好；但施工复杂，造价较高。

1）刚性接口

目前常用的刚性接口有水泥砂浆抹带接口和钢丝网水泥砂浆抹带接口两种。

① 水泥砂浆抹带接口。水泥砂浆抹带接口是在管道接口处用1∶2.5～1∶3的水泥砂浆抹成半椭圆形或其他形状的砂浆带，带宽为120～150mm。一般适用于地基较好、具有带形基础、管径较小的雨水管道和地下水位以上的污水支管。企口管、平口管和承插管均可采用此种接口。

② 钢丝网水泥砂浆抹带接口。钢丝网水泥砂浆抹带接口，是在抹带层内埋置20号10mm×10mm方格的钢丝网，两端插入基础混凝土中。这种接口的强度高于水泥砂浆抹带接口，适用于地基较好、具有带形基础的雨水管道和污水管道。

2）半柔半刚性接口

半柔半刚性接口通常采用预制套环石棉水泥接口，适用于地基不均匀沉陷不严重地段的污水管道或雨水管道的接口。

套环为工厂预制，石棉水泥的重量配合比为水∶石棉∶水泥＝1∶3∶7。施工时，先将两管口插入套环内，然后用石棉水泥在套环内填打密实，确保不漏水。

3）柔性接口

通常采用的柔性接口有沥青麻布（玻璃布）接口、沥青砂浆接口、承插管沥青油膏接口等，适用于地基不均匀沉陷较严重地段的污水管道和雨水管道的接口。

① 沥青麻布（玻璃布）接口。沥青麻布（或玻璃布）接口适用于无地下水、地基不均匀沉降不太严重的平口或企口排水管道。

② 沥青砂浆接口。这种接口的使用条件与沥青麻布（或玻璃布）接口相同，但不用麻布（或玻璃布），可降低成本。

③ 承插管沥青油膏接口。沥青油膏具有粘结力强、受温度影响小等特点，接口施工方便。沥青油膏可自制，也可购买成品。

4）橡胶圈接口

对新型混凝土和钢筋混凝土排水管道，现已推广使用橡胶圈接口。一般混凝土承插管接口采用遇水膨胀胶圈；钢筋混凝土承插管接口采用“○”形橡胶圈；钢筋混凝土企口管接口采用“q”形橡胶圈；钢筋混凝土“F”形钢套环接口采用齿形止水橡胶圈。

9.2.7 管道安装质量检查

城市管道接口施工完毕后，应进行管道的安装质量检查。检查的内容包括外观检查、断面检查和严密性检查。外观检查即对基础、管道、接口、阀门、配件、伸缩器及附属构筑物的外观质量进行检查，看其完好性和正确性，并检查混凝土的浇筑质量和附属构筑物的砌筑质量；断面检查即对管道的高程、中心线和坡度进行检查，看其是否符合设计要求；严密性检查即对管道进行强度试验和严密性试验，看管材强度和严密性是否符合要求。

1. 压力流管道的强度试验

（1）一般规定

1）应符合现行国家标准《给水排水管道工程施工及验收规范》GB 50263—2008、《城镇供热管网工程施工及验收规范》CJJ 28—2004 及《城镇燃气输配工程施工及验收规范》CJJ 33—2005 的规定。

2）压力管道应用水进行强度试验。地下钢管或铸铁管，在冬期或缺水情况下，可用空气进行压力试验，但均须有防护措施。

3）架空管道、明装管道及非掩蔽的管道应在外观检查合格后进行强度试验；地下管道必须在管基检查合格，管身两侧及其上部回填土厚度不小于 0.5m，接口部分尚敞露时，进行初次试压，全部回填土，完成该管段各项工作后进行末次试压。在回填前应认真对接口做外观检查，对于组装的有焊接接口的钢管，必要时可在沟边做预先试验，在下沟连接以后仍需进行强度试验。

4）试压管段的长度不宜大于 1km，非金属管段不宜超过 500m。

5）管端敞口处，应事先用管堵或管帽堵严，并加临时支撑，不得用闸阀代替；管道中的固定支墩（或支架），试验时应达到设计强度；试验前应将该管段内的闸阀打开。

6）当管道内有压力时，严禁修整管道缺陷和紧动螺栓，检查管道时不得用手锤敲打管壁和接口。

（2）强度试验方法

1）试压前管段两端要封以试压堵板，堵板应有足够的强度。

2）试压前应设后背，可用天然土壁作试压后背，也可用已安装好的管道作试压后背。当试验压力较大时，应对后背墙进行加固。

3）试压前应排除管内空气，灌水进行浸润，试验管段满水后，应在不大于工作压力的条件下充分浸泡后再进行试压。浸泡时间应符合以下规定：铸铁管、球墨铸铁管、钢管无水泥砂浆衬里时不小于 24h；有水泥砂浆衬里时，不小于 48h。预应力、自应力混凝土管及现浇钢筋混凝土管渠，管径小于 1000mm 时，不小于 48h；管径大于 1000mm 时，不小于 72h。硬 PVC 管在无压情况下至少保持 12h。

4）确定试验压力。水压试验压力。

5）泡管后，在已充满水的管道上用手摇泵向管内充水，待升至试验压力后，停止加压，观察表压下降情况。如 10min 压力降不大于 0.05MPa，且管道及附件无损坏，将试验压力降至工作压力，恒压 2h，进行外观检查，无漏水现象表明试验合格。

2. 压力流管道的严密性试验

检查压力流管道的严密性通常采用漏水量试验。方法与强度试验基本相同，确定试验压力，将试验管段压力升至试验压力后停止加压，记录表压降低 0.1MPa 所需的时间 T_1（min），然后再重新加压至试验压力后，从放水阀放水，并记录表压下降 0.1MPa 所需的时间 T_2（min）和放出的水量 $W(l)$。按公式计算渗水率：若 q 值小于规定的允许漏水率，即认为合格。

3. 管道气压试验

当试验管段难于用水进行强度试验时，可进行气压试验。

（1）承压管道气压试验规定

1）管道进行气压试验时应在管外10m范围内设置防护区，在加压及恒压期间，任何人不得在防护区滞留；

2）气压试验应进行两次，即回填前的预先试验和回填后的最后试验。

（2）气压试验方法

1）预先试验时，应将压力升至强度试验压力，恒压30min，如管道、管件和接口未发生破坏，然后将压力降至0.05MPa并恒压24h，进行外观检查（如气体溢出的声音、尘土飞扬和压力下降等现象），如无泄漏，则认为预先试验合格；

2）最后气压试验时，升压至强度试验压力，恒压30min；再降压至0.05MPa，恒压24h。如管道未破坏，且实际压力下降不大于规定值，则认为合格。

4. 重力流管道的严密性试验

（1）试验规定

1）污水管道、雨污合流管道、倒虹吸管及设计要求闭水的其他排水管道，回填前应采用闭水法进行严密性试验；试验管段应按井距分隔，长度不大于500m，带井试验。雨水和与其性质相似的管道，除大孔性土壤及水源地区外，可不做渗水量试验。

2）闭水试验管段应符合下列规定：管道及检查井外观质量已验收合格；管道未回填，且沟槽内无积水；全部预留管（除预留进出水管外）应封堵坚固，不得渗水；管道两端堵板承载力经核算应大于水压力的合力。

3）闭水试验应符合下列规定：试验段上游设计水头不超过管顶内壁时，试验水头应以试验段上游管顶内壁加2m计；当上游设计水头超过管顶内壁时，试验水头应以上游设计水头加2m计；当计算出的试验水头小于10m，但已超过上游检查井井口时，试验水头应以上游检查井井口高度为准。

（2）试验方法

在试验管段内充满水，并在试验水头作用下进行泡管，泡管时间不小于24h，然后再加水达到试验水头，观察30min的漏水量，观察期间应不断向试验管段补水，以保持试验水头恒定，该补水量即为漏水量。并将该漏水量转化为每千米管道每昼夜的渗水量，如果该渗水量小于规定的允许渗水量，则表明该管道严密性符合要求。

5. 燃气管道的试验

燃气管道应进行压力试验。利用空气压缩机向燃气管道内充入压缩空气，借空气压力来检验管道接口和材质的强度及严密性。根据检验目的又分强度试验和气密性试验。

（1）强度试验是检查管道在试验压力下能否破坏

一般情况下试验压力为设计输气压力的1.5倍，但钢管不得低于0.3MPa，塑料管不得低于0.1MPa。当压力达到规定值后，应稳压1h，然后用肥皂水对管道接口进行检查，全部接口均无漏气现象且管道无破坏现象即为合格。若有漏气处，应放气修理后再次试验，直至合格为止。

（2）气密性试验是用空气压力来检验在近似于输气条件下燃气管道的管材和接口的严

密性

气密性试验需在燃气管道全部安装完成后进行，若埋地敷设，应在回填土至管顶0.5m以上后再进行。气密性试验压力根据管道设计输气压力而定，当设计输气压力P不大于5kPa时，试验压力为20kPa；当设计输气压力P>5kPa时，试验压力应为设计输气压力的1.15倍，但不得低于0.1MPa。气密性试验前应向管道内充气至试验压力，燃气管道气密性试验的持续时间一般不少于24h，实际压降不超过规范允许值为合格。

（3）管道通球扫线

管道及其附件组装完成并试压合格后，应进行通球扫线，并且不少于两次。每次吹扫管道长度不宜超过3km，通球应按介质流动方向进行，以避免补偿器内套筒被破坏，扫线结果可用贴有纸或白布的板置于吹扫口检查，当球后气体无铁锈脏物时则认为合格。通球扫线后将集存在阀室放散管内的脏物排出，清扫干净。

6. 给水管道冲洗与消毒

给水管道试验合格后，竣工验收前应进行冲洗，消毒，使管道出水符合《生活饮用水卫生标准》GB 5749—2006的要求，经验收才能交付使用。

（1）管道冲洗

管道冲洗主要是将管内杂物全部冲洗干净，使排出水的水质与自来水状态一致。在没有达到上述水质要求时，冲洗水要通过放水口，排至附近水体或排水管道。排水时应取得有关单位协助，确保安全、畅通排放。

安装放水口时，其冲洗管接口应严密，并设有闸阀、排气管和放水龙头，弯头处应进行临时加固。

（2）管道消毒

管道消毒的目的是消灭新安装管道内的细菌，使水质不致污染。

消毒时，将漂白粉溶液注入被消毒的管段内，并将来水闸阀和出水闸阀打开少许，使清水带着漂白粉溶液流经全部管段，当从放水口中检验出高浓度的氯水时，关闭所有闸阀，浸泡管道24h为宜。消毒时，漂白粉溶液的氯浓度一般为26～30mg/L。

9.2.8 城市管道工程施工管理

1. 管道工程施工过程中的资料整理

（1）管道施工过程中的技术资料

管道施工过程中的技术资料包括：开工报告；沟槽开挖记录；管道安装记录；材料试验记录；回填土密实度的检验记录；管道吹扫或冲洗、消毒记录；管道强度试验与严密性试验记录；管道现场防腐、防水记录；隐蔽工程记录；设计变更通知单；工程质量检验评定记录；工程质量事故处理记录；交工验收报告；工程竣工报告。

（2）技术资料的整理

技术资料是施工全过程的真实记录，项目经理部的技术部门应派专人负责，在项目施工过程中及时收集，以单位工程为对象整理保管，不得丢失，竣工验收后汇总归档，备案。

（3）竣工图的绘制

竣工图必须做到真实、准确、完整地反映和记录工程情况。竣工图的绘制必须按国家的有关规定、规程执行。若施工中没有变更，完全按施工图施工，可直接将施工图（必须是新蓝图）加盖“竣工图”章标志后作为竣工图，不必重新绘制；若施工中遇到一般性的设计变更，且变更较少，能将原施工图稍加修改补充作为竣工图时，则不必重新绘制，可在原施工图（必须是新蓝图）上注明修改的部分，并附以设计变更通知单和施工说明，加盖“竣工图”章标志后作为竣工图；若施工中有重大改变或改变处较多，不宜将原施工图修改补充作为竣工图时，则应重新绘制竣工图，并附以有关记录和说明，加盖“竣工图”章标志。

2. 管道工程施工验收

工程验收制度是检验工程质量必不可少的一道程序，也是保证工程质量的一项重要措施。如质量不符合规定，可在验收中发现和处理，以避免影响使用和增加维修费用。因此，必须严格执行工程验收制度。

（1）验收的内容

管道工程验收分为中间验收和竣工验收两个过程。

中间验收一般包括施工放线、沟槽开挖与回填、管道基础处理、管道安装、管道试压、冲洗、消毒等施工项目的验收。

竣工验收是对管道工程是否符合工程质量标准的全面检验，也是建设全过程最后一项工作。

（2）验收的程序详见“实务部分”。

3. 管道工程施工的技术管理

（1）技术管理的任务

技术管理作为施工项目管理的一个分支，与合同、工期、质量、成本、安全等方面的管理共同构成一个相互联系、密不可分的管理框架。技术管理工作直接参与到工程的计划、组织、指挥、控制和协调等管理工作中，抓好项目管理中的技术管理工作是保证工程顺利进行的重要一环，所以在项目管理中必须建立一套规范、科学、有效的技术管理模式，以全面履行工程承包合同。技术管理的主要任务有：

1）正确贯彻执行国家的技术政策和主管部门制定的技术规范、规程；

2）充分发挥技术人员和现有物质条件的作用，采用新技术、新工艺，促进生产技术的更新和发展；

3）科学地组织各项技术工作，建立正常的生产技术管理秩序，进行文明施工，保证工程质量；

4）大力开展科学研究和技术培训，完善技术资料和档案管理制度，提高技术管理水平；

5）提高工业化和机械化生产水平，保证高质量、高速度、高效率、低成本地完成施工任务。

（2）技术管理的内容

1）进行图纸会审、编制施工组织设计、技术交底、技术检验等施工技术准备工作；

2）贯彻质量检查、技术措施、技术处理、技术标准和规程等技术工作；

3）进行科学研究、技术改造、技术革新、技术培训、技术试验等技术开发工作。

（3）技术管理制度

技术管理制度是施工企业技术管理的一项重要的基础工作。它的作用是把整个企业的技术工作科学地组织起来，保证技术工作有目的、有计划、有条理地开展，从而完成技术管理的任务。施工技术管理制度主要有以下几项：

1）技术责任制

技术责任制度是各级技术领导、技术管理机构、技术干部及操作工人的技术分工和配合要求。建立这项制度有利于加强技术领导，明确职责，从而保证各司其职、配合有力、功过分明，充分调动有关人员搞好技术管理工作的积极性。

目前，我国的施工企业实行企业、项目部、工地三级或企业、项目部、工地、施工班组四级技术责任制。

2）图纸会审制度

图纸会审的目的在于发现并更正图纸中的差错，对不明确的设计意图进行补充，对不便于施工的设计内容进行协商更正。图纸会审前，必须组织有关人员认真研究图纸，熟悉图纸的内容、要求和特点，从而明确设计要求，弄清设计意图，为拟定有效的施工方案和技术措施奠定基础。图纸会审由建设单位组织，设计单位、监理单位、施工单位参加，有组织、有计划、有步骤地进行。

3）技术交底制度

技术交底包括设计单位向施工单位进行技术交底和施工单位向施工人员进行技术交底两部分。设计单位向施工单位交底的内容一般包括：

① 设计意图、设计特点；

② 设计变更的情况以及相关要求；

③ 新设备、新标准、新技术的采用和对施工技术的特殊要求；

④ 对施工条件和施工中存在问题的意见；

⑤ 其他施工中应注意的问题。

（4）材料检验制度

材料检验制度是由当地的质检站对施工用材料、构件、配件和设备的质量、性能进行试验、检验，对有关设备进行调试，以便正确、合理地使用，保证工程质量。同时应获得检验报告及质量证明。

（5）工程质量检查和验收制度

质量检查和验收制度是按照国家规定的质量检验标准逐项检查施工质量，评定工程质量等级。

市政管道工程大多为隐蔽工程，应加强对各分部分项工程和竣工工程的检查验收，严把质量关，确保工程质量。

4. 管道工程施工的全面质量管理

5. 管道工程施工的安全管理

安全管理主要应落实安全责任，实施责任管理制，认真做好安全教育与检查，使施工作业标准化，达到生产技术与安全技术的统一，对常见事故如工伤、火灾等作好预防措施，应正确对待事故的调查与处理。

9.3 城市管道工程构筑物施工

9.3.1 检查井施工技术

检查井一般分为现浇钢筋混凝土、砖砌、石砌、混凝土或钢筋混凝土预制拼装等结构形式，以砖（或石）砌检查井居多。

1. 砌筑检查井施工

（1）检查井基础施工

在开槽时应计算好检查井的位置，挖出足够的肥槽。浇筑管道混凝土平基时，应将检查井基础宽度一次浇够，不能采用先浇筑管道平基，再加宽的办法做井基。

（2）排水管道检查井内的流槽及井壁应同时进行浇筑，当采用砌块砌筑时，表面应用水泥砂浆分层压实抹光，流槽与上、下游管道接顺。

（3）砌筑时管口应与井内壁平齐，必要时可伸入井内，但不宜超过 30mm。不准将截断管端放入井内；预留管的管口应封堵严密，并便于拆除。

（4）检查井的井壁厚度通常为 240mm，用水泥砂浆砌筑。圆形砖砌检查井采用全丁式砌筑，收口时，如四面收口则每次收进不超过 30mm；如为三面收口则每次收进不超过 50mm。矩形砖砌检查井采用一顺一丁式砌筑。检查井内的踏步应随砌随安，安装前应刷防锈漆，砌筑时用水泥砂浆埋固，在砂浆未凝固前不得踩踏。

（5）检查井内壁应用原浆勾缝，有抹面要求时，内壁用水泥砂浆抹面并分层压实，外壁用水泥砂浆搓缝严实。抹面和搓缝高度应高出原地下水位以上 0.5m。

（6）井盖安装前，井室最上一皮砖必须是丁砖，其上用 1∶2 水泥砂浆坐浆，厚度为 25mm，然后安放盖座和井盖。

（7）检查井接入较大管径的混凝土管道时，应按规定砌砖券。管径大于 800mm 时砖券高度为 240mm；小于 800mm 时砖券高度为 120mm。砌砖券时应由两边向顶部合拢砌筑。

（8）有闭水试验要求的检查井，应在闭水试验合格后再回填土。

（9）砌筑井室应符合下列要求：

① 砌筑井壁应位置准确、砂浆饱满、灰缝平整、抹平压光，不得有通缝、裂缝等现象；

② 井底流槽应平顺、圆滑、无杂物；

③ 井圈、井盖、踏步应安装稳固，位置准确；

④ 砂浆强度等级和配合比应符合设计要求。

2. 预制检查井安装

（1）应根据设计的井位桩号和井内底标高，确定垫层顶面标高、井口标高及管内底标高等参数，作为安装的依据。

（2）按设计文件核对检查井构件的类型、编号、数量及构件的重量。

（3）垫层施工不得扰动井室地基，垫层厚度和顶面标高应符合设计规定，长度和宽度要比预制混凝土底板的长、宽各大 100mm，夯实后用水平尺校平，必要时应预留沉降量。

（4）标示出预制底板、井筒等构件的吊装轴线，先用专用吊具将底板水平就位，并复核轴线及高程，底板轴线允许偏差±20mm，高程允许偏差±10mm。底板安装合格后再安装井筒，安装前应清除底板上的灰尘和杂物；并按标示的轴线进行安装。井筒安装合格后再安装盖板。

（5）当底板、井筒与盖板安装就位后，再连接预埋连接件，并做好防腐。然后将边缝润湿，用 1∶2 水泥砂浆填充密实，做成 45°抹角。当检查井预制件全部就位后，用 1∶2 水泥砂浆对所有接缝进行里、外勾平缝。

（6）最后将底板与井筒、井筒与盖板的拼缝，用 1∶2 水泥砂浆填满密实，抹角应光滑平整，水泥砂浆强度等级应符合设计要求。当检查井与刚性管道连接时，其环形间隙要均匀、砂浆应填满密实；与柔性管道连接时，胶圈应就位准确、压缩均匀。

3. 现浇检查井施工

（1）按设计要求确定井位，井底标高、井顶标高、预留管的位置与尺寸。

（2）按要求支设模板。

（3）先浇底板混凝土，再浇井壁混凝土，最后浇顶板混凝土。混凝土振捣完毕后进行养护，达到规定的强度后方可拆模。

（4）井壁与管道连接处应预留孔洞，不得现场开凿。

（5）井底基础应与管道基础同时浇筑。

9.3.2 雨水口施工技术

雨水口一般采用砖、石砌筑施工，砌筑工艺与检查井相同，要点如下：

（1）按道路设计边线及支管位置，定出雨水口中心线桩，使雨水口的长边与道路边线重合（弯道部分除外）。

（2）根据雨水口的中心线桩挖槽，挖槽时应留出足够的肥槽，如雨水口位置有误差应以支管为准进行核对，平行于路边修正位置，并挖至设计深度。

（3）夯实槽底。有地下水时应排除并浇筑 100mm 的细石混凝土基础；为松软土时应夯筑 3∶7 灰土基础，然后砌筑井墙。

（4）砌筑井墙

1）按井墙位置挂线，先干砌一层井墙，并校对方正。一般井墙内口为 680mm×380mm 时，对角线长 779mm；内口尺寸为 680mm×410mm 时，对角线 794mm；内口尺寸为 680mm×415mm 时，对角线长 797mm。

2）砌筑井墙。雨水口井墙厚度一般为 240mm，用 MU10 砖和 M10 水泥砂浆按一顺一丁的形式组砌，随砌随刮平缝，每砌高 300mm 应将墙外肥槽及时填土夯实。

3）砌至雨水口连接管或支管处应满卧砂浆，砌砖已包满管道时应将管口周围用砂浆抹严抹平，不能有缝隙，管顶砌半圆砖券，管口应与井墙面平齐。当雨水连接管或支管与井墙必须斜交时，允许管口进入井墙 20mm，另一侧凸出 20mm，超过此限时必须调整雨水口位置。

4）井口应与路面施工配合同时升高，当砌至设计标高后再安装雨水箅。雨水箅安装好后，应用木板或铁板盖住，以免在道路面层施工时，被压路机压坏。

5）井底用 C10 细石混凝土抹出向雨水口连接管集水的泛水坡。

6）安装井箅。井箅内侧应与道牙或路边成一条直线，满铺砂浆，找平坐稳，井箅顶与路面平齐或稍低，但不得凸出。现浇井箅时，模板支设应牢固、尺寸准确，浇筑后应立即养护。

9.4 城市管道工程不开槽施工

9.4.1 城市管道不开槽施工的一般知识

城市管道穿越铁路、公路、河流、建筑物等障碍物或在城市干道上施工而又不能中断交通以及现场条件复杂不适宜采用开槽法施工时，常采用不开槽法施工。不开槽铺设的市政管道的形状和材料，多为各种圆形预制管道，如钢管、钢筋混凝土管及其他各种合金管道和非金属管道，也可为方形、矩形和其他非圆形的预制钢筋混凝土管道。

管道不开槽施工与开槽施工法相比，不开槽施工减少了施工占地面积和土方工程量，不必拆除地面上和浅埋于地下的障碍物；管道不必设置基础和管座；不影响地面交通和河道的正常通航；工程立体交叉时，不影响上部工程施工；施工不受季节影响且噪声小，有利于文明施工；降低了工程造价。因此，不开槽施工在市政管道工程施工中得到广泛应用。

不开槽施工一般适用于非岩性土层。在岩石层、含水层施工，或遇有地下障碍物时，都需要采取相应的措施。因此，施工前应详细地勘察施工地段的水文地质条件和地下障碍物等情况，以便于操作和安全施工。

城市管道的不开槽施工，最常用的是掘进顶管法。此外，还有挤压施工、牵引施工等方法。施工前应根据管道的材料、尺寸、土层性质、管线长度、障碍物的性质和占地范围等因素，选择适宜的施工方法。

9.4.2 管道顶管施工技术

1. 工作坑设置

顶管工作坑的位置设置应便于排水、出土和运输，并易于对地上与地下建筑物、构筑物采取保护和安全生产措施。采用的装配式后背墙由方木、型钢或钢板等组装而成，组装后的后背墙具有足够的强度和刚度。工作坑的支撑应形成封闭式框架，矩形工作坑的四角应加斜撑。

2. 设备安装（图 9-5）

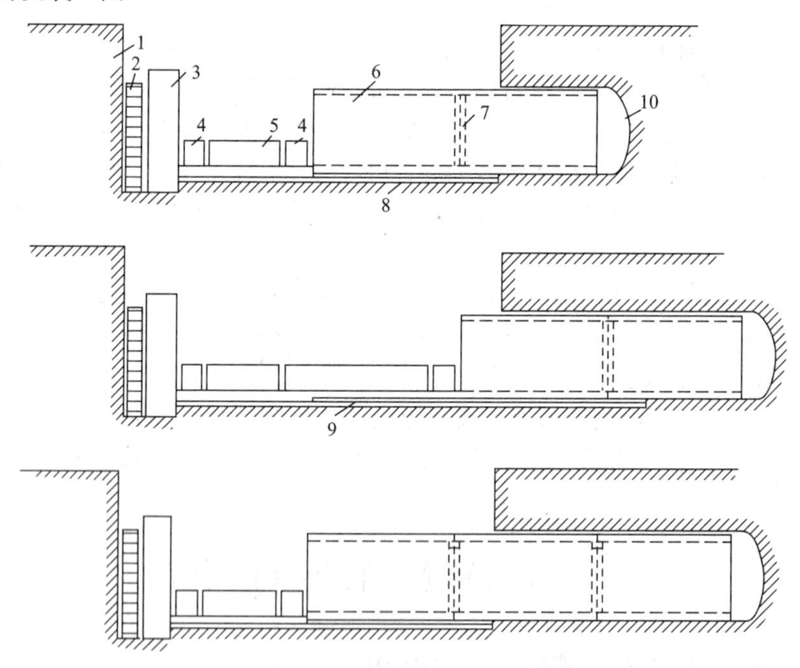

图 9-5 掘进顶管过程示意图

1—后座墙；2—后背；3—立铁；4—横铁；5—千斤顶；6—管子；7—内胀圈；8—基础；9—导轨；10—掘进工作面

（1）导轨：选用钢质材料制作，两导轨安装牢固、顺直、平行、等高，其纵坡与管道设计坡度一致。

（2）千斤顶：安装时固定在支架上，并与管道中心的垂线对称，其合力的作用点在管道中心的垂线上。

（3）油泵：应与千斤顶相匹配，并有备用油泵；安装完毕后进行试运转。顶进过程中油压突然增高时，应立即停止顶进，检查原因并经处理后方可继续顶进。

（4）顶铁：分块拼装式顶铁应有足够的刚度，并且顶铁的相邻面相互垂直。

（5）起重设备；正式作业前应试吊，检查重物捆扎情况和制动性能；严禁超负荷吊装。

3. 顶进

（1）采用手掘式顶管时，将地下水位降至管底以下不小于0.5m处，并采取措施，防止其他水源进入顶管管道。

（2）全部设备经过现场试运转合格后方可进行顶进。

（3）工具管开始顶进5～10m的范围内，允许偏差为：轴线位置3mm，高程0～+3mm。

（4）采用手工掘进顶进时，应符合下列规定：

① 工具管接触或切入土层后，自上而下分层开挖；

② 在允许超挖的稳定土层中正常顶进时，管下部135°范围内不得超挖；管顶以上超挖量不得大于15mm。

（5）顶管结束后，管节接口的内侧间隙按设计要求处理，设计无规定时，可采用石棉水泥、弹性密封膏或水泥砂浆密封。填塞物应抹平，不得凸入管内。

（6）顶进时测量工具管的中心和高程：

采用手工掘进时，工具管进入土层过程中，每顶进0.3m，测量不少于1次，管道进入土层后正常顶进时，每1.0m测量1次，纠偏时增加测量次数。

全段顶完后，在每个管节接口处测量其轴线位置和高程；有错口时测出相对高差。

4. 纠偏

应采用小角度、顶进中逐渐纠偏。纠偏方法有：挖土校正法和木杠支撑法。

5. 顶进过程中应采取措施进行处理的紧急情况

（1）工具管前方遇列障碍；

（2）后背墙变形严重；

（3）顶铁发生扭曲现象；

（4）管位偏差过大且校正无效；

（5）顶力超过管端的允许顶力；

（6）油泵、油路发生异常现象；

（7）接缝中漏泥浆。

9.4.3 特种顶管施工技术

1. 长距离顶管技术

顶管施工的一次顶进长度取决于顶力大小、管材强度、后背强度和顶进操作技术水平等因素。一般情况下，一次顶进长度不超过 60～100m。在市政管道施工中，有时管道要穿越大型的建筑群或较宽的道路，此时顶进距离可能超过一次顶进长度。因此，需要研究长距离顶管技术，提高在一个工作坑内的顶进长度，从而减少工作坑的个数。长距离顶管一般有中继间顶进、泥浆套顶进和覆蜡顶进等方法。

（1）中继间顶进

中继间是一种在顶进管段中设置的可前移的顶进装置，它的外径与被顶进管道的外径相同，环管周等距或对称非等距布置中继间千斤顶。

采用中继间施工时，在工作坑内顶进一定长度后，即可安设中继间。中继间前面的管道用中继间千斤顶顶进，而中继间及其后面的管道由工作坑内千斤顶顶进，如此循环操作，即可增加顶进长度。顶进结束后，拆除中继间千斤顶，而中继间钢外套环则留在坑道内。

（2）泥浆套顶进

该法又称为触变泥浆法，是在管壁与坑壁间注入触变泥浆，形成泥浆套，以减小管壁与坑壁间的摩擦阻力，从而增加顶进长度。一般情况下，可比普通顶管法的顶进长度增加 2～3 倍。长距离顶管时，也可采用中继间—泥浆套联合顶进。

触变泥浆在输送和灌注过程中具有流动性、可泵性和承载力，经过一定时间的静置，泥浆固结，产生强度。触变泥浆是由膨润土掺合碳酸钠加水配制而成。为了增加触变泥浆凝固后的强度，可掺入石灰膏做固凝剂。

管道顶入土内，为防止泥浆从工作坑壁漏出，应在工作坑壁处修建混凝土墙，墙内预埋喷浆管和安装后封闭圈用的螺栓。

（3）覆蜡顶进

覆蜡顶进是用喷灯在管道外表面熔蜡覆盖，从而提高管道表面平整度，减少顶进摩擦力，增加顶进长度。

根据施工经验，管道表面覆蜡可减少 20％的顶力。但当熔蜡分布不均时，会导致新的“粗糙”增加顶进阻力。

（4）顶管法

在坚硬或密实的土层内顶管，或大直径管道顶进时，管前端阻力很大。为了减轻工作坑内顶进千斤顶的顶进阻力，可采用顶管法施工。该方法是用一特制的顶管盾构在前方切土，并克服迎面阻力，工作坑千斤顶只是用来克服管壁与坑壁间的摩擦阻力，将顶管盾构后面的管子顶入盾尾，由于顶进阻力的减小从而可延长顶进距离。盾构顶管法与一般盾构法的区别是盾构衬砌环内不是安装砌块，而是顶入管子。顶管盾构的构造与一般人工掘进盾构相同。

2. 挤压技术

（1）不出土挤压土层顶管

这种方法也称为直接贯入法，是用千斤顶将管道直接顶入土层内，管周围土被挤密而不需要外运。顶进时，在管前端安装管尖，采用偏心管尖可减少管壁与土间的摩擦力。

该法适用于管径较小（一般小于 300mm）的金属管道的顶进，如在给水管、热力管、燃气管的施工中经常采用，在大管径的非金属排水管道施工中则很少采用。

（2）出土挤压土层顶管

该法是在管前端安装一个挤压切土工具管，工具管由渐缩段、卸土段和校正段三部分组成。顶进时土体在工具管渐缩段被压缩，然后被挤入卸土段并装入弧形运土小车，启动卷扬机将土运出管外。校正段装有4个可调向的油压千斤顶，用来调整管中心和高程的偏差。

管壁周围土层密实，不会出现超挖，有利于保证工程质量。一般用于在松散土层中顶进直径较大的管道。

3. 管道牵引不开槽铺设

(1) 普通牵引法

铺设管线地段的两端开挖工作坑，在两工作坑间用水平钻机钻成通孔，孔径略大于穿过的钢丝绳直径，在孔内安放钢丝绳。在后方工作坑内进行安管、挖土、出土、运土等工作，操作与顶管法相同，但不需要设置后背设施。在前方工作坑内安装张拉千斤顶，用千斤顶牵引钢丝绳把管道拉向前方，不断地下管、锚固、牵引，直到全部管道牵引入土为止。

(2) 牵引挤压法

该方法同普通牵引法一样，先在两工作坑间用水平钻机钻成通孔，孔径略大于穿过的钢丝绳直径，在孔内安放钢丝绳。在后方工作坑内安装锥形刃脚，刃脚的直径与被牵引管道的管径相同，安装在管节前端。刃脚通过钢丝绳的牵引先挤入土内，将管前土沿锥形面挤到管壁周围，形成与被牵引管道管径相同的土洞，带动后面的管节沿着土洞前进。

牵引挤压法适用于在天然含水量的黏土、粉土和砂土中，敷设管径不超过400mm的焊接接口钢管，管顶覆土厚度一般不小于管径的5倍，以免地面隆起，牵引距离一般不超过40m。

(3) 牵引顶进法

牵引顶进法是在前方工作坑内牵引导向的盾头，而在后方工作坑内顶入管道的施工方法。在施工过程中，由盾头承担顶进过程中的迎面阻力，而顶进千斤顶只承担由土压及管重产生的摩擦阻力，从而减轻了顶进千斤顶的负担，在同样条件下，可比管道牵引及顶管法的顶进距离大。牵引顶进用的盾头，一般由刃脚、工具管、防护板及环梁组成。

牵引顶进法吸取了牵引和顶进技术的优点，适用于在黏土、砂土，尤其是较硬的土质中，进行钢筋混凝土排水管道的敷设，管径一般不小于800mm。由于千斤顶负担的减轻，与普通牵引法和普通顶管法相比，在同样条件下可延长顶进距离。

4. 牵引贯入法

该方法同普通牵引法一样，先在两工作坑间用水平钻机钻成通孔，孔径略大于穿过的钢丝绳直径，在孔内安放钢丝绳。在后方工作坑内安装盾头式工具管，在工具管后面不断焊接薄壁钢管，钢丝绳牵引工具管前行，后面的钢管也随之前行。在钢管前进的过程中，土被切入管内，待钢管全部牵引完毕后，再挖去管内的土。

牵引贯入法适用于在淤泥、饱和粉质黏土、粉土类软土中，敷设钢管。管径不小于800mm，以便进入管内挖土。牵引距离一般为40～50m，最大不超过60m。由于牵引过程中管内不出土，导致牵引力增大，所需张拉千斤顶的数量多，增加了移动机具的时间，使牵引贯入法的施工速度较慢。

9.4.4 非开挖铺管新技术简介

气动矛法是利用气动冲击矛（靠压缩空气驱动的冲击矛）进行管道的非开挖铺设，施工时先在欲铺设管线地段的两端开挖发射工作坑和目标工作坑，其大小根据矛体的尺寸、管道铺设的深度、管道类型等确定。在发射工作坑中放入气动冲击矛，并置于发射架上，用瞄准仪调整好矛体的方向和深度。在压缩空气的作用下启动冲击矛内的活塞做往复运动，不断冲击矛头，矛头挤压周围的土层形成钻孔，并带动矛体沿着预定的方向进入土层。当矛体的1/2进入土层后，再用瞄准仪。

9.5 盾构施工

9.5.1 盾构施工的一般知识

在城市管道的不开槽施工中，顶管施工一般用于单根管道的敷设。而当管线过多且集中布置时，一般需要修建地下管廊，此时宜采用盾构施工法。盾构法广泛应用于铁路隧道、地下铁道、地下隧道、水下隧道、水工隧洞、城市地下管廊、地下给排水管沟的修建工程。安装不同的掘进机构，盾构可在岩层、砂卵石层、密实砂层、黏土层、流砂层和淤泥层中掘进。在施工过程中应根据掘进地段的土质、施工段长度、地面情况、隧道形状、隧道用途、工期等因素确定盾构的形式。

1. 盾构法的施工原理

盾构法施工时，先在需施工地段的两端，各修建一个工作坑（又称竖井），然后将盾构从地面下放到起点工作坑中，首先借助外部千斤顶将盾构顶入土中，然后再借助盾构壳体内设置的千斤顶的推力，在地层中使盾构沿着管道的设计中心线，向管道另一端的接收坑中推进。同时，将盾构切下的土方外运，边出土边将砌块运进盾构内，当盾构每向前推进1～2环砌块的距离后，就可在盾尾衬砌环的掩护下将砌块拼成管道。在千斤顶的推进过程中，其后座力传至盾构尾部已拼装好的砌块上，继而再传至起点井的后背上。当管廊拼砌一定长度后就可作为千斤顶的后背，如此反复循环操作，即可修建任意长度的管廊（或管道）。在拼装衬砌过程中，应随即在砌块外围与土层之间形成的空隙中压注足够的浆液，以防地面下沉。

2. 盾构组成

盾构一般由掘进系统、推进系统、拼装衬砌系统三部分组成。

3. 盾构的分类

盾构的分类方法很多，按挖掘方式可分为：手工挖掘式、半机械式、机械式三大类；按工作面挡土方式可分为：敞开式、部分敞开式、密闭式；按气压和泥水加压方式可分为：气压式、泥水加压式、土压平衡式、加水式、高浓度泥水加压式、加泥式等。

9.5.2 盾构施工技术

1. 盾构施工的准备工作

为了安全、迅速、经济地进行盾构施工，在施工前应根据图纸和有关资料进行详细的勘察工作。勘察的内容主要有：用地条件的勘察、障碍物勘察、地形及地质勘察。

用地条件的勘察主要是了解施工地区的情况：工作坑、仓库、料场的占地可能性；道路条件和运输情况；水、电供应条件等。障碍物勘察包括地上和地下障碍物的调查。地形及地质勘察包括地形、地层柱状图、土质、地下水等。根据勘察结果，编制盾构施工方案。

盾构施工准备工作主要有盾构工作坑的修建、盾构的拼装检查、附属设施的准备等。

2. 施工工艺要点

盾构法施工工艺主要包括盾构的始顶；盾构掘进的挖土、出土及顶进；衬砌和灌浆。

（1）盾构的始顶

盾构在起点井导轨上至盾构完全进入土中的这一段距离，要借助工作坑内千斤顶顶进，通常称为始顶，方法与顶管施工相同。当盾构入土后，在起点井后背与盾构衬砌环内，各设置一个大小与衬砌环相等的木环，两木环之间用圆木支撑，以作为始顶段盾构千斤顶的临时支撑结构。一般情况下，当衬砌长度达 30～50m 以后，才能起后背作用，此时方可拆除工作坑内的临时圆木支撑。

（2）盾构掘进的挖土、出土与顶进

完成始顶后，即可启用盾构本身千斤顶，将切削环的刃口切入土中，在切削环掩护下进行挖土。

盾构掘进的挖土方法取决于土的性质和地下水情况。手工挖掘盾构适用于比较密实的土层，工人在切削环保护罩内挖土，工作面挖成锅底状，一次挖深一般等于砌块的宽度。为了保证坑道形状正确，减少与砌块间的空隙，贴近盾壳的土应由切翻环切下，厚度约 10～15cm。在工作面不能直立的松散土层中掘进时，将盾构刃口先切入工作面，然后工人在切削环保护罩内挖土。根据土质条件，进行局部挖土时的工作面应加设支撑。局部挖掘应从顶部开始，依次进行到全部挖掘面。当盾构刃口难于先切入工作面（如砂砾石层）时，可以先挖后顶，但必须严格控制每次掘进的纵深。

黏性土的工作面虽然能够直立，但工作面停放时间过长，土面会向外胀鼓，造成塌方，导致地基下沉。因此，在黏性土层掘进时，也应加设支撑。

在砂土与黏土交错层、土层与岩石交错层等复杂地层中顶进，应注意选定适宜的挖掘方法和支撑方法。

盾构顶进应在砌块衬砌后立即进行。盾构顶进时，应保证工作面稳定不被破坏。顶进速度通常为 50mm/min。顶进过程中一般应对工作面支撑、挤紧。顶进时千斤顶实际最大顶力不能使砌块等后部结构遭到破坏。在弯道、变坡处掘进和校正误差时，应使用部分千斤顶顶进，还要防止产生误差和转动。如盾构可能发生转动，应在顶进过程中采取偏心堆载等措施。

在出土的同时，将衬砌块运入盾构内，待千斤顶回镐后，其空隙部分即可进行砌块拼砌。当砌块的拼砌长度能起到后背作用时，再以衬砌环为后背，启动千斤顶，重复上述操作，盾构便被不断向前推进。

（3）衬砌

1）一次衬砌

盾构顶进后应及时进行衬砌工作，按照设计要求，确定砌块形状和尺寸及接口方式。通常采用钢筋混凝土或预应力钢筋混凝土砌块。矩形砌块形状简单，容易砌筑，产生误差时容易纠正，但整体性差。梯形砌块的整体性较矩形砌块为好。中缺形砌块的整体性最好，但安装技术水平要求高，而且产生误差后不易调整。砌块的连接有平口、企口和螺栓连接三种方式，企口接缝防水性好，但拼装复杂；螺栓连接整体性好，刚度大。

砌块砌筑和缝隙灌浆合称为盾构的一次衬砌。在一次衬砌质量完全合格后，按照功能要求可进行二次衬砌。

2）二次衬砌

完成一次衬砌后，需进行洞体的二次衬砌。二次衬砌采用现浇钢筋混凝土结构。混凝土强度应大于C20，坍落度为18～20cm。采用墙体和拱顶分步浇筑方案，即先浇筑侧墙，后浇筑拱顶。拱顶部分采用压力式浇筑混凝土。

3）单双层衬砌的选用

近年来，由于防水材料质量的不断提高和新型防水材料的不断研制，可省略二次衬砌，采用单层的一次衬砌，做到既承重又防水。

3. 盾构施工注意事项

盾构施工技术随着盾构机性能的改进有了很大发展，但施工引起的地层位移，仍不可避免，地层位移包括地表沉降和隆起。在市区地下施工时，为了防止危及地表建筑物和各类地下管线等设施，应严格控制地表沉降量。从某种意义上讲，能否有效控制地层位移是盾构法施工成败的关键之一。减少地层位移的有效措施是控制好以下几个环节：

（1）合理确定盾构千斤顶的总顶力

盾构向前推进主要依靠千斤顶的顶力作用。在盾构前进过程中要克服正面土体的阻力和盾壳与土体之间的摩擦力，盾构千斤顶的总顶力要大于正面推力和壳体四周的摩擦力之和，但顶力不宜过大，否则会使土体因挤压而前移和隆起，而顶力太小又影响盾构前进的速度。通常盾构千斤顶的总推力应大于正面土体的主动土压力、水压与总摩擦力之和，小于正面土体的被动土压力、水压与总摩擦力之和。

（2）控制盾构前进速度

盾构前进时应该控制好推进速度，并防止盾构后退。推进速度由千斤顶的推力和出土量决定，推进速度过快或过慢都不利于盾构的姿态控制，速度过快易使盾构上抛，速度过慢易使盾构下沉。因拼砌管片时，需缩回千斤顶，这就易使盾构后退引起土体损失，造成切口上方土体沉降。

（3）合理确定土舱内压

在土压平衡盾构机施工中，要对土舱内压力进行设定，密封土舱的土压力要求与开挖面的土压力大致相平衡，这是维持开挖面稳定、防止地表沉降的关键。

（4）控制盾构姿态和偏差量

盾构姿态包括推进坡度、平面方向和自身转角三个参数。影响盾构姿态的因素有出土量的多少、覆土厚度的大小、推进时盾壳周围的注浆情况、开挖面土层的分布情况等。比如盾构在砂性土层或覆土厚度较小的土层中顶进就容易上抛，解决办法主要依靠调整千斤顶的合力位置。

盾构前进的轨迹为蛇形，要保证盾构按设计轨迹掘进，就必须在推进过程中及时通过测量了解盾构姿态，并进行纠偏，控制好偏差量，过大的偏差量会造成过多的超挖，影响周围土体的稳定，造成地表沉降。

（5）控制土方的挖掘和运输

在网格式盾构施工过程中，挖土量的多少与开口面积和推进速度有关，理想的进土状况是进土量刚好等于盾构机推进距离的土方量，而实际上由于许多网格被封，使进土面积减小，造成推进时土体被挤压，引起地表隆起。因而要对进土量进行测定，控制进土量。

在土压平衡式盾构施工过程中，挖土量的多少是由切削刀盘的转速、切削扭矩以及千斤顶的推力决定的；排土量的多少则是通过螺旋输送机的转速调节的。因为土压平衡式盾构是借助土舱内压力来平衡开挖面的水、土压力，为了使土舱内压力波动较小，必须使挖土量和排土量保持平衡。排土量小会使土舱内压力大于地层压力，从而引起地表隆起，反之会引起地表沉降。因此在施工中要以土舱内压力为目标，经常调节螺旋机的转速和千斤顶的推进速度。

(6) 控制管片拼砌的环面平整度

管片拼砌工作的关键是保证环面的平整度，往往由于环面不平整造成管片破裂，甚至影响隧道曲线。同时要保证管片与管片之间以及管片与盾尾之间的密封性，防止隧道涌水。

(7) 控制注浆压力和压浆量

盾构外径大于衬砌外径，衬砌管片脱离盾尾后在衬砌外围就形成一圈间隙，因此要及时注浆，否则容易造成地表沉降。注浆时要做到及时、足量，浆液体积收缩小，才能达到预期的效果。一般压浆量为理论压浆量（等于施工间隙）的140%～180%。

综合以上这些施工环节，可以设定施工的控制参数。通过这些参数的优化和匹配使盾构达到最佳推进状态，即对周围地层扰动小、地层位移小、超空隙水压力小，以控制地面的沉降和隆起，保证盾构推进速度快，隧道管片拼砌质量好。

盾构施工与设备布置见图9-6。

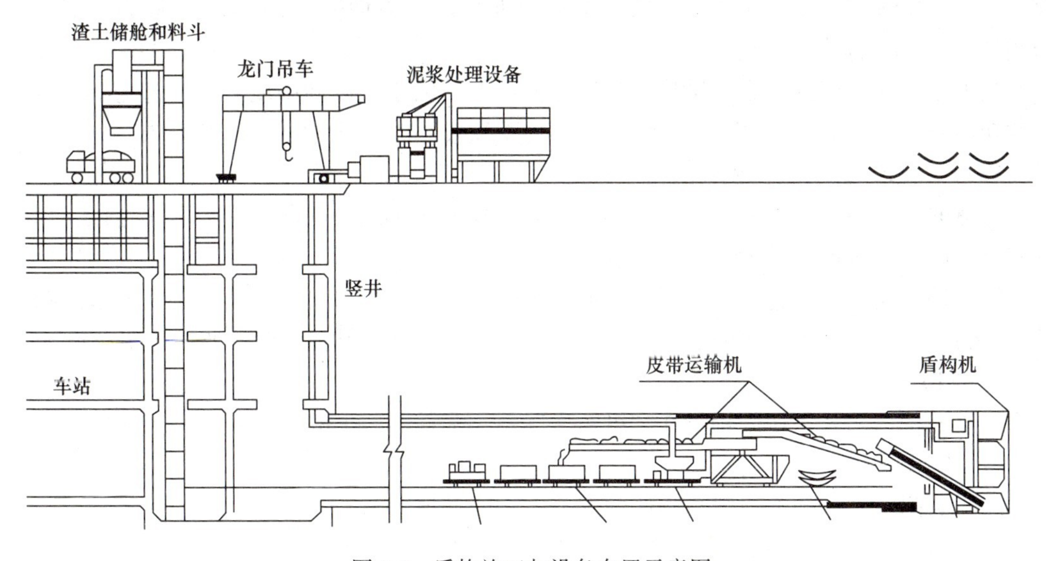

图9-6　盾构施工与设备布置示意图

第 10 章　隧道工程施工技术

10.1　隧道工程概述

隧道——地下人工建筑，是人类社会发展的产物，人类智慧的结晶。古代，人类利用洞穴栖息。最早的人工坑道，可追溯到古代战争时期，作为转移通道、地下庇护物等。此外，古代人还利用坑道，作为引水设施。近代，坑道及隧道被广泛用于探矿、交通以及军事设施中，随着现代交通的不断发展，隧道在交通运输中的地位及重要性不断提高。用于交通运输的隧道几乎遍及世界上各大城市，青函海底隧道及英法海峡海底隧道的修建，更是人类隧道建造史上的伟大创举。

10.1.1　隧道的定义与构造

1. 隧道的定义

地下人工建筑的结构形式，根据其不同用途有多种多样。当地下结构为空间封闭结构形式，宽度在 10m 内时，通常称为“洞室”；宽度在 10～35m 之间时，称为“地下厅”；大于 35m 时，称为“地下广场”。当地下结构垂直地层表面时（$\alpha=90°$），称为“竖井”；当倾斜角 $\alpha>45°$称为“井道”。

当人工建筑处于地表下，结构沿长度方向的尺寸大于宽度和高度并具有连通 A、B 两点的功能时，可称为“地道”；当地道的横截面积较小时，通常认为截面积在 $30m^2$ 以内时，称为“坑道”；当截面积较大时，称之为“隧道”。

隧道的主体建筑物由洞身衬砌和洞门建筑两部分所组成，在洞门容易坍塌地段，应接长洞身（即早进洞或晚出洞），或加筑明洞洞口。

隧道的附属建筑物包括：人行道（或避车洞）和防、排水设施；长、特长隧道还有通风道、通风机房、供电、照明、信号、消防、通信、救援及其他量测、监控等附属设施。

2. 隧道的构造

隧道的构造形式可用结构物在“纵断面”及“横截面”上的形状来反映。纵断面上：

（1）隧道的进口处称为“洞门”；

（2）洞门上被挖掉的原覆盖物体的部分称为“仰坡”；

（3）仰坡面延长线与隧道底线的交点称为“开挖点”；

（4）隧道顶部至地表面的距离称为“覆盖层厚”；

（5）已建承重结构的部分，称为“安全部分”；

（6）兴建临时支撑结构的部分，称为“临时安全部分”；

（7）未建支撑结构的开挖工作面，称为“不安全部分”；

（8）从未支撑处正向前开挖的部分，称为“开挖工作面”。

隧道的横截面的构成，可分为未开挖和开挖后两种形式。

(1) 未开挖的截面称为“开挖孔洞”；

(2) 开挖孔洞约上部 1/3 的部分，称为“拱部”；约中部 1/3 的部分，称为“洞身”；约下部 1/3 的部分，称为“洞底”；

(3) 洞身及洞底的对称中心部分，称为“核心土”；

(4) 开挖后对应于拱都上边缘人工结构的弧线部分，称为“拱圈”；

(5) 洞身对应的人工结构弧线边缘部分，称为“侧墙”或侧拱；

(6) 洞底对应的下边缘人工结构的弧线部分，称为“仰拱”。

隧道横截面在开挖后所建的人工结构包括支护结构及承重结构。支护及承重结构的结构形式可分为传统隧道结构和现代隧道结构两种形式。

传统隧道结构的构造形式，其支护结构为临时性的木支架或钢支架，在承重的砖石结构砌筑后被拆除。承重结构则主要由回填层、砖石拱圈、侧边墙及支承基座构成。

现代隧道结构的构造形式为包括钢锚杆在内的永久性的支撑结构——初次支护及二次衬砌的复合式结构。

10.1.2 隧道的分类

隧道是铁路、道路、水渠、各类管道等遇到岩、土、水体障碍时开凿的穿过山体或水底的内部通道，是“生命线”工程。铁路隧道、公路隧道和地铁隧道属交通隧道，是主要的隧道类型。以交通为目的的隧道，可根据其用途、所处地理位置及隧道的横截面的形状等进行分类。

(1) 按隧道用途可分为交通隧道、水工隧道、市政隧道、矿山隧道等。

① 交通隧道：交通隧道是隧道中数量最多的一种。它的作用是提供交通运输和人行的通道，以满足交通线路畅通的要求，一般包括有以下几种：铁路隧道、公路隧道、水底隧道、地下铁道、航运隧道和人行隧道。人行隧道常被称为“人行通道”。

② 水工隧道：水工隧道是水利工程和水力发电枢纽的一个重要组成部分。水工隧道包括以下几种：引水隧道、排水隧道、导流隧道或泄洪隧道、排砂隧道。

③ 市政隧道：城市中，为安置各种不同市政设施的地下孔道。市政隧道有：给水隧道、污水隧道、管路隧道、线路隧道、人防隧道等。

④ 矿山隧道：在矿山开采中，常设一些为采矿服务的隧道，从山体以外通向矿床，并将开采到的矿石运输出来。矿山隧道有：运输巷道、给水隧道、通风隧道等。

(2) 按隧道周围介质的不同可分为岩石隧道和土层隧道。岩石隧道通常修建在山体中间，因而也将其称作为山岭隧道；而土层隧道常常修筑在距地面较浅的软土层中，如城市中的交通隧道和穿越河流或库区的水底隧道。

(3) 按截面形状可分为圆形截面隧道、椭圆形截面隧道、马蹄形隧道、矩形截面隧道、双孔隧道、孪生隧道、双层隧道等。

10.2 隧道施工方法

隧道施工是指修建隧道及地下洞室的施工方法、施工技术和施工管理的总称。隧道施工方法的选择主要依据工程地质条件、水文地质条件、埋深大小、隧道断面形状及尺寸。长度、衬砌类型、隧道的使用功能、施工技术条件和施工技术水平及工期要求等因素综合考虑确定。

隧道施工技术主要研究解决上述各种隧道施工方法所需的技术方案和措施（如开挖、掘进、支护、衬砌方案和措施）；隧道穿越特殊地质地段时（如膨胀土、黄土、溶洞、塌方、流沙、高地温、岩爆、瓦斯地层等）的施工手段；隧道施工中的通风、防尘、防有害气体及照明、水电作业的方式方法和对围岩变化的监控方法。

隧道施工管理主要解决施工组织设计（如施工方案的选择、施工技术措施、场地布置、进度控制、材料供应、劳动力及机具安排）和施工中的技术管理、质量管理、成本财务管理、安全管理等问题。

根据隧道穿越地层的不同情况和目前隧道施工方法的发展，隧道施工方法有矿山法、新奥法、盾构法、明挖法和暗挖法等。

10.2.1 矿山法

传统的矿山法是人们在长期的施工实践中发展起来的，它是以木或钢构件作为临时支撑，待隧道开挖成形后，逐步将临时支撑撤换下来，而代之以整体式衬砌作为永久性支护的施工方法。传统矿山法施工能适应山岭隧道的大多数地质条件，尤其在不便采用锚喷支护的地质条件时，用于处理塌方也很有效。

木构件支撑由于其耐久性差和对坑道形状的适应性差，支撑撤换工作既麻烦又不安全、且对围岩有所扰动等缺点，因此目前较少采用。

钢构件支撑由于具有较好的耐久性和对坑道形状的适应性等优点，施工中可以撤换，也更为安全。日本隧道界将以钢构件作为临时支撑的矿山法称为“背板法”。

1. 矿山法施工的基本原则

传统矿山法施工的基本原则是“少扰动、早支撑、慎撤换、快衬砌”十二字原则。

（1）少扰动

是指在进行隧道开挖时，要尽量减少对围岩的扰动次数、强度、范围和持续时间。采用钢支撑，可以增大一次开挖断面的跨度，减少分部开挖次数，从而减少对围岩的扰动次数。

（2）早支撑

是指开挖坑道后应及时施作临时构件支撑，使围岩不致因变形松弛过度而产生坍塌失稳，并能承受围岩松弛变形产生的压力——早期松弛荷载。进行定期检查支撑的工作情况，若发现变形严重或出现损坏征兆，应及时增设支撑予以加固和加强。作用在临时支撑上的早期松弛荷载大小，可比照设计永久衬砌的计算围岩压力大小的方法来确定。临时支撑的结构设计，亦采用类似于永久衬砌的设计计算方法，即结构力学方法。

（3）慎撤换

是指当拆除临时支撑而代之以永久性模筑混凝土衬砌时应慎重，即要防止在撤换过程中围岩坍塌失稳。每次撤换的范围、顺序和时间要视围岩的稳定性及支撑的受力状况而定。若预计到不能拆除，则应在确定开挖断面大小及选择材料时就予以研究决定。使用钢支撑作为临时支撑，一般可以避免拆除支撑的麻烦和不安全。

（4）快衬砌

指拆除临时支撑时要及时修筑永久性混凝土衬砌，并使其能尽早参与承载工作。若采用的是不必拆除的钢支撑，或无临时支撑时，亦应尽早施作永久性混凝土衬砌，防止坑道壁裸露时间过长导致围岩被风化侵蚀、强度降低、产生过大变形等情况的发生。

2. 矿山法施工顺序

传统矿山法的施工顺序，可按衬砌的施作顺序分为：先墙后拱法和先拱后墙法。

（1）先墙后拱法

又称为顺作法，它通常是在隧道开挖成形后，再由下至上施作模筑混凝土衬砌。先墙后拱法施工速度较快，施工各工序及各工作面之间相互干扰较小，衬砌结构的整体性较好，受力状态也较好。

（2）先拱后墙法

又称为逆作法，它是先将隧道上部开挖成形并施作拱部衬砌后，在拱圈的掩护下面再开挖下部并施作边墙衬砌。先拱后墙法施工速度较慢，上部施工较困难。但是当上部拱圈完成之后，下部施工就较安全和快速。先拱后墙法施工衬砌结构的整体性较差，受力状态不好。并且拱部衬砌结构的沉降量较大，要求的预拱度较大，增加了开挖工作量。

3. 矿山法施工基本要求

（1）传统的矿山法施工，其各工序相互联系较密切，互相干扰较大，因此，应注意统一组织和协调，重点处理好开挖与支撑、支撑与衬砌、开挖与衬砌之间的相互关系。若围岩较稳定或支撑条件较好，则应尽量将各工序沿隧道纵向展开，以减少相互干扰，并保证施工安全、施工质量和施工进度等。

（2）临时支撑容易受爆破的影响，因此在采用爆破法掘进时，除应注意严格控制爆破对围岩的扰动外，还应尽量减少爆破对支撑的冲击破坏。若采用臂式自由断面挖掘机进行掘进，应注意不得影响临时支撑的稳定，以免危及施工安全。

（3）考虑到隧道开挖后，围岩的松弛变形、衬砌的承载变形、立模时放线和就位误差的存在，为了保证衬砌厚度及其净空不侵入建筑限界，在隧道开挖及衬砌立模时均须预留沉落量。衬砌立模预留的沉落量应根据围岩类别、衬砌施作顺序及施工技术水平来确定。并根据实测资料予以调整；开挖预留沉落量应根据支撑类型和刚度、是否拆除、围岩类别等条件来确定，并根据实测资料予以调整。

（4）采用先拱后墙法施工时，边墙马口（即指先拱后墙法施工时的边墙部位）开挖时左右边墙马口应交错开挖，不得对开。同一侧的马口宜跳段开挖，不宜顺开。先开马口，应开在边墙围岩较破碎的区段，且长度不能太长，一般不超过2～4m，并且及时施作边墙衬砌。后开的马口应待相邻边墙刹肩（即墙顶与拱脚封口）混凝土达到一定强度后方可开挖。马口开挖顺序还应与拱部衬砌施工缝、衬砌变形缝、辅助洞室位置统一考虑合理确定。马口开挖时，应严格控制爆破，以防止炸裂拱圈。采取以上措施的目的均是为了减少拱部衬砌下沉和防止掉拱。洞身开挖必须清除大块浮石。

（5）矿山法隧道施工必须注意安全。在保证工程质量的前提下提高经济效益。除保证围岩的完整和稳定之外，施工时还必须配合开挖及时支护，确保施工安全。明洞和洞口工程土石开挖不得采用大爆破；石质陡坡应先加固再进洞，尽量保持原有仰坡稳定；松软缓坡开挖边坡时，应事先放出开挖线，由上而下进行随挖随支护。

（6）矿山法施工中，开挖应采用对围岩扰动小时的开挖方法。钻爆开挖时，应采用光面爆或预裂爆破技术。在软弱、含水围岩或浅埋等不易自稳的地段施工时，应有辅助施工措施，或进行预加固处理。此外，隧道施工防排水应与永久性防排水设施相结合。

（7）隧道开挖断面不宜欠挖。当石质坚硬完整时，允许拱部的个别凸出处（每平方米不大于 0.1m^2）凸出衬砌不大于 5.0cm。拱脚和墙脚以上 1m 内严禁欠挖。

10.2.2 新奥法

新奥法即新奥地利隧道施工方法的简称，它是奥地利学者拉布希维兹（L. V. Rabcewicz）教授等在长期从事隧道施工实践中，从岩石力学的观点出发而提出的一种施工方法，与法国称为“收敛约束法”或一些国家称为“动态观测设计施工法”的原则是一致的。1954 年、1955 年首次应用于奥地利的普鲁茨—伊姆斯特电站的压力输水洞中。后经瑞典、意大利以及其他国家同行们的理论研究和实践，于 1963 年在奥地利的萨尔茨堡召开的第八次土力学会议上正式被命名为新奥法（NATM），并取得了专利权。

新奥法以既有隧道工程经验和岩体力学的理论为基础，以维护和利用围岩自稳能力为基点，将锚杆和喷射混凝土组合在一起作为主要支护手段，及时进行支护，以便控制围岩的变形与松弛，使围岩成为支护体系的一部分，形成了锚杆、喷射混凝土和隧道围岩组成的三位一体的承载结构，共同支承岩体压力。新奥法的适用范围很广，从铁路隧道、公路隧道、城市地铁、地下贮库等，都可采用新奥法施工。

1. 新奥法施工程序

采用新奥法施工的公路隧道，应重视其规模、地质条件以及安全要求、施工方法，并充分利用现场监控、量测的信息指导施工，严格控制施工程序，不得有任何省略。新奥法的特征之一是采用现场监控、量测的信息指导施工，即通过对隧道施工中量测数据和对开挖面的地质观察等进行预测、预报和反馈，并以已建立的量测数据为基准，对隧道施工方法（包括特殊的、辅助的施工方法）、断面开挖步骤及顺序、初期支护的参数等进行合理调整，以保证施工安全、坑道围岩稳定、工程质量和支护结构的经济性等。

2. 新奥法施工的基本原则

新奥法施工的基本原则可以归纳为“少扰动、早喷锚、勤量测、紧封闭”的十二字诀。

（1）少扰动

是指在进行隧道开挖时，要尽量减少对围岩的振动次数、振动程度、振动范围和振动持续时间。因此要求能用机械开挖的就不用钻爆法开挖；采用钻爆法开挖时，要进行严格地控制爆破；尽量采用大断面开挖；根据围岩类别、开挖方法、支护条件选择合理的循环掘进进尺；自稳性差的围岩，循环进尺应短一些；支护要尽量紧跟开挖面，缩短围岩应力松弛时间。

（2）早喷锚

是指开挖后及时施作初期锚喷支护，使围岩的变形进入受控制状态。一方面是为了使围岩不致因变形过度而产生坍塌失稳；另一方面是使围岩变形适度发展，以充分发挥围岩的自承能力，必要时可采取超前支护措施。

（3）勤量测

是指以直观、可靠的量测方法和量测数据来准确评价围岩（或围岩加支护）的稳定状态，或判断其动态发展趋势，以便及时调整支护形式和开挖方法，从而确保施工安全和顺利进行。量测是现代隧道及地下工程理论的重要标志之一，也是掌握围岩动态变化过程的手段和进行工程设计、施工的依据。

（4）紧封闭

一方面是指采取喷射混凝土等防护措施，避免因围岩长时间暴露而致强度和稳定性衰减的情况发生，尤其针对易风化的软弱围岩；另一方面是指要适时对围岩施作封闭形支护，及时阻止围岩变形，使支护和围岩能进入良好的共同工作状态。

3. 新奥法施工特点

新奥法施工隧道的主要特点是：通过多种量测手段，对开挖后的隧道围岩进行动态监测，并以此指导隧道支护结构的设计与施工。其理论是建立在岩体力学特性和变形特性以及莫尔学说的基础上，并考虑隧道掘进的时间效应和空间效应对围岩应力和变形的影响。它的精髓集中体现在支护结构种类、支护结构的构筑时机、岩体压力、围岩变形四者的关系上，贯穿在不断变更的设计与施工过程中。新奥法提出了与传统施工方法完全不同的概念和观点，指导着喷锚支护的设计和施工，指导着构筑隧道的全过程。

新奥法施工的基本要点如下：

（1）开挖作业多采用光面爆破和预裂爆破，并尽量采用大断面或较大断面开挖，以减少对围岩的扰动；

（2）隧道开挖后，尽量利用围岩的自承能力，充分发挥围岩自身的支护作用；

（3）根据围岩的特征，采用不同的支护类型和参数，适时施作密贴于围岩的柔性喷射混凝土和锚杆初期支护，以控制围岩的变形和松弛；

（4）在软弱破碎围岩地段，使断面及早闭合，以有效地发挥支护体系的作用，保证隧道的稳定；

（5）二次衬砌是在围岩与初期支护变形基本稳定的条件下修筑的，围岩与支护结构形成一个整体，因而提高了支护体系的安全度；

（6）尽量使隧道断面周边轮廓圆顺，避免棱角突变处应力集中；

（7）通过施工中对围岩和支护结构的动态观察、量测，合理安排施工程序，进行隧道工程的信息化设计、施工与管理。

新奥法与传统的矿山法相比，不仅仅是手段上的不同，更重要的是工程概念、力学概念和设计原理的不同，是人们对隧道及地下工程问题的进一步的认识和理解。

10.2.3 隧道开挖施工方法

1. 隧道开挖方式

隧道施工就是要挖除坑道范围内的岩体，并尽量保证围岩的稳定。显然开挖是隧道施工的第一道工序，也是关键工序。在隧道的开挖过程中，开挖方式对围岩稳定状态有直接而重要的影响。隧道开挖的基本原则是：在保证围岩稳定或减少围岩振动的前提条件下，选择恰当的开挖方法和掘进方式，并尽量提高掘进速度。在选择开挖方法和掘进方式时，一方面应考虑隧道围岩的地质条件及其变化情况，选择能很好适应地质条件及其变化，并能保持围岩稳定的方式和方法；另一方面应考虑隧道范围内岩体的坚硬程度，选择快速掘进，并能减少对围岩扰动的方式和方法。

隧道施工中，开挖方法是影响围岩稳定的重要因素之一。因此，在选择开挖方法时，应对隧道断面大小及形状、围岩的工程地质条件、支护条件、工期要求、工区长度、机械配备能力、经济性等相关因素进行综合分析，采用适当的开挖方式和方法。

（1）隧道开挖方式按隧道施工的封闭程度可分为明挖、半明挖和暗挖三大类。

1）明挖方式：即先将隧道设计截面处土方以及覆盖层挖去，形成一个基坑。然后，在基坑内建造隧道结构，在隧道结构达到一定强度后填封基坑。

2）半明挖方式：一部分截面采用明挖方式，一部分截面采用暗挖方式。半明挖方式中较为常见的是“盖板法”，或称“盖挖法”。

3）封闭式开挖——暗挖法：是指隧道开挖施工全部在覆盖地表层以下进行，即在地下开挖坑道、支撑和衬砌修筑的方法。

（2）隧道开挖方式按隧道建造过程中地层整体振动影响程度可分为两种：第一种为机械开挖法，又称为“地层整体无振动开挖”，第二种为爆破开挖法，又称为“地层整体有振动开挖”。

在机械开挖中，可采用手动工具、风镐或风铲、挖土机、干或湿转动切割机和轴向切割机等破碎土体或岩石的手段进行隧道开挖；也可采用掘进机械进行部分断面掘进或全断面掘进；或采用开挖、支护施工于一体的盾构掘进机。

（3）隧道开挖方法实际上是指开挖成形方法，按开挖隧道的横断面分部情况可分为全断面开挖法、台阶开挖法、分部开挖法三大类及若干变化开挖方案。

通常在初步设计阶段就需确定用何种开挖方法，这是由于不同的开挖方法直接影响到工程造价、工期以及工程的安全性等。在确定采用开挖方法时要考虑多种因素，并需对各种因素进行评价，从中确定对不同工程以及工程不同施工阶段所适应的开挖方法。

在确定开挖方法时，首先需考虑地质条件，即场地的地质构成，一般来说机械开挖受地质条件的影响较小，在不同的岩石状态下，可采用不同的开挖机械和开挖设备。对于爆破开挖而言，其使用范围则受到地质条件的限制，如在流动多变的地质区域，不宜采用爆破开挖，以免发生大面积松动等不利情况。

影响确定开挖方法的第二个因素为场地的地貌即覆盖表面状态，一般当覆盖表面为自然覆盖表面，人工建造物较少时，可考虑使用爆破开挖。而当覆盖表面人工建筑及设施较多时，不宜采用爆破开挖，这是由于一方面如果采用爆破开挖需在人工建筑及设施处修建必要的安全防护措施，以避免爆破而引起对已有建筑物损坏，而这个附加的工程有时造价较高，另外爆破产生的振动有时还会引起对结构建筑物预想不到的破坏。

确定开挖方法时需考虑的第三个因素为隧道工程环境，如果隧道处于地下承压力较大、含水量较多的环境时，则不宜用爆破开挖。例如，英法海底隧道，采用的是全机械开挖，这是由于该隧道处于海底岩层中，隧道围岩压力相比地下水压力较大，由爆破产生的岩体局部破碎有可能形成水流通路，破坏原有的岩体结构，因此必须采用机械开挖。

影响确定开挖方法的另一个因素，即隧道工程造价及工期，有时为主要因素。对爆破开挖来说，其开挖过程所需工人的数量多，所需机械施工设备简单，材料费用便宜，如果爆破设计适当，作业循环有序，则开挖进度亦较快，因此爆破开挖较机械开挖通常便宜得多。对于机械开挖而言，一般所需工人的数量较少，如当地工资较高时，所需工资总和就相对低些。有时还需要特殊的开挖机械设备，若岩石强度较大，开挖需要消耗大量的刀具，因此，相对来说机械开挖通常所需工程造价较高。然而，对于实际的工程问题，影响确定开挖方法的因素还有很多，因此需对具体的实际问题进行经济技术比较，以采用适应的开挖方式。

2. 明挖法

明挖法是浅埋隧道一种常用施工方法，它是先将隧道设计截面处土方以及覆盖层挖去，形成一个露天的基坑，然后在基坑中修筑隧道衬砌结构，敷设外贴式防水层，在隧道结构达到一定强度后再回填。明洞及隧道洞口段不能用暗挖法施工时均用明挖法。

明挖方式开挖的基坑，根据不同的地质条件及开挖面的大小，可设计成矩形、四边形或梯形等。整个开挖面的大小，等于隧道截面的宽度与高度加上作业的距离。在设计明挖方式的开挖面时，主要需考虑开挖基坑在建造作业过程中的稳定性以及基坑的排水问题。

根据不同的地质条件及外部条件，在选择开挖方式时，可采用先开挖基坑，然后在开挖面上建造围护结构的顺序；也可采用先建造基坑围护结构的边墙，再开挖土方的顺序。当隧道处于地下水位以下，并有可能出现大量涌水时，则需先人工降低地下水位，也可利用“支撑墙的明挖方式”。

明挖方式通常只适用于覆盖层较薄时，一方面是因为明挖时，相对的挖方及填方工作量不大，另一方面在覆盖层较小时，采用暗挖方式，开挖后的孔洞上部岩石整体松动。在工程上，通常没有一定的准则来确定采用明挖方式的范围。一般来讲，当覆盖层厚度小于5m时，可考虑采用明挖法。

明挖法施工方法简单，技术成熟，工程进度快，根据需要可以分段同时作业，工程造价和运营费用均较低，且能耗较少。

但明挖法也存在一些不足之处：外界气象条件对施工影响较大；施工对城市地面交通和居民的正常生活有较大影响，且易造成噪声、粉尘及废弃泥浆等的污染；需要拆除工程影响范围内的建筑物和地下管线；在饱和的软土地层中，深基坑开挖引起的地面沉降较难控制，且坑内土坡的纵向稳定常常会成为危及工程安全的重大问题。

明挖法又可分为敞口明挖和有围护结构的明挖。敞口明挖也称为无支护结构基坑明挖，适用于地面开阔，周围建筑物稀少，地质条件好，土质稳定且在基坑周围无较大荷载，对基坑周围的位移和沉降无严格要求的情况，一般采用大型土方机械施工和深井泵及轻型井点降水。有围护结构的明挖适用于施工场地狭窄，土质自立性较差，地层松软，地下水丰富，建筑物密集的地区，采用该方法施工时可以较好地控制基坑周围的变形和位移，同时可以满足基坑开挖深度大的要求。

3. 盖板法

“盖板法”，或称“盖挖法”，最早在20世纪60年代用于西班牙马德里城市隧道，随后在很多城市的隧道建造中被采用。并且在建造方式、结构形式上，也有不同改变。

采用明挖法修建城市附近浅埋隧道或地下铁道，其最大缺点是对城市交通及居民生活干扰较大，往往不易被人们所接受。在交通繁忙的地段修建隧道工程，或需要严格控制基坑开挖引起的地面沉降时，则可采用盖板法施工。

盖板法较为常见的建造方法为“板墙盖板法”。盖板法的开挖面支撑结构，可采用喷射混凝土加钢锚杆来实现，这种建造方法，可称为“锚杆盖板法”。“锚杆盖板法”和“板墙盖板法”的不同之处，主要在围护结构形式上。在盖板建好后，即可采用新奥法暗挖方式。

盖板法施工，只在短时间内封闭地面的交通，盖板建好后，后继的开挖作业，不受地面条件的限制；另外，开挖对邻近建筑物影响较小；隧道结构，可延伸到地下水位以下，适用于覆盖高度较小的隧道以及城市隧道。它的缺点是：盖板上不允许留下过多的竖井，故后继开挖下的土方，需要采用水平运输。

盖板法适用于松散的地质条件下及隧道处于地下水位线以上时。当隧道处于地下水位线以下时，需附加施工排水设施。

盖板法施工按其施工流程可分为顺作法、逆作法、半逆作法等工法。

（1）顺作法

在路面交通不能长期中断的道路下修建地下铁道车站或区间隧道时，可采用盖挖顺作法。该方法是在现有道路上，按所需要的宽度，由地面完成挡土结构后，以定型的预制标准覆盖结构（包括纵、横梁和路面板）置于挡土结构上维持交通，往下反复进行开挖和架设横撑，直至设计标高。然后由下而上建造主体结构和防水措施，回填和恢复管、线、路。

（2）逆作法

如果开挖面较大、覆土较浅、周围沿线建筑物过于靠近，为尽量防止因开挖基坑而引起的邻近建筑物沉降，或需要及早恢复路面交通，但缺乏定型覆盖结构时，可采用盖挖逆作法施工。即先施作围护结构及中间桩柱支撑，开挖表层后施作结构顶板，依次逐层向下开挖和修筑边墙及楼板，直至底层底板和边墙。

（3）半逆作法

该方法类似逆作法，其区别仅在于顶板完成及恢复路面后，向下挖土至设计标高后先建筑底板，再依次序向上逐层建造侧墙、楼板。

4. 台阶开挖法

台阶开挖法可以说是全断面开挖法的变化方案，是将设计断面分上半部断面和下半部断面两次开挖成型；或采用上弧形导坑超前开挖和中核开挖及下部开挖（即台阶分部开挖法）。台阶法开挖便于使用轻型凿岩机打眼，而不必使用大型凿岩台车。在装渣运输、衬砌修筑等方面，则与全断面法基本相同。

台阶开挖法有以下特点：

（1）有利于开挖面的稳定，尤其是上部开挖支护后，下部断面作业就较为安全；

（2）具有较大的工作空间和较快的施工速度，但上下部作业有相互干扰影响；

（3）台阶开挖法宜采用轻型凿岩机钻孔，而不宜采用大型凿岩台车设备；

（4）台阶开挖增加对围岩的扰动次数，下部作业对上部稳定性会产生不良的影响。

根据台阶长度不同，台阶法又划分为长台阶法、短台阶法和微台阶法，施工中采用哪一种台阶法，要根据两个条件来确定，一是对初期支护形成闭合断面的时间要求，围岩越差，要求闭合时间越短；二是对上部断面施工所采用的开挖、支护、出渣等机械设备所需的施工场地大小的要求。

（1）长台阶法

长台阶法开挖断面小，有利于维持开挖面的稳定，适用范围较全断面法广，一般适用于地质条件较差的Ⅲ、Ⅳ、Ⅴ级围岩。在上、下两个台阶上，分别进行开挖、支护、运输、通风、排水等作业，因此台阶长度适当长一些，一般不小于50m。若台阶过长，如大于100m，则增加轨道的铺设长度，同时其通风、排烟、排水的难度也大大增加，降低施工的综合效率，因此台阶长度一般以50～80m为宜。长台阶法施工干扰较小，可进行单工序作业。

(2) 短台阶法

短台阶法适用于地质条件差的Ⅳ、Ⅴ级围岩。台阶长度一般为10～15m，即1～2倍开挖宽度，考虑工作面的空间，减少相互干扰，台阶长度不宜过短，上台阶一般用少量药量进行松动爆破，出渣采用人工或小型机械转运至下台阶，因此台阶长度又不宜过长，如果超过15m，则出渣所需时间过长。

短台阶法可缩短支护闭合时间，改善初期支护的受力条件，有利于控制围岩变形。但上部出渣对下部断面施工干扰较大，不能全部平行作业。

(3) 微台阶法

微台阶法，也称超短台阶法，是全断面开挖的一种变异形式，适用于Ⅱ、Ⅲ级围岩，台阶长度一般为3～5m，台阶长小于3m时，无法正常进行钻眼和拱部的喷锚支护作业，台阶长度大于5m时，利用爆破将石碴翻至下台阶有较大的难度，必须采用人工翻渣。微台阶法上下断面相距较近，机械集中，作业相互干扰大，生产效率低，施工速度慢。

微台阶法多用于机械化程度不高的施工地段，当遇到软弱围岩时需慎重考虑，必要时应采取辅助施工措施稳定开挖工作面，以保证施工安全。

(4) 采用台阶法开挖隧道时应注意以下事项：

1）采用台阶法开挖关键问题是台阶的划分形式，台阶划分要求做到爆破后扒渣量较少，钻眼作业与出渣运输干扰少。因此，台阶数不宜过多，一般分成1～2个台阶进行开挖。

2）台阶长度要适当，并以一个台阶垂直开挖到底，保持平台长度2.5～3m为宜，易于掌握炮眼深度和减少翻渣工作量，装渣机应紧跟开挖面，减少扒渣距离以提高装渣运输效益。台阶长度可根据以下条件来确定：一是初期支护形成的闭合断面的时间要求，围岩稳定性愈差，闭合时间愈短；二是上半部断面施工时开挖、支护、出渣等机械设备所需的空间大小要求。

3）注意上、下半部断面作业的相互干扰的问题，即应进行周密的施工组织安排，劳动力的合理组合等。对于短隧道，可将上半部断面先贯通，再进行下半部断面的开挖。

4）上部开挖，因临空面较大，易使爆破面石碴块过大，不利于装渣，应适当密布中小炮眼。采用先拱后墙法施工时，对于下部开挖法，必须控制开挖厚度，合理地利用药量，并采取防护措施，避免损伤拱圈及确保施工安全。若围岩稳定性较好，则可以分段顺序开挖；若围岩稳定性较差，则应缩短下部掘进进尺；若围岩稳定性很差，则应左右侧互相错开施工，或先拉中槽后挖边帮。

5）个别破碎地段可配合喷锚支护和挂钢丝网施工。如遇到局部地段石质变坏，围岩稳定性较差时，应及时架设临时支护或考虑变换施工方法，留好拱脚平台，采用先拱后墙法施工，以防止落石和崩塌。

6）采用钻爆法开挖，应采用光面爆破或预裂爆破技术，尽量减少对围岩的扰动。

5. 分部开挖法

在松软地层修建隧道时，应采用台阶分部开挖法，适用于Ⅳ～Ⅴ类围岩或一般土质围岩地段。一次开挖的范围宜小，而且要及时支撑与衬砌，以保持围岩的稳定。在松软地层开挖隧道，一般宜采用先拱后墙法。显然，分部开挖法是将隧道断面分部开挖逐步成型，且一般将某一部分超前开挖，故称为导坑超前开挖法。

常用的有环形开挖预留核心土法、上下导坑法、侧壁导坑法、中洞法、中隔壁法等。

分部开挖法具有以下优缺点：

(1) 分部开挖减小了每个坑道的跨度，有利于增强坑道围岩的相对稳定性，易于进行局部支护。因此，它主要适用于软弱破碎围岩或设计断面较大的隧道施工。

(2) 采用导坑超前开挖，利于提前探明地质情况，便于及时处理或变更施工手段等。

(3) 其缺点是分部开挖法作业面较多，各工序相互干扰较大，增大施工组织和管理难度。分部钻爆掘进，增加了对围岩的扰动次数，不利于围岩的稳定。若采用的导坑断面过小，则会使施工速度减慢而影响总工期等。

采用分部开挖法应注意的事项：

(1) 因工作面较多，相互干扰大，应注意组织协调，实行统一指挥。

(2) 因多次开挖对围岩的扰动较大，不利于围岩的稳定，故应特别注意加强对爆破开挖的设计与控制，尽量避免对围岩的扰动从而影响其稳定性。

(3) 应尽量减少分部次数，尽可能争取大断面开挖，创造较良好的地下施工条件。

(4) 凡下部开挖，均应注意上部支护或衬砌结构的稳定性，减少对上部围岩和支护、衬砌结构的扰动和破坏，尤其边坡开挖时必须采用两侧交错开挖马口施作，避免上部断面两侧拱脚同时悬空。

(5) 加固拱脚，如扩大拱脚，设置拱脚锚杆、加强纵向连接等，使上部初期支护与围岩形成完整体系；尽量单侧落底或双侧交错落底，落底长度视围岩状况而定，一般采用1～3m，但不得大于6m。下部边墙开挖后必须立即喷射混凝土，并按设计规定做好加固与支护。

(6) 量测工作必须及时，以观察拱顶、拱脚和边墙中部的位移值，当发现速率值增大时，应立即进行仰拱封闭。

10.3 隧道施工辅助方法

由于初期喷锚支护强度的增长不能满足洞体稳定的要求，可能导致洞体失稳，或由于大面积淋水、涌水，难以保证洞体稳定时，可采用辅助施工措施对地层进行预加固、超前支护或止水。随着开挖技术、锚喷支护技术、地层改良技术的研究应用和发展，隧道工作者研究出了许多辅助稳定措施，从而使得现代隧道工程施工的开挖和支护变得更简捷、及时、有效、彻底，也更具有可预防性和安全性。

辅助稳定性措施应视围岩地质条件、地下水情况、施工方法、环境要求等具体情况而选用，并尽量与常规施工方法相结合，进行充分的技术经济比较，选择一种或几种同时使用。施工中应经常观测地形、地貌的变化以及地质和地下水的变异情况，制定有关的安全施工细则，预防突然事故的发生。必须坚持“先支护（或强支护）、后开挖、短进度、弱爆破、快封闭、勤测量”的施工原则，并做好详细的施工记录。

10.3.1 超前锚杆

超前锚杆是沿开挖轮廓线，以稍大的外插角，向开挖面前方安装锚杆，形成对前方围岩的预锚固，在提前形成的围岩锚固圈的保护下进行开挖等作业。

超前锚杆支护的设计、施工要点如下：

（1）超前锚杆的超前量、环向间距、外插角等参数，应视围岩地质条件、施工断面大小、开挖循环进尺和施工条件而定。一般超前长度为循环进尺的3～5倍，长3～5m，环向间距0.3～1.0m；外插角宜用10°～30°；搭接长度宜为超前长度的40％～60％，即大致形成双层或双排锚杆。

（2）超前锚杆宜用砂浆全粘结式锚杆，锚杆材料可用不小于ϕ22的螺纹钢筋。

（3）超前锚杆的安装误差，一般要求孔位偏差不超过10cm，外插角不超过1°～2°，锚入长度不小于设计长度的96％。

（4）开挖时应注意保留前方有一定长度的锚固区，以使超前锚杆的前端有一个稳定的支点。其尾端应尽可能多地与系统锚杆及钢筋网焊连。若掌子面出现滑塌现象，则应及时喷射混凝土封闭开挖面，并尽快打入下一排超前锚杆，然后才能继续开挖。

（5）开挖后及时喷射混凝土，并尽快封闭环形初期支护。

（6）开挖过程中应密切注意观察锚杆变形及喷射混凝土层的开裂、起鼓等情况，以掌握围岩动态，及时调整开挖及支护参数，如遇地下水时，则可钻孔引排。

10.3.2 管棚加强支护

管棚支护是利用钢拱架沿开挖轮廓线以较小的外插角，向开挖面前方打入钢管或钢插板构成的棚架来形成对开挖面前方围岩的预支护的一种支护方式。

采用长度小于10m的钢管称为短管棚；采用长度为10～45m且较粗的钢管称为长管棚；采用钢插板（长度小于10m）的称为板棚。

管棚因采用钢管或钢插板作纵向预支撑，又采用钢拱架作环向支撑，其整体刚度较大，对围岩变形的限制能力较强，且能提前承受早期围岩压力。因此管棚法特别适用于围岩压力来得快来得大、对围岩变形及地表下沉有较严格要求的软弱破碎围岩隧道工程中。如土砂质地层、强膨胀性地层、强流变性地层、裂隙发育的岩体、断层破碎带、浅埋有显著偏压等围岩的隧道中。

短管棚一次超前量少，基本上与开挖作业交替进行，占用循环时间较多，但钻孔安装或顶入安装较容易。

长管棚一次超前量大，虽然增加了单次钻孔或打入长钢管的作业时间，但减少了安装钢管的次数，减少了与开挖作业之间的干扰。在长钢管的有效超前区段内，基本上可以进行连续开挖，也更适用于采用大中型机械进行大断面开挖。

管棚设计、施工要点：

（1）管棚的各项技术参数要视围岩地质条件和施工条件而定。长管棚长度不宜小于10m，一般为10～45m；管径70～180mm，孔径比管径大20～30mm，环向间距0.2～0.8m；外插角1°～2°；两组管棚间的纵向搭接长度不小于1.5cm，钢拱架常采用工字钢拱架或格栅钢架。

（2）钢拱架应安装稳固，其垂直度允许误差为±2°，中线及高程允许误差为±5cm；钢管应从工字钢腹板圆孔穿过，或穿过钢拱架；钻孔方向应用测斜仪监测控制，钢管不得侵入开挖轮廓线。钻孔平面误差不大于15cm，角度误差不小于0.5°。

（3）第一节钢管前端要加工成尖锥状，以利导向插入。施工时打一眼，装一管，由上而下顺序进行。

（4）长钢管应用4～6m的管节逐段接长，打入一节，再连接后一节，连接头应采用厚壁管箍，上满丝扣，丝扣长度不应小于15cm；为保证受力的均匀性，钢管接头应纵向错开，一般按编号，偶数第一节用4m，奇数第一节用6m，以后各节均采用6m。

（5）当需增加管棚刚度时，可在安装好的钢管内注入水泥砂浆，一般在第一节管的前段管壁交错钻若干个ϕ10～15mm孔，以利排气和出浆，或在管内安装出气导管，浆液注满后方可停止压注。

（6）水泥砂浆强度等级可用M20～M30，并适当加大灰砂比。

（7）钻孔时如出现卡钻或坍孔，应注浆后再钻，有些土质地层则可直接将钢管顶入。

10.3.3 超前小导管注浆

超前小导管注浆是在开挖前，先用喷射混凝土将开挖面和5m范围内的坑道封闭，然后沿坑道周边向前方围岩内打入带孔小导管，并通过小导管向围岩压注起胶结作用的浆液，待浆液硬化后，坑道周围岩体就形成了有一定厚度的加固圈。在此加固圈的保护下即可安全地进行开挖作业。若小导管前端焊一个简易钻头，则可钻孔、插管一次完成，称为自进式注浆锚杆。

小导管布置和安装要求如下：

（1）小导管钻孔安装前，对开挖面及5m范围内的坑道喷射5～10cm厚混凝土封闭。

（2）小导管一般采用32mm的焊接管或40mm的无缝钢管制作，长度宜为3～6m，前端做成尖锥形，前段管壁上每隔10～20cm交错钻眼，眼孔直径宜为6～8mm。

（3）钻孔直径应较管径大20mm以上，环向间距应按地层条件而定，渗透系数大的，间距亦应加大，一般采用20～50cm；外插角应控制在10°～30°，一般采用15°。

（4）Ⅴ级围岩劈裂、压密注浆时采用单排管；Ⅵ级围岩或塌方时可采用双排管；地下水丰富的松软层，可采用双排以上的多排管；渗入性注浆宜采用单排管；大断面或注浆效果差时，可采用双排管。

（5）小导管插入后应外露一定长度，以便连接注浆管，并用塑胶泥将导管周围孔隙封堵密实。

注浆施工要点：

（1）小导管注浆的孔口最高压力应严格控制在允许范围内，以防压裂开挖面，注浆压力一般为0.5～1.0MPa，止浆塞应能经受注浆压力。注浆压力与地层条件及注浆范围要求有关，一般要求单管注浆能扩散到管周0.5～1.0m的半径范围内。

（2）要控制注浆量，即每根导管内已达到规定注入量时，就可结束；如孔口压力已达到规定压力值，但注入量仍不足，亦应停止注浆。

（3）注浆结束后，应做一定数量的钻孔检查或用声波探测仪检查注浆效果，如未达到要求，应进行补注浆。

(4) 注浆后应视浆液种类，等待4（水泥-水玻璃浆）～8h（水泥浆）方可开挖，开挖长度应按设计循环进尺的规定，以保留一定长度的止浆墙（即超前注浆的最短超前量）。

(5) 自进式注浆锚杆，它是将超前锚杆与超前小导管注浆相结合的一种先进的超前支护措施。它主要作以下几点改进：其一是它在小导管的前端焊接了一个简易的一次性钻头或尖端，从而将钻孔和定管同时完成，缩短了导管安装时间；尤其适用于钻孔易坍塌的地层；其二是对于可以采用水泥浆的地层，它改用水泥砂浆压注，可进一步降低造价；其三是它的管体采用波纹或变径外形，以增加粘结力和锚固力，增强了加固效果。

10.3.4 超前深孔帷幕注浆

超前小导管注浆对围岩加固的范围和加固处理的程度是有限的，作为软弱破碎围岩隧道施工的一项主要辅助措施，它占用时间和循环次数较多。因此，在不便采取其他施工方法（如盾构法）时，深孔预注浆加固围岩就较好地解决了这些问题。注浆后即可形成较大范围的筒状封闭加固区，称为帷幕注浆。

深孔预注浆一般可超前开挖面30～50m，可以形成有相当厚度和较长区段的筒状加固区，从而使得堵水的效果更好，也使得注浆作业的次数减少，它更适用于有压地下水及地下水丰富的地层中，可采用大中型机械化施工。

如果隧道埋深较浅，则注浆作业可在地面进行；对于深埋较大的隧道可利用辅助平行导坑对正洞进行预注浆，这样都可以避免与正洞施工的干扰，缩短施工工期。

1. 注浆管

注浆管一般采用带孔眼的焊接钢管或无缝钢管。注浆管壁上有眼部分的长度应根据注浆孔的位置和注浆区域来确定，其余部分不钻眼，并用止浆塞将其隔开，使浆液只注入有效区域。止浆塞常用的有两种，一种是橡胶式，一种是套管式。安装时，将止浆塞固定在注浆管上的设计位置，一起放入钻孔，然后用压缩空气或注浆压力使其膨胀而堵塞注浆管与钻孔之间的间隙，此法主要用于深孔注浆。

另外，若采用全孔注浆，则可以用铁丝、麻刀或木楔等材料在注浆孔口间将间隙堵塞。但全孔注浆因浆液流速慢，易造成“死管”的问题，尤其是深孔注浆时。

2. 钻孔

钻孔可用冲击式钻机或旋转式钻机，应根据地层条件及成孔效果选择。钻孔位置应满足设计要求，孔口位置偏差不超过5cm，孔底位置偏差不超过孔深的1%，钻孔应清洗干净，并做好钻孔记录。

3. 注浆顺序

按先上方后下方，或先内圈后外圈，先无水孔后有水孔，先上游（地下水）后下游的顺序进行。利用止浆阀保持孔内压力直至浆液完全凝固。

4. 结束条件

注浆结束条件应根据注浆压力和单孔注浆量两个指标来判断确定。单孔结束条件为：注浆压力达到设计终压；浆液注入量达到计算值的80%以上。全部结束条件为：所有注浆孔均已符合单孔结束条件，无漏注。注浆结束后必须对注浆效果进行检查，如未达到设计要求，应进行补孔注浆。

5. 注浆检查

除在注浆前进行钻孔质量和材料质量检查、注浆后对注浆效果检查外，注浆过程中应密切注意注浆压力的变化。采用双液注浆时，应经常测试混合浆液的胶凝时间，发现问题应立即处理。

6. 开挖时间

注浆后应视浆液种类，等待 4（水泥-水玻璃浆）～8h（水泥浆）方可开挖，但应注意保留止浆墙，并进行下一循环的注浆。

第 4 篇

法律法规及职业道德

第 11 章　建设工程法律基础

11.1　建设工程施工涉及的法律法规

11.1.1 《中华人民共和国建筑法》

第五条　从事建筑活动应当遵守法律、法规，不得损害社会公共利益和他人的合法权益。

第十五条　建筑工程的发包单位与承包单位应当依法订立书面合同，明确双方的权利和义务。

第二十九条　建筑工程总承包单位可以将承包工程中的部分工程发包给具有相应资质条件的分包单位；但是，除总承包合同中约定的分包外，必须经建设单位认可。施工总承包的，建筑工程主体结构的施工必须由总承包单位自行完成。

建筑工程总承包单位按照总承包合同的约定对建设单位负责；分包单位按照分包合同的约定对总承包单位负责。总承包单位和分包单位就分包工程对建设单位承担连带责任。

11.1.2 《建设工程质量管理条例》

第四章　施工单位的质量责任和义务

第二十五条　施工单位应当依法取得相应等级的资质证书，并在其资质等级许可的范围内承揽工程。

第二十六条　施工单位对建设工程的施工质量负责。

施工单位应当建立质量责任制，确定工程项目的项目经理、技术负责人和施工管理负责人。

建设工程实行总承包的，总承包单位应当对全部建设工程质量负责；建设工程勘察、设计、施工、设备采购的一项或者多项实行总承包的，总承包单位应当对其承包的建设工程或者采购的设备的质量负责。

第二十七条　总承包单位依法将建设工程分包给其他单位的，分包单位应当按照分包合同的约定对其分包工程的质量向总承包单位负责，总承包单位与分包单位对分包工程的质量承担连带责任。

第二十八条　施工单位必须按照工程设计图纸和施工技术标准施工，不得擅自修改工程设计，不得偷工减料。

施工单位在施工过程中发现设计文件和图纸有差错的，应当及时提出意见和建议。

第二十九条　施工单位必须按照工程设计要求、施工技术标准和合同约定，对建筑材料、建筑构配件、设备和商品混凝土进行检验，检验应当有书面记录和专人签字；未经检验或者检验不合格的，不得使用。

第三十条　施工单位必须建立、健全施工质量的检验制度，严格工序管理，作好隐蔽工程的质量检查和记录。隐蔽工程在隐蔽前，施工单位应当通知建设单位和建设工程质量监督机构。

第三十一条　施工人员对涉及结构安全的试块、试件以及有关材料，应当在建设单位或者工程监理单位监督下现场取样，并送具有相应资质等级的质量检测单位进行检测。

第三十二条　施工单位对施工中出现质量问题的建设工程或者竣工验收不合格的建设工程，应当负责返修。

第三十三条　施工单位应当建立、健全教育培训制度，加强对职工的教育培训；未经教育培训或者考核不合格的人员，不得上岗作业。

第四十条　在正常使用条件下，建设工程的最低保修期限为：

（一）基础设施工程、房屋建筑的地基基础工程和主体结构工程，为设计文件规定的该工程的合理使用年限；

（二）屋面防水工程、有防水要求的卫生间、房间和外墙面的防渗漏，为5年；

（三）供热与供冷系统，为2个采暖期、供冷期；

（四）电气管线、给排水管道、设备安装和装修工程，为2年。

其他项目的保修期限由发包方与承包方约定。

建设工程的保修期，自竣工验收合格之日起计算。

第四十一条　建设工程在保修范围和保修期限内发生质量问题的，施工单位应当履行保修义务，并对造成的损失承担赔偿责任。

第八章　罚则

第五十四条　违反本条例规定，建设单位将建设工程发包给不具有相应资质等级的勘察、设计、施工单位或者委托给不具有相应资质等级的工程监理单位的，责令改正，处50万元以上100万元以下的罚款。

第六十四条　违反本条例规定，施工单位在施工中偷工减料的，使用不合格的建筑材料、建筑构配件和设备的，或者有不按照工程设计图纸或者施工技术标准施工的其他行为的，责令改正，处工程合同价款2%以上4%以下的罚款；造成建设工程质量不符合规定的质量标准的，负责返工、修理，并赔偿因此造成的损失；情节严重的，责令停业整顿，降低资质等级或者吊销资质证书。

第六十五条　违反本条例规定，施工单位未对建筑材料、建筑构配件、设备和商品混凝土进行检验，或者未对涉及结构安全的试块、试件以及有关材料取样检测的，责令改正，处10万元以上20万元以下的罚款；情节严重的，责令停业整顿，降低资质等级或者吊销资质证书；造成损失的，依法承担赔偿责任。

第六十六条　违反本条例规定，施工单位不履行保修义务或者拖延履行保修义务的，责令改正，处10万元以上20万元以下的罚款，并对在保修期内因质量缺陷造成的损失承担赔偿责任。

第六十七条　工程监理单位有下列行为之一的，责令改正，处50万元以上100万元以下的罚款，降低资质等级或者吊销资质证书；有违法所得的，予以没收；造成损失的，承担连带赔偿责任：

（一）与建设单位或者施工单位串通，弄虚作假、降低工程质量的；

（二）将不合格的建设工程、建筑材料、建筑构配件和设备按照合格签字的。

第六十八条　违反本条例规定，工程监理单位与被监理工程的施工承包单位以及建筑材料、建筑构配件和设备供应单位有隶属关系或者其他利害关系承担该项建设工程的监理业务的，责令改正，处5万元以上10万元以下的罚款，降低资质等级或者吊销资质证书；有违法所得的，予以没收。

第六十九条　违反本条例规定，涉及建筑主体或者承重结构变动的装修工程，没有设计方案擅自施工的，责令改正，处50万元以上100万元以下的罚款；房屋建筑使用者在装修过程中擅自变动房屋建筑主体和承重结构的，责令改正，处5万元以上10万元以下的罚款。

有前款所列行为，造成损失的，依法承担赔偿责任。

第七十条　发生重大工程质量事故隐瞒不报、谎报或者拖延报告期限的，对直接负责的主管人员和其他责任人员依法给予行政处分。

第七十一条　违反本条例规定，供水、供电、供气、公安消防等部门或者单位明示或者暗示建设单位或者施工单位购买其指定的生产供应单位的建筑材料、建筑构配件和设备的，责令改正。

第七十二条　违反本条例规定，注册建筑师、注册结构工程师、监理工程师等注册执业人员因过错造成质量事故的，责令停止执业1年；造成重大质量事故的，吊销执业资格证书，5年以内不予注册；情节特别恶劣的，终身不予注册。

第七十三条　依照本条例规定，给予单位罚款处罚的，对单位直接负责的主管人员和其他直接责任人员处单位罚款数额5%以上10%以下的罚款。

第七十四条　建设单位、设计单位、施工单位、工程监理单位违反国家规定，降低工程质量标准，造成重大安全事故，构成犯罪的，对直接责任人员依法追究刑事责任。

第七十五条　本条例规定的责令停业整顿，降低资质等级和吊销资质证书的行政处罚，由颁发资质证书的机关决定；其他行政处罚，由建设行政主管部门或者其他有关部门依照法定职权决定。

依照本条例规定被吊销资质证书的，由工商行政管理部门吊销其营业执照。

第七十六条　国家机关工作人员在建设工程质量监督管理工作中玩忽职守、滥用职权、徇私舞弊，构成犯罪的，依法追究刑事责任；尚不构成犯罪的，依法给予行政处分。

第七十七条　建设、勘察、设计、施工、工程监理单位的工作人员因调动工作、退休等原因离开该单位后，被发现在该单位工作期间违反国家有关建设工程质量管理规定，造成重大工程质量事故的，仍应当依法追究法律责任。

11.1.3 《建设工程安全生产管理条例》

第三条　建设工程安全生产管理，坚持安全第一、预防为主的方针。

第四条　建设单位、勘察单位、设计单位、施工单位、工程监理单位及其他与建设工程安全生产有关的单位，必须遵守安全生产法律、法规的规定，保证建设工程安全生产，依法承担建设工程安全生产责任。

第四章　施工单位的安全责任

第二十条　施工单位从事建设工程的新建、扩建、改建和拆除等活动，应当具备国家规定的注册资本、专业技术人员、技术装备和安全生产等条件，依法取得相应等级的资质证书，并在其资质等级许可的范围内承揽工程。

第二十一条　施工单位主要负责人依法对本单位的安全生产工作全面负责。施工单位应当建立健全安全生产责任制度和安全生产教育培训制度，制定安全生产规章制度和操作规程，保证本单位安全生产条件所需资金的投入，对所承担的建设工程进行定期和专项安全检查，并做好安全检查记录。

施工单位的项目负责人应当由取得相应执业资格的人员担任，对建设工程项目的安全施工负责，落实安全生产责任制度、安全生产规章制度和操作规程，确保安全生产费用的有效使用，并根据工程的特点组织制定安全施工措施，消除安全事故隐患，及时、如实报告生产安全事故。

第二十二条　施工单位对列入建设工程概算的安全作业环境及安全施工措施所需费用，应当用于施工安全防护用具及设施的采购和更新、安全施工措施的落实、安全生产条件的改善，不得挪作他用。

第二十三条　施工单位应当设立安全生产管理机构，配备专职安全生产管理人员。

专职安全生产管理人员负责对安全生产进行现场监督检查。发现安全事故隐患，应当及时向项目负责人和安全生产管理机构报告；对违章指挥、违章操作的，应当立即制止。

专职安全生产管理人员的配备办法由国务院建设行政主管部门会同国务院其他有关部门制定。

第二十四条　建设工程实行施工总承包的，由总承包单位对施工现场的安全生产负总责。总承包单位应当自行完成建设工程主体结构的施工。总承包单位依法将建设工程分包给其他单位的，分包合同中应当明确各自的安全生产方面的权利、义务。总承包单位和分包单位对分包工程的安全生产承担连带责任。

分包单位应当服从总承包单位的安全生产管理，分包单位不服从管理导致生产安全事故的，由分包单位承担主要责任。

第二十五条　垂直运输机械作业人员、安装拆卸工、爆破作业人员、起重信号工、登高架设作业人员等特种作业人员，必须按照国家有关规定经过专门的安全作业培训，并取得特种作业操作资格证书后，方可上岗作业。

第二十六条　施工单位应当在施工组织设计中编制安全技术措施和施工现场临时用电方案，对下列达到一定规模的危险性较大的分部分项工程编制专项施工方案，并附具安全验算结果，经施工单位技术负责人、总监理工程师签字后实施，由专职安全生产管理人员进行现场监督：

（一）基坑支护与降水工程；

（二）土方开挖工程；

（三）模板工程；

（四）起重吊装工程；

（五）脚手架工程；

（六）拆除、爆破工程；

（七）国务院建设行政主管部门或者其他有关部门规定的其他危险性较大的工程。

对前款所列工程中涉及深基坑、地下暗挖工程、高大模板工程的专项施工方案，施工单位还应当组织专家进行论证、审查。

本条第一款规定的达到一定规模的危险性较大工程的标准，由国务院建设行政主管部门会同国务院其他有关部门制定。

第二十七条　建设工程施工前，施工单位负责项目管理的技术人员应当对有关安全施工的技术要求向施工作业班组、作业人员作出详细说明，并由双方签字确认。

第二十八条　施工单位应当在施工现场入口处、施工起重机械、临时用电设施、脚手架、出入通道口、楼梯口、电梯井口、孔洞口、桥梁口、隧道口、基坑边沿、爆破物及有害危险气体和液体存放处等危险部位，设置明显的安全警示标志。安全警示标志必须符合国家标准。

施工单位应当根据不同施工阶段和周围环境及季节、气候的变化，在施工现场采取相应的安全施工措施。施工现场暂时停止施工的，施工单位应当做好现场防护，所需费用由责任方承担，或者按照合同约定执行。

第二十九条　施工单位应当将施工现场的办公、生活区与作业区分开设置，并保持安全距离；办公、生活区的选址应当符合安全性要求。职工的膳食、饮水、休息场所等应当符合卫生标准。施工单位不得在尚未竣工的建筑物内设置员工集体宿舍。

施工现场临时搭建的建筑物应当符合安全使用要求。施工现场使用的装配式活动房屋应当具有产品合格证。

第三十条　施工单位对因建设工程施工可能造成损害的毗邻建筑物、构筑物和地下管线等，应当采取专项防护措施。

施工单位应当遵守有关环境保护法律、法规的规定，在施工现场采取措施，防止或者减少粉尘、废气、废水、固体废物、噪声、振动和施工照明对人和环境的危害和污染。

在城市市区内的建设工程，施工单位应当对施工现场实行封闭围挡。

第三十一条　施工单位应当在施工现场建立消防安全责任制度，确定消防安全责任人，制定用火、用电、使用易燃易爆材料等各项消防安全管理制度和操作规程，设置消防通道、消防水源，配备消防设施和灭火器材，并在施工现场入口处设置明显标志。

第三十二条　施工单位应当向作业人员提供安全防护用具和安全防护服装，并书面告知危险岗位的操作规程和违章操作的危害。

作业人员有权对施工现场的作业条件、作业程序和作业方式中存在的安全问题提出批评、检举和控告，有权拒绝违章指挥和强令冒险作业。

在施工中发生危及人身安全的紧急情况时，作业人员有权立即停止作业或者在采取必要的应急措施后撤离危险区域。

第三十三条　作业人员应当遵守安全施工的强制性标准、规章制度和操作规程，正确使用安全防护用具、机械设备等。

第三十四条　施工单位采购、租赁的安全防护用具、机械设备、施工机具及配件，应当具有生产（制造）许可证、产品合格证，并在进入施工现场前进行查验。

施工现场的安全防护用具、机械设备、施工机具及配件必须由专人管理，定期进行检查、维修和保养，建立相应的资料档案，并按照国家有关规定及时报废。

第三十五条　施工单位在使用施工起重机械和整体提升脚手架、模板等自升式架设设施前，应当组织有关单位进行验收，也可以委托具有相应资质的检验检测机构进行验收；使用承租的机械设备和施工机具及配件的，由施工总承包单位、分包单位、出租单位和安装单位共同进行验收。验收合格的方可使用。

《特种设备安全监察条例》规定的施工起重机械，在验收前应当经有相应资质的检验检测机构监督检验合格。

施工单位应当自施工起重机械和整体提升脚手架、模板等自升式架设设施验收合格之日起30日内，向建设行政主管部门或者其他有关部门登记。登记标志应当置于或者附着于该设备的显著位置。

第三十六条　施工单位的主要负责人、项目负责人、专职安全生产管理人员应当经建设行政主管部门或者其他有关部门考核合格后方可任职。

施工单位应当对管理人员和作业人员每年至少进行一次安全生产教育培训，其教育培训情况记入个人工作档案。安全生产教育培训考核不合格的人员，不得上岗。

第三十七条　作业人员进入新的岗位或者新的施工现场前，应当接受安全生产教育培训。未经教育培训或者教育培训考核不合格的人员，不得上岗作业。

施工单位在采用新技术、新工艺、新设备、新材料时，应当对作业人员进行相应的安全生产教育培训。

第三十八条　施工单位应当为施工现场从事危险作业的人员办理意外伤害保险。

意外伤害保险费由施工单位支付。实行施工总承包的，由总承包单位支付意外伤害保险费。意外伤害保险期限自建设工程开工之日起至竣工验收合格止。

第七章　法律责任

第六十一条　违反本条例的规定，施工起重机械和整体提升脚手架、模板等自升式架设设施安装、拆卸单位有下列行为之一的，责令限期改正，处5万元以上10万元以下的罚款；情节严重的，责令停业整顿，降低资质等级，直至吊销资质证书；造成损失的，依法承担赔偿责任：

（一）未编制拆装方案、制定安全施工措施的；

（二）未由专业技术人员现场监督的；

（三）未出具自检合格证明或者出具虚假证明的；

（四）未向施工单位进行安全使用说明，办理移交手续的。

施工起重机械和整体提升脚手架、模板等自升式架设设施安装、拆卸单位有前款规定的第（一）项、第（三）项行为，经有关部门或者单位职工提出后，对事故隐患仍不采取措施，因而发生重大伤亡事故或者造成其他严重后果，构成犯罪的，对直接责任人员，依照刑法有关规定追究刑事责任。

第六十二条　违反本条例的规定，施工单位有下列行为之一的，责令限期改正；逾期未改正的，责令停业整顿，依照《中华人民共和国安全生产法》的有关规定处以罚款；造成重大安全事故，构成犯罪的，对直接责任人员，依照刑法有关规定追究刑事责任：

（一）未设立安全生产管理机构、配备专职安全生产管理人员或者分部分项工程施工时无专职安全生产管理人员现场监督的；

（二）施工单位的主要负责人、项目负责人、专职安全生产管理人员、作业人员或者特种作业人员，未经安全教育培训或者经考核不合格即从事相关工作的；

（三）未在施工现场的危险部位设置明显的安全警示标志，或者未按照国家有关规定在施工现场设置消防通道、消防水源、配备消防设施和灭火器材的；

（四）未向作业人员提供安全防护用具和安全防护服装的；

（五）未按照规定在施工起重机械和整体提升脚手架、模板等自升式架设设施验收合格后登记的；

（六）使用国家明令淘汰、禁止使用的危及施工安全的工艺、设备、材料的。

第六十三条　违反本条例的规定，施工单位挪用列入建设工程概算的安全生产作业环境及安全施工措施所需费用的，责令限期改正，处挪用费用20%以上50%以下的罚款；造成损失的，依法承担赔偿责任。

第六十四条　违反本条例的规定，施工单位有下列行为之一的，责令限期改正；逾期未改正的，责令停业整顿，并处5万元以上10万元以下的罚款；造成重大安全事故，构成犯罪的，对直接责任人员，依照刑法有关规定追究刑事责任：

（一）施工前未对有关安全施工的技术要求作出详细说明的；

（二）未根据不同施工阶段和周围环境及季节、气候的变化，在施工现场采取相应的安全施工措施，或者在城市市区内的建设工程的施工现场未实行封闭围挡的；

（三）在尚未竣工的建筑物内设置员工集体宿舍的；

（四）施工现场临时搭建的建筑物不符合安全使用要求的；

（五）未对因建设工程施工可能造成损害的毗邻建筑物、构筑物和地下管线等采取专项防护措施的。

施工单位有前款规定第（四）项、第（五）项行为，造成损失的，依法承担赔偿责任。

第六十五条　违反本条例的规定，施工单位有下列行为之一的，责令限期改正；逾期未改正的，责令停业整顿，并处10万元以上30万元以下的罚款；情节严重的，降低资质等级，直至吊销资质证书；造成重大安全事故，构成犯罪的，对直接责任人员，依照刑法有关规定追究刑事责任；造成损失的，依法承担赔偿责任：

（一）安全防护用具、机械设备、施工机具及配件在进入施工现场前未经查验或者查验不合格即投入使用的；

（二）使用未经验收或者验收不合格的施工起重机械和整体提升脚手架、模板等自升式架设设施的；

（三）委托不具有相应资质的单位承担施工现场安装、拆卸施工起重机械和整体提升脚手架、模板等自升式架设设施的；

（四）在施工组织设计中未编制安全技术措施、施工现场临时用电方案或者专项施工方案的。

第六十六条　违反本条例的规定，施工单位的主要负责人、项目负责人未履行安全生产管理职责的，责令限期改正；逾期未改正的，责令施工单位停业整顿；造成重大安全事故、重大伤亡事故或者其他严重后果，构成犯罪的，依照刑法有关规定追究刑事责任。

作业人员不服管理、违反规章制度和操作规程冒险作业造成重大伤亡事故或者其他严重后果，构成犯罪的，依照刑法有关规定追究刑事责任。

施工单位的主要负责人、项目负责人有前款违法行为，尚不够刑事处罚的，处2万元以上20万元以下的罚款或者按照管理权限给予撤职处分；自刑罚执行完毕或者受处分之日起，5年内不得担任任何施工单位的主要负责人、项目负责人。

第六十七条　施工单位取得资质证书后，降低安全生产条件的，责令限期改正；经整改仍未达到与其资质等级相适应的安全生产条件的，责令停业整顿，降低其资质等级直至吊销资质证书。

11.1.4 《安全生产许可证条例》

第六条　企业取得安全生产许可证，应当具备下列安全生产条件：

（一）建立、健全安全生产责任制，制定完备的安全生产规章制度和操作规程；

（二）安全投入符合安全生产要求；

（三）设置安全生产管理机构，配备专职安全生产管理人员；

（四）主要负责人和安全生产管理人员经考核合格；

（五）特种作业人员经有关业务主管部门考核合格，取得特种作业操作资格证书；

（六）从业人员经安全生产教育和培训合格；

（七）依法参加工伤保险，为从业人员缴纳保险费；

（八）厂房、作业场所和安全设施、设备、工艺符合有关安全生产法律、法规、标准和规程的要求；

（九）有职业危害防治措施，并为从业人员配备符合国家标准或者行业标准的劳动防护用品；

（十）依法进行安全评价；

（十一）有重大危险源检测、评估、监控措施和应急预案；

（十二）有生产安全事故应急救援预案、应急救援组织或者应急救援人员，配备必要的应急救援器材、设备；

（十三）法律、法规规定的其他条件。

11.1.5 《最高人民法院关于审理建设工程施工合同纠纷案件适用法律问题的解释》

第一条　建设工程施工合同具有下列情形之一的，应当根据合同法第五十二条第（五）项的规定，认定无效：

（一）承包人未取得建筑施工企业资质或者超越资质等级的；

（二）没有资质的实际施工人借用有资质的建筑施工企业名义的；

（三）建设工程必须进行招标而未招标或者中标无效的。

第二条　建设工程施工合同无效，但建设工程经竣工验收合格，承包人请求参照合同约定支付工程价款的，应予支持。

第三条　建设工程施工合同无效，且建设工程经竣工验收不合格的，按照以下情形分别处理：

（一）修复后的建设工程经竣工验收合格，发包人请求承包人承担修复费用的，应予支持；

（二）修复后的建设工程经竣工验收不合格，承包人请求支付工程价款的，不予支持。

因建设工程不合格造成的损失，发包人有过错的，也应承担相应的民事责任。

第四条　承包人非法转包、违法分包建设工程或者没有资质的实际施工人借用有资质的建筑施工企业名义与他人签订建设工程施工合同的行为无效。人民法院可以根据民法通则第一百三十四条规定，收缴当事人已经取得的非法所得。

第五条　承包人超越资质等级许可的业务范围签订建设工程施工合同，在建设工程竣工前取得相应资质等级，当事人请求按照无效合同处理的，不予支持。

第六条　当事人对垫资和垫资利息有约定，承包人请求按照约定返还垫资及其利息的，应予支持，但是约定的利息计算标准高于中国人民银行发布的同期同类贷款利率的部分除外。

当事人对垫资没有约定的，按照工程欠款处理。

当事人对垫资利息没有约定，承包人请求支付利息的，不予支持。

11.1.6 《中华人民共和国刑法修正案（六）》(2006年6月29日生效)

1. 刑法第134条修改为："在生产、作业中违反有关安全管理的规定，因而发生重大伤亡事故或者造成其他严重后果的，处3年以下有期徒刑或者拘役；情节特别恶劣的，处3年以上7年以下有期徒刑。""强令他人违章冒险作业，因而发生重大伤亡事故或者造成其他严重后果的，处5年以下有期徒刑或者拘役；情节特别恶劣的，处5年以上有期徒刑。"

2. 刑法第135条修改为："安全生产设施或者安全生产条件不符合国家规定，因而发生重大伤亡事故或者造成其他严重后果的，对直接负责的主管人员和其他直接责任人员，处3年以下有期徒刑或者拘役；情节特别恶劣的，处3年以上7年以下有期徒刑。"

3. 刑法第139条后增加一条，作为第139条之一："在安全事故发生后，负有报告职责的人员不报或者谎报事故情况，贻误事故抢救，情节严重的，处3年以下有期徒刑或者拘役；情节特别严重的，处3年以上7年以下有期徒刑。"

11.2　建设施工合同的履约管理

11.2.1　建设施工合同履约管理的意义和作用

1. 建设施工合同的概念

建设工程施工合同是指发包方和承包方为完成建筑安装工程的建造工作，明确双方的权利义务关系而签订的协议。

2. 建设施工合同履约管理的意义

加强合同管理工作对于建筑施工企业以及发包方都具有重要的意义。

（1）加强合同管理是市场经济的要求

随着市场经济机制的不断发育和完善，要求政府管理部门打破传统观念束缚，转变政府职能，更多地应用法律、法规和经济手段调节和管理市场，而不是用行政命令干预市场；建筑施工企业作为建筑市场的主体，进行建设生产与管理活动，必须按照市场规律要求，健全和完善其内部各项管理制度，合同管理制度是其管理制度的核心内容之一。建筑市场机制的健全和完善，施工合同必将成为规范建筑施工企业和发包方经济活动关系的依据。加强建设施工合同的管理，是社会主义市场经济规律的必然要求。

（2）规范工程建设各方行为的需要

目前，从建筑市场经济活动及交易行为来看，工程建设的参与各方缺乏市场经济所必须的法制观念和诚信意识，不正当竞争行为时有发生，承发包双方合同自律行为较差，加之市场机制难以发挥应有的功能，从而加剧了建筑市场经济秩序的混乱。因此，必须加强建设工程施工合同的管理，规范市场主体的交易行为，促进建筑市场的健康稳定发展。

（3）建筑业迎接国际性竞争的需要

我国加入 WTO 后，建筑市场将全面开放。国外建筑施工企业将进入我国建筑市场，如果发包方不以平等市场主体进行交易，仍存在着盲目压价、压工期和要求垫支工程款，就会被外国建筑施工企业援引“非歧视原则”而引起贸易纠纷。由于我们不能及时适应国际市场规则，特别是对 FIDIC 条款的认识和经验不足，将造成我国的建筑施工企业丧失大量参与国际竞争的机会。同时，使我们的建筑施工企业认识不到遵守规则的重要性，造成巨大经济损失。因此，承发包双方应尽快树立国际化竞争意识，遵循市场规则和国际惯例，加强建设施工合同的规范管理，建立行之有效的合同管理制度。

3. 合同在建设项目管理中的地位和作用

建设项目管理过程中合同正在发挥越来越重要的作用，具体来讲，合同在建设项目管理过程中的地位和作用主要体现在如下 3 个方面：

（1）合同是建设项目管理的核心和主线

任何一个建设项目的实施，都是通过签订一系列的承发包合同来实现的。通过对承包内容、范围、价款、工期和质量标准等合同条款的制订和履行，业主和建筑施工企业可以在合同环境下调控建设项目的运行状态。通过对合同管理目标责任的分解，可以规范项目管理机构的内部职能，紧密围绕合同条款开展项目管理工作。因此，无论是对建筑施工企业的管理，还是对项目业主本身的内部管理，合同始终是建设项目管理的核心。

（2）施工合同是承发包双方权利和义务的法律基础

为保证建设项目的顺利实施，通过明确承发包双方的职责、权利和义务，可以明确承发包双方的责任风险，建设施工合同通常界定了承发包双方基本的权利义务关系。如发包方必须按时支付工程进度款，及时参加隐蔽工程验收和中间验收，及时组织工程竣工验收和办理竣工结算等。承包方则必须按施工图纸和批准的施工组织设计组织施工，向业主提供符合约定质量标准的建筑产品等。合同中明确约定的各项权利和义务是承发包双方的最高行为准则，是双方履行义务、享有权利的法律基础。

（3）建设施工合同是处理建设项目实施过程中发生的各种争执和纠纷的重要证据

由于建设项目具有建设周期长、合同金额大、参建单位众多和项目之间接口复杂等特点，所以在合同履行过程中，业主与建筑施工企业之间、不同建筑施工企业之间、总承包与分包之间以及业主与材料供应商之间不可避免地产生各种争执和纠纷。而处理这些争执和纠纷的主要尺度和依据应是承发包双方在合同中事先作出的各种约定和承诺，如合同的索赔与反索赔条款、不可抗力条款、合同价款调整变更条款等等。作为合同的一种特定类型，建设施工合同同样具有一经签订即具有法律效力的属性。所以，建设施工合同是处理建设项目实施过程中发生的各种争执和纠纷的重要证据。

11.2.2 目前建设施工合同履约管理中存在的问题

工程建设的复杂性决定了施工合同管理的艰巨性。目前我国建筑市场有待完善，建设交易行为尚不规范，使得建设施工合同管理中存在诸多问题，主要表现为：

1. 合同双方法律意识淡薄

（1）少数合同有失公平

由于目前建筑市场存在供求关系不平衡的现象，使得建设施工合同也存在着合同双方权利、义务不对等现象。从目前实施的建设施工合同文本看，施工合同中绝大多数条款是由发包方制定的，其中大多强调了承包方的义务，对业主的制约条款偏少，特别是对业主违约、赔偿等方面的约定很不具体，缺少行之有效的处罚办法。这不利于施工合同的公平、公正履行，成为施工合同执行过程中发生争议较多的一个原因。

（2）合同文本不规范

国家工商局和建设部为规范建筑市场的合同管理，制定了《建设工程施工合同示范文本》，以全面体现双方的责任、权利和风险。有些建设项目在签订合同时为了回避业主义务，不采用标准的合同文本，而采用一些自制的、不规范的文本进行签约。通过自制的、笼统的、含糊的文本条件，避重就轻，转嫁工程风险。有的甚至仍然采用口头委托和政府命令的方式下达任务，待工程完工后，再补签合同，这样的合同根本起不到任何约束作用。

有些虽然签的是《建设工程施工合同示范文本》，但是在合同示范文本的专用条款中将风险转嫁给建筑施工企业。

（3）“黑白合同”（又称“阴阳合同”）充斥市场，严重扰乱了建筑市场秩序

有些业主以各种理由、客观原因，除按招标文件签订“白合同”（又称“阳合同”）供建设行政主管部门审查备案外，私下与建筑施工企业再签订一份在实际施工活动中被双方认可的“黑合同”（又称“阴合同”），在内容上与原合同相违背，形成了一份违法的合同。这种工程承发包双方责任、利益不对等的“黑白合同”，违反国家有关法律、法规，严重损害建筑施工企业的利益，为合同履行埋下了隐患，将直接影响工程建设目标的实现，进而给业主带来不可避免的损失。

（4）建设施工合同履约程度低，违约现象严重

有些工程合同的签约双方都不认真履行合同，随意修改合同，或违背合同规定。合同违约现象时有发生，如：业主暗中以垫资为条件，违法发包；在工程建设中业主不按照合同约定支付工程进度款；建设工程竣工验收合格后，发包人不及时办理竣工结算手续，甚至部分业主已使用工程多年，仍以种种理由拒付工程款，形成建筑市场严重拖欠工程款的顽症；建筑施工企业不按期依法组织施工，不按规范施工，形成延期工程、劣质工程等，严重扰乱了工程建设市场的管理秩序。

（5）合同索赔工作难以实现

索赔是合同和法律赋予受损失者的权利，对于建筑施工企业来讲是一种保护自己、维护正当权益、避免损失、增加利润的手段。而建筑市场的过度竞争，不平等合同条款等问题，给索赔工作造成了许多干扰因素，再加上建筑施工企业自我保护意识差、索赔意识淡薄，导致合同索赔难以进行，受损害者往往是建筑施工企业。

(6) 借用资质或超越资质等级签订合同的情况普遍存在

有些不法建筑施工企业在自己不具备相应建设项目施工资质的情况下为了达到承包工程的目的，非法借用他人资质参加工程投标。并以不法手段获得承包资格，签订无效合同。一些不法建筑施工企业利用不法手段获得承包资质，专门从事资质证件租用业务，非法谋取私利，严重破坏了建筑市场的秩序。

(7) 违法转包、分包合同情况普遍存在

一些建筑施工企业为了获得建设项目承包资格，不惜以低价中标。在中标之后又将工程肢解后以更低价格非法转包给一些没有资质的小的施工队伍。这些建筑施工企业缺乏对承包工程的基本控制步骤和监督手段，进而对工程进度、质量造成严重影响。

2. 不重视合同管理体系和制度建设

一些建设项目不重视合同管理体系的建设，合同归口管理、分级管理和授权管理机制不健全，谁都可以签合同，合同管理程序不明确，或有制度不执行，该履行的手续不履行，缺少必要的审查和评估步骤，缺乏对合同管理的有效监督和控制。

3. 专业人才缺乏

这也是影响建设项目合同管理效果的一个重要因素。建设合同涉及内容多，专业面广，合同管理人员需要有一定的专业技术知识、法律知识和造价管理知识等。很多建设项目管理机构中，没有专业技术人员管理合同，或合同管理人员缺少培训，将合同管理简单地视为一种事务性工作。一旦发生合同纠纷，则会产生对建筑施工企业很不利的局面。

4. 不重视合同归档管理，管理信息化程度不高，合同管理手段落后

一些建设项目合同管理仍处于分散管理状态，合同的归档程序、要求没有明确规定，合同履行过程中没有严格监督控制，合同履行后没有全面评估和总结，合同管理粗放。有些建筑施工企业在发生合同纠纷后，有些重要的合同原件甚至发生缺失。很多单位合同签订仍然采用手工作业方式进行，合同管理信息的采集、存储加工和维护手段落后，合同管理应用软件的开发和使用相对滞后，没有按照现代项目管理理念对合同管理流程进行重构和优化，没能实现项目内部信息资源的有效开发和利用，建设项目合同管理的信息化程度偏低。

11.3 建设工程履约过程中的证据管理

11.3.1 民事诉讼证据的概述

1. 民事诉讼证据的概念

民事诉讼证据（以下称证据），是指能够证明案件真实情况的事实。在民事案件中，所谓事实是指发生在当事人之间的引起当事人权利义务的产生、变更或者消灭的活动。

2. 证据的特征

(1) 客观性

证据是客观存在的事实材料，不以人的意志为转移。这一特征是证据最基本的特征，是证据的生命力所在。

《民事诉讼法》第7条规定："人民法院审理民事案件，必须以事实为根据，以法律为准绳。”但是，当事人的主张是否属实，是靠证据来证明的。

(2) 关联性

证据必须与证明对象有客观的联系，能够证明被证明对象的一部分或全部。关联性是证据的重要特征，是证据材料成为证据的必备条件，与证明对象没有任何联系的，绝不能作为认定事实的证据。

(3) 合法性

证据的合法性包含两层含义：

① 当法律对证据形式、证明方法有特殊要求时，必须符合法律的规定，如当事人欲证明房产权属的变更必须提供重新登记的房产权属证明（如房产证）。

② 对证据的调查、收集、审查须符合法定程序，否则不能作为定案的依据，如利用偷录、私拆他人信件等非法方式收集的证据就不符合法定程序。

上述3个特征为证据的基本特征，证据材料必须同时具备这3个特征，才能作为判决的依据。

11.3.2 证据的分类

证据的分类是证据理论上（学理上）按不同的标准将证据分为不同的类别。目前来看，主要有本证与反证、直接证据与间接证据、原始证据与传来证据的分类。

1. 本证与反证——依据证据与证明责任之间的关系分类

本证，是指能够证明负有举证责任的一方当事人所主张的事实的证据；反证，是指能否定负有证明责任的一方当事人所主张事实的证据，反证的目的是提出证据否定对方提出的事实。例如，原告诉被告拖欠工程款而提出的合同和付款单是本证，被告提出已付工程款的付款单据为反证。

区分本证与反证的实际意义是为了在具体证据中落实证明责任，明确举证顺序，有利于法官衡量当事人的举证效果，从而依据证明责任作出裁判。

需要注意以下几点：

(1) 该分类不是以原、被告的地位为标准，原告、被告都有可能提出反证，也都有可能提出本证。

(2) 反证与证据反驳不同，两者最大的区别在于反证是提出证据否定对方所提出的事实；而证据反驳是不提出新的证据。

(3) 反证是针对对方所提出的事实的反对，而不是对诉讼请求的反对。

2. 直接证据和间接证据——依据证据与案件事实的关系分类

直接证据是指能单独、直接证明案件主要事实的证据；间接证据是指不能单独、直接证明案件主要事实的证据。

直接证据的证明力一般大于间接证据。在没有直接证据时，从间接证据证明的事实可推导出待证事实，并且在很多情况下通过间接证据可发现直接证据，而在有直接证据时，间接证据可以印证直接证据。

3. 原始证据和传来证据——依据证据的来源分类

原始证据是直接来源于案件事实而未经中间环节传播的证据；传来证据是指经过中间环节辗转得来，非直接来源于案件事实的证据。原始证据的证明力一般大于传来证据。

11.3.3 证据的种类

证据的种类，是指《民事诉讼法》第63条所规定的7种证据形式，即：书证、物证、视听资料、证人证言、当事人的陈述、鉴定结论、勘验笔录。以上证据必须查证属实，才能作为认定事实的根据。

1. 书证

书证，是指以文字、符号、图表所记载或表示的内容、含义来证明案件事实的证据。由于当事人在实施民事法律行为时，常采用书面形式，书证也就成为民事诉讼中最普遍应用的一种证据。对书证从不同的角度可以作以下分类：

（1）公文书和非公文书

书证按制作主体的不同可分为公文书和非公文书。公文书是国家机关及其公务人员在其职权范围内制作的或者由公信权限机构制作的文书，如：判决书、公证书、会计师事务所出具的验资报告等；非公文书是指公民个人、企事业单位和不具有公权力的社会团体制作的文书。

（2）处分性书证和报道性书证

这是根据书证的内容和民事法律关系的联系所作的分类。处分性书证是指确立、变更或终止一定民事法律关系内容的书证，如遗嘱、合同书等；报道性书证是指仅记载一定事实，但不具有使所记载的民事法律关系产生变动效果的书证，如日记、病历等。

（3）普通形式的书证和特殊形式的书证

根据书证是否需具备特定形式和履行特定手续可将书证分为普通形式的书证和特殊形式的书证。普通形式的书证是指不要求具备特定形式或履行一定手续的书证；特殊形式的书证是指法律规定必须具备某种形式或履行某种手续的书证。特殊形式的书证如不具备特定形式或履行特定手续，就不能产生证据效力。

2. 物证

物证是以其外部特征和物质属性，即以其存在、形状、质量等证明案件事实的物品。

3. 视听资料

视听资料是指利用录音带、录像带、光盘等反映的图像和音响以及电脑储存的资料来证明案件事实的证据。视听资料是利用现代科技手段记载法律事件和法律行为的，具有信息量大、形象逼真的特点，具有较强的准确性和真实性，但同时又容易被编造或伪造，因此法院在审理案件的过程中也加强了对资料真伪的辨别。

4. 证人证言

证人证言是证人向法院所作的能够证明案件情况的陈述。

5. 当事人陈述

当事人陈述是指当事人就案件事实向法院所作的陈述。当事人陈述的内容可分为两种，一是对自己不利事实的陈述，包括承认对方主张的对自己不利事实的陈述和主动陈述对自己不利的事实；二是陈述对自己有利的事实。对于对当事人不利的陈述，视作当事人在诉讼中的承认，免除对方的证明责任；对当事人有利的陈述，应结合该案的其他证据，审查确定能否作为认定事实的证据。

6. 鉴定结论

鉴定结论是指鉴定人运用自己的专门知识，根据所提供的案件材料，对案件中的专门性问题进行分析、鉴别后作出的结论。民事诉讼中常见的鉴定结论有文书鉴定、医学鉴定、技术鉴定、工程造价鉴定等。

为保证鉴定结论的权威性、客观性和准确性，民事诉讼法规定应由法定鉴定部门鉴定，没有法定鉴定部门的，由法院指定。

7. 勘验笔录

勘验笔录是指法院为查明案件事实对有关现场和物品进行勘察检验所作的记录。

在民事诉讼中，有关物体因体积庞大或固定于某处无法提交法庭，有关现场也无法移至法庭，为获取这方面的证据，有必要进行勘验以便在法庭再现现场真相。勘验可由当事人申请进行，也可由法院依职权进行。勘验物品和现场时，勘验人员须出示法院的证件并邀请当地基层组织或有关单位派员参加。当事人或其成年家属应到场，拒不到场的不影响勘验的进行。有关单位和个人根据法院的通知有义务保护现场，协助勘验工作。勘验人员在制作笔录时应客观真实，不能把个人的分析判断记入笔录，否则就会同鉴定结论相混淆。勘验笔录应有勘验人、当事人和被邀请的人签名或盖章。当事人对勘验笔录有不同意见的，可以要求重新勘验，法庭认为当事人的要求有充分理由的，应当重新勘验。

11.3.4 证据的收集与保全

1. 证据收集的基本要求

《民事诉讼法》第64条第1款规定："当事人对自己提出的主张，有责任提供证据。"当事人的主张能否成立，取决于其举证的质量。可见，收集证据是一项十分重要的准备工作，根据法律规定和司法实践，收集证据应当遵守如下要求：

（1）为了及时发现和收集到充分、确凿的民事证据，在收集证据前应认真研究已有材料，分析案情，并在此基础上制定收集证据的计划，确定收集证据的方向、调查的范围和对象、应当采取的步骤和方法，同时还应考虑到可能遇到的问题和困难，以及解决问题和克服困难的办法等。

（2）收集证据的程序、方式必须符合法律规定。凡是收集证据的程序和方式违反法律规定的，如以贿赂的方式使证人作证的，或不经过被调查人同意擅自进行录音的等等，所收集到的材料一律不能作为证据来使用。

（3）收集证据必须客观、全面。

（4）收集证据必须深入、细致。实践证明，只有深入、细致地收集证据，才能把握案件的真实情况。

（5）收集证据必须积极主动、迅速，证据虽然是客观存在的事实，但可能由于外部环境或外部条件的变化而变化，如果不及时收集，就有可能灭失。

2. 在建筑施工的几个阶段如何做好证据的收集保管

（1）合同签订阶段

在协议书和通用条款中规定，对合同当事人双方有约束力的合同文件包括签订合同时已形成的文件和履行过程中构成对双方有约束力的文件两大部分。

① 订立合同时已形成的文件

a. 施工合同协议书；

b. 中标通知书；

c. 投标书及其附件；

d. 施工合同专用条款；

e. 施工合同通用条款；

f. 标准、规范及有关技术文件；

g. 图纸；

h. 工程量清单；

i. 工程报价单或预算书。

② 合同履行过程中形成的文件

合同履行过程中，双方有关工程的洽商、变更等书面协议或文件也构成对双方有约束力的合同文件，将其视为协议书的组成部分。

（2）开工阶段

① 合同；

② 合同各项附件（尤其是最终报价文件、图纸等部分）：双方签字盖章；

③ 材料设备的到货检验资料；

④ 材料设备使用前的检验资料。

（3）履约过程

① 施工许可证；

② 甲方要求延期开工的函件；

③ 回填土的证据、土方外运的证据；

④ 租用发电设备等的证据；

⑤ 甲方要求暂停施工的证据；

⑥ 施工配合等非乙方原因导致工期或质量问题的证据；

⑦ 会议记录；

⑧ 验收记录；

⑨ 证明付款条件满足的证据（主体结构初验合格后付20%、结算款、保修款）；

⑩ 停水停电及工期顺延的证据；

⑪ 等待施工指令的证据；

⑫ 固定甲方违约的证据；

⑬ 甲方要求设计变更的证据；

⑭ 甲供材料或甲方指定材料、设备、配件的证据——工期和质量责任；

⑮ 竣工报告的提交证据；

⑯ 工程交付使用的证据；

⑰ 区分房屋质量责任的证据。

寻找有实力的分包队伍是指寻找经过合法工商登记的企业，而非个人，涉及产品质量及分包工程质量赔偿的追偿、工伤责任、管理费的合法性。寻找分包还应注意：分包应经过业主同意业主指定分包或材料供应商，应留下书面证据，这涉及质量责任的承担。

（4）竣工结算阶段

① 竣工结算报告（某房产项目施工合同纠纷案）；

② 竣工结算报告的提交证据、对方签收证据；

③ 工程联络单。

3. 证据的保全

证据保全是指法院对有可能灭失或以后难以取得、对案件有证明意义的证据，根据诉讼参加人的申请或依职权采取措施，预先对证据加以固定和保护的制度。广义上的证据保全还包括诉讼外的保全，指公证机关根据申请，采取公证形式来保全证据。

证据保全可发生在诉讼开始前，也可发生在诉讼过程中。在诉讼开始前法院不依职权采取保全措施。对证人证言，一般采用笔录或录音的方式；对书证应尽可能提取原件，如确有困难，可采用复印、拍照等方式保全。法院采取保全措施所收集的证据是否可用作认定事实的根据，应在质证认证后方能确定。

11.3.5 证明过程

1. 举证和举证期限

举证是当事人将收集的证据提交给法院。当事人一般在一审时在举证期限内可随时提出证据，在二审或再审时可提出新的证据。

举证期限是指当事人应当在法定期间内提出证据，逾期将承担证据失效或其他不利后果的诉讼期间制度。

2. 质证

质证是指在法庭上当事人就所提出的证据进行辨认和质对，以确认其证明力的活动。质证是当事人实现诉权的重要手段，是法院认定事实的必经程序，未经庭审质证的证据，不得作为定案的根据。质证作为证明的重要内容，是贯彻民事诉讼辩论原则、公开原则的具体化，是庭审活动的核心内容。通过质证，可以辨明证据的真伪，排除与待证事实无关的证据，确认证据证明力的大小。

质证的对象包括所有的证据材料，无论是当事人提供的，还是法院调查收集的，都必须经过质证，未经质证的证据不得作为定案依据。

3. 认证

认证是指法官在听取双方当事人对证据材料的说明、质疑和辩驳后，对证据材料作出采信与否的认定，是对当事人举证、质证的评价与认定。认证的主体是合议庭或独任庭的法官，认证的内容是确认证据材料能否作为定案的依据，认证的方法有逐一认证、分组认证和综合认证3种，认证的时间一般是当庭认证，认证的结果包括有效、无效和暂时不认定。

根据最高法院的司法解释，认证时应注意以下问题：

（1）一方当事人提出的证据，若对方认可或不予反驳，则可以确认其证明力；若对方举不出相应的证据反驳，则可结合全案情况对该证据予以认定。对方对同一事实分别举出相反的证据，但都没有足够理由否定对方证据的，应分别对当事人提出的证据进行审查，并结合其他证据综合认定。

（2）在判断数个证据效力时应注意：

① 物证、历史档案、鉴定结论、勘验笔录或经过公证、登记的书证，其证明力一般

高于其他书证、视听资料和证人证言等；

② 证人提供的对与其有亲属关系或其他密切关系的一方当事人有利的证言，其证明力低于其他证人证言；

③ 原始证据的证明力大于传来证据。

(3) 下列证据不能单独作为定案的依据：

① 未成年人所作的与其年龄和智力水平不相当的证言；

② 与一方当事人有亲属关系的证人出具的对该当事人有利的证言；

③ 没有其他证据印证并有疑点的视听资料；

④ 无法与原件、原物核对的复印件、复制品。

(4) 当事人在庭审质证时对证据表示认可，庭审后又反悔，但提不出相应证据的，不得推翻已认定的证据。

(5) 有证据证明持有证据的一方当事人无正当理由拒不提供，若对方主张该证据的内容不利于证据持有人，可以推定该主张成立。

11.4 建设工程变更及索赔

11.4.1 工程量

1. 工程量的概念

工程量是指以物理计量单位或自然计量单位表示的分项工程的实物计算。工程量计算是确定工程造价的主要依据，也是进行工程建设计划、统计、施工组织和物资供应的参考依据。

2. 工程量的作用

在投标的过程中，投标人是根据招标文件提供的工程量清单所规定的工作内容和工程量编制标书并报价。中标后，建设单位与中标的投标单位根据招标投标文件签订建设工程施工合同。合同中的工程造价即为投标所报的单价与工程量的乘积。如单价是闭口价的合同中，招标文件仅列出工程量清单，建筑施工企业在投标时，则以招标单位提供的工程量清单报价。工程量的计算在整个建设工程招标投标、合同履行、竣工后的价款结算时都是必不可少的，是确定工程造价的主要依据。

3. 工程量的性质

工程量的性质只是单纯的量的概念，不涉及价格的因素。

11.4.2 工程量签证

1. 工程量签证的概念

工程量签证是指承发包双方在建设工程施工合同履行过程中因设计变更等因素导致工程量发生变化，由承发包双方达成的意思表示一致的协议，或者是按照双方约定（如建设工程施工合同、协议、会议纪要、来往函件等书面形式）的程序确认工程量。

2. 工程量签证的形式

工程量签证分为两种形式：

（1）建设工程施工合同履行过程中因设计变更及其他原因导致工程量变化，由承发包双方达成的意思表示一致的协议。

根据《合同法》第13条的规定："当事人订立合同，采取要约、承诺方式。"

《合同法》第14条规定："要约是希望和他人订立合同的意思表示，该意思表示应当符合下列规定：①内容具体确定；②表明经受要约人承诺，要约人即受该意思表示约束。"

在建设工程施工合同履行中，建筑施工企业遇到因设计变更或其他原因导致工程量发生变化，应当以书面形式向发包人提出确认因设计变更或其他原因导致工程量变化而需要增加的工程量。

（2）双方对于工程量变更的签证程序已作事先约定，如通过建设工程施工合同、协议或补充协议、会议纪要、来往函件等书面形式所作的约定。

如：双方合同采用的是1999版《建设工程施工合同（示范文本）》，该文本的第25条规定对工程量签证的程序有着特别的规定。或在专用条款对此也可以作约定。如双方约定："工程量的变更（包括增加和减少），建筑施工企业在设计变更或其他原因导致工程量增加，应在变更事由发生后14天内向发包人确认工程量，发包人在收到建筑施工企业要求确认工程量报告后14天内未予答复，应视为同意建筑施工企业送交的工程量的报告。"这种双方对工程量确认的约定也是一种签证，是一种对签证程序的特殊约定。

3. 工程量签证的法律性质

工程量签证的性质根据上述表现形式可以分为两种：

（1）在第一种表现形式下的签证性质，首先，是一份协议，是一份补充合同。既然是一份协议，根据合同自治原则，只要不属于《合同法》第52～54条规定的情形，签证对承发包双方都具有法律约束力。其次，签证还是一份直接的原始证据，是直接作为结算的证据，换句话说，对施工企业而言，签证就是钱。

（2）在第二种表现形式下的签证是对工程量确认的特殊程序，它不适用于《合同法》中关于无效及可撤销的规定。

11.4.3 工程索赔

1. 工程索赔的概念

工程索赔指的是建筑施工企业在合同履行过程中，按照发包人的指令和通知进入施工现场后，一旦遇到了不具备开工的条件（如三通一平未完成、动拆迁未完成、规划需要修改等情况）、工程量增加、设计变更、工期延误以及合同约定的可以调整单价的材料价格上涨等，在发包人拒绝签证的情况下，建筑施工企业应在合同约定的期限内进入索赔程序进行索赔。工程索赔是工程合同承发包双方中的任何一方因未能获得按合同约定支付的各种费用，以及对顺延工期、赔偿损失的书面确认，在约定期限内向对方提出索赔请求的一种权利。

2. 工程索赔应符合的条件

工程索赔应符合以下条件：

（1）甲方不同意签证或不完全签证的情况。

（2）在双方约定的期限内提出。

1999版《建设工程施工合同（示范文本）》第36条规定：在索赔事件发生后28天内，

向工程师发出索赔意向通知；发出索赔意向通知后28天内，向工程师提出延长工期和补偿经济损失的索赔报告及有关资料；工程师在收到承包人送交的索赔报告和有关资料后，于28天内给予答复，或要求承包人进一步补充索赔理由和证据；工程师在收到承包人送交的索赔报告和有关资料后28天内未予答复或未对承包人作进一步要求，视为该项索赔已经认可；当该索赔事件持续进行时，承包人应当阶段性向工程师发出索赔意向，在索赔事件结束后28天内，向工程师送交索赔的有关资料和最终索赔报告。

（3）在索赔时要有确凿、充分的证据。

1999版《建设工程施工合同（示范文本）》第36条还规定：当一方向另一方提出索赔时，要有正当索赔理由，且有索赔事件发生时的有效证据。如，发包人未能按合同约定履行自己的各项义务；发包人发生错误；应由发包人承担责任的其他情况；造成工期延误和承包人不能及时得到合同价款及承包人的其他经济损失。

为推行工程量清单计价改革，规范建设工程发承包双方计价行为，《建设工程工程量清单计价规范》GB 50500—2013中新增了若干条文。如：采用工程量清单计价如何编制工程量清单和招标控价、投标报价、合同价款约定以及工程计量与价款支付、工程价款调整、索赔、竣工结算、工程计价争议处理等内容。

11.5 建设工程工期及索赔

11.5.1 建设工程的工期

1. 工期的概念

根据《建设工程施工合同（示范文本）》的有关规定，工期是指发包方、建筑施工企业在协议书中约定，按总日历天数（包括法定节假日）计算的承包天数。建设工程工期控制的最终目的是确保建设项目按预定的时间动用或提前交付使用，建设工程进度控制的总目标是建设工期。

工期控制是监理工程师的主要任务之一。由于在工程建设过程中存在着许多影响工期的因素，这些因素往往来自不同的部门和不同的时期，它们对建设工程工期产生着复杂的影响。因此，工期控制人员必须事先对影响建设工程工期的各种因素进行调查分析，预计它们对建设工程进度的影响程度，确定合理的工期控制目标，编制可行的工期计划，使工程建设工作始终按计划进行。

但不管工期计划的周密程度如何，其毕竟是人们的主观设想，在其实施过程中，必然会因为新情况的产生、各种干扰因素和风险因素的作用而发生变化，使人们难以执行原定的工期计划。为此，应将实际情况与计划安排进行对比，从中得出偏离计划的信息，然后在分析偏差及其产生原因的基础上，通过采取组织、技术、合同、经济等措施，维持原计划，使之能正常实施。如果采取措施后不能维持原计划，则需要对原工期计划进行调整或修正，再按新的工期计划实施。这样在工期计划的执行过程中进行不断的检查和调整，以保证建设工程工期得到有效控制。

2. 影响工期的因素

由于建设工程具有规模庞大、工程结构与工艺技术复杂、建设周期长及相关单位多等特点，决定了建设工程工期将受到许多因素的影响。要想有效控制建设工程工期，就必须对影响工期的有利因素和不利因素进行全面、细致的分析和预测。这样，一方面可以促进对有利因素的充分利用和对不利因素的妥善预防；另一方面也便于事先制定预防措施，事中采取有效对策，事后进行妥善补救，以缩小实际工期与计划工期的偏差，实现对建设工程工期的主动控制和动态控制。

影响工期的因素很多，如人为因素，技术因素，设备、材料及构配件因素，机具因素，资金因素，水文、地质与气象因素，以及其他自然与社会环境等方面的因素。其中，人为因素是最大的干扰因素。从产生的根源看，有的来源于建设单位及其上级主管部门；有的来源于勘察设计、施工及材料、设备供应单位；有的来源于政府、建设主管部门、有关协作单位和社会；有的来源于各种自然条件；也有的来源于建设监理单位本身。在工程建设过程中，大致可分成以下几种：

（1）资金因素：业主资金投入不足的原因造成工期延缓或停滞的现象最多，比如因拖欠设计费用而造成部分图纸无法交付施工企业付诸实施等，这就属于资金因素的影响。还有因为业主投资项目市场空间变小，业主将资金投资方向临时转移等。

（2）社会因素：是否符合国家的宏观投资方向、是否及时取得了国家强制办理的批件及许可证，因这类问题延缓停滞也是较多的一种；外单位临近工程施工干扰；节假日交通、市容整顿的限制；临时停水、停电、断路等。

（3）管理因素：业主、施工单位自身的计划管理问题，没有一个很好的计划，工程管理推着干、出现安全伤亡事故、出现重大质量事故、特种设备到使用前才想起来采购……这类问题属于管理问题。再如有些部门提出各种申请审批手续的延误，参加工程建设的各个单位、各个专业、各个施工过程之间交接在配合上发生矛盾等。

（4）业主因素：如业主使用要求改变而进行设计变更；应提供的施工场地条件不能及时提供或所提供的场地不能满足工程正常需要；不能及时向施工承包单位或材料供应商付款等。

（5）自然环境因素：如复杂的工程地质条件；不明的水文气象条件；地下埋藏文物的保护、处理；洪水、地震、台风等不可抗力等。

11.5.2 建设工程的竣工日期及实际竣工时间的确定

《最高人民法院关于审理建设工程施工合同纠纷案件适用法律问题的解释》规定，当事人对建设工程实际竣工日期有争议的，按照以下情形分别处理：建设工程经竣工验收合格的，以竣工验收合格之日为竣工日期；建筑施工企业已经提交竣工验收报告，发包方拖延验收的，以建筑施工企业提交验收报告之日为竣工日期；建设工程未经竣工验收，发包方擅自使用的，以转移占有建设工程之日为竣工日期。

11.5.3 建设工程停工的情形

建设工程能否如期完成，将直接影响到合同双方的切身利益，并将关系到其他一系列合同是否能够顺利履行。比如房地产开发经营项目的建筑工程不能按期完工，则商品房的预售合同也将难以按约履行，这必然又会牵涉到许多购房人的利益是否能得到切实保护。因此，建筑工程的工期是十分重要的。

建设工程工期纠纷的原因主要表现在以下几个方面：

（1）合同对工期的约定脱离实际，不符合客观规律。每一个建筑工程项目的工期长短都必然取决于工程量的大小、工程等级和建筑施工企业的综合实力等多种因素。而有些建筑承包企业为了承揽工程的需要，通常以短工期取胜，建筑发包方又未充分考虑客观规律，致使双方约定的工期本身就存在极大的不合理性，实际履行起来就难免产生纠纷。

（2）建筑施工企业的综合实力欠缺，无论是施工管理，还是技术水平都不能跟上工程进度的需要，致使合同中双方约定的工期难以切实保证。

（3）建设发包方没有按约提供施工必需的勘察、设计文件或者提供的资料不够准确，也会造成建筑工程的延期交付，并引发纠纷。

（4）建设发包方不能按约提供原材料、设备、场地、资金等，也是施工企业不能按约交付并导致纠纷的原因。

由于不同的原因所导致的工程工期延误，其所产生的法律责任及承担主体是各不相同的。为此，我国法律法规对此都作出了明确的规定。

1.《合同法》有关工程工期可能引起索赔的规定

（1）《合同法》第二百七十八条规定，隐蔽工程在隐蔽以前，建筑施工企业应当通知发包方检查。发包方没有及时检查的，建筑施工企业可以顺延工程工期，并有权要求赔偿停工、窝工等损失。

（2）《合同法》第二百八十条规定，勘察、设计的质量不符合要求或者未按照期限提交勘察、设计文件拖延工期，造成发包方损失的，勘察人、设计人应当继续完善勘察、设计，减收或者免收勘察、设计费并赔偿损失。

（3）《合同法》第二百八十一条规定，因施工人的原因致使建设工程质量不符合约定的，发包方有权要求施工人在合理期限内无偿修理或者返工、改建。经过修理或者返工、改建后，造成逾期交付的，施工人应当承担违约责任。

（4）《合同法》第二百八十三条规定，发包方未按照约定的时间和要求提供原材料、设备、场地、资金、技术资料的，建筑施工企业可以顺延工程工期，并有权要求赔偿停工、窝工等损失。

（5）《合同法》第二百八十四条规定，因发包方的原因致使工程中途停建、缓建的，发包方应当采取措施弥补或者减少损失，赔偿建筑施工企业因此造成的停工、窝工、倒运、机械设备调迁、材料和构件积压等损失和实际费用。

2.《建设工程施工合同（示范文本）》对有关工程工期可能引起索赔的规定

（1）《建设工程施工合同（示范文本）》第八条关于发包方未能完成其义务，造成延误，赔偿建筑施工企业损失的规定。

发包方未能履行合同11.1款各项义务，导致工期延误或给建筑施工企业造成损失的，发包方赔偿建筑施工企业有关损失，顺延延误的工期。

（2）《建设工程施工合同（示范文本）》第十一条关于发包方因其自身原因，推迟工作的规定：因发包方原因不能按照协议书约定的开工日期开工，工程师应以书面形式通知建筑施工企业，推迟开工日期。发包方赔偿建筑施工企业因延期开工造成的损失，并相应顺延工期。

（3）《建设工程施工合同（示范文本）》第十二条关于因发包方原因暂停施工的规定。

工程师认为确有必要暂停施工时，应当以书面形式要求建筑施工企业暂停施工，并在提出要求后 48h 内提出书面处理意见。建筑施工企业应当按工程师要求停止施工，并妥善保护已完工程。建筑施工企业实施工程师作出的处理意见后，可以书面形式提出复工要求，工程师应当在 48h 内给予答复。工程师未能在规定时间内提出处理意见，或收到建筑施工企业复工要求后 48h 内未予答复，建筑施工企业可自行复工。因发包方原因造成停工的，由发包方承担所发生的追加合同价款，赔偿建筑施工企业由此造成的损失，相应顺延工期；因建筑施工企业原因造成停工的，由建筑施工企业承担发生的费用，工期不予顺延。

11.5.4 工期索赔

1. 工期索赔概述

在工程施工中，常常会发生一些未能预见的干扰事件使施工不能顺利进行，使预定的施工计划受到干扰，造成工期延长，这样，对合同双方都会造成损失。施工单位提出工期索赔的目的通常有两个：

（1）免去或推卸自己对已产生的工期延长的合同责任，使自己不支付或尽可能不支付工期延长的罚款；

（2）进行因工期延长而造成的费用损失的索赔，对已经产生的工期延长。

建设单位一般采用两种解决办法：一是不采取加速措施，工程仍按原方案和计划实施，但将合同期顺延；二是指令施工单位采取加速措施，以全部或部分弥补已经损失的工期。

如果工期延缓责任不是由施工单位造成，而建设单位已认可施工单位工期索赔，则施工单位还可以提出因采取加速措施而增加的费用索赔。

工期索赔一般采用分析法进行计算，其主要依据合同规定的总工期计划、进度计划，以及双方共同认可的对工期修改文件，调整计划和受干扰后实际工程进度记录，如施工日记、工程进度表等。施工单位应在每个月底以及在干扰事件发生时，分析对比上述资料，以发现工期拖延以及拖延原因，提出有说服力的索赔要求。

2. 索赔的分类

（1）按照干扰事件可以分为：工期拖延索赔；不可预见的外部障碍或条件索赔；工程变更索赔；工程中止索赔；其他索赔（如货币贬值、物价上涨、法令变化、建设单位推迟支付工程款引起索赔）等。

（2）按合同类型索赔可以分为：总承包合同索赔；分包合同索赔；合伙合同索赔；劳务合同索赔；其他合同索赔等。

（3）按索赔要求可以分为：工期索赔；费用索赔等。

（4）按索赔起因索赔可以分为：建设单位违约索赔；合同错误索赔；合同变更索赔；工程环境变化索赔；不可抗力因素索赔等。

（5）按索赔的处理方式索赔可以分为：单元项索赔；总索赔等。

11.6 建设工程质量

11.6.1 建设工程质量概述

1. 建设工程质量的定义

质量是由一群组合在一起的固有特性组成，这些固有特性是指能够满足顾客和其他相关方面的要求的特性，并由其满足要求的程度加以表征。

建设工程作为一种特定的产品，除具有一般产品共有的质量，如性能、寿命、可靠性、安全性、经济性等满足社会需要的使用价值及其属性外，还有自己特定的内涵。

建设工程质量是指土木工程、建筑工程、线路、管道和设备安装工程及装修工程的新建、扩建和改建的工程特性满足发包方需要的，符合国家法律、法规、技术规范标准、设计文件及合同约定的综合特性。

2. 建设工程质量的特点

建设工程质量的特点是由建设工程本身和建设生产的规律性决定的。建设工程（产品）及其生产的规律：一是产品的固定性，生产的流动性；二是产品多样性，生产的单件性；三是产品形体庞大，高投入，生产周期长，具有风险性；四是产品的社会性，生产的外部约束性。正是由于上述建设工程的规律而形成了工程质量本身有以下特点。

（1）稳定性不强

不像一般工业产品的生产那样，有固定的生产流水线、有规范化的生产工艺和完善的检测技术、有成套的生产设备和稳定的生产环境，建筑生产具有单件、流动的特性，所以工程质量就不够稳定。与此同时，由于影响工程质量的偶然性因素和系统性因素比较多，其中任何一个因素产生变动，都会影响工程质量的稳定性。如设计计算失误、材料规格品种使用错误、施工方法不当、操作未按规程进行、机械设备过度磨损或发生故障等等，都可能会发生质量问题，产生系统因素的质量变异，造成工程质量事故或瑕疵。为此，要加强建设工程质量的稳定性，要把质量波动控制在偶然性因素范围内。

（2）隐蔽性较强

建设工程工程量比较大，施工周期比较长，在施工过程中，分项工程交接多、隐蔽工程多，因此质量存在隐蔽性。若在施工中不及时进行质量检查，而只是事后仅从表面上检查，就很难发现内在的质量问题，这样就容易产生判断错误。

（3）影响因素众多

一般情况下，如决策、设计、材料、机具设备、施工方法、施工工艺、技术措施、人员素质、工期、工程造价等，这些因素都会直接或间接地影响工程项目质量，因此，建设工程质量受到多种因素的综合影响。

（4）验收的局限性

一般工业产品可以通过将产品拆卸、解体来检查其内的质量，或对不合格零部件予以更换等方式来判断产品质量。工程项目建成后就无法进行工程内在质量的检验，发现隐蔽的质量缺陷。因此，工程项目的验收存在一定的局限性。这就要求工程质量控制要重视事前、事中控制，以预防为主，防患于未然。

3. 影响建设工程质量的因素

影响工程质量的因素很多，但归纳起来主要有三个方面，即物的因素、人的因素和环境的因素等。

（1）物的因素

物的因素主要包括材料的因素和机械的因素。

工程材料是工程建设的物质条件之一，它泛指构成工程实体的各类建筑材料、构配件、半成品等。工程材料选用是否合理、产品是否合格、材料是否经过检验、保管使用是否得当等等，都将直接影响建设工程的结构刚度和强度，影响外表及观感，影响工程的使用功能，影响工程的使用安全，因此材料的因素是工程质量的基础。

机械设备大致可以分为两类：一是指组成工程实体及配套的工艺设备和各类机具，它们构成建筑设备安装工程或工业设备安装工程的组成部分，形成完整的使用功能，如电梯、泵机、通风设备等。二是指施工过程中使用的各类机具设备，简称施工机具设备，它们是施工生产的手段，如大型垂直与横向运输设备、各类操作工具、各种施工安全设施、各类测量仪器和计量器具等。机具设备对工程质量也有重要的影响，工程用机具设备的产品质量优劣，直接影响工程使用功能质量。施工机具设备的类型是否符合工程施工特点，性能是否先进稳定，操作是否方便安全等，都将会影响工程项目的质量。

（2）人的因素

人的因素主要包括人的专业素质和人所运用的工艺方法。

人是工程项目建设的决策者、管理者、操作者，是工程项目建设过程中的活动主体，人的活动贯穿了工程建设的全过程，如项目的规划、决策、勘察、设计和施工。人员的素质，即人的文化水平、技术水平、决策能力、管理能力、组织能力、作业能力、控制能力、身体素质及职业道德等，都将直接和间接地对规划、决策、勘察、设计和施工的质量产生影响，而规划是否合理，决策是否正确，设计是否符合所需要的质量功能，施工能否满足合同、规范、技术标准的需要等，都将对工程质量产生不同程度的影响，所以人员素质是影响工程质量的一个重要因素。因此，建筑行业实行经营资质管理和各类专业人员持证上岗制度显得尤为重要。

建设工程工艺方法包括技术方案和组织方案，它是指施工现场采用的施工方案，前者如施工工艺和作业方法，后指如施工区段空间划分及施工流向顺序、劳动组织等。在工程施工中，施工方案是否合理，施工工艺是否先进，施工操作是否正确，都将对工程质量产生重大的影响。大力推进采用新技术、新工艺、新方法，不断提高工艺技术水平，是保证质量稳定提高的有力措施。

（3）环境的因素

环境因素是指在建设项目工程施工过程中对工程质量特性起重要作用的环境因素，包括：工程技术环境，如工程地质、水文、气象等；工程作业环境，如施工环境作业面大小、防护设施、通风照明和通信条件等；工程管理环境，主要指工程实施的合同结构与管理关系的确定，组织体制及管理制度等；周边环境，如工程邻近的地下管线、建（构）筑物等，环境条件往往对工程质量产生特定的影响。改进作业条件，把握好技术环境，加强环境管理，辅以相关必要措施，是控制环境对建设项目工程质量影响的重要保证。

11.6.2 建设工程质量纠纷的处理原则

1. 由于建筑施工企业的原因出现的质量纠纷

（1）关于建设工程质量不符合约定的界定

这里的“约定”是指发包方和建筑施工企业之间关于工程建设具体质量标准的约定，一般通过签订《建设工程施工合同》等书面文件的形式表现出来。

《中华人民共和国建筑法》第3条规定：“建筑活动应当确保建筑工程质量和安全，符合国家的建筑工程安全标准”。第52条第一款规定：“建筑工程勘察、设计、施工的质量必须符合国家有关建筑工程安全标准的要求，具体管理办法由国务院规定”。以及国务院制订的《建设工程质量管理条例》的相关规定。由此我们可以清楚地知道，建设工程质量达到安全标准是国家法律和行政法规的强制性规定，发包方和建筑施工企业之间关于工程建设具体质量标准的约定只能符合或者高于国家的规定。

因此，建设工程质量不符合约定是指由建筑施工企业承建的工程质量不符合《建设工程施工合同》等书面文件对工程质量的具体要求，这些具体要求必须符合或者高于国家对于建设工程质量的规定，否则“约定”无效，建设工程质量仍然使用国家制订的有关标准。

(2) 质量不符合约定的责任应由建筑施工企业承担

建筑施工企业承建工程，其最基本、最重要的责任，就是质量责任，这也是法律对建筑施工企业的强制性要求。建筑施工企业交付给发包方的工程，如果不符合他们之间关于质量标准的约定，在没有不可抗力或者其他正当事由等抗辩理由的，建筑施工企业就应当承担相应的工程质量责任。

依据《中华人民共和国合同法》第281条规定：“因施工人的原因致使建设工程质量不符合约定的，发包人有权要求施工人在合理期限内无偿修理或者返工、改建。”

因此，在出现此种质量问题时，应发包方的要求，建筑施工企业就必须在合理期限内无偿修理或者返工、改建。如果承包方拒绝修理或者返工、改建的，依据《最高人民法院关于审理建设工程施工合同纠纷案件适用法律问题的解释》第十一条之规定：“因承包人的过错造成建设工程质量不符合约定，承包人拒绝修理、返工、或者改建，发包人请求减少支付工程价款的，应予支持。”

2. 由于发包方过错出现的质量纠纷

(1) 发包方的过错情形

建设工程是一项系统工程，要使其质量符合国家强制性要求，并达到发包方与建筑施工企业约定的标准，是方方面面互动的结果，而发包方作为建设单位，更是在其中扮演了举足轻重的角色。但是，在实践中，发包方往往会在下列方面出现过错：

① 发包方提供的设计本身存在缺陷，或者擅自更改设计图纸以致出现质量问题；

② 发包方提供或者指定购买的建筑材料、建筑购配件、设备不符合国家强制性标准；

③ 发包方违反国家关于分包的强制性规定或者《建设工程施工合同》中的约定，直接指定分包人分包专业工程。

(2) 发包方过错出现的质量由此产生的责任依法应由发包方承担

发包方是建设工程的资金投入者，是建筑市场的原动力，同时由于建筑市场的施工竞争越来越激烈，发包方在建筑市场中就占据了优势地位，发包方往往借助自己的强势地位，忽视法律，漠视合同，因此上述过错行为在实践中经常出现。在发包方的上述过错行为导致损害结果发生时，建筑施工企业没有过错的，则损害结果由发包方承担。

针对发包方的过错行为，我国的法律和行政法规都做了相应明确规定。

《中华人民共和国建筑法》第五十二条第一款规定：“建筑工程勘察、设计、施工的质量必须符合国家有关建筑工程安全标准的要求，具体管理办法由国务院规定。”

《建设工程质量管理条例》第十四条规定：按照合同约定，由建设单位采购建筑材料、建筑构配件和设备的，建设单位应当保证建筑材料、建筑构配件和设备符合设计文件和合同要求。

发包方不得明示或者暗示建筑施工企业使用不合格的建筑材料、建筑构配件和设备。

《最高人民法院关于审理建设工程施工合同纠纷案件适用法律问题的解释》第十二条第一款之规定："发包人具有下列情形之一，造成建设工程质量缺陷，应当承担过错责任：①提供的设计有缺陷；②提供或者指定购买的建筑材料、建筑构配件、设备不符合强制性标准；③直接指定分包人分包专业工程。"

3. 建设工程未经验收发包方擅自使用的法律规定

（1）法律规定

《最高人民法院关于审理建设工程施工合同纠纷案件适用法律问题的解释》第十三条进行了明确的规定："建设工程未经竣工验收，发包人擅自使用后，又以使用部分质量不符合约定为由主张权利的，不予支持；但是承包人应当在建设工程的合理使用寿命内对地基基础工程和主体结构质量承担民事责任。"

（2）具体适用

依据上述法律，建筑施工企业要想否定发包方的主张，应当证明满足以下三个前提：

① 建设工程没有竣工，且尚未验收；

② 发包方擅自使用了建设工程；

③ 发包方以使用部分质量不符合约定为由，向建筑施工企业索赔。

对于此种情况，发包方向法院主张权利，法院是不予支持的，其损失应当由自己承担。

当然，建筑施工企业应当在建设工程的合理使用寿命内对地基基础工程和主体结构质量承担民事责任。

至于合理寿命，《民用建筑设计通则》GB 50352—2005 做出如下规定：

类　别	设计使用年限（年）	示　例
1	5	临时性建筑
2	25	易于替换结构构件的建筑
3	50	普通建筑和构筑物
4	100	纪念性建筑和特别重要的建筑

11.7　工程款纠纷

11.7.1　工程项目竣工结算及其审核

建设工程竣工结算是建筑施工企业所承包的工程按照建设工程施工合同所规定的施工内容全部完工交付使用后，向发包单位办理工程竣工后工程价款结算的文件。竣工结算编制的主要依据为：（1）施工承包合同及补充协议，开、竣工报告书；（2）设计施工图及竣工图；（3）设计变更通知书；（4）现场签证记录；（5）甲、乙方供料手续或有关规定；（6）采用有关的工程定额、专用定额与工期相应的市场材料价格以及有关预结算文件等。

2001 年建设部第 107 号令《建设工程施工发包与承包计价管理办法》第十六条对竣工

结算及其审核做了相应的规范性规定：工程竣工验收合格，应当按照下列规定进行竣工结算：(1) 承包方应当在工程竣工验收合格后的约定期限内提交竣工结算文件。(2) 发包方应当在收到竣工结算文件后的约定期限内予以答复。逾期未答复的，竣工结算文件视为已被认可。(3) 发包方对竣工结算文件有异议的，应当在答复期内向承包方提出，并可以在提出之日起的约定期限内与承包方协商。(4) 发包方在协商期内未与承包方协商或者经协商未能与承包方达成协议的，应当委托工程造价咨询单位进行竣工结算审核。(5) 发包方应当在协商期满后的约定期限内向承包方提出工程造价咨询单位出具的竣工结算审核意见。发承包双方在合同中对上述事项的期限没有明确约定的，可认为其约定期限均为28天。发承包双方对工程造价咨询单位出具的竣工结算审核意见仍有异议的，在接到该审核意见后一个月内可以向县级以上地方人民政府建设行政主管部门申请调解，调解不成的，可以依法申请仲裁或者向人民法院提起诉讼。工程竣工结算文件经发包方与承包方确认即应当作为工程决算的依据。《最高人民法院关于审理建设工程施工合同纠纷案件适用法律问题的解释》第二十条规定："当事人约定，发包人收到竣工结算文件后，在约定期限内不予答复，视为认可竣工结算文件的，按照约定处理。承包人请求按照竣工结算文件结算工程价款的，应予支持。"

要充分利用上述规定保护建筑施工企业的合法权益，建筑施工企业在办理工程竣工结算及报送建设方审核时就应注意以下问题：

(1) 建筑施工企业应当在竣工验收后尽快编制竣工结算报告，并在合同约定的期限内向建设方递交竣工结算报告。如果施工承包合同没有对递交竣工结算报告的期限作出约定，建筑施工企业也应尽快递交，以便建设方审核。

(2) 建筑施工企业在向建设方递交竣工结算报告的同时，应当同时递交完整的竣工结算文件。这些文件通常包括：

①发包施工承包合同及补充协议；②招标工程中标通知书；③施工图、施工组织设计方案和会审记录；④设计变更资料、现场签证及竣工图；⑤开工报告、隐蔽工程记录；⑥工程进度表；⑦工程类别核定书；⑧特殊工艺及材料的定价分析；⑨工程量清单、钢筋翻样单（附磁盘）；⑩工程竣工验收证明等。

建设方在对竣工结算报告审核时，必须依照施工过程中形成的上述文件加以审核，如果建筑施工企业未能按期提供上述完整文件，建设方就有可能以此为由拖延结算，其责任不在于建设方而在于建筑施工企业自身。

(3) 建设方应当在合同约定的期限或合理期限内对竣工结算文件进行审核。如果施工承包合同中约定了建设方审核竣工结算文件的期限，那么建设方应当在约定的期限内审核完毕，或者对竣工结算文件进行确认或者提出审核意见。如果合同没有约定审核期限，建设方也应当在合理的期限内作出审核意见。

(4) 充分利用竣工结算默示条款。建设部第107号令虽然对竣工结算的办理期限做了相应规定，但该规定只是行业指导性意见，并不能强制适用于工程结算的办理。因此，建议施工企业在签订施工承包合同时，可以对建设方审核结算文件的期限作出相应约定。比如约定："承包方应当在工程竣工验收合格后的28d内提交竣工结算文件，发包方应当在收到竣工结算文件后的28d内予以答复。逾期未答复的，竣工结算文件视为已被认可。"或者直接约定："双方按照建设部第107号令办理竣工结算。"如此一来，一旦建设方在收到施工企业递交的完整结算文件后拖延办理结算，施工企业可以直接以自己的结算金额要求建设方支付工程款。

11.7.2 工程款利息的计付标准

近年来，我国建筑工程领域蓬勃发展的同时，拖欠工程款问题越来越突出。我国政府为解决这一问题也采取了一些积极的措施。同时也从立法方面不断改进和完善相关的法律法规。

2005年初，建设部印发了《2005年清理建设领域拖欠工程款工作要点》（建市［2005］45号），司法部也发布了《关于为解决建设领域拖欠工程款和农民工工资问题提供法律服务和法律援助的通知》（司发通［2004］159号），为解决该问题提供政策支持。《最高人民法院关于审理建设工程施工合同纠纷案件适用法律问题的解释》（以下简称《司法解释》）也自2005年1月1日起施行，为解决该问题提供了一定的法律依据。

《司法解释》第十七条规定："当事人对欠付工程价款利息计付标准有约定的，按照约定处理；没有约定的，按照中国人民银行发布的同期同类贷款利率计息。"

因此，依据该条《司法解释》，承、发包双方可以协商确定工程价款利息的计付标准，同时依据相关规定，不能高于同期同类贷款利率的四倍；如果双方对利息计算没有达成一致的，按照中国人民银行发布的同期同类贷款利率计息。因此，合同双方在约定时也应当参考相关利息计付的法律法规，否则计算标准约定过高也得不到法院的支持。实践中有迟延付款应当支付"日千分之五"甚至"日百分之五"的利息或滞纳金的约定便属明显偏高。需要强调的是，应付工程价款之日的确定应当引起承包人的足够重视，即应付工程价款之日的确定分建设工程交付之日、提交竣工结算文件之日和当事人起诉之日，在建设工程未交付和未依法结算的情况下，施工企业应当及时提起诉讼，以依法主张拖欠工程款的利息。

《司法解释》第十八条规定："利息从应付工程价款之日计付。当事人对付款时间没有约定或者约定不明的，下列时间视为应付款时间：(1) 建设工程已实际交付的，为交付之日；(2) 建设工程没有交付的，为提交竣工结算文件之日；(3) 建设工程未交付，工程价款也未结算的，为当事人起诉之日。"

建设工程作为发包方和建筑施工单位之间的合同标的，也是一种特殊的商品。依据我国民法买卖合同的生效要件，即为交付。《司法解释》实际上是根据建设工程施工合同的不同履行情况，把工程欠款利息的起算时间分成了三种情况：(1) 建筑施工单位交付商品（建设工程），发包方就应当付款，拖延付款就应当产生利息；(2) 建设工程因各种原因结算不下来而未交付的，为了促使发包人积极履行给付工程价款的主要义务，把建筑施工单位提交结算报告的时间作为工程价款利息的起算时间具有一定的合理性；(3) 当事人因拖欠工程款纠纷起诉到法院，建筑施工单位起诉之日就是以法律手段向发包人要求履行付款义务之时，人民法院对其合法权益应予以保护。

同时，《司法解释》第六条规定："当事人对垫资和垫资利息有约定，承包人请求按照约定返还垫资及其利息的，应予支持，但是约定的利息计算标准高于中国人民银行发布的同期同类贷款利率的部分除外。当事人对垫资没有约定的，按照工程欠款处理。当事人对垫资利息没有约定，承包人请求支付利息的，不予支持。"也就是说，《司法解释》原则上认定垫资有效，但垫资利息双方有约定的情况下，承包人才可以请求支付利息。

《司法解释》第 14 条规定，当事人对建设工程实际竣工日期有争议的，按照下列情形分别处理：(1) 建设工程经竣工验收合格的，以竣工验收合格之日为竣工日期；(2) 承包人已经提交竣工验收报告，发包人拖延验收的，以承包人提交验收报告之日为竣工日期；(3) 建设工程未经竣工验收，发包人擅自使用的，以转移占有建设工程之日为竣工日期。

11.7.3 违约金、定金与工程款利息

过去施工单位被拖欠的工程款都常常不能足额收回，更不要说利息的问题，现在的“司法解释”对于被拖欠工程款的利息问题作出了明确的规定。从法理上讲，利息属于法定孳息，应当自工程款发生时起算，但由于建设工程是按形象进度付款的，许多案件难以确定工程欠款发生之日，因此，过去各级法院对拖欠工程款的利息应当从何时计付，认识不一，掌握的标准也不统一。有的从一审法庭辩论终结前起算，有的从一审举证期限届满前起算，还有的从终审确定工程价款给付之日起算。为了统一拖欠工程价款的利息计付时间，维护合同双方的合法权益，《最高人民法院关于审理建设工程施工合同纠纷案件适用法律问题的解释》(以下简称《司法解释》) 第 17 条和第 18 条分别规定了工程款利息的计算标准和起算时间。法律的出台将有利于保护建筑施工单位的利益，一定程度上使得想借拖欠融资的发包方付出较高的成本，但利息并不是可以随便约定的。如果双方承包合同中没有约定将如何计算，是否可以同时约定利息和约定违约金。

1. 概念

(1) 违约金

《合同法》第 114 条规定：“当事人可以约定一方违约时应当根据违约情况向对方支付一定数额的违约金，也可以约定因违约产生的损失赔偿额的计算方法。约定的违约金低于造成的损失的，当事人可以请求人民法院或者仲裁机构予以增加；约定的违约金过分高于造成的损失的，当事人可以请求人民法院或者仲裁机构予以适当减少。当事人就迟延履行约定违约金的，违约方支付违约金后，还应当履行债务。”因此我们在签订合同时一定要对违约金作出明确的约定，便于发生纠纷时进行索赔。

(2) 定金

定金指合同当事人为保证合同履行，由一方当事人预先向对方交纳一定数额的钱款。《合同法》第 115 条规定：“当事人可以依照《中华人民共和国担保法》约定一方向对方给付定金作为债权的担保。债务人履行债务后，定金应当抵作价款或者收回。给付定金的一方不履行约定的债务的，无权要求返还定金；收受定金的一方不履行约定的债务的，应当双倍返还定金。”这就是我们通常说的定金罚则。第 116 条规定：“当事人既约定违约金，又约定定金的，一方违约时，对方可以选择适用违约金或者定金条款。”《中华人民共和国担保法》第 90 条规定：“定金应当以书面形式约定。当事人在定金合同中应当约定交付定金的期限。定金合同从实际交付定金之日起生效。”第 91 条规定：“定金的数额由当事人约定，但不得超过主合同标的额的 20%。”

定金作为法定的担保形式，法律有其具体的要求：①形式要件，必须签订书面的形式；②数额的限定，定金的总额不得超过合同标的的 20%；③在选择赔偿时只能在定金和违约金中选其一。

2. 迟延付款违约金和利息

《司法解释》对当事人拖欠工程款利息作出了规定。但在实践中，常有合同没有约定逾期付款利息，而是约定"逾期付款违约金"，且该违约金通常要比银行利息高出许多，如何认定该违约金的性质与效力呢？

违约金与利息是两个不同性质的概念：第一，违约金在性质上是一种责任形式，是基于债权而产生的。而利息是物的法定孳息，具备物权的性质。第二，违约金基于对方的违约而存在，兼具补偿性和惩罚性，而利息基于对物的所有而取得，具有对物的收益性。第三，通常合同中在约定迟延付款违约金的同时也约定了迟延交付违约金，这对双方都是一种约束，目的是为了保证合同的履行。而利息则固定的属债权方的收益权。第四，违约金的多少由双方约定，双方约定的违约金过高，守约方未遭受损失的，违约方可请求酌情降低违约金数额，但需对守约方的损失负举证责任。利息的多少也可以由双方约定，但不得超过法律规定，违约方对利息高低的合理性不负举证责任。

11.7.4 工程款的优先受偿权

优先受偿权是建筑施工企业的一个很重要的权利，充分运用建设工程价款的优先受偿权，可以保证工程款能及时收回。

《合同法》第286条规定："发包人未按照约定支付价款的，承包人可以催告发包人在合理期限内支付价款。发包人逾期不支付的，除按照建设工程的性质不宜折价、拍卖的以外，承包人可以与发包人协议将该工程折价，也可以申请人民法院将该工程依法拍卖，建设工程的价款就该工程折价或者拍卖的价款优先受偿。"2002年6月11日《最高人民法院关于建设工程价款优先受偿权问题的批复》进一步明确了建设工程价款优先受偿权的适用范围、条件、期限等。

施工企业行使优先受偿权应掌握如下要点：

（1）行使优先受偿权的期限为6个月，自建设工程竣工之日或者建设工程合同约定的竣工之日起计算。施工企业可以与建设单位协议将工程折价或申请法院直接拍卖。

（2）优先受偿的建筑工程价款包括承包人为建设工程应当支付的工作人员报酬、材料款等实际支出的费用，不包括承包人因发包人违约所造成的损失，比如违约金。

（3）消费者交付购买商品房的全部或者大部分款项（50%以上）后，施工企业就该商品房享有的工程价款优先受偿权不得对抗买受人。

（4）建设单位逾期支付工程款，经施工企业催告后在合理期限内仍不支付，施工企业方能行使工程价款优先受偿权。催告的形式最好是书面的。

（5）建设工程性质必须适合于折价、拍卖。对学校、医院等以公益为目的的工程一般不在优先受偿范围之内。

11.8 建筑施工企业常见的刑事风险简析

11.8.1 刑事责任风险

刑事责任风险，是指具有刑事责任能力的人或者单位在生产及社会活动中面临的可能因为实施危害行为而触犯刑法并受到刑事制裁的危险。

刑事责任能力，是指行为人构成犯罪和承担刑事责任所必需的，行为人具备的刑法意义上辨认和控制自己行为的能力。我国刑法对刑事责任能力划分了 4 类：

（1）完全刑事责任能力。在我国刑法看来，凡是年满 18 周岁、精神和生理功能健全而智力与知识发展正常的人，都是完全刑事责任能力人。

（2）完全无刑事责任能力。一类是未达责任年龄的幼年人；另一类是因精神疾病而没有达到刑法要求的辨认或控制自己行为能力的人。按照我国刑法第 17 条、第 18 条规定，完全无刑事责任能力人为不满 14 周岁的人和行为时因精神疾病而不能辨认或者不能控制自己行为的人。

（3）相对无刑事责任能力。指行为人仅限于对刑法所明确规定的某些严重犯罪具有刑事责任能力，而对未明确限定的其他危害行为无刑事责任能力。例如我国刑法第 17 条第 2 款规定的已满 14 周岁不满 16 周岁的人。

（4）减轻刑事责任能力。是完全刑事责任能力和完全无刑事责任能力的中间状态，指因年龄、精神状况、生理功能缺陷等原因，而使行为人实施刑法所禁止的危害行为时，虽然具有责任能力，但其辨认或者控制自己行为的能力较完全责任能力有一定程度的减弱、降低的情况。我国刑法对此规定有 4 种情况：①已满 14 周岁不满 18 周岁的未成年人因年龄而不具备完全刑事责任能力；②又聋又哑的人可能不具备完全刑事责任能力；③盲人也可能不具备完全刑事责任能力；④尚未完全丧失辨认或者控制自己行为能力的精神病人不具备完全的刑事责任能力。

刑法上所谓的危害行为，是指在人的意志或者意识支配下实施的危害社会的行为。其外在表现是人的行为，这样的一个行为是受意志或意识来支配的，并且在法律上对社会有危害的行为。因此，只有这样的危害行为才可能由刑法来调整。但是如果人的无意志和无意识的行为，即使客观上造成损害，也不是刑法上的危害行为。这些无意志和无意识的行为主要有：①人在睡梦中或精神错乱状态下的行为。譬如梦游时的行为，又或者间歇性精神病人在精神病发作期间的行为，这些都是属于无意志和无意识的行为，这样的行为即使在客观上损害了社会，也不该被认定为危害行为。②人在不可抗力作用下的行为。这种情况下的行为并不表现人的意志，甚至恰恰相反，是违背人的意志的。譬如建筑施工过程中，吊车操作员在操作中因为地震而无法正常操控吊车，导致施工人员伤亡的。这里吊车操作员造成施工人员伤亡的行为就是因为不可抗力导致的，因此不能认定为刑法中的危害行为。我国刑法第 16 条明确规定：行为在客观上虽然造成了损害结果，但是不是出于故意或者过失，而是由于不能抗拒或者不能预见的原因所引起的，不是犯罪。③人在身体受强制情况下的行为。这种情况下的行为是违背行为者的主观意志的，客观上他对这种强制行为也是无法排除的，这样的行为同样不能被认为是刑法意义上的危害行为。

危害行为可以归纳为两种基本表现形式，即作为与不作为。作为是指行为人实施的违反禁止性规范的行为，也即法律禁止做而去做。不作为是指行为人负有实施某种行为的特定法律义务，能够履行而不履行的行为。

刑事风险是客观存在的，只要具有相应的刑事责任能力，就会面临刑事风险，建筑施工企业也不例外。

11.8.2 建筑施工企业常见的刑事风险

在市场经济中，企业存在的目的就是为了取得最大经济效益。建筑施工企业也是如此。在一个完全竞争的市场，每个企业是凭借自己真正的实力来进行竞争的，但是这样一个完全竞争的市场需要满足很多条件，毕竟完全竞争的市场至今只是在英国维多利亚女王时期曾出现过。在中国这个建筑市场还很不完善的情况下，尤其是存在行业垄断、地区封锁以及行政干预的情况，完全竞争根本无法做到，建筑企业为了获得更多的利益，为了获得建筑工程承包业务往往会采取一些非正常手段，这样的一些方法可能会为其带来一定的利益，但却是存在极大的风险。同时一些建筑施工企业在建筑施工过程中，片面追求经济利益，忽视安全措施，安全生产规章制度形同虚设，导致建筑施工安全事故高发；甚至有些建筑施工企业在施工过程中，偷工减料，降低工程质量。这些行为轻者要承担民事、行政责任，重者可能被追究刑事责任。

1. 重大责任事故罪

《刑法》第一百三十四条：在生产、作业中违反有关安全管理的规定，因而发生重大伤亡事故或者造成其他严重后果的，处三年以下有期徒刑或者拘役；情节特别恶劣的，处三年以上七年以下有期徒刑。

强令他人违章冒险作业，因而发生重大伤亡事故或者造成其他严重后果的，处五年以下有期徒刑或者拘役；情节特别恶劣，处五年以上有期徒刑（2006年6月29日第十届全国人民代表大会常务委员会第二十二次会议通过的《中华人民共和国刑法修正案（六）》）。

本条比之于修正前有两个重大变化：一是犯罪主体扩大了，由修正前的特殊主体变成一般主体，修正前本条犯罪主体为“工厂、矿山、林场、建筑企业或者其他企业、事业单位的职工”；二是本条最高刑由原来的7年变成现在最高15年。这样的一个修正反映了目前重大责任事故频出的现状，同时也体现了国家对此重视的程度。

2. 重大劳动安全事故罪

《刑法》第一百三十五条：安全生产设施或者安全生产条件不符合国家规定，因而发生重大伤亡事故或者造成其他严重后果的，对直接负责的主管人员和其他直接责任人员，处三年以下有期徒刑或者拘役；情节特别恶劣的，处三年以上七年以下有期徒刑（2006年6月29日第十届全国人民代表大会常务委员会第二十二次会议通过的《中华人民共和国刑法修正案（六）》）。

重大劳动安全事故罪也是建筑施工企业常见的刑事风险。这主要是由于建筑市场竞争十分激烈，一些建筑施工企业为节省费用，减少开支，用于安全生产的设备、器材就能省则省，能拖就拖，从而导致安全隐患增加，大大增加了安全事故发生的可能性。本条与修正前相比：一是主体范围扩大，这是基于现实情况的需要，特别是农村一些没有资质、无照经营的个体建筑工匠的存在，很多并不具备安全生产设施或安全生产条件，也在雇佣人员从事施工业务，如果因此发生劳动安全事故，按照罪刑法定原则，将无法追究这些个体建筑工匠的刑事责任。因为修正前本罪的主体是工厂、矿山、林场、建筑企业或者其他企业、事业单位中负责劳动安全的直接责任人员。二是取消了“经有关部门或单位职工提出后，对事故隐患仍不采取措施”的限制规定，这种限制规定降低了法律对用人单位恪守注意义务程度上的要求，客观上减弱了发现和排除安全事故隐患的主动性和积极性。

3. 工程重大安全事故罪

《刑法》第一百三十七条：建设单位、设计单位、施工单位、工程监理单位违反国家规定，降低工程质量标准，造成重大安全事故的，对直接责任人员，处五年以下有期徒刑或者拘役，并处罚金；后果特别严重的，处五年以上十年以下有期徒刑，并处罚金。

本罪的主体是建设单位、设计单位、施工单位、工程监理单位中，对建筑质量安全负有直接责任的人员。客体是建筑工程质量标准的规定以及公众的生命、健康和重大公私财产的安全。客观表现为，违反国家规定，降低工程质量标准，造成重大安全事故的行为。

4. 串通投标罪

《刑法》第二百二十三条：投标人相互串通投标报价，损害招标人或者其他投标人利益，情节严重的，处三年以下有期徒刑或者拘役，并处或者单处罚金。

投标人与招标人串通投标，损害国家、集体、公民的合法权益的，依照前款规定处罚。

招标与投标是市场经济条件下，在发包工程、采购原材料、器材、机械设备等比较重要的民事、经济活动中，经常采用的有组织的市场交易活动。按照我国的法律规定，投标竞标必须在公平竞争的原则下进行，不允许投标人之间、投标人与招标人之间事先串通投标，否则就会损害其他人或者国家、集体的利益。所谓情节严重是指具有下列情形之一：损害招标人、投标人或者国家、集体、公民的合法利益，造成的直接经济损失数额在50万元以上的；对其他投标人、招标人等投标活动的参加人采取威胁、欺骗等手段的；虽未达到上述数额标准，但因串通投标，受过行政处罚2次以上，又串通投标的。

5. 行贿罪

《刑法》第三百八十九条：为谋取不正当利益，给予国家工作人员以财物的，是行贿罪。

在经济往来中，违反国家规定，给予国家工作人员以财物，数额较大的，或者违反国家规定，给予国家工作人员以各种名义的回扣、手续费的，以行贿论处。

因被勒索给予国家工作人员以财物，没有获得不正当的利益，不是行贿。

《刑法》第三百九十条：对犯行贿罪的，处五年以下有期徒刑或者拘役；因行贿谋取不正当利益，情节严重的，或者使国家利益遭受重大损失的，处五年以上十年以下有期徒刑；情节特别严重的，处十年以上有期徒刑或者无期徒刑，可以并处没收财产。

行贿人在被追诉前主动交代行贿行为的，可以减轻处罚或者免除处罚。

行贿罪的特征：

（1）本罪的客体是国家工作人员的职务廉洁性。

（2）本罪的客观方面表现为行为人给予国家工作人员财物的行为。

（3）本罪的主体是一般主体，凡是年满16周岁具有刑事责任能力的自然人均能构成本罪的主体。

（4）本罪主观方面是直接故意，即具有谋取不正当利益的目的。

6. 虚报注册资本罪

《刑法》第一百五十八条：申请公司登记使用虚假证明文件或者采取其他欺诈手段虚报注册资本，欺骗公司登记主管部门，取得公司登记，虚报注册资本数额巨大、后果严重或者有其他严重情节的，处三年以下有期徒刑或者拘役，并处或者单处虚报注册资本金额百分之一以上百分之五以下罚金。

所谓“数额巨大、后果严重或者有其他严重情节”，根据最高人民检察院、公安部《关于经济犯罪案件追诉标准的规定》第2条规定，是指具有下列情形之一：

（1）实缴注册资本不足法定注册资本最低限额，有限责任公司虚报数额占法定最低限额的百分之六十以上，股份有限公司虚报数额占法定最低限额的百分之三十以上的；

（2）实缴注册资本达到法定最低限额，但仍虚报注册资本，有限责任公司虚报数额在一百万元以上，股份有限公司虚报数额在一千万元以上的；

（3）虚报注册资本给投资者或者其他债权人造成的直接经济损失累计数额在十万元以上的；

（4）虽未达到上述数额标准，但具有下列情形之一的：

① 因虚报注册资本，受过行政处罚二次以上，又虚报注册资本的；

② 向公司登记主管人员行贿或者注册后进行违法活动的。

虚报注册资本罪在手法上主要是以伪造虚假证明文件为主，它与下面的虚假出资、抽逃出资罪是有所区别的，本文在下面将进行分析。

7. 虚假出资、抽逃出资罪

《刑法》第一百五十九条：公司发起人、股东违反公司法的规定未交付货币、实物或者未转移财产权，虚假出资，或者在公司成立后又抽逃其出资，数额巨大、后果严重或者有其他严重情节的，处五年以下有期徒刑或者拘役，并处或者单处虚假出资金额或者抽逃出资金额百分之二以上百分之十以下罚金。

单位犯前款罪的，对单位判处罚金，并对其直接负责的主管人员和其他直接责任人员，处五年以下有期徒刑或者拘役。

所谓“数额巨大、后果严重或者有其他严重情节”，根据最高人民检察院、公安部《关于经济犯罪案件追诉标准的规定》第3条规定，是指具有下列情形之一：

（1）虚假出资、抽逃出资，给公司、股东、债权人造成的直接经济损失累计数额在十万元至五十万元以上的；

（2）虽未达到上述数额标准，但具有下列情形之一的：

① 致使公司资不抵债或者无法正常经营的；

② 公司发起人、股东合谋虚假出资、抽逃出资的；

③ 因虚假出资、抽逃出资，受过行政处罚二次以上，又虚假出资、抽逃出资的；

④ 利用虚假出资、抽逃出资所得资金进行违法活动的。

建筑施工企业虚假出资、抽逃出资现象比较常见，为了满足建筑资质评定的需要，建筑施工企业经常会采取虚假出资的方式，或者在注册资本到账后抽逃。

虚报注册资本罪与虚假出资、抽逃出资罪的区别：①虚假出资、抽逃注册资本的行为主体是公司的发起人、股东，而虚报注册资本的行为主体是申请公司登记的人；②欺诈的对象不同，虚假出资、抽逃注册资本欺诈的对象主要是本公司的其他股东或发起人、认股人和社会公众，而虚报注册资本欺诈对象主要是公司登记主管部门；③行为方式上，虚报注册资本是提交虚假证明文件或者采取其他欺诈手段隐瞒重要事实，实际上没有资本而谎称具有或者虽有资本，但实有资本却少于所申报的资本，虚假出资是未交付货币、实物或者未转移财产权；④虚假出资、虚报注册资本发生在公司登记过程之中、公司成立之前，而抽逃注册资本的行为只能发生在成立之后。

8. 偷税罪

《刑法》第二百零一条：纳税人采取伪造、变造、隐匿，擅自销毁账簿、记账凭证，在账簿上多列支出或者不列、少列收入，经税务机关通知申报而拒不申报或者进行虚假的纳税申报的手段，不缴或者少缴应纳税款，偷税数额占应纳税额的百分之十以上不满百分之三十并且偷税数额在一万元以上不满十万元的，或者因偷税被税务机关给予二次行政处罚又偷税的，处三年以下有期徒刑或者拘役，并处偷税数额一倍以上五倍以下罚金；偷税数额占应纳税额的百分之三十以上并且偷税数额在十万元以上的，处三年以上七年以下有期徒刑，并处偷税数额一倍以上五倍以下罚金。

扣缴义务人采取前款所列手段，不缴或者少缴已扣、已收税款，数额占应缴税额的百分之十以上并且数额在一万元以上的，依照前款的规定处罚。

对多次犯有前两款行为，未经处理的，按照累计数额计算。

本罪的构成要件：

(1) 本罪的客体，是国家的税收管理制度。

(2) 本罪的客观方面，表现为违反国家税收法规，以虚假手段不缴或者少缴税款，偷税数额达到法定标准或者因偷税受到两次行政处罚又偷税的行为。

(3) 本罪的主体，自然人或单位均可构成。犯本罪的自然人是特殊主体，犯本罪的单位是特定单位，即必须是负有纳税或者扣缴义务的人或单位。

(4) 本罪的主观方面为故意。

11.8.3 建筑施工企业刑事风险的特点

建筑施工企业的行业特点，决定了它所面临的刑事风险始终贯穿于其经营行为过程中。从招投标开始，直至工程结束。

建筑施工企业刑事风险的特点：

(1) 高技术风险诱发刑事风险。当前我国正处于城镇化进程快速发展时期，今后几年的建设规模仍将呈现高增长的趋势。与此同时，过去很少涉及的跨海、长距离地下、高原等恶劣环境中施工的工程，以及各种大体量、超高层等高技术含量的工程比例越来越高，随之而来的施工技术风险也越来越突出。这类工程往往对项目设计、施工方案组织等技术要求非常高，稍有不慎极易导致项目投资、施工周期和质量、安全等方面的问题。比如，在城市地下轨道交通的建设方面，上海、广州等地都出现过不同程度的地铁工程事故。在这些技术要求高的工程当中，极容易诱发刑事风险。

(2) 建筑业从业人员素质低。现阶段我国建筑施工行业施工作业人员中农民工占总从业人数的80%以上，由于绝大部分农民工的文化知识和安全操作技能水平较低，劳务输出地的劳动技能培训落后，农民工进城基本上处于刚放下锄头即拿瓦刀、刚洗掉泥脚即戴帽(安全帽)的粗放劳动型。虽然各级主管部门和各建筑施工企业相继出台一些政策、办法和措施，但由于违章作业等农民工自身问题引起的安全生产责任事故仍频频发生，使建筑行业成为继煤炭、交通之后的第三大安全事故高发行业。这些人员给建筑施工企业的安全管理带来很大的难度。

(3) 建筑业市场不成熟，行政干预较多。《招标投标法》颁布的主要作用是加强建设工程招投标的管理，维护建筑市场的正常秩序，保护当事人的合法权益，防止行政干预，但有的地方或部门对本地或本系统企业提供便利条件，而对外地企业、非本系统企业则以种种方式设置障碍，排除或限制他们参加投标；一些有着这样那样特殊权力的部门，凭借其职权，或是向业主“推荐”承包队伍，或是向总包企业“推荐”分包队伍，干预工程的发包承包。如，个别地方和单位以招商引资为借口，采取“先开工建设，再补办手续”的形式，直接干预插手招投标，不按正常招标程序执行。又如，各级各种开发区进行封闭式开发管理，有关部门难以监管，对开发区内的建设工程项目不进行招投标或不公开进行招投标。这样就导致建筑施工企业为能得到施工工程，不惜铤而走险，采取各种手段，于是贿赂大行其道，串通投标也屡见不鲜。

（4）资质挂靠现象多。挂靠是串标哄抬工程的根源，挂靠造成了竞争的不公平，也给工程质量带来隐患。挂靠现象的存在直接导致非法围标，施工队伍通过挂靠多家企业，明为公平投标，实为独家操作，哄抬工程造价，以达到高价中标的目的，不仅给国家造成了很大的经济损失，从另一方面造成了建筑市场的混乱，造成守法经营的企业无法正常参与竞争。

（5）低价投标、分包转包普遍。由于总承包商和中间承包商层层分包，层层收取管理费，导致一线施工队伍的利润减少，由此引发不少问题，导致工程质量、劳动安全事故发生的几率增加。

11.8.4　建筑施工企业刑事风险的防范

建筑施工企业刑事风险可以从以下方面进行防范：

（1）严格按照设计要求、技术标准施工，建立施工项目质量保证体系，建筑施工企业组织定期、不定期的质量检查，结合不合格品控制和纠正预防措施程序，找出工程实体质量问题和管理工作中的存在问题，提出改进工作的具体措施，并在下一阶段工作中加以改进提高和在下阶段的工作总结时进行检验，确保工程质量。

（2）建立、健全安全生产责任制度、安全审核制度、安全检查制度、安全教育制度，并切实保证制度的正常运行。施工现场的办公、生活区及作业场所和安全防护用具、机械设备、施工机具及配件符合有关安全生产法律、法规、标准和规程的要求，大力推广应用促进安全生产的科技产品，提高项目施工的科技含量，对现场使用的一些陈旧、过期设备实行强制性的淘汰。

同时加强对农民工的技能培训，提高他们的安全生产技能，加强安全意识教育，只有广大农民工更多地掌握预防事故的知识和技能，才能更好地防止事故的发生。

（3）在市场竞争中，规范经营、遵章守法，注意自我约束和自我保护，通过提高自身的软硬件增强竞争力，抵制串通投标、围标。规范分包行为，不分包给无资质、挂靠资质的施工队伍，加强对分包施工的质量、安全监督。

第12章　职业道德与职业标准

12.1　概　　述

12.1.1　基本概念

道德是以善恶为标准，通过社会舆论、内心信念和传统习惯来评价人的行为，调整人与人之间以及个人与社会之间相互关系的行为规范的总和。只涉及个人、个人之间、家庭等的私人关系的道德，称为私德；涉及社会公共部分的道德，称为社会公德。一个社会一般有社会公认的道德规范，不过，不同的时代，不同的社会，往往有一些不同的道德观念；不同的文化中，所重视的道德元素以及优先性、所持的道德标准也常常会有所差异。

1. 道德与法纪的区别和联系

遵守道德是指按照社会道德规范行事，不做损害他人的事。遵守法纪是指遵守纪律和法律，按照规定行事，不违背纪律和法律的规定条文。法纪与道德既有区别也有联系。它们是两种重要的社会调控手段，自人类进入文明社会以来，任何社会在建立与维持秩序时，都必须借助于这两种手段。遵守道德与遵守法纪是这两种规范的实现形式，两者是相辅相成、相互促进、相互推动的。

（1）法纪属于制度范畴，而道德属于社会意识形态范畴。道德侧重于自我约束，是行为主体“应当”的选择，依靠人们的内心信念、传统习惯和社会舆论发挥其作用和功能，不具有强制力；而法纪则侧重于国家或组织的强制，是国家或组织制定和颁布，用以调整、约束和规范人们行为的权威性规则。

（2）遵守法纪是遵守道德的最低要求。道德可分为两类：第一类是社会有序化要求的道德，是维系社会稳定所必不可少的最低限度的道德，如不得暴力伤害他人、不得用欺诈手段谋取利益、不得危害公共安全等；第二类是那些有助于提高生活质量、增进人与人之间紧密关系的原则，如博爱、无私、乐于助人、不损人利己等。第一类道德通常会上升为法纪，通过制裁、处分或奖励的方法得以推行。而第二类道德是对人性较高要求的道德，一般不宜转化为法纪，需要通过教育、宣传和引导等手段来推行。法纪是道德的演化产物，其内容是道德范畴中最基本的要求，因此遵纪守法是遵守道德的最低要求。

（3）遵守道德是遵守法纪的坚强后盾。首先，法纪应包含最低限度的道德，没有道德基础的法纪，是一种“恶法”，是无法获得人们的尊重和自觉遵守的。其次，道德对法纪的实施有保障作用，“徒善不足以为政，徒法不足以自行”，执法者职业道德的提高，守法者的法律意识、道德观念的加强，都对法纪的实施起着推动的作用。再者，道德对法纪有补充作用，有些不宜由法纪调整的，或本应由法纪调整但因立法的滞后而尚“无法可依”

的，道德约束往往起到了补充作用。

2. 公民道德的主要内容

公民道德主要包括社会公德、职业道德和家庭美德三个方面：

（1）社会公德。社会公德是全体公民在社会交往和公共生活中应该遵循的行为准则，涵盖了人与人、人与社会、人与自然之间的关系。在现代社会，公共生活领域不断扩大，人们相互交往日益频繁，社会公德在维护公众利益、公共秩序和保持社会稳定方面的作用更加突出，成为公民个人道德修养和社会文明程度的重要表现。以文明礼貌、助人为乐、爱护公物、保护环境、遵纪守法为主要内容的社会公德，旨在鼓励人们在社会上做一个好公民。

（2）职业道德。职业道德是所有从业人员在职业活动中应该遵循的行为准则，涵盖了从业人员与服务对象、职业与职工、职业与职业之间的关系。随着现代社会分工的发展和专业化程度的增强，市场竞争日趋激烈，整个社会对从业人员职业观念、职业态度、职业技能、职业纪律和职业作风的要求越来越高。以爱岗敬业、诚实守信、办事公道、服务群众、奉献社会为主要内容的职业道德，旨在鼓励人们在工作中做一个好建设者。

（3）家庭美德。家庭美德是每个公民在家庭生活中应该遵循的行为准则，涵盖了夫妻、长幼、邻里之间的关系。家庭生活与社会生活有着密切的联系，正确对待和处理家庭问题，共同培养和发展夫妻爱情、长幼亲情、邻里友情，不仅关系到每个家庭的美满幸福，也有利于社会的安定和谐。以尊老爱幼、男女平等、夫妻和睦、勤俭持家、邻里团结为主要内容的家庭美德，旨在鼓励人们在家庭里做一个好成员。

中国共产党第十八次全国代表大会对未来我国道德建设也做出了重要部署。强调要坚持依法治国和以德治国相结合，加强社会公德、职业道德、家庭美德、个人品德教育，弘扬中华传统美德，弘扬时代新风，指出了道德修养的“四位一体”性。“十八大”报告中“推进公民道德建设工程，弘扬真善美、贬斥假恶丑，引导人们自觉履行法定义务、社会责任、家庭责任，营造劳动光荣、创造伟大的社会氛围，培育知荣辱、讲正气、作奉献、促和谐的良好风尚”，强调了社会氛围和社会风尚对公民道德品质的塑造；“深入开展道德领域突出问题专项教育和治理，加强政务诚信、商务诚信、社会诚信和司法公信建设”，突出了“诚信”这个道德建设的核心。

3. 职业道德的概念

所谓职业道德，是指从事一定职业的人们在其特定职业活动中所应遵循的符合职业特点所要求的道德准则、行为规范、道德情操与道德品质的总和。职业道德是对从事这个职业所有人员的普遍要求，它不仅是所有从业人员在其职业活动中行为的具体表现，同时也是本职业对社会所负的道德责任与义务，是社会公德在职业生活中的具体化。每个从业人员，不论是从事哪种职业，在职业活动中都要遵守职业道德，如教师要遵守教书育人、为人师表的职业道德；医生要遵守救死扶伤的职业道德；企业经营者要遵守诚实守信、公平竞争、合法经营的职业道德等。具体来讲，职业道德的涵义主要包括以下八个方面：

（1）职业道德是一种职业规范，受社会普遍的认可。

（2）职业道德是长期以来自然形成的。

（3）职业道德没有确定形式，通常体现为观念、习惯、信念等。

（4）职业道德依靠文化、内心信念和习惯，通过职工的自律来实现。

（5）职业道德大多没有实质的约束力和强制力。

（6）职业道德的主要内容是对职业人员义务的要求。

（7）职业道德标准多元化，代表了不同企业可能具有不同的价值观。

（8）职业道德承载着企业文化和凝聚力，影响深远。

12.1.2 职业道德的基本特征

职业道德是从业人员在一定的职业活动中应遵循的、具有自身职业特征的道德要求和行为规范。根据《中华人民共和国公民道德建设实施纲要》，我国现阶段各行各业普遍使用的职业道德的基本内容包括“爱岗敬业、诚实守信、办事公道、服务群众、奉献社会”。上述职业道德内容具有以下基本特征：

1. 职业性

职业道德的内容与职业实践活动紧密相连，反映着特定职业活动对从业人员行为的道德要求。每一种职业道德都只能规范本行业从业人员的执业行为，在特定的职业范围内发挥作用。由于职业分工的不同，各行各业都有各自不同特点的职业道德要求。如医护人员有以“救死扶伤”为主要内容的职业道德，营业员有以“优质服务”为主要内容的职业道德。建设领域特种作业人员的职业道德则集中体现在“遵章守纪，安全第一”上。职业道德总是要鲜明地表达职业义务、职业责任以及职业行为上的道德准则，反映职业、行业以及产业特殊利益的要求；它往往表现为某一职业特有的道德传统和道德习惯，表现为从事某一职业的人们所特有的道德心理和道德品质。甚至形成从事不同职业的人们在道德品貌上的差异。如人们常说，某人有“军人作风”、“工人性格”等。

2. 继承性

在长期实践过程中形成的职业道德内容，会被作为经验和传统继承下来。即使在不同的社会经济发展阶段，同样一种职业，虽然服务对象、服务手段、职业利益、职业责任有所变化，但是职业道德基本内容仍保持相对稳定，与职业行为有关的道德要求的核心内容将被继承和发扬，从而形成了被不同社会发展阶段普遍认同的职业道德规范。如“有教无类”、“学而不厌，诲人不倦”，从古至今都是教师的职业道德。

3. 多样性

不同的行业和不同的职业，有不同的职业道德标准，且表现形式灵活，涉及范围广泛。职业道德的表现形式总是从本职业的交流活动实际出发，采用制度、守则、公约、承诺、誓言、条例，以至标语口号之类来加以体现，既易于为从业人员所接受和实行，而且便于形成一种职业的道德习惯。

4. 纪律性

纪律也是一种行为规范，但它是介于法律和道德之间的一种特殊的规范。它既要求人们能自觉遵守，又带有一定的强制性。就前者而言，它具有道德色彩；就对后者而言，又带有一定的法律色彩。就是说，一方面遵守纪律是一种美德，另一方面，遵守纪律又带有强制性，具有法令的要求。例如，工人必须执行操作规程和安全规定；军人要有严明的纪律等。因此，职业道德有时又以制度、章程、条例的形式表达，让从业人员认识到职业道德又具有纪律的约束性。

12.1.3 职业道德建设的必要性和意义

在现代社会里，人人都是服务对象，人人又都为他人服务。社会对人的关心、社会的安宁和人们之间关系的和谐，是同各个岗位上的服务态度、服务质量密切相关的。在构建和谐社会的新形势下，大力加强社会主义的职业道德建设，具有十分重要的意义，一个人对社会贡献的大小，主要体现在职业实践中。

1. 加强职业道德建设，是提高职业人员责任心的重要途径

行业、企业的发展有赖于好的经济效益，而好的经济效益源于好的员工素质。员工素质主要包含知识、能力、责任心三个方面，其中责任心即是职业道德的体现。职业道德水平高的从业人员其责任心必然很强，因此，职业道德能促进行业企业的发展。职业道德建设要把共同理想同各行各业、各个单位的发展目标结合起来，同个人的职业理想和岗位职责结合起来，这样才能增强员工的职业观念、职业事业心和职业责任感。职业道德要求员工在本职工作中不怕艰苦，勤奋工作，既讲团结协作，又争个人贡献，既讲经济效益，又讲社会效益。

在现代社会里，各行各业都有它的地位和作用，也都有自己的责任和权力。有些人凭借职权钻空子，谋私利，这是缺乏职业道德的表现。加强职业道德建设，就要紧密联系本行业本单位的实际，有针对性地解决存在的问题。比如，建筑行业要针对高估多算、转包工程从中渔利等不正之风，重点解决好提高质量、降低消耗、缩短工期、杜绝敲诈勒索和拖欠农民工工资等问题；商业系统要针对经营商品以次充好、以假乱真和虚假广告等不正之风，重点解决好全心全意为顾客服务的问题；运输行业要针对野蛮装卸、以车谋私和违章超载等不正之风，重点解决好人民交通为人民的问题。当职业人员的职业道德修养提升了，就能做到干一行，爱一行，脚踏实地工作，尽心尽责地为企业为单位创造效益。

2. 加强职业道德建设，是促进企业和谐发展的迫切要求

职业道德的基本职能是调节职能。它一方面可以调节从业人员内部的关系，即运用职业道德规范约束职业内部人员的行为，促进职业内部人员的团结与合作，加强职业、行业内部人员的凝聚力。如职业道德规范要求各行各业的从业人员，都要团结、互助、爱岗、敬业、齐心协力地为发展本行业、本职业服务。另一方面，职业道德又可以调节从业人员和服务对象之间的关系，用来塑造本职业从业人员的社会形象。

企业是具有社会性的经济组织，在企业内部存在着各种复杂的关系。这些关系既有相互协调的一面，也有矛盾冲突的一面，如果解决不好，将会影响企业的凝聚力。这就要求企业所有的员工都应从大局出发，光明磊落、相互谅解、相互宽容、相互信赖、同舟共济，而不能意气用事、互相拆台。总之，要求职工必须具有较高的职业道德觉悟。

现在，各行各业从宏观到微观都建立了经济责任制，并与企业、个人的经济利益挂钩，从业者的竞争观念、效益观念、信息观念、时间观念、物质利益观念、效率观念都很强，这使得各行各业产生了新的生机和活力。但另一方面，由于社会观念的相对转弱，又往往会产生只顾小集体利益，不顾大集体利益；只顾本企业利益，不顾国家利益；只顾个人利益，不顾他人利益；只顾眼前利益，不顾长远利益等问题。因此，加强职业道德建设，教育员工顾大局、识大体，正确处理国家、集体和个人三者之间的关系，防止各种旧思想、旧道德对员工的腐蚀就显得尤为重要。要促进企业内部党政之间、上下级之间、干群之间团结协作，使企业真正成为一个具有社会主义精神风貌的和谐集体。

3. 加强职业道德建设，是提高企业竞争力的必要措施

当前市场竞争激烈，各行各业都讲经济效益，这就促使企业的经营者在竞争中不断开拓创新。但行业之间为了自身的利益，会产生很多新的矛盾，形成自我力量的抵消，使一些企业的经营者在竞争中单纯追求利润、产值，不求质量，或者以次充好、以假乱真，不顾社会效益，损害国家、人民和消费者的利益。这只能给企业带来短暂的收益，当企业失去了消费者的信任，也就失去了生存和发展的源泉，难以在竞争的激流中不倒。在企业中加强职业道德建设，可使企业在追求自身利润的同时，创造社会效益，从而提升企业形象，赢得持久而稳定的市场份额；同时，可使企业内部员工之间相互尊重、相互信任、相互合作，从而提高企业凝聚力。如此，企业方能在竞争中稳步发展。

现阶段的企业，在人财物、产供销方面都有极大的自主权。但粗放型经济增长方式在建设、生产、流通等各个领域，突出表现为管理水平低、物资消耗高、科技含量低、资金周转慢、经济效益差，新旧经济体制的转变已进入了交替的胶着状态，旧经济体制在许多方面失去了效应，而新经济体制还没有完全建立起来。同时，人们在认识上缺乏科学的发展观念。解决这些问题，当然要坚定不移地推进改革，进一步完善经济、法制、行政的调节机制，但运用道德手段来调节和规范企业及员工的经济行为也是合乎民心的极其重要的工作。因此，随着改革的深入，人们的道德责任感应当加强而不是削弱。

4. 加强职业道德建设，是个人健康发展的基本保障

市场经济对于职业道德建设有其积极一面，也有消极的一面，它的自发性、自由性、注重经济效益的特性，诱惑一些人"一切向钱看"，唯利是图，不择手段追求经济效益，从而走上不归路，断送前程。通过加强职业道德建设，提高从业人员的道德素质，使其树立职业理想，增强职业责任感，形成良好的职业行为。当从业人员具备职业道德精神，将职业道德作为行为准则时，就能抵抗物欲诱惑，而不被利益所熏心，脚踏实地在本行业中追求进步。在社会主义市场经济条件下，弄虚作假、以权谋私、损人利己的人不但给社会、国家利益造成损害，自身发展也会受到影响，只有具备"爱岗敬业、诚实守信、办事公道、服务群众、奉献社会"职业道德精神的从业人员，才能在社会中站稳脚跟，成为社会的栋梁之才，在为社会创造效益的同时，也保障了自身的健康发展。

5. 加强职业道德建设，是提高全社会道德水平的重要手段

职业道德是整个社会道德的主要内容，它一方面涉及每个从业者如何对待职业，如何对待工作，同时也是一个从业人员的生活态度、价值观念的表现，是一个人的道德意识和道德行为发展到成熟阶段的体现，具有较强的稳定性和连续性。另一方面，职业道德也是一个职业集体甚至一个行业全体人员的行为表现，如果每个行业、每个职业集体都具备优良的道德，那么对整个社会道德水平的提高就会发挥重要作用。

12.2 建设行业从业人员的职业道德

对于建设行业从业人员来说，一般职业道德要求主要有忠于职守、热爱本职，质量第一、信誉至上，遵纪守法、安全生产，文明施工、勤俭节约，钻研业务、提高技能等内容，这些都需要全体人员共同遵守。对于建设行业不同专业、不同岗位从业人员，还有更加具有针对性和更加具体的职业道德要求。

12.2.1 一般职业道德要求

1. 忠于职守，热爱本职

一个从业人员不能尽职尽责，忠于职守，就会影响整个企业或单位的工作进程。严重的还会给企业和国家带来损失，甚至还会在国际上造成不良影响。因此，应当培养高度的职业责任感，以主人翁的态度对待自己的工作，从认识上、情感上、信念上、意志乃至习惯上养成"忠于职守"的自觉性。

（1）忠实履行岗位职责，认真做好本职工作

岗位责任一般包括：岗位的职能范围与工作内容；在规定的时间内完成的工作数量和质量。忠实履行岗位职责是国家对每个从业人员的基本要求，也是职工对国家、对企业必须履行的义务。

（2）反对玩忽职守的渎职行为

玩忽职守，渎职失责的行为，不仅影响企事业单位的正常活动，还会使公共财产、国家和人民的利益遭受损失，严重的将构成渎职罪、玩忽职守罪、重大责任事故罪，而受到法律的制裁。作为一个建设行业从业人员，就要从一砖一瓦做起，忠实履行自己的岗位职责。

2. 质量第一、信誉至上

"质量第一"就是在施工时要对建设单位（用户）负责，从每个人做起，严把质量关，做到所承建的工程不出次品，更不能出废品，争创全优工程。建筑工程的质量问题不仅是建筑企业生产经营管理的核心问题，也是企业职业道德建设中的一个重大课题。

（1）建筑工程的质量是建筑企业的生命

建筑企业要向企业全体职工，特别是第一线职工反复地进行"百年大计，质量第一"的宣传教育，增强执行"质量第一"的自觉性，同时要"奖优罚劣"，严格制度，检查考核。

（2）诚实守信、实践合同

信誉，是信用和名誉两者在职业活动中的统一。一旦签订合同，就要严格认真履行，不能"见利忘义"，"取财无道"，不守信用。"信招天下客，誉从信中来"，企业生产经营要真诚待客，服务周到，产品上乘，质量良好，以获得社会肯定。

建设行业职工应该从我做起，抓职业道德建设，抓诚信教育，使诚实守信成为每个建筑企业的精神，成为每个建筑职工进行职业活动的灵魂。

3. 遵纪守法，安全生产

遵纪守法，是一种高尚的道德行为，作为一个建筑业的从业人员，更应强调在日常施工生产中遵守劳动纪律。自觉遵守劳动纪律，维护生产秩序，不仅是企业规章制度的要求，也是建筑行业职业道德的要求。

严格遵守劳动纪律，要求做到：听从指挥，服从调配，按时、按质、按量完成上级交给的生产劳动任务；保证劳动时间，不迟到、不早退、不旷工，遵守考勤制度；认真执行岗位责任制和承包责任制，坚守工作岗位，不玩忽职守，在施工劳动中精力要集中，不

“磨洋工”，不干私活，不拉扯闲谈开玩笑，不做与本职工作无关的事；要文明施工、安全生产，严格遵守操作规程，不违章指挥、违章作业；做遵纪守法、维护生产秩序的模范。

4. 文明施工、勤俭节约

文明施工就是坚持合理的施工程序，按既定的施工组织设计，科学地组织施工，严格地执行现场管理制度，做到经常性的监督检查，保证现场整洁，工完场清，材料堆放整齐，施工秩序良好。

勤俭就是勤劳俭朴，节约就是把不必使用的节省下来。换句话说，一方面要多劳动、多学习、多开拓、多创造社会财富；另一方面又要俭朴办企业，合理使用人力、物力、财力，精打细算，节省开支、减少消耗，降低成本、提高劳动生产率，提高资金利用率，严格执行各项规章制度，避免浪费和无谓的损失。

5. 钻研业务，提高技能

当前，我国建立了社会主义市场经济体制，建筑企业要在优胜劣汰的竞争中立于不败之地，并保持蓬勃的生机和活力，从内因来看，很大程度上取决于企业是否拥有现代化建设所需要的各种适用人才。企业要实现技术先进、管理科学、产品优良，关键是要有人才优势。企业的职工素质优劣（包括文化、科学、技术、业务水平的高低，政治思想、职业道德品质的好坏）往往决定了企业的兴衰。科学技术越进步，人才在生产力发展中的作用也就越大，作为建设行业从业人员，要努力学习先进技术和专门知识，了解行业发展方向，适应新的时代要求。

12.2.2 个性化职业道德要求

在遵守一般职业道德要求的基础上，建设行业从业人员还应遵守各自的特殊、详细职业道德要求。为进一步加强建筑业社会主义精神文明建设，提高全行业的整体素质，树立良好的行业形象，一九九七年九月，中华人民共和国建设部建筑业司组织起草了《建筑业从业人员职业道德规范（试行）》，并下发施行。其中，重点对项目经理、工程技术人员、管理人员、工程质量监督人员、工程招标投标管理人员、建筑施工安全监督人员、施工作业人员的职业道德规范提出了要求。

对于项目经理，重点要求有：强化管理，争创效益对项目的人财物进行科学管理；加强成本核算，实行成本否决，厉行节约，精打细算，努力降低物资和人工消耗。讲求质量，重视安全，加强劳动保护措施，对国家财产和施工人员的生命安全负责，不违章指挥，及时发现并坚决制止违章作业，检查和消除各类事故隐患。关心职工，平等待人，不拖欠工资，不敲诈用户，不索要回扣，不多签或少签工程量或工资，搞好职工的生活，保障职工的身心健康。发扬民主，主动接受监督，不利用职务之便谋取私利，不用公款请客送礼。用户至上，诚信服务，积极采纳用户的合理要求和建议，建设用户满意工程，坚持保修回访制度，为用户排忧解难，维护企业的信誉。

对于工程技术人员，重点要求有：热爱科技，献身事业，不断更新业务知识，勤奋钻研，掌握新技术、新工艺。深入实际，勇于攻关，不断解决施工生产中的技术难题提高生产效率和经济效益。一丝不苟，精益求精，严格执行建筑技术规范，认真编制施工组织设计，积极推广和运用新技术、新工艺、新材料、新设备，不断提高建筑科学技术水平。以身作则，培育新人，既当好科学技术带头人，又做好施工科技知识在职工中的普及工作。

严谨求实，坚持真理，在参与可行性研究时，协助领导进行科学决策；在参与投标时，以合理造价和合理工期进行投标；在施工中，严格执行施工程序、技术规范、操作规程和质量安全标准。

对于管理人员，重点要求有：遵纪守法，为人表率，自觉遵守法律、法规和企业的规章制度，办事公道。钻研业务，爱岗敬业，努力学习业务知识，精通本职业务，不断提高工作效率和工作能力。深入现场，服务基层，积极主动为基层单位服务，为工程项目服务。团结协作，互相配合，树立全局观念和整体意识，遇事多商量、多通气，互相配合，互相支持，不推、不扯皮，不搞本位主义。廉洁奉公，不谋私利，不利用工作和职务之便吃拿卡要。

对于工程质量监督人员，重点要求有：遵纪守法，秉公办事，贯彻执行国家有关工程质量监督管理的方针、政策和法规，依法监督，秉公办事，树立良好的信誉和职业形象。敬业爱岗，严格监督，严格按照有关技术标准规范实行监督，严格按照标准核定工程质量等级。

提高效率，热情服务，严格履行工作程序，提高办事效率，监督工作及时到位。公正严明，接受监督，公开办事程序，接受社会监督、群众监督和上级主管部门监督，提高质量监督、检测工作的透明度，保证监督、检测结果的公正性、准确性。严格自律，不谋私利，严格执行监督、检测人员工作守则，不在建筑业企业和监理企业中兼职，不利用工作之便介绍工程进行有偿咨询活动。

对于工程招标投标管理人员，重点要求有：遵纪守法，秉公办事，在招标投标各个环节要依法管理、依法监督，保证招标投标工作的公开、公平，公正。敬业爱岗，优质服务，以服务带管理，以服务促管理，寓管理于服务之中。接受监督，保守秘密，公开办事程序和办事结果，接受社会监督、群众监督及上级主管部门的监督，维护建筑市场各方的合法权益。廉洁奉公，不谋私利，不吃宴请，不收礼金，不指定投标队伍，不准泄露标底，不参加有妨碍公务的各种活动。

对于建筑施工安全监督人员，重点要求有：依法监督，坚持原则，宣传和贯彻“安全第一，预防为主”的方针，认真执行有关安全生产的法律、法规、标准和规范。敬业爱岗、忠于职守，以减少伤亡事故为本，大胆管理。实事求是，调查研究，深入施工现场，提出安全生产工作的改进措施和意见，保障广大职工群众的安全和健康。努力钻研，提高水平，学习安全专业技术知识，积累和丰富工作经验，推动安全生产技术工作的不断发展和完善。

对于施工作业人员，重点要求有：苦练硬功，扎实工作，刻苦钻研技术，熟练掌握本工作的基本技能，努力学习和运用先进的施工方法，练就过硬本领，立志岗位成才。热爱本职工作，不怕苦、不怕累，认认真真，精心操作。精心施工，确保质量，严格按照设计图纸和技术规范操作，坚持自检、互检、交接检制度，确保工程质量。安全生产，文明施工，树立安全生产意识，严格执行安全操作规程，杜绝一切违章作业现象。维护施工现场整洁，不乱倒垃圾，做到工完场清。不断提高文化素质和道德修养。遵守各项规章制度，发扬劳动者的主人翁精神，维护国家利益和集体荣誉，服务从上级领导和有关部门的管理，争做文明职工。

12.3 建设行业职业道德的核心内容

12.3.1 爱岗敬业

爱岗敬业，顾名思义就是认真对待自己的岗位，对自己的岗位职责负责到底，无论在任何时候，都尊重自己的岗位职责，对自己的岗位勤奋有加。

爱岗敬业是人类社会最为普遍的奉献精神，它看似平凡，实则伟大。一份职业，一个工作岗位，都是一个人赖以生存和发展的基本保障。同时，一个工作岗位的存在，往往也是人类社会存在和发展的需要。所以，爱岗敬业不仅是个人生存和发展的需要，也是社会存在和发展的需要。爱岗敬业是一种普遍的奉献精神。只有爱岗敬业的人，才会在自己的工作岗位上勤勤恳恳，不断地钻研学习，一丝不苟，精益求精，才有可能为社会为国家做出崇高而伟大的奉献。

热爱本职工作、热爱自己的单位。职工要做到爱岗敬业，首先应该热爱单位，树立坚定的事业心。只有真正做到甘愿为实现自己的社会价值而自觉投身这种平凡，对事业心存敬重，甚至可以以苦为乐、以苦为趣才能产生巨大的拼搏奋斗的动力。我们的劳动是平凡的，但求要求是很高的。人的一生应该有明确的工作和生活目标，为理想而奋斗虽苦然乐在其中，热爱事业，关心单位事业发展，这是每个职工都应具备的。

爱岗敬业需要有强烈的责任心。责任心是指对事情能敢于负责、主动负责的态度；责任心，是一种舍己为人的态度。一个人的责任心如何，决定着他在工作中的态度，决定着其工作的好坏和成败。如果一个人没有责任心，即使他有再大的能耐，也不一定能做出好的成绩来。有了责任心，才会认真地思考，勤奋地工作，细致踏实，实事求是；才会按时、按质、按量完成任务，圆满解决问题；才能主动处理好分内与分外的相关工作，从事业出发，以工作为重，有人监督与无人监督都能主动承担责任而不推卸责任。

12.3.2 诚实守信

诚实守信就是指言行一致，表里如一，真实无欺，相互信任，遵守诺言，信守约定，践行规约，注重信用，忠实地履行自己应当承担的责任和义务。诚实守信作为社会主义职业道德的基本规范，是和谐社会发展的必然要求，对推进社会主义市场经济体制建立和发展具有十分重要的作用。它不仅是建筑行业职工安身立命的基础，也是企业赖以生存和发展的基石。

在公民道德建设中，把“诚实守信”融入职业道德的各个领域和各个方面，使各行各业的从业人员，都能在各自的职业中，培养诚实守信的观念，忠诚于自己从事的职业，信守自己的承诺。对一个人来说，“诚实守信”既是一种道德品质和道德信念，也是每个公民的道德责任，更是一种崇高的“人格力量”，因此“诚实守信”是做人的“立足点”。对一个团体来说，它是一种“形象”，一种品牌，一种信誉，一个使企业兴旺发达的基础。对一个国家和政府来说，“诚实守信”是“国格”的体现，对国内，它是人民拥护政府、支持政府、赞成政府的一个重要的支撑；对国际，它是显示国家地位和国家尊严的象征，是国家自立自强于世界民族之林的重要力量，也是良好“国际形象”和“国际信誉”的标志。

“以诚实守信为荣，以见利忘义为耻”，是社会主义荣辱观的重要内容。市场经济是交换经济、竞争经济，又是一种契约经济。保证契约双方履行自己的义务，是维护市场经济秩序的关键。而“诚实守信”对保证市场经济沿着社会主义道路向前发展，有着特殊的指向作用。一些企业之所以能兴旺发达，在世界市场占有重要地位，尽管原因很多，但“以诚信为本”，是其中的一个决定的因素；相反，如果为了追求最大利润而弄虚作假、以次充好、假冒伪劣和不讲信用，尽管也可能得利于一时，但最终必将身败名裂、自食其果。在前一段时期，我国的一些地方、企业和个人，曾以失去“诚实守信”而导致“信誉扫地”，在经济上、形象上蒙受了重大损失。一些地方和企业，“痛定思痛”，不得不以更大的代价，重新铸造自己“诚实守信”形象，这个沉痛教训，是值得认真吸取的。

一个行业、一个企业的信誉，也就是它们的形象、信用和声誉，是指企业及其产品与服务在社会公众中的信任程度，提高企业的信誉主要靠产品的质量和服务质量，而从业人员职业道德水平高是产品质量和服务质量的有效保证。如江苏省的建筑队伍，由于素质过硬，吃苦耐劳、能征善战，狠抓工程质量、工程进度和安全生产，在全国建造了众多荣获鲁班奖的地标建筑，被誉为江苏建筑铁军。这支队伍在世博会的建设上再展风采，江苏建筑铁军凭借过硬的质量、创新的科技、可靠的信誉和一流的素质，成为世博会场馆建设的主力军。江苏建筑企业承接完成了英国馆、比利时馆、奥地利馆、阿曼馆、俄罗斯馆、沙特馆、爱尔兰馆、意大利馆和震旦馆、万科馆、气象馆、航空馆、H1世博村酒店等14个世博会展馆和附属工程的总包项目，63个分包项目，合同额计211.8亿元。江苏是除上海以外，承担场馆建设项目最多、工程科技含量最大、施工技术要求最高的省份，江苏铁军为国家再立新功。

12.3.3 安全生产

近年来，建筑工程领域对工程的要求由原来的三“控”（质量，工期，成本）变成“四控”（质量，工期，成本，安全），特别增加了对安全的控制，可见安全越来越成为建筑业一个不可忽视的要素。

安全，通常是指各种（指天然的或人为的）事物对人不产生危害、不导致危险、不造成损失、不发生事故、运行正常、进展顺利等状态，近年来，随着安全科学（技术）学科的创立及其研究领域的扩展，安全科学（技术）所研究的问题已不再仅局限于生产过程中的狭义安全内容，而是包括人们从事生产、生活以及可能活动的一切领域、场所中的所有安全问题，即称为广义的安全。这是因为，在人的各种活动领域或场所中，发生事故或产生危害的潜在危险和外部环境有害因素始终是存在的，即事故发生的普遍性不受时空的限制，只要有人和危害人身心安全与健康的外部因素同时存在的地方，就始终存在着安全与否的问题。换句话说，安全问题存在于人的一切活动领域中，伤亡事故发生的可能性始终存在，人类遭受意外伤害的风险也永远存在。

虽然目前我国已经建立了一套较为完整的建筑安全管理组织体系，建筑安全管理工作也取得了较为显著的成绩，但整体形势依然严峻。近十年来我国建筑业百亿元产值死亡率一直呈下降趋势，然而从绝对数上看死亡人数和事故发生数却一直居高不下。因此安全第一、预防为主、综合治理就成了建设行业一项十分重要的工作。

文明生产是指以高尚的道德规范为准则，按现代化生产的客观要求进行生产活动的行为，具体表现为物质文明和精神文明两个方面。在这里物质文明是指为社会生产出优质的符合要求的建筑或为住户提供优质的服务。精神文明体现出来的是建筑员工的思想道德素质和精神面貌。安全施工就是在施工过程中强调安全第一，没有安全的施工，随时都会给生命带来危害、给财产造成损失。文明生产、安全施工是社会主义文明社会对建筑行业的要求，也是建筑行业员工的岗位规范要求。

要达到文明生产、安全施工的要求，一些最基本的要求首先必须做到：

（1）相互协作，默契配合。在生产施工中，各工序、工种之间、员工与领导之间要发扬协作精神，互相学习，互相支援。处理好工地上土建与水电施工之间经常会出现的进度不一、各不相让的局面，使工程能够按时按质的完成。

（2）严格遵守操作规程。从业人员在施工中要强化安全意识，认真执行有关安全生产的法律、法规、标准和规范，严格遵守操作规程和施工程序，进入工地要戴安全帽，不违章作业，不野蛮施工，不乱堆乱扔。

（3）讲究施工环境优美，做到优质、高效、低耗。做到不乱排污水，不乱倒垃圾，不遗撒渣土，不影响交通，不扰民施工。

12.3.4　勤俭节约

勤俭节约是指在施工、生产中严格履行节省的方针，爱惜公共财物和社会财物以及生产资料。降低企业成本是指企业在日常工作中将成本降低，通过技术、提高效率、减少人员投入、降低人员工资或提高设备性能或批量生产等方法，将成本降低。作为建筑施工企业的施工员，必须要做到杜绝资源的浪费。资源是有限的，但人类利用资源的潜力是无限的，我们应该杜绝不合理的浪费资源现象的发生。在当今建筑施工企业竞争日益激烈的局面中，勤俭节约，降低成本是每一个从业人员都应该努力做到的。我们与公司的关系实质上是同舟共济，并肩前进的关系，只有每个员工都从自身做起，严格要求自己，我们的建筑施工企业才能不断发展壮大。

人才也是重要的社会资源，建筑企业要充分发挥员工的才能，让员工在合适的岗位上做出相应的业绩。企业更应当采取各种措施培养人才，留住人才，避免人才流动频繁。每一个员工也都应该关心本企业的发展，以积极向上的精神奉献社会。

12.3.5　钻研技术

技术、技巧、能力和知识是为职业服务的最基本的“工具”，是提高工作效率的客观需要，同时也是搞好各项工作的必要前提。从业人员要努力学习科学文化知识，刻苦钻研专业技术，精通本岗位业务。创新是人类发展之本，从业人员应该在实际中不断探索适于本职工作的新知识，掌握新本领，才能更好地获得人生最大的价值。

12.4　建设行业职业道德建设的现状、特点与措施

12.4.1　建设行业职业道德建设现状

（1）质量安全问题频发，敲响职业道德建设警钟。从目前我国建筑业总的发展形势来

看，总体上各方面还是好的，无论是工程规模、业绩、质量、效益、技术等都取得了很大突破。虽然行业的主流是好的，但出现的一些问题必须引起人们的高度重视。因为，作为百年大计的建筑物产品，如果质量差，则损失和危害无法估量。例如5.12汶川大地震中某些倒塌的问题房屋，杭州地铁坍塌，上海、石家庄在建楼房倒楼事件，以及由于其他一些因为房屋质量、施工技术问题引发的工程事故频发，对建设行业敲响了职业道德建设警钟。

（2）营造市场经济良好环境，急切呼唤职业道德。众所周知，一座建筑物的诞生需要有良好的设计、周密的施工、合格的建筑材料和严格的检验与监督。然而，在一段时间内许多设计不仅结构不合理、计算偏差，而且根本不考虑相关因素，埋下很大隐患；施工过程中秩序混乱；建筑材料伪劣产品层出不穷，人情关系和金钱等因素严重干扰建筑工程监督的严肃性。这一系列环节中的问题，使我国近几年的建筑工程质量事故屡见不鲜。影响建筑工程质量的因素很多，但是道德因素是重要因素之一，所以，新形势下的社会主义市场经济急切呼唤职业道德。

面对市场经济大潮，建筑企业逐渐从传统的计划经济体制中走了出来。面对市场竞争，人们要追求经济效益，要讲竞争手段。我国的建筑市场竞争激烈，特别是我国各省市发展不平衡，建筑行业的法规不够健全，在竞争中引发出一些职业道德病。每当我国大规模建设高潮到来时，总伴随着工程质量问题的增加。一些建筑企业为了拿到工程项目，使用各种手段，其中手段之一就是盲目压价，用根本无法完成工程的价格去投标。中标后就在设计、施工、材料等方面做文章，启用非法设计人员搞黑设计；施工中偷工减料；材料上买低价伪劣产品，最终，使建筑物的“百年大计”大大打了折扣。

搞社会主义市场经济，不仅要重视经济效益，也要重视社会效益，并且，这两种效益密不可分。一个建筑企业如果只重视经济效益，而不重视社会效益，最终必然垮台。实践证明，许多企业并不是垮在技术方面，而是垮在思想道德方面。我国的建筑业要振兴，必须大力加强建筑行业职业道德建设。否则，有可能给中华大地留下一堆堆建筑垃圾，建筑业的发展和繁荣最终成为一句空话。一个企业不仅要在施工技术和经营管理方面有发展，在企业员工职业道德建设方面也不可忽视。两个品牌建设都要创。我国的建筑业要振兴，必须大力加强建筑行业职业道德建设。否则，将会严重影响我们国家的社会主义经济建设的发展。

12.4.2 建设行业职业道德建设的特点

开展建设行业职业道德建设，要注意结合行业自身的特点。以建筑行业为例，职业道德建设具有以下几个方面特点：

1. 人员多、专业多、岗位多、工种多

我国建筑行业有着逾千万人员，40多个专业，30多个岗位，100多个职业工种。且众多工种的从业人员中，80%左右来自广大农村，全国各地都有，语言不一，普遍文化程度较低，基本上从业前没有受过专门专业的岗位培训教育，综合素质相对不高。对这些员工来讲应该积极参加各类教育培训、认真学习文化、专业知识、努力提高职业技能和道德素质。

2. 条件艰苦，工作任务繁重

建筑行业大部分属于露天作业、高空作业，有些工地差不多在人烟荒芜地带，工人常年日晒雨淋，生产生活场所条件艰苦，作业人员缺乏必要的安全作业生产培训，安全作业存在隐患，安全设施落后和不足，安全事故频发。随着经济社会的不断发展和国家社会越来越注重以人为本的理念，经济发达地区的企业对于现场工地人员的生活条件有了明显改善。同时对建筑行业中房屋的质量、工期、人员安全要求也更高，加强职业道德建设成为一项必要的内容。

3. 施工面大，人员流动性大

建筑行业从业人员的工作地点很难长期固定在一个地方，人员来自全国各地又流向全国各地，随着一个施工项目的完工，建设者又会转移到别的地方，可以说这些人是四海为家，随处奔波。很难长期定点接受一定的职业道德教育培训教育。

4. 各工种之间联系紧密

建筑行业职业的各专业、岗位和工种之间有一种承前启后的紧密联系。所有工程的建设，都是由多个专业、岗位、工种共同来完成的。每个职业所完成的每项任务，既是对上一个岗位的承接，也是对下一个岗位的延续，直到工程竣工验收。

5. 社会性

一座建筑物的完工，凝聚了多方面的努力，体现了其社会价值和经济价值。同时，建筑行业随着国民经济的发展，其行业地位和作用也越来越重要，行业发展关乎国计民生。建筑工程项目生产过程中，几乎与国民经济中所有部门都有协作关系，而且一旦建成为商品，其功能应满足社会的需要，满足国民经济发展的需要，建筑物只有在体现出自身的社会价值之后才能体现出自身的经济价值。

因此，开展建筑行业的职业道德建设，一定要联系上述特点，因地制宜地实施行业的职业道德建设。要以人为本，遵守职业道德规范，一切为了社会广大人民和子孙后代的利益，坚持社会主义、集体主义原则，发挥行业人员优秀品质，严谨务实，艰苦奋斗、团结协作，多出精品优质工程，体现其社会价值和经济价值。

12.4.3 加强建设行业职业道德建设的措施

职业道德建设是塑造建筑行业员工行业风貌的一个窗口，也是提高行业竞争力和发展势头的重要保证。职业道德建设涉及政府部门、行业企业、职工队伍等方方面面，需要齐抓共管，共同参与，各司其职，各负其责。

(1) 发挥政府职能作用，加强监督监管和引导指导。政府各级建设主管部门要加强监督和引导，要重视对建设行业职业道德标准的建立完善，在行政立法上约束那些不守职业道德规范的员工，建立健全建设行业职业道德规范和制度。坚持“教育是基础”，编制相关教材，开展骨干培训，积极采用广播电视网络开展宣传教育。不但要努力贯彻实施建设部制定颁布的行业职业道德准则，有条件的可以下企业了解并制定和健全不同行业、工种、岗位的职业道德规范，并把企业的职业道德建设作为企业年度评优的重要参考内容。

(2) 发挥企业主体作用，抓好工作落实和服务保障。企业要把员工职业道德建设作为自身发展的重要工作来抓，领导班子和管理者首先要有对职业道德建设重要性的充分认识，要起模范带头作用。企业领导应关注职业道德建设的具体工作落实情况，企业的相关部门要各负其责，抓好和布置具体活动计划，使企业的职业道德建设工作有序开展。

(3) 改进教学手段，创新方式方法。由于目前建设行业特别是建筑行业自身的特点，建筑队伍素质整体上文化水平不是很高，大部分职工在接受文化教育能力有限。因此，在教育时要改进教学手段，创新方式方法，尽量采用一些通俗易懂的方法，防止生硬、呆板、枯燥的教学方式，努力营造良好的学习教育氛围，增加职工对职业道德学习的兴趣。可以采用报纸、讲演、座谈、黑板报、企业报、网络新闻电视传媒等多种有效的宣传教育形式，使职工队伍学习到更多的施工技术、科学文化、道德法律等方面知识。可以充分利用工地民工学校这样便捷教育场地，在时间和教育安排上利用员工工作的业余时间或集中专门培训；岗位业务培训和职业道德教育培训相结合；班前班后上岗针对性安全技术教育培训等。使广大员工受到全面有效的职业技能和职业道德教育学习，从而为行业员工队伍建设打好坚实基础。

(4) 结合项目现场管理，突出职业道德建设效果。项目部等施工现场作为建设行业的第一线，是反映建设行业职业道德建设的窗口，在开展职业道德建设中要认真做好施工现场管理工作，做到现场道路畅通，材料堆放整齐，防护设备完备，周围环境整洁，努力创建安全文明样板工地，充分展示建设工地新形象。把提高项目工程质量目标、信守合同作为职业道德建设的一个重要一环，高度注重：施工前为用户着想；施工中对用户负责；完工后使用户满意。把它作为建设企业职业道德建设工作实践的重要环节来抓。

(5) 开展典型性教育，发挥惩奖激励机制作用。在职业道德教育中，应当大力宣传身边的先进典型，用先进人物的精神、品质和风格去激发职工的工作热情。此外，应当在项目建设中建立惩奖激励机制。一个品质项目的诞生，离不开那些有着特别贡献的员工，要充分调动广大员工的积极性和主动性，激发其创新潜能和发挥其奉献精神，对优秀施工班组和先进个人实行物质精神奖励，作为其他员工的学习榜样。同时，对于不遵章守规、作风不良的应该曝光、批评，指出缺点错误，使其在接受教育中逐步改变原来的陈规陋习，得到正确的职业道德教育。

(6) 倡导以人为本理念，改善职工工作生活环境。随着经济社会的发展，政府和社会对人的关心、关怀变的更加重视，确保广大职工有一个良好的工作生活环境，为他们解决生产生活方面的困难，如夏季的降温解暑工作，冬天供热保暖工作，每年春节、中秋等节假日的慰问、团拜工作，以及其他一些业余文化活动，使广大职工感觉到企业和社会对他们的关爱，更加热爱这份职业，更能在实现自身价值中充分展现职业道德风貌。

12.5 质量员工作职责、专业技能及知识结构

12.5.1 质量员的工作职责

1. 质量计划准备

(1) 参与进行施工质量策划；

(2) 参与制定质量管理制度。

2. 材料质量控制

(1) 参与材料、设备的采购；

(2) 负责核查进场材料、设备的质量保证资料，监督进场材料的抽样复验；

(3) 负责监督、跟踪施工试验，负责计量器具的符合性审查。

3. 工序质量控制

(1) 参与施工图会审和施工方案审查；

(2) 参与制定工序质量控制措施；

(3) 负责工序质量检查和关键工序、特殊工序的旁站检查，参与交接检验、隐蔽验收、技术复核；

(4) 负责检验批和分项工程的质量验收、评定，参与分部工程和单位工程的质量验收、评定。

4. 质量问题处置

(1) 参与制定质量通病预防和纠正措施；

(2) 负责监督质量缺陷的处理；

(3) 参与质量事故的调查、分析和处理。

5. 质量资料管理

(1) 负责质量检查的记录，编制质量资料；

(2) 负责汇总、整理、移交质量资料。

12.5.2 质量员应具备的专业技能

1. 质量计划准备

能够参与编制施工项目质量计划。

2. 材料质量控制

(1) 能够评价材料、设备质量；

(2) 能够判断施工试验结果。

3. 工序质量控制

(1) 能够识读施工图；

(2) 能够确定施工质量控制点；

(3) 能够参与编写质量控制措施等质量控制文件，并实施质量交底；

(4) 能够进行工程质量检查、验收、评定。

4. 质量问题处置

(1) 能够识别质量缺陷，并进行分析和处理；

(2) 能够参与调查、分析质量事故，提出处理意见。

5. 质量资料管理

能够编制、收集、整理质量资料。

12.5.3 质量员应具备的专业知识

1. 通用知识

(1) 熟悉国家工程建设相关法律法规；

(2) 熟悉工程材料的基本知识；

（3）掌握施工图识读、绘制的基本知识；
（4）熟悉工程施工工艺和方法；
（5）熟悉工程项目管理的基本知识。

2. 基础知识

（1）熟悉相关专业力学知识；
（2）熟悉建筑构造、建筑结构和建筑设备的基本知识；
（3）熟悉施工测量的基本知识；
（4）掌握抽样统计分析的基本知识。

3. 岗位知识

（1）熟悉与本岗位相关的标准和管理规定；
（2）掌握工程质量管理的基本知识；
（3）掌握施工质量计划的内容和编制方法；
（4）熟悉工程质量控制的方法；
（5）了解施工试验的内容、方法和判定标准；
（6）掌握工程质量问题的分析、预防及处理方法。

参 考 文 献

[1] 纪迅，李云，陈曦．施工员专业基础知识 [M]．南京：河海大学出版社，2010.

[2] 杜爱玉，高会访，杜翠霞等．市政工程测量与施工放线一本通 [M]．北京：中国建材工业出版社，2009.

[3] 李廉锟．结构力学 [M]．北京：人民教育出版社，1979.

[4] 过镇海，时旭东．钢筋混凝土原理和分析 [M]．北京：清华大学出版社，2003.

[5] 叶见曙．结构设计原理 [M]．北京：人民交通出版社，2004.

[6] 李崇智，王林．建筑材料 [M]．北京：清华大学出版社，2009.

[7] 中华人民共和国行业标准．CJJ 1—2008 城镇道路工程施工与质量验收规范 [S]．北京：中国建筑工业出版社，2008.

[8] 中华人民共和国行业标准．CJJ 2—2008 城市桥梁工程施工与质量验收规范 [S]．北京：中国建筑工业出版社，2008.

[9] 中华人民共和国国家标准．GB 50268—2008 给水排水管道工程施工及验收规范 [S]．北京：中国建筑工业出版社，2008.

[10] 中华人民共和国行业标准．CJJ 38—2008 城镇燃气输配工程施工及质量验收规范 [S]．北京：中国建筑工业出版社，2005.

[11] 张学宏．建筑结构（第 2 版）[M]．北京：中国建筑工业出版社，2003.

[12] 叶刚．施工员必读 [M]．北京：中国电力出版社，2004.

[13] 楼丽凤．市政工程建筑材料 [M]．北京：中国建筑工业出版社，2003.

[14] 侯治国，周绥平．建筑结构（第 2 版）[M]．武汉：武汉理工大学出版社，2004.

[15] 王长峰等．现代项目管理概论 [M]．北京：机械工业出版社，2008.

[16] 刘军．施工现场十大员技术管理手册——安全员 [M]．北京：中国建筑工业出版社，2005.

[17] 中华人民共和国行业标准．JGJT 250—2011 建筑与市政工程施工现场专业人员职业标准 [S]．北京：中国建筑工业出版社，2012.

[18] 中华人民共和国住房和城乡建设部．建筑与市政工程施工现场专业人员考核评价大纲（试行）．建人专函（2012）70 号.

[19] 柴彭颐．项目管理 [M]．北京：中国人民大学工业出版社，2009.